环境工程原理

（第二版）

主　编　张　晖

副主编　梁美生　李粉茹　张道斌　严素定

　　　　叶志洪　徐　银　李　宁

参　编　叶翠平　王　艳　李　潜　李维斌

华中科技大学出版社

中国·武汉

内 容 提 要

《环境工程原理》(第二版)是在《化工原理》和《化学反应工程》等教材的基础上,结合环境工程的专业特点编写而成的,全书共分为11章。主要内容包括绪论、流体流动、热量传递、质量传递、吸收、吸附、沉降、过滤及其他分离过程,以及反应动力学与反应器等。本次修订基本保持了第一版的框架,对部分内容作了修改,增补了部分例题和习题。环境工程及相关专业的学生通过本课程的学习,能掌握环境工程中常用单元操作与单元过程的原理、方法及其应用,为后续"水污染控制工程"、"大气污染控制工程"等专业课程的学习打下良好的基础。

本书可作为高等院校环境工程、环境科学及相关专业的本科生教材,也可作为从事环境保护工作的专业技术人员和科研人员的参考用书。

图书在版编目(CIP)数据

环境工程原理/张晖主编.—2版.—武汉:华中科技大学出版社,2023.1
ISBN 978-7-5680-9001-8
Ⅰ.①环… Ⅱ.①张… Ⅲ.①环境工程学-高等学校-教材 Ⅳ.①X5

中国版本图书馆CIP数据核字(2022)第255162号

环境工程原理(第二版)
Huanjing Gongcheng Yuanli (Di-er Ban)

张晖 主编

策划编辑:王新华
责任编辑:王新华
装帧设计:潘 群
责任校对:王亚钦
责任监印:周治超
出版发行:华中科技大学出版社(中国·武汉) 电话:(027)81321913
武汉市东湖新技术开发区华工科技园 邮编:430223
录 排:武汉楚海文化传播有限公司
印 刷:武汉开心印印刷有限公司
开 本:787mm×1092mm 1/16
印 张:22
字 数:578千字
版 次:2023年1月第2版第1次印刷
定 价:62.00元

第二版前言

随着我国高等院校环境工程专业的迅猛发展，高等学校本科环境工程专业规范中"化工原理"与"环境工程原理"均可以作为核心基础课程的格局被打破，"环境工程原理"已经取代"化工原理"成为环境工程专业的一门重要的核心基础课程。本教材就是按照教育部高等学校环境工程专业教学指导分委员会发布的"环境工程原理"教学基本要求编写而成的。

全书以"三传一反"(动量传递、热量传递、质量传递及化学反应工程)为主线，并结合环境工程的特点，系统阐述了环境工程的基本概念与基本理论，并侧重介绍了其在环境工程中的应用。全书共分十一章，主要内容包括绪论、流体流动、沉降、过滤、热量传递、质量传递、吸收、吸附、萃取与膜分离等其他分离过程，以及反应动力学与反应器。

全书由来自武汉大学、太原理工大学、安徽科技学院、湖北师范大学、重庆大学、湖北大学和江苏大学等七所学校的老师共同修订而成。参加本次修订的有武汉大学张晖、张道斌，太原理工大学梁美生、叶翠平，安徽科技学院李粉茹、王艳，湖北师范大学严素定，重庆大学叶志洪，湖北大学徐银，江苏大学李宁、李潜、李维斌。全书由武汉大学张晖负责统筹与定稿。此外，武汉大学研究生康瑾、苗菲、岳喜婷、肖妍、汤慧玲、程成、陈涵肖、王子任、张弛、都永霞、樊晓辉、马亚慧和陈宣同等为本书的校订做了大量工作。

在本书编写过程中引用、借鉴了国内外相关教材、著作和论文，在此表示感谢。我们尽可能地将这些教材、著作和论文列入参考文献中，若有疏漏，敬请谅解并予以反馈！

需要指出的是，本书并没有完全脱离《化工原理》等化工类教材的基本框架，加之编写时间有限，且囿于我们的知识背景与见识，对"环境工程原理"课程的理解还有待进一步提高，因此书中难免存在不妥之处，恳请广大读者不吝赐教。

编　者

2022 年 11 月

第一版前言

随着我国高等院校环境工程专业的迅猛发展，高等学校本科环境工程专业规范中“化工原理”与“环境工程原理”均可以作为核心基础课程的格局逐渐被打破，“环境工程原理”已经开始取代“化工原理”成为环境工程专业的一门重要的核心基础课程。本教材就是按照教育部高等学校环境工程专业教学指导分委员会发布的“环境工程原理”教学基本要求编写而成的。

全书以“三传一反”(动量传递、热量传递、质量传递及化学反应工程)为主线，并结合环境工程的特点，系统阐述了环境工程原理的基本概念与基本理论，并侧重介绍了其在环境工程中的应用。全书共分十一章，主要内容包括流体流动、热量传递、质量传递、沉降、过滤、吸收、吸附、萃取与膜分离等其他分离过程，以及反应动力学与反应器。本书可作为环境工程本科生教材，也可供本学科及相关学科研究生和科研人员参考。

全书由武汉大学、江苏大学、太原理工大学和石河子大学等四所学校共同编写，其中“绪论”“反应动力学”和“反应器”等章节由武汉大学参与编写(主要编写人员为王艳)，“流体流动”“沉降”“过滤”和“其他分离过程”等章节由江苏大学参与编写(主要编写人员:“流体流动”与“沉降”为李维斌、李宁，“过滤”与“其他分离过程”为李潜、李宁，吴春笃和李宁对以上四章的内容进行了审阅)，“质量传递”“吸收”和“吸附”等章节由太原理工大学参与编写(主要编写人员为梁美生)，“热量传递”一章由石河子大学参与编写(主要编写人员为鲁建江、闫豫君)。全书由武汉大学张晖负责修订、定稿，其中陈璐参加了第 2 章和第 8 章的修订工作，黄倩倩参加了绪论和第 5 章的修订工作，李茜参加了第 3 章和第 6 章的修订工作，王绎思参加了第 4 章和第 8 章的修订工作，谢未参加了第 1 章和第 7 章的修订工作，并且他们共同参与了第 9 章和第 10 章的修订工作，王艳和黄倩倩对所有修订内容进行了整理。

在本书编写过程中引用、借鉴了国内外相关教材、著作和论文，在此表示感谢。我们尽可能地将这些教材、著作和论文列入参考文献中，若有疏漏，敬请谅解并予以反馈！感谢华中科技大学出版社等单位专家对本书的审阅，他们提出了非常宝贵的意见和建议。本书的部分章节对武汉大学 2007、2008 级环境工程专业本科生和 2009、2010 级硕士生进行了讲授，他们对这些章节提出了意见和建议，在此一并致谢。

由于各种原因，本书并没有完全脱离《化工原理》等化工类教材的基本框架。本教材的编写又是四所学校的首次合作，我们对“环境工程原理”课程内容的认识还有一定的差异，加之编写时间有限，且囿于我们的知识背景与见识，对“环境工程原理”课程的理解还有待进一步的提高，因此书中难免有疏漏与不妥之处，恳请广大读者不吝赐教。

编　者

2010 年 9 月

目　录

第1章　绪　　论

我们当今所认识的科学和工程，开始于18世纪。环境工程作为一门学科，其建立与19世纪各种土木工程学会的成立(例如美国土木工程师学会成立于1852年)相一致。因为根源于水的净化，在当时直至20世纪初期，环境工程被称为卫生工程。在20世纪60年代晚期至70年代早期才改名为环境工程，这一更名反映出其研究领域的拓展，不仅包括净化水，还包括空气污染、固体废物管理以及环境保护的其他方面。

随着人口、工农业生产和科学技术的飞速发展，环境问题越来越引起人们的关注和重视。“环境”这个词是相对于人类的存在而言的，指的是人类的环境。《中华人民共和国环境保护法》则从法学的角度对环境概念进行阐述：“本法所称环境，是指影响人类生存和发展的各种天然的和经过人工改造的自然因素的总体，包括大气、水、海洋、土地、矿藏、森林、草原、野生生物、自然遗迹、人文遗迹、自然保护区、风景名胜区、城市和乡村等。”人类活动对整个环境的影响是综合性的，而环境系统也从各个方面反作用于人类，其效应也是综合性的。人类与其他的生物不同，不仅以自己的生存为目的来影响环境，使自己的身体适应环境，而且为了提高生存质量，通过自己的劳动来改造环境，把自然环境转变为新的生存环境。这种新的生存环境有可能更适合人类生存，但也有可能恶化。在这一反复曲折的过程中，人类的生存环境已形成一个庞大的、结构复杂的、多层次、多组元相互交融的动态环境体系。

现在人力所及的范围上至太空，下至海底，人类的活动对环境的影响空前强化，当代社会的发展使人类与环境之间的作用和反作用不断加剧。环境污染和生态环境破坏已达到危险的程度，环境和环境问题已向人们提出了挑战。1972年6月5日在瑞典首都斯德哥尔摩召开联合国人类环境会议，会议通过了《联合国人类环境会议宣言》，世界各国政府第一次共同讨论当代环境问题，许多国家都采取了不少措施和对策来防治污染和解决环境问题。各国科学技术工作者也集中精力进行研究和实践，从而促进了环境学科的兴起和发展。

环境科学与工程是研究人类生存的环境质量及其保护与改善的一门新兴的综合性科学。环境科学与工程所研究的社会环境是人类在自然环境的基础上，通过长期有意识的社会劳动所创造的人工环境。它是人类物质文明和精神文明发展的标志，并随着人类社会的发展不断丰富和演变。这里的自然环境是指大气、土地、水以及各种人工建筑环境。现代环境科学与工程已经应用于人工建筑环境中，或者更准确地说，是应用于人工建筑环境中排放物的处理。

环境科学与工程的研究领域在20世纪50～60年代侧重于自然科学和工程技术的方面，目前已扩大到社会学、经济学、法学等社会科学方面。在与有关学科相互渗透、交叉中形成了许多分支学科。属于自然科学方面的有环境地学、环境生物学、环境化学、环境物理学等，属于社会科学方面的有环境管理学、环境经济学、环境法学等。随着环境问题的发展和人类对它的进一步认识，环境科学与工程的分支学科也必将不断地充实、丰富与完善。

作为环境科学与工程的一个分支学科，环境工程是一门研究人类活动与环境的关系，以及改善环境质量的途径及技术的学科。它是运用环境科学、工程学和其他有关学科的理论和方法，来解决环境卫生的问题，主要包括：提供安全、可靠和充分的公共供水；适当处置和循环使用废水和固体废物；建立城市和农村符合卫生要求的排水系统；控制水、土壤和空气污染，并消除这些问题对社会和环境所造成的影响。而且,环境工程研究保护和合理利用自然资源,控制和防治环境污染,以改善环境质量,使人们得以健康和舒适地生存,甚至涉及公共卫生领域的工程问题,例如控制节肢动物传染的疾病,消除工业健康危害,为城市和农村提供合适的卫生设施,评价技术进步对环境的影响等。

因此,环境工程有着两个方面的任务:保护环境,避免或消除人类活动对它的有害影响;保护人类,使其免受不利的环境因素对健康和安全的损害。

有一个古老的说法:"科学家发现事物,工程师使它们有用。"与许多类似的古老格言一样,这种说法有一些道理,但也有些过时。从教育的观点来看,环境工程建立在环境科学的基础之上。环境科学,特别是定量环境科学,为环境工程师解决环境问题提供基础理论。在许多情况下,环境科学家与环境工程师的任务和使用的工具是相同的。

1.1 污染控制技术体系

加强我们的环境意识是理解环境问题的第一步,也属于环境工程的范畴。研究自然界中化学物质的影响、传递和去除是环境工程师选择污染物最佳预防和处理方法的依据。这是因为一方面,它能更好地帮助我们理解其潜在的影响,使我们能将注意力放在最严重的问题上;另一方面,它也能帮助我们更好地把握技术,使我们能进一步强化它们的作用,降低处理成本。

1.1.1 水污染控制技术体系

1. 水污染物的分类

水体,一般指海洋、河流、湖泊、沼泽、水库、地下水的总称。环境学中的水体是指包括水中悬浮物、溶解物质、底泥和水生生物等的完整生态系统或自然综合体。水体按类型还可划分为海洋水体和陆地水体,陆地水体又分为地表水体和地下水体,地表水体包括河流、湖泊等。

生命起源于水,生物的生存离不开水。水是环境中最活跃的自然要素之一,也是地表的主要组成物质。水作为能源、生产资料和生活资源,影响社会财富的创造和生活的质量。所以,为了确保国民经济的持续发展和人民生活水平的不断提高,在开发利用水资源的同时,还必须有效地防治水体的污染。

水体污染是指一定量的污水、废水、各种废弃物等污染物质进入水域,超出了水体的自净和纳污能力,从而导致水体及其底泥的物理、化学性质和生物群落组成发生不良变化,破坏了水中固有的生态系统,破坏了水体的功能,从而降低水体使用价值的现象。在自然情况下,天然水的水质也常有一定的变化,但这种变化是一种自然现象,不能称为水体污染。造成水体污染的因素是多方面的:向水体排放未经过妥善处理的城市生活污水和工业废水;施用的化肥、农药及城市地面的污染物被雨水冲刷,随地面径流进入水体;随大气扩散的有毒物质通过重力沉降或降水过程而进入水体等。随着工农业生产的发展和社会经济的繁荣,大量的工业废水、农业废水和城市生活污水被排入水体,水污染日益严重。

水体污染可根据污染物质的不同而主要分为化学性污染、物理性污染和生物性污染三大类。污水中的物理性和化学性污染物种类繁多,成分复杂多变,物理化学性质多样,可处理性差异大。为了便于理解污水处理的对象和原理,水中的污染物可按如图 1-1 所示进行分类。

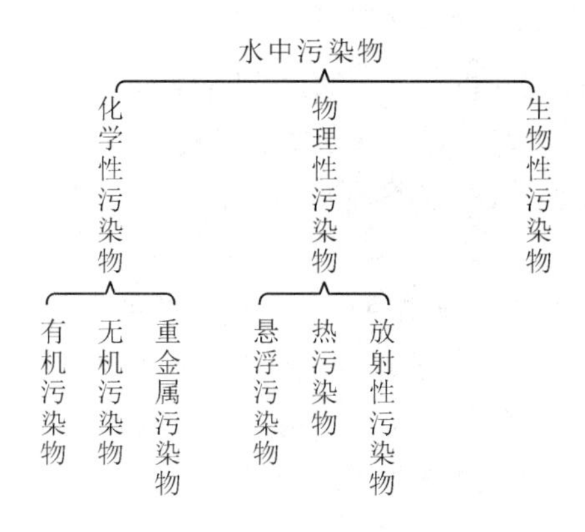

图1-1 水中污染物的分类

2. 污染物的来源及危害

1）化学性污染物

（1）有机污染物

水体中的有机污染物有许多，如苯胺类化合物、氯苯类化合物及石油类等。以石油类为例，工业废水中石油类（各种烃类的混合物）主要来源有原油的开采、加工、运输以及各种炼制油的使用行业。石油类碳氢化合物的一部分漂浮于水面，并在水层表面结成一层薄膜，隔绝空气，影响空气与水体界面氧的交换；一部分分散于水中，吸附于悬浮微粒上或以乳化状态存在于水中，它们被微生物氧化分解，将消耗水中的溶解氧，使水质恶化，影响水生生物存活。

（2）重金属污染物

自然界的重金属包括金、银、铜、铅、锌、镍、钴、镉、铬和汞等，日常生活中重金属无处不在。例如，家具上的油漆含有铅，化妆品特别是美白祛斑系列的产品则大多数含有汞，电池含有锰、镉，汽车尾气含有铅、镉等。水体中重金属污染的主要来源为工业废水，包括采矿、选矿、冶金、电镀、化工、制革和造纸工业；其次，被农药污染的土壤渗滤液（含有铅等重金属）进入地下水也会给水体带来污染；此外，汽车尾气所含重金属等通过大气沉降也会到达水体，从而加重对水体的重金属污染。重金属，特别是汞、镉、铅、铬等，具有显著生物毒性。它们在水体中不能被微生物降解，而只能发生各种形态转化和分散、富集过程（即迁移），会在沉积物或土壤中积累，最终通过食物链危害人体与生物。

（3）无机污染物

废水中酸、碱、盐类、硫化物和卤化物等都属于无机污染物。它们主要来自采矿、冶炼、机械制造、建筑材料、化工等工业生产排出的废水。含无机物的废水排入水体后，会使水的酸碱度发生变化，使水生生物受到毒害甚至无法生存。酸度大或碱度大的废水对生产和生活也会带来不良影响，使之失去使用价值。某些无机物进入水体，也会使水中的溶解氧减少，产生类似有机污染物影响的有害作用。

2）物理性污染物

（1）悬浮污染物

悬浮污染物是指水中含有的不溶性物质，包括固体物质和泡沫等。它们是由生活污水、垃圾以及采矿、建筑、食品、造纸等工业产生的废物泄入水中或农田的水土流失所引起的。悬浮物质影响水体外观，妨碍水中植物的光合作用，减少氧气的溶入，对水生生物不利。如果在悬浮颗粒上吸附一些有毒有害的物质，则危害更为严重。

(2) 热污染物

来自各种工业过程的冷却水,若不采取措施,直接排入水体,则经常形成热污染带。水温增高不仅影响鱼类的正常生长,而且会加速污染物的反应,以致污染影响更为严重。排水导致的水温增加值一般不应超过 2 ℃,否则会危及鱼类和水生生物的生长。

(3) 放射性污染物

由于原子能工业的发展,放射性矿藏的开采,核试验的进行,以及同位素在医学、工业、科研等领域的应用,放射性废水、废物显著增加,造成一定的放射性污染。含放射性物质的废水进入水体,水体中的放射性同位素可以通过饮用水、动物、农作物多种途径进入人体,会对人体造成很大危害。用含放射性物质的水灌溉农田,粮食、水果、蔬菜中的放射性物质会累积增多,奶、肉中放射性物质增高,特别是水生生物体内的放射性物质甚至可比水中高出千倍以上,人们通过饮食都能摄入放射性物质。不过放射性剂量与对人的危害程度的相关关系并不十分清楚。

3) 生物性污染物

废水中含有的病毒、细菌、霉素等属于生物性污染物,这些污染物主要来自医院、制革厂、屠宰场、酿造厂和生物制品厂排放的污水。有时候雨水灌溉造成的径流中也含有生物性污染物。含有生物性污染物的废水排入水体,不仅会使水体溶解氧降低从而影响渔业生产,而且直接影响人们的健康,引起伤寒、痢疾、肝炎、结核等传染病的流行。所以,应严格限制未处理生物性污染废水向水体排放。

3. 水污染控制技术

污水处理的目的就是以某种方法将污水中的污染物分离出来,或者将其分解转化为无害稳定物质,从而使污水得到净化。同时还要防止毒害和病菌的传染,避免有异臭和恶感的可见物,以满足不同用途的要求。

污水处理相当复杂,处理方法的选择必须根据污水的水质和水量、污水受纳水体或水的用途来考虑。同时还要考虑水处理过程所产生的污泥、残渣的处理利用和可能产生的二次污染等问题。污水处理的主要原则,首先是从清洁生产的角度出发,改革生产工艺和设备,进行综合利用和回收,减少污染物,防止污水外排;其次,针对必须外排的污水,其处理方法随水质和要求而异。现代污水处理技术,按处理程度划分可分为一级、二级和三级处理。

一级处理,主要去除污水中悬浮固体污染物质,分离水中的胶状物、浮油或重油等,可以采用自然沉淀、上浮、隔油等物理方法。许多化工废水还需要进行中和处理,如硅酸、无烟炸药、杀虫剂以及酸性除草剂等的生产废水。物理法大部分只能满足一级处理的要求。经过一级处理的污水,BOD_5 一般可去除 30%左右,达不到排放标准。一级处理及一级强化处理(通常指混凝沉淀法)均属于二级处理的预处理。

二级处理,主要去除污水中呈胶体和溶解状态的有机污染物(以 BOD_5 或 COD 表示),去除率可达 90%以上,使有机污染物达到排放标准,同时实现生物脱氮除磷。这通常是污水处理的主要部分。

三级处理,进一步处理难降解的有机物、氮和磷等能够导致水体富营养化的可溶性无机物,主要方法有化学法、脱氮除磷法、混凝沉淀法、砂滤法、活性炭吸附法、离子交换法和膜分离法等。对于环境卫生标准要求高,而污水的色、臭、味污染严重,则须采用三级处理方法予以深度净化。

含多元分子结构污染物的污水，则一般先用物理方法部分分离，然后用其他方法处理。污水处理方法的选择取决于污水中污染物的性质、组成、状态及对水质的要求。一般污水的处理对象、方法和原理见表1-1。

表1-1 污水的处理技术

处理方法	处理工艺	处理对象	处理原理
物理法	过滤（格栅、筛网等）	污水中较粗大的漂浮物和悬浮物	截留
	沉砂	污水中泥沙、煤渣等相对密度较大的无机颗粒	重力分离
	沉淀	悬浮固体	重力分离
	隔油	含油废水	重力分离
	气浮	密度接近或小于水的细小颗粒	重力分离
	离心	沙石等	离心分离
化学及物理化学法	中和	酸碱废水	中和
	混凝	水中微小悬浮固体和胶体杂质	压缩双电层、吸附架桥、网捕作用
	化学沉淀	废水中的各种阳离子和阴离子	沉淀反应
	氧化还原	生物难降解有机物、对生物有毒有害的物质	氧化还原反应
	吸附	微量污染物、重金属离子、有害难降解有机物	范德华力或化学键力
	离子交换	盐、金属离子	同性离子交换
	萃取	生物难降解有机物质、重金属	混合物中各组分的溶解度不同
	渗析法	溶解性物质	能量或化学位差（分子扩散）
	反渗透	盐、细菌和病毒	能量或化学位差（压力）
	超滤	溶解的有机物	能量或化学位差（压力）
	电渗析	溶解性物质	能量或化学位差（电场力）
	超临界处理技术	生物难降解物质	热分解、氧化还原反应、萃取等
生物法	好氧悬浮生长	可生物降解物质	生物吸附、生物降解等
	好氧附着生长	可生物降解物质	生物吸附、生物降解等
	厌氧悬浮生长	可生物降解物质	生物吸附、生物降解等
	厌氧附着生长	可生物降解物质	生物吸附、生物降解等
	厌氧-好氧联合技术	可生物降解物质	生物吸附、生物降解、硝化-反硝化、摄取、排出等

1.1.2 大气污染控制技术体系

1. 大气污染的分类

根据大气污染原因和大气污染物的组成,大气污染可分为煤烟型污染、石油型污染、混合型污染和特殊型污染四大类。煤烟型污染是由用煤工业的烟气排放及家庭炉灶等燃煤设备的烟气排放造成的,中国大部分的城市污染属于此类污染。石油型污染是由石油燃烧向大气中排放的有害物质造成的。混合型污染是煤炭和石油在燃烧或加工过程中产生的混合物造成的大气污染,是介于煤烟型和石油型污染之间的一种大气污染。特殊型污染是由各类工业企业排放的特殊气体(如氯气、硫化氢、氟化氢、含金属废气等)引起的大气污染。此外,根据污染的范围可将大气污染分为局部地区大气污染、区域性大气污染、广域性大气污染和全球性大气污染。

根据不同的研究目的对污染物和污染源有不同的分类方法。根据污染物的形态,可将其分为颗粒、气溶胶状态污染物和气态污染物;按形成过程则可分为一次污染物和二次污染物。一次污染物是指直接从污染源排放的污染物,二次污染物则是由一次污染物经过化学反应或光化学反应形成的与一次污染物的物理化学性质完全不同的新的污染物,其危害通常比一次污染物严重。按污染源存在的形式,将其划分为固定污染源(如工程的排烟或排气)和移动污染源(如汽车、火车、飞机等在移动过程中排放废气);按污染物的排放方式分为点源、面源和线源;按污染物的排放时间分为连续源、间断源和瞬间源;按污染物的产生类型分为工业污染源和生活污染源。不同类型的大气污染,其危害程度和控制措施均有许多差异。

2. 大气污染的来源及危害

造成大气污染的原因包括两个方面,即人类活动和自然过程。所谓人类活动,不仅包括生产活动,也包括生活活动,如做饭、取暖、交通等;自然过程包括火山活动、山林火灾、海啸、土壤和岩石的风化及大气圈中空气运动等。一般说来,由于自然环境具有自净作用,自然过程造成的大气污染经过一定时间后会自动消除。而随着人口的迅速增长,人类在生活和工业生产过程中将大量的未经净化处理或处理不彻底的废气排入大气环境中,其总量、持续时间还有影响范围和程度都远远超过自然排放所造成的污染。所以说,大气污染主要是由人类活动造成的。

大气污染的危害可能是全球性的,也可能是区域性的或局地的。全球性大气污染主要表现为臭氧层损耗加剧和全球气候变暖,直接损害地球生命保障系统。区域性的大气污染主要表现为酸雨,它不仅损害人体的健康,而且影响生物的生长,并会使建筑物遭到不同程度的破坏。城市范围和局地大气污染主要表现在这些范围内大气的物理特征和化学特征的变化上面。物理特征主要表现在烟雾日增多、能见度降低以及城市的热岛效应;化学特征的不良变化将危害人体健康,导致癌症、呼吸系统疾病、心血管疾病等疾病的发病率上升。

3. 大气污染控制的主要技术

根据污染控制的方法原理可将大气污染控制技术分为洁净燃烧技术、烟气排放技术、颗粒污染物控制技术、气态污染物控制技术等。常见的大气污染控制技术见表 1-2。

表1-2　大气污染控制技术

类别	处理方法	主要处理原理	主要去除对象
颗粒污染物控制技术	机械除尘	重力、离心沉降作用	颗粒、气溶胶状态污染物
	过滤除尘	物理阻截作用	颗粒、气溶胶状态污染物
	静电除尘	静电沉降作用	颗粒、气溶胶状态污染物
	湿式除尘	惯性碰撞和洗涤作用等	颗粒、气溶胶状态污染物
气态污染物控制技术	物理吸收法	物理吸收	气态污染物
	化学吸收法	化学吸收	气态污染物
	吸附法	界面吸附	气态污染物
	催化氧化还原法	氧化还原反应	气态污染物
	生物法	生物降解作用	可生物降解污染物
	电子光束照射法	氧化还原反应	SO_2、NO_x
	膜分离法	分子大小	SO_2、NO_x、H_2S等
洁净燃烧技术	燃烧法	燃烧反应	有机污染物
烟气排放技术	稀释法	扩散	所有污染物

1.1.3　固体废物处理处置技术体系

1. 固体废物的分类

固体废物是指在生产、生活和其他活动中产生的，丧失原有利用价值或者虽未丧失利用价值但被抛弃或放弃的固态、半固态和置于容器中的气态的物品、物质，以及法律、行政法规规定纳入固体废物管理的物品、物质。固体废物是大量生产、大量消费、大量产生废弃物的现代工业社会的痼疾，是资源浪费的“孪生兄弟”。虽然在废弃物的回收利用方面已有新进展，但是从总体上看，固体废物仍是一个令人头痛的环境难题。

“固体废物”实际上只是针对原所有者而言。在任何生产或生活过程中，所有者对原料、商品或消费品，往往仅利用了其中某些有效成分。而对于原所有者不再具有使用价值的大多数固体废物中仍含有其他生产行业所需要的成分，经过一定的技术环节，可以转变为有关行业的生产原料，甚至可以直接使用。可见，固体废物的概念随时空的变迁而具有相对性。为了充分利用资源，增加社会与经济效益，减少废物处置的数量，提倡资源的再循环利用，以利于社会发展。

固体废物的种类繁多，性质各异，为便于管理需要加以分类。

根据固体废物的来源和特殊性质，可将其分为三类：其一为各种工矿企业在生产或原料加工过程中所产生或排出的物质，统称工业废物；其二为各种生产、生活制品或半成品在进入市场流动中或消费后所产生或抛弃的物质，统称生活垃圾；其三，还有基本属于工业废物，但具有特殊性质，会对环境和人体带来危害，须加以特殊管理的物质，称作危险废物。

还有许多其他的固体废物分类方法，例如，按其组成分为有机废物和无机废物两类，按其形态分为固态、半固态和液（气）态三类，按其污染特性分为一般和危险两类等。而《中华人民共和国固体废物污染环境防治法》（2020年版）中将固体废物划定为以下几种：

（1）工业固体废物：指在工业生产活动中产生的固体废物；

（2）城市生活垃圾：指在日常生活中或者为日常生活提供服务的活动中产生的固体废物，

以及法律、行政法规视作生活垃圾的固体废物；

(3) 建筑垃圾：指建设单位、施工单位新建、改建、扩建和拆除各类建筑物、构筑物、管网等，以及居民装饰装修房屋过程中产生的弃土、弃料和其他固体废物；

(4) 农业固体废物：指在农业生产活动中产生的固体废物；

(5) 危险废物：指列入国家危险废物名录，或者根据国家规定的危险废物鉴别标准和鉴别方法认定的具有危险特性的废物。

2. 固体污染物的来源及危害

固体污染物主要来源于人类的生产和生活活动。在人类从事工业、农业生产以及交通、商业等活动的过程中，一方面生产出有用的工农业产品，供人们的衣、食、住、行等，另一方面又同时产生了许多污染物，如废渣和废料等。此外，各种产品被人们使用一段时间之后，也都会因不能继续使用而变成废弃物，如饮料瓶罐和破旧衣物等。

固体废物虽然有可资源化的一面，但对人类环境的危害是严重且多方面的，在某些领域甚至超过废水与废气。其危害可以归纳为如下几个方面。

1) 侵占土地

由于大量固体废物的产生与积累，已有大片土地被堆占。随着时间的推移，固体废物的堆积量将不断增加，对于人口众多、可耕地面积较小的我国而言，将是极大的威胁。

2) 污染土壤、水体，危害人类健康

固体废物是多种污染物的集合体，在大量露天堆置条件下，经长期降水的淋溶、地表径流的渗滤，其中各类污染物质随水流扩散至土壤、地下水与地表水源中，通过食物链与饮用水危害人体健康，并可导致土地盐碱化等危害。

3) 污染大气，影响环境卫生

固体废物在自然环境中堆置，可通过气象作用产生的飞尘、微生物作用产生的恶臭以及化学反应产生的有害气体等污染大气。此外，废物的堆置亦为蚊、蝇与寄生虫的滋生提供了有利的场所，有导致传染性疾病暴发的潜在威胁。

总之，固体废物对人类环境的危害具有多样性、长期性与潜在性。

3. 固体废物的主要处理处置技术

固体废物处置技术是指将固体废物焚烧和用其他改变固体废物的物理、化学、生物特性的方法，达到减少已产生的固体废物数量、缩小固体废物体积、减少或者消除其危险成分的活动，或者将固体废物最终置于符合环境保护规定要求的填埋场的活动。这是解决固体废物最终归宿的手段，故也称作最终处置技术。由于固体废物含有各种可回收的原材料，经过一定的技术处理与分离手段，其中大部分有用资源可以得到回收与利用，因此，固体废物处理往往与资源回收、废物综合利用联系在一起。处理的目的是为资源回收创造条件，两者的综合效果又可以达到减少废物最终处置的体积，提高经济与社会效益的目的。其主要的处理技术如表 1-3 所示。

表 1-3 固体废物主要处理处置技术

处理技术	主要处理原理	主要处理对象
压实	压力、挤压作用	高孔隙率固体废弃物
破碎	冲击、剪切、挤压破碎	大型固体废弃物
分选	重力、磁力作用	所有固体废弃物

续表

处理技术	主要处理原理	主要处理对象
脱水	过滤、干燥作用	含水量高的固体废弃物
中和	中和反应	酸性、碱性废弃物
氧化还原	氧化还原反应	氧化还原性废渣
固化、稳定化	固化与隔离作用	有毒有害固体废弃物
好氧堆肥	生物降解作用	有机垃圾
焚烧	燃烧反应	有机固体废弃物
土地填埋	隔离作用	无机垃圾等稳定性固体废弃物

1.2　污染控制技术原理的基本类型

人类活动范围的扩展、强度的增加和形式的多样化，使得生产制造和使用的化学物质的种类也日益增加。据统计，在日常生活和工业生产中经常使用的化学物质多达6万～8万种，而且还在继续增加。环境污染物的种类越来越多，再加上污染物千差万别的物理和化学性质、化学物质产生源以及在环境中异常复杂的迁移转化规律，使得由化学物质引起的环境污染问题日趋严重。此外，不同地区或同一地区不同时期的环境条件、社会条件和经济条件也不尽相同，人与环境间的具体矛盾随时间、空间的变化而变化，因而环境污染问题具有时间及地域特征。环境污染控制不能对现有的技术和经验生搬硬套，应根据不同的对象、目的以及社会经济条件选择最佳的方案，采用适宜的管理与技术措施。

经过长期的探索和实践，根据环境污染问题的特点和对环境质量改善的不同需求，已经开发出种类繁多的环境净化与污染控制技术，而这些技术在不同的地区和历史时期又有不同的表现形式，从而形成了体系庞大的环境净化与污染控制技术体系。污染控制技术从技术原理上可分为隔离技术、分离技术和转化技术三大类。

隔离技术是将污染物或污染介质隔离，以切断污染物向周围环境的扩散途径，防止污染物进一步扩大，如固体污染物处理技术中的土地填埋法。

分离技术是利用污染物与污染介质之间或不同类型污染物之间在物理性质或化学性质上的差异使其与介质分离，从而达到污染物去除或回收利用的目的，如水污染控制技术中膜分离技术、吹脱汽提技术等。

转化技术是利用化学反应或生物反应使污染物转化为无害物质或易于分离的物质，从而使污染物介质得到净化与处理，如大气污染控制技术中的催化氧化法、水污染技术中氧化还原法等。

1.3　环境工程原理的研究方法

在环境工程原理中除了极少数简单的问题可以用理论分析的办法解决外，大都需要依靠实验研究解决，即通过实验弄清过程规律，然后应用研究结果指导工程实际，进行实际工程过程与设备的设计与改进。在环境工程的研究中，常采用两种基本的研究方法，即实验研究方法和数学模型方法。

1.3.1 实验研究方法

环境工程的过程往往十分复杂,涉及的影响因素很多,各种影响因素不能用迄今已掌握的物理、化学和数学等基本原理定量地分析预测,必须通过实验来解决。为了有效地进行实验研究和整理实验数据,通常应用量纲分析和相似理论的方法。这两种方法的共同点是把各种因素的影响表示成为由若干个有关因素组成的、具有一定物理意义且量纲为1的数群(或称准数),如雷诺数 Re。在本课程的学习过程中将会经常遇到以量纲为1的数群表示的关系式。对于较复杂的环境工程过程,应用一般的方法不能解决放大问题,则只能采用逐级放大的方法,即先在小型装置上进行实验,确定各种因素的影响规律和适宜的工艺条件,然后进行稍大规模的实验,最后进行大装置的设计。逐级放大的级数或每级的放大倍数根据情况而异,主要依靠理论分析与实践经验确定。

1.3.2 数学模型方法

用数学模型方法研究环境工程过程时,首先要分析过程的机理,在充分认识过程机理的基础上,对过程机理进行合理简化,得出基本能反映过程机理的物理模型。然后,用数学方法来描述此物理模型,得到数学模型,再用适当的数学方法求解数学模型,所得结果一般包括反映过程特性的参数,即模型参数,最后通过实验求出模型参数。数学模型可用于过程和设备的设计及计算。这种方法是在理论指导下得出数学模型,同时又通过实验求出模型参数并检验模型的可靠性,所以是半理论半经验的方法。数学模型方法有理论的指导,而且计算技术,特别是计算机的发展,又使复杂数学模型的求解成为可能,所以已逐步成为主要的研究方法。

1.4 常用物理量

1.4.1 常用物理量及单位换算

1. 单位制及单位换算

由于历史原因,工程界曾经采用了英制或工程制单位,常用的物理、化学数据有些以物理制单位表示。随着科学技术的迅速发展和国际学术交流的日益频繁,国际计量会议制定了一种国际上统一的国际单位制,其国际代号为SI (Système International d'Unités)。这里先重点介绍国际单位制,再简要介绍其他单位制。

国际单位制的单位是由基本单位和包括辅助单位在内的具有专门名称的导出单位构成的,分别列于表1-4和表1-5。

表1-4 SI基本单位

量的名称	单位名称	单位符号	量的名称	单位名称	单位符号
长度	米	m	热力学温度	开尔文	K
质量	千克	kg	物质的量	摩尔	mol
时间	秒	s	发光强度	坎德拉	cd
电流	安培	A			

表 1-5　包括 SI 辅助单位在内的具有专门名称的 SI 导出单位

量的名称	单位名称	单位符号	用 SI 基本单位和 SI 导出单位表示
平面角	弧度	rad	1 rad=1 m/m
立体角	球面度	sr	1 sr=1 m^2/m^2
频率	赫兹	Hz	1 Hz=1 s^{-1}
力	牛顿	N	1 N=1 kg·m/s^2
压力、压强、应力	帕斯卡	Pa	1 Pa=1 N/m^2=1 kg/(m·s^2)
能[量]、功、热	焦耳	J	1 J=1 N·m=1 kg·m^2/s^2
功率、辐[射]通量	瓦特	W	1 W=1 J/s=1 kg·m^2/s^3
摄氏温度	摄氏度	℃	

注：摄氏温度是按式 $t=T-273.15$ 定义的，式中 t 为摄氏温度，T 为热力学温度。摄氏温度间隔 t_1-t_2 或温度差 Δt 以及热力学温度间隔 T_1-T_2 或温度差 ΔT，单位既可用 K，也可用℃。

如果用国际单位制表示的物理量太大或太小，可用表 1-6 所示的用于构成十进制数和分数单位的词头作为标准。

表 1-6　用于构成十进制数和分数单位的词头

所表示的因数	词头名称		词头符号	所表示的因数	词头名称		词头符号
	英文	中文			英文	中文	
10^{12}	tera	太[拉]	T	10^{-1}	deci	分	d
10^9	giga	吉[咖]	G	10^{-2}	centi	厘	c
10^6	mega	兆	M	10^{-3}	mili	毫	m
10^3	kilo	千	k	10^{-6}	micro	微	μ
10^2	hecto	百	h	10^{-9}	nano	纳	n
10^1	deca	十	da	10^{-12}	pico	皮	p

在物理制中，长度、质量和时间的单位分别为厘米、克和秒；在英制中则分别为英尺、磅和秒，英制为非十进制。常用单位制之间的换算参见附录 A。

2. 量纲

物理量的基本量的量纲为其本身。SI 量制中，长度、质量、时间、电流、热力学温度、物质的量、发光强度 7 个基本量的量纲符号分别为 L、M、T、I、Θ、N、J。

导出量 Q 的量纲，其一般表达式为

$$\dim Q = \mathrm{L}^{\alpha}\mathrm{M}^{\beta}\mathrm{T}^{\gamma}\mathrm{I}^{\delta}\Theta^{\zeta}\mathrm{N}^{\xi}\mathrm{J}^{\eta} \tag{1.4.1}$$

式中 dim 为量纲符号，指数 α、β、γ、δ、ζ、ξ、η 称为量纲指数。

例如，密度 ρ 的量纲写为 $\dim\rho=\mathrm{ML}^{-3}$。

量纲表达式中所有量纲指数均为 0 的量，量纲为 1，表示为

$$\dim\vartheta = \mathrm{L}^0\mathrm{M}^0\mathrm{T}^0\mathrm{I}^0\Theta^0\mathrm{N}^0\mathrm{J}^0 = 1 \tag{1.4.2}$$

例如,液体的相对密度 d 为该液体的密度 ρ 与 4 ℃时纯水的密度 $\rho_水$ 的比值,其量纲为

$$\dim d = ML^{-3}/(ML^{-3}) = M^0L^0 = 1 \tag{1.4.3}$$

3. 量纲一致性方程

物理量方程是某一客观现象有关的各物理量之间关系的表达式。任何一个物理量方程,只要理论上合理,则该方程等号两边各项的量纲必定相等,称为量纲一致性方程。

例如,理想气体状态方程

$$pV = nRT \tag{1.4.4}$$

理想气体是指分子本身没有体积、分子间没有作用力的气体,它在任何温度和压力下均能服从气体状态方程。低压下的实际气体的行为接近于理想气体,因此常用理想气体状态方程对低压气体进行计算。

气体压力 p,$\dim p = ML^{-1}T^{-2}$;气体体积 V,$\dim V = L^3$。因此,式(1.4.4)中等号左边的量纲为 ML^2T^{-2}。

气体的物质的量 n,$\dim n = N$;热力学温度 T,$\dim T = \Theta$。为了保证方程的量纲一致性,摩尔气体常数 R 的量纲应为 $\dim R = ML^2T^{-2}N^{-1}\Theta^{-1}$。

4. 物理方程的单位一致性

任何物理量都要用数值和单位表示。例如,同一压力,其单位不同,则数值也不同。1 kPa=10^3 Pa,即压力的单位用 Pa 和 kPa,其数值相差 10^3 倍。

因此,在用物理方程进行计算时,必须注意式中各项的单位一致性。例如,理想气体状态方程 $pV=nRT$,若将式中气体压力 p 或气体的物质的量 n 的单位改变,则摩尔气体常数 R 的数值和单位也应作相应改变,以保持方程各项单位的一致性。具体单位换算见表 1-7。

表 1-7 单位换算

物理量	p	V	n	T	R
单位	Pa	m^3	mol	K	8.314 Pa·m^3/(mol·K)=8.314 J/(mol·K)
	kPa	m^3	kmol	K	8.314 kPa·m^3/(kmol·K)=8.314 kJ/(kmol·K)
	kPa	m^3	mol	K	8.314×10^{-3} kPa·m^3/(mol·K)=8.314×10^{-3} kJ/(mol·K)
	Pa	m^3	kmol	K	8 314 Pa·m^3/(kmol·K)=8 314 J/(kmol·K)

1.4.2 浓度的表示方法

环境系统中所处理的物料常常不是单一组分,而是由若干组分构成的混合物。混合物中,各组分的浓度(或组成)有多种表示方法,下面介绍常用的几种。

1. 物质的量浓度和物质的质量浓度

1)物质的量浓度

物质的量浓度又称摩尔浓度,其定义是组分 i 的物质的量 n_i 除以混合物的体积 V,以符号 c_i 表示,即

$$c_i = n_i/V \tag{1.4.5}$$

2)物质的质量浓度

物质的质量浓度又称质量密度,其定义是组分 i 的质量 m_i 除以混合物的体积 V,以符号

ρ_i 表示，即

$$\rho_i = m_i/V \tag{1.4.6}$$

由式(1.4.6)可知，ρ_i 的单位为 kg/m^3。

2. 物质的量分数和物质的质量分数

1) 物质的量分数

物质的量分数又称为摩尔分数，其定义是组分 i 的物质的量 n_i 与混合物的物质的量 n 之比值。对于液体混合物，以 x_i 表示，即

$$x_i = n_i/n \tag{1.4.7}$$

式中：n——混合物中各组分物质的量之和。

显然，混合物中各组分的摩尔分数之和等于1。

$$\sum x_i = \sum \frac{n_i}{n} = \frac{\sum n_i}{n} = 1 \tag{1.4.8}$$

2) 物质的质量分数

物质的质量分数，其定义是组分 i 的质量 m_i 与混合物的总质量 m 之比值，以符号 w_i 表示，即

$$w_i = m_i/m \tag{1.4.9}$$

显然，混合物中各组分的质量分数之和等于1，即

$$\sum w_i = 1 \tag{1.4.10}$$

3. 摩尔比与质量比

1) 摩尔比

对于由组分A与组分B组成的双组分混合物，若组分B的量在过程进行中保持不变，而组分A的量有增减，在这种情况下，以组分B的量为基准来表示组分A的组成，会给计算带来方便。组分A的摩尔比的定义表示式为

$$X_A = \frac{n_A}{n_B} \tag{1.4.11}$$

组分A的摩尔比 X_A 与其摩尔分数 x_A 的关系为

$$X = \frac{x_A}{x_B} = \frac{x_A}{1-x_A} \tag{1.4.12}$$

2) 质量比

组分A的质量比的定义表示式为

$$\Omega_A = m_A/m_B \tag{1.4.13}$$

组分A的质量比 Ω_A 与其质量分数 ω_A 的关系为

$$\Omega_A = \frac{\omega_A}{\omega_B} = \frac{\omega_A}{1-\omega_A} \tag{1.4.14}$$

4. 气体混合物组成的表示方法

1) 压力分数

对于理想混合气体，组分 i 单独存在于体积 V 中所呈现的分压力 p_i 可表示为

$$p_i = n_i RT/V \tag{1.4.15}$$

$$p = p_1 + p_2 + \cdots + p_i + \cdots \tag{1.4.16}$$

式中:p——总压力;

p_i——分压力。

对于混合气体中所有组分,则有

$$p = (n_1 + n_2 + \cdots)RT/V \tag{1.4.17}$$

由式(1.4.16)、式(1.4.17)求得

$$p_i/p = n_i/n \tag{1.4.18}$$

即压力分数等于摩尔分数。

2)体积分数

对组分 i,状态方程可表示为

$$pV_i = n_iRT \tag{1.4.19}$$

$$V=V_1+V_2+\cdots+V_i+\cdots \tag{1.4.20}$$

式中:V——气体混合物的总体积;

V_i——组分 i 在总压力 p 下单独存在时所具有的体积,称为分体积。

对于气体混合物中所有组分,则有

$$p(V_1 + V_2 + \cdots) = (n_1 + n_2 + \cdots)RT \tag{1.4.21}$$

因此,由式(1.4.21)、式(1.4.20)求得组分 i 的体积分数 φ_i 为

$$\varphi_i = V_i/V = n_i/n \tag{1.4.22}$$

由式(1.4.18)与式(1.4.22)可知,对理想气体混合物中各组分有下列关系式:

$$\text{摩尔分数} = \text{压力分数} = \text{体积分数} \tag{1.4.23}$$

3)双组分气体混合物中组分的摩尔比 Y

由式(1.4.15)和式(1.4.19)可得

$$Y = \frac{n_A}{n_B} = \frac{p_A}{p_B} = \frac{V_A}{V_B} \tag{1.4.24}$$

即

$$\text{摩尔比} = \text{分压力比} = \text{分体积比} \tag{1.4.25}$$

例 1-1 假设一辆摩托车尾气中 CO 的体积分数为 1%,计算在 25 ℃时,1 个大气压下 CO 的质量浓度。

解 将 CO 视为理想气体,则

$$pV_{CO} = n_{CO}RT$$

令 φ_{CO} 为 CO 的体积分数,m_{CO} 为 CO 的质量,M_{CO} 为 CO 的摩尔质量,则

$$p(V\varphi_{CO}) = \frac{m_{CO}}{M_{CO}}RT$$

因此

$$\rho_{CO} = \frac{m_{CO}}{V} = \frac{p\varphi_{CO}M_{CO}}{RT}$$

$$= \frac{101.3 \times 10^3 \times 1\% \times 28}{8.314 \times (25 + 273)} = 11.45(\text{g/m}^3)$$

例 1-2 可近似地认为空气由 N_2 和 O_2 组成,其体积比为 79∶21,计算在 101.3 kPa、0 ℃时空气的质量浓度。

解 在 101.3 kPa、0 ℃时 1 mol 空气的体积为

$$V=\frac{nRT}{p}=\frac{1\times 8.314\times 273}{101.3\times 10^3}=0.022\,4(\text{m}^3)$$

1 mol 空气的质量为

$$m=m_{N_2}+m_{O_2}=1\times 0.79\times 28+1\times 0.21\times 32=28.84(\text{g})$$

在 101.3 kPa、0 ℃时空气的质量浓度为

$$\rho=\frac{m}{V}=\frac{28.84}{0.022\,4}=1\,287.5(\text{g/m}^3)$$

1.5 质量衡算

质量衡算是环境工程中分析问题的基本方法，其依据是质量守恒定律。对于任何环境系统，都可以运用质量衡算方法，从理论上计算物料在这个系统中的输入量、输出量和积累量。因此，借助质量衡算，可以定量表示污染物在环境中的迁移。

1.5.1 衡算系统的概念

用衡算方法分析各种与物质传递和转化有关的过程时，首先应确定一个用于分析的特定区域，即衡算的空间范围，称为衡算系统。包围此区域的界面称为边界，边界以外的范围为系统的环境。划定系统的边界后，就可以分析物质通过边界的质量转移及其在系统内的积累。

衡算的区域可以是宏观上较大的范围，如一个反应池、一个车间、一个湖泊、一段河流、一座城市上方的空气，甚至可以是整个地球。衡算也可以取微元尺度范围，如环境工程设备或管道中一个微元体。对宏观范围进行的衡算，称为总衡算；对微元范围进行的衡算，称为微分衡算。仅研究一个过程的总体规律而不涉及内部的详细情况时，可运用总衡算，由宏观尺度系统的外部各有关物理量的变化来考察系统内部物理量的总体平均变化。该方法可以解决环境工程中的物料平衡、设备受力，以及管道内的平均流速、阻力损失等许多有实际意义的问题，但不能得知系统内部各点的变化规律。当需要探索系统内部的质量变化规律，了解过程的机理时，则需要采用微分衡算，从研究微元体各物理量随时间和空间的变化关系着手，建立过程变化的微分方程，然后在特定的边界和初始条件下求解，从而获得系统中每一点的相关物理量随时间和空间变化的规律。

1.5.2 总质量衡算方程

物料平衡分析是用来描述当一种反应正在进行时，在容器（反应器）内或在液体的某限定部分内发生的各种变化的基本方法。

1. 质量衡算方程

任何一种物质都要去向某一处，这是质量守恒定律中的最简单而基本的原理，根据这一原理可以跟踪污染物在环境系统中的迁移。所以，物料平衡可提供一种简便的方法，用以确定在处理装置内物质随时间变化的情况。为具体说明，对图 1-2 所示的系统物料进行物料平衡分析。首

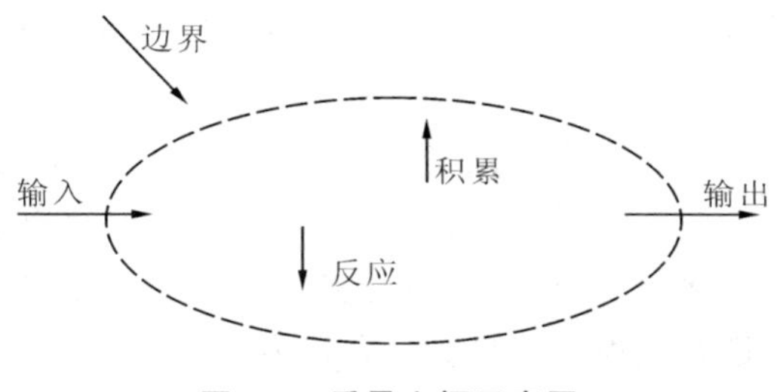

图 1-2 质量守恒示意图

先,必须定出系统边界,以便表示进入与离开系统的全部物料流。在图1-2中,虚线表示系统边界。恰当地选择系统边界异常重要。如系统边界选择恰当,在多数情况下就有可能简化物料平衡的计算。

根据质量守恒定律,系统的物料衡算方程为

$$\begin{matrix}\text{在系统边界内} \\ \text{反应物的积累速率}\end{matrix} = \begin{matrix}\text{反应物进入系统} \\ \text{边界内的流速}\end{matrix} - \begin{matrix}\text{反应物离开系统} \\ \text{边界的流速}\end{matrix} + \begin{matrix}\text{在系统边界内} \\ \text{的反应速率}\end{matrix} \tag{1.5.1}$$

或简单地表示为

$$\text{系统中的积累量}=\text{输入}-\text{输出}+\text{反应} \tag{1.5.2}$$

在式(1.5.2)中,反应项若为正值,表示反应器内反应组分的浓度增加;若为负值,则表示反应组分被利用或消耗而浓度降低。式(1.5.2)的数学表达式为

$$\frac{\mathrm{d}m}{\mathrm{d}t} = \frac{\mathrm{d}(Vc)}{\mathrm{d}t} = q_V c_0 - q_V c + V r_{\mathrm{c}} \tag{1.5.3}$$

对于恒容过程,$\frac{\mathrm{d}V}{\mathrm{d}t}=0$,式(1.5.3)可简化为

$$V\frac{\mathrm{d}c}{\mathrm{d}t} = q_V c_0 - q_V c + V r_{\mathrm{c}} \tag{1.5.4}$$

式中:$\frac{\mathrm{d}m}{\mathrm{d}t}$——容器内反应组分质量的变化速率,$\mathrm{MT^{-1}}$;

V——反应器容积,$\mathrm{L^3}$;

$\frac{\mathrm{d}c}{\mathrm{d}t}$——容器内反应组分浓度的变化速率,$\mathrm{ML^{-3}T^{-1}}$;

q_V——进、出容器的体积流量,$\mathrm{L^3T^{-1}}$;

c_0——进水中反应物浓度,$\mathrm{ML^{-3}}$;

r_{c}——反应速率,$\mathrm{ML^{-3}T^{-1}}$。

在求解任一质量平衡表达式之前,一定要先对单位进行核对,以保证各数值的单位一致。仍以式(1.5.4)为例,若将以下各单位代入式中:

$$V\text{:L}$$

$$\frac{\mathrm{d}c}{\mathrm{d}t}\text{:mg/(L·s)}$$

$$q_V\text{:L/s}$$

$$c_0\text{、}c\text{:mg/L}$$

$$r_{\mathrm{c}}\text{:mg/(L·s)}$$

经核对后获得的单位为

$$\mathrm{L\cdot[mg/(L\cdot s)] = (L/s)\cdot(mg/L) - (L/s)\cdot(mg/L) + L\cdot[mg/(L\cdot s)]}$$

$$\mathrm{mg/s=mg/s-mg/s+mg/s}$$

当系统中积累项不为0时,称为非稳态过程;积累项为0时,称为稳态过程。稳态过程是一种理想化的概念,在实际过程中质量积累速率可能很小,然而不可能为0,流速不可能为一个常数,而是在平均流速的上下波动,虽然如此,当积累项可以忽略时,仍以稳态过程来表示。稳态过程的物料衡算方程为

$$0 = \text{输入} - \text{输出} + \text{反应} \tag{1.5.5}$$

无反应的稳态过程物料衡算方程为

$$输入 = 输出 \tag{1.5.6}$$

物料衡算方程一般有总衡算式、组分衡算式和元素原子衡算式。对稳态过程，无化学反应及有化学反应时，其适用情况如表 1-8 所示。

表 1-8　各种物料衡算方程的适用情况

项目	物料平衡形式	无反应	有反应
总衡算式	总质量衡算式	是	是
	总物质的量衡算式	是	非*
组分衡算式	组分质量衡算式	是	非*
	组分物质的量衡算式	是	非*
元素原子衡算式	元素相对原子质量衡算式	是	是
	元素原子物质的量衡算式	是	是

注：* 表示有时符合衡算式。

2. 质量衡算基准

进行物料衡算，必须选一个计算基准，并在整个运算中保持一致。基准选得好，可使计算变得简单。

1）时间基准

对于连续操作过程，选用单位时间作为基准是很自然的。此时得到的物质流量可以直接与设备或管道尺寸相联系。

2）批量基准

对于间歇操作过程，按投入一批物料的数量为基准最方便。

3）质量基准

可以取一定质量的某一基准物流，然后计算其他物流的质量。基准物流可以是产品，也可以是原料或任何一个中间物流。如果选用得当，整个计算可以简化。一般取某一已知变量数最多的物流作为基准最为合适。

4）物质的量基准

可以取一定量的某一基准物流，然后计算其他物流的物质的量。质量基准与物质的量基准相比，前者多用于固体或液体物料，且无化学反应的过程。由于化学反应是按物质的量进行的，因此用物质的量基准更为方便。

对于气体物料，还可以使用标准体积基准。

例 1-3　一条含盐量为 400 g/m^3、流速为25.0 m^3/s的河流上游有一个农田污水排放口，其含盐量为 2 000 g/m^3，流速为 5.0 m^3/s。假设农田污水进入河流后与河流中的水迅速混合。为了使该河流下游的居民在使用该河流中的水时，水中的含盐量不高于 500 g/m^3，政府在该河流下游建立一座水库，长期向该河流注入不含盐的净水，如图 1-3 所示，问：净水的注入流量最小为多少才能达到要求？

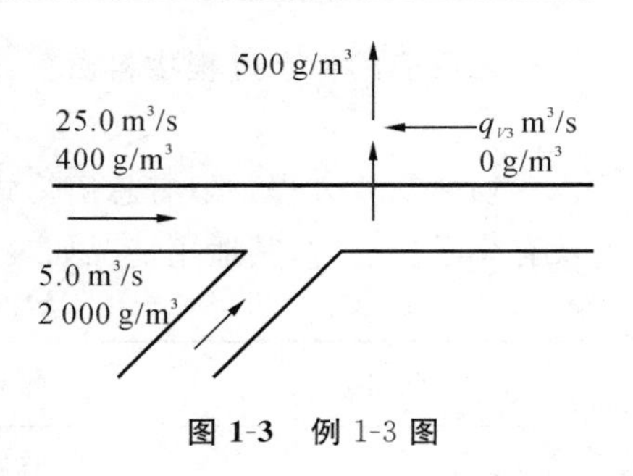

图 1-3 例 1-3 图

解 已知：$q_{V1}=25.0\ \mathrm{m^3/s}$；$c_1=400\ \mathrm{g/m^3}$；$q_{V2}=5.0\ \mathrm{m^3/s}$；$c_2=2\ 000\ \mathrm{g/m^3}$；$c_3=500\ \mathrm{g/m^3}$。根据盐的质量衡算：

$$q_{V1}c_1+q_{V2}c_2=c_3(q_{V1}+q_{V2}+q_{V3})$$

整理得

$$\begin{aligned}q_{V3}&=\frac{q_{V1}c_1+q_{V2}c_2}{c_3}-(q_{V1}+q_{V2})\\&=\frac{25.0\times400+5.0\times2\ 000}{500}-(25.0+5.0)\\&=10.0(\mathrm{m^3/s})\end{aligned}$$

因此，净水的注入量最少为 10 m³/s。

例 1-4 一个含挥发性有机气体的容器需要清洗。其半径 4 m，高 10 m。将不含挥发性有机气体的空气泵入容器，流量为 1.5 m³/s。同时，气体以相同的流速排出。计算挥发性有机气体体积从 6%(体积分数)降低到 1%所需时间。假设容器中气体完全混合，温度为常数。

解 假设气体为理想气体，对挥发性有机气体进行质量衡算。因泵入空气不含挥发性有机气体，则

$$输入的挥发性有机气体质量速率=0$$

$$输出的挥发性有机气体质量速率=ypq_VM/(RT)$$

$$容器中挥发性有机气体的积累速率=\mathrm{d}m/\mathrm{d}t=\mathrm{d}(ypVM/(RT))/\mathrm{d}t=pVM/(RT)\ \mathrm{d}y/\mathrm{d}t$$

其中，y 为任一时刻容器及排出气体中挥发性有机气体的含量，p 为气体总压，q_V 为气体体积流量，V 为容器的体积，m 为容器中挥发性有机气体的质量，M 为挥发性有机气体的摩尔质量，R 为摩尔气体常数，t 为时间，T 为温度。

由质量守恒定律，有

$$pVM/(RT)\mathrm{d}y/\mathrm{d}t=0-ypq_VM/(RT)$$

化简，得

$$-\mathrm{d}y/y=(q_V/V)\mathrm{d}t$$

积分

$$\frac{q_V}{V}\int_0^t\mathrm{d}t=-\int_{y_0}^{y_t}\frac{\mathrm{d}y}{y}$$

$$t=\frac{V}{q_V}-\ln\frac{y_0}{y_t}=\frac{\pi\times4^2\times10}{4\times1.5}\ln\frac{6\%}{1\%}=150(\mathrm{s})$$

1.6 能量衡算

环境工程中有很多涉及能量变化的过程，这些过程均遵守能量守恒定律，即

$$输入能量=输出能量+能量损失\tag{1.6.1}$$

式中，能量损失是指输入系统能量中未被有效利用的部分。依据能量守恒定律可以写出能量衡算方程，从而用于分析能量流。通过能量衡算，可以确定环境工程中加热系统需要的供热量、冷却系统需要的冷却水量等，也可以对河流或湖泊水体、区域大气乃至全球范围内的大气能量变化进行分析。

1.6.1 总能量衡算方程

进行能量衡算时，首先要确定衡算的范围，即衡算系统。当能量和物质都穿越系统边界时，该系统称为开放系统；只有能量可以穿越系统边界而物质不能穿越系统边界时，该系统称为封闭系统。

对于一个封闭系统（图 1-4），经过某一过程后，其内部能量的变化等于该系统从环境吸收的热量与它对外所做的功之差，即

$$\Delta U = U_2 - U_1 = Q - W \tag{1.6.2}$$

式中，ΔU 表示系统由状态 1 到状态 2 引起的内能变化量；U_1、U_2 分别是状态 1 和状态 2 时系统的内能。Q 和 W 是系统从状态 1 到状态 2 所经历的过程中，系统与环境间分别以热和功的形式交换的能量。热用符号 Q 表示，规定系统从环境吸收的热量为正值，释放给环境的热量为负值。

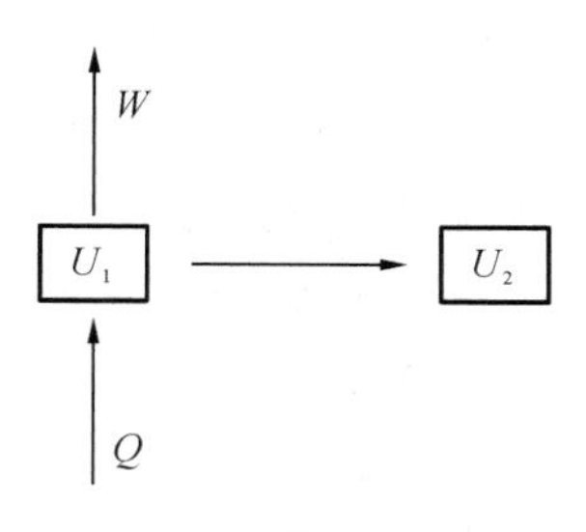

图 1-4 能量交换示意图

式(1.6.2)也适用于稳流开放系统，此时系统内部的能量包括系统产生的可以观察到的、宏观形式的能量，如动能、位能以及内能（系统原子、分子结构的微观形式的能量）。此外，流动着的物料内部任何位置上都具有一定的静压力，物料进入系统需要对抗压力做功，这部分能量作为静压能输入系统。因此，物料的总能量可以描述为它的内能、动能、位能和静压能的总和。系统内部能量的变化等于输出系统的物料携带的总能量与输入系统的物料携带的总能量之差加上系统内部能量的积累。因此，对于任一衡算系统，能量衡算方程可表述为

输出系统的物料的总能量－输入系统的物料的总能量＋系统内物料能量的积累

＝系统从外界吸收的热量－系统对外界所做的功 (1.6.3)

式(1.6.3)中，系统对外界所做的功指非体积功。实际应用中，可以对单位质量的物料进行能量衡算，也可以取单位时间进行能量分析。

1.6.2 热量衡算方程

在主要涉及物料温度或物态变化的过程中，能量可以用焓表示。

物质的焓定义为

$$H = U + pV \tag{1.6.4}$$

焓值反映物料所含热量，是温度与物态的函数。因此进行衡算时，除选取时间基准外，还需选取物态与温度基准，通常以 273 K 物质的液态为基准。物态基准除了指物料的不同物态（固态、液态和气态）外，对于有化学反应发生的系统，还必须考虑组分的变化，因为反应的热效应，反应物与生成物在不同温度下的焓值不同。

单位时间系统物料总能量的变化可以表示为

单位时间系统内部总能量的变化＝单位时间物料带出的总能量－单位时间物料带入的总能量＋单位时间系统内部能量的积累 (1.6.5)

在此类过程中，系统不对外做功，即 $W=0$，则能量衡算方程可表示为

单位时间物料带出的总能量－单位时间物料带入的总能量＋单位时间系统内部能量的积累＝单位时间系统的吸热量 (1.6.6)

式(1.6.6)也称为热量衡算方程。对于不同的系统,该热量衡算方程可以进一步简化。

热量衡算是环境工程设计中极其重要的组成部分,如通过热量衡算可以确定传热设备的热负荷,以此设计传热型设备的形式、尺寸、传热面积等,并为反应器等各种设备及控制仪表提供参数,确定单位产品的能耗指标,同时也为提供工艺设计条件做准备。热量衡算的步骤与物料衡算相似,通过例题1-5具体说明。

例1-5 某一消化池每天处理污泥45 000 kg,并由换热器提供所需热量,消化池的尺寸等条件如下。试计算维持消化池所需温度需要供给多少热量?如果换热器停止工作1 d,容器内的污泥温度将平均下降多少度?

(1) 消化池的结构(如图1-5所示):

直径 d=18 m, 边深 h=6 m, 底深=9 m

(2) 传热系数:

消化池壁处的 $\alpha_1=0.68\ \mathrm{W/(m^2 \cdot ℃)}$

消化池底部处的 $\alpha_2=0.85\ \mathrm{W/(m^2 \cdot ℃)}$

与空气接触的顶部处的 $\alpha_3=0.91\ \mathrm{W/(m^2 \cdot ℃)}$

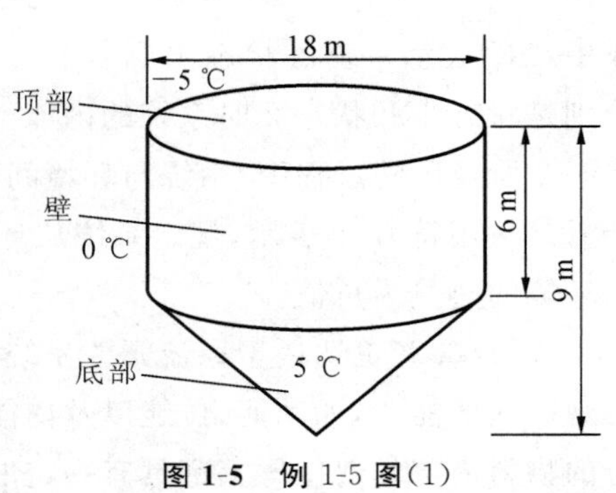

图1-5 例1-5图(1)

(3) 温度:

空气温度:−5 ℃

与墙相邻的环境温度:0 ℃

输入污泥的温度:10 ℃

与底部相邻的环境温度:5 ℃

消化池内污泥的温度:32 ℃

(4) 污泥比热容 =4 200 J/(kg·℃)。

通过消化池壁、顶部和底部损失的热量可由牛顿冷却定律(参见第3章)计算,即

$$Q=\alpha A \Delta T$$

式中:Q——热损失速率,J/s;

α——传热系数,$\mathrm{J/(m^2 \cdot s \cdot ℃)}$;

A——传热面积,$\mathrm{m^2}$;

ΔT——温度差,℃。

解 1) 计算污泥每天所需要的热量

$$Q=45\ 000\times(32-10)\times 4\ 200=4.16\times 10^9\ (\mathrm{J/d})$$

2) 计算壁、顶部和底部的面积

$$\text{壁面积}=\pi\times 18\times 6=339.3(\mathrm{m^2})$$

$$\text{底部面积}=\pi\times 9\times(9^2+3^2)^{1/2}=268.2(\mathrm{m^2})$$

$$\text{顶部面积}=\pi\times 9^2=254.5(\mathrm{m^2})$$

3) 计算每天的热量损失

$$\text{壁}:Q_1=0.68\times 339.3\times(32-0)\times 86\ 400=6.38\times 10^8\ (\mathrm{J/d})$$

$$\text{底部}:Q_2=0.85\times 268.2\times(32-5)\times 86\ 400=5.32\times 10^8\ (\mathrm{J/d})$$

$$\text{顶部}:Q_3=0.91\times 254.5\times(32+5)\times 86\ 400=7.40\times 10^8\ (\mathrm{J/d})$$

$$总损失:Q_T=(6.38+5.32+7.40)\times10^8=1.91\times10^9(\mathrm{J/d})$$

4）计算所需热交换器的能量

$$\begin{aligned}热交换器的能量&=污泥所需热量+消化池所需热量\\&=(4.16+1.91)\times10^9=6.07\times10^9(\mathrm{J/d})\end{aligned}$$

5）确定关闭热源的效果

$$消化池体积=\pi\times18^2/4\times6+\pi\times18^2/12\times3=1\ 526.8+254.5=1\ 781.3(\mathrm{m^3})$$

$$污泥质量=1\ 781.3\times10^3=1.78\times10^6(\mathrm{kg})$$

$$下降温度=\frac{6.07\times10^9\times1}{1.78\times10^6\times4\ 200}=0.81(℃/\mathrm{d})$$

需要指出的是，以上计算下降温度的方法是一个近似方法。更严谨的计算如下，热量交换示意图如图1-6所示。

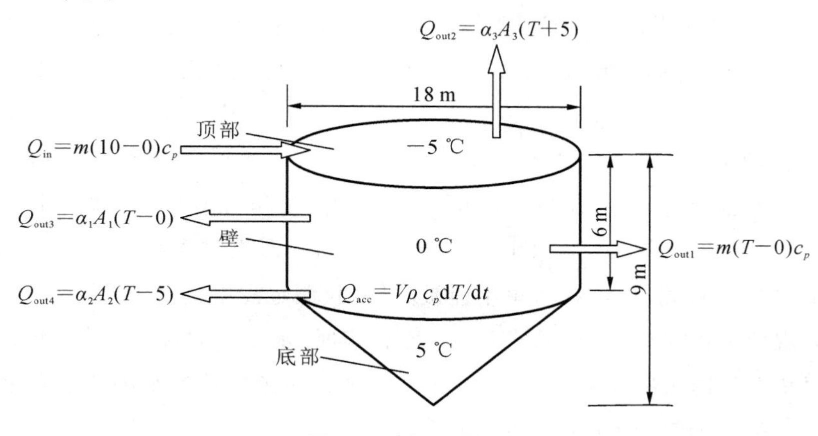

图1-6　例1-5图(2)

由热量衡算，有

$$V\rho c_p\frac{\mathrm{d}T}{\mathrm{d}t}=m\times10c_p-mTc_p-\alpha_1A_1T-\alpha_2A_2(T-5)-\alpha_3A_3(T+5)$$

$$\frac{V\rho c_p\mathrm{d}T}{10mc_p+5\alpha_2A_2-5\alpha_3A_3-(mc_p+\alpha_1A_1+\alpha_2A_2+\alpha_3A_3)T}=\mathrm{d}t$$

$$V\rho=1.78\times10^6\ \mathrm{kg},\quad m=45\ 000\ \mathrm{kg/d},\quad c_p=4\ 200\ \mathrm{J/(kg\cdot ℃)}$$

$$\alpha_1A_1=0.68\times339.3\times86\ 400=1.99\times10^7[\mathrm{J/(d\cdot ℃)}]$$

$$\alpha_2A_2=0.85\times268.2\times86\ 400=1.97\times10^7[\mathrm{J/(d\cdot ℃)}]$$

且

$$\alpha_3A_3=0.91\times254.5\times86\ 400=2.00\times10^7[\mathrm{J/(d\cdot ℃)}]$$

代入上式得

$$\frac{74.8}{18.9-2.49T}\mathrm{d}T=\mathrm{d}t$$

两边积分

$$\int_{32}^{T}\frac{74.8}{18.9-2.49T}\mathrm{d}T=\int_0^1\mathrm{d}t$$

$$\frac{74.8}{2.49}\ln\frac{18.9-2.49\times32}{18.9-2.49T}=1$$

$$T=31.7(℃)$$

则下降温度为

$$32-31.7=0.30(℃)$$

思考与练习

1-1　在理想情况下，大气中臭氧的浓度的标准值是 0.08 g/m^3，试计算在 0.82 个大气压、25 ℃下臭氧浓度。

1-2　一种典型的摩托车每行驶 1 m，CO 排放量为 20 g，计算该车行驶 5 m 产生的 CO 在 101.3 kPa、25 ℃下的体积。此时有多少立方米的空气被污染，使得 CO 浓度达到9 g/m^3？

1-3　一台家用洗衣机每一次循环能洗掉衣服上大约 12%的油脂和污迹，每次循环需耗时 1 min。而这台洗衣机的容积为 50 L(假设洗衣时洗衣机内水的体积为 50 L)，在洗衣机排水前，它将循环运行 5 min。假设此次洗的衣服上的油脂为 0.500 g，求洗衣机排出的水中油脂的浓度。

1-4　高原河水流速为 5.0 m^3/s，硒浓度为 0.001 5 mg/L。农民引河水灌溉农田，水流速度为 1.0 m^3/s。在灌溉过程中，土壤中的硒元素(硒盐)溶解在水中，而灌溉水一半被土壤和植物吸收，另一半又回到高原河里，且灌溉水流回到河里时含硒量为 1.00 mg/L。硒是一种可积累的惰性物质，即在河里不能被降解(且假定没有其他来源)。

(1) 如果农民继续灌溉，当农田的下游河水稳定时，水中硒的含量为多少？

(2) 河里鱼对硒的敏感度最高为 0.04 mg/L，那么为了保持河水中硒的含量在该浓度之下，农民最多能用该河流里的多少水灌溉农田？

1-5　某工厂打算设计一个氧化塘，输入流量为 0.10 m^3/s，可降解污染物浓度为30.0 mg/L，反应速率常数为 0.20 d。如果氧化塘内污染物浓度必须控制在10.0 mg/L以下，假设氧化塘内物质完全混合，那么该氧化塘至少要设计多大？

1-6　用盒子模拟城市的空气污染模型，假设盒子内污染物在除风扩散方向外的横向和垂直方向上完全混合(如一个镇位于山谷逆温层)。认为这个城市垂直于风向处高 250 m，宽 20 km，风速为 2 m/s，CO 的排放率为 60 kg/s(如图 1-7 所示)。假设 CO 不可降解，在城市内与空气完全混合，试求该城市内 CO 的浓度。

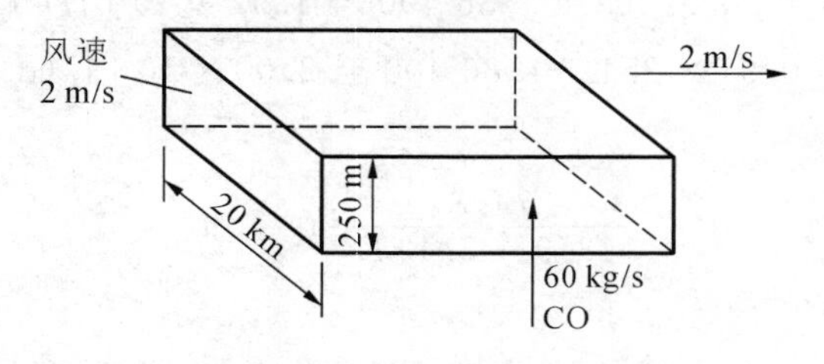

图 1-7　习题 1-6 图

1-7　假设空气覆盖的城市就像一个海拔 1.0 km、边长为 100 km 的箱子，新鲜的空气沿它的一边以 4 m/s 的速度吹进箱子，而另一股含污染物的大气以10.0 kg/s的速度进入该箱子，污染物的降解速率常数为 $k=0.20\ h^{-1}$。假设箱子内的气体完全混合，求处于稳定状态的污染物的浓度;如果风速突然降到1.0 m/s,求2 h后箱子里污染物的浓度。

1-8 容积为1 200 m^3 的氧化塘经过一段时间的使用达到稳定状态,此时污水进入塘内的流速为100 m^3/d,污染物浓度为10 mg/L。假设塘内完全混合,其反应速率常数为0.8 d^{-1}。

(1) 求流出氧化塘的水中污染物的浓度;

(2) 如果注入水中污染物浓度突然升高到100 mg/L,求7 d后流出氧化塘的水中的污染物浓度。

1-9 工程师打算设计一个储存罐来存放污水处理中厌氧活性污泥所产生的CH_4。如果CH_4产生的速率为200 kg/d,而储存条件是20 ℃、4 MPa,若需要储存10 d,则这个储存罐的容积设计为多少?

1-10 将50 mL压力为0.1 MPa的氧气与等温的250 mL、0.066 7 MPa的氮气在150 mL的储存罐中等温混合。计算混合后各气体的分压和储存罐内的总压。

1-11 1.002 g碳在含250 mL 27 ℃、压力为1.0 MPa的氧气的反应罐内完全燃烧。假设各种气体均为理想气体,且燃烧后反应罐内的温度上升2.5 ℃,计算反应后反应罐内的压力和每种气体的摩尔分数。

第2章 流体流动

流体是液体和气体的统称。流体具有流动性,即其抗剪和抗张的能力很小,无固定形状,随容器的形状变化而变化;在外力作用下其内部发生相对运动。液体有一定的液面,气体则没有。液体几乎不具压缩性,受热时体积膨胀不显著,所以一般将液体视为不可压缩的流体。与此相反,气体的压缩性很强,受热时体积膨胀很大,所以气体是可压缩的流体。如果在操作过程中气体的温度和压力改变很小,气体也可近似按不可压缩流体处理。

流体由大量的不断做不规则运动的分子组成,各个分子之间以及分子内部的原子之间均保留着一定的空隙,所以流体内部是不连续而存在空隙的,要从单个分子运动出发来研究整个流体平衡或运动的规律,是很困难而不现实的。所以本章不研究个别分子的运动,只研究由大量分子组成的分子集团。设想整个流体由无数个分子集团组成,每个分子集团称为"质点"。质点的大小与它所处的空间相比是微不足道的,但比分子自由程要大得多。这样可以设想在流体的内部各个质点相互紧挨着,它们之间没有任何空隙而成为连续体。用这种处理方法就可以不研究分子间的相互作用以及复杂的分子运动,主要研究流体的宏观运动规律,而把流体模化为连续介质。但不是所有情况都是如此,比如高真空度下的气体就不能视为连续介质。

对于流体流动系统,工程中往往需要设计或校核流体的流量、设备或管道尺寸、输送机械的功率等。采用总衡算或微分衡算的方法可以描述系统质量和能量的转换过程,而流动中的阻力分析则以牛顿黏性定律和边界层理论为基础。

本章将分别介绍管道内流动系统的衡算方程、流体流动的内摩擦力、边界层理论、流体流动阻力,以及管路计算和流体测量。

2.1 管流系统的衡算方程

各种工程中都需要使用管路来输送流体,管路中的流体流动速度及流量是研究流体输送过程的重要因素,质量衡算方程和能量衡算方程是解决管路计算问题的重要手段。

2.1.1 质量衡算方程

1. 基本概念

1)密度

单位体积流体具有的质量称为流体的密度,以符号 ρ 表示,单位为 kg/m^3。

液体的密度基本上不随压力而改变(除极高的压力外),但随着温度稍有改变。在手册上查询液体密度时,要注意温度。

气体是可压缩的流体,其密度随压力、温度变化而变化。因此对于气体的密度必须标明其状态。从手册中查得的气体密度往往是某一指定条件下的数值,这就涉及如何将查得的密度换算为操作条件下的密度。一般当压力不太高、温度不太低时,可按理想气体来处理。

$$\rho = \frac{m}{V} = \frac{pM}{RT} \tag{2.1.1}$$

式中：m——质量，kg；

V——体积，m^3；

M——摩尔质量，g/mol；

p——压力，kPa；

R——摩尔气体常数，$R=8.314$ kJ/(kmol · K)；

T——热力学温度，K。

在环境工程中所遇到的流体，往往是含有几个组分的混合物。通常手册中所列出的为纯物质的密度，所以混合物的平均密度还得通过计算才能得到，本书不加以介绍。

压力或温度改变时，密度随之改变很小的流体称为不可压缩流体；若有显著改变，则称为可压缩流体。液体通常被认为是不可压缩流体，气体通常被认为是可压缩的。然而在处理流体输送问题时，若压力和温度改变不大，气体可当作不可压缩流体。

2）压力

流体垂直作用于单位面积上的力，称为压强，但习惯上称为压力，以 p 表示。压力有两种表示方法：一种是以绝对真空作为基准所表示的压力，称为绝对压力（简称绝压）；另一种是以大气压力作为基准所表示的压力，称为相对压力。由于大多数测压仪表所测得的压力都是相对压力，故相对压力也称表压。当绝对压力小于大气压力时，可用容器内的绝对压力不足一个大气压的数值来表示，称为真空度，它们的关系如下：

$$\text{表压}=\text{绝压}-\text{当地大气压} \tag{2.1.2}$$

$$\text{真空度}=\text{当地大气压}-\text{绝压} \tag{2.1.3}$$

绝压、表压和真空度的关系如图 2-1 所示。为了避免混淆，在写流体压力时要注明是绝压、表压还是真空度。

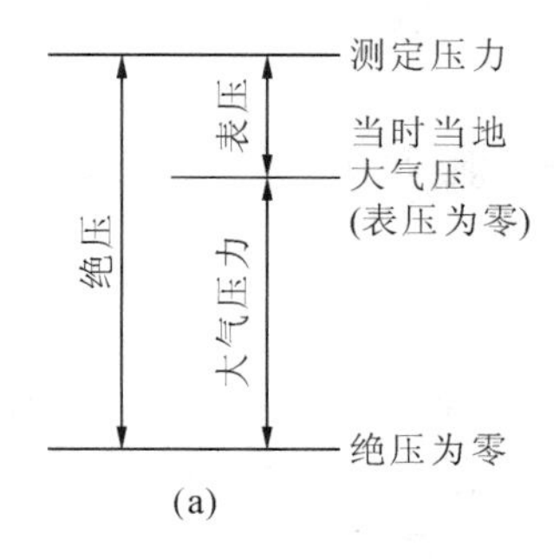

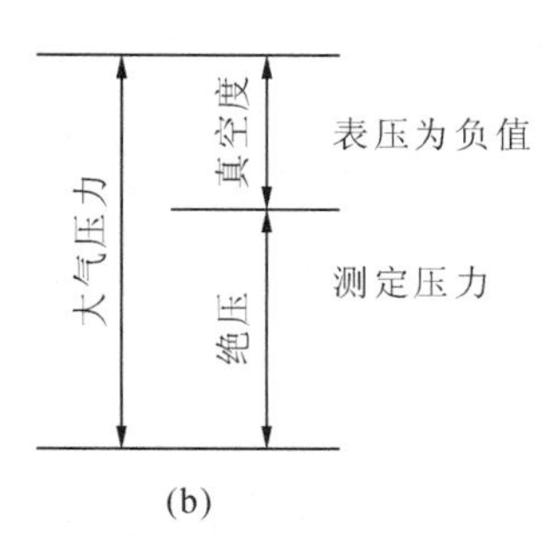

图 2-1　绝压、表压与真空度的关系

(a) 测定压力＞大气压力；(b) 测定压力＜大气压力

我国法定的压力单位为 Pa（N/m^2），称为帕斯卡（简称帕）。习惯上还采用其他单位，现列出一些常见的压力单位及其换算关系：

$$1\ \text{atm}=101\ 300\ \text{Pa}=101.3\ \text{kPa}=0.101\ 3\ \text{MPa}=10.33\ \text{mH}_2\text{O}=760\ \text{mmHg}$$

3）流量

单位时间内流过管路任一截面的流体的量称为流量。以体积计算，则称为体积流量，用 q_V 表示，单位是 m^3/s；以质量计算，则称为质量流量，用 q_m 表示，单位是 kg/s。

q_m 与 q_V 之间的关系为

$$q_m = q_V\rho \tag{2.1.4}$$

4) 流速

单位时间内流体在流动方向上流过的距离称为流速,以 u 表示,单位为 m/s。

流速与流量的关系为

$$u = \frac{q_V}{A} = \frac{q_m}{\rho A} \tag{2.1.5}$$

或

$$q_m = q_V \rho = uA\rho \tag{2.1.6}$$

式中:ρ——液体密度,kg/m^3;

A——输送管路面积,m^2。

2. 稳态流动和非稳态流动

流体在管道中流动时,管道内任何空间位置处流体的流速、流量、压力等参数都不随时间改变而变化,这种流动称为稳态流动;反之,如果各空间位置处流体流动的各参数随时间改变而改变,则称为非稳态流动。

工程应用中,流体流动大多为稳态流动。若非特别指出,一般所讨论的为稳态流动。

3. 质量衡算方程——连续性方程

设流体在图 2-2 所示的管路中做连续稳定流动,从截面 1—1′流入,从截面 2—2′流出。由质量守恒定律可知,从截面 1—1′流入的流体的质量流量等于从截面 2—2′流出的流体的质量流量,以此类推。

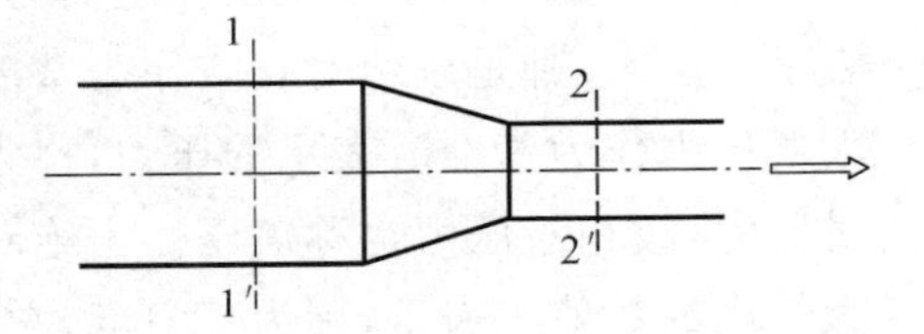

图 2-2 管路内流体的流动

根据式(2.1.6)得

$$u_1 A_1 \rho_1 = u_2 A_2 \rho_2 = \cdots = u_n A_n \rho_n = C \tag{2.1.7}$$

对于不可压缩流体,ρ=常数,则

$$u_1 A_1 = u_2 A_2 = \cdots = u_n A_n = C/\rho \tag{2.1.8}$$

例 2-1 采用一变径管输送液体,进口处直径为 300 mm,流速为 1 m/s,变径后直径为 200 mm,计算变径后液体流速。

解 设变径前、后平均流速分别为 u_1、u_2,截面积分别为 A_1、A_2,根据不可压缩流体的连续性方程,有

$$u_1 A_1 = u_2 A_2$$

$$u_2 = u_1 \frac{A_1}{A_2} = 1 \times \frac{\pi \times 0.3^2/4}{\pi \times 0.2^2/4} = 2.25(\text{m/s})$$

则变径后液体流速为 2.25 m/s。

2.1.2 能量衡算方程

在流体流动过程中,存在多种能量形式的转换。如图 2-3 所示的稳态流动系统,单位时间有质量为 m 的流体从截面 1—1′流入,必然有同样质量的流体从截面 2—2′流出。由于流体本身具有一定的能量,所以在此过程中,流体携带的能量输入和输出系统,同时泵对系统内流体做功。流体通过热交换器与环境发生热量交换。流体进出截面 1—1′与截面 2—2′之间系统时输入或输出的能量包括以下几项。

1. 流动着的流体本身具有的能量

1) 内能

内能指储存于流体内部的能量。它取决于流体的状态,因此与流体的温度有关,压力的影响一般可以忽略。单位质量流体的内能以 U 表示,质量为 m 的流体所具有的内能为 mU,其

单位为J。

2）位能

流体受重力作用在不同高度处所具有的能量称为位能。计算位能时应先规定一个基准水平面，如0—0′面。将质量为m的流体自基准水平面0—0′升举到z处所做的功，即为位能。

$$位能 = mgz \tag{2.1.9}$$

位能的单位为J。位能是相对值，随所选的基准面位置而定，在基准面以上为正值，在基准面以下为负值。

3）动能

流体以一定速度流动，便具有动能。质量为m、流速为u的流体所具有的动能为

$$动能 = \frac{1}{2}mu^2 \tag{2.1.10}$$

动能的单位为J。

4）静压能

在静止或流动的流体内部，任一处都有相应的静压力。如果在内部有液体流动的管壁面上开一小孔，并在小孔处装一根垂直的细玻璃管，液体便会在玻璃管内上升，上升的液柱高度就是管内该截面处液体静压力的表现。对于图2-3所示的流动系统，由于在1—1′截面处流体具有一定的静压力，流体要通过该截面进入系统，就需要对流体做一定的功，以克服这个静压力。换句话说，进入截面后的流体，也就具有与此功相当的能量，流体所具有的这种能量称为静压能或流动功。

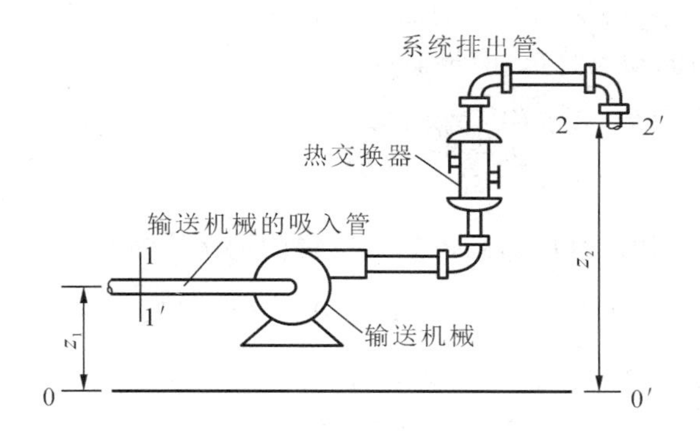

图2-3　流体流动系统示意图

以图2-3中截面1—1′为例，说明静压能的表达式。截面1—1′上所受到的总压力为$P_1 = p_1A_1$，将质量为m的流体，其体积为$V_1 = m/\rho$，压过该截面所做的功为

$$P_1u_1 = p_1A_1\frac{V_1}{A_1} = p_1V_1 = m\frac{p_1}{\rho_1} \tag{2.1.11}$$

静压能（或流动功）的单位为J。

位能、动能及静压能这三种能量均为流体在截面处所具有的机械能，三者之和称为该截面上的总机械能。

2. 与环境交换的能量类型

1）外加能量（外功）

在一个流动系统中，还有流体输送机械（泵或风机）向流体做功，若单位质量流体从输送机械所获得的能量为W_e，则质量为m的流体所接收外界的功为mW_e，单位为J。

2）热量

若管路中有加热器、冷却器等，流体通过时必与之换热。设换热器向单位质量流体提供的热量为 Q_e，则质量为 m 的流体接收的热量为 mQ_e，其单位为 J。若无，则 $Q_e=0$。

3）损失能量

损失能量是指流体在系统流动时因克服系统阻力所损耗的能量，单位是 J。

3. 理想流体的伯努利方程

理想流体是指没有黏性的流体，损失能量为 0。

伯努利(Bernoulli)方程是理想流体流动中机械能守恒和转化原理的体现，它描述了流入和流出系统的流体量及有关流动参数间的定量关系。

伯努利方程推导的思路是采用逐步简化的方法：流动系统的总能量衡算(包括内能和热能)→流动系统的机械能衡算→不可压缩流体流动的机械能衡算。下面对流体进行能量衡算，计算基准见表 2-1。

表 2-1　流体具有的能量衡算基准

衡算范围	如图 2-3 所示，1—1′与 2—2′两截面及内壁面
衡算基准	单位质量流体
基准水平面	0—0′平面

1）总能量衡算

根据能量守恒定律，稳态流动系统的能量衡算是以输入的总能量等于输出的总能量为依据的。对图 2-3 所示的流动系统，总能量衡算为

$$mU_1+mgz_1+\frac{mu_1^2}{2}+m\frac{p_1}{\rho_1}+mQ_e+mW_e=mU_2+mgz_2+\frac{mu_2^2}{2}+m\frac{p^2}{\rho_2} \tag{2.1.12}$$

将式(2.1.10)两边同时除以 m，则得到以单位质量流体为基准的总能量衡算式

$$U_1+gz_1+\frac{u_1^2}{2}+\frac{p_1}{\rho_1}+Q_e+W_e=U_2+gz_2+\frac{u_2^2}{2}+\frac{p_2}{\rho_2} \tag{2.1.13}$$

稳态流动系统中单位质量的理想流体所具有的能量如表 2-2 所示。

表 2-2　单位质量流体具有的能量

衡算范围	内能	位能	动能	静压能	加入热量	加入功
进入系统	U_1	gz_1	$u_1^2/2$	p_1/ρ_1	Q_e	W_e
离开系统	U_2	gz_2	$u_2^2/2$	p_2/ρ_2	—	—

2）伯努利方程

能量衡算式(2.1.13)所提及的能量可以分为两类：一类是机械能，包括位能、动能和静压能，功也可以归入此类，此类能量可直接用于输送流体，而且在流体流动过程中可以相互转化，且可以转变为热和内能；另一类包括内能和热，这两者在流动系统内不能直接转化为机械能用于输送流体。如果只考虑机械能，则根据式(2.1.13)，截面1—1′与截面 2—2′存在的机械能衡算关系为

$$gz_1+\frac{u_1^2}{2}+\frac{p_1}{\rho_1}+W_e=gz_2+\frac{u_2^2}{2}+\frac{p_2}{\rho_2} \tag{2.1.14}$$

对于不可压缩流体，$\rho_1=\rho_2$，若流动系统与外界没有功的交换，则 $W_e=0$。于是，式(2.1.14)可化简为

$$gz_1+\frac{u_1^2}{2}+\frac{p_1}{\rho}=gz_2+\frac{u_2^2}{2}+\frac{p_2}{\rho} \tag{2.1.15}$$

上式即为单位质量不可压缩流体进行稳态流动时的机械能衡算式，称为伯努利方程。

3）流体静力学方程

实际上伯努利方程对于静止的理想流体也是成立的。若流体静止，则 $u=0$。于是伯努利方程可化为

$$gz_1+\frac{p_1}{\rho}=gz_2+\frac{p_2}{\rho} \tag{2.1.16}$$

此公式即为流体静力学基本方程，适用于重力场中静止、连续、不可压缩的流体。

在工程实践中，静力学原理的应用是相当广泛的。在此介绍应用较广泛的 U 形管压差计，常见 U 形管压差计如图 2-4 所示。

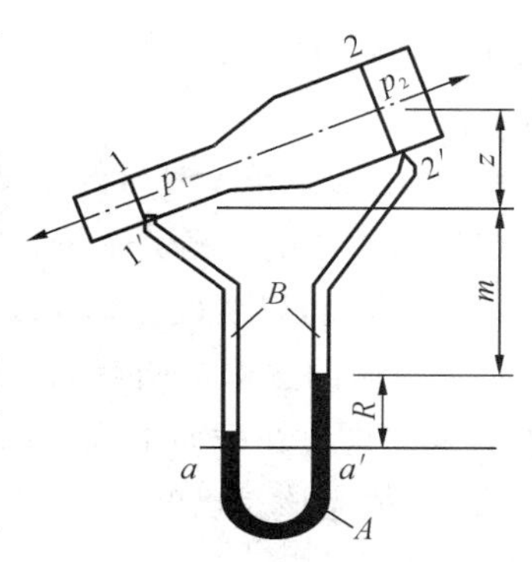

图 2-4　U 形管压差计

在一根 U 形玻璃管中装入液体，称之为指示液。指示液要与被测流体不相溶，不起化学反应，且其密度比被测流体的大。常用的指示液有汞、液状石蜡等。

将 U 形管两端与被测流体连通，若作用于 U 形管两端的压力不等，则指示液在 U 形管的两端便显示出高度差 R。

若指示液的密度为 ρ_0，被测流体的密度为 ρ。以截面 $a—a'$ 为分析对象，根据流体静力学方程，可知其为等压面，则 $p_a=p_{a'}$。

$$p_a=p_1+\rho g(m+R) \tag{2.1.17}$$

$$p_{a'}=p_2+\rho g(m+z)+\rho_0 gR \tag{2.1.18}$$

则可以得到

$$p_1+\rho g(m+R)=p_2+\rho g(m+z)+\rho_0 gR \tag{2.1.19}$$

化简得

$$p_1-p_2=(\rho_0-\rho)gR+\rho gz \tag{2.1.20}$$

U 形管不仅可以测量流体的压力差（简称压差），也可以测量流体在任一点的压力。若 U 形管一端与设备或管道某一点相通，另一端与大气相通，这时 R 反映的是管截面中流体的表压或真空度。

2.1.3　实际流体的机械能衡算

与理想流体不同，实际流体由于具有黏性，在管内流动要消耗机械能以克服阻力，因此，机械能损耗必须列入机械能衡算式中。机械能损耗用 W_f 表示，单位与 W_e 相同，为 J。若再计入外功，则有

$$gz_1+\frac{u_1^2}{2}+\frac{p_1}{\rho}+W_e=gz_2+\frac{u_2^2}{2}+\frac{p_2}{\rho}+W_f \tag{2.1.21}$$

式(2.1.21)即为以单位质量流体为基础的不可压缩实际流体的机械能衡算式。

若将式(2.1.21)两边同时除以重力加速度 g,又令 $W_e/g=h_e$、$W_f/g=h_f$,则可得到以单位质量为基准的机械能衡算式

$$z_1+\frac{u_1^2}{2g}+\frac{p_1}{\rho g}+h_e=z_2+\frac{u_2^2}{2g}+\frac{p_2}{\rho g}+h_f \tag{2.1.22}$$

上式中,各项的单位都为 m;z 称为位压头,$p/(\rho g)$称为静压头,$u^2/(2g)$称为动压头,h_e 称为外加压头,h_f 称为压头损失。

若将式(2.1.21)两边同时乘以流体密度 ρ,又令 $\rho W_e=\Delta p_e$、$\rho W_f=\Delta p_f$,也可以得到以单位体积流体为基准的机械能衡算式

$$\rho g z_1+\frac{\rho u_1^2}{2}+p_1+\Delta p_e=\rho g z_2+\frac{\rho u_2^2}{2}+p_2+\Delta p_f \tag{2.1.23}$$

上式中,各项的单位均为 J/m^3 或 Pa;Δp_e 为以单位体积流体计的外加能量,Δp_f 称为压力损失。

1. 机械能衡算方程的解题要点

(1) 作图与确定衡算范围。根据题意画出流动系统的示意图,并指明流体的流动方向,定出上、下游截面,以明确流动系统的衡算范围。

(2) 截面的选取。两截面均应与流动方向相垂直,并且在两截面间的流体必须是连续的。所求的未知量应在截面上或在两截面之间,且截面上的 u、p、z 等有关物理量,除所需求取的未知量外,都应该是已知的或能通过其他关系计算出来的。两截面上的 u、p、z 与两截面间的 W_f 都应相互对应一致。

(3) 基准水平面的选取。基准水平面可以任意选取,但必须与地面平行。如衡量系统为水平管道,则基准水平面通过管道的中心线,$\Delta z=0$。

(4) 两截面上的压力。两截面的压力除要求单位一致外,还要求基准一致。

(5) 单位必须一致。在用机械能衡算方程解题前,应把有关物理量换算成一致的单位,然后进行计算。

例 2-2 如图 2-5 所示,某车间用高位槽向喷头供应液体,液体密度为 1 050 kg/m^3。为了达到所要求的喷洒条件,喷头入口处要维持 4.05×10^4 Pa 的压力(表压),液体在管内的速度为 2.2 m/s,管路阻力估计为 25 J/kg(从高位槽的液面算至喷头入口为止),假设液面维持恒定,则高位槽内液面至少要在喷头入口以上多少米?

解 取高位槽液面为 1—1′截面,喷头入口处截面为 2—2′截面,过 2—2′截面中心线 0—0′为基准面。在此两截面之间列机械能衡算方程,因两截面间无外功加入($W_e=0$),故

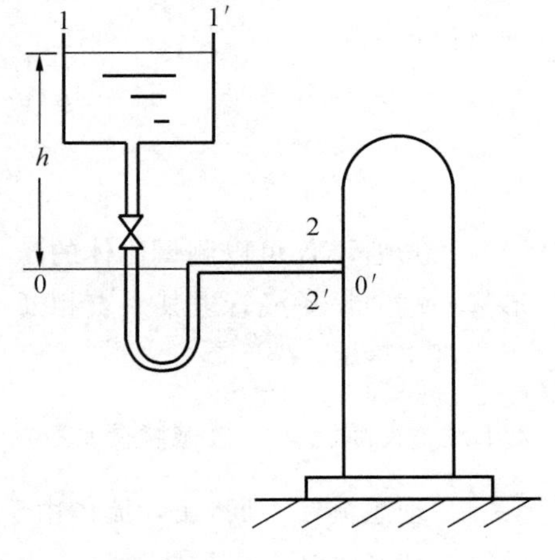

图 2-5 例 2-2 图

$$gz_1+\frac{u_1^2}{2}+\frac{p_1}{\rho}+W_e=gz_2+\frac{u_2^2}{2}+\frac{p_2}{\rho}+W_f$$

其中,z_1 为待求值,$z_2=0$,$u_1=0$,$u_2=2.2$ m/s,$\rho=1\ 050\ kg/m^3$,$p_1=0$(表压),$p_2=4.05\times10^4$ Pa(表压),$W_f=25$ J/kg。

将已知数据代入,解得

$$h = z_1 = \frac{p_2 - p_1}{\rho g} + \frac{u_2^2 - u_1^2}{2g} + \frac{W_f}{g} = \frac{4.05 \times 10^4 - 0}{1\,050 \times 9.81} + \frac{2.2^2 - 0}{2 \times 9.81} + \frac{25}{9.81} = 6.73(\text{m})$$

分析:计算结果说明高位槽的液面至少要在喷头入口以上 6.73 m。由本题可知,高位槽能连续供应液体,是由于流体的位能转变为动能和静压能,并用于克服管路阻力。

例 2-3 如图 2-6 所示,水从高位槽通过虹吸管流出,其中 h=8 m,H=6 m。设槽中水面保持不变,不计流动阻力损失,试求管出口处水的流速及虹吸管最高处水的压力。

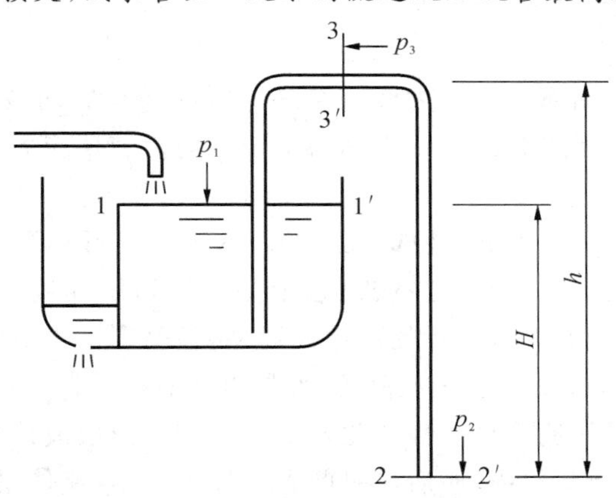

图 2-6 例 2-3 图

解 取水槽液面为 1—1′截面,管出口处为 2—2′截面。因不计流动阻力损失,所以在此两截面之间列伯努利方程,得

$$gz_1 + \frac{u_1^2}{2} + \frac{p_1}{\rho} = gz_2 + \frac{u_2^2}{2} + \frac{p_2}{\rho}$$

以 2—2′截面为基准面,则 $z_2=0$;忽略截面 1—1′处的速度 u_1,即 $u_1=0$;$p_1=p_2=1.013\times 10^5$ Pa。上式可化简为

$$gz_1 = \frac{u_2^2}{2}$$

则
$$u_2 = \sqrt{2gz_1} = \sqrt{2gH} = \sqrt{2\times 9.81\times 6} = 10.8(\text{m/s})$$

为求虹吸管最高处(3—3′截面)水的压力,可在 2—2′截面和 3—3′截面间列伯努利方程,得

$$\frac{p_3}{\rho} + \frac{u_3^2}{2} + gh = \frac{p_2}{\rho} + \frac{u_2^2}{2}$$

因
$$u_2 = u_3 = 10.8\ \text{m/s},\quad p_2 = 1.013\times 10^5\ \text{Pa}$$

故
$$p_3 = p_2 - \rho gh = 1.013 \times 10^5 - 1\,000 \times 9.81 \times 8 = 2.28 \times 10^4(\text{Pa}) = 22.8(\text{kPa})$$

该截面的真空度为

$$p_2 - p_3 = \rho gh = 1\,000 \times 9.81 \times 8 = 78\,500(\text{Pa}) = 78.5(\text{kPa})$$

2.2 流体流动的内摩擦力

流体在管中流动时,实际上是被分割成无数极薄的一层套着一层的"流筒",各层以不同的速度向前流动。速度快的流筒对速度慢的流筒起带动作用,速度慢的流筒对速度快的流筒起拖曳的作用,于是流筒间产生了流动阻力,称为内摩擦力。研究流体流动的内摩擦力是求解流

动阻力损失的基础之一。

2.2.1 牛顿黏性定律

流体的典型特征是具有流动性,但不同流体的流动性能不同,这主要是因为流体内部质点间作相对运动时存在不同的内摩擦力。这种表明流体流动时产生内摩擦力的特性称为黏性。黏性是流动性的反面,流体的黏性越大,其流动性越小。流体的黏性是流体产生流动阻力的根源。

流动的流体内部存在内摩擦力。内摩擦力是流体内部相邻两液体层的相互作用力,通常称为剪切力。单位面积上所受到的剪切力称为剪切应力。剪切应力是由流体内部速度分布不均引起的。

如图 2-7 所示,设有上、下两块面积很大且相距很近的平行平板,板间充满某种静止液体。若将下板固定,而对上板施加一个恒定的外力,上板就以恒定速度 u 沿 x 方向运动。若 u 较小,则两板间的液体就会分成无数平行的薄层而运动,黏附在上板底面下的一薄层流体以速度 u 随上板运动,其下各层液体的速度依次降低,紧贴在下板表面的一层液体因黏附在静止的下板上,其速度为 0,两平板间流速呈线性变化。对任意相邻两层流体来说,上层速度较大,下层速度较小,前者对后者起带动作用,而后者对前者起拖曳作用,流体层之间的这种相互作用,产生内摩擦,而流体的黏性正是这种内摩擦的表现。

平行平板间的流体,流速分布为直线,而流体在圆管内流动时,速度分布呈抛物线形,如图 2-8 所示。

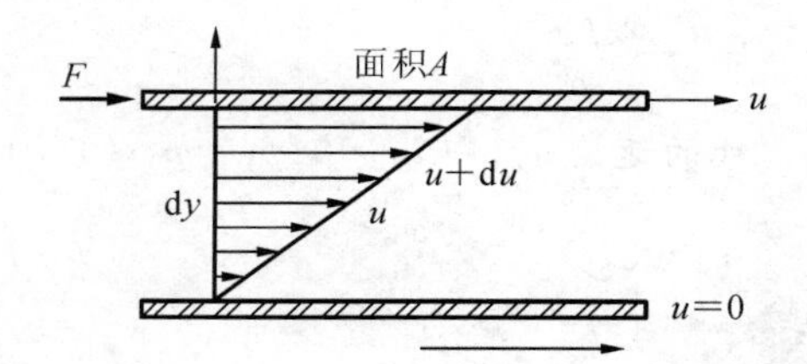

图 2-7　平板间液体速度变化图

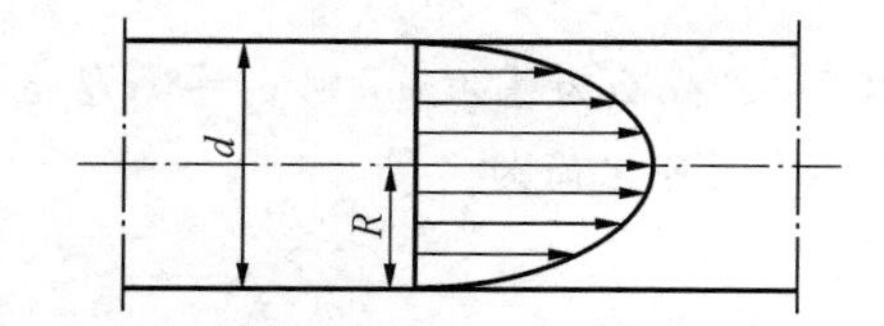

图 2-8　实际流体在管内的速度分布

实验证明,对于一定的流体,内摩擦力 F 与两流体层的速度差 $\mathrm{d}u$ 成正比,与两层之间的垂直距离 $\mathrm{d}y$ 成反比,与两层间的接触面积 A 成正比,即

$$F = \mu A \frac{\mathrm{d}u}{\mathrm{d}y} \tag{2.2.1}$$

式中:F——内摩擦力,N;

$\mathrm{d}u/\mathrm{d}y$——法向速度梯度,即在与流体流动方向相垂直的 y 方向流体速度的变化率,s^{-1};

μ——比例系数,称为流体的黏度或动力黏度,Pa · s。

单位面积上的内摩擦力称为剪应力,以 τ 表示,单位为 Pa,则式(2.2.1)变为

$$\tau = \mu \frac{\mathrm{d}u}{\mathrm{d}y} \tag{2.2.2}$$

式(2.2.1)、式(2.2.2)称为牛顿黏性定律,表明流体层间的内摩擦力或剪应力与法向速度梯度成正比。

剪应力与速度梯度的关系符合牛顿黏性定律的流体,称为牛顿型流体,包括所有气体和大多数液体;不符合牛顿黏性定律的流体称为非牛顿型流体,如高分子溶液、胶体溶液及悬浮液

等。本章讨论的均为牛顿型流体。

黏度的物理意义是，流体流动时在与流动方向垂直的方向上产生单位速度梯度所需的剪应力。黏度是反映流体黏性大小的物理量。

黏度也是流体的物性之一，其值由实验测定。液体的黏度随温度的升高而降低，压力对其影响可忽略不计。气体的黏度随温度的升高而增大，一般情况下也可忽略压力的影响，但在极高或极低的压力条件下需考虑其影响。在国际单位制下，黏度的单位为

$$[\mu] = \frac{[\tau]}{[\mathrm{d}u/\mathrm{d}y]} = \frac{\mathrm{Pa}}{\frac{\mathrm{m/s}}{\mathrm{m}}} = \mathrm{Pa \cdot s} \tag{2.2.3}$$

在一些工程手册中，黏度的单位常常用物理单位制下的 cP(厘泊)，它们的换算关系为

$$1\ \mathrm{cP} = 10^{-3}\ \mathrm{Pa \cdot s} \tag{2.2.4}$$

2.2.2　流体的流动状态

1. 雷诺实验与雷诺数

流体流动存在两种运动状态，即层流和湍流。下面通过实验来分析，图 2-9 为雷诺实验装置示意图。水箱装有溢流装置，以维持水位恒定，箱中有一水平玻璃直管，其出口处有一阀门，用以调节流量。水箱上方有小瓶，其中装有带颜色的液体，有色液体经细管注入玻璃管内。

实验中可观察到，当水的流速从小到大时，有色液体变化如图 2-10 所示。实验表明，流体在管道中流动存在两种截然不同的流型。

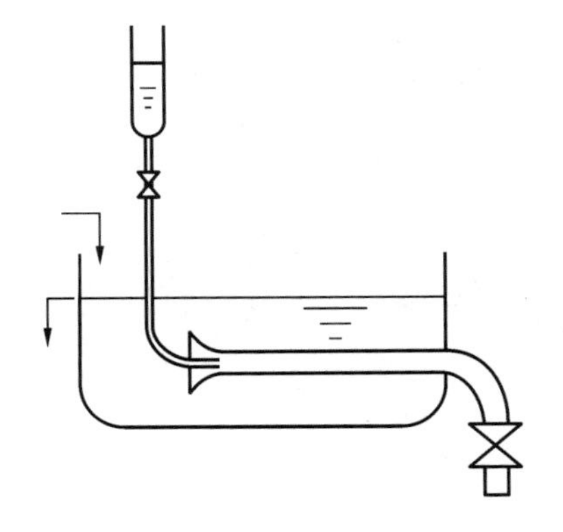

图 2-9　雷诺实验装置

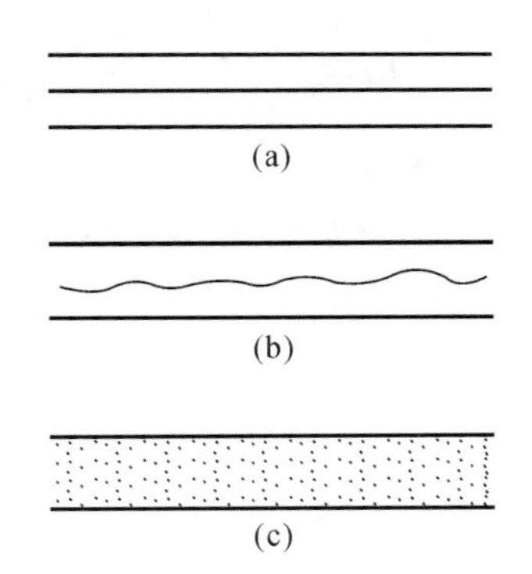

图 2-10　流体流动形态示意图

层流(或滞流)如图 2-10(a)所示，流体质点仅沿着与管轴平行的方向作直线运动，质点无径向脉动，质点之间互不混合。

湍流(或紊流)如图 2-10(c)所示，流体质点除了沿管轴方向向前流动外，还有径向脉动，各质点的速度在大小和方向上都随时变化，质点互相碰撞和混合。

若使用不同的管径和不同的流体进行实验，可以发现，不只是流速 u，管径 d、流体的黏度 μ 和密度 ρ 也都能引起流动状况的改变。流动形态由这些因素同时决定。通过进一步的分析研究，发现流体的流动形态可用雷诺数 Re 判断。

$$Re = \frac{du\rho}{\mu} \tag{2.2.5}$$

式中：u——流体速度，m/s；

ρ——流体密度,kg/m³;

d——特征尺寸,m;

μ——流体黏度,Pa·s。

从单位考察雷诺数 Re 的量纲,有

$$\dim Re = \dim \frac{du\rho}{\mu} = \frac{\mathrm{L(LT^{-1})(ML^{-3})}}{\mathrm{(MLT^{-2})L^{-2}T}} = 1 \tag{2.2.6}$$

式(2.2.6)表明,Re 量纲为 1。

大量的实验结果表明,流体在圆形直管内流动时,

(1) 当 $Re \leqslant 2\ 000$ 时,流动为层流,此区称为层流区,如图 2-10(a)所示。

(2) 当 $Re \geqslant 4\ 000$ 时,流动为湍流,此区称为湍流区,如图 2-10(c)所示。

(3) 当 $2\ 000 < Re < 4\ 000$ 时,流动可能是层流,也可能是湍流,与外界干扰有关,该区称为不稳定的过渡区,如图 2-10(b)所示。

雷诺数反映了流体流动中惯性力与黏性力的对比关系,标志流体流动的湍动程度。其值越大,流体的湍动越剧烈,内摩擦力也越大。

例 2-4 温度为 20 ℃ 的清水在一内径为 25 mm 的直管内流动。当流速为 1.5 m/s 时,其流动形态如何?若控制流动形态为层流,最大流速是多少?

解 由附录 B 可知,20 ℃ 时水的黏度 $\mu = 1.005 \times 10^{-3}$ Pa·s,密度 $\rho = 998.2$ kg/m³。

当 $u = 1.5$ m/s 时

$$Re = \frac{du\rho}{\mu} = \frac{25 \times 10^{-3} \times 1.5 \times 998.2}{1.005 \times 10^{-3}} = 3.69 \times 10^{4} > 4\ 000$$

故流动形态为湍流。

当流动形态为层流时,雷诺数 $Re \leqslant 2\ 000$,则

$$Re = \frac{du\rho}{\mu} = \frac{25 \times 10^{-3} \times u \times 998.2}{1.005 \times 10^{-3}} \leqslant 2\ 000$$

$$u \leqslant 0.08(\mathrm{m/s})$$

即最大流速为 0.08 m/s。

2. 管内层流与湍流的比较

流体在圆管内的速度分布是指流体流动时管截面上质点的速度随半径的变化关系。无论是层流还是湍流,管壁处质点速度均为 0,越靠近管中心流速越大,到管中心处速度为最大,但两种流型的速度分布不相同。

实验和理论分析都已证明,层流时的速度分布呈抛物线形,如图 2-11 所示。

湍流时流体质点的运动状况较层流要复杂得多,截面上某一固定点的流体质点在沿管轴向前运动的同时,还有径向上的运动,使速度的大小与方向都随时变化。湍流的基本特征是出现了径向脉动速度,使得动量传递比层流大得多,此时剪应力不服从牛顿黏性定律。湍流时的速度分布目前尚不能利用理论推导获得,而是通过实验测定,其结果如图 2-12 所示。

层流和湍流的根本区别在于,层流各流层间互不掺混,只存在黏性引起的各流层间的滑动摩擦阻力。湍流时则有大小不等的涡体动荡于各流层间,除了黏性阻力,还存在由于质点掺混,互相碰撞所造成的惯性力。因此,湍流阻力比层流阻力大得多。

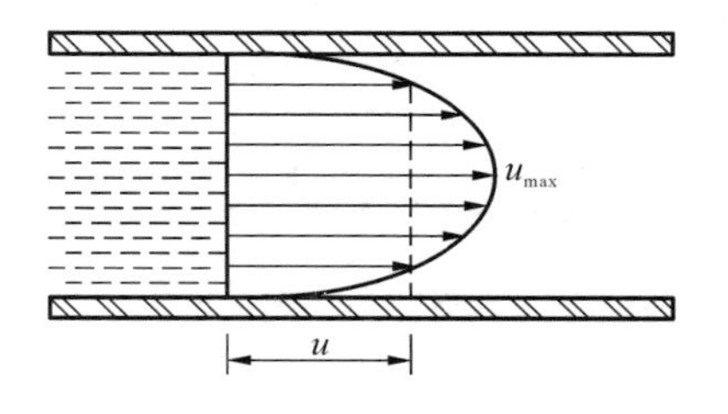

图2-11　层流时的速度分布

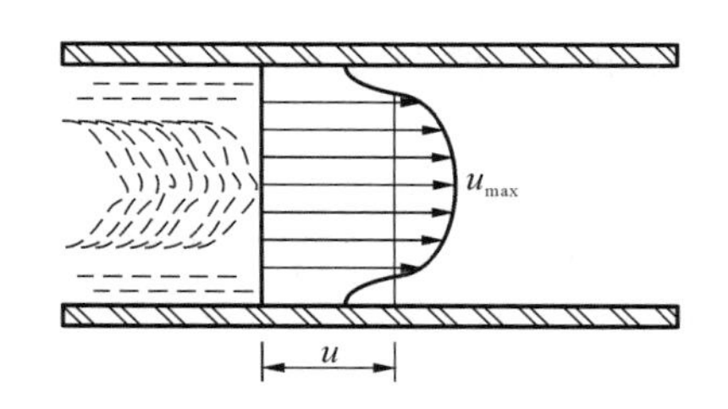

图2-12　湍流时的速度分布

2.3　边界层理论

实际流体与固体壁面作相对运动时，流体内部都有剪应力作用。由于速度梯度集中在壁面附近，故剪应力也集中在壁面附近。远离壁面处的速度变化很小，作用于流体层间的剪应力也小到可以忽略。这部分流体便可以当作理想流体。于是，分析实际流体与固体壁面的相对运动时，应以壁面附近的流体为主要对象。这就是20世纪初普兰德（Prandtl）提出的边界层学说的出发点。

2.3.1　边界层形成

边界层是指流体由于固体壁面的存在使其流动受到影响的那部分流体层。当实际流体沿壁面流动时，紧贴壁面上的一层极薄的流体的速度为零，沿着与流动方向相垂直的方向，从壁面到流体主体，流动速度从零开始迅速增加，其后速度的增加逐步减缓，以至于基本上不变。故可在沿壁面流动的流体中划分出两个区域：一个为壁面附近的速度变化较大的区域，称为边界层，流动的主要阻力集中在此区域；另一个为离壁面较远，速度基本不变的区域，其中的流动阻力可以忽略。一般是将速度达到主体流速的99%处规定为两个区域的分界线，即从速度为零至速度等于主体速度的99%的区域属于边界层范围。

壁面上边界层的厚度及其内部状况沿壁面而变。现以水在平板上方流过为例，说明边界层形成的过程。如图2-13所示，水原先以均匀一致的速度 u_∞ 趋近平板，达到平板前沿后，开始受到板面的影响，在板面处的速度降到零，在垂直于流动方向的方向上建立起速度梯度。与此速度梯度相应的剪应力促使靠近板面的一层水的流动减缓，开始形成边界层。随着水的前移，剪应力的持续作用使更多水的质点速度减缓，边界层的厚度随与前沿的距离而增加。在图2-13中虚线所通过的位置，流体的速度等于 u_∞，虚线与板之间的区域属于边界层。

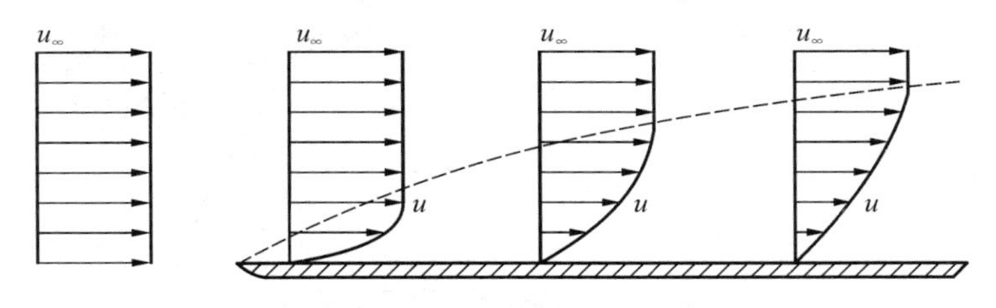

图2-13　平板上的边界层

由于壁面处的流体速度为零，与壁面很靠近的流体速度自然也很小，故边界层中很靠近壁面的部分的流动为层流。在板的前沿附近，边界层很薄，流体的速度也很小，故整个边界层内部全为层流，称为层流边界层；距前沿渐远，边界层加厚，边界层内的流动亦由层流转变为湍流,此后的边界层称为湍流边界层。湍流发生之处,边界层突然加厚。如图 2-14 所示,湍流边界层之内,在靠近板面处仍有一维持层流的薄层,为层流底层;层流底层与边界层之间,有一过渡层,即缓冲层。

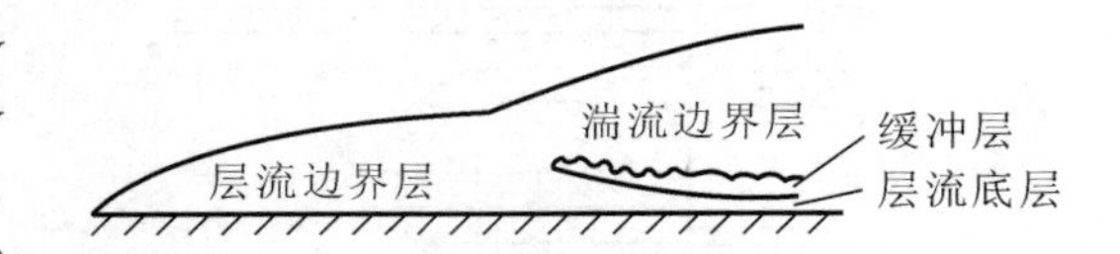

图 2-14　层流边界层与湍流边界层

对边界层的研究包括三方面:① 边界层厚度;② 边界层内的速度分布;③ 边界层内的剪应力以及相应之壁面阻力。若流体以均匀一致的流速流入管道,管道入口为喇叭形,如图 2-14 所示,则在入口处开始形成边界层,并逐渐加厚。开始阶段边界层只占据管截面外周的环形区域,管中心区域的流体作活塞式流动。边界层内流体的速度由管壁处的零增到中心区域的均匀速度。越往前流动则边界层越厚,以至于在管中心汇合,占据了全部管截面积,活塞式流消失。此后边界层厚度即等于管半径,不再变化,而此种流动则称为发展充分的流动。若边界层汇合时是层流,则管内流体流动是层流;若汇合时是湍流,则管内流体流动是湍流。

流动达到发展充分所需管长称为进口段长度。层流时此段长度与管径之比约等于 0.05Re,此处 Re 是按管内的平均速度计算的。湍流时进口段长度等于(40～50)d。

2.3.2　边界层分离

边界层的一个重要特点是在某些情况下内部会发生倒流。边界层脱离壁面,称为边界层分离。这种情况可以以流体流过圆柱体壁面的流动为例来说明。

如图 2-15 所示,流体绕过弧形的壁面,在达到最高点 C 以前,流体质点越来越挤在一起,它们是加速的,过了此最高点之后就开始减速。流体沿着流动方向加速时压力递减,故在最高点以前,因压力递减及流体加速,边界层保持很薄。过了最高点以后某处 S,靠近壁面处流体的全部动能可能因此而耗尽,致使流速降到零。在此过程中,流体因受压力与剪应力双重阻碍,边界层迅速加厚。S 点以后流道继续扩大,速度再减,压力再增,紧靠壁面处的流体终于在压力的影响下被迫倒流,与后继的质点互相碰撞,引起骚乱,结果边界层和壁面脱离,与壁面分离开的边界层由于不稳定通常卷成旋涡,故边界层分离是形成旋涡的一个重要根源,亦是加大能量消耗的一个重要原因。

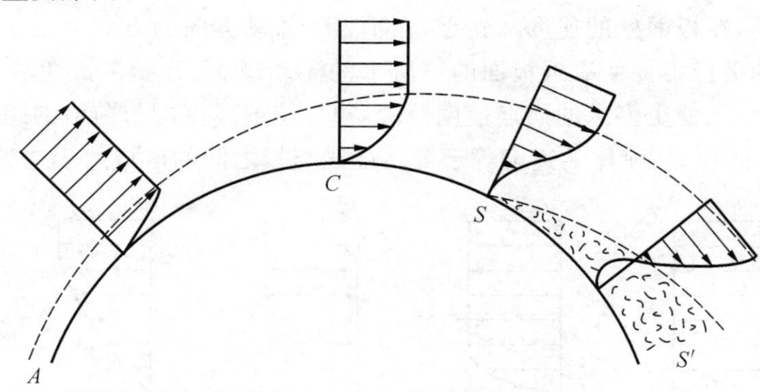

图 2-15　边界层分离示意图

流体沿壁面流过时的流动阻力称为表皮阻力。若流体所经过的流道有弯曲,突然扩大或缩小,或流体绕过物体流动,可造成边界层分离,也引起能量损耗,这种阻力称为形体阻力。

边界层分离增大能量消耗,在流体输送中应设法避免或减轻,但它对混合传质及传热有促进作用,此时可加以利用。

2.4 流体流动的阻力损失

流体在流动时必须克服内摩擦力做功而消耗一部分机械能，表现为流体流动存在黏性阻力。当流体呈湍流流动时，流体内部充满了大大小小的旋涡，质点间不断相互碰撞并激烈交换位置，引起质点间的动量交换，更会消耗机械能，此表现为湍流阻力（也称为惯性阻力）。黏性阻力和湍流阻力均为流动阻力。

从表现形式看，流体阻力可以分成直管阻力和局部阻力两类。直管阻力是流体流经一定管径的直管时，由于摩擦（剪应力）而产生的阻力。局部阻力是流体在流动中，由于管道某些局部障碍（如流体流经弯管、阀门、流量计等）所引起的阻力。

环境工程中经常涉及流体在管道内的流动过程，以及颗粒在液体中或流体在颗粒中的流动，如悬浮物的沉降分离，因此这两种情况下流动阻力的计算非常重要。本节只介绍液体在圆管内流动的阻力，后者将在第3章“沉降”中介绍。

2.4.1 流体流动阻力损失的种类

流体在管路系统中流动时，产生的流动阻力有两种类型，即直管阻力损失和局部阻力损失，其中，直管阻力损失又称沿程阻力损失。管路的总阻力损失是两者之和。

1. 直管阻力损失

根据前面讨论可知，流体具有黏性，流动时存在内摩擦力，是流动阻力产生的根源。在边壁沿程不变的管段上，流动阻力沿程也基本不变，这类阻力称为沿程阻力，克服沿程阻力引起的能量损失称为沿程阻力损失。

还应注意将沿程阻力损失与固体表面间的摩擦损失相区别。固体摩擦仅发生在接触的外表面，而沿程阻力损失发生在流体内部，紧贴管壁的流体层与管壁之间并没有相对滑动。

2. 局部阻力损失

流体在管道中除受内摩擦阻力外，还受管件的阻力作用。管路系统中的弯管、闸阀、三通、大小头等均称为管件。每一种管件都会对流体的流动产生阻碍作用。这种作用称为局部阻力。局部阻力的计算方法有两种，即当量长度法和阻力系数法。

2.4.2 圆直管内流体流动的沿程阻力损失

如图2-16所示，不可压缩黏性液体在水平等径直管中作稳态流动，没有外功加入，流速为u，管道直径为d，截面1—1′和截面2—2′距离为l，两截面的静压力分别为p_1、p_2。

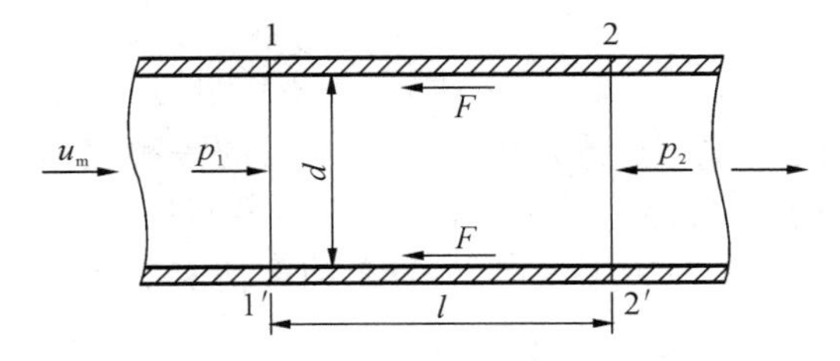

图2-16 圆直管阻力通式的推导示意图

由于流体处于稳态流动状态，因此截面1—1′和截面2—2′之间的流体柱所受的作用力达到平衡。

在 1—1′和 2—2′截面间列机械能衡算式,得

$$gz_1+\frac{u_1^2}{2}+\frac{p_1}{\rho}=gz_1+\frac{u_2^2}{2}+\frac{p_2}{\rho}+W_f \tag{2.4.1}$$

因是直径相同的水平管,$u_1=u_2$,$z_1=z_2$,则可以得到

$$W_f=\frac{p_1-p_2}{\rho} \tag{2.4.2}$$

若管道为倾斜管,则

$$W_f=\left(\frac{p_1}{\rho}+gz_1\right)-\left(\frac{p_2}{\rho}+gz_2\right) \tag{2.4.3}$$

由此可见,无论是水平安装,还是倾斜安装,流体的流动阻力均表现为静压能的减少,仅当水平安装时,流动阻力恰好等于两截面的静压能之差。

以截面 1—1′和截面 2—2′之间的流体柱为分析对象,上游截面 1—1′处受向右总压力($\pi R^2 p_1$)作用,下游截面 2—2′受向左总压力($\pi R^2 p_2$)作用,流体柱周围的表面受向左壁面剪切力($2\pi Rl\tau$)的作用。流体匀速运动,则可得出

$$\pi R^2(p_1-p_2)=2\pi Rl\tau \tag{2.4.4}$$

又 $R=d/2$,则可以得到

$$W_f=\frac{4\tau l}{\rho d} \tag{2.4.5}$$

将其写成动能 $u^2/2$ 的形式,则式(2.4.5)可改写成

$$W_f=\frac{8\tau}{\rho u^2}\cdot\frac{l}{d}\cdot\frac{u^2}{2} \tag{2.4.6}$$

令 $\lambda=\frac{8\tau}{\rho u^2}$,式中 λ 称为流体的摩擦系数或摩擦因数,量纲为 1,它与流体流动的 Re 及管壁粗糙度有关,可以通过实验测得,或由半理论、半经验式估算,也可以通过查阅文献资料获得。则可得出

$$W_f=\lambda\frac{l}{d}\cdot\frac{u^2}{2} \tag{2.4.7}$$

式(2.4.7)即为流体在直管内流动阻力的通式,称为范宁公式。

根据伯努利方程的其他形式,也可写出相应的范宁公式表示式:

压头损失

$$h_f=\lambda\frac{l}{d}\cdot\frac{u^2}{2g} \tag{2.4.8}$$

压力损失

$$\Delta p_f=\lambda\frac{l}{d}\cdot\frac{\rho u^2}{2} \tag{2.4.9}$$

值得注意的是,压力损失 Δp_f 是流体流动能量损失的一种表示形式,与两截面间的压差 $\Delta p=p_1-p_2$ 意义不同,只有当管路为水平时,二者才相等。

应当指出,范宁公式对层流与湍流均适用,只是两种情况下摩擦系数 λ 不同。

以下对层流与湍流时摩擦系数 λ 分别讨论。

1. 层流时的摩擦系数

如图 2-17 所示,流体在半径为 R 的水平管中作稳态流动,在流体中选取一段长为 l、半径为 r 的圆柱形流体柱为分析对象。

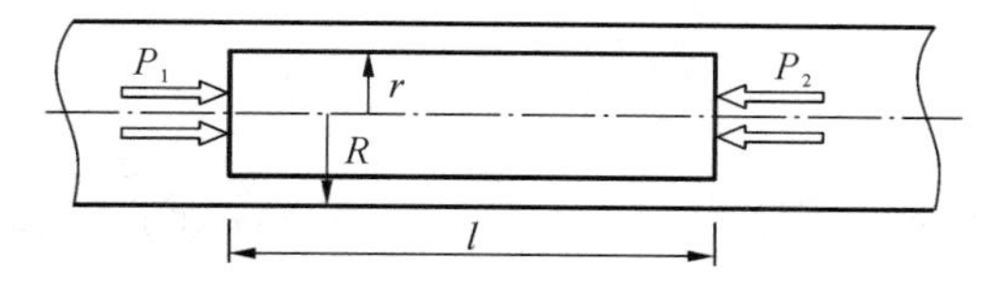

图 2-17 圆形等径管的层流流动

作用在圆柱体两端的总压力分别为

$$P_1 = \pi r^2 p_1, \quad P_2 = \pi r^2 p_2 \tag{2.4.10}$$

设 r 处的流速为 u_r，剪应力为 τ_r，则由牛顿黏性定律，得

$$\tau_r = -\mu \frac{\mathrm{d}u_r}{\mathrm{d}r} \tag{2.4.11}$$

由于流体作等速运动，根据牛顿第二定律，这些力合力为零，即

$$\pi r^2 p_1 = \pi r^2 p_2 - \mu(2\pi rl)\frac{\mathrm{d}u_r}{\mathrm{d}r} \tag{2.4.12}$$

则可得

$$\mathrm{d}u_r = \frac{p_2 - p_1}{2\mu l} r\,\mathrm{d}r \tag{2.4.13}$$

因为 $p_2 - p_1$、μ、l 都是常量，对式(2.4.13)积分，并由边界条件，当 $r = R$ 时，$u_r = 0$，得

$$u_r = \frac{p_1 - p_2}{4\mu l}(R^2 - r^2) \tag{2.4.14}$$

根据平均速度的定义

$$u = \frac{q_V}{\pi R^2} = \frac{1}{\pi R^2}\int_0^R u_r \times 2\pi r\mathrm{d}r = \frac{1}{\pi R^2}\int_0^R \frac{p_1 - p_2}{4\mu l}(R^2 - r^2) \times 2\pi r\mathrm{d}r = \frac{(p_1 - p_2)R^2}{8\mu l} \tag{2.4.15}$$

把 $R=d/2$ 代入式(2.4.15)中，可得

$$p_1 - p_2 = \Delta p_f = \frac{32\mu lu}{d^2} \tag{2.4.16}$$

把式(2.4.16)写成(2.4.9)的形式，即

$$\Delta p_f = \frac{64\mu}{\rho ud} \cdot \frac{l}{d} \cdot \frac{\rho u^2}{2} \tag{2.4.17}$$

将式(2.4.17)与式(2.4.9)比较，则得出流体在直管中作层流流动时摩擦系数的计算式为

$$\lambda = \frac{64\mu}{\rho ud} = \frac{64}{Re} \tag{2.4.18}$$

即层流时摩擦系数 λ 是雷诺数 Re 的函数。

2. 湍流时的摩擦系数

层流时摩擦系数可以直接推导出来，湍流的情况较为复杂，目前还没有理论计算式，但可以通过实验研究获得经验的计算式。通过实验研究，发现湍流的摩擦系数与雷诺数 Re 以及 ε/d 密切相关，即

$$\lambda = \psi\left(Re, \frac{\varepsilon}{d}\right) \tag{2.4.19}$$

式中：Re——雷诺数；

ε——粗糙度；

d——管内径，m；

ε/d——相对粗糙度。

λ 可以通过两种方法得到,摩擦系数图法和经验公式法。

1) 摩擦系数图法

λ 可由经验公式法直接计算,或者将摩擦系数对雷诺数和相对粗糙度的关系曲线标绘在双对数图上,λ 由图查取,该方法称为摩擦系数图法。

对于式(2.4.19),可以以 Re 为横坐标、λ 为纵坐标、ε/d 为参变量,将三者的关系按实验结果标绘在双对数图上,得到的图称为莫狄(Moody)摩擦系数图。可以依照曲线的形状差异将图分为四个区域(图 2-18)。

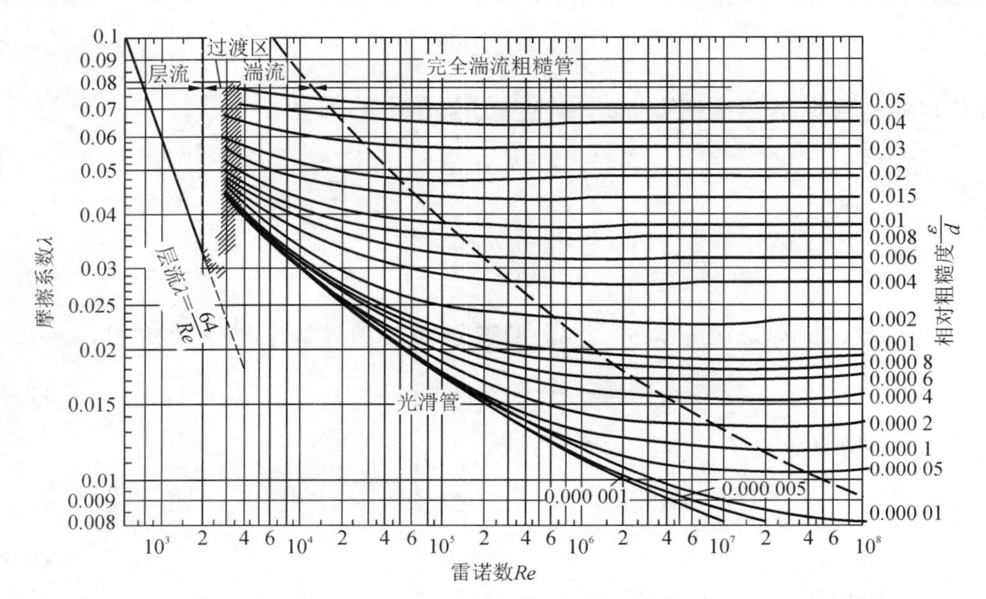

图 2-18 摩擦系数 λ 与雷诺数 Re 及相对粗糙度 ε/d 的关系

(1) 层流区($Re\leqslant 2\ 000$)。

层流时,管壁的粗糙度对流体层没有影响,λ 与 ε/d 无关,只是 Re 的函数,即式(2.4.18)。

(2) 湍流区($Re\geqslant 4\ 000$ 及虚线以下区域)。

此区域内,λ 与 ε/d 及 Re 均有关,其中最下面的一条曲线代表水力光滑管,其余的代表粗糙管。

① 光滑管。

此时 ε/d 对流动阻力不产生影响,因此,λ 只是 Re 的函数。

② 粗糙管。

流体在粗糙管内流动时,Re 和 ε/d 对 λ 均有影响,且随着 Re 的增大,ε/d 对 λ 的影响越来越强,而 Re 对 λ 的影响越来越弱。

(3) 完全湍流区(虚线右上区域)。

此区域内,λ 仅与 ε/d 有关。此时,沿程损失 $W_f \propto u^2$,因此,此区域又称为阻力平方区。

(4) 过渡区($2\ 000<Re<4\ 000$)。

此区域的流动形态不稳定,为安全计,一般以给定的粗糙度将湍流时的曲线延伸出去计算 λ。

2) 经验公式法

按照式(2.4.19)的函数关系,对湍流的摩擦系数实验数据进行关联,可以得出多种计算 λ

的关联式，此处推荐一个近年来广泛使用的公式：

$$\lambda = 0.100\left(\frac{\varepsilon}{d} + \frac{68}{Re}\right)^{0.23} \tag{2.4.20}$$

此式的适用范围为 $Re \geqslant 4\ 000$ 及 $\varepsilon/d \leqslant 0.005$。

2.4.3　非圆形管道内流体流动的沿程阻力损失

以上所讨论的都是流体在圆管内的沿程损失，但是在环境工程的实际应用中往往遇到非圆形的管道。对于非圆形管道内的流体流动，也可以按照之前介绍的圆形管道沿程阻力损失公式来计算，但须将管径 d 用当量直径 d_e 来替换。

$$d_e = 4 \times \text{水力半径} = \frac{4 \times \text{流通截面积}}{\text{润湿周边}} \tag{2.4.21}$$

其中，流通截面积与润湿周边之比称为水力半径，润湿周边指的是流体与管壁接触的周边长度。

当量直径的定义是经验性的，并无充分的理论依据。研究表明，当量直径方法用于湍流的阻力损失计算比较可靠，对于截面为环形的管道，其可靠性较差。

2.4.4　管道内流体流动的局部阻力损失

各种管件内的流体流动都会产生阻力损失。和直管阻力的沿程均匀分布不同，这种阻力损失集中在管件所在处，因而称为局部阻力损失。局部阻力损失是由于流道的急剧变化使流体的流动边界层分离，所产生的大量旋涡消耗了机械能。

局部阻力损失是一个复杂的问题，而且因管件种类繁多，规格不一，难以精确计算。通常采用以下两种近似方法计算，即阻力系数法和当量长度法。

1. 阻力系数法

近似地认为局部阻力损失服从速度平方定律，即

$$W_f = \zeta \frac{u^2}{2} \tag{2.4.22}$$

式中：ζ——局部阻力系数，由实验测定。

2. 当量长度法

近似地认为局部阻力损失可以相当于某长度直管的沿程阻力损失，即

$$W_f = \lambda \frac{l_e}{d} \cdot \frac{u^2}{2} \tag{2.4.23}$$

式中：l_e——管件的当量长度，由实验测得。

如果忽略管件壁面处的摩擦阻力，认为局部阻力是边界层分离产生旋涡的结果，可以从动量守恒关系式得出典型情况下的局部阻力系数，如管道突然扩大、突然缩小等。

突然扩大时产生阻力损失的原因在于边界层脱体。流道突然扩大，下游压力上升，流体在逆压力梯度下流动，极易发生边界层分离而产生旋涡，如图 2-19(a)所示。

流道突然缩小时，如图 2-19(b)所示，流体在顺压力梯度下流动，不致发生边界层脱体现象。因此，在收缩部分不发生明显的阻力损失。但流体有惯性，流道将继续收缩至 $A—A'$ 截面，然后流道重又扩大。这时，流体转而在逆压力梯度下流动，也就产生边界层分离和旋涡。可见，突然缩小造成的阻力主要还在于突然扩大。

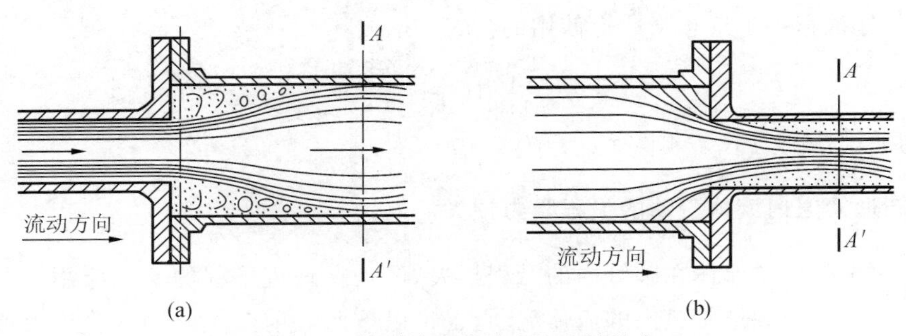

图 2-19　管道的突然扩大和突然缩小

(a) 突然扩大;(b) 突然缩小

例 2-5　某输送管路,管长为 500 m(包括局部阻力的当量长度),管径为 100 mm。若分别输送水($\rho=1\ 000\ \text{kg/m}^3$,$\mu=1$ cP)、硫酸($\rho=1\ 830\ \text{kg/m}^3$,$\mu=23$ cP)、甘油($\rho=1\ 261\ \text{kg/m}^3$,$\mu=1\ 499$ cP),试计算流速为 1 m/s 时,此三种流体在光滑管路中的阻力损失。

解　(1)

$$Re(\text{水})=\frac{du\rho}{\mu}=\frac{0.1\times1\times1\ 000}{1\times10^{-3}}=1\times10^5>4\ 000$$

可知水的流态为湍流。

查图 2-18 得 $\lambda=0.018$,则此时阻力损失

$$W_{\text{f}}=\lambda\frac{l}{d}\cdot\frac{u^2}{2}=0.018\times\frac{500}{0.1}\times\frac{1^2}{2}=45(\text{J/kg})$$

(2)

$$Re(\text{硫酸})=\frac{du\rho}{\mu}=\frac{0.1\times1\times1\ 830}{23\times10^{-3}}=7.96\times10^3>4\ 000$$

可知硫酸的流态为湍流。

查图 2-18 得 $\lambda=0.033$,则此时阻力损失

$$W_{\text{f}}=\lambda\frac{l}{d}\cdot\frac{u^2}{2}=0.033\times\frac{500}{0.1}\times\frac{1^2}{2}=82.5(\text{J/kg})$$

(3)

$$Re(\text{甘油})=\frac{du\rho}{\mu}=\frac{0.1\times1\times1\ 261}{1\ 499\times10^{-3}}=84.1<2\ 000$$

可知甘油的流态为层流。

因为是层流,则

$$\lambda=\frac{64}{Re}$$

此时阻力损失

$$W_{\text{f}}=\frac{64}{Re}\cdot\frac{l}{d}\cdot\frac{u^2}{2}=\frac{64}{84.1}\times\frac{500}{0.1}\times\frac{1^2}{2}=1\ 902.5(\text{J/kg})$$

例 2-6　10 ℃的水流过一根水平钢管,管长 300 m,要求达到的流量为 500 L/min,有 6 m 的压头可供克服流动的摩擦阻力,试求管径至少为多少。已知 10 ℃时水的密度 $\rho=1\ 000\ \text{kg/m}^3$,黏度 $\mu=1.305\ \text{mPa}\cdot\text{s}$。

解　体积流量

$$q_V=\frac{500}{1\ 000\times60}=8.333\times10^{-3}(\text{m}^3/\text{s})$$

设管径为 d,则流速

$$u=\frac{8.333\times10^{-3}}{\pi d^2/4}=\frac{0.010\ 61}{d^2}\tag{a}$$

$$h_f = \lambda \frac{l}{d} \cdot \frac{u^2}{2g}$$

将管长 $l=300$ m，阻力损失 $h_f=6$ m，代入范宁公式可以得到

$$6 = \lambda \frac{300}{d}\left(\frac{0.010\ 61}{d^2}\right)^2 \frac{1}{2\times 9.81}$$

则

$$d^5 = 2.869\times 10^{-4}\lambda \tag{b}$$

若知λ，便可知 d，因λ与雷诺数及相对粗糙度有关，这二者又和 d 有关。故上式要用试差法求解。

设 $\lambda=0.02$，代入上式得：$d=0.089\ 5$ m。若所假设λ正确，则计算出的 d 也正确，故要检验假设λ，先用所算出的 d 求 ε/d 及 Re。

取钢管 $\varepsilon=0.2$ mm，则

$$\frac{\varepsilon}{d} = \frac{0.000\ 2}{0.089\ 5} = 0.002\ 2$$

$$Re = \frac{du\rho}{\mu} = \frac{0.089\ 5\times 1\ 000}{1.305\times 10^{-3}} \times \frac{0.010\ 61}{0.089\ 5^2} = 9.09\times 10^4$$

查莫狄图得 $\lambda=0.026$，此λ值比原假设略大，下面将此值代入式(b)中重算 d，得 $d=0.094\ 3$ m，用此 d 值按前面的方法重算λ，可得到λ值与第二次假设之值很接近，表明第二次求出的 $d=0.094\ 3$ m 是正确的。

解本题用试差法时也可以直接设一个 d 值，代入式(b)解出λ，又根据所设 d 值算出 ε/d 及 Re，然后从图上读出λ。检验这两个是否相等，以判定原来所设之 d 值是否正确。

经验表明，生产条件下管内流动的值变动范围并不大，而管径则可能很大，也可能很小，所以用试差法时假设λ较假设 d 值方便。常出现的λ值大概为0.02，故此值可作为第一次的假设值。

此外，本题还可以利用经验公式(2.4.20)直接构建试差迭代式求解。

将经验公式(2.4.20)代入式(b)，并由 $\varepsilon=0.2$ mm，$\rho=1\ 000$ kg/m^3，$\mu=1.305\times 10^{-3}$ kg/(m·s)，$u=\frac{8.333\times 10^{-3}}{\pi d^2/4}=\frac{0.010\ 61}{d^2}$，得出迭代式为

$$d = \left[2.869\times 10^{-5}\times\left(\frac{2\times 10^{-4}}{d}+8.36\times 10^{-3}d\right)^{0.23}\right]^{1/5} \tag{c}$$

由此迭代式可以很快计算出 d 值。

如 d 的初值取为0.1 m，经过4次迭代计算，可求得 $d=0.094\ 4$ m，即使 d 的初值取为100 m，经过3次迭代计算，也可求得 $d=0.094\ 4$ m。

验证

$$Re = \frac{du\rho}{\mu} = \frac{d\rho}{\mu}\times\frac{0.010\ 61}{d^2} = \frac{10.61}{1.305\times 10^{-3}\times 0.094\ 4} = 86\ 126 \geqslant 4\ 000$$

$$\frac{\varepsilon}{d} = \frac{0.000\ 2}{0.094\ 4} = 0.002 \leqslant 0.005$$

符合经验公式(2.4.20)的适用范围。

2.5　管路计算

在前几节中已导出了连续性方程、机械能衡算式以及阻力损失的计算式。据此，可以进行不可压缩流体输送管路的计算。管路计算实际上是连续性方程、伯努利方程与能量损失计算

式的具体运用。

管路按其配置情况可分为简单管路和复杂管路。前者是单一管线,后者则包括最为复杂的管网。复杂管路区别于简单管路的基本点是存在着分流或合流。

2.5.1 简单管路的计算

简单管路通常是指流体从入口到出口是在一条管路中流动,无分支或汇合的情形,整个管路的直径可以相同,也可以由不同直径的管路串联组成。流体阻力损失为各段阻力损失之和。

简单管路的计算原理包括:

(1) 连续性方程,即流体通过各管段的质量流量不变,对于不可压缩流体,则体积流量也不变;

(2) 整个管路的总能量损失等于各段能量损失之和;

(3) 伯努利方程。

在实际工作中常遇到的简单管路问题,归纳起来有三种情况:

(1) 已知管径、管长、管件和阀门的设置及流体的输送量,求流体通过管路系统的能量损失,以便进一步确定输送设备所加入的外功、设备内的压力或设备间的相对位置等;

(2) 已知管径、管长、管件和阀门的设置及允许的能量损失,求流体的流速或流量;

(3) 已知管长、管件和阀门的当量长度、流体的流量及允许的能量损失,求管径。

其中,第一种比较容易计算;后两种情况都存在着共同性问题,即流速 u 或管径 d 为未知的,因此不能计算 Re 值,则无法判断流体的流型,所以亦不能确定摩擦系数 λ,在这种情况下,工程计算中常采用试差法或其他方法来求解。

例 2-7 要敷设一根钢筋混凝土管,长 1 600 m,利用重力从污水处理厂将处理后的污水排放到海面下30 m深处。污水的密度、黏度基本同清水,海水的密度为1 040 kg/m^3。蓄水池的水面超过海平面 5 m。问至少用多粗的管子才能保证排放的高峰流量为 6 m^3/s。已知管路上安装闸阀,管壁粗糙度取为 2 mm,水温为 20 ℃。

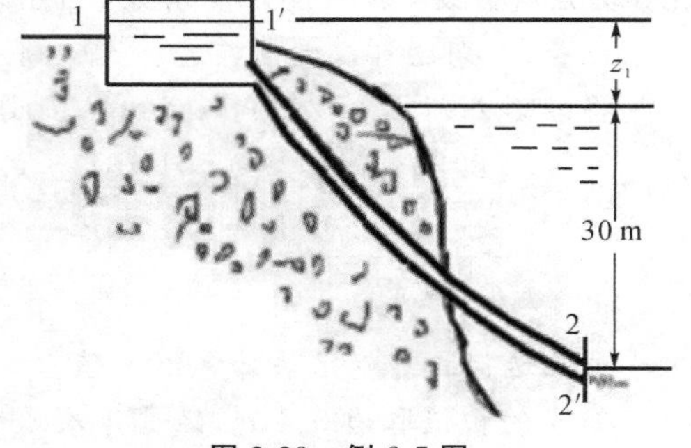

图 2-20 例 2-7 图

解 取蓄水池水面为截面 1—1′,排出口外侧为截面 2—2′,如图 2-20 所示。

以海平面为基准面,列机械能衡算方程

$$gz_1+\frac{u_1^2}{2}+\frac{p_1}{\rho}=gz_2+\frac{u_2^2}{2}+\frac{p_2}{\rho}+\left(\lambda\frac{l}{d}+\sum\zeta\right)\frac{u^2}{2}$$

已知 $z_1=5$ m,$z_2=-30$ m,$u_1=u_2=0$,$p_1=0$,$p_2=1\ 040\times9.81\times30=3.06\times10^5$(Pa),$l=1\ 600$ m;管入口 $\zeta_1=0.5$,闸阀(全开)$\zeta_2=0.17$,管出口 $\zeta_3=1.0$,$u=\frac{6}{\pi d^2/4}=\frac{7.64}{d^2}$。20 ℃水,取 $\rho=1\ 000$ kg/m^3,$\mu=1.00$ mPa·s。于是得

$$9.81\times5=-9.81\times30+\frac{3.06\times10^5}{1\ 000}+\left(\lambda\frac{1\ 600}{d}+0.5+0.17+1.0\right)\times\frac{29.18}{d^4}$$

化简得

$$d=(1\ 250\lambda+1.30d)^{1/5}$$

若设定λ，便可用迭代法解出d。先假设$\lambda=0.025$，代入上式解得

$$d=2.02(\text{m})$$

下面检验所设的λ。

$$\varepsilon/d = 2/2\ 020 = 0.000\ 99$$

$$Re = \frac{du\rho}{\mu} = \frac{2.02\times 1\ 000}{1.00\times 10^{-3}}\times\frac{7.64}{2.02^2} = 3.78\times 10^6$$

采用经验公式计算得$\lambda=0.020\ 5$。此λ值比原设值要小，将此λ值代入式中重算d，得$d=1.95$ m。用此d值按之前的方法重求λ，与0.020 5接近，表明第二次算出的d值可用，即实际采用的混凝土内径至少为1.95 m才行。

此题算到$d=(1\ 250\lambda+1.30d)^{1/5}$之后也可以采用经验公式(2.4.20)直接构建试差迭代法式求解d。

将$Re=\frac{du\rho}{\mu}=\frac{d\rho}{\mu}\times\frac{7.64}{d^2}=\frac{7.64\times10^6}{d}$，$\varepsilon=0.002$代入经验公式(2.4.20)得

$$\lambda = 0.1\times\left(\frac{2\times 10^{-3}}{d}+\frac{68d}{7.64\times 10^6}\right)^{0.23}$$

将上式代入$d=(1\ 250\lambda+1.30d)^{1/5}$得

$$d=\left[125\times\left(\frac{2\times 10^{-3}}{d}+\frac{68d}{7.64\times 10^6}\right)^{0.23}+1.30\ d\right]^{1/5}$$

由迭代计算可得$d=1.951\ 5$ m。

验证

$$Re = \frac{7.64\times 10^6}{d} = \frac{7.64\times 10^6}{1.951\ 5} = 3.914\ 9\times 10^6 \geqslant 4\ 000$$

$$\frac{\varepsilon}{d} = \frac{0.00\ 2}{1.951\ 5} = 0.001 \leqslant 0.005$$

符合经验公式(2.4.20)的适用范围。

例2-8　某水平输水管路的管子规格为ϕ89 mm×3.5 mm，管长为138 m，管子相对粗糙度$\varepsilon/d=0.000\ 1$。若该管路能量损失$h_f=5.1$ m，则水的流量为多少？已知水的密度为1 000 kg/m^3，黏度为1 mPa·s。

解　根据$h_f=\lambda\frac{l}{d}\cdot\frac{u^2}{2g}$可得

$$u=\sqrt{\frac{2dh_f g}{\lambda l}}$$

已知$h_f=5.1$ m，$d=82$ mm，$l=138$ m，令$\lambda=0.02$，则可以算得$u=1.723$ m/s，从而

$$Re = \frac{du\rho}{\mu} = \frac{0.082\times 1.723\times 1\ 000}{1\times 10^{-3}} = 1.413\times 10^5$$

又$\varepsilon/d=0.000\ 1$，根据经验公式或查图得$\lambda=0.017$。此λ值与所设值相差较大，再令$\lambda=0.017$，得出$u=1.87$ m/s，从而

$$Re = \frac{du\rho}{\mu} = \frac{0.082\times 1.87\times 1\ 000}{1\times 10^{-3}} = 1.53\times 10^5$$

利用经验公式或查图得　　　　$\lambda=0.017$

此结果与所设值相等，取$\lambda=0.017$，则水的流量为

$$q_V = \frac{\pi d^2 u}{4} = \frac{\pi\times 0.082^2\times 1.87}{4} = 9.87\times 10^{-3}(\text{m}^3/\text{s})$$

2.5.2　复杂管路的计算

复杂管路包含分支管路、汇合管路和并联管路,如图 2-21 所示。

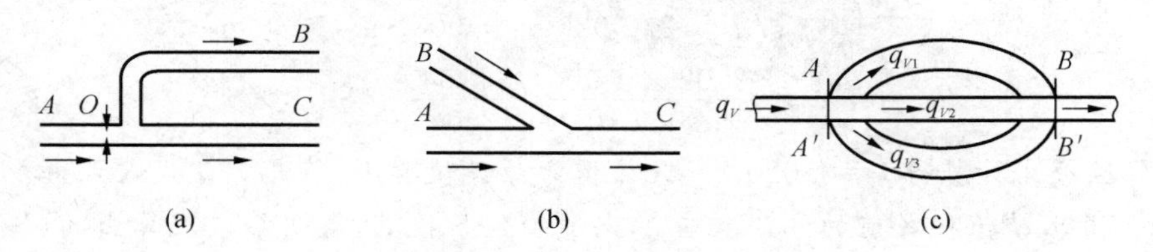

图 2-21　复杂管路示意图

(a) 分支管路;(b) 汇合管路;(c) 并联管路

1. 分支管路(或汇合管路)

分支(或汇合)管路的特点如下。

(1) 分支点处的单位质量流体的机械能等于支管出口处的单位质量流体的机械能加上支管的阻力损失,即

$$E_O = E_B + W_{fO\text{-}B} = E_C + W_{fO\text{-}C} \tag{2.5.1}$$

式中:E_O、E_B、E_C——各点的总机械能;

$W_{fO\text{-}B}$、$W_{fO\text{-}C}$——分别代表 O-B 和 O-C 段的阻力损失。

(2) 总管流量等于各支管流量之和。

2. 并联管路

并联管路的特点如下。

(1) 并联各支管的阻力损失相等,对于上图并联管路,有

$$W_{f1} = W_{f2} = W_{f3} \tag{2.5.2}$$

若忽略分流点与合流点的局部损失,各管段的阻力损失可按下式计算:

$$W_{fi} = \lambda_i \frac{l_i}{d_i} \cdot \frac{u_i^2}{2} \tag{2.5.3}$$

式中的 l_i 为支管当量长度,包括各局部阻力损失。一般情况下,各支管流速不同,将 $u_i = \dfrac{4q_V}{\pi d_i^{\ 2}}$ 代入,则得

$$q_{Vi} = \frac{\pi\sqrt{2}}{4} \cdot \sqrt{\frac{d_i^5 W_{fi}}{\lambda_i l_i}} \tag{2.5.4}$$

由此管可以求出各支管的流量分配。如只有三个支管,则

$$q_{V1} : q_{V2} : q_{V3} = \sqrt{\frac{d_1^5}{\lambda_1 l_1}} : \sqrt{\frac{d_2^5}{\lambda_2 l_2}} : \sqrt{\frac{d_3^5}{\lambda_3 l_3}} \tag{2.5.5}$$

(2) 总管流量等于各支管流量之和。

复杂管路常见的问题是:① 已知管路布置和输送任务,求输送所需的总压头或功率;② 已知管路布置和提供的压头求流量的分配,或已知流量分配求管径的大小。

例 2-9　如图 2-22 所示,用长度 l=50 m、直径 d_1=25 mm 的总管,从高度 z=10 m 的水塔向用户供水。在用水处水平安装 d_2=10 mm 的支管 10 个,设总管的摩擦系数 λ=0.03,总管的局部阻力系数 $\sum\zeta_1$=20。支管很短,除阀门阻力外其他阻力可以忽略,试求:

（1）当所有阀门全开（$\zeta=6.4$）时的总流量；

（2）再增设同样支路10个，各支路阻力同前，总流量的变化。

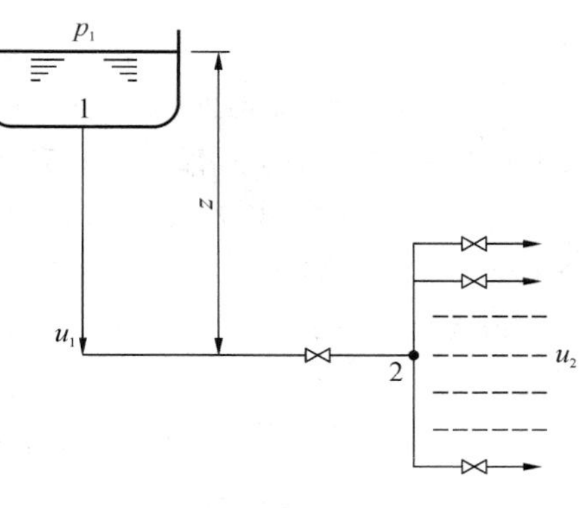

图 2-22　总管阻力对流量的影响

解　（1）忽略分流点阻力，在液面1与支管出口端面2间列机械能衡算式，得

$$gz=\left(\lambda\frac{l}{d_1}+\sum\zeta_1\right)\frac{u_1^2}{2}+\zeta\frac{u_2^2}{2}+\frac{u_2^2}{2}\qquad\text{(a)}$$

由质量守恒式得

$$u_1=\frac{10\times d_2^2u_2}{d_1^2}=\frac{10\times0.010^2}{0.025^2}u_2=1.6u_2\qquad\text{(b)}$$

将 $u_1=1.6u_2$ 代入式(a)中并整理得

$$u_2=\sqrt{\frac{2gz}{\left(\lambda\dfrac{l}{d_1}+\sum\zeta_1\right)\times1.6^2+\zeta+1}}$$

$$=\sqrt{\frac{2\times9.81\times10}{\left(0.03\times\dfrac{50}{0.025}+20\right)\times1.6^2+6.4+1}}=0.962(\text{m/s})\qquad\text{(c)}$$

则

$$q_V=10\times0.785\times0.01^2\times0.962=7.55\times10^{-4}(\text{m}^3/\text{s})$$

（2）如增设10个支路，则

$$u_1=\frac{20\times d_2^2u_2'}{d_1^2}=\frac{20\times0.010^2}{0.025^2}u_2'=3.2u_2'\qquad\text{(d)}$$

$$u_2'=\sqrt{\frac{2gz}{\left(\lambda\dfrac{l}{d_1}+\sum\zeta_1\right)\times3.2^2+\zeta+1}}$$

$$=\sqrt{\frac{2\times9.81\times10}{\left(0.03\times\dfrac{50}{0.025}+20\right)\times3.2^2+6.4+1}}=0.487(\text{m/s})$$

则

$$q_V'=20\times0.785\times0.01^2\times0.487=7.65\times10^{-4}(\text{m}^3/\text{s})$$

因此，支路数增加一倍，总流量只增加了

$$100\%\times(7.65-7.55)/7.55=1.3\%$$

这是由于总管阻力起决定性作用。

反之，当以支管阻力为主时，情况则不大相同。由式(c)可知，当总管阻力甚小时，式(c)分母中$(\zeta+1)$占主要地位，则 u_2 近似为一常数，总流量几乎与支管的数目成正比。

例 2-10　如图2-23所示的输水管路，已知总管内水的流量为3 m^3/s，各支管的长度（l_1、l_2、l_3）及管径（d_1、d_2、d_3）分别为1 200 m、1 500 m、800 m和0.6 m、0.5 m、0.8 m。求各支管中水的流量。已知：水的密度为1 000 kg/m^3，黏度为 1.0×10^{-3} Pa·s，输水管绝对粗糙度取0.3 mm。

解　对于并联管路，可联立求解 q_{V1}、q_{V2} 和 q_{V3}。但因 λ_1、λ_2 和 λ_3 均未知，需用试差法

求解。

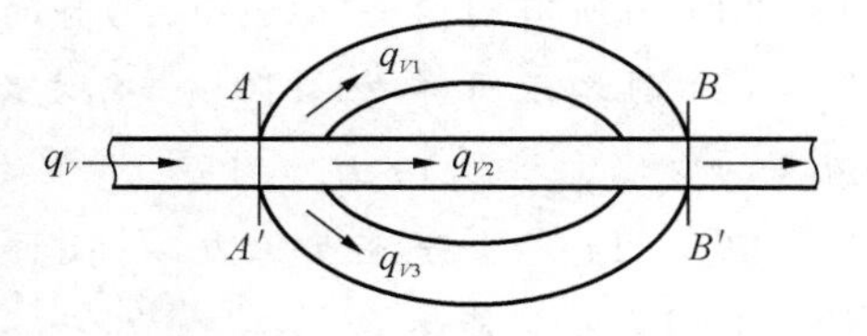

图 2-23 输水管路

设各支管的流动皆进入阻力平方区，$\varepsilon_1/d_1=0.3/600=0.000\ 5$，$\varepsilon_2/d_2=0.3/500=0.000\ 6$，$\varepsilon_3/d_3=0.3/800=0.000\ 375$，从图 2-18 中查得的摩擦系数分别为：$\lambda_1=0.017\ 0$、$\lambda_2=0.017\ 7$ 和 $\lambda_3=0.015\ 6$。

由式(2.5.5)得

$$q_{V1}:q_{V2}:q_{V3}=\sqrt{\frac{d_1^5}{\lambda_1 l_1}}:\sqrt{\frac{d_2^5}{\lambda_2 l_2}}:\sqrt{\frac{d_3^5}{\lambda_3 l_3}}$$

$$=\sqrt{\frac{0.6^5}{0.017\ 0\times 1\ 200}}:\sqrt{\frac{0.5^5}{0.017\ 7\times 1\ 500}}:\sqrt{\frac{0.8^5}{0.015\ 6\times 800}}$$

$$=0.061\ 7:0.034\ 3:0.162\ 0$$

又

$$q_{V1}+q_{V2}+q_{V3}=3\ \text{m/s}$$

则

$$q_{V1}=\frac{0.061\ 7\times 3}{(0.061\ 7+0.034\ 3+0.162\ 0)}=0.72(\text{m}^3/\text{s})$$

$$q_{V2}=\frac{0.034\ 3\times 3}{(0.061\ 7+0.034\ 3+0.162\ 0)}=0.40(\text{m}^3/\text{s})$$

$$q_{V3}=\frac{0.162\times 3}{(0.061\ 7+0.034\ 3+0.162\ 0)}=1.88(\text{m}^3/\text{s})$$

以下校核 λ 值。

$$Re=\frac{du\rho}{\mu}=d\frac{q_V}{\pi d^2/4}\cdot\frac{\rho}{\mu}=\frac{4q_V\rho}{\pi d\mu}$$

已知水的密度为 1 000 kg/m³，黏度为 1.0×10^{-3} Pa·s，代入得

$$Re=\frac{4\times 1\ 000\times 1\ 000q_V}{\pi d}=1.14\times10^6\frac{q_V}{d}$$

则

$$Re_1=1.14\times10^6\times\frac{0.72}{0.6}=1.37\times10^6$$

$$Re_2=1.14\times10^6\times\frac{0.40}{0.5}=9.12\times10^5$$

$$Re_3=1.14\times10^6\times\frac{1.88}{0.8}=2.68\times10^6$$

由图 2-18 可以看出，各支管已进入或十分接近阻力平方区，原假设成立，故以上计算正确。

2.6 流体测量

在生产或实验研究中，为控制一个连续过程必须测量流速或流量。各种反应器、搅拌器、燃烧炉中流速分布的测量，更是改进操作性能、开发新型设备时的重要研究手段。迄今，已成功地研制出多种流场显示和测量的方法，如热线测速仪、激光多普勒测速仪等。

本节只介绍以机械能衡算方程为基础的几种测量装置。这些测量装置分为两大类：一类是变压头流量计，如测速管、孔板流量计、文丘里流量计等，它们的工作原理是将液体动压头的变化以静压头变化的形式表现出来，通过测定压差而得到流量，其特点是流道的截面积保持不

变，而压力随流量的变化而变化，因此这类流量计也称为差压式流量计；另一类为变截面流量计，其特点是压差几乎保持不变，流量变化时流道的截面积发生变化，这类流量计中最为常见的是转子流量计。差压式流量计是应用面最广、应用量最多的流量测量仪表，占所有流量计的60%～70%。

2.6.1　差压式流量计

差压式流量计又称定截面流量计，其特点是节流元件提供流体流动的截面积是恒定的，而其上下游的压差随着流量(流速)而变化。利用测量压差的方法来测定流体的流量(流速)。

1. 测速管

测速管又称毕托(Pitot)管，其构造如图2-24所示，这是一种测量点速度的装置。它由两根弯成直角的同心套管组成，外管的管口是封闭的，在外管前端壁面四周开有若干测压小孔，为了减小误差，测速管的前端经常做成半球形以减少涡流。测量时，测速管可以放在管截面的任一位置上，并使其管口正对着管道中流体的流动方向，外管与内管的末端分别与液柱压差计的两臂相连接。

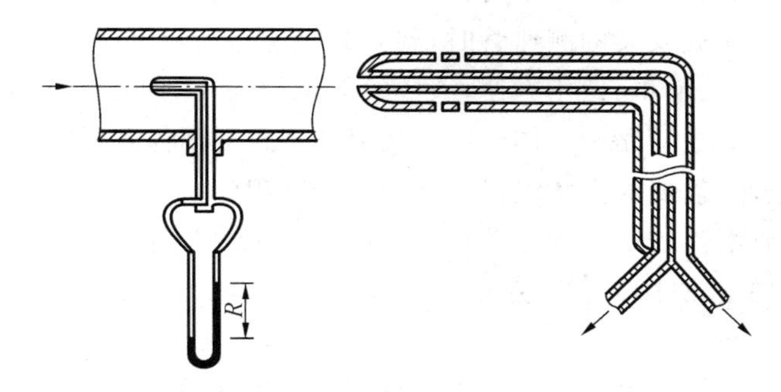

图2-24　毕托管

当流体趋近测速管前端时，流体的动能全部转化为驻点静压能，故测速管内管测得的为管口位置的冲压能(动能与静压能之和)，即

$$h_A = \frac{u_r^2}{2} + \frac{p}{\rho} \tag{2.6.1}$$

测速管外管前端壁面四周的测压孔口测得的是该位置上的静压能，即

$$h_B = \frac{p}{\rho} \tag{2.6.2}$$

如果U形管压差计的读数为R，指示液与工作流体的密度分别为ρ_A与ρ，则R与测量点处的冲压能之差$\Delta h = u_r^2/2$相对应，于是可推得

$$\Delta h = \frac{p_A - p_B}{\rho} = \frac{R(\rho_A - \rho)g}{\rho} \tag{2.6.3}$$

考虑到制造精度等的影响，在求流速u_r时需乘以一校正系数c，因此，将上式代入$\Delta h = u_r{}^2/2$，可得

$$u_r = c\sqrt{2\Delta h} = c\sqrt{\frac{2gR(\rho_A - \rho)}{\rho}} \tag{2.6.4}$$

式中：c——流量系数，其值为0.98～1.00，常可取作1。

若将测速管口放在管中心线上,测得 u_{max},由 Re_{max} 可根据相关公式确定管内的平均流速 u,u/u_{max} 与 Re 的关系如图 2-25 所示。

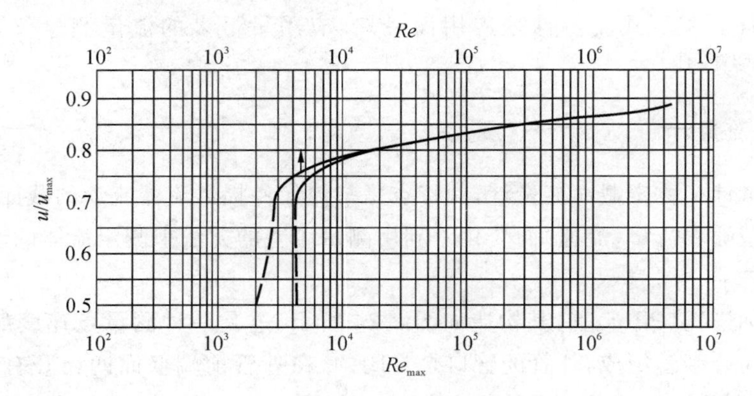

图 2-25　u/u_{max} 与 Re_{max} 或 Re 的关系

测速管安装注意事项:① 测速管应与流体流动方向平行安装,即平行于管子轴线;② 安装位置前应有一稳定段,其长度约等于管径的 50 倍;③ 测速管直径应小于管径的 1/15。

使用按标准加工、正确安装的测速管时,测得的流速与实际值误差一般在 1%以下。

测速管的优点是结构简单,使用方便,液体的能量损失小,因此较多地用于测量气体的流速,特别适用于测量大直径管路中气体流速。当流体中含有固体杂质时,易堵塞测压孔。测速管的压差计数一般较小,需要放大才能提高计数的精确程度。

例 2-11　50 ℃的空气流经直径为 300 mm 的管道,管中心放置毕托管以测量其流量。已知压差计读数 R 为 15 mmH_2O,测量点压力为 400 mmH_2O(表压)。试求管道中空气的质量流量。

解　空气为可压缩气体,因此需要求出与管内测点压力对应的空气的密度。管道中空气的密度

$$\rho = \frac{m}{V} = \frac{pM}{RT} = \frac{\frac{10\,336+400}{10\,336}\times 101.325\times 29}{8.314\times(273+50)} = 1.137(\text{kg/m}^3)$$

$$\rho_A = 1\,000\ \text{kg/m}^3$$

$$R = 15\ \text{mm} = 0.015\ \text{m}$$

管中空气的最大速度为

$$u_{max} = c\sqrt{\frac{2gR(\rho_A-\rho)}{\rho}} = 1.0\times\sqrt{\frac{2\times 9.81\times 0.015\times(1\,000-1.137)}{1.137}} = 16.1(\text{m/s})$$

查得空气的黏度为　$\mu = 1.96\times 10^{-5}\ \text{Pa}\cdot\text{s}$

则可得　$$Re_{max} = \frac{du_{max}\rho}{\mu} = \frac{0.300\times 16.1\times 1.137}{1.96\times 10^{-5}} = 2.80\times 10^5$$

由查图得 $\bar{u}/u_{max}=0.82$,故

$$\bar{u} = 0.82\times 16.1 = 13.2(\text{m/s})$$

管道中的质量流量

$$q_m = \frac{\pi}{4}d^2\bar{u}\rho = 0.785\times 0.300^2\times 13.2\times 1.137 = 1.06(\text{kg/s})$$

2. 孔板流量计

孔板流量计是一种应用很广泛的节流式流量计。在管道里插入一片与管轴垂直并带有孔(通常为圆孔)的金属板,孔的中心位于管道中心线上,如图 2-26 所示。这样构成的装置,称为孔板流量计。其中,孔板称为节流元件。

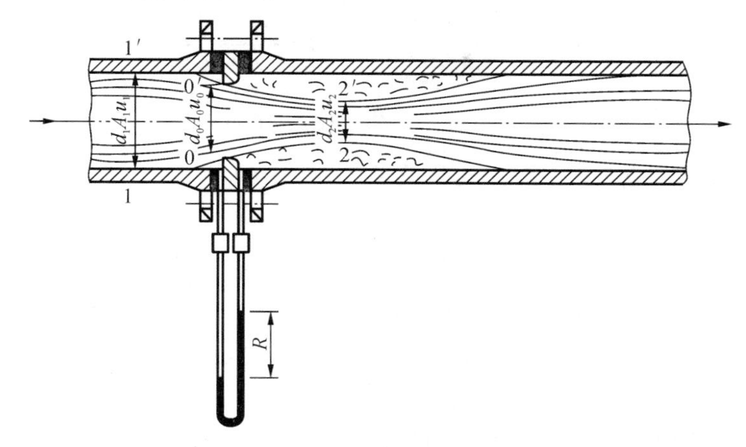

图 2-26　孔板流量计

当流体流过小孔以后,由于惯性作用,流动截面并不立即扩大到与管截面相等,而是继续收缩一定距离后才逐渐扩大到整个管截面。流动截面最小处(如图中截面 2—2′)称为缩脉。流体在缩脉处的流速最高,即动能最大,而相应的静压力就最低。因此,当流体以一定的流量流经小孔时,就产生一定的压差。流量越大,所产生的压差也就越大。所以根据测量压差的大小来度量流体流量。

假设管内流动的为不可压缩流体。由于缩脉位置及截面积难以确定(随流量而变),故在上游未收缩处的截面 1—1′与孔板处下游截面 0—0′间列出伯努利方程(暂略去能量损失),得

$$gz_1+\frac{u_1^2}{2}+\frac{p_1}{\rho}=gz_0+\frac{u_0^2}{2}+\frac{p_0}{\rho} \tag{2.6.5}$$

对于水平管,$z_1=z_0$,简化上式并整理后得

$$\sqrt{u_0^2-u_1^2}=\sqrt{\frac{2(p_1-p_0)}{\rho}} \tag{2.6.6}$$

令流体流经孔口的速度为 u_0,根据不可压缩流体的连续性方程,可知

$$A_1u_1=A_0u_0=A_2u_2 \tag{2.6.7}$$

式中:A_1、A_0、A_2——管道、孔口和缩脉的截面积。

式(2.6.6)可写为

$$u_0=\frac{1}{A_0\sqrt{\frac{1}{A_2^2}-\frac{1}{A_1^2}}}\sqrt{\frac{2(p_1-p_2)}{\rho}} \tag{2.6.8}$$

因为截面 2—2′的面积 A_2 通常难以确定,因此将上式中 A_2 用孔口截面积 A_0 代替,流体流经孔板的能量损失不能忽略,故式(2.6.8)中应引进一校正系数 C_1,用来校正因忽略能量损失所引起的误差,即

$$u_0=\frac{C_1}{\sqrt{1-(A_0/A_1)^2}}\sqrt{\frac{2(p_1-p_0)}{\rho}} \tag{2.6.9}$$

孔板流量计除孔板外,还需要压差计。压差计的安装有角接法和径接法两种。角接法是将上、下游两个测压口接在孔板流量计前后的两块法兰上;径接法的上游测压口距孔板一倍直径距离,下游测压口距孔板 1/2 倍螺丝距离。无论是角接法还是径接法,所测的压差都不可能正好反映(p_1-p_2)的真实值。因此,仍需对式(2.6.9)进行修正。

$$u_0=\frac{C_1C_2}{\sqrt{1-(A_0/A_1)^2}}\sqrt{\frac{2(p_1-p_0)}{\rho}} \tag{2.6.10}$$

令流量系数 $C_0=\frac{C_1C_2}{\sqrt{1-(A_0/A_1)^2}}$,上、下游测压口的压差用压差计的指示数表示为 $gR(\rho_0-\rho)$,因此,则上式可变为

$$u_0=C_0\sqrt{\frac{2gR(\rho_0-\rho)}{\rho}} \tag{2.6.11}$$

上式是用孔板前后压力的变化来计算孔板小孔流速 u_0 的公式。若以体积流量表达,则为

$$q_V=u_0A_0=C_0A_0\sqrt{\frac{2Rg(\rho_0-\rho)}{\rho}} \tag{2.6.12}$$

各式中的 C_0 为流量系数或孔流系数,量纲为 1。由以上各式的推导过程中可以看出:

(1) C_0 与 C_1 有关,故 C_0 与流体流经孔板的能量损失有关,即与 Re 有关;

(2) 不同的取压法得出不同的 C_2,所以 C_0 与取压法有关;

(3) C_0 与面积比 A_0/A_1 有关。

其中,C_0 与这些变量间的关系由实验测定。

用式(2.6.12)计算流体的流量时,必须先确定流量系数 C_0 的数值,但是 C_0 与 Re 有关,而管道中的流体流速 u_1 又为未知的,故无法计算 Re 值。在这种情况,可采用试差法。

安装孔板流量计时,通常要求上游直管长度为 $50d$,下游直管长度为 $10d$。

孔板流量计是一种容易制造的简单装置。当流量有较大变化时,为了调整测量条件,调换孔板亦很方便。它的主要缺点是流体经过孔板后能量损失较大,并随 A_0/A_1 的减小而加大,而且孔口边缘容易腐蚀和磨损,所以孔板流量计应定期进行校正。

3. 文丘里(Venturi)流量计

为了减少流体流经节流元件时的能量损失,可以用一段渐缩渐扩管代替孔板,这样构成的流量计称为文丘里流量计或文氏流量计,如图 2-27 所示。

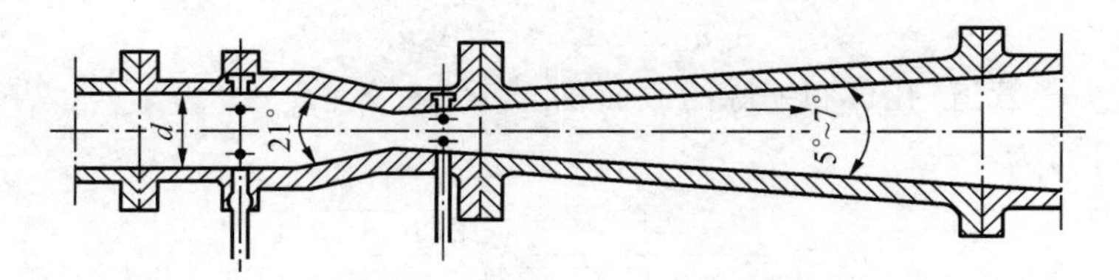

图 2-27 文丘里流量计

为了避免流量计长度过大,基于前述原因,收缩角可取得大些,通常为 15°~25°;扩大角仍须取得小些,一般为 5°~7°。

文丘里流量计的流量计算式与孔板流量计的相类似,即

$$q_V=C_Vu_0A_0=C_VA_0\sqrt{\frac{2Rg(\rho_0-\rho)}{\rho}} \tag{2.6.13}$$

式中：C_V——流量系数，量纲为 1，其值可由实验测定或从仪表手册中查得，一般取0.98～1.00；

A_0——喉管的截面积，m^2。

文丘里管的主要优点是能耗少。

2.6.2　转子流量计

转子流量计的主体是一个微锥形的玻管，锥角在 4°左右，下端截面积略小于上端（见图 2-28）。管内有一直径略小于玻璃管内径的转子（或称浮子），形成一个截面积较小的环隙。转子可由不同材料制成，有不同的形状，但其密度大于被测流体的密度。管中无流体通过时，转子将沉于管底部。

当流体自下而上流过垂直的锥形管时，转子受到两个力的作用：一是垂直向上的推动力，它等于流体流经转子与锥管间的环形截面所产生的压差；另一是垂直向下的净重力，它等于转子所受的重力减去流体对转子的浮力。当流量加大使压差大于转子的净重力时，转子就上升。当压差与转子的净重力相等时，转子处于平衡状态，即停留在一定位置上。在玻璃管外表面上刻有读数，根据转子的停留位置，即可读出被测流体的流量。

转子流量计是变截面定压差流量计。作用在浮子上下游的压差为定值，而浮子与锥管间环形截面积随流量而变。浮子在锥形管中的位置高低即反映流量的大小。

转子流量计的流量计算可以由转子的受力平衡导出。如图 2-29 所示，设 V_f 为转子的体积，A_f 为转子最大部分的截面积，ρ_f 为转子材质的密度，ρ 为被测流体的密度。若上游环形截面为 1—1′，下游环形截面为 2—2′，则流体流经环形截面所产生的压差为 $p_1 - p_2$。当转子在流体中处于平衡状态时，即

$$\text{转子承受的压力} = \text{转子所受的重力} - \text{流体对转子的浮力} \tag{2.6.14}$$

于是

$$(p_1 - p_2)A_f = gV_f\rho_f - gV_f\rho \tag{2.6.15}$$

所以

$$p_1 - p_2 = \frac{gV_f(\rho_f - \rho)}{A_f} \tag{2.6.16}$$

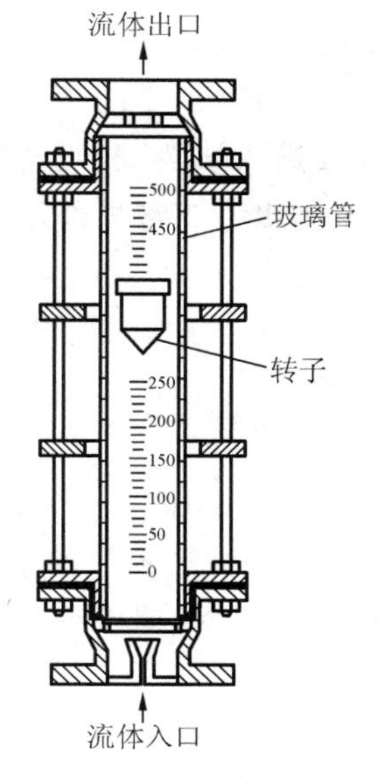

图 2-28　转子流量计

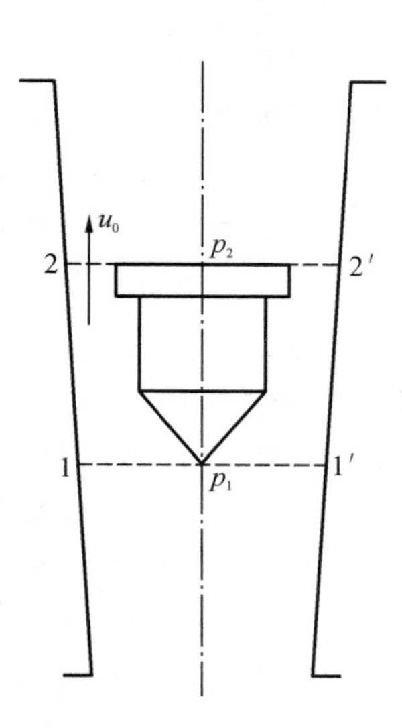

图 2-29　转子受力分析图

由上式可以看出,当用固定的转子流量计测量某流体的流量时,式中的 V_f、A_f、ρ_f、ρ 均为定值,所以 p_1-p_2 亦恒定,与流量无关。

仿照孔板流量计的流量公式可写出转子流量计的流量公式,即

$$q_V = C_R A_R \sqrt{\frac{2(p_1-p_2)}{\rho}} = C_R A_R \sqrt{\frac{2gV_f(\rho_f-\rho)}{\rho A_f}} \tag{2.6.17}$$

式中:C_R——转子流量计流量系数;

A_R——玻璃管与转子之间的环隙面积。

转子流量计的流量系数 C_R 与 Re 及转子的形状有关。对于转子形状一定的流量计,C_R 与 Re 的关系需由实验确定。

转子流量计在出厂时根据 20 ℃的水或 20 ℃、0.1 MPa 的空气进行标定,并将流量值刻在玻璃管上。使用时,流体的条件通常与标定的条件不符,此时需要进行换算。由于在同一刻度下,A_R 相等,由式(2.6.17)可得

$$\frac{q_V}{q_{V0}} = \sqrt{\frac{\rho_0(\rho_f-\rho)}{\rho(\rho_f-\rho_0)}} \tag{2.6.18}$$

式中,下标“0”指标定流体。

转子流量计的优点是能量损失小,测量范围宽,但耐温、耐压性差。

安装转子流量计时应注意,转子流通量计必须垂直安装,倾斜 1°将造成 0.8%的误差,且流体流动的方向必须由下向上。

思考与练习

2-1 在稳定流动系统中,水连续从粗管流入细管。粗管内径 $d_1=10$ cm,细管内径 $d_2=5$ cm,当流量为 4×10^{-3} m^3/s 时,求粗管内和细管内水的流速。

2-2 如图 2-30 所示,流化床反应器上装有两个 U 形管压差计。读数分别为 $R_1=500$ mm,$R_2=80$ mm,指示液为水银。为防止水银蒸气向空间扩散,在右侧的 U 形管与大气连通的玻璃管内灌入一段水,其高度 $R_3=100$ mm。试求 A、B 两点的表压。

2-3 图 2-31 所示为一油水分离器。油与水的混合物连续进入该器,利用密度不同使油和水分层。油由上部溢出,水由底部经一倒 U 形管连续排出。该管顶部用一管道与分离器上方相通,使两处压力相等。已知观察镜的中心离溢油口的垂直距离 $H_s=500$ mm,油的密度为 780 kg/m^3,水的密度为 1 000 kg/m^3。欲使油水分界面维持在观察镜中心处,则倒 U 形出口管顶部与分界面的垂直距离 H 应为多少?(因液体在器内及管内的流动缓慢,本题可作静力学处理。)

2-4 如图 2-32 所示,储槽内水位维持不变。槽的底部与内径为 100 mm 的钢质放水管相连,管路上装有一个闸阀,距管口入口端 15 m 处安有以水银为指示液的 U 形管压差计,其一臂与管路相连,另一臂通大气。压差计连接管内充满了水,测压点与管路出口端之间的直管长度为 20 m。试求:

(1) 当闸阀关闭时,测得 $R=600$ mm,$h=1\ 500$ mm;当闸阀部分开启时,测得 $R=400$ mm,$h=1\ 400$ mm。摩擦系数可取 0.025,管路入口处局部阻力系数为 0.5,此时管中出水流量(m^3/h)。

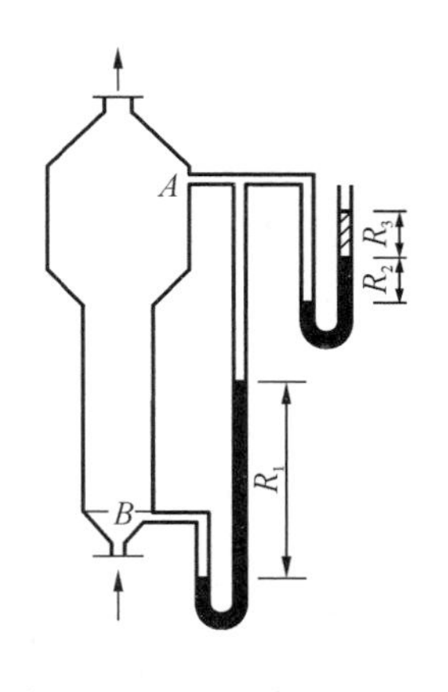

图 2-30 习题 2-2 图

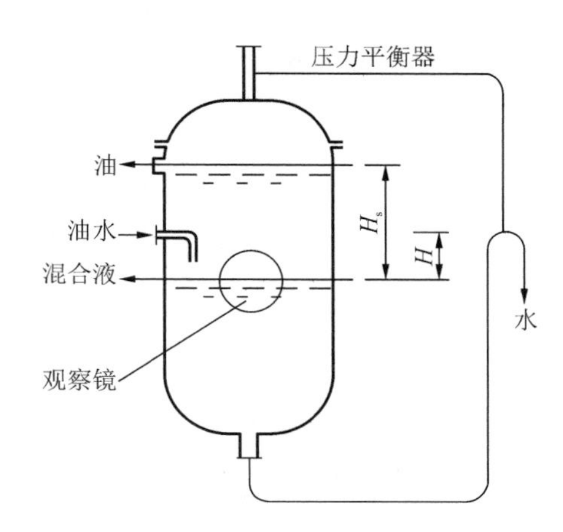

图 2-31 习题 2-3 图

(2) 当闸阀全开时，$l_e/d=15$，摩擦系数仍可取 0.025，U 形管压差计的静压力（Pa，表压）。

2-5 如图 2-33 所示，高位槽内的水位高于地面 7 m，水从 ϕ108 mm×4 mm 的管道中流出，管路出口高于地面 1.5 m。已知水流经系统的能量损失可按 $\sum i_f = 5.5u^2$ 计算，其中 u 为水在管内的平均流速（m/s）。设流动为稳态，试计算：

(1) A—A'截面处水的平均流速；

(2) 水的流量（m^3/h）。

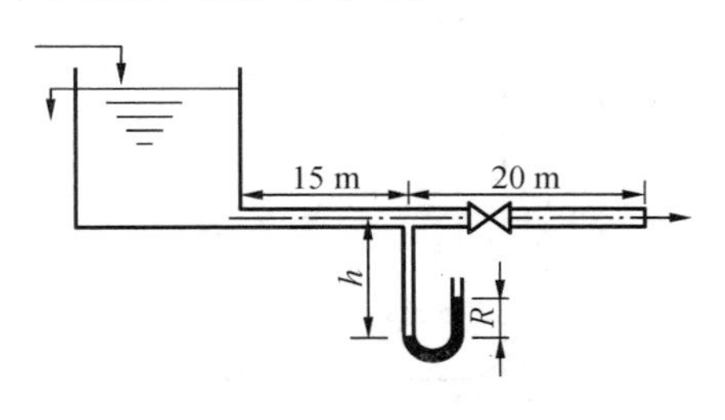

图 2-32 习题 2-4 图

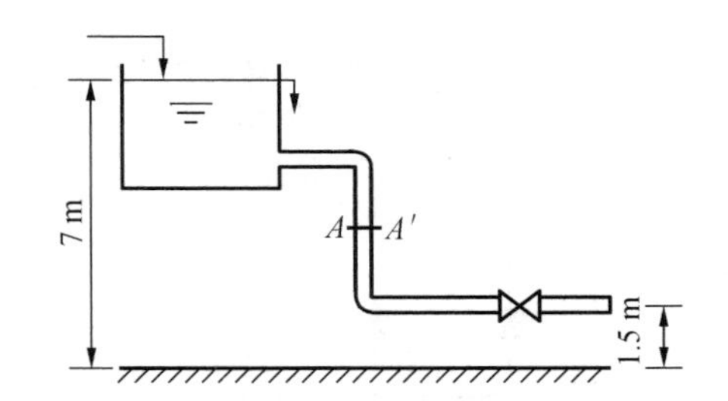

图 2-33 习题 2-5 图

2-6 某油品的密度为 800 kg/m^3，黏度为 41 cP，如图 2-34 所示，由 A 槽送至 B 槽，A 槽的液面比 B 槽高 1.5 m。输送管为 ϕ89 mm×3.5 mm、长 50 m（包括阀门的当量长度），进出口损失可忽略。试求：

(1) 油的流量（m^3/h）；

(2) 若调节阀门的开度，使油的流量减少 20%，此时阀门的当量长度。

2-7 图 2-35 所示为一输水系统，高位槽的水面维持恒定，水分别从 BC 与 BD 两支管排出，高位槽液面与两支管出口间的距离为 11 m。AB 管段内径为38 mm，长度为 58 m；BC 支管的内径为 32 mm，长度为 12.5 m；BD 支管的内径为 26 mm，长度为 14 m。各段长均包括管件及阀门全开时的当量长度。AB 与 BC 管段的摩擦系数均可取为 0.03。BD 支管的管壁粗糙度可取为 0.15 mm，水的密度为 1 000 kg/m^3，黏度为 0.001 Pa·s。试计算：

(1) 当 BD 支管的阀门关闭时，BC 支管的最大排水量；

(2) 当所有的阀门全开时，两支管的排水量。

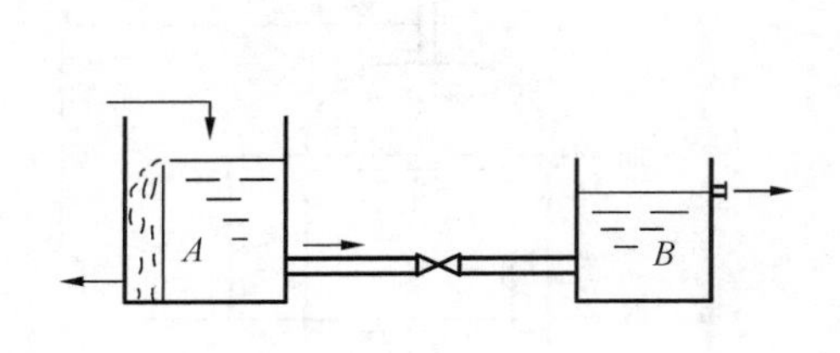

图 2-34 习题 2-6 图

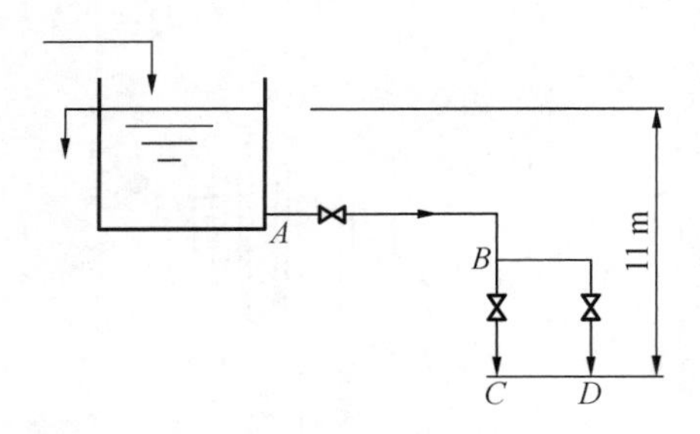

图 2-35 习题 2-7 图

2-8 如图 2-36 所示,水位恒定的高位槽从 C、D 两支管同时放水。AB 段管长 6 m,内径 41 mm;BC 段长15 m,内径 25 mm;BD 段长 24 m,内径 25 mm。上述管长均包括阀门及其他局部阻力的当量长度,但不包括出口动能项,分支点 B 的能量损失可忽略,设全部管路的摩擦系数均可取 0.03,且不变化,出口损失应另作考虑。试求:

(1) D、C 两支管的流量及水槽的总排水量;

(2) 当 D 阀关闭,水槽由 C 支管流出的出水量。

2-9 如图 2-37 所示,某水槽的液位维持恒定,水由总管 A 流出,然后由 B、C 两支管流出。已知 B、C 两支管的内径均为 20 mm,管长 $l_B=2$ m,$l_C=4$ m,阀门以外的局部阻力可以略去。设流动已进入阻力平方区,两种情况下的 $\lambda=0.028$,交点 O 的阻力可忽略。试求:

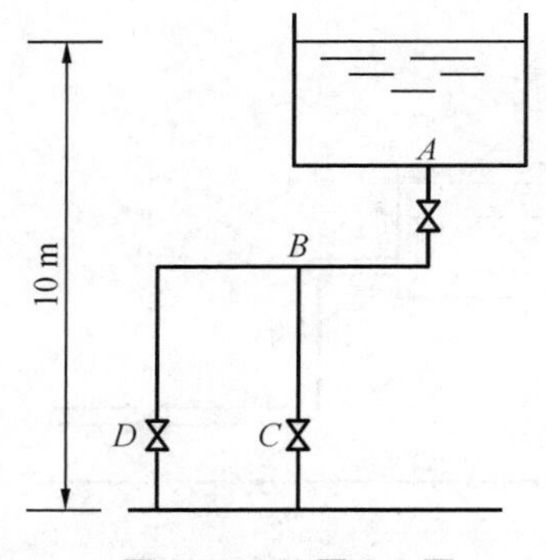

图 2-36 习题 2-8 图

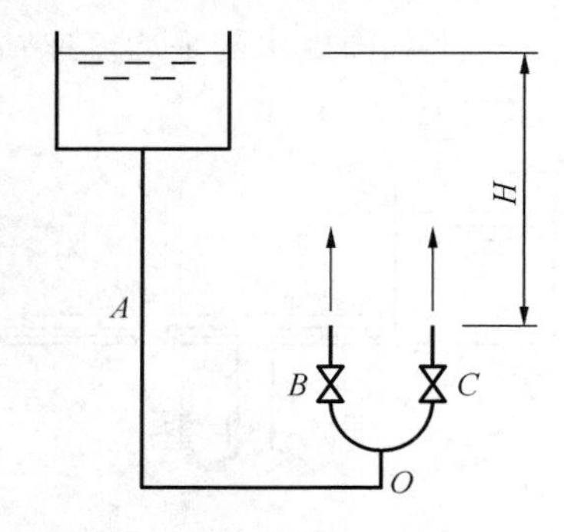

图 2-37 习题 2-9 图

(1) B、C 两阀门全开($\zeta=0.17$)时,两支管流量之比;

(2) 提高位差 H,同时关小两阀门至 1/4 开度($\zeta=24$),使总流量保持不变,B、C 两支管流量之比。

2-10 用 ϕ57 mm×3.5 mm 的钢管输送 80 ℃的热水(其饱和蒸汽压为 47.37 kPa、密度为 971 kg/m^3、黏度为 0.356 5 mPa · s),管路中装一标准孔板流量计,用 U 形管汞柱压差计测压差(角接取压法),要求水的流量范围是 10~20 m^3/h,孔板上游压力为 101.33 kPa(表压)。已知当地大气压力为 101.33 kPa。试计算:

(1) U 形管压差计的最大量程 R_{max};

(2) 孔径 d;

(3) 为克服孔板永久压降所消耗的功率。

第3章 沉　　降

在环境污染控制工程领域，所涉及的水体、大气、土壤和固体废物均为混合物。自然界混合物可分为非均相物系和均相物系。均相物系也称均相混合物，指物系内部各处均匀且无相界面，如溶液和混合气体都是均相物系。非均相物系也称非均相混合物，指物系内部有隔开不同相的界面，且界面两侧的物料性质有显著差异。悬浮液、乳浊液、泡沫液属于液态非均相物系。非均相物系由分散相（分散物质）和连续相（分散介质）组成。分散相是指非均相物系中处于分散状态的物质，如悬浮液中的固体颗粒。连续相是包围着分散物质而处于连续状态的流体，如悬浮液中的液体。对水体、空气、土壤进行净化，以及从固体废物中回收有用物质都涉及分离问题。分离过程是将混合物分成组成互不相同的两种或几种产品的操作，其在化学、石油、冶金、食品、轻工、医药、生化和原子能、环保及资源充分利用等工业都具有广泛的应用。

3.1　沉降分离的基本概念

3.1.1　沉降分离的一般原理和类型

沉降操作是依靠某种力的作用，利用分散物质与分散介质的密度差异，使之发生相对运动而分离的过程。用来实现这种过程的作用力可以是重力，也可以是惯性“离心力”。

沉降分离在环境工程领域应用广泛，如在水处理中，污水处理厂的沉砂池、初级沉淀池、二级沉淀池、污泥的浓缩等；在大气净化中，沉淀分离广泛应用于废气的预处理中，用于除去易除去的大颗粒固体废物。

沉降分离包括重力沉降、离心沉降、电沉降、惯性沉降和扩散沉降。重力沉降和离心沉降是利用分散介质与分散物质之间密度的差异，在重力或离心力的作用下使两者之间发生相对运动从而实现两者的分离；电沉降是将颗粒置于电场中使之带电，利用带电后的颗粒物在电场中与流体间发生相对运动从而实现两者的分离；惯性沉降是指颗粒物与流体一起运动时，由于在流体中存在的某种障碍物的作用，流体产生绕流，而颗粒物由于惯性偏离流体；扩散沉降是利用微小粒子运动过程中碰撞在某种障碍物上，从而与流体分离。

各种类型的沉降分离过程和作用力如表3-1所示。

表3-1　各种类型的沉降分离过程和作用力

沉降过程	作用力	适用范围
重力沉降	重力	沉降速度小，适用于较大颗粒的分离
离心沉降	“离心力”	适用于不同大小颗粒的分离
电沉降	电场力	适用于带电微细颗粒（0.1 μm以下）的分离
惯性沉降	惯性力	适用于10 μm以上粉尘的分离
扩散沉降	热运动	适用于微细颗粒（0.01 μm以下）的分离

在上述沉降过程中,由于颗粒在各种作用下与流体产生相对运动,必然受到流体阻力的作用。流体阻力是在所有沉降过程中基本的作用力之一,因此,下面先对流体阻力进行讨论。

3.1.2　流体阻力与阻力系数

1. 单颗粒的几何特性参数

机械分离操作涉及颗粒相对于流体以及流体相对于颗粒床层的流动,颗粒与流体之间的相对运动特性与颗粒本身的特性密切相关。因而首先介绍颗粒的特性,包括球形颗粒和非球形颗粒的特性。颗粒特性的主要参数为颗粒的形状、大小(体积)及表面积(比表面积)。

1) 球形颗粒

形状规则的球形颗粒,一般可用颗粒直径 d_p、体积 V_p、表面积 A_p、比表面积 a 表征。

体积

$$V_p = \frac{\pi}{6} d_p^3 (\mathrm{m}^3) \tag{3.1.1}$$

式中:d_p—球形颗粒的直径,m。

表面积

$$A_p = \pi d_p^2 (\mathrm{m}^2) \tag{3.1.2}$$

比表面积即单位体积颗粒所具有的表面积。比表面积

$$a = \frac{A_p}{V_p} (\mathrm{m}^{-1}) \tag{3.1.3}$$

2) 非球形颗粒

对于形状不规则的颗粒,通常采用下面的几何特性参数来表征其大小和形状。

(1) 颗粒的形状系数

颗粒的形状可用形状系数表示,最常用的形状系数是球形度 φ。在体积相同时,球形颗粒的表面积最小,所以用球形度表示颗粒的形状。球形度表明颗粒形状接近球形的程度,其定义式为

$$\varphi = \left(\frac{d_{eV}}{d_{eA}}\right)^2 = \frac{\text{与非球形颗粒体积相等的球形颗粒的表面积}}{\text{非球形颗粒表面积}} = \frac{A_p}{A} \leqslant 1 \tag{3.1.4}$$

球形度 φ 越大,颗粒越接近球形。球形颗粒的 $\varphi=1$。大多数粉碎颗粒的球形度在 0.6～0.7。

(2) 颗粒的当量直径

不规则形状颗粒的尺寸可以用它的某种几何量相等的球形颗粒的直径表示,称为当量直径。根据采用的几何量不同,当量直径有以下三种表示方法。

① 体积当量直径 d_{eV}:与非球形颗粒体积相等的球形颗粒的直径。

$$d_{eV} = \sqrt[3]{\frac{6V_p}{\pi}} \tag{3.1.5}$$

② 表面积当量直径 d_{eA}:与非球形颗粒表面积相等的球形颗粒的直径。

$$d_{eA} = \sqrt{\frac{A_p}{\pi}} \tag{3.1.6}$$

③ 比表面积当量直径 d_{ea}:与非球形颗粒比表面积相等的球形颗粒的直径。

$$d_{ea} = 6/a_p \tag{3.1.7}$$

(3) 颗粒的比表面积 a

$$a=\frac{颗粒的表面积}{颗粒体积}=\frac{A_p}{V_p}$$

颗粒体积相同时,比表面积 a 越小,则颗粒越接近球形。

比表面积 a 与球形度 φ 关系为 $a=\frac{A}{\varphi V}$,因此球形度

$$\varphi=\frac{d_{ea}}{d_{eV}}$$

(4) 体积当量直径 d_{eV}、表面积当量直径 d_{eA}、比表面积当量直径 d_{ea}与球形度 φ 的关系

根据球形度的定义,它们之间的关系为

$$d_{eA}=\frac{d_{eV}}{\sqrt{\varphi}},\quad d_{ea}=\varphi d_{eV} \tag{3.1.8}$$

2. 流体阻力

在流体力学中,流体阻力指流体流过导管中所遇到的阻力,共包括两种:① 由于流体与器壁相摩擦而产生的阻力,称摩擦阻力;② 流体在流动过程中由于方向改变或速度改变以及经过管件而产生的阻力,称局部阻力。对于流体阻力产生的原因与影响因素归纳为:流体具有黏性,流动时存在着内摩擦,是流体阻力产生的根源,固定的管壁或者其他形状固体壁面,促使流动的流体内部发生相对运动,为流动阻力的产生提供了条件,所以流动阻力的大小与流体本身的物理性质、流动状况及壁面的形状等因素有关。

对于球形颗粒,颗粒所受的阻力 F_D 可用下式计算:

$$F_D=\zeta S_p\frac{\rho u^2}{2} \tag{3.1.9}$$

式中:F_D——颗粒所受的阻力,N;

ζ——阻力系数,是雷诺数(Re)的函数,由实验确定,量纲为1;

S_p——颗粒在运动方向上的投影面积,对于球形颗粒,$S_p=\frac{\pi}{4}d_p^2$,m^2,d_p 为颗粒的定性尺寸,对于球形颗粒为其直径,m;

ρ——流体密度,kg/m^3;

u——颗粒与流体相对运动速度,m/s。

3. 阻力(曳力)系数

量纲为1的阻力系数可反映颗粒运动时流体对颗粒的曳力,故又称曳力系数。阻力系数是流体与颗粒相对运动时雷诺数的函数,即

$$\zeta=f(Re_p),Re_p=\frac{u_t d_p\rho}{\mu} \tag{3.1.10}$$

式中:Re_p——雷诺数,量纲为1;

ζ——阻力系数,量纲为1;

u_t——颗粒沉降速度,m/s;

μ——流体黏度,Pa·s。

ρ——流体密度,kg/m^3。

计算雷诺数时,d_p 应为足以表征颗粒大小的长度,对球形颗粒而言,d_p 是它的直径。

阻力系数函数式的具体形式,和管内流体流动的阻力系数关系式一样,随流动状况而异。

1) 球形颗粒

根据实验结果作出的阻力系数与雷诺准数的关系曲线如图 3-1 所示。此曲线的变化规律可以分成四段用不同的公式表示。

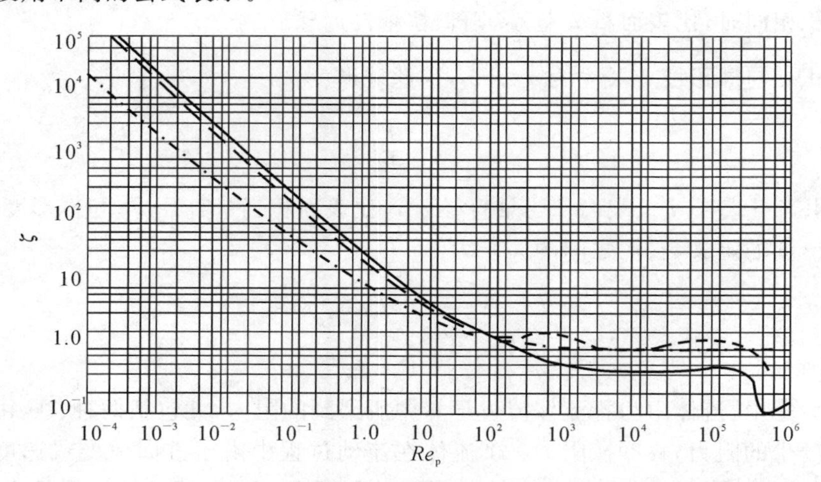

图 3-1　阻力系数与颗粒雷诺数之间的关系

——球粒;— — — —圆片;—·—·—·—圆柱

(1) 层流区(Stokes 区)。

当 $Re_p<2$ 时,颗粒处于层流状态,阻力系数与雷诺数之间的关系为

$$\zeta=\frac{24}{Re_p} \tag{3.1.11}$$

对于球形颗粒,将式(3.1.10)和式(3.1.11)代入式(3.1.9)中,得到

$$F_D=3\pi u_t d_p \mu \tag{3.1.12}$$

通常把 $Re_p\leqslant 2$ 的区域称为斯托克斯区。斯托克斯区 Re_p 的界定是人为划分的,可能存在不同的数值。斯托克斯区的计算式是准确的。

(2) 过渡区(Allen 区)。

当 $2\leqslant Re_p<10^3$ 时,颗粒运动处于紊流状态,ζ 几乎不随 Re_p 变化而变化,ζ 与 Re_p 之间呈曲线关系,其关系式可近似表示为

$$\zeta=\frac{18.5}{Re_p^{0.6}} \tag{3.1.13}$$

当 Re_p 增大至超过层流区后,在颗粒半球线的稍前处会发生边界层的分离,使颗粒的后部产生旋涡,造成较大的摩擦损失(图 3-2(a))。

(3) 湍流区(Newton 区)。

当 $10^3\leqslant Re_p<2\times10^5$ 时,颗粒运动为湍流状态,ζ 几乎不随 Re_p 变化而变化,可近似表示为

$$\zeta\approx 0.44 \tag{3.1.14}$$

在过渡区和湍流区的计算式是近似的。

(4) 湍流边界层区。

当 $Re_p\geqslant 2\times10^5$ 时,边界层内为湍流。随着 Re_p 的增大,颗粒边界层的流动由层流变为湍流,使边界层的分离点向颗粒半球线的后侧移动(图 3-2(b))。此时颗粒后部的旋涡区缩小,阻力系数 ζ 几乎不随 Re_p 变化而变化,可近似表示为

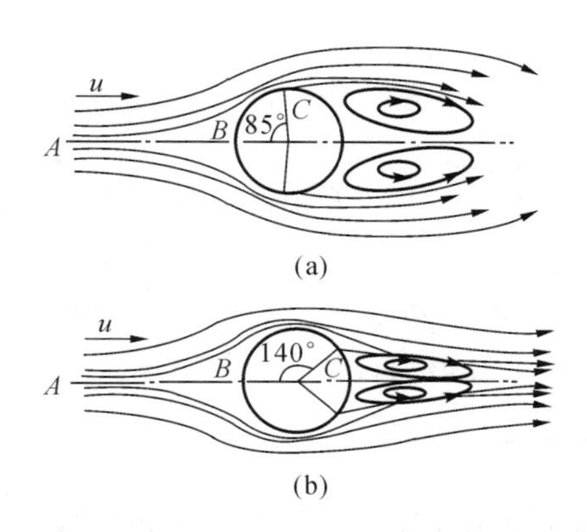

图 3-2　流体流过球形颗粒时边界层的分离现象

(a)边界层内为层流；(b)边界层内为湍流

$$\zeta \approx 0.1 \tag{3.1.15}$$

颗粒运动时所受的阻力包括表皮阻力与形体阻力。颗粒速度很小时，被置换的流体呈层流与球作相对运动，并在球左右两侧加速绕过。在球表面所形成的边界层很薄，没有旋涡出现，流体对球的阻力主要是黏性阻力即表皮摩擦(图 3-2(a))。若速度增加，便有旋涡出现，即发生边界层分离(图 3-2(b))，表皮阻力的作用逐渐让位于形体阻力。开始时旋涡所形成的尾流遮住球的整个后半部。若速度再增大，则流动从层流过渡为湍流，但边界层内的流体仍可能为层流。当边界层内的流体也成为湍流，则流体的速度必然非常大，此时边界层内的流体反而不易发生倒流，边界层分离较难，以至于分离点后移到球的背面，形成的尾流反而比以前小，使总阻力下降。

2）其他形状的颗粒

当颗粒形状不规则时，流体流过颗粒时的阻力系数与 Re_p 之间的关系曲线因颗粒形状而异。图 3-3 所示为不规则颗粒的阻力系数与雷诺数之间的关系曲线。图中 Re_p 由颗粒的等体积当量直径 d_{eV} 算出。可见，在 Re_p 相等时，颗粒球形度(φ)越小，阻力系数越大，颗粒所受的流体阻力也就越大。

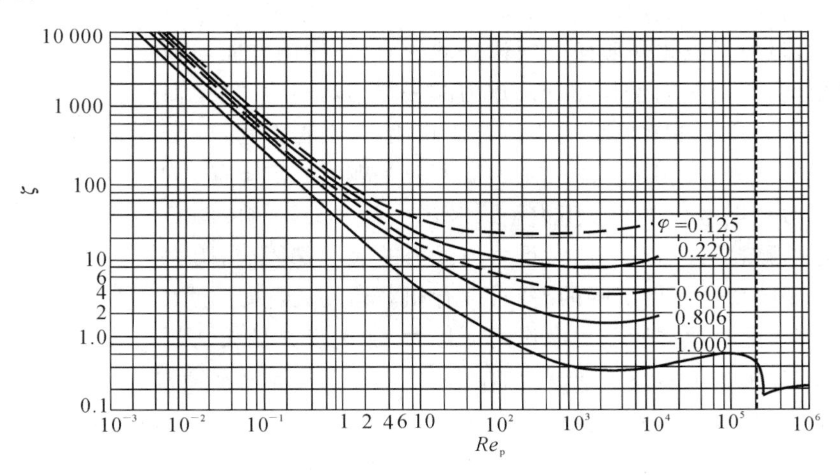

图 3-3　不规则颗粒的阻力系数与颗粒雷诺数之间的关系曲线

雷诺数 Re_p 超过 2×10^5 的第四段，属于有湍流边界层出现的最后阶段，此时边界层分离反而不易发生，阻力系数 ζ 突然下降。此阶段在沉降操作中一般是达不到的。

3.2 重力沉降

重力沉降是分散相颗粒在重力作用下，与周围流体发生相对运动，并实现分离的过程。颗粒的重力沉降速度是指颗粒相对于周围流体的沉降运动速度。影响重力沉降速度的因素很多，有颗粒的形状、大小、密度，流体的种类、密度、黏度等。为了便于讨论，下面先以形状和大小不随流动情况而变、一定直径的球形颗粒作为研究对象。

3.2.1 重力场中颗粒的沉降过程

以球形颗粒为例，探讨处于重力场流体中的颗粒沉降过程。一个球形颗粒放置在静止流体中，颗粒密度为 ρ_p，流体密度为 ρ，当颗粒密度大于流体密度时，颗粒在重力作用下作沉降运动，设颗粒的初始速度为零，则颗粒最初只受重力 F_g 和浮力 F_b 的作用，重力向下，浮力向上，当颗粒直径为 d_p 时，有

$$F_g = \frac{\pi}{6} d_p^3 \rho_p g \tag{3.2.1}$$

$$F_b = \frac{\pi}{6} d_p^3 \rho g \tag{3.2.2}$$

因为颗粒密度大于流体密度，此时作用于颗粒上的两个外力之和不为零，颗粒会产生加速度。根据牛顿第二定律，颗粒向下的加速度 $\frac{du}{dt}$ 与向下的净作用力 $F_g - F_b$ 之间的关系为

$$F_g - F_b = m \frac{du}{dt}$$

在该加速度的作用下，颗粒开始下沉，运动过程中还会受到流体向上作用的阻力 F_D。设 u 为颗粒与流体的相对运动速度，有

$$F_D = \zeta \frac{\pi}{4} d_p^2 \frac{\rho u^2}{2} \tag{3.2.3}$$

此时颗粒的受力情况如图 3-4 所示。重力是向下作用的，浮力是向上作用的，阻力是流体介质妨碍颗粒运动的力，其作用方向与颗粒运动方向相反，因而是向上作用的。重力减去浮力与阻力，便是促使颗粒降落的净作用力，颗粒在此力作用之下产生一定的加速度。令 m 为颗粒的质量，a 为它往下降落的加速度。根据牛顿第二定律有

$$净作用力 = 重力 - 浮力 - 阻力 = F_g - F_b - F_D = ma \tag{3.2.4}$$

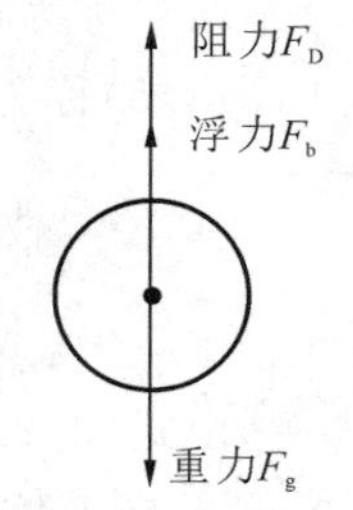

图 3-4 重力沉降颗粒的受力情况

对于一定的颗粒与一定的流体，重力与浮力的大小都固定，阻力却随降落速度而改变。开始沉降的瞬间，没有相对运动，沉降速度为零，阻力亦为零。此时颗粒所受的净作用力最大，加速度亦最大。颗粒受力(其大小等于重力与浮力之差)的作用开始下降后，先作加速运动，阻力随运动速度的增加而相应增加，颗粒所受的向下的作用力减小，加速度亦减小。直到颗粒所受的净作用力降到零，使加速度等于零，此后颗粒即以最终所达到的速度等速下降。

因此，静止流体中颗粒的降落过程可以分成两个阶段：第一阶段为加速运动；第二阶段为等速运动。颗粒的特点是单位体积的表面积与其成整块物体时的表面积相比大得多，在运动中与流体介质相摩擦而产生的阻力也相对地大得多。因此，阻力很快便能达到与作用力(重力

减去浮力)的大小相等,加速运动阶段非常短,在整个降落过程中往往可以忽略,只考虑匀速阶段。颗粒沉降达到等速运动时的速度称为沉降速度或终端速度。

3.2.2　沉降速度

1. 沉降速度的计算公式

达到匀速沉降时,设沉降速度为 u_t,颗粒在流体中所受的净作用力为零,即

$$F_g - F_b - F_D = 0$$

$$\frac{\pi}{6}d_p^3\rho_p g - \frac{\pi}{6}d_p^3\rho g - C_D\frac{\pi}{4}d_p^2\left(\frac{\rho u_t^2}{2}\right) = 0$$

整理得

$$u_t = \sqrt{\frac{4(\rho_p - \rho)d_p g}{3\rho\zeta}} \tag{3.2.5}$$

式中:u_t——颗粒终端沉降速度,m/s;

d_p——颗粒直径,m;

ρ_p——颗粒密度,kg/m^3;

ρ——流体密度,kg/m^3;

g——重力加速度,m/s^2;

ζ——阻力系数,量纲为1,是雷诺数的函数。

对于球形颗粒,将不同 Re_p 下阻力系数的表达式逐个代入式(3.2.5),就可以得到不同区域的颗粒沉降公式:

(1) 层流区($Re_p<2$)

$$u_t = \frac{1}{18}\frac{\rho_p - \rho}{\mu}gd_p^2 \tag{3.2.6}$$

(2) 过渡状态($2 \leqslant Re_p < 10^3$)

$$u_t = 0.27\sqrt{\frac{(\rho_p - \rho)gd_p Re_p^{0.6}}{\rho}} \tag{3.2.7}$$

(3) 湍流区($10^3 \leqslant Re_p < 2\times10^5$)

$$u_t = 1.74\sqrt{\frac{(\rho_p - \rho)gd_p}{\rho}} \tag{3.2.8}$$

式(3.2.6)称为斯托克斯公式,适合于计算较小的粒子的沉降速度。式(3.2.7)称为艾伦公式,式(3.2.8)称为牛顿公式,适合于计算较大粒子的沉降速度。沉降操作中所涉及的颗粒直径都很小,雷诺数常在0.3以下,故斯托克斯公式较为常用。

2. 影响沉降速度的因素

影响沉降速度的因素很多,比如颗粒的形状、大小、密度,流体的种类、密度、黏度等。以层流区为例,由式(3.2.8)可知,u_t 与 d_p 有关。d_p 愈大,则 u_t 愈大。液体黏度约为气体黏度的50倍,故颗粒在液体中的沉降速度比在气体中的小得多。

影响颗粒沉降的其他因素包括颗粒形状、壁效应和干扰沉降等。非球形颗粒的球形度越小,阻力系数越大,非球形颗粒的沉降速度比球形颗粒的小。当颗粒在靠近器壁的位置沉降时,由于器壁的影响,其沉降速度较自由沉降速度小,这种影响称为壁效应。当非均相物系中的颗粒较多,颗粒之间相互距离较近时,颗粒沉降会受到其他颗粒的影响,这种沉降称为干扰沉降。干扰沉降速度比自由沉降的小。

3. 沉降速度的计算方法

1) 试差法

求沉降速度通常采用试差法。因为流体的阻力系数和颗粒的雷诺数有关,在进行颗粒沉

降速度计算时,需要判断颗粒沉降属于什么区域。不知沉降速度时无法确定沉降区域,因此可以先假设流体流动形态,然后根据沉降区域计算沉降速度,根据沉降速度计算雷诺数。再检查验证与假设是否相符,如果相符,计算所得沉降速度正确;如果不相符,重新假设流动形态,重复计算沉降速度和雷诺数,直至假设与验证相符为止。

2) 摩擦数群法

图 3-3 中阻力系数 ζ 与雷诺数 Re_p 的关系曲线中,两个坐标都含有未知数沉降速度 u_t,因此需要用试差法求解 u_t。由式(3.2.7)可得阻力系数与沉降速度的关系为

$$\zeta = \frac{4d_p(\rho_p - \rho)g}{3\rho u_t^2} \tag{3.2.9}$$

将 ζ 与 Re_p^2 相乘,即可消去 u_t,得

$$\zeta Re_p^2 = \frac{4d_p^3\rho(\rho_p - \rho)g}{3\mu^2} \tag{3.2.10}$$

ζRe_p^2 为不含沉降速度 u_t 的摩擦数群,量纲为 1。

因阻力系数 ζ 是 Re_p 的函数,ζRe_p^2 亦是 Re_p 的函数,可将图 3-1 中 ζ 与 Re_p 关系曲线转绘为 ζRe_p^2 与 Re_p 的关系曲线,计算时先求出 ζRe_p^2,再用曲线确定相应 Re_p,然后由 Re_p 反算 u_t。

如果要计算以某一沉降速度 u_t 沉降的颗粒直径 d_p,也可用相类似的方法解决而不必先知道 Re_p。将式(3.2.10)除以 Re_p,可得

$$\zeta Re_p^{-1} = \frac{4\mu(\rho_p - \rho)g}{3\rho^2 u_t^3} \tag{3.2.11}$$

ζRe_p^{-1} 为不含沉降速度 u_t 的摩擦数群,量纲为 1。

可将图 3-1 中 ζ 与 Re_p 关系曲线转绘为 ζRe^{-1} 与 Re_p 的关系曲线,计算时先求出 ζRe_p^2,再用曲线确定沉降速度 u_t,然后根据沉降速度 u_t 计算 d_p。

3) 无量纲判据 K 法

在已知 ρ、μ、ρ_p、d_p,求 u_t 时,可用无量纲判据 K 法。

层流区,有 $\quad Re_p \leqslant 2, \quad Re_p = \dfrac{d_p\rho u_t}{\mu}, \quad u_t = \dfrac{1}{18}\dfrac{\rho_p - \rho}{\mu}gd_p^2$

$$Re_p = \frac{d_p\rho u_t}{\mu} = \frac{d_p\rho}{\mu}\quad\frac{d_p^2 g(\rho_p - \rho)}{18\mu} = \frac{1}{18}\frac{d_p^3 g\rho(\rho_p - \rho)}{\mu^2} \leqslant 2$$

令

$$\frac{d_p^3 g\rho(\rho_p - \rho)}{\mu^2} = K$$

$$Re_p = \frac{K}{18} \leqslant 2 \tag{3.2.12}$$

所以 $K \leqslant 36$ 时沉降属于层流区。

湍流区,有 $\quad Re_p > 10^3, \quad Re_p = \dfrac{d_p\rho u_t}{\mu}, \quad u_t = 1.74\sqrt{\dfrac{(\rho_p - \rho)gd_p}{\rho}}$

$$Re_p = \frac{d_p\rho}{\mu} \times 1.74\sqrt{\frac{d_p(\rho_p - \rho)g}{\rho}} = 1.74\sqrt{\frac{d_p^3 g\rho(\rho_p - \rho)}{\mu^2}}$$

$$= 1.74\sqrt{K} \geqslant 1000$$

可得

$$K \geqslant 3.3 \times 10^5$$

所以 K 大于 3.3×10^5 时沉降属于湍流区。

例 3-1　求直径为 30 μm 的球形颗粒在 30 ℃常压空气中的自由沉降速度。已知固体密度为 2 670 kg/m³。

解　设球形颗粒沉降属于层流情况，其沉降速度可用斯托克斯公式计算，即

$$u_t=\frac{1}{18}\frac{\rho_p-\rho}{\mu}gd_p^2$$

查得 30 ℃常压空气密度为 $\rho=1.165\ kg/m^3$，黏度为 1.86×10^{-5} Pa·s。因 $\rho\ll\rho_p$，上式可简化为

$$u_t=\frac{1}{18}\frac{\rho_p}{\mu}gd_p^2$$

代入各已知值，得

$$u_t=\frac{1}{18}\frac{\rho_p}{\mu}gd_p^2=\frac{1}{18}\times\frac{2\ 670}{1.86\times10^{-5}}\times9.81\times(30\times10^{-6})^2=0.072(m/s)$$

复核流型：

$$Re_p=\frac{d_p\rho u_t}{\mu}=\frac{30\times10^{-6}\times0.072\times1.165}{1.86\times10^{-5}}=0.135<2$$

沉降处于层流区，与假设相符，计算结果正确。

例 3-2　已知密度为 1 630 kg/m³ 的塑料珠在 20 ℃的 CCl_4 液体中沉降速度为 1.70×10^{-3} m/s，20℃的 CCl_4 的密度为 1 590 kg/m³，黏度为 1.03×10^{-3} Pa·s，求塑料珠直径。

解　设小珠沉降在层流区，可得

$$u_t=\frac{1}{18}\frac{\rho_p-\rho}{\mu}gd_p^2$$

$$d_p=\sqrt{\frac{18u_t\mu}{(\rho_p-\rho)g}}=\sqrt{\frac{18\times1.70\times10^{-3}\times1.03\times10^{-3}}{(1\ 630-1\ 590)\times9.81}}=2.83\times10^{-4}(m)$$

校核雷诺数：

$$Re_p=\frac{d_p\rho u_t}{\mu}=\frac{2.83\times10^{-4}\times1\ 590\times1.70\times10^{-3}}{1.03\times10^{-3}}=0.743<2$$

与假设相符，计算结果有效，则小珠直径为 0.283 mm。

例 3-3　直径为 40 μm、密度为 2 700 kg/m³ 的球形颗粒在 20℃的常压空气中降落，求其沉降速度。

解　查得 30 ℃常压空气密度 $\rho=1.205\ kg/m^3$，黏度为 1.81×10^{-5} Pa·s。

因 $\rho\ll\rho_p$，计算 K 判据，即

$$K=\frac{d_p^3g\rho(\rho_p-\rho)}{\mu^2}=\frac{(4\times10^{-6})^2\times9.81\times1.205\times2\ 700}{(1.81\times10^{-5})^2}=6.24<36$$

因此属于层流区，沉降速度可用斯托克斯定律计算得到。

$$u_t=\frac{1}{18}\frac{\rho_p-\rho}{\mu}gd_p^2\approx\frac{2\ 700\times9.81\times(40\times10^{-6})^2}{18\times1.81\times10^{-5}}=0.13(m/s)$$

3.2.3　重力沉降设备

重力沉降是一种最简单的沉降分离方法，在环境工程领域中应用广泛。重力沉降既可用于水处理中水与颗粒物的分离，又可用于气体净化中粉尘与气体的分离，还可用于不同大小或不同密度颗粒的分离。在水处理中，基于重力沉降的原理进行固液分离的处理构筑物有沉淀（砂）池，最典型的形式是平流式沉淀（砂）池，如图 3-5 所示。

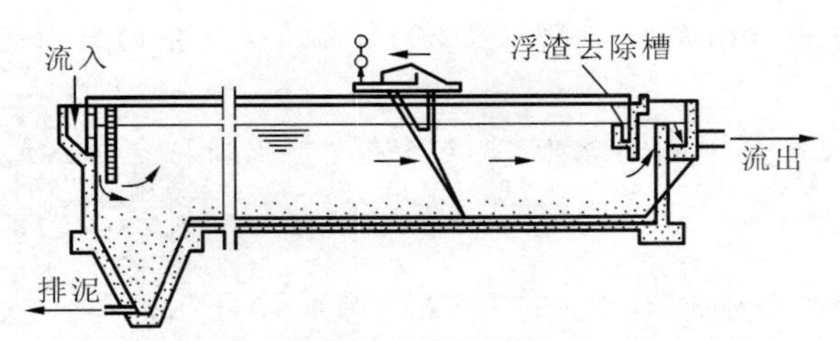

图 3-5　平流式沉淀(砂)池

在平流式沉淀池中，原水从进水区进入沉淀池，沿池长向出水口方向水平流动。原水中的颗粒物在流动过程发生沉降，沉淀到池底部，经刮泥机汇入排泥斗，然后排出。与颗粒物分离后的处理水经出水堰收集后排出。

1. 降尘室

降尘室是应用最早的重力沉降设备，常用于含尘气体中尘粒的预分离。降尘室实质上为具有宽截面的通道。含尘气体进入降尘室后，截面扩大，流速降低，颗粒在重力作用下沉降，只要气体有足够的停留时间，使颗粒在离开降尘室之前沉到底部，即可将其分离出来。

最典型的水平流动型降尘室的结构如图 3-6 所示。

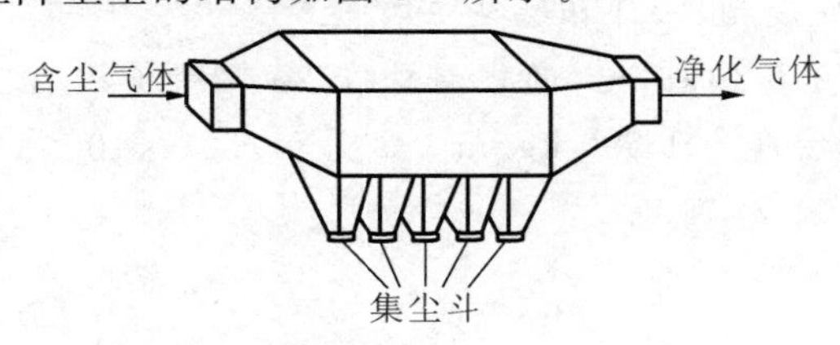

图 3-6　降尘室

1）停留时间与沉降时间

沉降分离操作是在一定的设备内进行的。要使颗粒同周围流体分开，一般要求：流体在离开设备前颗粒已沉降到设备底部或器壁；尽可能减少对沉降过程的干扰；避免已沉降颗粒的再度扬起。

含尘气体进入降尘室后，均匀分布于整个入流断面，若某一直径为 d_c 的颗粒位于入流断面的顶端，则颗粒既会随着气体水平运动，气体从入流口到出口所需的时间，就是颗粒的停留时间($t_{停}$)；同时颗粒亦有沉降运动，颗粒从室顶到底部的时间为沉降时间($t_{沉}$)，只要 $t_{停}$ 大于 $t_{沉}$，颗粒就可以和气体分离开来。

所以沉降分离要满足的基本条件为 $t_{停} \geqslant t_{沉}$。但停留时间也不可选择得过大，否则将因沉降设备过于庞大而使设备投资增大。

流体在设备内的停留时间 $t_{停}$ 是沉降设备的一个重要参数，它与操作方式、设备大小及处理量有关。连续操作的停留时间可取流体流过设备有效空间所需的平均时间，间歇操作的停留时间为一次操作时间(不包括装卸料)。

设降尘室的长度为 l，宽度为 b，高度为 h。颗粒的运动速度与气体的运动速度相同，均为 u，则

$$t_{停} = \frac{l}{u} = \frac{V}{q_V} \tag{3.2.13}$$

式中：l——降尘室的长度，m；

u——气体在降尘室的水平通过速度，m/s。

V——降尘室的容积，m^3；

q_V——气体的体积流量(降尘室的生产能力)，m^3/s。

沉降时间

$$t_{沉} = \frac{h}{u_t} \tag{3.2.14}$$

式中：h——降尘室的高度，m；

u_t——颗粒在垂直方向的沉降速度，m/s。

若要满足除尘要求，$t_{停}$ 至少要等于 $t_{沉}$，即

$$\frac{V}{q_V} = \frac{h}{u_t}$$

因此降尘室的生产能力为

$$q_V = \frac{Vu_t}{h} = u_t lb \tag{3.2.15}$$

可见，理论上的沉降室的生产能力与其沉降面积 bl 及颗粒的沉降速度 u_t 有关，而与沉降室高度 h 无关。

2）分离效率

分离效率、临界直径、最大生产能力是分离设备的重要分离性能指标。由于实际分离过程的复杂性，它们常需通过实验测定或利用经验数据进行估算。

分离效率有两种表示方法：一是总效率；二是粒级效率。混合物中的颗粒由于其大小及实际沉降距离的差异，所需沉降时间分布范围很宽。在有限的停留时间内，只能分离下来其中一部分，它与颗粒总量之比(用质量百分数表示)称为总效率(η_0)。

$$\eta_0 = \frac{\rho_1 - \rho_2}{\rho_1} \times 100\% \tag{3.2.16}$$

式中：ρ_1、ρ_2——进口、出口的总含尘浓度，kg/m^3。

相同粒径的颗粒虽有相同的自由沉降速度，但由于沉降距离、颗粒形状以及干扰沉降等因素，往往只能部分分离。在一定粒径颗粒的总量中，被分离部分所占的质量百分数称为该粒径颗粒的粒级效率(η_i)。

$$\eta_i = \frac{\rho_{i1} - \rho_{i2}}{\rho_{i1}} \times 100\% \tag{3.2.17}$$

式中：ρ_{i1}、ρ_{i2}——进口、出口气体中粒径为 d_i 的颗粒的浓度，kg/m^3。

总效率与粒级效率之间的关系为

$$\eta_0 = \sum (x_{mi}\eta_i) \tag{3.2.18}$$

式中：x_{mi}——粒径为 d_i 的颗粒占总颗粒的质量分数。

3）临界粒径

含尘气体中的颗粒大小不一，颗粒大的沉降速度大，颗粒小的沉降速度小。当粒径达到某一临界值时，其粒级效率为100%，该粒径称为临界粒径(d_{pc})，此粒径颗粒的沉降速度称为临界沉降速度(u_{tc})。显然，临界粒径越小，总效率越高，对应设备的分离性能越好。混合物的处理量越大，在同一设备内的停留时间越短，临界粒径越大。若规定了临界直径，相当于规定了混合物最大可能的处理量，该处理量即为分离设备的最大生产能力。

显然

$$u_{tc} > \frac{q_V}{bl}$$

将临界粒径 d_{pc}所对应的沉降速度 u_{tc}代入不同流型沉降速度的公式,即可求出不同流型下的临界粒径 d_{pc}。

4) 降尘室的形状

对于一定粒径的颗粒,沉降室的生产能力只与底面积 bl 和沉降速度 u_{tc}有关,而与 h 无关。故沉降室应做成扁平形。若降尘室的高度变为原来的 1/2,临界粒径的沉降速度不变,则颗粒的沉降时间将缩短一半,气体的流速变为原来的 2 倍,颗粒在降尘室中的时间也变为原来的 1/2。但气速 u 不能太大,以免干扰颗粒沉降,或把沉下来的尘粒重新卷起。一般 u 不超过 3 m/s。

也可以在沉降室内均匀设置多层隔板,称为多层降尘室(见图 3-7)。隔板间距一般为 40～100 mm。多层降尘室能分离较细小的颗粒并节省地面,但出灰不便。如果沉降室设置 n 层水平隔板,则多层沉降室的生产能力变为

$$q_V \leqslant (n+1)u_t lb \tag{3.2.19}$$

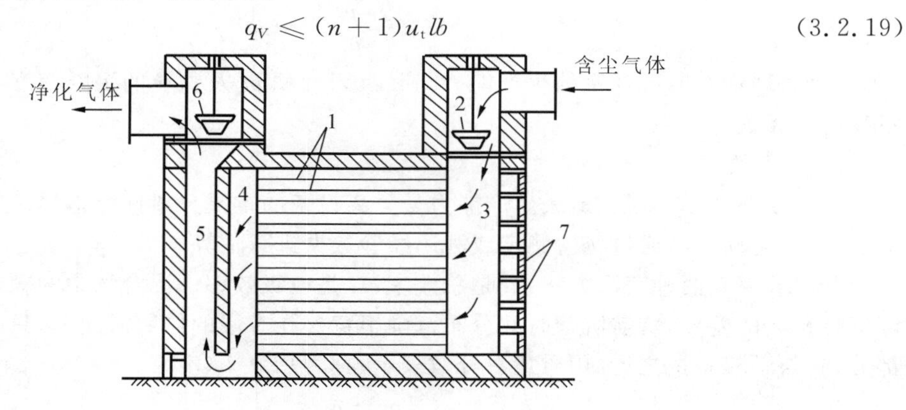

图 3-7 多层降尘室

1—隔板;2,6—调节阀;3—气体分配道;
4—气体聚集道;5—气道;7—除灰口

2. 沉降槽

含有直径较大颗粒的液体称为悬浮液。悬浮液放在大型容器中,其中的固体颗粒在重力作用下沉降,得到澄清液与稠浆的操作称为沉聚。沉降槽又称增浓器或澄清器,是利用重力沉降来提高悬浮液浓度并同时得到澄清液的设备。当原液中固体颗粒浓度比较小时,使用澄清器可以分离固体颗粒得到澄清液。若原液中固体颗粒浓度比较大,可以使用增稠器把液体分离而得到稠浆。沉降槽是一个底部略呈锥形的大直径(数米至百米)浅槽(高度 2.5～4 m)。工业上处理大量悬浮液时用连续式沉降槽,如图 3-8 所示。

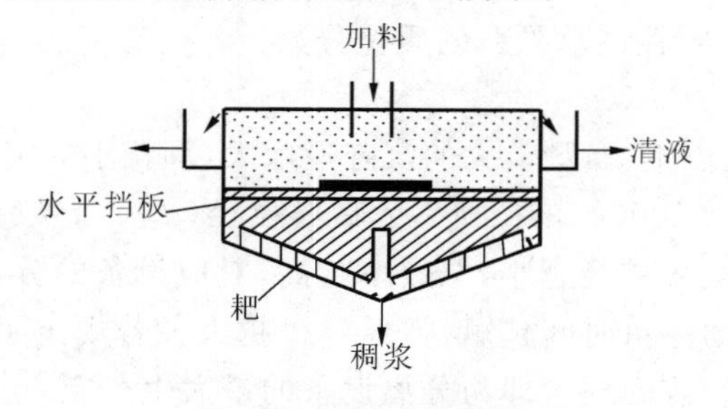

图 3-8 连续式沉降槽

料浆从中央进料口送入液面下 0.3～1.0 m 处,以小扰动迅速分散到整个横截面上,颗粒

边沉降边向圆周方向分散，而液体向上流动。澄清液经槽的周边溢出，称为溢流。沉降区的下部为增稠压缩区。槽底缓慢转动耙的挤压作用，把浓浆中的液体挤出去，并把沉渣聚拢到锥底的中央排渣口，以“底流”排出。

增稠器既可用于间歇操作，也可用于连续操作，具有澄清液体和增稠悬浮液的双重功能。它适用于量大、浓度不大且颗粒不太细微的悬浮料浆，如污水、煤泥水处理等。工业上处理大量悬浮液时，一般采用连续式增稠器。

在处理悬浮液时，常用的改变颗粒沉降速度的方法有二：一是添加絮凝剂，一般采用添加少量电解质或表面活性剂的方法，使细小颗粒凝聚或絮聚；二是改变操作条件，通常采用加热、冷冻或震动等方法，使颗粒的粒度或相界面的面积发生变化，从而提高或降低沉降速度。

3. 分级器

利用不同粒径或不同密度的颗粒在流体中的沉降速度不同这一原理来对它们进行分离的设备称为分级器，主要用于矿业中液固体系的分离。

比如将沉降速度不同的两种颗粒倾倒到向上流动的水流中，若将水的流速调整到两者的沉降速度之间，沉降速度较小的那部分颗粒便被漂走分出。

例 3-4 现有一底面积为 2 m^2 的降尘室，用以处理 20 ℃常压含尘空气，尘粒密度为 1 800 kg/m^3。现需将直径为 25 μm 以上的颗粒全部除去，试求：

(1) 该降尘室的含尘气体处理能力；

(2) 若在该降尘室中均匀设置 9 块水平隔板，此时含尘气体的处理能力。

解 (1) 根据题意，查得 20 ℃常压空气密度为 1.2 kg/m^3，黏度为 1.81×10^{-5} Pa·s。

设 100%去除的最小颗粒沉降处于斯托克斯区，则其沉降速度为

$$u_t = \frac{d_{\min}^2(\rho_p - \rho)g}{18\mu} = \frac{(25\times10^{-6})^2\times(1\ 800-1.2)\times9.81}{18\times1.81\times10^{-5}} = 0.034(m/s)$$

检验：

$$Re_p = \frac{d_{\min}u_t\rho}{\mu} = \frac{25\times10^{-6}\times0.034\times1.2}{1.81\times10^{-5}} = 0.056 < 2$$

因此假设正确。

气体流量为

$$q_V = A_{底}u_t = 2\times0.034 = 0.068(m^3/s)$$

(2) 当均匀设置 n 块水平隔板时，实际降尘面积为 $(n+1)A_{底}$，所以气体处理量为

$$q_V = (n+1)A_{底}u_t = 10\times2\times0.034 = 0.68(m^3/s)$$

由此计算结果可知，采用多层降尘室，其生产能力可提高至原来的 $(n+1)$ 倍。

3.3 离心沉降

依靠“离心力”的作用，流体中的颗粒产生的沉降运动，称为离心沉降。要将颗粒从悬浮体系中分离，利用离心力比利用重力有效得多。颗粒的离心力因旋转而产生，旋转的速度越大则离心力越大，可以通过增加旋转速度来增大“离心力”；颗粒所受的重力却是固定的，不能提高。利用离心力作用的分离设备不仅可以分离比较小的颗粒，设备的体积亦可缩小。

3.3.1 离心力场中颗粒的沉降分析

颗粒作圆周运动时，使其方向不断改变的力称为向心力。颗粒的惯性却促使它脱离圆周

轨道而沿切线方向飞出,此种惯性力即所谓"离心力"。"离心力"与向心力大小相等而方向相反。"离心力"的作用方向是沿旋转半径从圆心指向圆周,它的大小可以表示为

$$\text{“离心力”} = ma_r = \frac{mu_t^2}{r} \tag{3.3.1}$$

式中:m——颗粒物质量,kg;

a_r——离心加速度,m/s^2;

u_r——颗粒离心速度,m/s;

u_t——颗粒切线速度,m/s;

r——旋转半径,m。

颗粒在旋转着的流体介质中因受"离心力"而运动时,其路径呈弧形,如图 3-9 中的虚线 ACB 所示。当其位于距旋转中心 O 的距离为 r 的 C 点处时,其切线速度为 u_t。径向速度为 u_r。实际的速度即为此二者的合速度 u,其方向为弧形路线在 C 点处的切线方向。

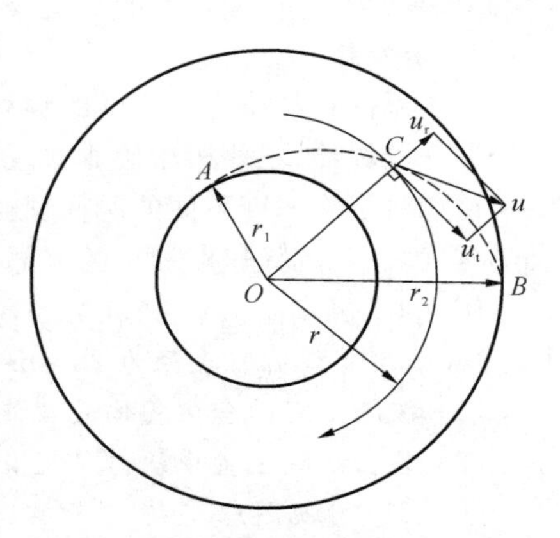

图 3-9　颗粒在旋转流体中的运动

"离心力"使颗粒穿过运动中的流体飞出,因而逐渐远离旋转中心。然而,正如颗粒在重力场中所受的净作用力等于其所受重力减去它所排开的流体所受的阻力(即颗粒所受浮力),颗粒在离心力场中所受的净作用力亦等于它所受的"离心力"减去它所排开的流体所受的向心力。若颗粒为球形,则

$$\text{作用力} = \frac{\pi d_p^3}{6}(\rho_p - \rho)\frac{u_t^2}{r}$$

式中:d_p——颗粒直径,m;

ρ_p——颗粒密度,kg/m^3;

ρ——流体介质密度,kg/m^3,作用力方向为径向,从旋转中心指向外。

颗粒在运动中所受的介质阻力为

$$\text{阻力} = \zeta \frac{\pi d_p^2}{4} \cdot \frac{\rho u_r^2}{2} \tag{3.3.2}$$

阻力的方向也是径向,但指向旋转中心。

作用力与阻力达到平衡,则颗粒离开旋转中心的速度便达到恒定(加速度为零)。令上述两力的大小相等,可解出达到平衡时

$$u_r = \sqrt{\frac{4d_p(\rho_p - \rho)u_t^2}{3\zeta\rho r}} \tag{3.3.3}$$

u_r 就是颗粒在"离心力"作用下的沉降速度,与重力作用下的沉降速度 u_0 相当。值得注意之处是:u_r 并非颗粒运动的绝对速度,而是绝对速度在径向上的分量。颗粒实际上是沿着半径逐渐扩大的螺旋形轨道前进的,如图 3-9 的虚线 ACB 所示。

颗粒与流体介质的相对运动属于层流时,阻力系数 ζ 亦可用式(3.2.14)表示,将其代入式(3.3.3),化简后即得

$$u_r = \frac{d_p^2(\rho_p - \rho)g}{18\mu} = \frac{d_p^2(\rho_p - \rho)}{18\mu} \cdot \frac{u_t^2}{t} \tag{3.3.4}$$

3.3.2 旋流器工作原理

旋流器是利用"离心力"从流体中分离固体颗粒的设备。用于气体非均相混合物分离的旋流器通常称为旋风分离器，用于液体非均相混合物分离的旋流器则称为旋流分离器。

1. 旋风分离器

旋风分离器是利用离心沉降原理从气流中分离出颗粒的设备。如图 3-10 所示，旋风分离器器体上部呈圆筒形，下部呈圆锥形。含尘气体从圆筒上侧的进气管以切线方向进入，进行旋转运动，分离出粉尘后从圆筒顶的排气管排出，粉尘颗粒自锥形底落入灰斗。

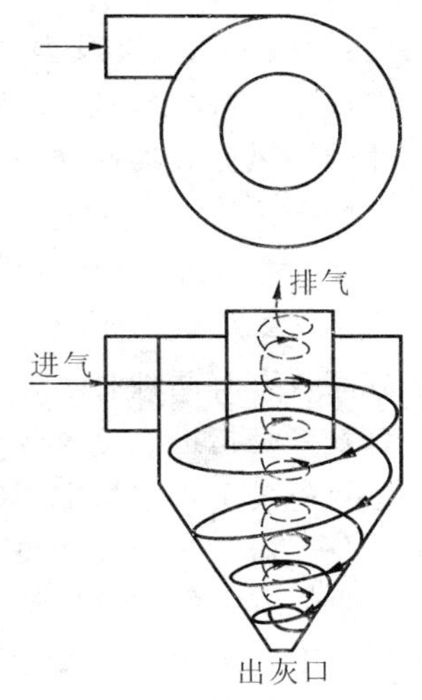

图 3-10 旋风分离器的操作原理示意图

气体通过进气口的速度为 10～25 m/s，一般采用 15～20 m/s，所产生的"离心力"可以分离出小到 5 μm 的颗粒及雾沫。因此旋风分离器是化工生产中使用很广的设备，并常用于厂房的通风除尘系统。它的缺点是对气流流动的阻力大，处理有磨蚀性的颗粒时易被磨损。

1）基本操作原理

图 3-10 上还描出了气体在器内的流动情况。气体自圆筒上侧的切线进口进入后，按螺旋形路线向器底旋转，到达底部后折向上，成为内层的上旋气流（称为气芯），然后从顶部的中央排气管排出。气流中所夹带的灰尘在随气流旋转的过程中逐渐趋向器壁，碰到器壁后落下，滑向出灰口。直径很小的颗粒则在未达器壁前即被卷入上旋气流从排气口排出。

旋风分离器内的压力，在器壁附近最高，仅稍低于进口处，往中心逐渐降低，到达气芯处可降到负压，低压气芯一直延伸到器底的出灰口。因此，出灰口必须密封完好，以免漏入空气，致使收集于锥形底的灰尘重新卷起，甚至从灰斗中吸进大量粉尘。

2）主要分离性能指标

旋风分离器的分离性能可以通过临界直径、分离效率和压力损失来表征。

(1) 临界直径。

旋风分离器的性能可以它能够分离出的颗粒大小来表示。能够分离的最小颗粒直径称为临界直径（d_c）。临界直径的大小可以根据下列假设推导而得：① 颗粒与气体在旋风分离器内的切线速度 u_c 恒定，与所在位置无关，且等于在进口处的速度 u_i；② 颗粒穿过一定厚度的气流才能达到器壁，假设颗粒沉降过程中所穿过的气流最大厚度等于进气口宽度；③ 颗粒与气流的相对运动为层流。

假设气体密度为 ρ，颗粒密度为 ρ_p，因为 $\rho \ll \rho_p$，又旋转半径 r 可取平均值 r_m，B 为进气口宽度，则气流中颗粒相应于临界直径 d_c 的颗粒离心沉降速度为

$$u_r = \frac{1}{18} \cdot \frac{\rho_p - \rho}{\mu} r_m \omega^2 d_c^2 = \frac{d_c^2 (\rho_p - \rho) u_t^2}{18 \mu r_m} \tag{3.3.5}$$

颗粒到达器壁的沉降时间为

$$t_p = \frac{B}{u_r} = \frac{18 \mu r_m B}{d_c^2 \rho_p u_i^2} \tag{3.3.6}$$

令气流的有效旋转圈数为 N，它在器内运行的距离便是 $2\pi r_m N$，则气体在筒内停留时间为

$$t_r = \frac{2\pi r_m N}{u_i} \tag{3.3.7}$$

若某种尺寸的颗粒所需的沉降时间 t_p 恰好等于停留时间 t_r，该颗粒就是理论上能被完全分离下来的最小颗粒。以 d_c 代表这种颗粒的直径，即临界粒径，则

$$d_c = \sqrt{\frac{9\mu B}{\pi u_i \rho_p N}} \tag{3.3.8}$$

一般旋风分离器是以圆筒直径 D 为参数，其他尺寸都与 D 成一定比例。例如，在标准分离器中，矩形进气筒宽度 $B=D/4$，高度 $h_i=D/2$。由式(3.3.8)可见，临界粒径随分离器尺寸增大而加大，因此分离效率随分离器尺寸增大而减小。所以当气体处理量很大时，常将若干个小尺寸的旋风分离器并联使用(称为旋风分离器组)，以维持较高的除尘效率。

在推导式(3.3.8)时所作的①、②两项假设与实际情况差距较大，但因这个公式非常简单，只要给出合适的 N 值，尚属可用。N 的数值一般为 0.5～3.0，但对标准旋风分离器，可取 $N=5$。

(2) 分离效率。

分离效率有两种表示方法：一是总效率，以 η_0 表示；二是分效率或称粒级效率，以 η_i 表示。

总效率是指进入旋风分离器的全部颗粒中被分离下来质量分数，可由式(3.2.16)得到。

总效率是工程中最常用的，也是最易于测定的分离效率。这种表示方法的缺点是不能表明旋风分离器对各种尺寸粒子的不同分离效果。

含尘气流中的颗粒通常是大小不均的。通过旋风分离器之后，各种尺寸的颗粒被分离下来的百分率互不相同。按各种粒度分别表明其被分离下来的质量分数，称为粒级效率。通常把气流中所含颗粒的尺寸范围等分成 n 个小段，而其中第 i 个小段范围内的颗粒(平均粒径为 d_i)的粒级效率可由式(3.2.16)确定。总效率与粒级效率之间的关系可由式(3.2.18)确定。

粒级效率与颗粒粒径的关系曲线称为粒级效率曲线，可以通过实测获得，也可以进行理论计算。如图 3-11 所示，理论上 $d_p \geqslant d_c$ 的颗粒的粒级效率均为 1，而 $d_p < d_c$ 的颗粒的粒级效率在 0～100%；但实际上，$d_p \geqslant d_c$ 的颗粒中有一部分由于气体涡流的影响，在没有到达器壁时就被气流带出了分离器，导致其粒级效率小于 1；只有当颗粒的粒径大于 d_c 很多时，其粒级效率才为 1。

有时也把旋风分离器的粒级效率 η_i 与粒径比 d_p/d_{50} 绘成函数曲线。d_{50} 是粒级效率为 50%时的颗粒直径，称为分割粒径。对于标准旋风分离器来说，d_{50} 可估算为

$$d_{50} \approx 0.27\sqrt{\frac{\mu D}{u_i \rho_p}} \tag{3.3.9}$$

式中：D——旋风分离器的直径。

粒级效率 η_i 与粒径比 d_p/d_{50} 的关系曲线如图 3-12 所示。对于同一形式且尺寸比例相同的旋风分离器，无论大小，皆可用同一条 η_i-d_p/d_{50} 曲线，这给旋风分离器效率的估算带来了很大方便。

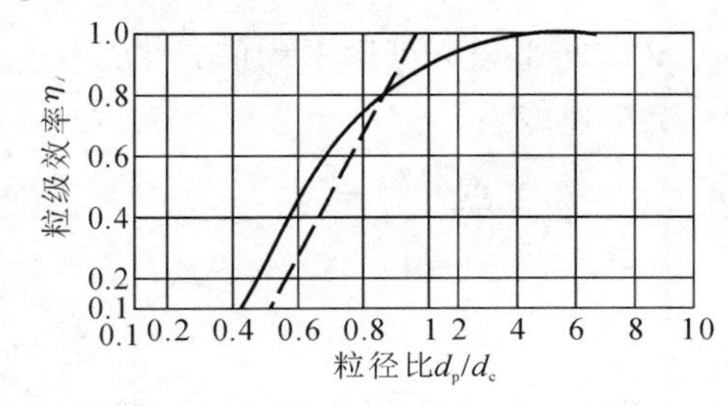

图 3-11 旋风分离器的粒级效率曲线

——实际值；-----理论值

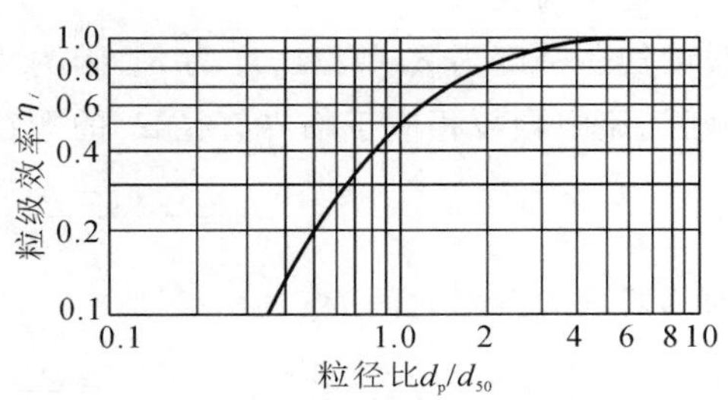

图 3-12 标准旋风分离器的 η_i-d_p/d_{50} 曲线

（3）压降。

气体经旋风分离器时受器壁的摩擦阻力、流动时的局部阻力以及气体旋转运动所产生的动能损失影响，造成气体的压降。气体通过旋风分离器的压力损失可用进口气体动压头的某一倍数表示，即

$$\Delta p = \zeta \frac{\rho u_i^2}{2} \tag{3.3.10}$$

式中：ζ——阻力系数。

对于同一结构及尺寸比例的旋风分离器，ζ 为常数，不因尺寸大小而变。由于旋风分离器各部分的尺寸都是 D 的倍数，所以只要进口气速 u_i 相同，不管多大的旋风分离器，其压力损失都相同。压力损失相同时，小型分离器的 B 值较小，则小型分离器的临界粒径较小。在压降相同时，可用若干个小旋风分离器并联来代替一个大旋风分离器，以提高分离效率。标准旋风分离器，其阻力系数 $\zeta=8.0$ 时分离器的压降一般为 500～2 000 Pa。

影响旋风分离器性能的因素多而复杂，物系情况及操作条件是其中的重要方面。一般说来，颗粒密度大、粒径大、进口气速高及粉尘浓度高等情况均有利于分离。例如，含尘浓度高则有利于颗粒的聚结，可以提高效率，而且颗粒浓度增大可以抑制气体混流，从而使阻力下降，所以较高的含尘浓度对压降与效率两个方面都是有利的。但有些因素则对这两个方面有相互矛盾的影响，如进口气体流速稍高有利于分离，但过高则导致涡流加剧，反而不利于分离，陡然增大压降。因此，旋风分离器的进口气体流速以保持在 10～25 m/s 范围内为宜。

2. 旋流分离器

1）压力式旋流分离器

（1）工作原理。

压力式旋流分离器上部呈圆筒形，下部为截头圆锥体，如图 3-13 所示。含悬浮物的废水在水泵或其他外加压力的作用下，从切线方向进入旋流分离器后发生高速旋转，在“离心力”的作用下，固体颗粒物被抛向器壁，并随旋流下降到底部出口。澄清后的废水或含有较细微粒的废水，则形成螺旋上升的内层旋流进入出流室，由出水管排出。

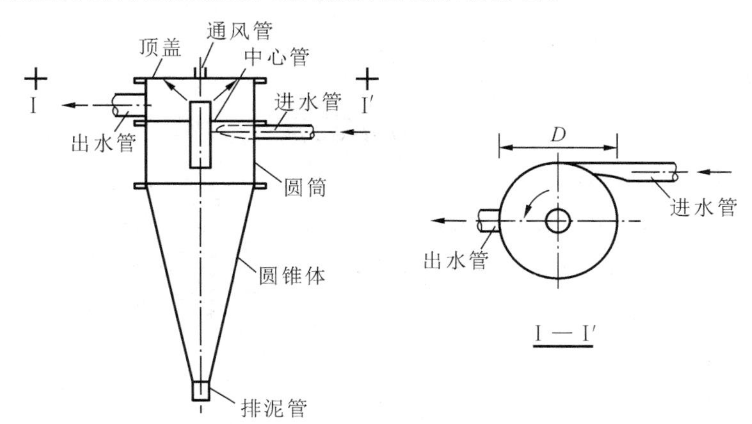

图 3-13　压力式旋流分离器

压力式旋流分离器可用于去除密度较大的悬浮固体，如砂粒、铁屑等。该设备的分离效率与悬浮颗粒直径有密切关系。图 3-14 所示为某一废水颗粒直径与分离效率的关系曲线。由

图可以看出,颗粒直径≥20 μm时,其分离效率接近100%;颗粒直径为8 μm时,其分离效率只有50%。一般将分离效率为50%的颗粒直径称为极限直径,它是判别水力旋流器分离程度的主要参数之一。由于悬浮颗粒的性质千差万别,计算极限直径的经验公式很多,计算结果相差亦较大。为了准确计算与评价,应对废水进行可行性试验。

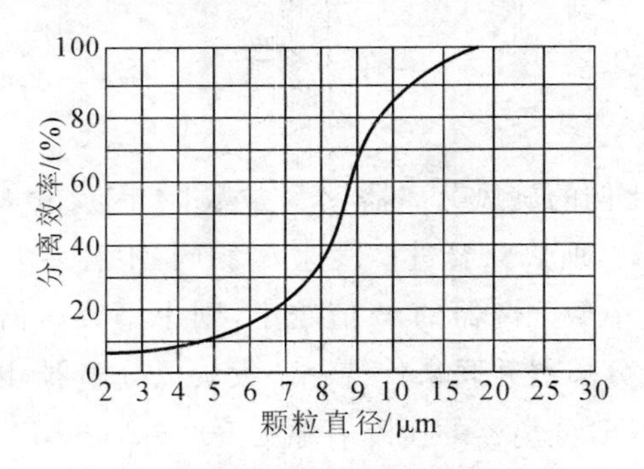

图 3-14 颗粒直径与分离效率的关系

(2) 设计与计算。

① 压力旋流分离器的设计。

通常先确定分离器的几何尺寸,然后求出该设备的处理水量及分离颗粒极限直径,最后选定设备台数。旋流器的直径一般在500 mm左右,这是由于离心速度与旋转半径成反比。流量较大时,可采用几台旋流器并联工作。

② 压力旋流分离器的几何尺寸。

· 圆筒高度 H_0:1.70D,其中 D 为圆筒直径;

· 器身锥角 θ:10°~15°;

· 进水管直径 d_1:(0.25~0.4)D,一般管中流速取1~2 m/s;

· 进水收缩部分的出口宜做成矩形,其顶水平,其底倾斜3°~5°,出口流速一般在6~10 m/s;

· 中心管直径 d_0:(0.25~0.35)D;

· 出水管直径 d_2:(0.25~0.5)D。

③ 处理水量。

$$Q = KDd_0\sqrt{\Delta p g} \tag{3.3.11}$$

式中:Q——处理水量,L/min;

K——流量系数,$K=5.5d_1/D$;

Δp——进、出口压差,一般取0.1~0.2 Pa;

g——重力加速度,m/s²;

D——分离器上部圆筒直径,cm;

d_0——中心管直径,cm。

2) 重力式旋流分离器

(1) 工作原理。

图3-15所示为某钢铁厂处理轧钢废水的重力式旋流分离器。废水利用进、出口的水位差

压力，由进水管沿切线方向进入旋流器底部形成旋流，在“离心力”和重力作用下，悬浮颗粒被甩向器壁并向器底集中，使水得到净化。废水中的油类则浮在水面上，可用油泵收集。重力式旋流分离器的设备容积较大，但电耗比压力式旋流分离器低。

(2) 设计与计算。

① 重力式旋流分离器的表面负荷大大低于压力式旋流分离器，一般为 25～30 $m^3/(h \cdot m^2)$。

② 进水管流速：1.0～1.5 m/s。

③ 废水在池内停留时间：15～20 min。

④ 池内有效深度：$H_0 = 1.2D$，进水口到渣斗上缘应有 0.8～1.0 m 保护高度，以免冲起沉渣。

⑤ 池内水头损失 ΔH 可按下式计算：

$$\Delta H = 1.1\left(\frac{v^2}{2g}\sum\zeta + li\right) + \frac{v^2}{2g}a \qquad (3.3.12)$$

式中：ΔH——进水管的全部水头损失，m；

$\sum\zeta$——总局部阻力系数；

v——进水管喷口处流速，m/s；

l——进水管长度，m；

i——进水管单位长度沿程损失；

a——阻力系数，一般取 4.5。

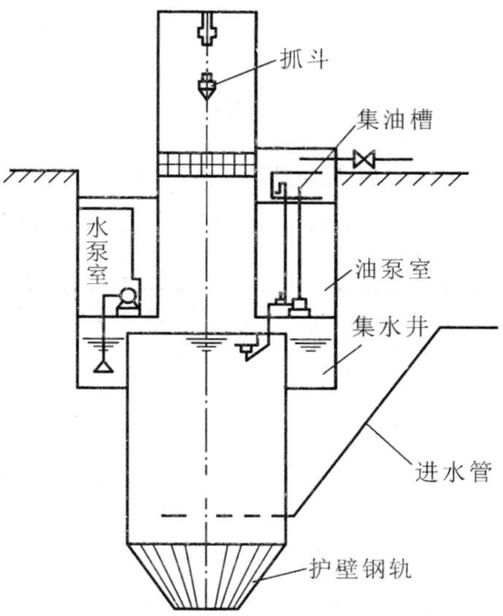

图 3-15　重力式旋流分离器

例 3-5　已知含尘气体中颗粒的密度为 2 300 kg/m^3，气体的体积流量 q_V 为 1 000 m^3/h，气体密度为 0.674 kg/m^3，黏度为 3.6×10^{-5} Pa·s，采用标准旋风分离器除尘，分离器直径 D 为 0.4 m，分离器的粒级效率曲线如图 3-14 所示，烟尘颗粒的粒度分布如表 3-2 所示。试计算除尘的总效率。

表 3-2　例 3-5 表 1

粒径范围/μm	0～5	5～10	10～15	15～20
质量分数 x_{mi}	0.10	0.55	0.30	0.05

解　首先计算旋风分离器分离颗粒的临界直径。

气体的入口速度为

$$u_i = \frac{q_V}{Bh_i} = \frac{1\,000/3\,600}{0.1 \times 0.2} = 13.9(\text{m/s})$$

临界直径为

$$d_c = \sqrt{\frac{9\mu B}{\pi u_i \rho_p N}} = \sqrt{\frac{9 \times 3.6 \times 10^{-5} \times 0.1}{\pi \times 5 \times 13.9 \times 2\,300}} = 8.0 \times 10^{-6}(\text{m})$$

检验，得

$$r_m = \frac{D-B}{2} = \frac{3}{8}D = \frac{3}{8} \times 0.4 = 0.15(\text{m})$$

$$u_t = \frac{d_c^2 \rho_p u_i^2}{18 \mu r_m} = \frac{(8.0 \times 10^{-6})^2 \times 2\,300 \times 13.9^2}{18 \times 3.6 \times 10^{-5} \times 0.15} = 0.29(\text{m/s})$$

$$Re_p = \frac{d_c u_t \rho}{\mu} = \frac{8.0 \times 10^{-6} \times 0.29 \times 0.674}{3.6 \times 10^{-5}} = 0.043 < 2$$

则可知,在层流区计算正确。

由烟尘的粒度分布和分离器的粒级效率曲线,可以计算总的除尘效率,如表 3-3 所示。

表 3-3　例 3-5 表 2

粒径范围/μm	质量分数 x_{mi}	平均粒径/μm	d_p/d_c	粒级效率 η_i
0～5	0.10	2.5	0.31	0.16
5～10	0.55	7.5	0.93	0.69
10～15	0.30	12.5	1.56	0.82
15～20	0.05	17.5	2.19	0.94

所以总的除尘效率为

$$\eta_0 = \sum_{i=1}^{n} (x_{mi} \eta_i) = 0.10 \times 0.16 + 0.55 \times 0.69 + 0.30 \times 0.82 + 0.05 \times 0.94 = 0.69$$

3.3.3　离心机

1. 基本操作原理

离心机依靠一个可以随转动轴旋转的圆筒(称为转筒,又称转鼓),在传动设备驱动下产生高速旋转,液体也随同旋转,由于其中不同密度的组分产生不同的“离心力”,从而达到分离的目的。在废水处理领域,离心机常用于污泥脱水和分离回收废水中的有用物质,如从洗羊毛废水中回收羊毛脂等。

离心机的种类很多,按分离因子 α 分类,有高速离心机(α>3 000)、中速离心机(α=1 500～3 000)和低速离心机(α=1 000～1 500);按几何形状可分为转筒离心机(有圆锥形、圆筒形、锥筒形)、盘式离心机和板式离心机等。

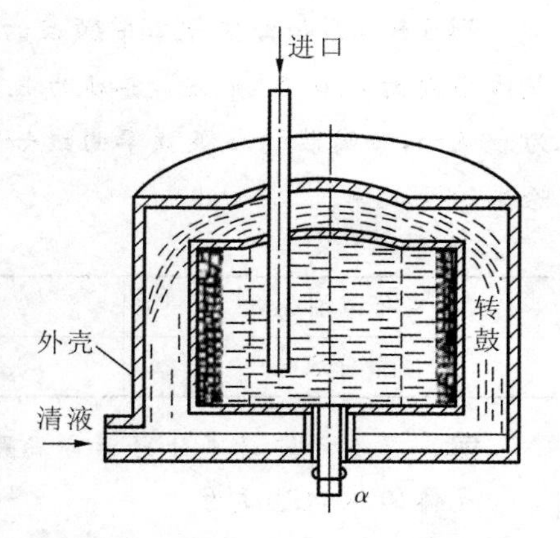

图 3-16　离心机的构造原理图

图 3-16 所示为离心机的构造原理图。工作时将欲分离的液体注入转筒中(间歇式)或流过转筒(连续式),转筒绕轴高速旋转,即产生分离作用。转筒有两种:一种是壁上有孔和滤布,工作时液体在惯性作用下穿过滤布和壁上小孔排出,而固体截留在滤布上,称为过滤式离心机;另一种壁上无孔,工作时固体贴在转筒内壁上,清液从紧靠转轴的孔隙或导管连续排出,称为沉降式离心机。

离心机设备紧凑、效率高,但结构复杂,只适用于处理小批量的废水、污泥脱水和很难用一般过滤法处理的废水。

2. 设计与计算

污泥离心脱水设计与计算的主要数据是离心机的水力负荷(即单位时间处理的污泥体积,m³/h)和固体负荷(即单位时间处理的固体物质量,kg/h)。现行采用的设计方法有三种:经验设计法、实验室离心机试验法和按比例模拟试验法。一般认为最后一种方法较好,介绍如下。

应用几何模拟理论,将原型离心机按比例模拟成模型离心机进行试验,并将模型离心机的机械因素及试验所得的工艺因素按比例放大成原型离心机。模拟理论有两个:一个是根据离心机所能承担的水力负荷进行模拟,称为 $\sum$ 理论;另一个是根据离心机所能承担的固体负荷进行模拟,称为 β 理论。

(1) $\sum$ 理论模型机与原型机的关系。

$$Q = \sum(vV) \tag{3.3.13}$$

且

$$\frac{Q_1}{Q_2}=\frac{\sum_1}{\sum_2} \tag{3.3.14}$$

式中:$\sum_1$、$\sum_2$——模型机和原型机的加和($\sum$)值,按式(3.3.13)计算;

Q_1、Q_2——模型机和原型机的最佳投配速率,m^3/h;

v——污泥颗粒沉降速度,m/s;

V——液相层体积,m^3。

(2) β 理论模型机与原型机的关系。

$$\beta = SN\pi DZ\Delta\omega \tag{3.3.15}$$

且

$$\frac{Q_{S1}}{\beta_1}=\frac{Q_{S2}}{\beta_2} \tag{3.3.16}$$

式中:β_1、β_2——模型机和原型机的 β 值,按式(3.3.15)计算;

Q_{S1}、Q_{S2}——模型机和原型机的最佳投配速率,m^3/h;

$\Delta\omega$——转筒和输送器间的转速差,s^{-1};

S——螺旋输送器的螺距,cm;

N——输送器导程数;

D——转筒直径,cm;

Z——液相层厚度,cm。

按两种理论模拟计算的结果,如果都与实际相近似,则此时水力负荷与固体负荷都达到极限值,离心机发挥出最大效用。

例 3-6 密度为 2 500 kg/m^3、直径为 30 μm 的球状颗粒在 20 ℃的水中沉降,求在半径为 5 cm、转速为 1 200 r/min 的离心机中的沉降速度。

解 20 ℃水的物性参数如下:密度为 998.2 kg/m^3,黏度为 1.005×10^{-3} Pa·s。

离心机的角速度为

$$\omega=\frac{1\,200\times2\pi}{60}=40\pi(\text{rad/s})$$

假设沉降位于层流区,根据斯托克斯公式,颗粒在离心机中沉降速度为

$$u_t=\frac{d_p^2(\rho_p-\rho)r\omega^2}{18\mu}=\frac{(30\times10^{-6})^2\times(2\,500-998.2)\times0.05\times(40\pi)^2}{18\times1.005\times10^{-3}}$$
$$=5.90\times10^{-2}(\text{m/s})$$

检验,得

$$Re_p=\frac{d_p u_t\rho}{\mu}=\frac{30\times10^{-6}\times5.90\times10^{-2}\times998.2}{1.005\times10^{-3}}=1.76<2$$

故假设正确,颗粒的离心沉降速度为 5.90×10^{-2} m/s。

同时,颗粒在重力场中的沉降速度为

$$u_t=\frac{d_p^2(\rho_p-\rho)g}{18\mu}=\frac{(30\times10^{-6})^2\times(2\,500-998.2)\times9.81}{18\times1.005\times10^{-3}}$$
$$=7.33\times10^{-4}(\text{m/s})$$

可见,离心沉降速度要比重力沉降速度大很多,在层流情况下,两者之比为

$$K_c=\frac{r\omega^2}{g}=\frac{0.05\times(40\pi)^2}{9.81}=80.5$$

3.4 其他沉降

3.4.1 电沉降

电沉降是含尘气体在通过高压电场进行电离的过程中,使尘粒荷电,并在电场力的作用下使尘粒沉积在集尘极上,将尘粒从含尘气体中分离出来的一种除尘设备。电除尘过程与其他除尘过程的根本区别在于:分离力(主要是静电力)直接作用在粒子上,而不是作用在整个气流上,这就决定了它具有分离粒子耗能少、气流阻力小的特点。由于作用在粒子上的静电力相对较大,因此即使对亚微米级的粒子也能有效地捕集,如图 3-17 所示。

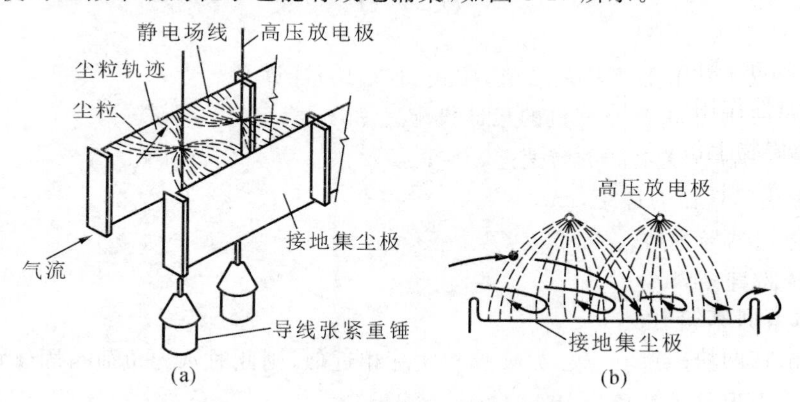

图 3-17 电除尘器原理示意图

(a) 静电荷对尘粒的影响;(b) 尘粒收集在集尘面上

在电场中,若颗粒带电,荷电颗粒受到的静电力 F_e 为

$$F_e=qE \tag{3.4.1}$$

式中:q——颗粒的荷电量,C;

E——颗粒所处电场强度,V/m。

若电场强度很强,重力或"惯性力"可忽略,颗粒所受的作用力主要是静电力和阻力。如果沉降区是层流,流体阻力可用式(3.2.3)、式(3.1.9)、式(3.1.10)计算出。当静电力和流体阻力达到平衡时,荷电颗粒的终端电沉降速度

$$u_{te}=qE/(3\pi\mu d_p) \tag{3.4.2}$$

电除尘器的主要优点如下:压力损失小,一般为 200~500 Pa;处理烟气量大,一般为 10^5~10^6 m^3/h;能耗低,为 0.2~0.4 W·h/m^3;对细粉尘有很高的捕集效率,可高于 99%;可在高温或强腐蚀性气体条件下操作。

虽然在实践中电除尘器的种类和结构繁多，但都基于相同的工作原理。其原理涉及悬浮粒子荷电、带电粒子在电场内迁移和捕集，以及将捕集物从集尘表面上清除等三个基本过程。

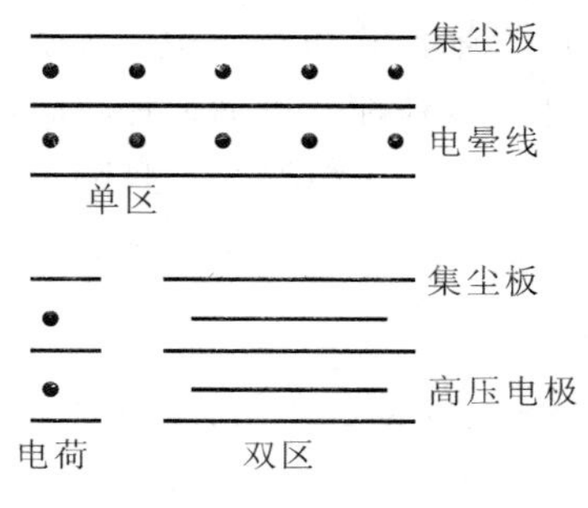

图 3-18　单区和双区电除尘器示意图

高压直流电晕是使粒子荷电的最有效办法，广泛应用于静电除尘过程。电晕过程发生于活化的高压电极和接地极之间，电极之间的空间内形成高浓度的气体离子，含尘气流通过这个空间时，粉尘粒子在百分之几秒的时间内因碰撞俘获气体离子而导致荷电。粒子获得的电荷随粒子大小而异。一般来说，直径 1 μm 的粒子大约获得 30 000 个电子的电量。

荷电粒子的捕集是使其通过延续的电晕电场或光滑的不放电的电极之间的纯静电场而实现的。前者称为单区电除尘器，后者因粒子荷电和捕集是在不同区域完成的，称为双区电除尘器，如图 3-18 所示。

通过震打除去接地电极上的粉尘层并使其落入灰斗。当粒子为液态（如硫酸雾或焦油）时，被捕集粒子会发生凝结并滴入下部容器内。

为保证电除尘器在高效率下运行，必须使粒子荷电，并有效地完成粒子捕集和清灰等过程。

3.4.2　惯性沉降

如图 3-19 所示，颗粒与流体一起运动时，若流体中存在障碍物，流体沿障碍物产生绕流，而颗粒物由于惯性作用将会偏离流线。惯性沉降就是利用这种由惯性引起的颗粒与流线的偏离，使颗粒在障碍物上沉降的过程。但颗粒能否沉降在障碍物上，取决于颗粒的质量和相对于障碍物的运动速度和位置。

在环境工程领域，利用惯性沉降原理进行颗粒物分离的有惯性除尘器，主要用于从气体中分离粉尘。为了改善沉降室的除尘效果，可在沉降室内设置各种形式的挡板，使含尘气流冲击在挡板上，气流方向发生急剧转变，借助尘粒本身的惯性作用，使其与气流分离。图 3-20 所示为含尘气流冲击在两块挡板上时尘粒分离的机理。当含尘气流冲击到挡板 B_1 上时，惯性大的粗尘粒（d_1）首先被分离下来。被气流带走的尘粒（d_2，且 $d_2<d_1$），由于挡板 B_2 使气流方向转变，借助“离心力”作用也被分离下来。设该点气流的旋转半径为 R_2，切向速度为 u_1，则尘粒 d_2 所受“离心力”与（$d_2^2 \cdot u_1^2$）/R_2 成正比。显然这种惯性除尘器，除借助惯性作用外，还利用重力的作用。

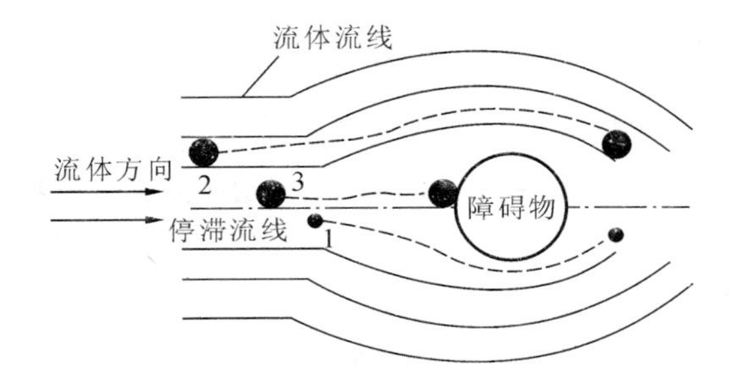

图 3-19　惯性沉降示意图

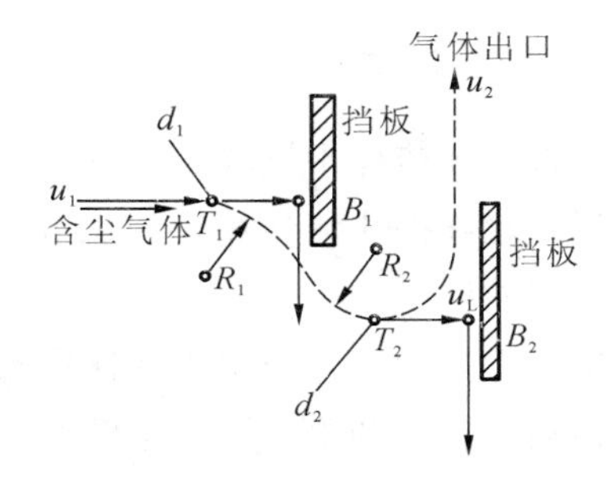

图 3-20　惯性除尘器的分离原理

惯性除尘器结构多种多样,可分为以气流中粒子冲击挡板捕集较粗粒子的冲击式和通过改变气流流动方向而捕集较细粒子的反转式。图 3-21 为冲击式惯性除尘器结构的示意图,其中,图(a)为单级式,图(b)为多级式。在这种设备中,沿气流方向设置一级或多级挡板,使气体中的尘粒冲撞挡板而被分离。

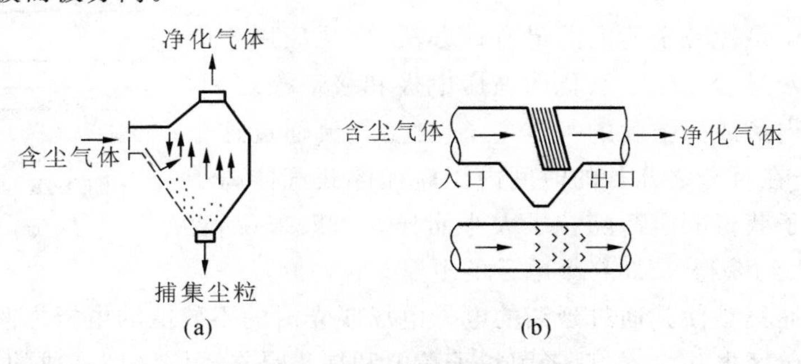

图 3-21 冲击式惯性除尘装置

(a) 单级式;(b) 多级式

图 3-22 所示为几种反转式惯性除尘器,其中图(a)为弯管型,图(b)为百叶型,图(c)为多层隔板型(塔式)。弯管型和百叶型反转式除尘装置与冲击式惯性除尘装置一样都适用于烟道除尘,塔式除尘装置主要用于烟雾的分离。

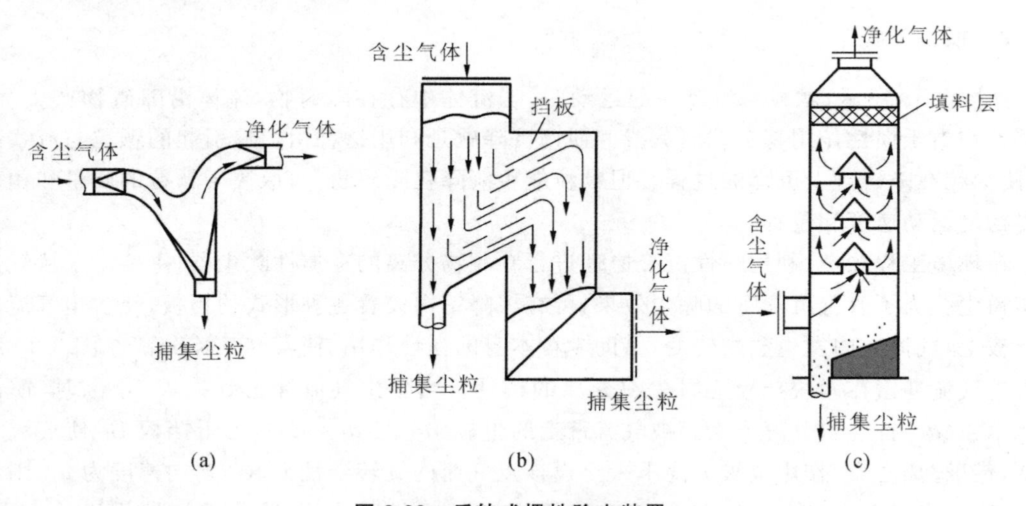

图 3-22 反转式惯性除尘装置

(a) 弯管型;(b) 百叶型;(c) 多层隔板型

思考与练习

3-1 球形颗粒在流体中沉降经历哪两个阶段?何谓颗粒在流体中的沉降速度?

3-2 球形颗粒在静止流体中在重力作用下自由沉降,受哪些力的作用?其沉降速度受哪些因素影响?

3-3 利用重力降尘室分离含尘气体中的颗粒的分离条件是什么?

3-4 何谓临界粒径和临界沉降速度?

3-5 离心沉降与重力沉降有何不同?

3-6 计算直径为 1 mm 的雨滴在 20 ℃空气中的自由沉降速度(已知空气的密度为 1.205 kg/m³,

黏度为 1.81×10^{-5} Pa·s)。

3-7 求密度为 2 150 kg/m^3 的烟灰球粒在 20 ℃的空气中做层流沉降的最大直径。

3-8 某降尘室长 2 m,宽 1.5 m,在常压、100 ℃下处理 2 700 kg/m^3 的含尘气体。设尘粒呈球形,密度为 2 400 kg/m^3,气体的物性与空气相同,试求:

(1) 可被 100%除去的最小颗粒直径;

(2) 直径 0.05 mm 的颗粒能被除去的比例(%)。

3-9 从设计为 5 m×2 m×2 m的除尘室内回收气体中的球形的固体颗粒。气体的处理量为 3 m^3/s,固体的密度为 $\rho_s=3\ 000$ kg/m^3,操作条件下气体的密度 $\rho=3\ 000$ kg/m^3,黏度为 2.6×10^{-5} Pa·s。求理论上能去除的最小颗粒直径。

3-10 降尘室的长度为 10 m,宽度为 5 m,其中用隔板分为 20 层,间距为 100 mm,气体中悬浮的最小颗粒直径为 10 μm,气体密度为 1.1 kg/m^3,黏度为 2.18×10^{-5} Pa·s,颗粒密度为 4 000 kg/m^3。试求:

(1) 最小颗粒的沉降速度;

(2) 若需要最小颗粒沉降,气体的最大流速不能超过多少米每秒?

(3) 此降尘室每小时能处理多少立方米的气体?

3-11 采用平流式沉砂池去除污水中粒径较大的颗粒。如果颗粒的平均密度为 4 000 kg/m^3,沉砂池有效深度为 3 m,水力停留时间为 2 min,假设颗粒在水中自由沉降,污水的物性参数为密度 1 000 kg/m^3,黏度为 1.2×10^{-3} Pa·s,试求能够去除的颗粒最小粒径。

3-12 有一重力沉降室,长 4 m,宽 2 m,高 2.5 m,内部用隔板分成 25 层。炉气进入除尘室时的密度为 0.5 kg/m^3,黏度为 0.035 mPa·s,炉气所含尘粒的密度为 4 500 kg/m^3。现要用此重力沉降室分离 100 μm 以上的颗粒,试求可处理的炉气流量。

第4章 过 滤

过滤是一大类操作单元的总称，是在外力作用下使液固或气固混合物中的流体通过多孔性过滤介质，将其中的悬浮固体颗粒加以截留，从而实现混合物的分离的单元操作过程，它属于流体动力过程。

过滤是分离非均相混合物的常用方法。通过过滤操作可获得清洁的流体或固相产品体系，因此，它在工业上应用非常广泛。与沉降分离相比，过滤操作可使混合物的分离更迅速、更彻底。在给水处理中，过滤常作为沉淀的后续操作，以去除沉淀不能去除的微细悬浮颗粒物，这是生产出可以安全饮用的水所必需的。

虽然有含尘气体的过滤和悬浮液的过滤之分，但通常所说的过滤系指悬浮液的过滤。本章重点介绍液体非均相混合物的过滤理论与设备，其基本理论对气相非均相物系的过滤处理也是适用的。

4.1 概 述

4.1.1 过滤过程

过滤是以某种多孔物质为介质，要在外力的作用下，使流体混合物中的液体通过介质的孔道，而固体颗粒被截留在介质上，从而实现固体颗粒和液体分离的操作过程。外力可以是重力、压力、“离心力”等。过滤过程的示意图见图4-1。

用过滤分离液体非均相混合物（悬浮液）时，通常称原悬浮液为滤浆或料浆，分离得到的清液称为滤液，截留在过滤介质（细微多孔材料）上的颗粒层称为滤饼或滤渣。

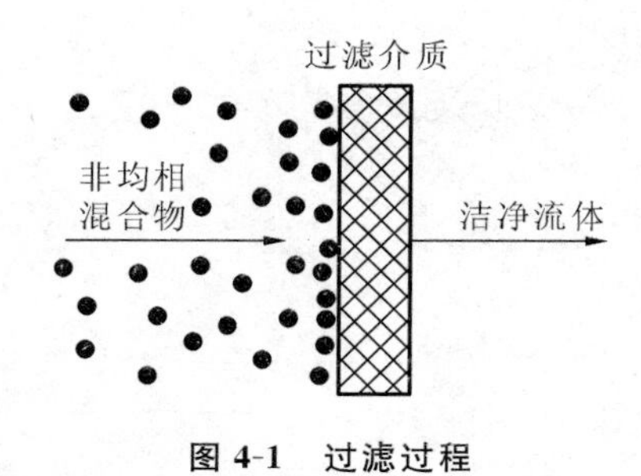

图4-1 过滤过程

过滤操作使用范围非常广，既可用于分离液体非均相混合物，实现液-固分离，如环境工程领域中广泛用于给水和废水处理的各种滤池、污泥脱水用的真空过滤机和板框式压滤机等，也可用于分离气体非均相混合物，实现气-固分离，如环境工程领域中用于废气处理的袋式除尘器及空气过滤器等。过滤操作可分离颗粒物的范围很广，可以是粗大的颗粒，也可以是细微粒子，甚至可以是细菌、病毒和高分子物质。通常情况下，过滤在悬浮液的分离中应用最为广泛。

4.1.2 过滤介质

能使工作介质通过又将其中固体颗粒截留以达到分离或净化目的的多孔物质称为过滤介质。过滤介质是过滤设备上的关键组成部分，它决定过滤操作的分离精度和效率，也影响过滤机的生产强度及动力消耗。过滤介质起支撑滤饼或截留颗粒、通过滤液的作用。

1. 对过滤介质的要求

根据过滤介质的作用及使用环境，工业用过滤介质应满足以下要求：

(1) 多孔性，孔道大小适当，能发生架桥现象，孔径的大小应满足既能截留住要分离的颗粒，又使流体通过时的阻力小的要求；

(2) 物理化学性质稳定，耐热、耐化学腐蚀；

(3) 具有足够的机械强度，使用寿命长；

(4) 价格低。

2. 过滤介质的种类

过滤介质的种类很多，在工业上常用的过滤介质主要有以下几类。

(1) 织物介质。由棉、麻、丝、毛等天然纤维或合成纤维、金属丝等编织成的滤布、滤网，是工业上应用最广泛的过滤介质。这类介质薄，阻力小，清洗与更换方便，价格比较便宜，根据编制方法和网孔的疏密程度不同，能截留的颗粒的最小粒径范围较宽，从 1 μm 到几十微米。

(2) 堆积介质。由具有一定形状的各类固体颗粒堆积而成，包括天然的(如石英砂、石榴石、无烟煤、磁铁矿粒、钛铁矿粒等)和人工合成的(如聚苯乙烯发泡塑料球、陶粒等)。此类过滤介质在水处理各类滤池中应用广泛，通常称为滤料。

(3) 多孔固体介质。这类介质是具有很多微细孔道的固体材料，如素烧陶瓷板或管、烧结金属板或管等，能截留小至 1～3 μm 的微细颗粒，但过滤阻力较大。多用于含少量细微颗粒的悬浮液，如白酒等的精滤。

(4) 多孔膜。由高分子材料(有机膜)或无机材料(无机膜)制成的薄膜，膜厚为几十微米到 200 μm，孔很小，可截留粒径小到 0.005 μm 的颗粒。此类介质多用于膜分离技术中的微滤和超滤等。

选择过滤介质时通常既要考虑待分离混合物中颗粒含量、粒度分布、性质和分离要求，也要考虑悬浮液的性质(酸、碱等)、过滤设备的形式的不同等。

4.1.3　过滤的分类

工业上可用过滤分离的非均相混合物多种多样，分离要求也各不相同。为了适应不同分离对象的不同分离要求，过滤方法和设备也多种多样。为了更好地掌握过滤技术，有必要对它们进行适当的分类。

1. 按过滤的推动力分类

(1) 重力过滤：操作推动力是悬浮液本身的液柱静压，即滤液在本身重力作用下透过过滤介质而被排出，仅适用于处理颗粒粒度大、含量少的滤浆。

(2) 真空过滤：利用真空泵造成的真空吸力，在真空条件下使滤液透过过滤介质，适用于含有矿粒或晶体颗粒的滤浆处理，且便于洗涤滤饼。水处理中的转筒真空过滤机即属于这一类。

(3) 加压过滤(压差过滤)：用泵或其他方式将滤浆加压，迫使液体透过过滤介质，可产生较高的操作压力，能有效处理难分离的滤浆。气固混合物的过滤一般在压差作用下进行。

(4) 离心过滤：使被分离的悬浮液旋转，利用旋转所产生的惯性“离心力”的作用，使液体通过过滤介质或滤饼，所得滤饼的含液量少，适用于晶体物料和纤维物料的过滤。

2. 按过滤机理分类

按过滤介质拦截固体颗粒的机理，可将过滤分为表面过滤和深层过滤，前者应用广泛，后者应用较少。

1) 表面过滤

表面过滤是利用过滤介质表面或过滤过程中所生成的滤饼表面来拦截固体颗粒，使固体与液体分离的操作过程。过滤介质一般是多孔性材料(滤布、多孔固体),其孔径一般要比待处理悬浮液中的固体颗粒的粒径小。过滤时流体可以通过介质的孔道,颗粒的尺寸大,不能进入孔道而被过滤介质截留,并在其表面逐渐积累成滤饼,如图 4-2 所示。此时沉积的滤饼亦起过滤作用,因此表面过滤又称滤饼过滤。

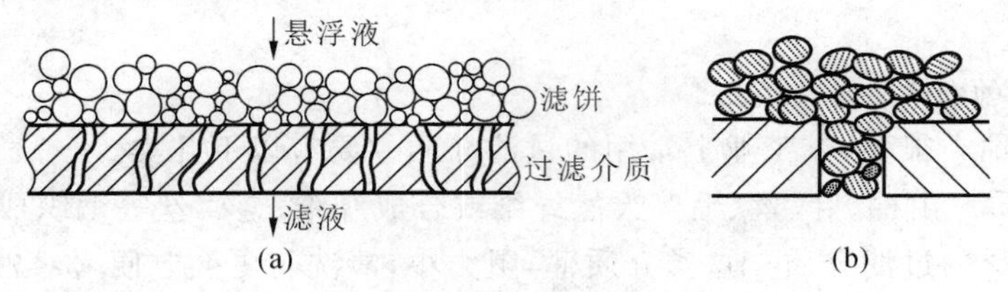

图 4-2　表面过滤示意图

(a)滤饼过滤;(b)"架桥"现象

实际上,表面过滤所用的过滤介质的孔径不一定小于待过滤流体中所有的颗粒物粒径。在过滤操作开始阶段,过滤介质中微细孔道的直径可能大于悬浮液中部分颗粒的直径,因而,过滤之初会有一些细小颗粒穿过介质而使滤液混浊。但是颗粒会在孔道中迅速堆积而形成一个颗粒层(滤饼),使直径小于孔道的细小颗粒也能被截留,此现象称为"架桥"现象。所选过滤介质的孔道尺寸一定要使"架桥"现象能够发生。在滤饼形成之后,它便成为对其后的颗粒起主要截留作用的介质,而穿过滤饼的液体则变为澄清的液体。

因此,不断增厚的滤饼才是真正有效的过滤介质,真正对颗粒起拦截作用,而过滤介质仅起着支承滤饼的作用。但随着过滤的进行,滤饼的厚度增大,滤液的流动阻力亦逐渐增大,速度降低,导致过滤不能进行或不够经济。

表面过滤适用于处理固体含量较高的悬浮液。若悬浮液的颗粒含量极低而不能形成滤饼,固体颗粒只能依靠过滤介质的拦截而与液体分离,此时只有直径大于介质孔道的颗粒方能从液体中除去。

表面过滤(滤饼过滤)通常发生在过滤流体中颗粒物浓度较高或过滤速率较慢、滤饼层容易形成的情况下。污泥脱水中使用的各类脱水机(如真空过滤机、板框式压滤机等)、给水处理中的慢滤池、大气除尘中的袋滤器等均为表面过滤设备。

2) 深层过滤

深层过滤通常发生在以固体颗粒为过滤介质的过滤操作中,过滤介质为堆积较厚的粒状床层。如图 4-3 所示,在深层过滤中,由于颗粒尺寸小于介质孔隙,颗粒可进入长而曲折的通道,在惯性和扩散作用下,颗粒在运动过程中趋于孔道壁面,并在表面力和静电效应的作用下附着在孔道壁面上与流体分开,过滤中无滤饼的堆积。深层过滤会使过滤介质内部的孔道逐渐缩小,所以过滤介质必须定期更换或再生。

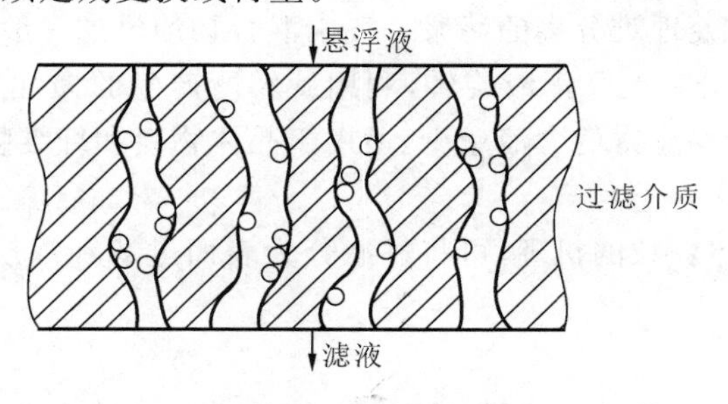

图 4-3　深层过滤

深层过滤的特点是过滤在过滤介质内部进行，过滤介质表面无固体颗粒层形成。由于过滤介质孔道细长，通常过滤阻力较大，一般适用于处理生产能力大而悬浮液中颗粒物细小且含量少的场合，如水的净化、烟气除尘等。在水处理常用的快滤池中发生的主要过滤现象即为典型的深层过滤。

4.1.4　助滤剂

若滤浆中所含固体颗粒很小，过滤时很容易堵塞过滤介质的空隙，所形成通道很小，或者滤饼可压缩，随着过滤过程的进行，滤饼受压变形，孔隙变小，使过滤阻力很大而导致过滤困难。此时可考虑采用助滤剂以防止过滤介质孔道堵塞，或降低可压缩滤饼的过滤阻力。

助滤剂通常是一些不可压缩的粉状或纤维状固体，能形成结构疏松的固体层。作为助滤剂的物质，应能较好地悬浮于液料中，颗粒大小合适，不含有可溶于滤液的物质，且具有化学稳定性，在操作压力范围内具有不可压缩性。常用的助滤剂有硅藻土、珍珠岩、纤维粉末、活性炭、石棉等。

助滤剂的使用方法有两种：一是把助滤剂单独配成悬浮液，过滤，使其在过滤介质表面形成一层助滤剂层，再正式过滤；二是在悬浮液中加入助滤剂，一起过滤，可得到较为疏松、可压缩性减小的滤饼，滤液容易通过。比如对于可压缩滤饼，为了使过滤顺利进行，可以将质地坚硬而能形成疏松滤饼的另一种固体颗粒混入悬浮液或预涂于过滤介质上，以形成疏松饼层，使得滤液畅流，该种颗粒状物质即为助滤剂。因为滤渣和助滤剂不易分开，若过滤是为了回收滤渣，则不能把助滤剂和悬浮液混合在一起。

4.2　表面过滤的基本理论

4.2.1　表面过滤的基本方程

随着表面过滤过程的进行，悬浮液中的颗粒物被截留在介质表面并形成滤饼层。由于滤饼层的厚度增加，过滤速率随之变化。表面过滤的基本方程是表示某一时刻过滤速率与推动力、滤饼厚度、滤饼结构、过滤介质特性以及滤液物理性质的方程，是计算过滤过程的最基本的关系式。为了得到表面过滤的基本方程，必须先了解过滤速率、过滤阻力等知识内容。

1. 过滤速率

过滤速率是指单位时间通过单位过滤面积的滤液量，单位为 $m^3/(m^2 \cdot s)$，常用 u 表示。由此可见，过滤速率实质上为滤液通过过滤面的表观流速。若过滤过程中其他因素维持不变，则由于滤饼厚度不断增加而使过滤速率逐渐变小。因此，任一瞬间的过滤速率 u 为

$$u = \frac{\mathrm{d}V}{A\,\mathrm{d}t} \tag{4.2.1}$$

式中：$\mathrm{d}t$——微分过滤时间，s；

$\mathrm{d}V$——$\mathrm{d}t$ 时间内通过过滤面的滤液量，m^3；

A——过滤面积，m^2。

过滤速率是过滤过程的关键参数，只要求得过滤速率与推动力和其他有关因素的关系就可以进行过滤过程的各种设计计算。

2. 过滤总阻力

随着过滤操作的进行，滤饼厚度逐渐增加，过滤的阻力也会增大。若过滤在一定的压力下

进行,过滤速率必然逐渐减小。

过滤速率与过滤推动力和过滤阻力之间的关系式为

$$u = \frac{\Delta p}{(R_m + R_c)\mu} \tag{4.2.2}$$

式中:Δp——压降,Pa;

R_m——过滤介质层的过滤阻力,m^{-1};

R_c——滤饼层的过滤阻力,m^{-1};

μ——滤液的黏度,Pa·s。

过滤推动力为压差 Δp,由滤浆流经滤饼层的压降和流经介质层的压降两部分组成,即

$$\Delta p = \Delta p_c + \Delta p_m$$

式中:Δp_c——滤饼层的压降,Pa;

Δp_m——介质层的压降,Pa。

过滤总阻力包括滤饼的阻力和过滤介质的阻力。

1) 滤饼的阻力

滤饼是由截留下的固体颗粒堆积而成的床层。随着操作的进行,滤饼的厚度与流动阻力都逐渐增加。构成滤饼的颗粒特性对流动阻力的影响差异很大。滤饼厚度增加导致滤饼两侧的压差增大,滤饼的压缩性对压差有较大影响。可将滤饼分为不可压缩滤饼和可压缩滤饼两类。颗粒如果是不易变形的坚硬固体(如硅藻土、碳酸钙等),则当滤饼两侧的压差增大时,颗粒的形状和颗粒间的孔隙都不会发生明显变化,即滤饼内部空隙结构不变形,单位厚度滤饼的流动阻力可视为恒定,这类滤饼称为不可压缩滤饼。相反,若滤饼是由某些类似氢氧化物的胶体物质构成,滤饼刚性不足,当压差增大时,滤饼被压紧,则其内部空隙结构将随着滤饼的增厚或压差的增大而变形,空隙率减小,使单位厚度滤饼的流动阻力增大,此类滤饼称为可压缩滤饼。

滤饼的阻力 R_c 是滤饼结构与滤饼厚度的函数,其计算式为

$$R_c = rL \tag{4.2.3}$$

式中:R_c——滤饼的阻力,m^{-1};

r——滤饼层的比阻,m^{-2};

L——滤饼的厚度,m。

滤饼比阻 r 是单位厚度滤饼的阻力,它在数值上等于黏度为 1 Pa·s 的滤液以 1 m/s 的平均流速通过厚度为 1 m 的滤饼层时所产生的压降。它反映了颗粒形状、尺寸及床层空隙率等颗粒特性对滤液流动的影响,是表示滤饼层结构特性的参数。

滤液通过饼层流动,因为滤液通道不规则,可以将其简化成一组当量直径为 d_e 的细管,而细管的当量直径可由床层的空隙率 ε 和颗粒的比表面积 a 来计算。单位体积床层中的空隙体积称为空隙率(ε)。单位体积颗粒所具有的表面积即为比表面积(a)。床层空隙率 ε 愈小,颗粒比表面积 a 愈大,则床层愈致密,对流体流动的阻滞作用也愈大。

对于不可压缩滤饼,滤饼层中的空隙率 ε 可视为常数,颗粒的形状、尺寸也不改变,因而比表面积 a 亦为常数,比阻 r 与过滤推动力 Δp 无关,仅与颗粒床层的空隙率和比表面积有关。比阻 r 与颗粒床层的空隙率和比表面积之间的关系式为

$$r = \frac{5a^2(1-\varepsilon)^2}{\varepsilon^3} \tag{4.2.4}$$

对于可压缩滤饼,在压力的作用下滤饼层的颗粒结构容易发生变形,比阻 r 与 Δp 有关。

根据经验，在大多数情况下，r 与 Δp 的关系可以粗略地表示成以下关系式：

$$r = r_0 \Delta p^s \tag{4.2.5}$$

式中：r_0——单位压差下滤饼的比阻，$m^{-2} \cdot Pa^{-1}$；

s——滤饼的可压缩指数，无因次；对于可压缩滤饼，$s=0.2 \sim 0.8$，对于不可压缩滤饼，$s=0$。

2）过滤介质的阻力

在表面过滤中，过滤介质的阻力一般比较小，但有时不能忽略，尤其在过滤初始滤饼尚薄时。过滤介质的阻力当然也与其厚度及本身的致密程度有关，其计算式为

$$R_m = r_m L_m \tag{4.2.6}$$

式中：R_m——过滤介质的阻力，m^{-1}；

r_m——过滤介质的比阻，m^{-2}；

L_m——过滤介质的厚度，m。

在实际当中，为方便起见，设想以一层厚度为 L_e 的滤饼来代替过滤介质，而过程仍能完全按照原来的速率进行，那么，这层设想中的滤饼就应当具有与过滤介质相同的阻力，即

$$R_m = r_m L_m = r L_e \tag{4.2.7}$$

式中：L_e——过滤介质的当量滤饼厚度，或称虚拟滤饼厚度，m。

在一定的操作条件下，以一定的过滤介质过滤一定的悬浮液时，L_e 为定值。但同一介质在不同的过滤操作中，L_e 值不同。

3. Ruth 过滤方程

假设某一过滤时刻 t 对应的过滤状态为：形成的滤饼层厚度为 L，相应的滤液量为 V，过滤压差（即过滤推动力）为 Δp。

将式(4.2.3)和式(4.2.6)代入式(4.2.2)中，可得

$$u = \frac{dV}{A\,dt} = \frac{\Delta p}{\mu(r_m L_m + rL)} \tag{4.2.8}$$

式(4.2.8)称为 Ruth 过滤方程，反映了过滤速率与推动力、过滤总阻力之间的关系。

将式(4.2.7)代入式(4.2.8)中，则式(4.2.8)可写为

$$u = \frac{dV}{A\,dt} = \frac{\Delta p}{\mu(rL_e + rL)} = \frac{\Delta p}{r\mu(L_e + L)} \tag{4.2.9}$$

4. 过滤的基本方程

滤饼层的厚度 L 与滤液量有关，在过滤过程中是一个变量。若获得单位体积滤液所产生的滤饼体积为 f，则任一瞬间的滤饼厚度 L 与当时已获得的滤液体积 V 之间的关系为

$$fV = LA$$

则

$$L = \frac{fV}{A} \tag{4.2.10}$$

式中：f——滤饼体积与相应的滤液体积之比，量纲为 1；

A——过滤面积，m^2。

为了处理方便，可以把过滤介质的阻力折算为厚度为 L_e 的滤饼层，即

$$r_m L_m = r L_e$$

若生成厚度为 L_e 的滤饼所应获得的滤液体积以 V_e 表示，则

$$L_e = \frac{fV_e}{A} \tag{4.2.11}$$

式中:V_e——过滤介质的当量滤液体积,或称虚拟滤液体积,m^3。在一定的操作条件下,以一定介质过滤一定的悬浮液时,V_e 为定值,但同一介质在不同的过滤操作中,V_e 值不同。

将式(4.2.10)、式(4.2.11)代入式(4.2.9)中,可得

$$u=\frac{dV}{A dt}=\frac{A\Delta p}{r\mu f(V+V_e)} \tag{4.2.12}$$

考虑滤饼的可压缩性,将式(4.2.5)代入式(4.2.9),得

$$\frac{dV}{A dt}=\frac{A\Delta p^{1-s}}{r_0\mu f(V+V_e)} \tag{4.2.13}$$

令 $K=\frac{2\Delta p^{1-s}}{r_0\mu f}$,则

$$\frac{dV}{A dt}=\frac{KA}{2(V+V_e)} \tag{4.2.14}$$

为了简化表达式,令 $q=V/A$,$q_e=V_e/A$,分别表示单位过滤面积的滤液量和过滤介质的虚拟滤液量。则式(4.2.14)可变为

$$\frac{dq}{dt}=\frac{K}{2(q+q_e)} \tag{4.2.15}$$

式(4.2.14)或式(4.2.15)即为表面过滤的基本方程,表示任一瞬间的过滤速率与物料特性、操作压差及累计滤液量的关系,同时也表明了过滤介质阻力的影响。式中的 K 称为过滤常数,单位为 m^2/s,反映了悬浮液的过滤特性,与悬浮液的浓度、滤液黏度、饼层颗粒特性和可压缩性有关,其数值可由实验测定。

4.2.2 过滤过程的计算

过滤过程计算的基本内容是确定过滤所得滤液量与过滤时间和压降等的关系,应用的基本关系式是过滤的基本方程。过滤操作有两种典型的方式,即恒压过滤和恒速过滤。下面介绍这两种典型过滤操作方式的过滤过程计算。

1. 恒压过滤

恒压过滤是指在恒定压差下进行的过滤操作,是最常用的过滤方式。连续过滤机内进行的过滤都是恒压过滤,间歇机内进行的过滤操作也多为恒压过滤。恒压过滤时,滤饼不断变厚,致使阻力逐渐增加,但推动力 Δp 恒定,因而过滤速度逐渐变小。

若恒压过滤是从过滤介质上没有滤饼的条件下开始的,则按照过滤时间从 0 到 t,相应的滤液量从 0 到 V(或 q)的边界条件对式(4.2.14)及式(4.2.15)进行积分,即

$$\int_0^V 2(V+V_e)dV=\int_0^t KA^2 dt$$

$$\int_0^q 2(q+q_e)dq=\int_0^t K dt$$

得

$$V^2+2VV_e=KA^2 t \tag{4.2.16}$$

$$q^2+2qq_e=Kt \tag{4.2.17}$$

式(4.2.16)或式(4.2.17)称为恒压过滤方程,它表明了恒压过滤时滤液量 V(或 q)与过滤时间的关系。式中 K 是过滤常数(m^2/s),其值由物料特性和过滤压差决定。V、V_e 分别是滤液量和介质的虚拟滤液量,t 为过滤时间,q、q_e 分别为单位过滤面积的滤液量和单位过滤介质的虚拟滤液量。恒压过滤时,压差 Δp 不变,K、A、V_e 均为常数。K、V_e 与 q_e 均是反映过滤介质阻力大小的常数,是进行过滤过程设计计算的基础,一般需由实验进行确定。

如果过滤介质的阻力可忽略不计，即有 $V_e=0$、$q_e=0$，则式(4.2.16)和式(4.2.17)可简化为

$$V^2 = KA^2t \tag{4.2.18}$$

$$q^2 = Kt \tag{4.2.19}$$

若恒压过滤是在滤液量已达到 V_1，即滤饼层厚度已增加到 L_1 的条件下开始的，则积分边界条件为时间从 0 到 t，对应的滤液量从 V_1 到 V，对式(4.2.14)进行积分时，积分式应写为

$$\int_{V_1}^{V} 2(V+V_e)\mathrm{d}V = KA^2\int_0^t \mathrm{d}t$$

可得初始滤液量为 V_1 时的恒压过滤方程

$$(V^2-V_1^2)+2V_e(V-V_1) = KA^2t \tag{4.2.20}$$

此处 t 为恒压过滤的时间。V 为得到的总滤液量，即恒压过滤和其前一段过滤得到的滤液量之和。恒压过滤阶段得到的滤液量为 $V-V_1$。

若忽略过滤介质的阻力，即有 $V_e=0$，则式(4.2.20)可简化为

$$V^2-V_1^2 = KA^2t \tag{4.2.21}$$

例 4-1 对某悬浮液进行恒压过滤。已知过滤时间为 300 s 时，所得滤液体积为 0.75 m^3，且过滤面积为 1 m^2，恒压过滤常数 $K=5\times10^{-3}\ m^2/s$。若要再得滤液体积 0.75 m^3，则又需过滤时间为多少？

解 由

$$q^2+2q_eq=Kt$$

得

$$2q_eq=Kt-q^2$$

所以

$$q_e=\frac{Kt-q^2}{2q}=\frac{5\times10^{-3}\times300-0.75^2}{2\times0.75}=0.625(m^3/m^2)$$

$$t=\frac{q^2+2q_eq}{K}=\frac{1.5^2+2\times0.625\times1.5}{5\times10^{-3}}=825(s)$$

$$\Delta t=825-300=525(s)$$

例 4-2 在 9.81×10^3 Pa 的恒压下对某悬浮液进行过滤操作，形成不可压缩滤饼。已知水的黏度为 1×10^{-3} Pa·s，滤液的黏度可视为近似与水相等。经实验测得的滤饼比阻为 $1\times10^{10}\ m^{-2}$，每获得 1 m^3 滤液所形成的滤饼体积为 0.333 m^3。若过滤介质阻力可以忽略，试求：

(1) 每平方米过滤面积上获得 1.5 m^3 滤液所需的过滤时间；

(2) 若将此过滤时间延长一倍，则每平方米过滤面积上可再得滤液量。

解 (1) 求过滤时间 t。

已知过滤介质阻力可以忽略的恒压过滤方程为

$$q^2 = Kt$$

而

$$K=\frac{2\Delta p^{1-s}}{r_0\mu f}$$

已知 $\Delta p=9.81\times10^3$ Pa，$\mu=1\times10^{-3}$ Pa·s，$s=0$，$r=r_0=1\times10^{10}\ m^{-2}$，$f=0.333$，则

$$K=\frac{2\Delta p^{1-s}}{r_0\mu f}=\frac{2\Delta p}{r_0\mu f}=\frac{2\times9.81\times10^3}{1\times10^{10}\times1\times10^{-3}\times0.333}=5.89\times10^{-3}(m^2/s)$$

又 $q=1.5\ m^3/m^2$，所以可求得

$$t=\frac{q^2}{K}=\frac{1.5^2}{5.89\times10^{-3}}=382(s)$$

(2) 求过滤时间加倍时总的滤液量 q'。

$$t'=2t=2\times382=764(s)$$

则 $$q'=\sqrt{Kt'}=\sqrt{5.89\times10^{-3}\times764}=2.12(\text{m}^3/\text{m}^2)$$

故过滤时间加倍,每平方米过滤面积上可再得的滤液量为

$$q'-q=2.12-1.5=0.62(\text{m}^3/\text{m}^2)$$

2. 恒速过滤

恒速过滤是指在过滤过程中保持过滤速度 u 不变的过滤操作方式。根据过滤速度表达式,恒速过滤速度为

$$u=\frac{\mathrm{d}V}{A\,\mathrm{d}t}=\frac{V}{At}=\frac{q}{t}=\text{常数} \tag{4.2.22}$$

则
$$V=Aut \tag{4.2.23}$$

或
$$q=ut \tag{4.2.24}$$

式(4.2.23)和式(4.2.24)表明,恒速过滤时,滤液量 V(或 q)与 t 成正比,即滤液量与过滤时间成正比。

将式(4.2.22)代入过滤方程式(4.2.14)或式(4.2.15)中,得

$$V^2+VV_{\mathrm{e}}=\frac{1}{2}KA^2t \tag{4.2.25}$$

$$q^2+qq_{\mathrm{e}}=\frac{1}{2}Kt \tag{4.2.26}$$

式(4.2.25)或式(4.2.26)即为恒速过滤方程,表明了恒速过滤时滤液体积与过滤时间的关系。因为恒速过滤操作中的压差是随时间变化而变化的,式中的过滤常数 K 也是随时间 t 变化而变化的。

若忽略过滤介质阻力,则上面两式可简化为

$$V^2=\frac{1}{2}KA^2t \tag{4.2.27}$$

$$q^2=\frac{1}{2}Kt \tag{4.2.28}$$

在恒速过滤操作中,为了维持过滤速率恒定,需要不断增大压差。尤其对不可压缩滤饼,操作压差随过滤时间呈直线增加。过滤压差和时间的关系式为

$$\Delta p=at+b \tag{4.2.29}$$

因此,实际上很少采用把恒速过滤进行到底的操作方式,而是采用先恒速后恒压的复合操作方式。另外,对于恒压过滤操作,有时为避免初期因压差过高而引起滤液浑浊或滤布堵塞,也是采用先恒速后恒压的复合操作方式,即各过滤开始时以较低的恒定速率操作,当表压升至给定数值后,再转入恒压操作。

对于先恒速后恒压的复合操作方式,可将其分为恒速和恒压两个过程分别计算,具体计算方法同上,只是恒压过程要采用初始滤液体积不为零的过滤方程。其过滤方程的表达式为

$$(V^2-V_1^2)+2V_{\mathrm{e}}(V-V_1)=\frac{1}{2}KA^2(t-t_1) \tag{4.2.30}$$

$$(q^2-q_1^2)+2q_{\mathrm{e}}(q-q_1)=K(t-t_1) \tag{4.2.31}$$

例 4-3 在 0.04 m^2 的过滤面积上以 1×10^{-4} m^3/s 的速率进行恒速过滤实验,测得过滤 100 s 时,过滤压差为 3×10^4 Pa;过滤 600 s 时,过滤压差为 9×10^4 Pa,滤饼不可压缩。今欲用框

内尺寸为 635 mm×635 mm×60 mm 的板框压滤机处理同一料浆，所用滤布与实验时的相同。过滤开始时，以与实验相同的滤液流速进行恒速过滤，在过滤压差达到 6×10^4 Pa 时改为恒压操作。每获得 1 m^3 滤液所生成的滤饼体积为 0.02 m^3。试求框内充满滤饼所需的时间。

解　第一阶段是恒速过滤，其过滤时间 t 与过滤压差之间的关系可表示为

$$\Delta p = at + b$$

板框压滤机所处理的悬浮液特性及所用滤布均与实验时相同，且过滤速率也一样，因此，上式中 a、b 值可根据实验测得的两组数据求出：

$$3\times10^4 = 100a + b$$

$$9\times10^4 = 600a + b$$

解得　$a=120,\quad b=1.8\times10^4$

即　$\Delta p=120t+1.8\times10^4$

恒速阶段结束时的压差 $\Delta p_R=6\times10^4$ Pa，故恒速段过滤时间为

$$t_R = \frac{\Delta p_R - b}{a} = \frac{6\times10^4 - 1.8\times10^4}{120} = 350(\mathrm{s})$$

恒速阶段过滤速率与实验时相同，故

$$u_R = \frac{V}{At} = \frac{1\times10^{-4}}{0.04} = 2.5\times10^{-3}(\mathrm{m/s})$$

$$q_R = u_R t_R = 2.5\times10^{-3}\times350 = 0.875(\mathrm{m^3/m^2})$$

又

$$a = \mu v r u_R^2 = \frac{u_R^2}{k} = 120$$

$$b = \mu r v u_R q_e = \frac{u_R q_e}{k} = 1.8\times10^4$$

解得　$k=5.208\times10^{-8}[\mathrm{m^2/(Pa\cdot s)}],\quad q_e=0.375\ (\mathrm{m^3/m^2})$

恒压操作阶段过滤压差为 6×10^4 Pa，所以

$$K = 2k\Delta p = 2\times5.208\times10^{-8}\times6\times10^4 = 6.250\times10^{-3}(\mathrm{m^2/s})$$

板框压滤机的过滤面积　$A=2\times0.635^2=0.8065(\mathrm{m^2})$

滤饼体积及单位过滤面积上的滤液体积为 $V_e=0.635^2\times0.06=0.0242(\mathrm{m^3})$

$$q = \left(\frac{V_e}{A}\right)\Big/ v = \frac{0.0242}{0.8065\times0.02} = 1.5(\mathrm{m^3/m^2})$$

应用先恒速后恒压过滤方程

$$(q^2 - q_R^2) + 2q_e(q - q_R) = K(t - t_R)$$

将 K、q_e、q_R、q 的数值代入上式，得

$$(1.5^2 - 0.875^2) + 2\times0.37\times(1.5 - 0.875) = 6.25\times10^{-3}(t - 350)$$

解得　$t=661.5\ (\mathrm{s})$

4.2.3　过滤常数的测定

过滤计算要有过滤常数 K、q_e 或 V_e 作为依据。由不同物料形成的悬浮液，其过滤常数差别很大。即使是同一种物料，由于操作条件不同、浓度不同，其过滤常数亦不尽相同。过滤常数的值通常是通过同一悬浮液在相同或相似的操作条件下在小型实验装置中进行过滤实验来测定。

1. 恒压下过滤常数 K 和 q_e 的测定

在某指定压差下对一定料液进行恒压过滤时,式(4.2.17)中的过滤常数 K 和 q_e 可通过恒压过滤实验进行测定。

将式(4.2.17)两边同除以 qK,得

$$\frac{t}{q}=\frac{1}{K}q+\frac{2}{K}q_e \tag{4.2.32}$$

式(4.2.32)表明,在恒压过滤条件下,t/q 与 q 之间具有线性关系,其直线的斜率为 $1/K$,截距为 $2q_e/K$。因此,在过滤面积 A 上对待测的悬浮液进行恒压过滤实验,测出不同过滤时间 t 内的累计滤液量 V,并由此算出对应的 $q=V/A$ 值,从而得到一系列相互对应的 t 与 q 值。在直角坐标中标绘 t/q 与 q 间的函数关系,可得一直线,由直线的斜率 $1/K$ 及截距 $2q_e/K$ 数值便可求得 K 和 q_e。

2. 压缩指数 s 和单位压差下滤饼的比阻 r_0 的测定

为了求得滤饼的压缩指数 s 及单位压差下滤饼的比阻 r_0,需要先在不同压差下对指定物料进行实验,求得若干不同过滤压差 Δp 下的 K 值,然后对 K-Δp 数据进行图解处理,即可求得 s 值。

根据 K 与 Δp 之间的关系式

$$K=\frac{2\Delta p^{1-s}}{\mu r_0 f}$$

两侧取对数,得

$$\lg K=(1-s)\lg\Delta p+\lg\frac{2}{\mu r_0 f} \tag{4.2.33}$$

式(4.2.33)表明,由于 s、μ、r_0、f 都为常量,故 $\lg K$ 与 $\lg\Delta p$ 间呈直线关系,曲线的斜率为 $1-s$;截距为 $\lg\frac{2}{\mu r_0 f}$。由过滤实验取得的$(\Delta p, K)$整理成相应的$(\lg\Delta p, \lg K)$数据,在以 $\lg K$ 为纵坐标、$\lg\Delta p$ 为横坐标的直角坐标图上把实验数据标点后连成直线,由其斜率即可求出滤饼压缩指数 s;在已知 μ 和 f 的条件下,单位压差下滤饼的比阻 r_0 值亦可通过截距确定。

例 4-4 在不同过滤压差 Δp 下对某悬浮液进行了三次过滤实验,所得实验数据如表 4-1 所示。

表 4-1 例 4-4 表 1

实验序号	Ⅰ	Ⅱ	Ⅲ
压差 Δp /10^5 Pa	0.463	1.95	3.39
单位面积滤液量 q/ (10^{-3} m^3/m^2)	过滤时间 t /s		
0	0	0	0
11.35	17.3	6.5	4.3
22.70	41.4	14.0	9.4
34.05	72.0	24.1	16.2
45.40	108.4	37.1	24.5
56.75	152.3	51.8	34.6
68.10	201.6	69.1	46.1

试求:(1) 各 Δp 下的过滤常数 K 和 q_e;

(2) 滤饼的压缩指数 s。

解　(1) 求过滤常数 K 和 q_e。

按照式(4.2.32),把实验数据整理成 t/q 与相应的 q 值,结果如表 4-2 所示。

表 4-2　例 4-4 表 2

实验序号	Ⅰ		Ⅱ		Ⅲ	
Δp /10^5 Pa	0.463		1.95		3.39	
q /(m^3/m^2)	t /s	(t/q)/(s/m)	t /s	(t/q) /(s/m)	t /s	(t/q) /(s/m)
0	0		0		0	
11.35×10^{-3}	17.3	1.524×10^3	6.5	0.573×10^3	4.3	0.379×10^3
22.70×10^{-3}	41.4	1.824×10^3	14.0	0.617×10^3	9.4	0.414×10^3
34.05×10^{-3}	72.0	2.115×10^3	24.1	0.708×10^3	16.2	0.476×10^3
45.40×10^{-3}	108.4	2.388×10^3	37.1	0.817×10^3	24.5	0.540×10^3
56.75×10^{-3}	152.3	2.684×10^3	51.8	0.913×10^3	34.6	0.610×10^3
68.10×10^{-3}	201.6	2.960×10^3	69.1	1.015×10^3	46.1	0.677×10^3

根据以上数据分别作实验Ⅰ、Ⅱ、Ⅲ的 q-t/q 直线,如图 4-4 所示。

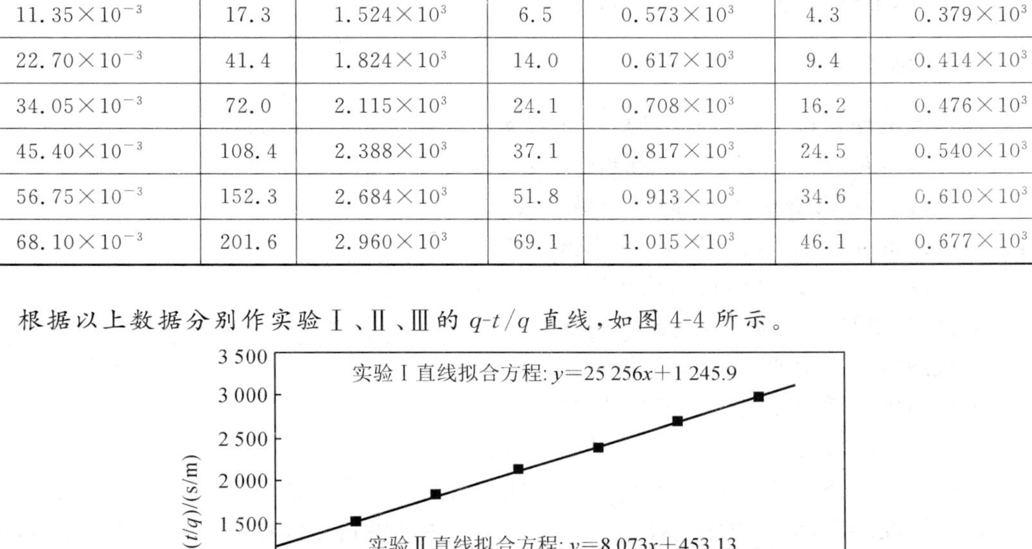

图 4-4　例 4-4 图 1

由图 4-4 可知,实验Ⅰ直线斜率为 25 256,截距为 1 245.9,所以有

$$K=\frac{1}{25\ 256}=3.96\times10^{-5}(m^2/s)$$

因 $2q_e/K=1\ 245.9$,则

$$q_e=\frac{K}{2}\times1\ 245.9=\frac{3.96\times10^{-5}\times1\ 245.9}{2}$$
$$=0.024\ 7(m^3/m^2)$$

同理,可以求出实验Ⅱ和实验Ⅲ的 K 和 q_e 值。三种情况下的计算结果如表 4-3 所示。

表 4-3　例 4-4 表 3

实验序号	Ⅰ	Ⅱ	Ⅲ
Δp /10^5 Pa	0.463	1.95	3.39
K/(m^2/s)	3.96×10^{-5}	1.24×10^{-4}	1.85×10^{-4}
q_e/(m^3/m^2)	0.024 7	0.028 1	0.028 0

(2) 求滤饼的压缩指数 s。

因为 $\lg K$ 和 $\lg\Delta p$ 呈直线关系,将上表数据整理,如表 4-4 所示。

表 4-4 例 4-4 表 4

实验序号	Ⅰ	Ⅱ	Ⅲ
$\lg\Delta p$	4.666	5.290	5.530
$\lg K$	−4.402	−3.907	−3.733

作 $\lg K$-$\lg\Delta p$ 图,得一直线,如图 4-5 所示。

由图可知,直线的斜率 $1-s=0.7781$,所以滤饼的压缩指数 $s=0.222$。

4.2.4 滤饼洗涤

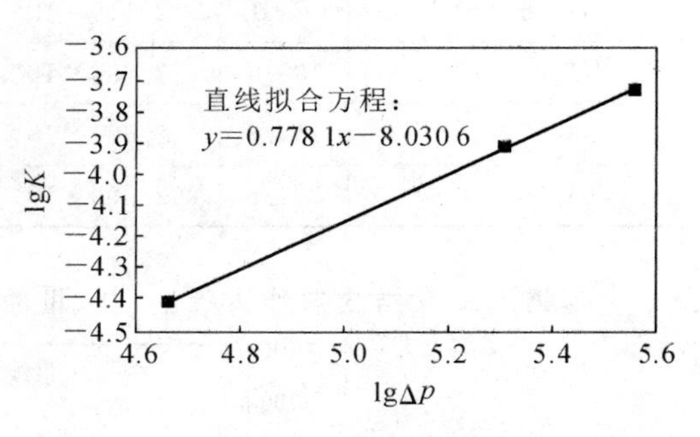

图 4-5 例 4-4 图 2

过滤产生的滤饼由于具多孔结构,因此内部总会滞留有一部分母液,母液在滤饼中的含量习惯称为滤饼的含湿量,把用第二种液体(洗涤液)从滤饼中置换出母液的操作称为滤饼洗涤,在固液分离中一般简称为洗涤。通过洗涤,可以从滤饼中回收有价值的滤液,提高滤液回收率,或者除去滤饼中的液体杂质或溶取滤饼中的有害成分,提高滤渣中固体组分的纯净度。因此在过滤终了时,需要对滤饼进行洗涤。如果滤液为水溶液,一般以清水作为洗涤液。一般要求洗涤液不含杂质或杂质很少,能与滤饼中残存母液良好地亲和,或能够溶解需要消除的可溶性杂质,但不能溶解滤渣,洗涤后,洗涤液与滤饼或洗涤液与溶质容易分离,使用经济安全等。洗涤时,单位面积洗涤液的用量需由实验决定。

滤饼洗涤过程需要确定的主要参数是洗涤速率和洗涤时间。

1. 洗涤速率

洗涤速率是指单位时间通过单位洗涤面积的洗涤液量,用 $\left(\frac{\mathrm{d}V}{A\,\mathrm{d}t}\right)_{\mathrm{W}}$ 表示。洗涤液在滤饼层中的流动过程与过滤过程类似。由于洗涤是在过滤终了后进行的,洗涤液穿过的滤饼床层为过滤终了时的床层,所以洗涤速率与过滤终了时的滤饼层状态有关,即与过滤终了时的过滤速率有关。若洗涤压力与过滤终了时的操作压力相同,可以得出洗涤速率与过滤终了时的速率 $\left(\frac{\mathrm{d}V}{A\,\mathrm{d}t}\right)_{\mathrm{F},终}$ 之间的关系

$$\frac{\left(\frac{\mathrm{d}V}{A\,\mathrm{d}t}\right)_{\mathrm{W}}}{\left(\frac{\mathrm{d}V}{A\,\mathrm{d}t}\right)_{\mathrm{F},终}}=\frac{\mu L}{\mu_{\mathrm{W}}L_{\mathrm{W}}} \tag{4.2.34}$$

式中:μ、μ_{W}——滤液和洗涤液的黏度,Pa·s;

L、L_{W}——过滤终了时滤饼层厚度和洗涤时穿过的滤饼层厚度,m。

根据过滤基本方程,可以得出过滤终了时的过滤速率

$$\left(\frac{\mathrm{d}V}{A\,\mathrm{d}t}\right)_{\mathrm{F},终}=\frac{A\Delta p^{1-s}}{r_0\mu f(V+V_{\mathrm{e}})}=\frac{KA}{2(V+V_{\mathrm{e}})} \tag{4.2.35}$$

式中:V——过滤终了时的滤液量。

2. 洗涤时间

若过滤终了时以体积为 V_W（单位为 m^3）的洗涤液洗涤滤饼，则所需的洗涤时间 t_W（单位为 s）为

$$t_W = \frac{V_W}{\left(\frac{dV}{dt}\right)_W} \tag{4.2.36}$$

4.2.5　过滤设备及其计算

过滤设备的种类很多，通常将重力过滤、加压过滤和真空过滤的机器称为过滤机，将离心过滤的机器称为离心过滤机。工业上使用的典型的过滤设备有板框压滤机、转筒真空过滤机和离心过滤机。过滤机的生产能力一般指单位时间得到的滤液量，其计算分间歇操作和连续操作两种情况讨论。

1. 间歇式过滤机及其计算

板框压滤机属于典型的间歇操作设备，由滤板、滤框、夹紧机构、机架等组成。滤板和滤框如图 4-6 所示。

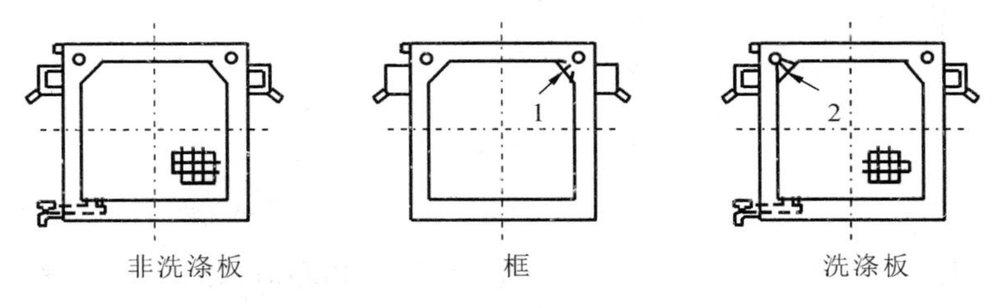

图 4-6　滤板和滤框

1—滤浆进口；2—洗水进口

滤板具有凹凸不平的表面，凸部用来支撑滤布，凹槽是滤液的流道。滤板右上角的圆孔是滤浆通道，左上角的圆孔是洗水通道。滤板分为洗涤板和过滤板（非洗涤板）。洗涤板左上角的洗水通道与两侧表面的凹槽相通，使洗水流进凹槽；过滤板的洗水通道与两侧表面的凹槽不相通。滤框右上角的圆孔是滤浆通道，左上角的圆孔则为洗水通道。

为了避免弄错这两种板和框的安装次序，在铸造时常在板与框的外侧面分别铸上一个、两个或三个小钮。非洗涤板为一钮板，框带两个钮，洗涤板为三钮板。

板框压滤机的操作是间歇式的，每个操作循环由装合、过滤、洗涤、卸渣、整理五个阶段组成。

装合即将板与框按滤板—框—洗涤板—框—滤板—框—洗涤板的顺序安装，滤板的两侧表面放上滤布，然后用手动的或机动的压紧装置固定，使板与框紧密接触。

过滤则是用泵把滤浆送进右上角的滤浆通道，使其由通道流进每个滤框里。滤液穿过滤布，沿滤板的凹槽流至每个滤板下角的阀门并排出。固体颗粒积存在滤框内形成滤饼，直到框内充满滤饼为止。四角均开有孔，组装叠合后分别构成滤浆通道、滤液通道和洗涤液通道。

洗涤时将洗水送入洗水通道，经洗涤板左上角的洗水进口，进入板的两侧表面的凹槽中。然后洗水横穿滤布和滤饼，最后由非洗涤板下角的滤液出口排出。在此阶段，洗涤板下角的滤液出口阀门关闭。在洗液黏度与滤液黏度相近且压差相同时，洗涤速率约为过滤终了速率的 1/4。

卸渣、整理则指打开板框，卸出滤饼，洗涤滤布及板、框的过程。板框压滤机的洗涤方式有横穿洗涤和置换洗涤之分。横穿洗涤时，洗涤液由总管入板，流经滤布—滤饼—滤布—非洗涤

板后排出,洗涤面积为过滤面积的一半。置换洗涤时洗涤液流程与滤液相同,则洗涤面积和过滤面积相等。

板框压滤机结构简单,价格低廉,占地面积小,过滤面积大;可根据需要增减滤板的数量,调节过滤能力;对物料的适应能力较强,操作压力较高,对颗粒细小而液体黏度较大的滤浆也能适用。缺点是间歇操作,生产能力低,卸渣清洗和组装阶段需用人力操作,劳动强度大,所以它只适用于小规模生产。近年出现了各种自动操作的板框压滤机,使劳动强度得到减轻。

叶滤机也是间歇操作设备,由许多滤叶组成。滤叶为内有金属网的扁平框架,外包滤布,将滤叶装在密闭的机壳内(加压式),为滤浆所浸没。滤浆中液体在压差作用下穿过滤布进入滤叶内部,成为滤液从其周边引出。过滤完毕,机壳内改充清水,使水循着与滤液相同的路径通过滤饼,进行置换洗涤。

板框压滤机的计算包括总过滤面积、框内总容积、操作周期和生产能力等的计算。

1) 框内总容积和总过滤面积

框内总容积为

$$V_T = lbzn$$

式中:n——框的数目;

l、b、z——滤框尺寸,m。

总过滤面积

$$A = 2lbn$$

2) 操作周期

一个完整的操作周期包括过滤时间 t_F、洗涤时间 t_W 和卸渣、整理、重装等辅助时间 t_D,即

$$t_T = t_F + t_W + t_D \tag{4.2.37}$$

t_F 和 t_W 可按前面所介绍的方法计算,t_D 根据过滤机的具体操作情况确定。

由
$$V^2 + 2VV_e = KA^2 t, \quad q^2 + 2qq_e = Kt$$

可得
$$t_F = \frac{V^2 + 2VV_e}{KA^2} \quad 或 \quad t_F = \frac{q^2 + 2qq_e}{K}$$

假设洗涤液黏度与滤液黏度相近,对板框压滤机,恒压操作时洗涤速率为

$$\left(\frac{dV}{dt}\right)_W = \frac{\mu L A_W}{\mu_W L_W A}\left(\frac{dV}{dt}\right)_{F,终} = \frac{LA_W}{2L \times 2A_W}\left(\frac{dV}{dt}\right)_{F,终} = \frac{1}{4}\left(\frac{dV}{dt}\right)_{F,终} = \frac{KA^2}{8(V+V_e)}$$

对于板框压滤机,横穿洗涤时,洗涤液所穿过的滤饼厚度为最终过滤时滤液所通过的厚度的2倍,而洗涤液的流通截面积却只有滤液截面积的一半,如果洗涤液的黏度与滤液的黏度相等,则洗涤速率只有过滤终了速率的1/4。

则其洗涤时间 t_W 为

$$t_W = \frac{V_W}{\left(\frac{dV}{dt}\right)_W} = \frac{8(V+V_e)V_W}{KA^2} \tag{4.2.38}$$

叶滤机属于置换洗涤设备,洗涤液所走的路线与最终过滤时滤液的路线是一样的。如果洗涤液黏度和滤液黏度相等,则洗涤速率与过滤终了速率相等,即

$$\left(\frac{dV}{A\,dt}\right)_W = \left(\frac{dV}{A\,dt}\right)_{F,终} = \frac{KA^2}{2(V+V_e)}$$

所以叶滤机的洗涤时间 t_W 为

$$t_W = \frac{V_W}{\left(\frac{dV}{dt}\right)_W} = \frac{2(V+V_e)V_W}{KA^2} \tag{4.2.39}$$

若洗涤操作压力不同或洗涤液的黏度与滤液的黏度不同，可根据式(4.2.36)由终了时的过滤速率计算洗涤速率和洗涤时间。

3）生产能力

生产能力是单位时间内获得的滤液量。设整个操作周期内获得的滤液量为 $V(m^3)$，则生产能力 $q_V(m^3/s)$为

$$q_V = \frac{V}{t_F + t_W + t_D} \tag{4.2.40}$$

例 4-5 用10个框的板框压滤机恒压过滤某悬浮液，滤框尺寸为635 mm×635 mm×25 mm。已知操作条件下过滤常数 $K=2\times10^{-5}\ m^2/s$，$q_e=0.01\ m^3/m^2$，滤饼与滤液体积之比 $f=0.06$。试求滤框充满滤饼所需时间及所得滤液体积。

解 根据恒压过滤方程 $q^2+2qq_e=Kt$，可得

$$t=(q^2+2qq_e)/K$$

即

$$q^2+0.02q=2\times10^{-5}t$$

框内总容积 $V_T=lbzn=0.635\times0.635\times0.025\times10=0.100\ 8(m^3)$

总过滤面积 $A=2lbn=2\times0.635\times0.635\times10=8.064\ 5(m^2)$

滤框充满滤饼时所得滤液量 $V=\frac{V_T}{f}=\frac{0.100\ 8}{0.06}=1.680(m^3)$

单位面积的滤液量 $q=\frac{V}{A}=\frac{1.680}{8.064\ 5}=0.208(m^3/m^2)$

代入恒压过滤方程，即

$$0.208^2+2\times0.01\times0.208=2\times10^{-5}t$$

解得

$$t=2\ 371.2(s)=39.52(min)$$

例 4-6 用板框压滤机过滤某种水悬浮液，已知框的尺寸为810 mm×810 mm×42 mm，总框数为10，滤饼体积与滤液体积之比 $f=0.1$，过滤10 min，得滤液量为1.31 m³，再过滤10 min，共得滤液量为1.905 m³，试求：

(1) 滤框充满滤饼时所需过滤时间；

(2) 若洗涤与辅助时间共45 min，该装置的生产能力（以得到的滤饼体积计）。

解 (1) 过滤面积 $A=2lbn=2\times0.81\times0.81\times10=13.122\ (m^2)$

框内总容积 $V_T=lbzn=0.81\times0.81\times0.042\times10=0.275\ 6(m^3)$

滤框充满滤饼时所得滤液量 $V=\frac{V_T}{f}=\frac{0.275\ 6}{0.1}=2.756(m^3)$

由恒压过滤方程 $V^2+2VV_e=KA^2t$

有

$$1.31^2+2\times1.31V_e=13.122^2\times10\times60K$$

$$1.905^2+2\times1.905V_e=13.122^2\times20\times60K$$

联立上面两式可得 $V_e=0.137\ 6(m^3)$，$K=2.010\times10^{-5}(m^2/s)$

所以恒压过滤方程为 $V^2+2\times0.137\ 6V=2.010\times10^{-5}\times13.122^2t$

$$V^2+0.275\ 2V=3.461\times10^{-3}t$$

所以 $t=(2.756^2+0.275\ 2\times2.756)/(3.461\times10^{-3})=2\ 414(s)=40.23(min)$

(2) 生产能力

$$q_V=\frac{V}{t+t_W+t_D}=\frac{2.756}{2\ 414+45\times 60}=5.389\times 10^{-5}(m^3/s)$$

2. 连续式过滤机及其计算

连续式过滤机一般在恒压下操作,过滤、洗涤、卸饼在设备表面不同区域同时进行。任何时刻总有一部分表面浸入滤浆中过滤,在每个操作周期中,任何一块表面都只有部分时间进行过滤操作。

转筒真空过滤机是最常见的连续式过滤机,下面以其为例进行讨论。

转筒真空过滤机是指利用真空抽吸作用并在圆筒旋转过程中连续完成整个过滤操作的设备。它主要由转筒、分配头和滤浆槽组成(图 4-7)。

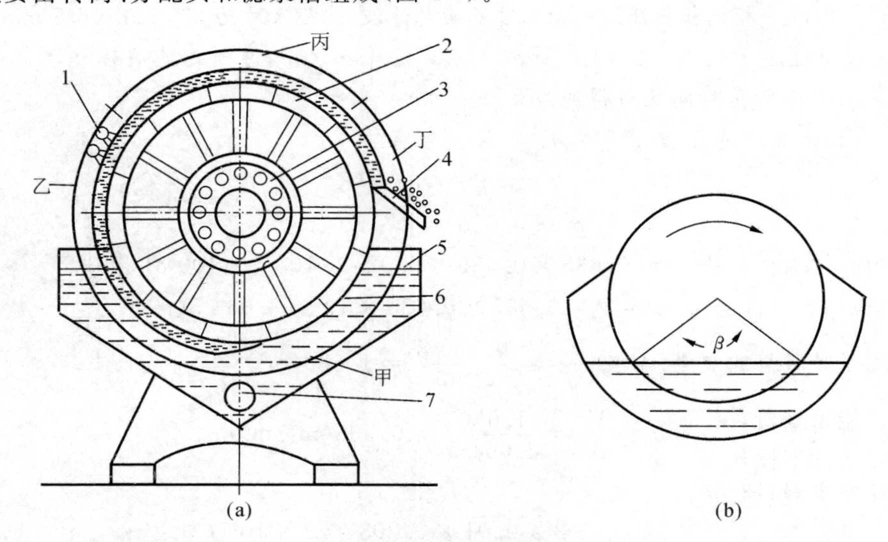

图 4-7　转筒真空过滤机

甲—过滤区;乙—脱液洗涤区;丙—脱水区;丁—滤渣剥离区

1—清水喷头;2—转筒;3—分配头;4—刮刀;5—滤浆槽;6—滤布;7—搅拌机

转筒是一个能转动的水平圆筒,其表面覆盖一层金属网,网上覆盖滤布,滤布常采用帆布或金属丝织布。转筒内被等分成许多彼此不相通的扇形格,并通过分配头分别与滤液罐、洗水罐和压缩空气源相通。转筒回转时,扇形格内交替处于真空或加压状态。过滤时,转筒的下半部浸入滤浆槽中。浸没于滤浆中的过滤面积占全部面积的 30%～40%。滤浆槽中设置有搅拌器,用以搅拌滤浆使之均匀。

转筒由电动机通过传动机构驱动回转。转筒每旋转一周,对任何一部分表面来说,都顺次经历过滤、洗涤、吸干和去渣阶段。转筒按不同的工艺操作也分为过滤区、脱液洗涤区、脱水区和滤渣剥离区这四个区。

转筒真空过滤机工作时,处于过滤区的扇形格浸入滤浆中,并与真空源相通,滤液在负压作用下穿过滤布进入扇形格内,再经分配头上的管道排出。因脱液洗涤区的扇形格内仍处于负压状态,故可将残余滤液吸尽,洗涤水由喷头喷出,对滤渣进行冲洗。脱水区的扇形格也处于负压区,可使滤渣完全脱水干燥。在滤渣剥离区内,其扇形格与压缩空气源相通,高压空气把已被吸干的滤渣吹松。由于转筒的旋转,滤渣随同滤布在通过刮刀时,因机械力的作用使滤渣得到剥离。这样便完成了一个过滤循环。每旋转一周,就经历了一个操作循环。在任何瞬间，对整个转筒来说，各部分表面都在进行着不同阶段的操作。

转筒真空过滤机的计算涉及总过滤面积、旋转一周的有效过滤时间和生产能力等。

1）总过滤面积

设转筒真空过滤机的转速为 n，即旋转一周所需要的时间为 $1/n$。过滤机的总过滤面积为转筒的表面积，可由下式计算：

$$A=\pi DL_c \tag{4.2.41}$$

式中：A——转筒总过滤面积，m^2；

D——转筒直径，m；

L_c——转筒长度，m。

2）浸没率 ψ 和旋转一周的有效过滤时间

以过滤面积为基础，转筒旋转一周的有效过滤时间是从转筒进入滤浆到离开滤浆的时间。起过滤作用的是浸没在液体中的转筒表面。浸没角(β)是指转筒表面浸没于滤浆中的转筒圆周角度。

浸没率(浸液率，ψ)是指转筒表面浸入滤浆中的面积占整个过滤面积的分数，即

$$\psi=\frac{\text{转筒浸液面积}}{\text{转筒总表面积}}=\frac{\beta}{2\pi}$$

则每转一周转筒上任何一点或全部转筒面积的过滤时间为

$$t_F=\frac{\psi}{n} \tag{4.2.42}$$

3）生产能力

从生产能力来看，一台过滤面积为 A、浸没率为 ψ、转速为 n 的连续式转筒真空过滤机，与一台在同样条件下操作的过滤面积为 A、操作周期为 $1/n$、每次过滤时间为 ψ/n 的间歇式过滤机是等效的。因而，可以依照前面所述的间歇式过滤机生产能力的计算方法来解决连续式过滤机生产能力的计算，即可以把转筒真空过滤机部分面积的连续过滤转换为全部转筒面积的部分过滤时间的过滤。

根据恒压过滤方程 $V^2+2VV_e=KA^2t$

可得

$$V=\sqrt{KA^2t_F+V_e^2}-V_e=\sqrt{KA^2\psi/n+V_e^2}-V_e$$

则转筒真空过滤机的生产能力 q_V 为

$$q_V=nV=n\left(\sqrt{KA^2\psi/n+V_e^2}-V_e\right) \tag{4.2.43}$$

在忽略过滤介质阻力的情况下，每一操作周期所得滤液量为

$$V=\sqrt{KA^2t_F}=A\sqrt{K\psi/n}$$

则转筒真空过滤机的生产能力为

$$q_V=n\sqrt{KA^2\psi/n}=A\sqrt{nK\psi} \tag{4.2.44}$$

可见，连续式过滤机的转速越高，生产能力也越大。但若旋转过快，每一周期中的过滤时间便缩至很短，使滤饼太薄，难以卸除，也不利于洗涤，而且功率消耗增大。合适的转速需由实验确定。

例 4-7 某板框压滤机有 5 个滤框，框的尺寸为 635 mm×635 mm×25 mm。过滤操作在 20 ℃、恒定压差下进行，过滤常数 $K=4.24\times10^{-5}\ m^2/s$，$q_e=0.0201\ m^3/m^2$，滤饼体积与滤液体积之比 $f=0.08$，滤饼不洗涤，卸渣、重整等辅助时间为 10 min。假设滤饼不可压缩。

(1) 试求框全充满所需时间;

(2) 现改用一台回转真空过滤机过滤滤浆,所用滤布与前相同,过滤压差也相同。转筒直径为 1 m,长度为 1 m,浸入角度为 120°。转筒每分钟多少转才能维持与板框压滤机同样的生产能力?

解 (1) 过滤面积 $A = 2lbn = 2 \times 0.635 \times 0.635 \times 5 = 4.032(\text{m}^2)$

框内总容积 $V_T = lbzn = 0.635 \times 0.635 \times 0.025 \times 5 = 0.0504(\text{m}^3)$

滤框充满滤饼时所得滤液量 $V = \dfrac{V_T}{f} = \dfrac{0.0504}{0.08} = 0.63(\text{m}^3)$

则单位过滤面积的滤液量

$$q = \frac{V}{A} = \frac{0.63}{4.032} = 0.156(\text{m}^3/\text{m}^2)$$

因为 $K = 4.24 \times 10^{-5}\ \text{m}^2/\text{s}$,$q_e = 0.0201\ \text{m}^3/\text{m}^2$,根据恒压过滤方程 $q^2 + 2qq_e = Kt$,有

$$t = \frac{q^2 + 2qq_e}{K} = \frac{0.156^2 + 2 \times 0.156 \times 0.0201}{4.24 \times 10^{-5}} = 721.9(\text{s}) = 12.0(\text{min})$$

生产能力

$$q_V = \frac{V}{t + t_W + t_D} = \frac{0.63}{722 + 10 \times 60} = 4.77 \times 10^{-4}(\text{m}^3/\text{s})$$

(2) 改用回转真空过滤机后,压差不变,故 K 不变;滤布不变,故 q_e 不变。

过滤面积 $$A = \pi D L_c = 3.14 \times 1 \times 1 = 3.14(\text{m}^2)$$

$$V_e = q_e A = 0.0201 \times 3.14 = 0.0631(\text{m}^3)$$

$$\psi = \frac{120°}{360°} = \frac{1}{3}$$

根据恒压过滤方程 $V^2 + 2VV_e = KA^2\dfrac{\psi}{n}$,有

$$V^2 + 0.1262V = 4.24 \times 10^{-5} \times 3.14^2 \times \frac{1}{3} \times \frac{1}{n}$$

根据 $q_V = nV = n\sqrt{KA^2\dfrac{\psi}{n} + V_e^2} - V_e$,而 $q_V = 4.77 \times 10^{-4}\ \text{m}^3/\text{s}$,解得

$$V = 0.166\ (\text{m}^3)$$

则转数 $$n = \frac{q_V}{V} = \frac{4.77 \times 10^{-4}}{0.166} = 2.875 \times 10^{-3}(\text{r/s}) = 0.1725(\text{r/min})$$

4.3 深层过滤的基本理论

深层过滤是利用过滤介质间的空隙进行过滤的过程,其特征是过滤发生在过滤介质层内部,一般发生在以固体颗粒为过滤介质,且过滤介质床层有一定厚度的情况下。流体中的悬浮颗粒物在随流体流经介质床层的过程中,附着在介质上而被去除。因此,深层过滤实际上是流体通过颗粒过滤介质床层的流动过程,流体通过颗粒床层的流动规律是描述深层过滤过程的基础。因此,首先介绍流体通过颗粒床层的流动规律及其描述方法,然后在此基础上进一步认识深层过滤的特性。

4.3.1 流体通过颗粒床层的流动

为研究流体通过颗粒床层的流动规律,首先必须了解颗粒床层的几何特性及其表征方法。

1. 混合颗粒的几何特性

在工业应用的过滤操作中，通常采用的是混合颗粒滤料，其中的单个颗粒的大小和形状往往是不相同的，但通常只考虑大小的不同，而认为形状是一致的。因此，这里只讨论混合颗粒的粒度分布与平均粒径。

1）粒度分布

（1）筛分分析。

根据颗粒大小的大致分布范围，可采用不同的方法测量混合颗粒的粒度分布。对于工业上常见的70 μm以上的混合颗粒，其粒度分布通常采用一套标准筛进行测量，这种方法称为筛分。

标准筛是符合标准的筛具，是对颗粒进行粒度分级、粒度检测的工具，它是由指定机构检验、鉴定、认为符合标准的筛子，有严格的网孔尺寸规定，以金属丝编织网应用最为广泛。各国的标准筛的规格不尽相同，目前最常用的是泰勒制标准筛系列，以每英寸长度上的孔数为其筛号，也称目数。每个筛的筛网金属丝的直径也有规定，因此一定目数的筛孔大小一定。例如100号筛，1英寸筛网上有筛孔100个，筛网的金属丝直径规定为0.004 2 in，故筛孔的净宽度为1/100－0.004 2＝0.005 8 (in)，即0.147 mm。

进行筛分时，将一系列的筛按筛孔大小的次序从上到下叠置起来，并在网眼最小的筛底下放置一个无孔底盘。把已称重的混合颗粒样品放入最上面的筛中，然后均衡地振动整叠筛，较小的颗粒将通过各个筛依次往下落。对于每个筛而言，尺寸小于筛孔的颗粒通过筛下落，称为筛过物；尺寸大于筛孔的颗粒则留在筛上，称为筛留物。振动一定时间后，称取各号筛面上的筛留量，并计算在混合颗粒中的质量分数，即可得筛分分析的基本数据。

（2）筛分结果的表示。

筛分结果可用表格或图线的形式表示。如表4-5所示的某混合颗粒的筛分结果即为表格法，它是粒度分布最直观的表示方法，可以将数字列得很精确。由表4-5可知，20号筛上的颗粒占总量的5%，这些颗粒能通过14号筛，但通不过20号筛，所以粒度范围用(－14＋20)表示。与此相应，这些颗粒的直径小于1.168 mm，大于0.833 mm，故平均粒径为1.001 mm。

表4-5 某混合颗粒的筛分结果

序号	1	2	3	4	5	6
	筛号	筛孔边长/mm	筛留物质量分数 x_{mi}	粒度范围（筛号）	平均粒径 d_p/mm	筛过物累计质量分数
1	10	1.651	0	—	—	1.00
2	14	1.168	0.02	－10＋14	1.410	0.98
3	20	0.833	0.05	－14＋20	1.001	0.93
4	28	0.589	0.10	－20＋28	0.711	0.83
5	35	0.417	0.18	－28＋35	0.503	0.65
6	48	0.295	0.25	－35＋48	0.356	0.40
7	65	0.208	0.25	－48＋65	0.252	0.15
8	无孔底盘	0	0.15	－65	0.104	0

图线法可以使分析结果一目了然,常用的粒度曲线包括直方图、频率曲线、累计频率曲线等(图 4-8)。

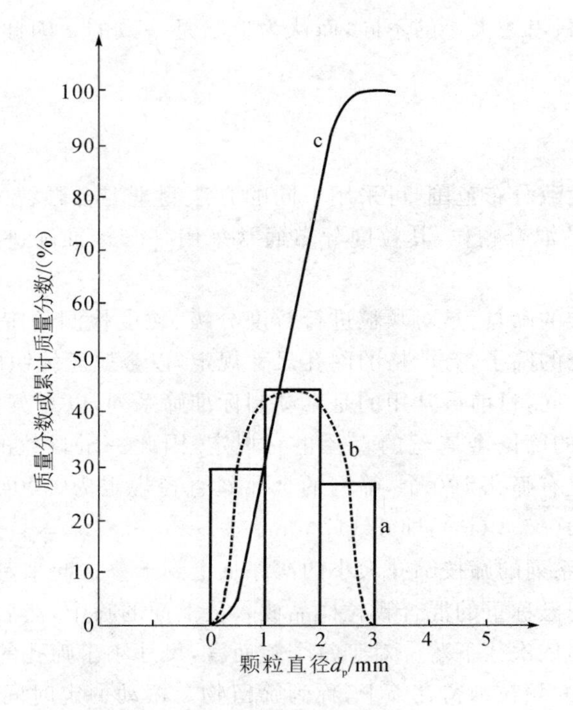

图 4-8 颗粒粒度曲线

a—直方图;b—频率曲线;c—累计频率曲线

直方图是以横坐标表示颗粒的粒径区间,纵坐标表示粒级的质量分数而作出一系列相互连接、高低不平的矩形图。每个矩形底边的长度代表粒度区间,高度代表各粒度区间的质量分数。将直方图上各矩形的顶边的中点连接起来,绘制成一条光滑曲线,就是频率曲线。累计频率曲线横坐标仍表示粒径,而纵坐标则表示各粒级的累计质量分数。作图时从粗粒级的一端开始向细粒级的一端依次点出每一粒级的累计质量分数,然后将各点以光滑曲线连接起来,即得累计频率曲线。

2) 混合颗粒的平均粒径

尽管颗粒群具有某种粒度分布,但为简便起见,在许多情况下希望用某个平均值或当量值来代替。但必须指出,任何一个平均值都不能代替一个分布函数,而只能在某个侧面与原函数等效。只有在充分认识过程的规律之后,才有可能对选用何种平均值作出正确的决定。混合颗粒的平均粒径有多种表示方法。对于流体通过颗粒床层的流动过程,由于流体与颗粒表面之间的相互作用与颗粒的比表面积密切相关,通常将比表面积等于混合颗粒的比表面积的颗粒粒径定义为混合颗粒的平均直径。

对于球形颗粒,取 1 kg 密度为 ρ_p 的混合颗粒,其中粒径为 d_{pi} 的颗粒的质量分数为 x_{mi},则混合颗粒的表面积为

$$A = \sum \left(\frac{x_{mi}}{\rho_p} \cdot \frac{6}{d_{pi}} \right) \tag{4.3.1}$$

假设混合颗粒的平均直径为 d_{pm},则

$$\sum \left(\frac{x_{mi}}{\rho_p} \cdot \frac{6}{d_{pi}} \right) = \frac{6}{\rho_p d_{pm}}$$

即

$$d_{pm}=\frac{1}{\sum \frac{x_{mi}}{d_{pi}}} \tag{4.3.2}$$

对于非球形颗粒，有

$$d_{pm}=\frac{1}{\sum \frac{x_{mi}}{\varphi d_{eVi}}} \tag{4.3.3}$$

式中：φ——颗粒的球形度；

d_{eVi}——颗粒 i 的等体积当量直径，m；一般将筛分得到的各筛上筛留物的平均直径视为颗粒的等体积当量直径 d_{eV}。

2. 颗粒床层的几何特性

流体流过颗粒床层时的流动特性与颗粒床层的如下因素有关。

1）床层的空隙率

床层中颗粒堆积的疏密程度可以用空隙率 ε 来表示。空隙率 ε 表示单位体积床层中的空隙体积，即

$$\varepsilon=\frac{\text{床层空隙体积}}{\text{床层体积}}=\frac{\text{床层体积}-\text{颗粒体积}}{\text{床层体积}} \tag{4.3.4}$$

滤料层中，颗粒滤料是任意堆积的，其任意部位的空隙率相同。空隙率的大小反映了床层中颗粒的密集程度及其对流体的阻滞程度。空隙率越大，床层颗粒越稀疏，对流体的阻滞作用越小。空隙率的大小与颗粒的形状、粒度分布、颗粒床的填充方法和条件、容器直径与颗粒直径之比等有关。对于均匀的球形颗粒，最松排列的空隙率为 0.48，最紧密排列时的空隙率为 0.26。非球形颗粒任意堆积时的床层空隙率往往要大于球形颗粒，一般为 0.35～0.7。

2）床层的比表面积

对单个颗粒而言，单位体积所具有的表面积就是比表面积。单位体积的床层中颗粒的表面积称为床层的比表面积。忽略因颗粒相互接触而减少的裸露表面，则床层的比表面积 a_b 与颗粒的比表面积 a 的关系为

$$a_b=(1-\varepsilon)a \tag{4.3.5}$$

床层的比表面积 a_b 主要与颗粒尺寸有关，颗粒尺寸越小，床层的比表面积越大。

3）床层的自由截面

颗粒床层横截面上空隙所占的截面（即可供流体通过的截面）称为床层的自由截面。

在滤料层中，颗粒滤料是任意堆积的，颗粒的定位是随机的，因而这种床层可认为各向同性（即从各个方位看，颗粒的堆积情况都是相同的）。对于各向同性的床层，床层自由截面与床层截面之比在数值上等于床层的空隙率。

4）床层的当量直径

颗粒床层和空隙所形成的流体通道的结构非常复杂，不但细小曲折，而且相互关联，很不规则，难以如实地精确描述。因此，通常采用简化的物理模型来代替床层中的流体真实流动，如图 4-9 所示。将实际床层简化成由许多相互平行的小孔道组成的管束，认为流体流经床层的阻力与流经这些小孔道管束时的阻力相等。假设：① 床层由许多相互平行的细小孔道组成，孔道长度与床层高度成正比；② 孔道内表面积之和等于全部颗粒的表面积；③ 孔道全部流动空间等于床层空隙的容积。

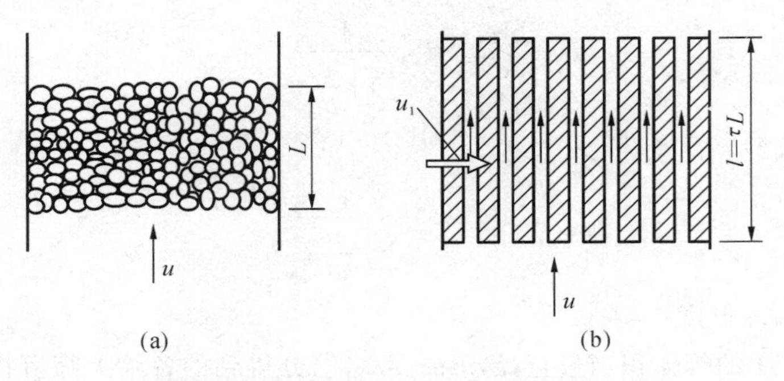

图 4-9　颗粒实际床层与简化的假设模型的对比

(a) 颗粒实际床层;(b) 简化的假设模型

根据该简化模型,按照确定非圆形管道当量直径的方法,颗粒床层的当量直径定义式为

$$d_{eb}=\frac{4\times 流道截面积}{湿润周边}=\frac{4\times 流道截面积\times 流道长度}{湿润周边\times 流道长度}=\frac{4\times 流道容积}{流道表面积} \tag{4.3.6}$$

以面积为 1 m^2、厚度为 1 m 的颗粒床层为基准,则床层的流道容积为 $1\times\varepsilon=\varepsilon$,床层的流道表面积等于床层体积乘以床层比表面积,等于 $1\times(1-\varepsilon)a$,所以颗粒床层的当量直径为

$$d_{eb}=\frac{4\varepsilon}{(1-\varepsilon)a} \tag{4.3.7}$$

对于非球形颗粒,有

$$d_{eb}=\frac{4\varepsilon d_{ea}}{6(1-\varepsilon)}=\frac{4\varepsilon\varphi d_{eV}}{6(1-\varepsilon)} \tag{4.3.8}$$

式中 φ 为颗粒的球形度,可见床层的当量直径 d_{eb} 与床层空隙率和颗粒的比表面积,即颗粒粒径有关。通常床层的空隙率变化幅度不大,因此床层的当量直径主要与颗粒粒径有关,颗粒粒径越小,比表面积越大,床层的当量直径越小。由此可知,床层比表面积反映了床层流道的大小,而床层空隙率只反映孔的体积或孔数目的多少,不反映孔的大小。

3. 流体在颗粒床层中的流动

1) 流动速度

流体在颗粒床层中的流动可以看成在小孔道管束中的流动。由于孔道的直径很小,阻力很大,流体在孔道内的流动速度很小,可以看成层流,此时流体流动速度可以用哈根-泊肃叶(Hagen-Poiseuille)方程来描述,即

$$u_1=\frac{d_{eb}^2\Delta p}{32\mu l'} \tag{4.3.9}$$

式中:u_1——流体在床层空隙中的实际流速,m/s;

d_{eb}——颗粒床层的当量直径,m;

Δp——流体通过颗粒床层的压差,Pa;

μ——流体黏度,Pa·s;

l'——孔道的平均长度,m。

通常流体通过颗粒床层的流速用空床流速 u 表示。

空床流速的定义为

$$u=\frac{dV}{A\,dt}$$

式中：$\mathrm{d}V$——$\mathrm{d}t$ 时间内通过床层的滤液量，m^3；

A——垂直于流向的颗粒床层截面积，m^2。

因此空床流速 u 与床层空隙中的实际流速 u_1 之间的关系为

$$u_1 = \frac{u}{\varepsilon} \tag{4.3.10}$$

按照简化模型，孔道的长度 l' 与颗粒床层厚度 L 成正比，即

$$l' = \tau L \tag{4.3.11}$$

式中：τ——比例系数；

L——颗粒床层厚度，m。

将式(4.3.7)、式(4.3.10)和式(4.3.11)代入式(4.3.9)，并令 $K_1 = 2\tau$，可得

$$u = \frac{\varepsilon^3}{K_1(1-\varepsilon)^2 a^2} \cdot \frac{\Delta p}{\mu L} \tag{4.3.12}$$

式(4.3.12)称为 Kozeny-Carman 方程，K_1 常称为 Kozeny 系数，与床层颗粒粒径、形状和床层空隙率等因素有关。当床层空隙率 $\varepsilon = 0.3 \sim 0.5$ 时，$K_1 = 5$。$\frac{\varepsilon^3}{K_1(1-\varepsilon)^2 a^2}$ 可看成反映颗粒床层特性的系数。

2）颗粒床层的阻力

令

$$r = \frac{K_1(1-\varepsilon)^2 a^2}{\varepsilon^3}$$

则流体通过颗粒床层时的阻力 R（单位为 m^{-1}）为

$$R = rL$$

于是，式(4.3.12)可写成

$$u = \frac{\Delta p}{\mu r L} = \frac{\Delta p}{\mu R} \tag{4.3.13}$$

式中：r——颗粒床层的比阻，即单位厚度床层的阻力，m^{-2}。

由式(4.3.13)可知，流体通过颗粒床层的速度与两个方面的因素密切相关：一是促使流体流动的推动力 Δp；二是阻碍流体流动的因素，包括流体黏度和阻力，其中，阻力与颗粒床层的性质及厚度有关。

4.3.2 深层过滤的机理

在深层过滤中，流体中的悬浮颗粒随流体进入滤料层进而被滤料捕获，涉及多种因素和过程，一般分为三类：① 被流体夹带的颗粒如何脱离流体流线而向滤料表面靠近所涉及的迁移机理；② 颗粒与滤料表面接触或接近后依靠哪些力的作用使得它们黏附于滤料表面上所涉及的黏附机理；③ 黏附的颗粒是否还会脱落所涉及的脱落机理。

1. 迁移机理

在深层过滤过程中，滤层孔隙中的水流一般属于层流状态。被水流夹带的颗粒将随着水流流线运动。它之所以会脱离流线而与滤料表面接近，一般认为由以下几种作用引起：拦截、沉淀、惯性、扩散和水动力作用等（图 4-10）。

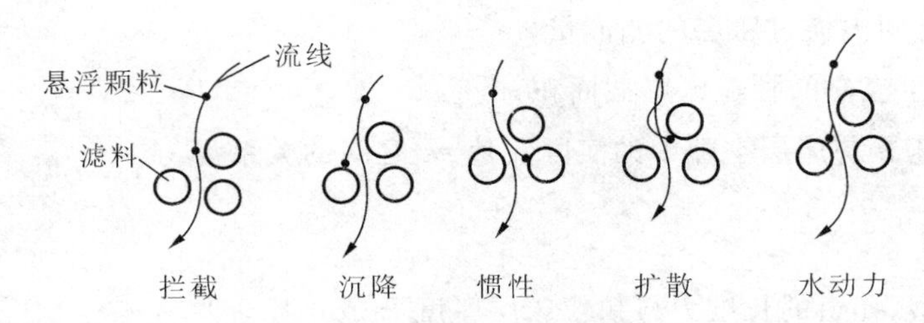

图 4-10　颗粒迁移机理示意

颗粒尺寸较大时,处于流线中的颗粒会直接碰到滤料表面产生拦截作用;颗粒沉速较大时会在重力作用下脱离流线,产生沉降作用,颗粒具有较大惯性时也可以脱离流线与滤料表面接触(惯性作用);颗粒较小、布朗运动较剧烈时会扩散至滤料表面(扩散作用);在滤料表面附近存在速度梯度,非球体颗粒在速度梯度作用下,会产生转动而脱离流线与颗粒表面接触(水动力作用)。对于上述迁移机理,目前只能定性描述,其相对作用大小尚无法定量估算。虽然也有某些数学模型,但还不能解决实际问题。可能几种机理同时存在,也可能只有其中某些机理起作用。例如,进入滤池的凝聚颗粒尺寸一般较大,扩散作用几乎无足轻重。这些迁移机理所受影响因素较复杂,如滤料尺寸与形状、滤速、水温、水中颗粒尺寸、形状和密度等。

2. 黏附机理

当颗粒迁移到滤料表面时,能否产生黏附与颗粒和滤料之间的相互作用力有关。黏附作用是一种物理化学作用。颗粒表面和滤料表面由于界面的电化学作用,一般电势不高,荷电量与电荷的性质受固相物质成分、流体离子组成和浓度、pH 等因素的影响。当两者荷电性质相同时,存在静电斥力;当两者荷电性质不同时,存在静电引力。此外,颗粒与滤料间也存在范德华力。引力和斥力的大小决定着吸附的效果。

当水中颗粒迁移到滤料表面上时,则在范德华力和静电力,以及某些化学键和某些特殊的化学吸附力作用下,被黏附于滤料颗粒表面上,或者黏附在滤粒表面上原先黏附的颗粒上。此外,絮凝颗粒的“架桥”作用也会存在。因此,黏附作用主要取决于滤料和水中颗粒的表面物理化学性质。

3. 脱落机理

当颗粒与滤料表面的结合力较弱时,附着在滤料表面的颗粒物有可能从滤料的表面脱落下来,脱落的主要原因是剪切作用和颗粒碰撞。孔隙中流体对附着颗粒的剪切作用会导致颗粒从滤料表面上脱落下来。黏附力和流体剪切力的相对大小决定了颗粒黏附和脱落的程度。过滤初期,滤料较干净,孔隙率较大,孔隙流速较小,流体剪切力较小,因而黏附作用占优势。随着过滤时间的延长,滤层中悬浮颗粒物逐渐增多,孔隙率逐渐减小,流体剪切力逐渐增大,以致最后黏附上的颗粒将首先脱落下来,或者被流体夹带的后续颗粒不再黏附,于是,悬浮颗粒便向下层推移,下层滤料的截留作用渐次得到发挥。此外,运动颗粒对附着颗粒的碰撞也可导致颗粒从滤料表面脱落。

上述三个方面影响颗粒在滤料床层中的运行规律及其捕集效率。

4.3.3　深层过滤的水力学

随着过滤的进行,流体中的悬浮物被床层中的滤料截留并逐渐在滤料层内部空隙中积累,必然导致过滤过程中水力条件的改变。过滤水力学所阐述的就是在过滤过程中流体通过滤料床层时的水头损失变化及滤速的变化。

1. 清洁滤层

过滤开始时，滤料层是干净的，还未被堵塞。流体通过干净滤层的水头损失称为清洁滤层水头损失或初始水头损失。

这时滤料流过清洁滤料介质的流速为

$$u = \frac{\varepsilon^3}{K_1(1-\varepsilon)^2 a^2} \cdot \frac{\Delta p}{\mu L}$$

在通常采用的滤速范围内，清洁滤层中的水流处于层流状态。在层流状态下，水头损失与流速的一次方成正比。因此，清洁滤层水头损失可由下式计算：

$$h_0 = \frac{\Delta p}{\rho g} = \frac{v}{g} \cdot \frac{K_1(1-\varepsilon)^2 a^2}{\varepsilon^3} uL = 36\,\frac{v}{g}\,\frac{K_1(1-\varepsilon)^2}{\varepsilon^3}\left(\frac{1}{\varphi d_{eV}}\right)^2 uL \tag{4.3.14}$$

式中：h_0——清洁滤料层的水头损失，m；

L——滤料层厚度，m；

φ——颗粒的球形度；

v——运动黏滞系数，$v=\mu/\rho$，m/s²；

ρ——流体密度，kg/m³；

g——重力加速度，9.81 m/s²。

如果 $K_1=5$，则

$$h_0 = 180\,\frac{v}{g} \cdot \frac{(1-\varepsilon)^2}{\varepsilon^3}\left(\frac{1}{\varphi d_{eV}}\right) uL$$

由于实际滤层是非均匀滤料，计算非均匀滤料层的水头损失时，可以按筛分曲线分成若干微小滤料层，取相邻两层的筛孔孔径的平均值作为各层的计算粒径。假设粒径为 d_{pi} 的滤料质量与全部滤料质量之比为 p_i，则清洁滤层总水头损失为

$$H_0 = \sum h_0 = 36\,\frac{v}{g} \cdot \frac{K_1(1-\varepsilon)^2}{\varepsilon^3}\left(\frac{1}{\varphi}\right)^2 uL \sum_{i=1}^{n} \frac{p_i}{d_{pi}^2} \tag{4.3.15}$$

可见，水头损失与颗粒床层的空隙率和颗粒粒径有关。

2. 运动过程中的滤料床层

当滤料粒径、形状、滤层级配和厚度以及水温已定时，随着过滤时间的延长，滤层中截留的悬浮物量逐渐增多，滤层孔隙率逐渐减小。在水头损失保持不变的条件下，将引起滤速的减小。反之，如果滤速保持不变，则将引起水头损失的增加。这样就产生了等速过滤和变速过滤两种过滤方式。

1）等速过滤过程中的水头损失变化

当滤池过滤速率保持不变，亦即滤池流量保持不变时，称为等速过滤。虹吸滤池和无阀滤池即属于等速过滤的滤池。等速过滤状态下，在任意过滤时间 t 时，滤料层的总水头损失 H_t 可以表示为

$$H_t = H_0 + K_t u \rho_0 t \tag{4.3.16}$$

式中：K_t——实验系数；

ρ_0——过滤原液的固体浓度，kg/m³。

如图 4-11 所示，随着过滤时间的延长，水头损失逐渐增加。当水头损失增加到一定值后，就需要对滤料床层进行反冲洗，以清除积累在滤料层中的悬浮物，开始下一个过滤周期。图中水头损失随时间呈直线增加的情况代表了典型的理想深层过滤（水头损失为 H_d）；接近指数函

数的变化曲线表明，在滤料表面有悬浮物沉积，造成滤料表层的堵塞，由此引起的水头损失为 H_s，其结果是滤料表层以下的滤料层不能充分利用而使过滤器的运行周期缩短。减少或消除滤料表层的堵塞可以采用以下措施：

(1) 通过预处理降低过滤器进口浓度；

(2) 采用粗滤去除悬浮液中较大的颗粒；

(3) 采用孔隙尺寸较大的过滤介质作为进口层；

(4) 增大过滤速率。

2) 变速过滤过程中的滤速变化

滤速随过滤时间而逐渐减小的过滤称为变速过滤或减速过滤。水处理中所用的移动罩滤池即属于变速过滤的滤池。普通快滤池可以设计成变速过滤，也可设计成等速过滤，而且采用不同的操作方式，滤速的变化规律也不相同。

在变速过滤过程中，滤速随过滤时间而变化，但二者的关系相当复杂。因为在过滤水头一定的情况下，滤速随过滤时间而下降，除滤层以外的其他各部分水头损失也随时间而下降，而滤层中的水头损失则逐渐上升。但是，由于滤速减小，单位时间内进入滤层的悬浮物量也随之减小(在进料稳定的情况下)，滤层中阻力的增加速度将逐渐减缓。因此，滤速随过滤时间而降低的速度将逐渐减缓。图 4-12 所示为某悬浮液等水头变速过滤的速率随过滤时间的变化曲线。当滤速降至允许限度时，过滤过程将结束。

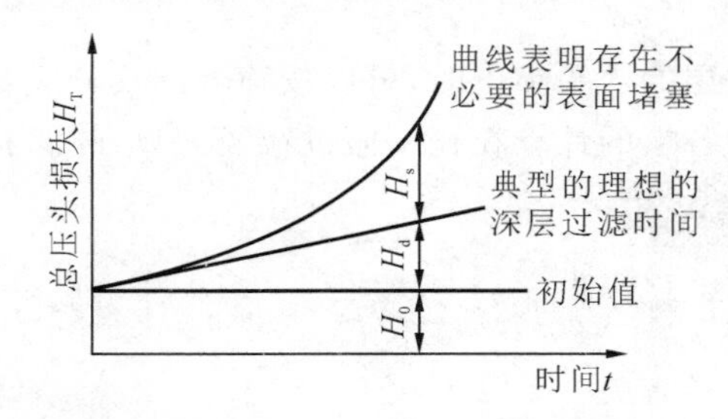

图 4-11 过滤水头损失随时间的变化

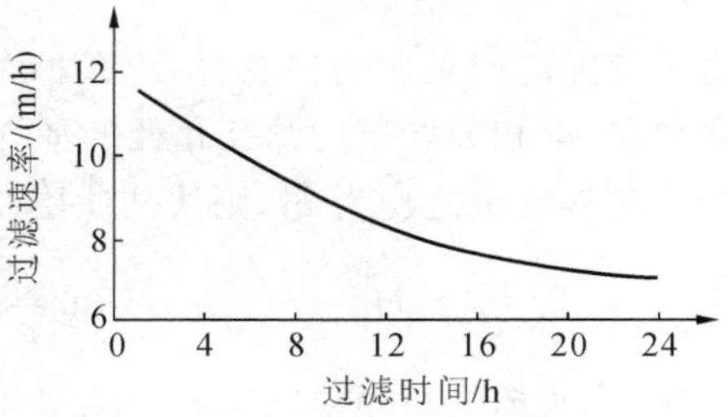

图 4-12 过滤速率随过滤时间的变化

例 4-8 某滤料床由直径为 0.5 mm 的球形颗粒堆积而成，空隙率为 0.4，床层的厚度为 1 m。

(1) 如果清水通过床层的压差为 1×10^4 Pa，求清水在床层空隙中的实际流速。

(2) 如果滤料床的横截面积为 1.2 m^2，清水通过床层的流量为 10 m^3/h，求清水通过床层的水头损失。

解 (1) 颗粒床层的空隙率 $\varepsilon=0.4$，颗粒的比表面积为

$$a=\frac{6}{d_p}=\frac{6}{0.5\times10^{-3}}=1.2\times10^4(m^2/m^3)$$

清水的黏度为 1×10^{-3} Pa·s，取比例系数 $K_1=5$，由式(4.3.12)得床层的空床速度为

$$u=\frac{\varepsilon^3}{K_1(1-\varepsilon)^2a^2}\cdot\frac{\Delta p}{\mu L}=\frac{0.4^3}{5\times(1-0.4)^2\times(1.2\times10^4)^2}\times\frac{1\times10^4}{1\times10^{-3}\times1}$$
$$=2.47\times10^{-3}(m/s)$$

则清水在床层空隙中的实际流速为

$$u_1=\frac{u}{\varepsilon}=\frac{2.47\times10^{-3}}{0.4}=6.175\times10^{-3}(m/s)$$

（2）清水通过颗粒床的空床流速为

$$u=\frac{q_V}{A}=\frac{10}{3\ 600\times 1.2}=2.31\times 10^{-3}(\mathrm{m/s})$$

由式(4.3.14)，得

$$h_0=\frac{v}{g}\cdot\frac{K_1(1-\varepsilon)^2a^2}{\varepsilon^3}uL$$

$$=\frac{1\times 10^{-3}}{9.81\times 1\ 000}\times\frac{5\times(1-0.4)^2\times(1.2\times 10^4)^2}{0.4^3}\times 2.31\times 10^{-3}\times 1=0.95(\mathrm{m})$$

即清水通过颗粒床层时的水头损失为 0.95 m。

思考与练习

4-1　过滤的主要类型有哪些？

4-2　表面过滤和深层过滤的主要区别是什么？

4-3　表面过滤的过滤阻力由哪些部分组成？

4-4　过滤常数与哪些因素有关？

4-5　恒压过滤和恒速过滤的主要区别是什么？

4-6　如何通过实验测定过滤常数、过滤介质的虚拟滤液量和压缩指数？

4-7　混合颗粒和颗粒床层有哪些主要几何特性？

4-8　流体通过颗粒床层的实际流速与哪些因素有关？与空床流速是什么关系？

4-9　悬浮颗粒在床层中的运动包括哪些主要行为？

4-10　流体在深层过滤中的水头损失如何变化？主要存在哪些变化情况？

4-11　如何防止滤料表层的堵塞？为什么？

4-12　用一过滤面积为 0.1 $\mathrm{m^2}$ 的过滤器对某种悬浮液进行实验，滤液内部真空度保持为 66.5 kPa，过滤 5 min 得滤液 1 L，又过滤 5 min 得滤液 0.6 L，问：再过滤 5 min，可再得滤液多少？

4-13　用板框压滤机过滤某悬浮液，共有 20 个滤框，每个滤框的两侧有效过滤面积为 0.85 $\mathrm{m^2}$，试求过滤 1 h 所得滤液量($\mathrm{m^3}$)。

4-14　用过滤机处理某悬浮液，先等速过滤 20 min，得到滤液 2 $\mathrm{m^3}$，随即保持当时的压差等压过滤 40 min，则共得到多少滤液？若该过滤机每次卸渣、重装等全部辅助操作共需时间 20 min，求滤液日产量。设滤布阻力可以忽略。

4-15　用压滤机过滤葡萄糖溶液，又加入少量硅藻土作为助滤剂。在过滤表压 100 kPa 下，头 1 h 得滤液量 5 $\mathrm{m^3}$。试问：

（1）若压力维持不变，在第 2 h 内得滤液多少？假设硅藻土是不可压缩的，且忽略介质阻力。

（2）若在此第 2 h 内得滤液亦为 5 $\mathrm{m^3}$，应改用多大的恒定压力？

4-16　用板框压滤机过滤某悬浮液，恒压过滤 10 min，得滤液 10 $\mathrm{m^3}$。若过滤介质阻力忽略不计，试求：

（1）过滤 1 h 后的滤液量；

（2）过滤 1 h 后的过滤速率 $\mathrm{d}V/\mathrm{d}t$。

4-17　板框压滤机的过滤面积为 0.4 m^2,在表压 0.15 MPa 下恒压过滤某悬浮液,4 h 后得滤液 80 m^3。若过滤介质阻力忽略不计,试求:

(1) 当其他情况不变,过滤面积加倍,可得多少滤液?

(2) 当其他情况不变,操作时间缩短为 2 h,可得多少滤液?

(3) 若过滤 4 h 后,再用 5 m^3 性质与滤液相近的清水洗涤滤饼,需多少洗涤时间?

(4) 当表压加倍,滤饼压缩指数为 0.3 时,4 h 后可得多少滤液?

4-18　用过滤机过滤某悬浮液,固体颗粒的体积分数为 0.015,液体黏度为 1×10^{-3} Pa·s。当以 98.1 kPa 的压差恒压过滤时,过滤 20 min 得到的滤液为 0.197 m^3/m^2,继续过滤 20 min共得到滤液 0.287 m^3/m^2,过滤压差提高到 196.2 kPa 时,过滤 20 min 得到滤液 0.256 m^3/m^2,试计算 q_e、r_0、s 以及两压差下的过滤常数 K。

4-19　以小型板框压滤机对某悬浮液进行过滤实验,实验结果如表 4-6 所示。

表 4-6　习题 4-19 表

过滤压差 Δp /kPa	过滤时间 t/s	滤液体积 V/m^3
103.0	50	2.27×10^{-3}
	660	9.10×10^{-3}
343.4	17.1	2.27×10^{-3}
	233	9.10×10^{-3}

已知过滤面积为 0.093 m^2。

(1) 试求过滤压差为 103.0 kPa 时的过滤常数 K 和 q_e;

(2) 试求滤饼的压缩指数 s;

(3) 若滤布阻力不变,试写出此悬浮液在过滤压差为 196.2 kPa 时的过滤方程。

4-20　某滤池内装填的是直径为 4 mm 的砂粒,砂粒球形度为 0.8,滤层高度为 0.8 m,空隙率为 0.4,通过滤池的水流量为 12 $m^3/(m^2\cdot h)$,求水流通过滤池的压降。

4-21　直径为 0.1 mm 的球形颗粒悬浮于水中,过滤时形成不可压缩的滤饼,空隙率为 0.6,求滤饼的比阻。如果悬浮液中颗粒所占的体积分数为 0.1,求每平方米过滤面积上获得 0.5 m^3 滤液时滤饼的阻力。

第5章 热量传递

在物体内部或物系之间，只要存在温度差，就会发生从高温处向低温处的热量传递。热量传递简称传热。也就是说，温差的存在是实现传热的前提或者说是推动力。传热不仅是自然界普遍存在的现象，而且在科学技术、工业生产以及日常生活中都有很重要的地位。在工业生产中，很多过程都直接或间接地与传热有关，传热广泛存在于能源、宇航、化工、动力、冶金、机械、建筑、环保等领域。

进行传热研究的目的有三个：一是进行物料的加热与冷却；二是回收利用热量与冷量；三是进行设备与管道的保温。

环境工程对于大气、水、固体等各类污染物质的处理过程中有很多涉及加热和冷却的过程。如蒸馏、吸收、干燥等，对物料都有一定的温度要求，需要输入或输出热量。此外，高温或低温下操作的设备和管道都要求保温，以便减少它们和外界的传热。近十多年来，随着能源价格的不断上升和对环保要求的日趋严格，热量的合理利用和废热的回收日益受到重视。而在环境工程中涉及传热的过程主要有两种：一是强化传热过程，即在传热设备中加热或冷却物料，希望以高传热速率来进行热量传递，使物料达到指定温度或回收热量，同时使传热设备紧凑，节省设备费用；二是削弱传热过程，例如，对高低温设备或管道进行保温，以减少热损失。

了解和掌握传热的基本规律，在环境工程中具有很重要的意义。本章将介绍三种传热方式的基本原理及应用，以及环境工程中常用的换热设备。

5.1 概　　述

一个物系或一个设备只要存在温度差就会发生热量传递，当没有外功输入时，热量总是会自动地从高温物体传递到低温物体。根据传热的机理不同，热传递有三种基本方式：热传导、热对流和热辐射。环境工程中遇到的各种传热现象都属于这三种基本方式。

1. 热体导

热量由于微观粒子的热运动而从物体内温度较高的部分传递到温度较低的部分，或传递到与之接触的温度较低的另一物体的过程，称为热传导。热传导发生在相互接触的物体之间，或静止、层流流动的物质内部。在热传导过程中，物体各部分之间不发生相对位移，仅借助于分子、原子和自由电子等微观粒子的热运动而引起热量传递。这种由于微观粒子热运动产生的热传递现象也称为导热。

物质的三态均可以充当热传导介质，也就是说，热传导在气态、液态和固态物质中都可以发生，但导热的机理因物质状态不同而异。在气体中，热传导是由于分子不规则运动而引起的。气体分子的动能与其温度有关，其温度愈高，分子振动愈强。高温区的分子运动速度快，当其运动到低温区并与低温区的分子发生碰撞时，就会导致热量从高温区向低温区的传递。在金属固体中，热传导起因于自由电子的运动，自由电子在晶格间的运动类似于气体分子的运动，由于金属中自由电子的数目多，因此传递的热量也多，也就是说，金属类导电性能好的固体也是良好的导热体。在不良导体的固体中,热传导主要是通过晶格结构的振动,即相邻的原子、分子在平衡位置附近的振动来实现的。关于液体的导热机理,至今尚不清楚。一般认为,液体的结构介于气体和固体之间,导热机理一方面依赖于分子之间的碰撞,类似于气体的传热,只是更为复杂些,因为液体分子的间距较近,分子间的作用力对碰撞的影响比气体大;另一方面,依赖于分子的振动,类似于非导电固体的传热。

2. 对流体热

对流传热是指流体中各部分质点发生相对位移而引起的热量传递过程,仅存在于气体或液体中,在固体中不存在这种传热方式。工程中常遇到的是流体流过固体表面时发生的传热过程,即热量由流体传到固体表面(或反之)的过程。

由于引起流体运动的原因不同,可将对流分为自然对流和强制对流。自然对流是指流体运动是因为流体内部温度不同、密度不同,造成流体内部上升下降运动而发生的对流。这种由于流体温度不同而使流体流动的传热过程,称为自然对流传热。强制对流是指流体在水泵、风机或搅拌等外力的作用下运动而发生的对流。强制对流引发的传热过程称为强制对流传热。流体进行强制对流传热的同时,往往伴随着自然对流传热。根据在传热过程中流体是否发生状态的变化,将对流传热分为有相变和无相变的对流传热。无相变的对流传热是指在传热过程中流体不发生相的变化,有相变的对流传热是指在传热过程中流体发生相的变化,比如液体沸腾传热和蒸汽冷凝传热。

3. 热辐射

热辐射是一种通过电磁波传递能量的过程。物体会因各种原因发射出辐射能,其中因热的原因而产生电磁波并在空间传递的现象,称为热辐射。任何物体只要在热力学温度零度以上,都能发射辐射能,但是只有在物体温度较高时,热辐射才能成为主要的传热方式。

热辐射不仅有能量的传递,而且有能量形式的变化。物体放热时,热能变为辐射能,以电磁波的形式在空间传播,当遇到另一物体,则部分或全部被吸收,重新转变为热能。此外,辐射传热不需要任何介质,可以在真空中传播。

上述的三种基本传热方式,在传热过程中常常不是单独存在的,而是以两种或三种传热方式的组合存在,称为复杂传热。

5.2 热 传 导

热传导是起因于物体内部分子微观运动的一种传热方式。从微观角度来看,气体、液体、导电和非导电固体的导热机理各不相同。纯粹的热传导只发生在固体中,本节主要讨论工程中经常遇到的通过平壁或圆筒壁的各向同性、质地均匀固体物质稳态热传导。

5.2.1 傅里叶定律

1. 温度场和温度梯度

1) 温度场和等温面

热传导的起因是物体或系统内的各点存在温度差,由热传导的方式引起的热传递的速率取决于物体或系统内的温度分布。物体或系统各点温度在时空中的分布称为温度场。温度场描述任一物体或系统内各点的温度分布与时间的关系,其数学表达式为

$$T = f(x, y, z, \theta) \tag{5.2.1}$$

式中：T——某点的温度，K；

x、y、z——物体或系统内任意一点的空间坐标；

θ——时间，s。

如果物体或系统内各点温度随时间变化，则为不稳定温度场。反之，任一点的温度均不随时间而改变的温度场则为稳定温度场，其数学表达式为

$$T = f(x, y, z) \tag{5.2.2}$$

温度场中在某一时刻下相同温度各点组成的面为等温面。因为空间中同一点不可能有两个不同的温度，所以温度不同的等温面不可能相交。

2）温度梯度

由于等温面温度相同，因此沿等温面无热量传递，自等温面上某一点出发，沿和等温面相交的任何方向移动，温度都有变化，因而也有热量传递。温度随距离的变化以沿等温面法线方向为最大。两等温面的温度差 ΔT 与其间的垂直距离 Δn 之比，在 Δn 趋于零时的极限（即表示温度场内某一点等温面法线方向的温度变化率），称为温度梯度。

$$\lim_{\Delta n \to 0} \frac{\Delta T}{\Delta n} = \frac{\partial T}{\partial n} \tag{5.2.3}$$

温度梯度是矢量，其方向垂直于等温面，以温度增加的方向为正，如图 5-1 所示。

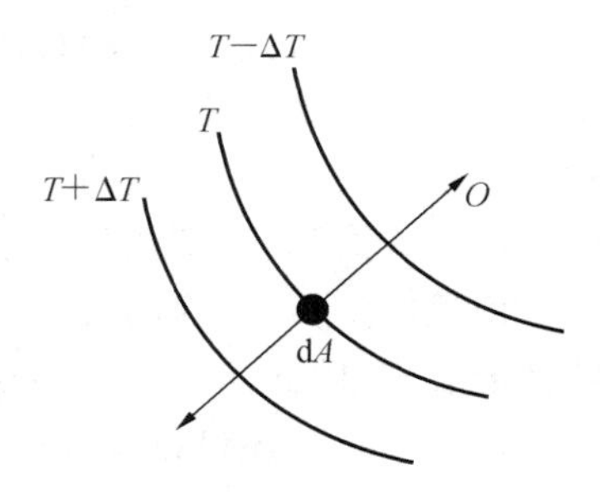

图 5-1　温度梯度

虽然其微观机理非常复杂，但热传导的宏观规律可用傅里叶定律来描述。利用该定律可以确定热传导的速率及系统温度分布。

热传导根据其传热速率、热通量及温度等相关物理量与时间的关系，可分为稳态热传导和非稳态热传导。

稳态热传导：传热系统中传热速率、热通量及温度等有关物理量分布不随时间而变，仅为位置的函数。连续生产过程的传热多为稳态传热。

$$Q, q, T, \cdots = f(x, y, z) \tag{5.2.4}$$

非稳态热传导：传热系统中传热速率、热通量及温度等有关物理量分布不仅要随位置而变，也是时间的函数。

$$Q, q, T, \cdots = f(x, y, z, \theta) \tag{5.2.5}$$

2. 傅里叶定律

傅里叶(Fourier)定律是热传导的基本定律。设一无限宽大、厚度为 y 的平板初始温度为 t_0，上、下板面间有静止的导热介质（见图 5-2）。当 $t=0$ 时，下板表面的温度突然跃升到 t_x 并保持不变。随着时间的推移，相邻各层逐次吸热升温，热量沿板厚方向传递，介质中的温度分布发生变化。当时间足够长，就可以得到线性稳态温度分布。

在达到稳态之后，需要一个恒定的热流量 Q 才能保持温度差（$\Delta t = t_x - t_0$）不变。对于足够小的 Δt，存在如下关系：

$$\frac{Q}{A} = \lambda \frac{\Delta t}{y} \tag{5.2.6}$$

将式(5.2.6)改写为微分式，得

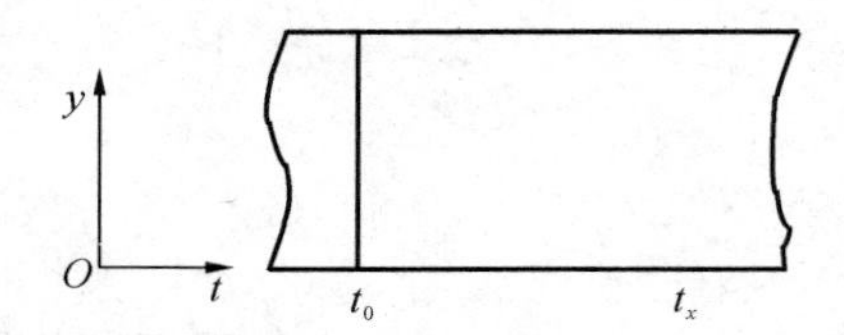

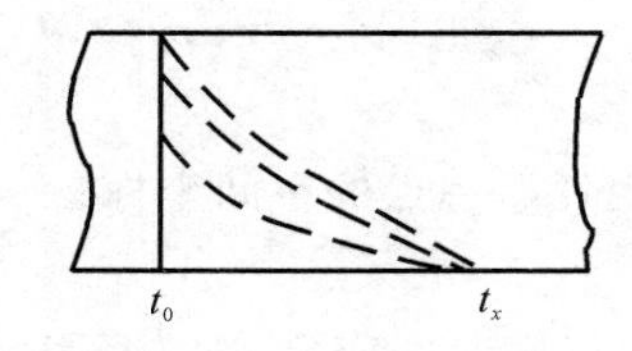

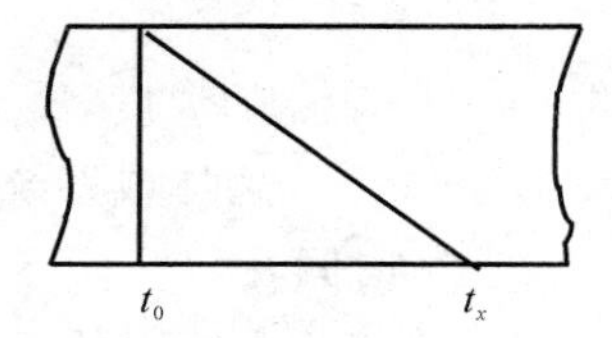

图 5-2　温度梯度与热流方向的关系

$$Q=-A\lambda\frac{\mathrm{d}t}{\mathrm{d}y} \tag{5.2.7}$$

式中:Q——y方向上的热流量(传热速率);

A——传热面积,即垂直于热流方向的截面积,m^2;

λ——导热系数,W/(m·K)或W/(m·℃);

$\frac{\mathrm{d}t}{\mathrm{d}y}$——$y$方向上的温度梯度,K/m或℃/m。

式(5.2.7)中Q用热通量q表示为

$$q=\frac{Q}{A}=-\lambda\frac{\mathrm{d}t}{\mathrm{d}y} \tag{5.2.8}$$

式中:q——y方向上的热通量(热流密度)。

式(5.2.7)、式(5.2.8)称为傅里叶定律。式(5.2.7)表明,在质地均匀的物体内,若等温面上各点的温度梯度相同,则单位时间内传导的热量Q与温度梯度和垂直于热流方向的传热面积成正比。式(5.2.8)表明,热通量q与温度梯度成正比。两式中的负号表示热流量方向与温度梯度的方向相反,即热量是沿着温度梯度降低的方向传递的(见图5-2)。

傅里叶定律与牛顿黏性定律表达式相类似,导热系数λ与黏度μ类似,均是粒子微观运动特性的表现,因此热量传递和动量传递具有类似性。

傅里叶定律还可以写为

$$q=-\frac{\lambda}{\rho c_p}\frac{\rho c_p\mathrm{d}t}{\mathrm{d}y} \tag{5.2.9}$$

式中:c_p——定压比热容,kJ/(kg·K);

ρ——介质密度,kg/m^3。

设$a=-\frac{\lambda}{\rho c_p}$,则式(5.2.9)可以写为

$$q=-a\frac{\mathrm{d}(\rho c_p t)}{\mathrm{d}y} \tag{5.2.10}$$

式中:a——导温系数,或称热量扩散系数,m^2/s;

$\rho c_p t$——热量浓度,J/m^3;

$\frac{\mathrm{d}(\rho c_p t)}{\mathrm{d}y}$——热量浓度梯度,表示单位体积内流体所具有的热量在y方向的变化率,$J/(m^3 \cdot m)$。

式(5.2.10)表明

温度引起的y方向的热通量=-热量扩散系数×y方向的热量浓度梯度

导温系数是表征物体热量传递能力的重要参数,其大小受物体的种类和温度的影响。导温系数表示物体导热量占物体吸收或释放的热量的比率。

在导温系数的定义式中,ρc_p是单位体积物质温度升高1 K时所需要的热量。导温系数的

值越大，说明 λ 越大或 ρc_p 越小，说明物体的某一部分获得热量，越容易在整个物体中扩散。因此，导温系数越大，物体传递热量的能力越强或物体传递热量的速度越快；反之，则物体传递热量的能力越弱或传递速度越慢。

3. 导热系数

1）导热系数的物理意义及影响因素

导热系数（又称热导率，λ）是表征物质导热性能的一个物性参数。λ 越大，物质越易于传递热量。由式（5.2.7）和式（5.2.8）可得导热系数的定义式

$$\lambda = -\frac{Q}{A\frac{\mathrm{d}t}{\mathrm{d}y}} = -\frac{q}{\frac{\mathrm{d}t}{\mathrm{d}y}} \tag{5.2.11}$$

由式（5.2.11）可以看出，导热系数 λ 在数值上等于温度梯度为 1 ℃/m 时单位时间内通过单位面积的传热量，在数值上等于温度梯度为 1 ℃/m 时的热通量，其单位为 W/(m·℃)。所以导热系数的大小表征物质的导热能力，是物质的一个重要的热物性参数。

导热系数与物质的组成、结构、密度、温度和压力有关。不同物质的导热系数差异较大。一般来说，纯金属的导热系数最大，合金次之，非金属固体又次之，液体的导热系数较小，而气体的导热系数最小。即使同一物质，导热系数值亦可能随方向而变动。若导热系数与方向无关，则称为各向同性导热。各种物质的导热系数通常可通过实验求得。

各类物质导热系数的大致范围如下：金属、非金属与液体、隔热材料和气体的导热系数的数量级依次为 $10 \sim 10^2$、$10^{-1} \sim 10$、$10^{-2} \sim 10^{-1}$，其数值大致的范围：金属 50～415 W/(m·K)，隔热材料0.03～0.17 W/(m·K)，液体 0.17～0.7 W/(m·K)，气体 0.007～0.17 W/(m·K)。

2）不同状态物质的导热系数

（1）固体的导热系数。

固体导热系数的影响因素较多。在所有的固体中，由于金属中自由电子的运动速度很快，因此金属是良好的导热体。纯金属的导热系数一般随温度升高而略有降低，纯金属达到熔融状态时其导热系数变小。金属的导热系数大都随其纯度的增加而增大，因此合金的导热系数小于相关的纯金属。合金随温度的升高，其导热系数增大。

非金属的建筑材料或绝热材料的导热系数与材料的组成、温度、密度和湿度等有关。绝热材料一般为纤维状或多孔结构，其空隙中含有导热系数小的空气，其密度大，含有的空气就少，导热系数就高。但若孔隙尺寸太大，由于空气的自然对流和辐射传热，反而使其导热系数增大。非金属的建筑材料或绝热材料的导热系数通常随温度升高而增大，这是因为其所具有的多孔结构，使其孔隙更易吸收水分，使导热系数增大，不利于保温。

（2）液体的导热系数。

液体可分为金属液体和非金属液体。液态金属的导热系数比一般液体的要高。在液态金属中，纯钠具有较高的导热系数。大多数的液态金属的导热系数随温度的升高而降低。非金属液体中，水的导热系数最大。一般来说，纯液体的导热系数比其溶液的导热系数大。

液体的导热系数在缺乏实验数据时，通常以经验式 $\lambda = a + bT$ 表达，其中 a、b 为经验常数，因不同的液体而异，压力对其影响不大。

（3）气体的导热系数。

气体的导热系数随温度升高而增大。因为氢的分子小，移动快，所以气体中，氢的导热系数最大。在相当大的压力范围内，压力对气体的导热系数无明显影响。只有当压力很低或很

高时,气体的导热系数才随压力增加而增大。

气体的导热系数很小,对导热不利,但是有利于保温、绝热。工业上所用的保温材料,如玻璃棉等,就是因为其空隙中有气体,所以其导热系数较小,适用于保温隔热。

3) 物质的导热系数与温度的关系

实验证明,大多数物质的导热系数在温度变化范围不大时与温度近似呈线性关系,即

$$\lambda = \lambda_0(1 + \alpha t) \tag{5.2.12}$$

式中:λ——物质在温度为 t ℃时的导热系数,W/(m·℃);

λ_0——物质在温度为 0 ℃时的导热系数,W/(m·℃);

α——温度系数,对大多数金属材料和液体,为负值,对大多数非金属材料和气体,为正值。

在热传导过程中,物体内不同位置的温度各不相同,因而导热系数也随之而异。在工程计算中,对于各处温度不同的固体,其导热系数可以取固体两侧面温度下 λ 值的算术平均值,或取两侧面温度的算术平均值下的 λ 值。因为导热系数随温度呈线性关系时,用物体的平均导热系数进行热传导的计算,将不会引起太大的误差。在以后的热传导计算中,一般采用平均导热系数。

5.2.2 通过平壁的稳态热传导

1. 单层平壁的稳态热传导

下面讨论单层平壁稳态热传导的传热速率的计算。如图 5-3 所示,设有一长、宽与厚度相比可认为是无限大的平壁(称为无限平壁),平壁的厚度为 b,两侧平壁的外表面积均为 A,平壁材料均匀,导热系数 λ 不随温度变化(为常数),平壁的温度只沿着垂直于壁面的 x 轴方向变化,等温面均为垂直于 x 轴的平行平面。平壁两侧的温度 T_1 和 T_2 恒定,当 $x=0$ 时,$T=T_1$;当 $x=b$ 时,$T=T_2$。其热传导为一维稳态热传导。

根据傅里叶定律,有

$$Q = -A\lambda \frac{\mathrm{d}t}{\mathrm{d}x}$$

分离变量后积分 $\int_{t_1}^{t_2} \mathrm{d}t = -\frac{Q}{\lambda A}\int_0^b \mathrm{d}x$

可得传热速率方程

$$Q = \frac{\lambda}{b}A(t_1 - t_2) = \frac{t_1 - t_2}{\frac{b}{\lambda A}} \tag{5.2.13}$$

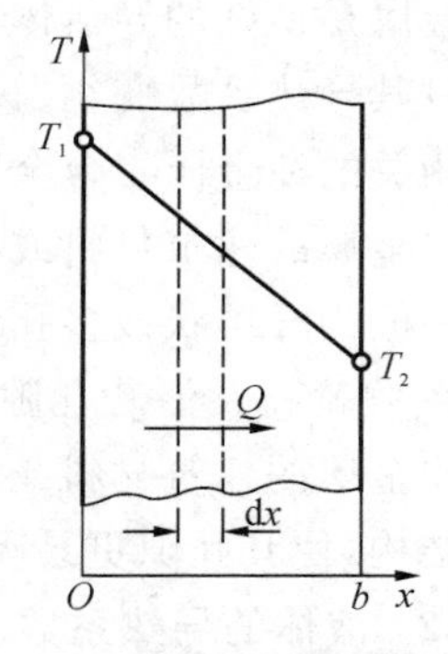

图 5-3　单层平壁的稳态热传导

可见,通过平壁传导的热流量 Q 与导热系数、传导面积和平壁两侧的温度差成正比,而与平壁的厚度成反比。

令 $R=\frac{b}{\lambda A}$,式(5.2.13)又可写成

$$Q = \frac{t_1 - t_2}{\frac{b}{\lambda A}} = \frac{\Delta t}{R} = \frac{传热推动力}{导热热阻} \tag{5.2.14}$$

式中:Δt——温度差,即传热推动力 K;

R——导热热阻,按总传热面积计算,K/W。

该方程表明,传热速率与传热推动力成正比,与导热热阻 R 成反比。壁越厚,传热面积和

导热系数越小，则导热热阻 R 越大，传热速率越小。

式(5.2.13)也可以写成

$$q=\frac{Q}{A}=\frac{\lambda}{b}(t_1-t_2) \tag{5.2.15}$$

令 $\gamma=b/\lambda$，则 $R=\frac{b}{\lambda A}=\frac{\gamma}{A}$，式(5.2.15)可以写为

$$q=\frac{Q}{A}=\frac{\lambda}{b}(t_1-t_2)=\frac{\Delta t}{\gamma} \tag{5.2.16}$$

式中：γ——单位传热面积的导热热阻，$m^2 \cdot K/W$。

例 5-1 现有一厚度为 300 mm 的砖壁，内壁温度为 600 ℃，外壁温度为 150 ℃，已知该温度范围内砖壁的平均导热系数 $\lambda=0.60\ W/(m \cdot ℃)$，求通过每平方米砖壁壁面的传热速率。

解 $$q=\frac{Q}{A}=\frac{\lambda}{b}(t_1-t_2)=\frac{0.60}{0.300}\times(600-150)=900\ (W/m^2)$$

例 5-2 某平壁厚度 b 为 300 mm，内表面温度 $T_1=800$ ℃，外表面温度 $T_2=200$ ℃，导热系数 $\lambda=1.0+0.002\ T$，式中 λ 的单位为 $W/(m \cdot ℃)$，T 的单位为℃。若将导热系数分别按常量(取平均导热系数)和变量计算，试求导热热通量和平壁内的温度分布。

解 (1) 导热系数按平壁的平均温度 T_m 取为数量，即

$$T_m=\frac{T_1+T_2}{2}=\frac{800+200}{2}=500(℃)$$

则导热系数平均值

$$\lambda_m=1.0+0.002\times500=2.0[W/(m \cdot ℃)]$$

热通量为

$$q=\lambda_m\frac{T_1-T_2}{b}=2.0\times\frac{800-200}{0.300}=4\ 000(W/m^2)$$

以 x 表示沿壁厚方向上的距离，在 x 处等温面上的热通量为

$$q=\lambda_m\frac{T_1-T}{x}$$

故 $$T=T_1-\frac{q}{\lambda_m}x=800-\frac{4\ 000}{2}x=800-2\ 000x$$

此时温度分布为直线，如图 5-4 所示。

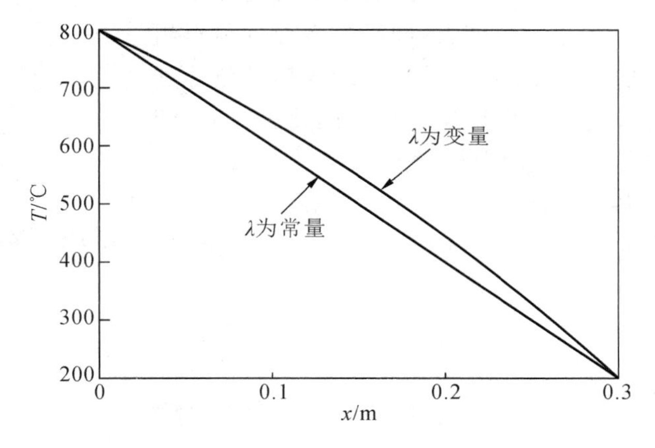

图 5-4 例 5-2 图

(2) 导热系数取为变量,则

$$q=-\lambda\frac{\mathrm{d}T}{\mathrm{d}x}=-(1.0+0.002T)\frac{\mathrm{d}T}{\mathrm{d}x}$$

分离变量并积分

$$\int_{T_1}^{T_2}(1.0+0.002T)\mathrm{d}T=-\int_0^b q\mathrm{d}x$$

对于平壁上的一维稳态热传导,热通量不变。因此上式积分得

$$(T_1-T_2)+\frac{0.002}{2}(T_1^2-T_2^2)=qb$$

故

$$\begin{aligned}q&=\frac{1}{b}\left[(T_1-T_2)+\frac{0.002}{2}(T_1^2-T_2^2)\right]\\&=\frac{1}{0.300}\times\left[(800-200)+\frac{0.002}{2}(800^2-200^2)\right]\\&=4\ 000\ (\mathrm{W/m^2})\end{aligned}$$

在 x 处,有

$$(T_1-T)+\frac{0.002}{2}(T_1^2-T_2^2)=qx$$

$$(800-T)+\frac{0.002}{2}(800^2-T^2)=4\ 000\ x$$

经整理,得

$$0.001T^2+T-1\ 440+4\ 000x=0$$

此时温度分布为曲线。

求解上述方程,并舍去负根,得

$$T=500\times\left[-1+\sqrt{1-0.004(-1\ 440+4\ 000x)}\right]$$

此时温度分布为曲线,如图 5-4 所示。

由例 5-2 的计算结果可以看出,将导热系数按常量和变量计算时,所得的热通量相同,但温度分布不同。前者为直线,后者为曲线。所以工程上计算热通量时,取平均温度下的导热系数并将它作为常量处理是可行的。

2. 多层平壁的稳态热传导

工业及建筑部门常用到由多层不同厚度、不同热导系数的材料组成的平壁,称为多层平壁。因此需要解决多层平壁导热问题,图 5-5 所示即为不同厚度、不同导热系数的材料组成的多层平壁。各层壁厚分别为 b_1、b_2 和 b_3,导热系数分别为 λ_1、λ_2 和 λ_3,传热面积为 A。假设层与层之间接触良好,即接触的两表面温度相同。各表面温度分别为 T_1、T_2、T_3、T_4,设 $T_1>T_2>T_3>T_4$,各层的温差分别为 ΔT_1、ΔT_2、ΔT_3。

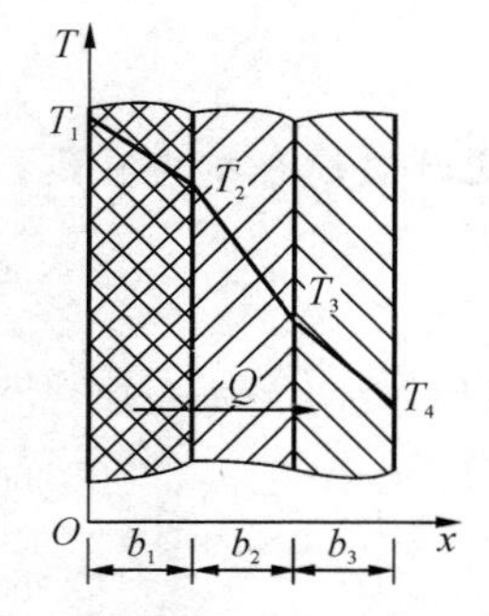

图 5-5　多层平壁的稳态热传导

由于各等温面的温度保持恒定,仍为一维稳态热传导,通过各层的热流量均为 Q,即

$$Q=Q_1=Q_2=Q_3$$

根据 $Q=\frac{\lambda}{b}A(T_1-T_2)$ 有

$$Q=\lambda_1 A\frac{T_1-T_2}{b_1}=\lambda_2 A\frac{T_2-T_3}{b_2}=\lambda_3 A\frac{T_3-T_4}{b_3}$$

$$Q=\frac{\Delta T_1}{R_1}=\frac{\Delta T_2}{R_2}=\frac{\Delta T_3}{R_3} \tag{5.2.17}$$

式中：R_1、R_2、R_3——各层的热阻。

由上式可知，各层传热温差与热阻之比为定值，即各层的温差与热阻对应成比例。

因为 $\Delta T=T_1-T_4=\Delta T_1+\Delta T_2+\Delta T_3$，应用合比定律可得

$$Q=\frac{\Delta T_1+\Delta T_2+\Delta T_3}{R_1+R_2+R_3}=\frac{T_1-T_4}{\dfrac{b_1}{\lambda_1 A}+\dfrac{b_2}{\lambda_2 A}+\dfrac{b_3}{\lambda_3 A}} \tag{5.2.18}$$

同理对 n 层平壁，则为

$$Q=\frac{T_1-T_{n+1}}{\sum\limits_{i=1}^{n}\dfrac{b_i}{\lambda_i A_i}}=\frac{T_1-T_{n+1}}{\sum\limits_{i=1}^{n}R_i}=\frac{\text{总温差(总推动力)}}{\text{总热阻}} \tag{5.2.19}$$

可见，多层平壁一维稳态热传导的总推动力等于各层推动力之和，总热阻等于各层热阻之和。并且各层的传热速率相等，即各层的传热推动力和其热阻之比值相等，均等于总推动力和总热阻之比值。因此，在多层平壁中，热阻大的壁层，其温差也大。

如表示为热流密度，则可将上式写为

$$q=\frac{T_1-T_{n+1}}{\sum\limits_{i=1}^{n}\dfrac{b_i}{\lambda_i}}=\frac{T_1-T_{n+1}}{\sum\limits_{i=1}^{n}\gamma_i} \tag{5.2.20}$$

应用热阻的概念可以简化多层平壁导热的计算。但需注意的是，上述分析是假定相互接触的两层平壁之间接触良好，接触面具有相同的温度。实际上，由于物体表面有一定的粗糙度，因此其接触表面必然有空气存在，形成了附加的热阻，称为接触热阻。若接触热阻不能忽略，则计算时应在总热阻中加入。

例 5-3　某工厂工业炉由下列三层组成：

耐火砖　$\lambda_1=1.40$ W/(m·K)，　$b_1=400$ mm

保温砖　$\lambda_2=0.15$ W/(m·K)，　$b_2=250$ mm

普通砖　$\lambda_3=0.80$ W/(m·K)，　$b_3=225$ mm

现在操作时测得炉内耐火砖壁温度为 1 000 ℃，普通砖外壁温度为 55 ℃，试求：

(1) 单位面积炉壁的热损失；

(2) 各层的温度差。

解　设耐火砖和保温砖界面温度为 T_2，保温砖与普通砖界面温度为 T_3。

(1) 已知 $T_1=1\,000$ ℃，$T_4=55$ ℃。

由

$$Q=\frac{T_1-T_4}{\dfrac{b_1}{\lambda_1 A}+\dfrac{b_2}{\lambda_2 A}+\dfrac{b_3}{\lambda_3 A}}$$

得单位面积炉壁的热损失

$$q=\frac{T_1-T_4}{\dfrac{b_1}{\lambda_1}+\dfrac{b_2}{\lambda_2}+\dfrac{b_3}{\lambda_3}}=\frac{1\,000-55}{\dfrac{0.400}{1.40}+\dfrac{0.250}{0.15}+\dfrac{0.225}{0.80}}$$

$$=\frac{945}{0.286+1.667+0.281}$$

$$=423(\mathrm{W/m^2})$$

(2) 对于稳态热传导,有

$$\Delta T_1 = q\gamma_1 = 423 \times 0.286 = 121(℃)$$
$$\Delta T_2 = q\gamma_2 = 423 \times 1.667 = 705(℃)$$
$$\Delta T_3 = q\gamma_3 = 423 \times 0.281 = 118(℃)$$

由计算结果可见:某一层的热阻越大,通过该层的温度差也越大。

5.2.3 通过圆筒壁的稳态热传导

工业生产中,所用设备、管路和换热器管子多为圆筒形的,因此通过圆筒壁的热传导非常普遍。

1. 单层圆筒壁的稳态热传导

设有一圆筒壁,如图 5-6 所示,圆筒的长度 L 远大于半径,可认为其内的传热只是沿着径向的一维导热,则同一等温面上的 $\mathrm{d}t/\mathrm{d}r$ 值是相同的,即壁内各等温面都是以轴心线为共同轴线的圆筒面,温度仅为 r 的函数。圆筒壁的内、外半径分别为 r_1 和 r_2,内、外表面的温度分别维持恒定的温度 t_1 和 $t_2(t_1>t_2)$。半径 r 处的传热面积 $A=2\pi rL$,根据傅里叶定律,此薄圆筒层的传热速率为

$$Q=-\lambda A\frac{\mathrm{d}t}{\mathrm{d}x}=-\lambda\cdot 2\pi rL\frac{\mathrm{d}t}{\mathrm{d}r} \tag{5.2.21}$$

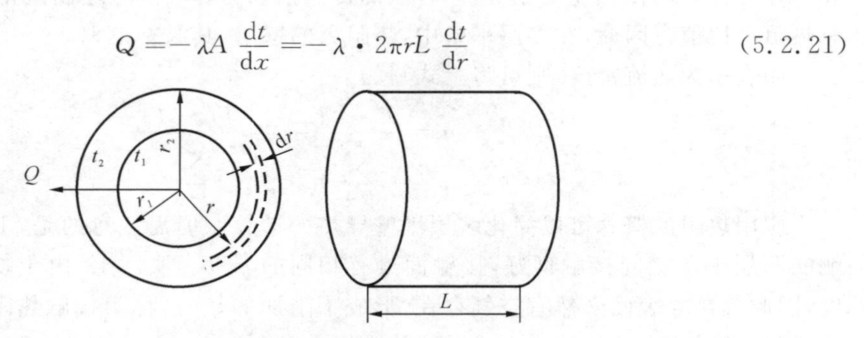

图 5-6 单层圆筒壁的热传导

分离变量得

$$Q\frac{\mathrm{d}r}{r}=-\lambda\cdot 2\pi L\mathrm{d}t$$

假定热导系数 λ 为常数,在圆筒壁的内半径 r_1 和外半径 r_2 间积分,有

$$Q\int_{r_1}^{r_2}\frac{\mathrm{d}r}{r}=-\lambda\cdot 2\pi L\int_{r_1}^{r_2}\mathrm{d}t$$

得

$$Q\ln\frac{r_2}{r_1}=\lambda\cdot 2\pi L(t_1-t_2)$$

移项得

$$Q=2\pi\lambda L\frac{t_1-t_2}{\ln\frac{r_2}{r_1}}=\frac{t_1-t_2}{\frac{1}{2\pi\lambda L}\ln\frac{r_2}{r_1}}=\frac{\Delta t}{R} \tag{5.2.22}$$

式中:R——圆筒壁的导热热阻,$R=\frac{1}{2\pi\lambda L}\ln\frac{r_2}{r_1}$。

由式(5.2.21)和式(5.2.22)可得

$$\frac{\mathrm{d}t}{\mathrm{d}r}=\frac{t_1-t_2}{\ln\frac{r_2}{r_1}}\cdot\frac{1}{r}$$

由此可见,圆筒壁内的温度分布为对数曲线,其温度梯度随 r 增大而减小。

在稳态下,通过圆筒壁的传热速率 Q 和坐标 r 无关,但热流密度随坐标变化,即

$$q=\frac{Q}{A}=\frac{Q}{2\pi rL}=\frac{t_1-t_2}{\frac{r}{\lambda}\ln\frac{r_2}{r_1}}$$

因此，工程上为了计算方便，按单位圆筒长度计算传热速率，即

$$q_L=\frac{Q}{L}=2\pi\lambda\frac{t_1-t_2}{\ln\frac{r_2}{r_1}} \tag{5.2.23}$$

当 r_2/r_1 值一定时，单位圆筒壁长度的传热速率与坐标无关。

设圆管壁厚度为 b，$b=r_2-r_1$，式(5.2.22)可以变成

$$Q=\frac{2\pi\lambda L(r_2-r_1)(t_1-t_2)}{(r_2-r_1)\ln\frac{2\pi r_2L}{2\pi r_1L}}=\frac{(A_2-A_1)\lambda(t_1-t_2)}{(r_2-r_1)\ln\frac{A_2}{A_1}}=\frac{\lambda}{r_2-r_1}\cdot\frac{A_2-A_1}{\ln\frac{A_2}{A_1}}\cdot(t_1-t_2)$$

$$=\frac{\lambda}{b}\cdot A_m\cdot(t_1-t_2)=\frac{t_1-t_2}{\frac{b}{\lambda A_m}}=\frac{\Delta t}{R} \tag{5.2.24}$$

式中：A_m——对数平均面积，m^2，$A_m=\frac{A_2-A_1}{\ln\frac{A_2}{A_1}}$。当 $A_2/A_1<2$ 时，可用算术平均值 $A_m=\frac{A_2+A_1}{2}$近似计算。

R——圆筒壁导热热阻，K/W，$R=\frac{b}{\lambda A_m}$。

式(5.2.22)也可以变成

$$Q=\frac{2\pi\lambda L(r_2-r_1)(t_1-t_2)}{(r_2-r_1)\ln\frac{r_2}{r_1}}=2\pi L\lambda\cdot\frac{r_2-r_1}{\ln\frac{r_2}{r_1}}\cdot\frac{t_1-t_2}{r_2-r_1}=2\pi L\lambda r_m\frac{t_1-t_2}{b} \tag{5.2.25}$$

式中：r_m——圆筒壁的对数平均半径，m，$r_m=\frac{r_2-r_1}{\ln\frac{r_2}{r_1}}$。当 $r_2/r_1<2$ 时，可用算术平均值 $r_m=\frac{r_2+r_1}{2}$近似计算。

对数平均面积 A_m 可由对数平均半径 r_m 求出，即

$$A_m=2\pi r_mL$$

2. 多层圆筒壁的稳态热传导

工业上常遇到多层圆筒壁的导热。对于层与层紧密接触的多层圆筒壁，以三层为例(图5-7)，各层的导热系数分别为 λ_1、λ_2 和 λ_3，各层厚度分别为 b_1、b_2 和 b_3，$b_1=r_2-r_1$，$b_2=r_3-r_2$，$b_3=r_4-r_3$。假设层与层之间接触良好，即接触的两表面温度相同。各等温面均为同心圆柱面。各表面温度分别为 t_1、t_2、t_3、t_4，设 $t_1>t_2>t_3>t_4$，各层的温差分别为 Δt_1、Δt_2、Δt_3。

多层圆筒壁的稳态热传导过程中，单位时间内穿过各层的热量相等，即

$$Q=Q_1=Q_2=Q_3$$

根据式(5.2.22)有

$$Q=2\pi\lambda L\frac{t_1-t_2}{\ln\frac{r_2}{r_1}}=2\pi\lambda L\frac{t_2-t_3}{\ln\frac{r_3}{r_2}}=2\pi\lambda L\frac{t_3-t_4}{\ln\frac{r_4}{r_3}} \tag{5.2.26}$$

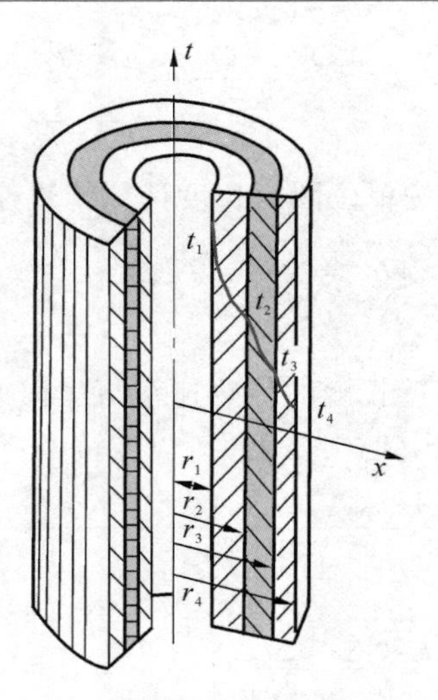

图 5-7 多层圆筒壁的热传导

进而求得多层圆筒壁的传热速率方程

$$Q=\frac{2\pi L(t_1-t_4)}{\frac{1}{\lambda_1}\ln\frac{r_2}{r_1}+\frac{1}{\lambda_2}\ln\frac{r_3}{r_2}+\frac{1}{\lambda_3}\ln\frac{r_4}{r_3}} \tag{5.2.27}$$

式(5.2.27)也可以写成

$$Q=\frac{t_1-t_4}{\frac{b_1}{\lambda_1 A_{m1}}+\frac{b_2}{\lambda_2 A_{m2}}+\frac{b_3}{\lambda_3 A_{m3}}}=\frac{\Delta T_1+\Delta T_2+\Delta T_3}{R_1+R_2+R_3} \tag{5.2.28}$$

式中:A_{m1}、A_{m2}、A_{m3}——各层圆壁的平均面积。

单位圆筒长度的传热速率计算式为

$$\frac{Q}{L}=\frac{2\pi(t_1-t_4)}{\frac{1}{\lambda_1}\ln\frac{r_2}{r_1}+\frac{1}{\lambda_2}\ln\frac{r_3}{r_2}+\frac{1}{\lambda_3}\ln\frac{r_4}{r_3}} \tag{5.2.29}$$

推广到 n 层圆筒壁,有

$$Q=\frac{t_1-t_{n+1}}{\sum_{i=1}^{n}R_i}=\frac{t_1-t_{n+1}}{\sum_{i=1}^{n}\frac{b_i}{\lambda_i A_{mi}}}$$

由于各层圆筒的平均面积不同,因此在稳态热传导中,尽管各层的热流量 Q 相等,但热通量并不相等。

5.3 对流传热

对流传热是流体中的质点发生相对位移时发生的热量传递过程。当流体沿壁面流动时,若流体与壁面温度不同,就会发生对流传热。对流传热与流体的流动情况密切相关,流体的流动可以促进传热过程,因此,工程上常使流体处于流动状态。在工业生产中遇到的对流传热常指间壁式换热器中两侧流体与固体壁面之间的热交换,即流体将热量传递给固体壁面或固体壁面将热量传递给流体。流体流过固体表面时发生的是对流和热传导联合作用的传热过程,如图 5-8 所示。

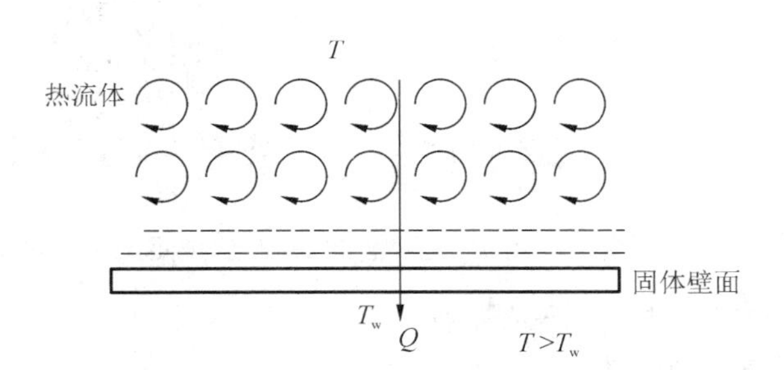

图 5-8　对流传热示意图

5.3.1　对流传热概述

1. 传热机理

由于流体黏滞力的作用，使流体在固体壁面上处于不流动的状态，因此流体速度从壁面上的零速度值逐步变化到热流的速度值。通过固体壁面的热流也会在流体分子的作用下向流体扩散(热传导)，并不断地被流体的流动而带到下游(热对流)，因而对流传热过程是热对流与热传导综合作用的结果(如图 5-9 所示)。

图 5-9　对流传热机理

2. 传热边界层(温度边界层)

1) 热流体在壁面上的情况

在上述讨论流体流过固体壁面的流动规律时，只涉及等温流动，不存在传热问题。正如流体流过固定壁面形成流动边界层一样，流体流过壁温与其流动主体不同的壁面时，也必然形成传热边界层。而对于传热问题，还需要了解任一流动截面的流体温度分布侧形以及温度侧形随流体流过壁面距离的变化关系。

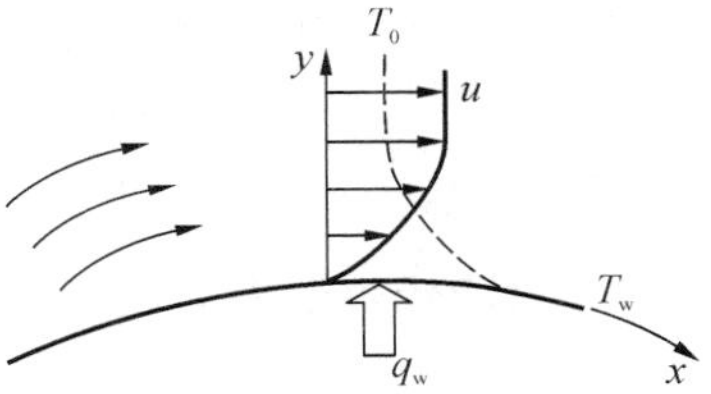

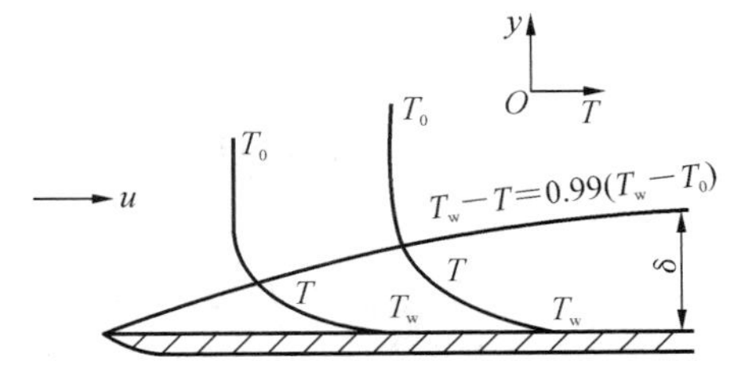

图 5-10　边界层概念示意图

在传热边界层中，各层流体的温度不同而发生传热，从而产生温度梯度，它的形成同速度梯度，即几乎所有的温度变化都集中在传热边界层中，在此以外的流动主体中可视为无温度梯度。如图 5-10 所示，设有流速相同且等温均匀流平行流过一固体壁面，流体温度为 T_0，壁面温度为 T_w，设 $T_w > T_0$。当流体流过壁面时，因壁面向流体传热，流体温度瞬间上升至 T_w，随流体流过平壁距离的增加，流体升温的范围增大。通常规定以流体温度 T 满足 $(T_w - T) = 0.99(T_w - T_0)$ 处的等温面为分界面，在此分界面与壁面间的流动层称为传热边界层(温度边界层)。因此任一流动截面上流体温度的变化主要集中在温度边界层内。

在温度边界层内紧邻固体壁面处的薄流层为层流内层，从图 5-10 可以看出，传热边界层越薄，则传热边界层内温度梯度越大，因此流体与壁面间的传热方式为热传导，因此利用傅里叶定律列出流体与壁面间的传热速率方程

$$dQ = -\lambda A\left(\frac{dT}{dy}\right)_w \tag{5.3.1}$$

式中：$\left(\frac{dT}{dy}\right)_w$——壁面附近流体层流内层中的温度梯度，K/m。

因为热边界层中层流内层是流体进行对流传热的主要区域，对于稳态传热过程，有

$$dQ = \alpha dA(T - T_w) = -\lambda A\left(\frac{dT}{dy}\right)_w \tag{5.3.2}$$

即

$$\alpha = -\frac{\lambda}{T - T_w}\left(\frac{dT}{dy}\right)_w = -\frac{\lambda}{\Delta T}\left(\frac{dT}{dy}\right)_w \tag{5.3.3}$$

式中 α 为传热系数,从该式可以看出,当流体与壁面温度差一定时,传热边界层越薄,则 $\left(\frac{dT}{dy}\right)_w$ 越大,因而传热系数 α 越大,对流传热越强烈。

2) 热流体在圆管中流动的情况

热流体在圆管内流动时,传热边界层沿管长而增厚,在距入口端一定距离内,传热边界层也在管中心汇合,此情况下的温度分布称为充分发展的温度分布,这一温度分布特点与流体在管中充分发展的速度分布特点相似。

温度分布充分发展后,如果管长再增加,则温度分布会变得更加平坦;如果管子足够长,最终整个流体温度将达到与壁温相等,即温度梯度消失,对流传热也就停止,而速度分布依然存在着(动量传递停止)。

传热系数 α 将沿管长逐渐变小,最后趋于稳定。

所以,强化对流传热方法有以下两种:

(1) 在管长小于进口段时,情况允许条件下,应尽量减少管长;

(2) 对于管长一定的情况下,增加扰动,破坏边界层发展,增大 α 值。

5.3.2 对流传热速率方程和对流传热系数

1. 对流传热速率方程(牛顿冷却定律)

由前面的分析可知,对流传热是一个复杂的传热过程,影响对流传热速率的因素很多。因此,对流传热的纯理论计算是相当困难的。目前,工程计算仍按下面的半经验方法进行。

根据传递过程的普遍关系,壁面与流体间(或反之)的对流传热速率也应该等于推动力和阻力之比,即

$$\text{对流传热速率} = \frac{\text{对流传热推动力}}{\text{对流传热阻力}} = \text{系数} \times \text{推动力} \tag{5.3.4}$$

式(5.3.4)中的推动力就是壁面和流体间的温度差。影响阻力的因素很多,但有一点是明确的,即阻力必与壁面的表面积成反比。还应指出,在换热器中,沿着流体的流动方向,流体和壁面的温度一般都是变化的,在换热器不同位置上的对流传热速率也随之而异,所以对流传热速率方程应该用微分形式表示。

若以热流体和壁面间的对流传热为例,对流传热速率方程可以表示为

$$dQ = \alpha dA(T - T_w) = -\lambda A\left(\frac{dT}{dy}\right)_w \tag{5.3.5}$$

式中:dA——微元传热面积,m^2;

dQ——通过微元传热面积的局部对流传热速率,W;

T——换热器的任一截面上热流体的平均温度,K;

T_w——换热器的任一截面上和热流体相接触一侧的壁面温度,K;

α——比例系数,又称局部对流传热系数,$W/(m^2 \cdot K)$。

式(5.3.5)又称牛顿(Newton)冷却定律。应注意,流体的平均温度是指将流动横截面上的流体绝热混合后测定的温度。在传热计算中,流体的温度除另有说明外,一般是指这种截面上的平均温度。

在换热器中，局部对流传热系数 α 随管长而变化，但是在工程计算中，常使用平均对流传热系数（一般也用 α 表示，应注意与局部对流传热系数的区别），此时牛顿冷却定律可以表示为

$$Q = \alpha A \Delta T \tag{5.3.6}$$

式中：α——平均对流传热系数，$W/(m^2 \cdot K)$；

A——传热面积，m^2；

ΔT——流体与壁面（或反之）间温度差的平均值，K。

$$dQ = \alpha_i (T - T_i) dA_i \tag{5.3.7}$$

及

$$dQ = \alpha_o (T_w - T) dA_o \tag{5.3.8}$$

式中：A_i、A_o——换热器的管内表面积和外表面积，m^2；

α_i、α_o——换热器管内侧和外侧的流体对流传热系数，$W/(m^2 \cdot K)$；

T——换热器的任一截面上冷流体的平均温度，K；

T_w——换热器的任一截面上与冷流体相接触一侧的壁温，K。

由此可见，对流传热系数必然是和传热面积以及温度差相对应的。

2. 对流传热系数

根据牛顿冷却定律可知，对流传热系数可以表示为

$$\alpha = \frac{Q}{A \Delta T} = q/\Delta T$$

因此，对流传热系数表示单位温度差下单位传热面积的对流传热速率（$W/(m^2 \cdot ℃)$），即单位温度差下的热流密度。牛顿冷却定律并非理论推导的结果，只是一种推论，即假设热流密度 q 与 ΔT 成正比。实际上在不少情况下，热流密度并不与 ΔT 成正比，传热系数不为常数，而与 ΔT 有关。同时，将影响因素归结到 q 中并未改变问题的复杂性，凡影响热流密度的因素都将影响传热系数。

牛顿冷却定律是将复杂的对流传热过程的传热速率与推动力和阻力的关系用简单的关系式表示，间壁两侧流体沿壁面流动的传热过程中，流体从进口到出口的温度不断变化，因为对流传热系数也不同。因此，应用牛顿冷却定律时如何求得各种具体传热条件下对流传热系数的值，就成了关键问题。

对流传热系数反映对流传热的快慢，其值越大，对流传热越快。对流传热系数不是流体本身的物理性质，与流体的流动状态、有无相变、流体物性、壁面情况、流体流动的原因等有关。通常由实验确定。一般而言，对同一流体，强制对流传热系数大于自然对流传热系数，有相变时的对流传热系数大于无相变时的对流传热系数。

几种常见情况的对流传热系数 α 范围如表 5-1 所示。

表 5-1 对流传热系数 α 的范围

传热方式	$\alpha/[W/(m^2 \cdot K)]$
空气自然对流	5～25
气体强制对流	20～100
水自然对流	200～1 000
水强制对流	1 000～15 000
水蒸气冷凝	5 000～15 000
有机蒸气冷凝	500～2 000
水沸腾	2 500～25 000

1）影响对流传热系数的主要因素

实验表明，影响对流传热系数 α 的主要因素如下：

（1）流体的物理性质。物理性质因流体的相态、温度和压力而变化。影响对流给热过程的物理性质主要有比热容、导热系数、黏度、密度、体积膨胀系数等。一般比热容大、导热系数大、密度大、黏度小对传热有利。流体的体积膨胀系数影响其密度，液体的密度随温度变化的关系式为

$$\rho' = \rho/(1+\beta\Delta T)$$

（2）流体对流的原因。流体对流的原因有自然对流和强制对流两种。自然对流是由于流体内温度不同，导致密度差异，热流体上升，冷流体下降而形成的对流。强制对流是由于外力作用（机械输送）使流体流动。通常强制对流的流速比自然对流高，因此强制对流的传热系数大于自然对流的传热系数。

（3）流体流动的状态。流体传热热阻主要集中在层流底层中。对层流而言，整个流体均处于层流状态，流体中无混杂的质点运动，其对流传热系数较小；而湍流主体中流体质点混杂运动，热量传递充分，只有层流底层处于层流状态，所以湍流情况下传热系数大于层流情况，且湍动程度越大，层流底层越薄，对流传热系数越大。

（4）流体的相变情况。传热过程中，有相变时，液体吸收汽化热变为蒸气或蒸气放出汽化热变为液体，对同一液体，因为汽化热 r 比定压比热容 c_p 大得多，因此有相变时的对流传热系数大于无相变时的对流传热系数。

（5）传热面的形状、位置和大小。传热面的形状不同，有圆管、套管环隙、翅片管、单管、管束、板、弯管等，管子排列方式有三角形、正方形等，管的位置有水平、垂直，流体流动方式有管内流动、管外轴向流动、管外垂直轴向流动等，传热尺寸有管径、管长等。通常把对流体流动和传热有决定性影响的尺寸称为特征尺寸。

可见，影响对流传热的因素很多，因此对流传热系数的确定是个极其复杂的问题。对于各种情况下的对流传热系数还不能推导出理论计算式，故需要用实验测定。为了减少实验工作量，先用量纲分析法将影响对流传热的因素组成若干个量纲为 1 的量，再依据实验确定这些量纲为 1 的量（特征数）在不同情况下的相互关系，从而求得不同情况下计算对流传热系数的关联式。

2）对流传热的特征数关系式

量纲分析的基本定理是 π 定理，即设某现象所涉及的物理量数为 n，这些物理量的基本量纲数为 m，则该物理现象可用 $N(N=n-m)$ 个独立的量纲为 1 的量之间的关系式表示。

量纲为 1 的量是指量纲表达式中所有量纲指数均为 0 的量。

流体无相变时，影响对流传热系数的因素有流速 u、流体密度 ρ、传热面的特征尺寸 L、流体黏度 μ、定压比热容 c_p 和单位质量流体浮升力 $\beta g\Delta t$，可用函数形式表示为

$$\alpha = f(u,\rho,L,\mu,\beta g\Delta t,\lambda,c_p) \tag{5.3.9}$$

流体无相变时的对流传热现象涉及的物理量有 8 个，这些物理量的量纲有质量 M、长度 L、时间 T 和温度 Θ4 个，根据 π 定理，此现象可用 4 个独立的量纲为 1 的特征数之间的关系式表示，即

$$\frac{\alpha L}{\lambda} = f\left(\frac{Lu\rho}{\mu},\frac{c_p\mu}{\lambda},\frac{\beta g\Delta tL^3\rho^2}{\mu^2}\right) \tag{5.3.10}$$

式中各准数的名称、符号及意义见表 5-2。

表 5-2 准数的名称、符号及意义

准数名称	符号及准数式	意义
努塞尔准数	$Nu=\frac{\alpha l}{\lambda}$	对流传热系数的特征数
雷诺准数	$Re=\frac{lu\rho}{\mu}$	流体流动状态和湍流程度 对对流传热的影响
普兰特准数	$Pr=\frac{c_p\mu}{\lambda}$	流体物性对对流传热的影响
格拉斯准数	$Gr=\frac{\beta g\Delta t l^3\rho^2}{\mu^2}$	自然对流对对流传热的影响

将式(5.3.10)中的各特征数用其符号表示,可写作

$$Nu = kRe^{a}Pr^{f}Gr^{h} \tag{5.3.11}$$

式中 k、a、f、h 为未知量,需要通过实验确定。

特征数关联式是一种半经验公式,使用该关联式计算 α 时应注意如下几点:

(1) 应用范围。各准数数值应与建立关联式的实验范围相一致,各无量纲准数应在实验数值范围之内。

(2) 特性尺寸。关联式中各准数的特性尺寸应遵照所选用的关联式中的规定尺寸。

(3) 定性温度。确定准数中流体的物性参数所依据的温度为定性温度。不同关联式中的定性温度往往不同,例如,有的用进出口温度的算术平均温度,有的用膜温等。

(4) 准数是一个量纲为1的数群,故准数中的各物理量必须用统一的单位制。

3) 对流传热系数 α 的计算

(1) 管内强制对流湍流传热系数。

流体在直管内强制流动进行冷却和加热,是工业生产中的重要过程。下面分别介绍流体在管内呈湍流状态、过渡流和层流状态时的对流传热系数的计算。

流体在直管内强制湍流时,传热速率比较大,自然对流的影响可以忽略不计,式(5.3.11)中的 Gr 可以略去。

对于低黏度的流体,通常采用的关联式为

$$Nu=0.023Re^{0.8}Pr^{f}$$

或

$$\alpha=0.023\times\frac{\lambda}{d}\left(\frac{du\rho}{\mu}\right)^{0.8}\left(\frac{c_p\mu}{\lambda}\right)^{f} \tag{5.3.12}$$

式中的特征尺寸取管内径 d;定性温度取 $t_m=\frac{t_{进}+t_{出}}{2}$;应用范围为 $Re>10^4$,$0.7<Pr<120$,$\mu<2\ \mathrm{mPa\cdot s}$,$l/d\geqslant50$;式中 Pr 的指数,当流体被加热时,取 $f=0.4$,当流体被冷却时,取 $f=0.3$。

对于高黏度流体,可采用下面的关联式:

$$Nu=0.027Re^{0.8}Pr^{0.33}\left(\frac{\mu}{\mu_w}\right)^{0.14}$$

或

$$\alpha=0.027\frac{\lambda}{d}\left(\frac{du\rho}{\mu}\right)^{0.8}\left(\frac{c_p\mu}{\lambda}\right)^{0.33}\left(\frac{\mu}{\mu_w}\right)^{0.14} \tag{5.3.13}$$

式中的特征尺寸取管内径 d。定性温度除黏度 μ_w 取壁温外,其余均取液体进出口温度的算术平均值。由于壁温未知,需用试差法计算。为了避免试差计算,液体加热时,取 $\left(\frac{\mu}{\mu_w}\right)^{0.14}=1.05$;液体被冷却时,取 $\left(\frac{\mu}{\mu_w}\right)^{0.14}=0.95$。对于气体,取 $\left(\frac{\mu}{\mu_w}\right)^{0.14}=1$。应用范围为 $Re>10^4$,$0.6<Pr<16\ 700$,$l/d>60$。

对于 $l/d<50$ 的短管,可在应用式(5.3.12)和式(5.3.13)计算的对流传热系数基础上乘上一个大于1的校正系数,因为管内未充分发展,管子入口处的流体扰动较大,层流底层较薄,热阻较小,因此对流传热系数比长管的大一些。管入口效应校正系数为

$$\phi_l=1+\left(\frac{d}{l}\right)^{0.7}$$

对于弯管,可在应用式(5.3.12)和式(5.3.13)计算的对流传热系数基础上进行校正,流体在弯管内流动,由于"离心力"的作用,产生二次环流,扰动增大,对流传热系数增大。弯管效应校正系数为

$$\phi_R=1+1.77\frac{d}{R}$$

式中:R——弯管轴的曲率半径。

(2) 管内强制对流层流传热系数。

层流流动下,进口段的影响较大,当流体的 Pr 值接近1、Re 值接近2 000时,进口段的长度大约为管径的100倍;当流体的 Pr 值大于1,则进口段的长度超过管径几千甚至上万倍,因此需要考虑进口段的影响。只有在小管径、水平管、壁面与流体之间温度差比较小、流速比较低的情况下才有严格的层流传热,其他情况下均伴有自然对流传热。当 $Gr<2.5\times10^4$ 时,自然对流的影响可以忽略,可用以下关联式计算对流传热系数:

$$Nu=1.86\left(Re\cdot Pr\frac{d}{l}\right)^{1/3}\left(\frac{\mu}{\mu_w}\right)^{0.14} \tag{5.3.14}$$

式中的特征尺寸取管内径 d_i;定性温度除黏度 μ_w 取壁温外,其余均取液体进出口温度的算术平均值;应用范围为 $Re<2\ 300$,$0.6<Pr<6\ 700$,$Re\cdot Pr\frac{d_i}{L}>10$。

当 $Gr>2.5\times10^4$ 时,自然对流的影响不可忽略,可在应用式(5.3.14)计算的基础上乘以校正系数

$$\phi=0.8(1+0.015Gr^{1/3})$$

(3) 管内强制对流过渡流的传热系数。

当流体处于过渡流状态时,在用湍流公式(式(5.3.12)和式(5.3.13))计算的基础上再乘以校正系数

$$\phi=1.0-\frac{6\times10^5}{Re^{1.8}}<1$$

(4) 流体在管外强制对流的传热系数。

流体在管外垂直流过时,分为流体垂直流过管束和垂直流过单管两种情况。工业上换热器多为垂直流过管束。管束的排列有直列和错列两种(见图5-11)。

错列从第二排开始,流体在错列管束间通过时受阻,使湍动增强,因此其传热系数较直列的大。流体在管束外流过时其对流传热系数可用下式计算:

$$Nu=C\varepsilon Re^nPr^{0.4} \tag{5.3.15}$$

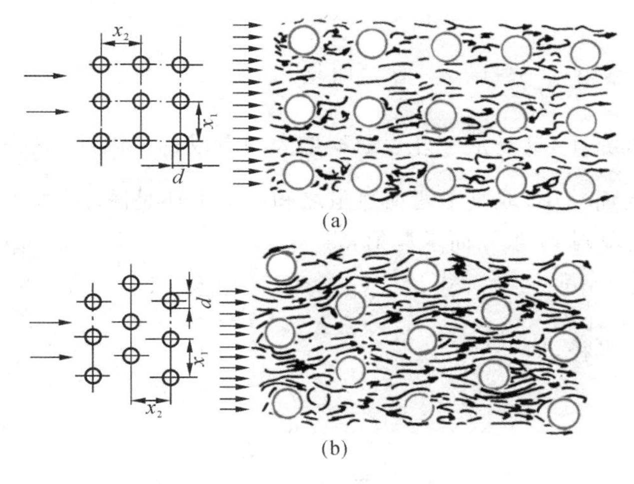

图 5-11 管束的排列

(a)直列;(b)错列

式中,特征尺寸取管外径;流速取各排最窄通道处的流速;定性温度取进、出口温度平均值;应用范围为 $Re=5\ 000\sim70\ 000$,$x_1/d=1.2\sim5$,$x_2/d=1.2\sim5$。

5.3.3 管路保温层的临界直径

在生产中常常遇到设备或管路需要保温,以减少热量损失的情况。一般情况下,热量损失随保温层厚度的增加而减少,但是在小直径圆管外包扎性能不良的保温材料时,情况未必如此。如由于金属管壁所引起的热阻小于保温层热阻,可以忽略不计。因此管壁内、外温度可视为相等。保温层内表面温度为 T_1,半径为 r_1,保温层外表面温度为 T_2,半径为 r_2;周围环境温度为 T_b。此时传热过程包括保温层的热传导和保温层外壁与环境空气的对流传热。

若为稳态热传导,则通过保温层传递的热量应等于外表面与空气发生对流传热而散失到周围的热量。根据串联热阻叠加原则,传热的热阻为保温层的导热热阻和保温层与环境间对流传热热阻之和,管道的热损失可写成

$$Q=2\pi L\lambda\frac{T_1-T_2}{\ln\dfrac{r_2}{r_1}}=\alpha\cdot2\pi Lr_2(T_2-T_b)=\frac{T_2-T_b}{\dfrac{1}{\alpha\cdot2\pi L}\cdot\dfrac{1}{r_2}}\tag{5.3.16}$$

若写成

$$Q=\frac{\text{总推动力}}{\text{总阻力}}=\frac{T_1-T_b}{R_1+R_2}=\frac{T_1-T_b}{\dfrac{1}{2\pi L\lambda}\ln\dfrac{r_2}{r_1}+\dfrac{1}{2\pi L\alpha}\cdot\dfrac{1}{r_2}}\tag{5.3.17}$$

令

$$R_1=\frac{\ln\dfrac{r_2}{r_1}}{2\pi\lambda L},\quad R_2=\frac{1}{2\pi Lr_2\alpha}$$

式(5.3.17)可以写成

$$Q=\frac{T_1-T_b}{\dfrac{1}{2\pi L\lambda}\ln\dfrac{r_2}{r_1}+\dfrac{1}{2\pi L\alpha}\cdot\dfrac{1}{r_2}}=\frac{\Delta T}{R_1+R_2}\tag{5.3.18}$$

式中:R_1——保温层导热热阻,K/W;

R_2——保温层外表面对环境的对流传热热阻,K/W。

由此可见,导热热阻$\dfrac{\ln\dfrac{r_2}{r_1}}{2\pi\lambda L}$随 r_2 增大而增大,而外壁与空气发生对流传热时的热阻$\dfrac{1}{2\pi L r_2 \alpha}$则随 r_2 增大而减小,这是由于外表面积增大而造成的。因此,热损失是随 r_2 的增大而增大还是随 r_2 的增大而减小,取决于两项热阻之和是增大还是减小。

对式(5.3.18)将 Q 对 r_2 求导而求极值,得

$$\frac{\mathrm{d}Q}{\mathrm{d}r_2}=0 \quad \Rightarrow \quad r_2=\frac{\lambda}{\alpha}$$

习惯上以 r_c 表示临界半径,即

$$r_c=\frac{\lambda}{\alpha} \tag{5.3.19a}$$

则

$$d_c=2r_c=\frac{2\lambda}{\alpha} \tag{5.3.19b}$$

式中:d_c——保温层的临界直径。

当保温层的外径 $d<d_c$ 时,$\dfrac{\mathrm{d}Q}{\mathrm{d}r_2}$为正,说明此时增大 r_2 反而使热损失增大;当 $d>d_c$ 时,增加保温层厚度才使热损失减小。

5.3.4 间壁传热过程

如图 5-12 所示的套管换热器,它是由两根不同直径的管子套在一起组成的,热、冷流体分别通过内管和环隙,热量自热流体传给冷流体,热流体的温度从 T_1 降至 T_2,冷流体的温度从 t_1 上升至 t_2。这种热量传递过程包括三个步骤:

(1) 热流体以对流传热方式把热量 Q_1 传递给管壁内侧;

(2) 热量 Q_2 从管壁内侧以热传导方式传递给管壁的外侧;

(3) 管壁外侧以对流传热方式把热量 Q_3 传递给冷流体。

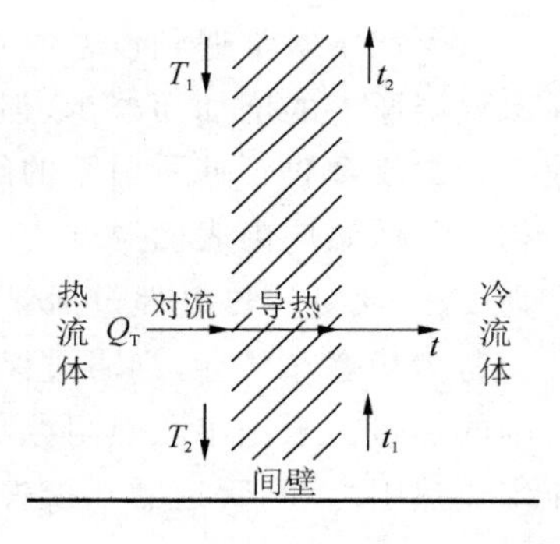

图 5-12 间壁传热过程

1. 总传热系数和总速率方程

1) 总传热系数

热、冷流体通过间壁的传热过程,是由三个串联的传热过程组成的。流体在换热器中沿管长方向的温度分布如图 5-13 所示,现截取一段微元来进行研究,其传热面积为 $\mathrm{d}A$,微元壁内、外流体温度分别为 T、t(平均温度),则单位时间通过 $\mathrm{d}A$ 的冷、热流体交换的热量 $\mathrm{d}Q$ 应正比于壁面两侧流体的温差,即

$$\mathrm{d}Q=K(T-t)\mathrm{d}A \tag{5.3.20}$$

式中:K——总传热系数,$\mathrm{W/(m^2 \cdot K)}$。

根据对流传热原理,热流体侧的对流传热速率为

$$\mathrm{d}Q_1=\alpha_1 \mathrm{d}A_1(T-T_w)=\frac{T-T_w}{\dfrac{1}{\alpha_1 \mathrm{d}A_1}} \tag{5.3.21}$$

式中:α_1——热流体的对流传热系数,$\mathrm{W/(m^2 \cdot K)}$;

$\mathrm{d}A_1$——热流体的微元段传热面积,$\mathrm{m^2}$;

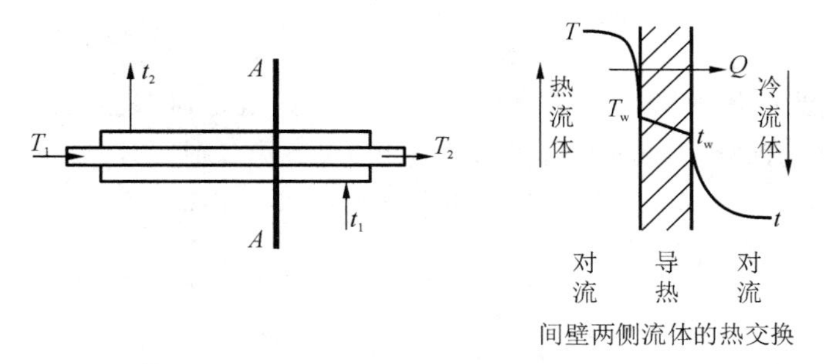

图 5-13　通过间壁的传热过程

T——热流体的进口温度，K；

T_w——热流体一侧的壁温，K。

间壁的热传导传热速率为

$$dQ_2 = \frac{\lambda}{b} dA_m (T_w - t_w) = \frac{T_w - t_w}{\dfrac{b}{\lambda dA_m}} \tag{5.3.22}$$

式中：λ——导热系数，W/(m·℃)或 W/(m·K)；

b——间壁厚度，m；

dA_m——管壁微元段传热面积，m^2；

T_w——热流体侧的壁温，K；

t_w——冷流体侧的壁温，K。

冷流体侧的对流传热速率为

$$dQ_3 = \alpha_2 dA_2 (t_w - t) = \frac{t_w - t}{\dfrac{1}{\alpha_2 dA_2}} \tag{5.3.23}$$

式中：α_2——冷流体的对流传热系数，W/(m^2·K)；

dA_2——冷流体的微元段传热面积，m^2；

t_w——冷流体侧的壁温，K；

t——冷流体的温度，K。

对于稳态传热，有

$$dQ = dQ_1 = dQ_2 = dQ_3$$

则

$$dQ = \frac{T - T_w}{\dfrac{1}{\alpha_1 dA_1}} = \frac{T_w - t_w}{\dfrac{b}{\lambda dA_m}} = \frac{t_w - t}{\dfrac{1}{\alpha_2 dA_2}} = \frac{T - t}{\dfrac{1}{\alpha_1 dA_1} + \dfrac{b}{\lambda dA_m} + \dfrac{1}{\alpha_2 dA_2}} = \frac{\text{传热总推动力}}{\text{总传热热阻}} \tag{5.3.24}$$

可见，总传热热阻为各分热阻之和。

将式(5.3.24)与 $dQ = K(T-t)dA$，即 $dQ = \dfrac{T-t}{\dfrac{1}{KdA}}$ 对比，得

$$\frac{1}{KdA} = \frac{1}{\alpha_1 dA_1} + \frac{b}{\lambda dA_m} + \frac{1}{\alpha_2 dA_2} \tag{5.3.25}$$

由此讨论得出，在一定条件下，式中 KdA 是一定的。

(1) 当传热面为平面时，$dA = dA_1 = dA_2 = dA_m$，则

$$\frac{1}{K}=\frac{1}{\alpha_1}+\frac{b}{\lambda}+\frac{1}{\alpha_2} \tag{5.3.26}$$

(2) 当传热面为圆筒壁时，两侧的传热面积不等(见图 5-14)，如以内表面为基准(在换热器系列化标准中常如此规定)，即令式(5.3.26)中 $dA=dA_1$，则

$$\frac{1}{K_1}=\frac{1}{\alpha_1}+\frac{b}{\lambda}\cdot\frac{dA_1}{dA_m}+\frac{1}{\alpha_2}\cdot\frac{dA_1}{dA_2} \tag{5.3.27a}$$

或

$$\frac{1}{K_1}=\frac{1}{\alpha_1}+\frac{b}{\lambda}\cdot\frac{d_1}{d_m}+\frac{1}{\alpha_2}\cdot\frac{d_1}{d_2} \tag{5.3.27b}$$

式中：K_1——以换热管的外表面为基准的总传热系数，$W/(m^2 \cdot K)$；

d_m——换热管的对数平均直径，$d_m=(d_2-d_1)/\ln\frac{d_2}{d_1}$，m。

以外表面为基准，即 $dA=dA_2$，则

$$\frac{1}{K_2}=\frac{1}{\alpha_1}\cdot\frac{d_2}{d_1}+\frac{b}{\lambda}\cdot\frac{d_2}{d_m}+\frac{1}{\alpha_2} \tag{5.3.28}$$

以壁表面为基准，即 $dA=dA_m$，则

$$\frac{1}{K_m}=\frac{1}{\alpha_1}\cdot\frac{d_m}{d_1}+\frac{b}{\lambda}+\frac{1}{\alpha_2}\cdot\frac{d_m}{d_2} \tag{5.3.29}$$

对于薄层圆筒壁$\frac{d_2}{d_1}<2$，近似用平壁计算(误差$<4\%$，工程计算可接受)。

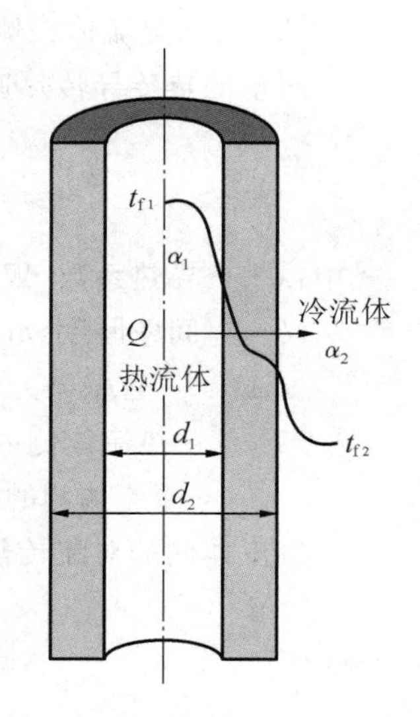

图 5-14　通过圆筒壁的传热

总传热系数反映了间壁复合传热能力的大小。一般以外表面积为基准，即

$$\frac{1}{K}=\frac{1}{\alpha_1}+\frac{bA_1}{\lambda A_m}+\frac{A_1}{\alpha_2 A_2} \tag{5.3.30}$$

对于平壁或薄管壁，则 $A_1=A_2=A_m$，所以

$$\frac{1}{K}=\frac{1}{\alpha_1}+\frac{b}{\lambda}+\frac{1}{\alpha_2}$$

2) 总传热速率方程

若想求出整个换热器的 Q，需要对 $dQ=K(T-t)dA$ 积分，因为 K 和$(T-t)$均具有局部性，因此积分有困难。为此，可以将该式中 K 取整个换热器的平均值 K，$(T-t)$也取为整个换热器上的平均值 Δt_m，则积分结果为

$$Q=KA\Delta t_m$$

式中：K——平均总传热系数，$W/(m^2 \cdot K)$；

Δt_m——平均温度差，K。

上式即为总传热速率方程。

3) 污垢热阻

换热器使用一段时间后，传热速率 Q 会下降，这往往是由于传热表面有污垢积存，污垢的存在增加了传热热阻。虽然此层污垢不厚，由于其导热系数小，热阻大，在计算 K 值时不可忽略。

污垢热阻的产生势必增加换热器的设计面积，以及导致使用过程中运行费用的增加。由于污垢产生的机理复杂，目前尚未找到清除污垢的好办法。工程上适用的做法是，在设计换热器时考虑污垢热阻而适当增加换热面积，同时对运行中的换热器进行定期清洗，以保证污垢热

阻不超过设计时选用的数值。同样是基于污垢生成的复杂性，污垢热阻的数值只能通过实验的方法来确定。表5-3、表5-4中所示为一些单侧污垢热阻的值。

表5-3 热阻的参考数值一 （单位：$m^2 \cdot ℃/W$）

水的种类	水的污垢热阻			
	热流体温度＜115 ℃		热流体温度115～205 ℃	
	水温＜52 ℃		水温＞52 ℃	
	水速＜1 m/s	水速＞1 m/s	水速＜1 m/s	水速＞1 m/s
海水	0.000 1	0.000 1	0.000 2	0.000 2
含盐的水	0.000 4	0.000 2	0.000 5	0.000 4
经处理的冷却塔或喷水池中的水	0.000 2	0.000 2	0.000 4	0.000 4
未经处理的冷却塔或喷水池中的水	0.000 5	0.000 5	0.001	0.000 7
自来水或池水	0.000 2	0.000 2	0.000 4	0.000 4
河水	0.000 4～0.000 5	0.000 2～0.000 4	0.000 5～0.000 7	0.000 4～0.000 5
含淤泥的水	0.000 5	0.000 4	0.000 7	0.000 5
硬水（硬度＞256.8 g/m^3）	0.000 5	0.000 5	0.001	0.001
发动机冷却套用水	0.000 2	0.000 2	0.000 2	0.000 2
蒸馏水与闭式循环冷凝水	0.000 1	0.000 1	0.000 1	0.000 1
经处理的锅炉给水	0.000 2	0.000 1	0.000 2	0.000 2
锅炉排污水	0.000 4	0.000 4	0.000 4	0.000 4

表5-4 热阻的参考数值二 （单位：$m^2 \cdot ℃/W$）

油	污垢热阻	其他液体	污垢热阻	气体	污垢热阻
一般燃料油	0.001	制冷剂	0.000 2	发动机排气	0.000 2
变压器油	0.000 2	氨	0.000 2	蒸气（无油润滑）	0.000 1
发动机润滑油	0.000 2	氨（油润滑）	0.000 5	排出的蒸气（油润滑）	0.000 3～0.000 4
淬火油	0.000 7	甲醇溶液	0.000 4	制冷剂气体（油润滑）	0.000 4
		乙醇溶液	0.000 4	压缩空气	0.000 2
		乙二醇溶液	0.000 4	氨气	0.000 2
		工业有机传热流体	0.000 2～0.000 4	二氧化碳	0.000 4
				燃煤烟气	0.002
		液压流体	0.000 2	燃天然气的烟气	0.001

在使用表中数值时一定要注意它是单位面积的热阻，也称面积热阻。对于换热器的传热过程中两侧表面积不相等的情况，在计算有污垢的传热表面的传热系数时，一定要考虑表面积的影响。

在工程计算时，通常根据经验直接估计污垢热阻值，将其考虑在 K 中，即

$$\frac{1}{K}=\frac{1}{\alpha_1}+R_1+\frac{b}{\lambda}\cdot\frac{d_1}{d_m}+R_2\frac{d_1}{d_2}+\frac{1}{\alpha_2}\cdot\frac{d_1}{d_2} \tag{5.3.31}$$

式中:R_1、R_2——传热面两侧的污垢热阻,$m^2\cdot K/W$。

为消除污垢热阻的影响,应定期清洗换热器。

例 5-4 有一个气体加热器,传热面积为 11.5 m^2,传热面壁厚为 1 mm,导热系数为 45 W/(m·℃),被加热气体的换热系数为 83 W/(m^2·℃),热介质为热水,换热系数为 5 300 W/(m^2·℃);热水与气体的温差为 42 ℃,试计算该气体加热器的传热总热阻、传热系数以及传热量,同时分析各部分热阻的大小,指出应从哪方面着手来增强该加热器的传热量。

解 已知 $A=11.5\ m^2$,$\delta=0.001\ m$,$\lambda=45\ W/(m\cdot ℃)$,$\Delta t=42\ ℃$,$\alpha_1=5\ 300\ W/(m^2\cdot ℃)$,$\alpha_2=83\ W/(m^2\cdot ℃)$,故传热过程的各分热阻为

$$\frac{1}{\alpha_1}=\frac{1}{5\ 300}=1.89\times10^{-4}[(m^2\cdot ℃)/W]$$

$$\frac{\delta}{\lambda}=\frac{0.001}{45}=2.22\times10^{-5}[(m^2\cdot ℃)/W]$$

$$\frac{1}{\alpha_2}=\frac{1}{83}=1.20\times10^{-2}[(m^2\cdot ℃)/W]$$

于是单位面积的总传热热阻为

$$\frac{1}{K}=\frac{1}{\alpha_1}+\frac{\delta}{\lambda}+\frac{1}{\alpha_2}=1.22\times10^{-2}[(m^2\cdot ℃)/W]$$

传热系数为

$$K=81.97[W/(m^2\cdot ℃)]$$

加热器的传热量为

$$Q=KA\Delta t=81.97\times11.5\times42=3.96\times10^4(W)$$

分析上面的各个分热阻,其中最大的是单位面积的换热热阻 $1/\alpha_2$,要增强传热必须增加 α_2 的数值。但是这会导致流动阻力的增加,而使设备运行费用加大。实际上从总的热阻,即 $1/(KA)$来考虑,可以通过加大传热面积来达到减小热阻的目的。

例 5-5 夏天供空调用的冷水管道的外径为 76 mm,管壁厚为 3 mm,导热系数为 43.5 W/(m·℃),管内为 5 ℃的冷水,冷水在管内的对流换热系数为3 150 W/(m^2·℃),如果用导热系数为 0.037 W/(m·℃)的泡沫塑料保温,并使管道冷损失小于 70 W/m,则保温层需要多厚?假定周围环境温度为 36 ℃,保温层外的换热系数为 11 W/(m^2·℃)。

解 已知 $t_1=5\ ℃$,$t_0=36\ ℃$,$q_1=70\ W/m$,$d_1=0.070\ m$,$d_2=0.076\ m$,d_3 为待求量,$\alpha_1=3\ 150\ W/(m^2\cdot ℃)$,$\alpha_0=11\ W/(m^2\cdot ℃)$,$\lambda_1=43.5\ W/(m\cdot ℃)$,$\lambda_2=0.037\ W/(m\cdot ℃)$。

此为圆筒壁传热问题,设管长为 l,则热量损失为

$$Q=KA_1\Delta t=K\pi d_1 l\Delta t$$

而单位管长的热量损失为

$$q_1=\frac{Q}{l}=K\pi d_1\Delta t=\frac{t_0-t_1}{\dfrac{1}{\pi d_1\alpha_1}+\dfrac{1}{2\pi\lambda_1}\ln\dfrac{d_2}{d_1}+\dfrac{1}{2\pi\lambda_2}\ln\dfrac{d_3}{d_2}+\dfrac{1}{\pi d_3\alpha_0}}$$

代入数据,有

$$70=\frac{36-5}{\dfrac{1}{\pi\times0.07\times3\ 150}+\dfrac{1}{2\pi\times43.5}\times\ln\dfrac{0.076}{0.070}+\dfrac{1}{2\pi\times0.037}\times\ln\dfrac{d_3}{0.076}+\dfrac{1}{\pi d_3\times11}}$$

整理上式，得
$$430.4\ln\frac{d_3}{0.076}+\frac{2.895}{d_3}=44.11$$
由上式不能直接求解 d_3，则构建迭代式为
$$d_3=0.076\exp\left(\frac{44.11-2.895/d_3}{430.4}\right)$$
由此迭代式可以很快计算出 d_3 值。如 d_3 的初值取为 0.076 m 时，经过 3 次迭代计算，可求得 $d_3=0.077\ 07\ \text{m}=77.07\ \text{mm}\approx77.5\ \text{mm}$。

2. 热量衡算式和传热速率方程之间的关系

如图 5-15 所示的换热过程。

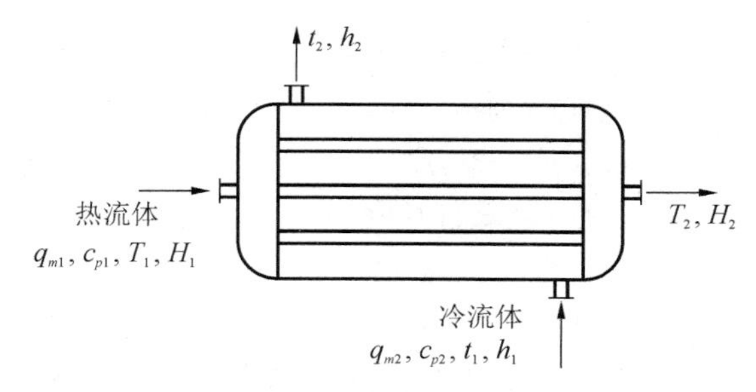

图 5-15　冷热流体的换热过程

假设传热过程中无热损失，则热流体放出的热量等于冷流体吸收的热量。因此流体均无相变时的热量衡算式为
$$Q=q_{m2}c_{p2}(t_2-t_1)\text{（冷流体）}$$
或
$$Q=q_{m2}c_{p2}(T_1-T_2)\text{（热流体）}$$
若热流体饱和蒸气冷凝，其热量衡算式为
$$Q=q_{m1}r=q_{m1}c_{p1}(T_1-T_2)$$
若冷流体饱和液体沸腾，其热量衡算式为
$$Q=q_{m2}r=q_{m2}c_{p2}(t_1-t_2)$$
其中 r 为潜热。

若传热过程既有温变，也有相变过程，则需要分段计算。

1）无相变
$$Q=q_{m1}c_{p1}(T_1-T_2)=q_{m2}c_{p2}(t_2-t_1) \tag{5.3.32}$$
或
$$Q=q_{m1}(H_1-H_2)=q_{m2}(h_2-h_1) \tag{5.3.33}$$
式中：Q——流体放出或吸收的热量，J/s；

q_{m1}、q_{m2}——热、冷流体的质量流量，kg /s；

c_{p1}、c_{p2}——热、冷流体的比热容，J/(kg · ℃)；

T_1、T_2——热流体的进、出口温度，℃；

t_1、t_2——冷流体的进、出口温度，℃；

H_1、H_2——热流体的进、出口比焓，J/kg；

h_1、h_2——冷流体的进、出口比焓，J/kg。

2）有相变

若热流体有相变化，如饱和蒸气冷凝，而冷流体无相变化，则
$$Q=q_{m1}[r+c_{p1}(T_s-T_2)]=q_{m2}c_{p2}(t_2-t_1) \tag{5.3.34}$$

式中：r——流体的汽化潜热，kJ/kg；

T——饱和蒸气温度，℃，$T=T_1$。

热负荷是由生产工艺条件决定的，是对换热器换热能力的要求；而传热速率是换热器本身在一定操作条件下的换热能力，是换热器本身的特性，二者是不相同的。

对于一个能满足工艺要求的换热器，其传热速率值必须等于或略大于热负荷值。而在实际设计换热器时，通常将传热速率和热负荷在数值上认为相等，通过热负荷可确定换热器应具有的传热速率，再依据传热速率来计算换热器所需的传热面积。因此，传热过程计算的基础是传热速率方程和热量衡算式。

3. 平均温差的计算

间壁式换热器传热时，冷热流体温度差是传热过程的推动力，其与两流体的流动方向和温度变化情况有关。就冷、热流体的相互流动方向而言，可以有不同的流动形式，传热平均温差 Δt_m 的计算方法因流动形式而异。按照参与热交换的冷、热流体在沿换热器传热面流动时各点温度变化情况，可分为恒温差传热和变温差传热。

1）恒温差传热

恒温差传热，是指间壁两侧流体均发生相变，且其温度各自保持不变，冷、热流体温差处处相等，不随换热器位置而变的情况。例如，间壁的一侧液体在保持恒定的沸腾温度 t 下蒸发；而间壁的另一侧，饱和蒸气保持在温度 T 下冷凝，此时传热面两侧的温度差保持均一不变，即为恒温差传热，其温度差为

$$\Delta t = T - t \tag{5.3.35}$$

2）变温差传热

变温差传热是指传热温度随换热器位置而改变的情况。间壁传热过程中一侧或两侧的流体沿着传热壁面在不同位置点温度不同，因此传热温度差也必随换热器位置而变化，该过程可分为单侧变温和双侧变温两种情况。

(1) 单侧变温。

如用蒸汽加热一冷流体，蒸汽冷凝放出潜热，冷凝温度 T 不变，而冷流体的温度从 t_1 上升到 t_2。或者热流体温度从 T_1 下降到 T_2，放出显热去加热另一较低温度 t 下沸腾的液体，后者温度始终保持在沸点 t。

(2) 双侧变温。

此时平均温度差 Δt_m 与换热器内冷、热流体流动方向有关，如图 5-16 所示，工业中常见的几种流动形式有并流、逆流、错流和折流。

两种流体沿传热面平行而同向的流动称为并流(见图 5-16(a))。两种流体沿传热面平行且反向的流动称为逆流(见图 5-16(b))。两种流体的流向垂直交叉，称为错流(见图 5-16(c))。一种流体只沿一个方向流动，另一种流体反复折流，称为折流(见图 5-16(d))。

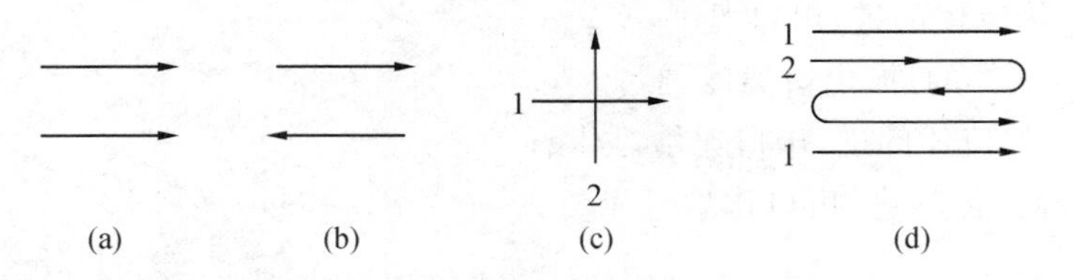

图 5-16 工业中常见流动形式

(a) 并流；(b) 逆流；(c) 错流；(d) 折流

① 并流和逆流时的传热温度差。

图 5-17 为套管换热器逆流和并流时冷、热流体的变化曲线。热流体沿程不断放出热量而温度不断下降，冷流体沿程吸收热量而温度升高。

沿传热面的局部温度差($T-t$)是变化的，所以在计算传热速率时必须用积分的方法求出整个传热面上的平均温度差 Δt_m。下面以逆流操作(两侧流体无相变)为例，推导 Δt_m 的计算式。

如图 5-17 所示，热流体的质量流量为 q_{m1}，定压比热容为 c_{p1}，进、出口温度分别为 T_1、T_2；冷流体的质量流量为 q_{m2}，定压比热容为 c_{p2}，进、出口温度分别为 t_1、t_2。

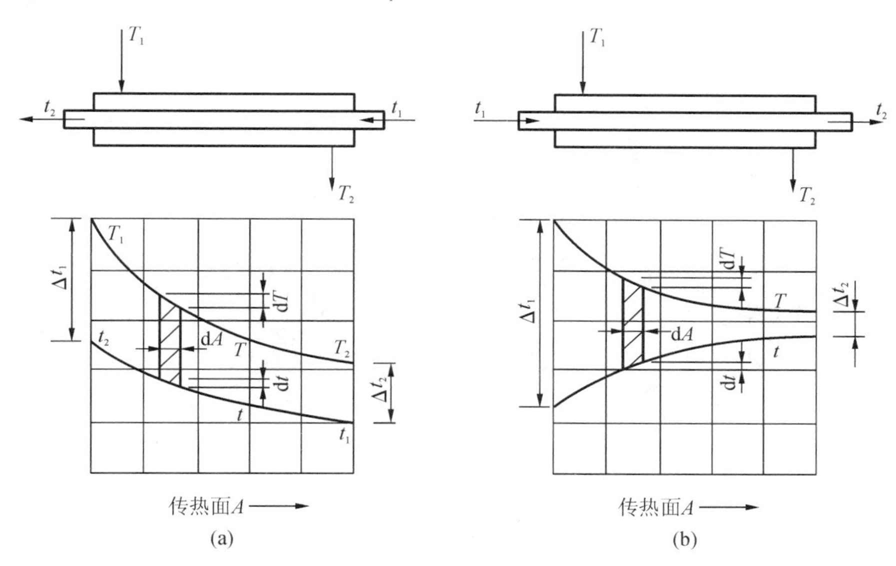

图 5-17 套管式换热器及其温度沿换热面的分布示意图

(a) 逆流两侧流体均属变温时的温差变化；(b) 并流两侧流体均属变温时的温差变化

有如下假定条件(稳定传热过程)：

a. 稳定操作，q_{m1}、q_{m2} 为定值；

b. c_{p1}、c_{p2} 及 K 沿传热面为定值；

c. 换热器无热损失。

现取换热器中一微元段为研究对象，其传热面积为 dA，在 dA 内热流体因放出热量温度下降 $-dT$，冷流体因吸收热量温度升高 $-dt$，传热量为 dQ。

dA 段热量衡算的微分式：

$$dQ=-q_{m1}c_{p1}dT=-q_{m2}c_{p2}dt$$

dA 段传热速率方程的微分式：

$$dQ=K(T-t)dA$$

$$dQ=-q_{m1}c_{p1}dT=-q_{m2}c_{p2}dt=K(T-t)dA$$

则变形得
$$K(T-t)dA=-\frac{dT}{\frac{1}{q_{m1}c_{p1}}}=-\frac{-dt}{-\frac{1}{q_{m2}c_{p2}}}=-\frac{d(T-t)}{\frac{1}{q_{m1}c_{p1}}-\frac{1}{q_{m2}c_{p2}}}$$

分离变量得
$$\left(\frac{1}{q_{m1}c_{p1}}-\frac{1}{q_{m2}c_{p2}}\right)KdA=-\frac{d(T-t)}{T-t} \tag{5.3.36}$$

逆流：$\begin{matrix} T_1 \longrightarrow T_2 \\ t_2 \longleftarrow t_1 \end{matrix}$，$\Delta t_1 = T_1 - t_2$，$\Delta t_2 = T_2 - t_1$。

边界条件：

$A=0$ 时，$\Delta t_1 = T_1 - t_2$；

$A=A$ 时，$\Delta t_2 = T_2 - t_1$。

代入式(5.3.36)中，得

$$\left(\frac{1}{q_{m1}c_{p1}} - \frac{1}{q_{m2}c_{p2}}\right)\int_0^A K\mathrm{d}A = -\int_{\Delta t_1}^{\Delta t_2} \frac{\mathrm{d}(T-t)}{T-t} = -\int_{\Delta t_1}^{\Delta t_2} \frac{\mathrm{d}\Delta t}{\Delta t}$$

积分，得

$$KA = \frac{1}{\dfrac{1}{q_{m1}c_{p1}} - \dfrac{1}{q_{m2}c_{p2}}} \ln \frac{\Delta t_1}{\Delta t_2} \tag{5.3.37}$$

则对整个换热器作热量衡算，即

$$Q = q_{m1}c_{p1}(T_1 - T_2) = q_{m2}c_{p2}(t_2 - t_1)$$

得

$$\frac{1}{q_{m1}c_{p1}} = \frac{T_1 - T_2}{Q}, \quad \frac{1}{q_{m2}c_{p2}} = \frac{t_2 - t_1}{Q}$$

代入式(5.3.37)中，得

$$\ln \frac{\Delta t_1}{\Delta t_2} = KA\frac{(T_1 - T_2) - (t_2 - t_1)}{Q} = KA\frac{(T_1 - t_2) - (T_2 - t_1)}{Q} = KA\frac{\Delta t_1 - \Delta t_2}{Q} \tag{5.3.38}$$

则

$$Q = KA\frac{\Delta t_1 - \Delta t_2}{\ln \dfrac{\Delta t_1}{\Delta t_2}} = KA\Delta t_\mathrm{m} \tag{5.3.39}$$

式中：Δt_m—— 对数平均温差，$\Delta t_\mathrm{m} = \dfrac{\Delta t_1 - \Delta t_2}{\ln \dfrac{\Delta t_1}{\Delta t_2}}$。

讨论：

a. 式(5.3.39)虽然是从逆流操作推导来的，但也适用于并流操作。并流时，$\Delta t_1 = T_1 - t_1$，$\Delta t_2 = T_2 - t_2$，其对数平均温差为

$$\Delta t_\mathrm{m} = \frac{(T_1 - t_1) - (T_2 - t_2)}{\ln \dfrac{T_1 - t_1}{T_2 - t_2}} \tag{5.3.40}$$

b. 习惯上将较大温差记为 Δt_1，较小温差记为 Δt_2。

c. 当 $\Delta t_1/\Delta t_2 < 2$ 时，则可用算术平均值代替，即 $\Delta t_\mathrm{m} = (\Delta t_1 + \Delta t_2)/2$(误差小于 4%，工程计算可接受)。

d. 当 $\Delta t_1 = \Delta t_2$ 时，$\Delta t_\mathrm{m} = \Delta t_1 = \Delta t_2$。

例 5-6　在一单程管壳式换热器中，用冷水将常压下的纯苯蒸气冷凝成饱和液体。已知苯蒸气的体积流量为 1 600 $\mathrm{m^3/h}$，常压下苯的沸点为 80.1 ℃，汽化热为 394 kJ/kg。冷却水的入口温度为 20 ℃，流量为 35 000 kg/h，水的平均比热容为4.17 kJ/(kg·℃)。总传热系数为 450 W/($\mathrm{m^2}$·℃)。设换热器的热损失可忽略，试计算所需的传热面积。

解　苯蒸气的密度为

$$\rho = \frac{pM}{RT} = \frac{101\ 325 \times 78}{8.314 \times (273 + 80.1)} = 2\ 692(\mathrm{g/m^3}) = 2.692(\mathrm{kg/m^3})$$

$$q_{m1} = 1\ 600 \times 2.692 = 4\ 307.2(\text{kg/h})$$

则苯蒸气放出的热量为

$$Q = q_{m1} r = 4\ 307.2 \times 394 = 1.697 \times 10^6(\text{kJ/h}) = 4.71 \times 10^5(\text{W})$$

而冷却水吸收的热量为　$$Q = q_{m2} c_{p2}(t_2 - t_1)$$

即　$$\frac{35\ 000}{3\ 600} \times 4.17 \times 10^3 (t_2 - 20) = 4.71 \times 10^5$$

解出　$$t_2 = 31.6(℃)$$

则　$$\Delta t_m = \frac{60.1 - 48.5}{\ln \frac{60.1}{48.5}} = 54.1(℃)$$

所需传热面积为　$$A = \frac{Q}{K \Delta t_m} = \frac{4.71 \times 10^5}{450 \times 54.1} = 19.3(\text{m}^2)$$

② 错流和折流时的传热平均温差。

在大多数的列管换热器中，两流体并非简单的逆流或并流，因为传热的好坏，除考虑温度差的大小外，还要考虑到影响传热系数的多种因素以及换热器的结构是否紧凑合理等。所以实际上两流体的流向是比较复杂的多程流动，或是相互垂直的交叉流动。

对于这些情况，通常采用 Underwood 和 Bowan 提出的图算法（也可采用求解 Δt_m 的计算式，但形式太复杂）。错流和折流设计计算相对复杂，这里不再详细叙述，需要时可参考设计类书籍。

(3) 流向的选择。

① 如前所述的各种流动形式，逆流和并流可以看成两种极端情况。在流体进、出口温度相同的条件下，逆流的平均温差最大，并流最小，其他流动形式的 Δt_m 介于两者之间。从提高传热推动力来言，逆流最佳。

在 Q、K 相同时，采用逆流可以较小的传热面积 A 完成相同的换热任务；在 Q、A 相同时，可以节省加热和冷却介质的用量或多回收热。逆流时，传热面上冷、热流体间的温度差较为均匀。

② 在某些方面并流也优于逆流。例如，工艺上要求加热某一热敏性物质时，要求加热温度不高于某值（并流 $t_{2\max} < T_2$）；或者易固化物质冷却时，要求冷却温度不低于某值（并流 $T_{2\min} < t_2$），采用并流则易于控制流体出口温度。

③ 采用折流和其他复杂流形的目的是提高传热系数 α，从而提高 K 来减小传热面积。

④ 当换热器一侧流体发生相变，其温度可能保持不变，此时就无所谓逆、并流，不论何种流动形式，只要该流体进、出口温度相同，则 Δt_m 均相等。

4. 传热效率和传热单元数法

传热单元数法是近年发展起来的换热器的计算方法，在换热器核算、热量回收利用和换热器系统最优化计算方面得到广泛应用。

1) 传热效率 ε

换热器传热效率 ε 为实际传热速率 Q 和理论上可能的最大传热速率 $Q_{\max}$ 之比，即

$$\varepsilon = Q/Q_{\max} \tag{5.3.41}$$

根据热力学第二定律，热流体至多能从进口温度 T_1 被冷却到冷流体的进口温度 t_1，而冷流体的出口温度 t_2 不可能超过 T_1，所以在换热器中两种流体可能达到的最大温差均为 $T_1 - t_1$，则

$$Q_{\max} = (q_m c_p)_{\min}(T_1 - t_1) \tag{5.3.42}$$

式中:$(q_m c_p)_{\min}$——两流体中热容流量 $q_m c_p$ 较小的值。

根据热量守恒定律,热流体放出的热量必须等于冷流体得到的热量。若计算 $Q_{\max}$ 时以 $q_m c_p$ 较大的流体为准,则另一流体的温差必定大于最大值 $T_1 - t_1$,而这在热力学上是不可能的。

若热流体的热容流量 $q_m c_p$ 较小,令 $q_{m1} c_{p1} = (q_m c_p)_{\min}$,这时 $q_{m2} c_{p2}$ 用 $(q_m c_p)_{\max}$ 表示,则

$$\varepsilon = \frac{Q}{Q_{\max}} = \frac{q_{m1} c_{p1}(T_1 - T_2)}{q_{m1} c_{p1}(T_1 - t_1)} = \frac{T_1 - T_2}{T_1 - t_1} \tag{5.3.43}$$

反之,冷流体热容流量 $q_m c_p$ 较小时,则 $q_{m2} c_{p2} = (q_m c_p)_{\min}$,此时 $q_{m1} c_{p1}$ 用 $(q_m c_p)_{\max}$ 表示,则

$$\varepsilon = \frac{Q}{Q_{\max}} = \frac{q_{m2} c_{p2}(t_2 - t_1)}{q_{m2} c_{p2}(T_1 - t_1)} = \frac{t_2 - t_1}{T_1 - t_1} \tag{5.3.44}$$

若能知道传热效率 ε,则由 $Q = \varepsilon Q_{\max} = \varepsilon (q_m c_p)_{\min}(T_1 - t_1)$ 求得 Q 后,便很容易由热量衡算求得两个出口的温度 T_2 和 t_2。要讨论如何得到 ε,需要先引入传热单元数的概念。

2) 传热单元数

在换热器中,对微元传热面 $\mathrm{d}A$ 的热量衡算和传热速率方程为

$$\mathrm{d}Q = q_{m1} c_{p1}\mathrm{d}T = q_{m2} c_{p2}\mathrm{d}t = K(T - t)\mathrm{d}A \tag{5.3.45}$$

对于热流体,上式可写成

$$\frac{\mathrm{d}T}{T - t} = \frac{K\mathrm{d}A}{q_{m1} c_{p1}} \tag{5.3.46}$$

其积分式称为热流体的传热单元数,用 NTU_1 表示为

$$\mathrm{NTU}_1 = \int_{t_1}^{t_2} \frac{\mathrm{d}t}{T - t} = \int_0^A \frac{K\mathrm{d}A}{q_{m1} c_{p1}} \tag{5.3.47}$$

当 K 为常数,推动力 $T - t$ 用平均推动力 Δt_{m} 表示时,则积分式为

$$\mathrm{NTU}_1 = \frac{T_1 - T_2}{\Delta t_{\mathrm{m}}} = \frac{KA}{q_{m1} c_{p1}} \tag{5.3.48}$$

式中的 $KA = Q/\Delta t_{\mathrm{m}}$,为换热器每 1 ℃平均温度差的传热速率,而 $q_{m1} c_{p1}$ 则表示热流体每降低 1 ℃所需要放出的热量。因此,$KA/(q_{m1} c_{p1})$ 表示每 1 ℃平均温度差的传热速率为热流体每降低 1 ℃所需要放出的热量的倍数。从另一角度看,$T_1 - T_2$ 为热流体温度的变化,Δt_{m} 为热、冷流体间的平均温度差。故传热单元数又可看作热流体温度的变化相当于平均温度差的倍数。

同样的,对于冷流体

$$\mathrm{NTU}_2 = \int_{t_1}^{t_2} \frac{\mathrm{d}t}{T - t} = \int_0^A \frac{K\mathrm{d}A}{q_{m2} c_{p2}} = \frac{t_2 - t_1}{\Delta t_{\mathrm{m}}} = \frac{KA}{q_{m2} c_{p2}} \tag{5.3.49}$$

传热单元数是温度的量纲为 1 的函数,反映传热推动力和传热所要求的温度变化。传热推动力愈大,所要求的温度变化愈小,则所需要的传热单元数愈小。

使用传热单元数计算时,以热容流量小的流体为基准。因此传热单元数为

$$\mathrm{NTU} = \frac{KA}{(q_m c_p)_{\min}}$$

若换热器换热管的直径为 d,长度为 L,管数为 n,则

$$\mathrm{NTU} = \frac{KA}{(q_m c_p)_{\min}} = \frac{K(n\pi dL)}{(q_m c_p)_{\min}}$$

所以

$$L = \frac{(q_m c_p)_{\min}}{kn\pi d}\mathrm{NTU} = H_{\min}\mathrm{NTU}$$

其中 $H_{\min}=\dfrac{(q_m c_p)_{\min}}{kn\pi d}$，为基于热容流量小的流体的传热单元长度，m。

因此，换热器的管长等于传热单元长度和传热单元数的乘积。

3）传热效率 ε 和传热单元数 NTU 的关系

对一定形式的换热器，传热效率和传热单元数之间的关系可根据热量衡算和速率方程导出。下面以逆流换热器为例，将式(5.3.37)改写为

$$\ln\frac{T_1-t_2}{T_2-t_1}=KA\left(\frac{1}{q_{m1}c_{p1}}-\frac{1}{q_{m2}c_{p2}}\right) \tag{5.3.50}$$

设热流体的热容流量较小，即 $(q_m c_p)_{\min}=q_{m1}c_{p1}$，将式(5.3.50)改写成

$$\ln\frac{T_1-t_2}{T_2-t_1}=\frac{KA}{q_{m1}c_{p1}}\left(1-\frac{q_{m1}c_{p1}}{q_{m2}c_{p2}}\right) \tag{5.3.51}$$

将式(5.3.48)代入，并令 $q_{m1}c_{p1}/(q_{m2}c_{p2})=C_{R1}$，得

$$\ln\frac{T_1-t_2}{T_2-t_1}=\mathrm{NTU}_1(1-C_{R1}) \tag{5.3.52}$$

根据 ε 的定义，有

$$\varepsilon=\frac{Q}{Q_{\max}}=\frac{q_{m1}c_{p1}(T_1-T_2)}{q_{m1}c_{p1}(T_1-t_1)}=\frac{T_1-T_2}{T_1-t_1}=\frac{q_{m2}c_{p2}(t_2-t_1)}{q_{m1}c_{p1}(T_1-t_1)}=\frac{t_2-t_1}{C_{R1}(T_1-t_1)} \tag{5.3.53}$$

则式(5.3.52)中的

$$\frac{T_1-t_2}{T_2-t_1}=\frac{T_1-t_1-(t_2-t_1)}{T_1-t_1-(T_1-T_2)}=\frac{T_1-t_1-\varepsilon C_{R1}(T_1-t_1)}{T_1-t_1-\varepsilon(T_1-t_1)}=\frac{1-\varepsilon C_{R1}}{1-\varepsilon} \tag{5.3.54}$$

将上式代入式(5.3.52)，解得

$$\varepsilon=\frac{1-\exp[\mathrm{NTU}_1(1-C_{R1})]}{C_{R1}-\exp[\mathrm{NTU}_1(1-C_{R1})]} \tag{5.3.55}$$

若冷流体的热容量较小，则将式(5.3.37)写成

$$\ln\frac{T_1-t_2}{T_2-t_1}=\frac{KA}{q_{m2}c_{p2}}\left(\frac{q_{m2}c_{p2}}{q_{m1}c_{p1}}-1\right) \tag{5.3.56}$$

将式(5.3.49)代入式(5.3.56)中，令 $q_{m2}c_{p2}/(q_{m1}c_{p1})=C_{R2}$，其中 $C_{R2}=1/C_{R1}$，可解得

$$\varepsilon=\frac{1-\exp[\mathrm{NTU}_2(1-C_{R2})]}{C_{R2}-\exp[\mathrm{NTU}_2(1-C_{R2})]} \tag{5.3.57}$$

式(5.3.55)与式(5.3.57)形式相同，可写成统一形式

$$\varepsilon=\frac{1-\exp[\mathrm{NTU}(1-C_R)]}{C_R-\exp[\mathrm{NTU}(1-C_R)]} \tag{5.3.58}$$

式中：C_R——热容流量比，$C_R=(mc)_{\min}/(mc)_{\max}$。

当 $q_{m1}c_{p1}<q_{m2}c_{p2}$ 时，$C_R=C_{R1}$，$\mathrm{NTU}=\mathrm{NTU}_1$，$\varepsilon=(T_1-T_2)/(T_1-t_1)$；

当 $q_{m1}c_{p1}>q_{m2}c_{p2}$ 时，$C_R=C_{R2}$，$\mathrm{NTU}=\mathrm{NTU}_2$，$\varepsilon=(t_2-t_1)/(T_1-t_1)$。

同理，对于并流换热器，ε 与 NTU 的关系为

$$\varepsilon=\frac{1-\exp[-\mathrm{NTU}(1+C_R)]}{1+C_R} \tag{5.3.59}$$

例 5-7 某生产过程中需用冷却水冷却 105 ℃的油。已知油的流量为6 000 kg/h，水的初温为 22 ℃，流量为 2 000 kg/h。现有一传热面积为 10 m^2 的套管式换热器，试求在逆流和并流两种流动形式下油的出口温度。

设换热器的总传热系数在两种情况下相同，为 300 W/(m^2 · ℃)；油的平均比热容为

1.9 kJ/(kg·℃),水的平均比热容为 4.17 kJ/(kg·℃),热损失可忽略。

解 本题采用 ε-NTU 法直接计算油的出口温度。

(1) 逆流时

$$q_{m1}c_{p1}=\frac{6\ 000}{3\ 600}\times 1.9\times 10^3=3.17\times 10^3(\mathrm{W/℃})$$

$$q_{m2}c_{p2}=\frac{2\ 000}{3\ 600}\times 4.17\times 10^3=2.32\times 10^3(\mathrm{W/℃})$$

$$C_{\mathrm{R}}=\frac{q_{m2}c_{p2}}{q_{m1}c_{p1}}=\frac{2.32\times 10^3}{3.17\times 10^3}=0.732$$

$$(\mathrm{NTU})_{\min}=\frac{KA}{(q_m c_p)_{\min}}=\frac{300\times 10}{2.32\times 10^3}=1.29$$

由式(5.3.59),有

$$\varepsilon=\frac{1-\exp[\mathrm{NTU}(1-C_{\mathrm{R}})]}{C_{\mathrm{R}}-\exp[\mathrm{NTU}(1-C_{\mathrm{R}})]}=\frac{1-\exp[1.29\times(1-0.732)]}{0.732-\exp[1.29\times(1-0.732)]}=0.606$$

$$Q=\varepsilon(q_m c_p)_{\min}(T_1-t_1)=0.606\times 2.32\times 10^3\times(105-22)=1.17\times 10^5(\mathrm{W})$$

$$T_2=T_1-\frac{Q}{W_{\mathrm{h}}c_{p\mathrm{h}}}=105-\frac{1.17\times 10^5}{3.17\times 10^3}=68.1(℃)$$

(2) 并流时

由式(5.3.59),有

$$\varepsilon=\frac{1-\exp[-\mathrm{NTU}(1+C_{\mathrm{R}})]}{1+C_{\mathrm{R}}}=\frac{1-\exp[-1.29\times(1+0.732)]}{1+0.732}=0.516$$

$$Q=\varepsilon(q_m c_p)_{\min}(T_1-t_1)=0.516\times 2.32\times 10^3\times(105-22)=9.93\times 10^4(\mathrm{W})$$

$$T_2=105-\frac{9.93\times 10^4}{3.17\times 10^3}=73.7(℃)$$

5. 壁温的计算

在热损失和某些对流传热系数(如自然对流、强制层流、冷凝、沸腾等)的计算中都需要知道壁温。此外,选择换热器类型和管材时,也需要知道壁温。下面来讨论壁温的计算。

对于稳态传热,有

$$Q=KA\Delta t_{\mathrm{m}}=\frac{T-T_{\mathrm{w}}}{\dfrac{1}{\alpha_1 A_1}}=\frac{T_{\mathrm{w}}-t_{\mathrm{w}}}{\dfrac{b}{\lambda A_{\mathrm{m}}}}=\frac{t_{\mathrm{w}}-t}{\dfrac{1}{\alpha_2 A_2}} \tag{5.3.60}$$

利用式(5.3.60)计算壁温,得

$$T_{\mathrm{w}}=T-\frac{Q}{\alpha_1 A_1},\quad t_{\mathrm{w}}=T_{\mathrm{w}}-\frac{bQ}{\lambda A_{\mathrm{m}}},\quad t_{\mathrm{w}}=t+\frac{Q}{\alpha_2 A_2} \tag{5.3.61}$$

讨论:

(1) 一般换热器金属壁的 λ 大,即 $b/(\lambda A_{\mathrm{m}})$ 小,热阻小,$t_{\mathrm{w}}=T_{\mathrm{w}}$。

(2) 当 $t_{\mathrm{w}}=T_{\mathrm{w}}$,得 $\dfrac{T-T_{\mathrm{w}}}{t_{\mathrm{w}}-t}=\dfrac{1/(\alpha_1 A_1)}{1/(\alpha_2 A_2)}$,说明传热面两侧的温度差之比等于两侧热阻之比,即热阻大则温差大;如 $\alpha_1\gg\alpha_2$,得 $(T-T_{\mathrm{w}})\ll(T_{\mathrm{w}}-t)$,$T_{\mathrm{w}}$ 接近 T,即 α 较大一侧的流体温度。

(3) 如果两侧有污垢,还应考虑污垢热阻的影响。则

$$Q=KA\Delta t_{\mathrm{m}}=\frac{T-T_{\mathrm{w}}}{\left(\dfrac{1}{\alpha_1}+R_1\right)\dfrac{1}{A_1}}=\frac{T_{\mathrm{w}}-t_{\mathrm{w}}}{\dfrac{b}{\lambda A_{\mathrm{m}}}}=\frac{t_{\mathrm{w}}-t}{\left(\dfrac{1}{\alpha_2}+R_2\right)\dfrac{1}{A_2}} \tag{5.3.62}$$

5.4 辐射传热

辐射传热是热量传递的三种基本方式之一,当物体的温度较高时,辐射传热往往成为主要的传热方式。在工程技术和日常生活中,辐射传热是常见的现象。例如,高炉中灼热的火焰会烘烤得人们难以忍受,高温发动机部件与飞机机体之间的辐射换热严重地影响飞机的结构与强度设计,太阳对人造卫星的辐射会使卫星的朝阳面的温度明显地高于卫星背阳面的温度等。最为常见的辐射现象是太阳对大地的辐射。近年来,人类对太阳能的利用大大地促进了对辐射换热的研究。

本节简要介绍辐射传热的基本概念、基本定律及其应用。

5.4.1 辐射传热的基本概念

1. 热辐射的物理本质

凡是热力学温度在 0 K 以上的物体,由于物体内部原子复杂的激烈运动,能以电磁波的形式向外发射射线,并向周围空间作直线传播。当与另一物体相遇时,则可被吸收、反射和透过,其中被吸收的热辐射又转化为热能。物体以电磁波方式传递能量的过程称为辐射,物体因热的原因而以电磁波方式传递能量的过程称为辐射传热。

辐射传热不需要任何介质,在真空中能很快地传播。

热辐射的能力与温度有关,随着温度的升高,热辐射的作用变得更加重要。高温时,热辐射将起决定作用;温度较低时,若对流传热不是太弱,则热辐射的作用相对比较小,通常不予考虑。

理论上,物体热辐射的电磁波波长可以覆盖电磁波的整个波谱,即波长从零到无穷大。但具有实际意义的波长为 0.4~20 μm。其中 0.4~0.8 μm 为可见光的波长范围,0.8~20 μm 为红外光的波长范围。热辐射的大部分能量位于红外光区段。

2. 热辐射对物体的作用

当物体的辐射能投射到另一物体的表面上时,一部分被物体吸收(Q_a),一部分被反射(Q_r),还有一部分透过物体(Q_d)。根据能量守恒定律,有

$$Q = Q_a + Q_r + Q_d \quad 或 \quad \frac{Q_a}{Q} + \frac{Q_r}{Q} + \frac{Q_d}{Q} = 1 \tag{5.4.1}$$

令 $Q_a/Q=a, Q_r/Q=r, Q_d/Q=d$,则式(5.4.1)可以表示为

$$a + r + d = 1 \tag{5.4.2}$$

分别称 a、r、d 为物体的吸收率、反射率和透过率。

(1) 透热体:当物体的透过率 $d=1$ 时,物体既不吸收也不反射投射来的热辐射线,而是全部透过。自然界只有近似的透热体。

(2) 黑体:当物体的吸收率 $a=1$,$r=d=0$,表示物体能全部吸收投射来的各种波长的热辐射线,称这种物体为绝对黑体,简称黑体。例如没有光泽的黑墨表面,其吸收率 $a=0.96$~0.98。黑体是一种理想化的物体,实际物体只能或多或少接近黑体,但没有绝对的黑体。引入黑体的概念是理论研究的需要。

(3) 镜体(绝对白体):当物体的反射率 $r=1$,$a=d=0$,称为绝对白体,简称白体或镜体。例如表面抛光的铜,其反射率 $r=0.97$。

物体的吸收率、发射率和透过率的大小取决于物体的性质、表面状况、温度和投射辐射的波长。一般来说,对于固体和液体,$d=0$,$a+r=1$;对于气体,$r=0$,$a+d=1$。

(4) 灰体:一定温度下,黑体的辐射能力比任何物体的辐射能力都大。为了说明实际物体在一定温度下的辐射能力,可将其与同温度下黑体的辐射能力进行对比。实际物体的辐射能力 E 与同温度下黑体的辐射能力 E_b 的比值称为该物体的黑度,用 ε 表示。

灰体的黑度不随波长而变化,即灰体在任何温度下各波长的辐射强度与绝对黑体相应波长的辐射强度的比值不变。所以灰体能够以相等的吸收率吸收所有波长的辐射能。灰体是理想物体,实际物体的吸收率与波长有关,但对工业上常见固体材料,吸收率随波长变化不大,可视为灰体。

5.4.2 黑体和灰体的辐射能力

在一定温度下,物体在单位时间内由单位面积所发射的全部波长的辐射能,称为该物体的辐射能力,用 E 表示,单位为 W/m^2。则

$$E = Q/A \tag{5.4.3}$$

式中:E——辐射能力,W/m^2;

Q——辐射能,W;

A——物体表面积,m^2。

物体在一定温度下发射某种波长的能力,称为物体的单色辐射能力,用 E_λ 表示。则物体的辐射能力为

$$E = \int_0^\infty E_\lambda d\lambda$$

1. 黑体的辐射能力

分别用 E_b 和 $E_{b\lambda}$ 表示黑体的辐射能力和单色辐射能力,则有

$$E_b = \int_0^\infty E_{b\lambda} d\lambda$$

理论研究证明,黑体的辐射能力可用斯蒂芬-玻尔茨曼(Stefan-Boltzmann)定律表示为

$$E_b = \sigma T^4 \tag{5.4.4}$$

式中:σ——斯蒂芬-玻尔兹曼常数,$\sigma=5.67\times10^{-8}$ $W/(m^2 \cdot K^4)$;

T——黑体表面的热力学温度,K。

该定律描述了黑体辐射能力随表面温度的变化规律,表明黑体的辐射能力与其表面温度的四次方成正比,故又称为四次方定律。在应用时,通常将式(5.4.4)写成

$$E_b = C_b\left(\frac{T}{100}\right)^4 \tag{5.4.5}$$

式中:C_b——黑体的辐射系数,$C_b=5.67$ $W/(m^2 \cdot K^4)$。

2. 灰体的辐射能力

经实验证明,斯蒂芬-玻尔兹曼定律也可以应用到灰体,即灰体的辐射能力为

$$E = C\left(\frac{T}{100}\right)^4 \tag{5.4.6}$$

式中:C——灰体的辐射系数,$W/(m^2 \cdot K^4)$。

不同物体的 C 值不同,它取决于物体的性质、表面情况和温度,且均小于 C_b。

根据黑度的定义有

$$\varepsilon = \frac{E}{E_b} \tag{5.4.7}$$

因此式(5.4.6)也可以写成

$$E = \varepsilon C_b \left(\frac{T}{100}\right)^4 \tag{5.4.8}$$

3. 物体的辐射能力与吸收能力的关系

如图5-18所示，假设有两个无限大的平壁，且两个壁面的距离很小，每个壁面所发射的辐射能全部投射到对面的壁面。两个壁面一个为黑体，另一个为灰体，灰体表面向黑体发射的辐射能 E_1 被黑体全部吸收，黑体表面向灰体发射的辐射能 E_b 仅被灰体表面吸收了 $\alpha_1 E_b$，其余部分 $(1-\alpha_1)E_b$ 被灰体表面发射回黑体表面而被黑体全部吸收。因此，灰体单位面积、单位时间损失的热能为

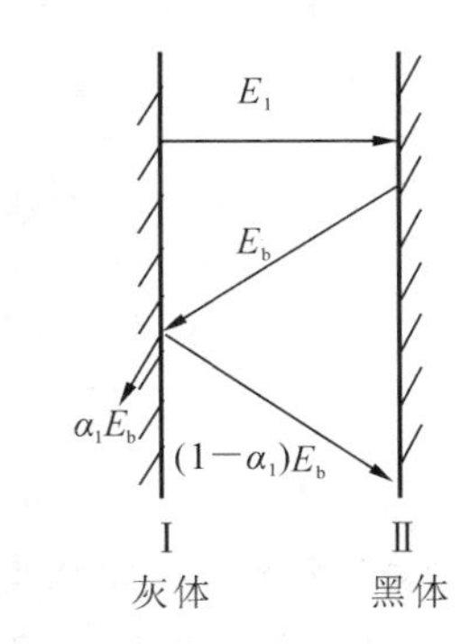

图5-18 平衡平壁间的辐射传热

$$q = E_1 - \alpha_1 E_b$$

式中：q——两壁面间辐射传热的热通量，W/m^2。

当灰体和黑体温度相同时，两壁间处于热平衡状态，则灰体所损失的热能为零，即

$$E_1 - \alpha_1 E_b = 0$$

所以

$$\frac{E_1}{\alpha_1} = E_b \tag{5.4.9}$$

式(5.4.9)可以推广到任意灰体，称为克希霍夫定律。该定律表明，在热平衡辐射时，任何灰体的辐射能力与其对黑体辐射能的吸收率之比等于同一温度下黑体的辐射能力。黑体的辐射能力仅为温度的函数，因此灰体的辐射能力与吸收率之比也仅为温度的函数。由于物体的辐射能力与吸收率成正比，因此吸收率大的物体，向外辐射能力也大。

5.4.3 两固体间的辐射传热

1. 辐射传热速率的计算

工业上经常遇到两固体间的辐射传热，通常可以看作灰体之间的辐射传热，热量从温度较高的物体传给温度较低的物体。在灰体的辐射传热过程中，辐射能多次被吸收，多次被反射，同时由于两固体的材料、温度、表面状况以及表面的大小、形状、距离和相对位置等的影响，物体表面间的传热十分复杂。

在两壁之间的空间只有透过率为1的透热性气体（比如空气），不考虑两壁间有能吸收热辐射能的气体时，从高温物体1传给低温物体2的辐射传热速率可用下式计算：

$$Q_{1-2} = C_{1-2}\varphi_{1-2}A\left[\left(\frac{T_1}{100}\right)^4 - \left(\frac{T_2}{100}\right)^4\right] \tag{5.4.10}$$

式中：Q_{1-2}——辐射传热速率，W；

C_{1-2}——总辐射系数，$W/(m^2 \cdot K^4)$，C_{1-2} 与两个壁面的黑度 ε_1、ε_2 以及黑体的辐射系数 C_b 有关；

φ_{1-2}——角系数，表示从表面1发射的总辐射能中到达表面2的分数，其值与两物体表面的形状、尺寸、相对位置以及距离有关；

A——辐射传热面积，m^2，当两物体表面积不相等时，传热面积取其中比较小的一个；

T_1、T_2——冷、热物体的温度，K。

表 5-5 所示为几种典型情况下的 C_{1-2} 和 φ_{1-2} 值。

表 5-5　角系数与总辐射系数计算式

序号	辐射情况	面积 A	角系数 φ_{1-2}	总辐射系数 C_{1-2}
1	极大的两平行面	A_1 或 A_2	1	$C_0/\left(\frac{1}{\varepsilon_1}+\frac{1}{\varepsilon_2}-1\right)$
2	面积有限的两相等的平行面	A_1	<1	$\varepsilon_1\varepsilon_2 C_0$
3	很大的物体 2 包住物体 1	A_1	1	$\varepsilon_1 C_0$
4	物体 2 恰好包住物体 1,$A_2=A_1$	A_1	1	$C_0/\left(\frac{1}{\varepsilon_1}+\frac{1}{\varepsilon_2}-1\right)$
5	在 3、4 两种情况之间	A_1	1	$C_0/\left[\frac{1}{\varepsilon_1}+\frac{A_1}{A_2}\left(\frac{1}{\varepsilon_1}-1\right)\right]$

例 5-8　某车间内有一高和宽都为 3 m 的铸铁炉门,表面温度为 450 ℃,室温为 27 ℃。已知铸铁和铝板的黑度分别为 0.75 和 0.15,黑体辐射系数 C_0 为 5.670 W/(m^2 · K^4)。

(1) 试求因炉门辐射而散失的热量。

(2) 若在距炉门 50 mm 处放置一块同等大小的铝板遮热板,试求放置铝板前后因辐射而损失的热流量。

解　以下标 1、2 和 3 分别表示铸铁炉门、周围四壁和铝板。

(1) 放置铝板遮热板前,炉门被四壁包围,故 $\varphi_{1-2}=1, A=A_1, C_{1-2}=\varepsilon_1 C_0$,所以

$$\begin{aligned}Q_{1-2} &= \varphi_{1-2}C_{1-2}A_1\left[\left(\frac{T_1}{100}\right)^4-\left(\frac{T_2}{100}\right)^4\right]\\ &= \varphi_{1-2}\varepsilon_1 C_0 A_1\left[\left(\frac{T_1}{100}\right)^4-\left(\frac{T_2}{100}\right)^4\right]\\ &= 1\times 0.75\times 5.670\times 3\times 3\times\left[\left(\frac{450+273}{100}\right)^4-\left(\frac{27+273}{100}\right)^4\right]\\ &= 1.01\times 10^4(\mathrm{W})\end{aligned}$$

(2) 放置铝板遮热板后,由于炉门与铝板之间距离很小,二者之间的辐射传热可视为两个无限大平行面间的相互辐射,即 $\varphi=1$。因为

$$\varphi_{1-3}=1,\quad A=A_1=A_3,\quad C_{1-3}=\frac{C_0}{\frac{1}{\varepsilon_1}+\frac{1}{\varepsilon_3}-1}=\frac{5.67}{\frac{1}{0.75}+\frac{1}{0.15}-1}=0.810$$

设铝板的温度为 T_3,已知 $\varphi_{3-2}=1, A=A_1, C_{3-2}=\varepsilon_3 C_0$,所以

$$\begin{aligned}Q_{1-3} &= \varphi_{1-3}C_{1-3}A\left[\left(\frac{T_1}{100}\right)^4-\left(\frac{T_3}{100}\right)^4\right]\\ &= 0.810\times 1\times 3\times 3\times\left[\left(\frac{450+273}{100}\right)^4-\left(\frac{T_3}{100}\right)^4\right]\end{aligned}$$

遮热板与四周墙壁的辐射传热的热流量为

$$\begin{aligned}Q_{3-2} &= \varepsilon_3 C_0 A\left[\left(\frac{T_3}{100}\right)^4-\left(\frac{T_2}{100}\right)^4\right]\\ &= 0.15\times 5.67\times 3\times 3\times\left[\left(\frac{T_3}{100}\right)^4-\left(\frac{27+273}{100}\right)^4\right]\end{aligned}$$

稳定的情况下,$Q_{1-3}=Q_{3-2}$,整理后得:$T_3=609$ K,即为 336 ℃。所以放置铝板遮热板后

炉门的辐射散热量为

$$Q_{1-3}=\varphi_{1-3}C_{1-3}A\left[\left(\frac{T_1}{100}\right)^4-\left(\frac{T_3}{100}\right)^4\right]$$
$$=0.810\times1\times3\times3\times\left[\left(\frac{450+273}{100}\right)^4-\left(\frac{609}{100}\right)^4\right]$$
$$=9.89\times10^3(\mathrm{W})$$

放置铝板后炉门的辐射热损失减少的百分率为

$$\frac{\varphi_{1-2}-\varphi_{1-3}}{\varphi_{1-2}}\times100\%=\frac{101\ 000-9\ 890}{101\ 000}\times100\%=90.2\%$$

可见，在两个辐射传热表面之间插入遮热板，可使散热量显著降低。

2. 辐射传热的强化与削弱

工程中有时需要强化或削弱物体之间辐射传热。一般来说，有两种方法：一是改变物体表面的黑度。从辐射传热速率计算公式来看，当物体的相对位置、表面温度、辐射面积一定时，要想增大辐射传热速率，可以改变物体表面的黑度。反之，为了削弱辐射传热，则可在物体表面镀上黑度较小的银、铝薄层。二是采用遮热板，即在两个辐射传热表面之间插入薄板，可以有效地减小辐射散热量。

5.4.4 气体的热辐射

不同的气体吸收和发射辐射的能力不同。单原子分子和分子结构对称的双原子分子，如N_2、H_2、O_2以及具有非极性对称结构的其他气体，在低温时几乎不具有吸收和发射能力，可视为完全透热体；而不对称的双原子和多原子气体，如水蒸气、SO_2、CO、CO_2、H_2O以及各种碳氢化合物的气体，则具有相当大的辐射能力和吸收率，当这类气体出现在高温换热场合中时，就要涉及气体和固体间的辐射传热问题。

1. 气体热辐射的特点

1）气体辐射和吸收对波长具有选择性

固体能发射和吸收全部波长范围的辐射能，而气体只能发射和吸收某些波长范围内的辐射能。气体辐射对波长具有选择性。它只在某谱带内具有发射和吸收辐射的能力，而对于其他谱带则呈现透明状态。

2）气体发射和吸收辐射能发生在整个气体体积内部进行

固体和液体发射和吸收辐射在其表面上进行，而气体发射和吸收辐射是发生在整个气体体积内部进行。当热射线穿过气体层时，其辐射能量因被沿途的气体分子吸收而逐渐减少；在气体界面上所接收到的气体辐射是达到界面上整个体积气体辐射的总和。气体的吸收和辐射与气体层的形状和体积大小有关。

2. 气体的辐射能力E和黑度ε

气体的辐射虽然在整个体积内进行，但气体的辐射能力同样定义为单位气体表面在单位时间内所辐射的总能量，用E_g表示。在一定的温度下，气体的辐射能力不仅与气体的体积和形状有关，而且与表面各点所处的位置有关，这是因为到达各点的射线行程不等。

不同形状气体在不同表面位置的平均射线行程l，也称气体层的平均厚度，单位为m，可估算为

$$l = 3.6\frac{V}{A} \tag{5.4.11}$$

式中:V——气体的体积,m^3;

A——包围气体的固体表面积,m^2。

由于气体的辐射和吸收在整个体积内进行,则气体的黑度 ε_g 与气体平均厚度L_e、气体的浓度(以分压 p 表示),以及气体的温度 T_g 有关,即

$$\varepsilon_g = f(T_g, p, L_e) \tag{5.4.12}$$

气体的吸收率与气体的黑度不相等,但工程计算上为了方便,仍按四次方定律处理,而把误差归到 ε_g 中进行修正,故气体的辐射能力为

$$E_g = \varepsilon_g C_0 (T_g/100)^4 \tag{5.4.13}$$

5.5 换 热 器

在工程中,要实现热量交换,需要一定的设备,这种交换热量的设备系统称为热交换器或换热器。换热器是化工、石油、食品及其他许多工业部门的通用设备,在生产中占有重要地位。由于生产的规模、物料的性质、传热的要求等各不相同,故换热器的种类繁多,结构形式多样。换热器按用途可分为加热器、冷却器、冷凝器、蒸发器和再沸器等;根据冷、热流体热量交换的原理和方式,可分为混合式、蓄热式、间壁式三大类。混合式换热器是冷、热流体直接接触进行热量传递的设备,常用于热气体用水冷却或热水用空气冷却。蓄热式换热器(蓄热器)中装有热容量较大的耐火砖等材料,冷、热气体交替流过蓄热器;当热气流经过蓄热器时,将热量传给蓄热材料,当冷气流流过时,蓄热材料将热量传给冷流体;常用于回收气体的冷量和热量。间壁式换热器应用最多,热流体与冷流体被隔开,热流体的热量通过间壁传给冷流体。

5.5.1 间壁式换热器的类型与结构

按照间壁式换热器换热面的形式,可将其分为管式换热器、板式换热器和热管换热器三种类型。以下选择较常用的几种作简单的介绍。

1. 管式换热器

管式换热器主要有蛇管式、套管式和列管式。

1) 蛇管换热器

这种换热器是将金属管弯绕成各种与容器相适应的形状,多弯成蛇形,称为蛇管。常见的蛇管形状如图 5-19 所示。通常按换热方式的不同,分为沉浸式和喷淋式两种。

(1) 沉浸式蛇管换热器。

沉浸式蛇管换热器是将蛇管沉浸在容器内的液体中,容器内的液体和蛇管内的流体进行热交换。这种换热器的优点是结构简单,价格低廉,便于防腐,能承受高压,适用于管内流体为高压流体或腐蚀性流体的场合。其缺点是传热面积不大,蛇管外对流传热系数小,为了强化传热,容器内需加以搅拌,增大流体的流动程度,以提高传热效率。

(2) 喷淋式蛇管换热器。

喷淋式蛇管换热器是将蛇管排列在同一垂直面上,热的流体在管内流动,冷却水从最上面的管子的喷淋装置中淋下来,沿管表面流下来,被冷却的流体从最上面的管子流入,从最下面的管子流出,与外面的冷却水进行换热。在下流过程中,冷却水可收集再进行重新分配。冷水

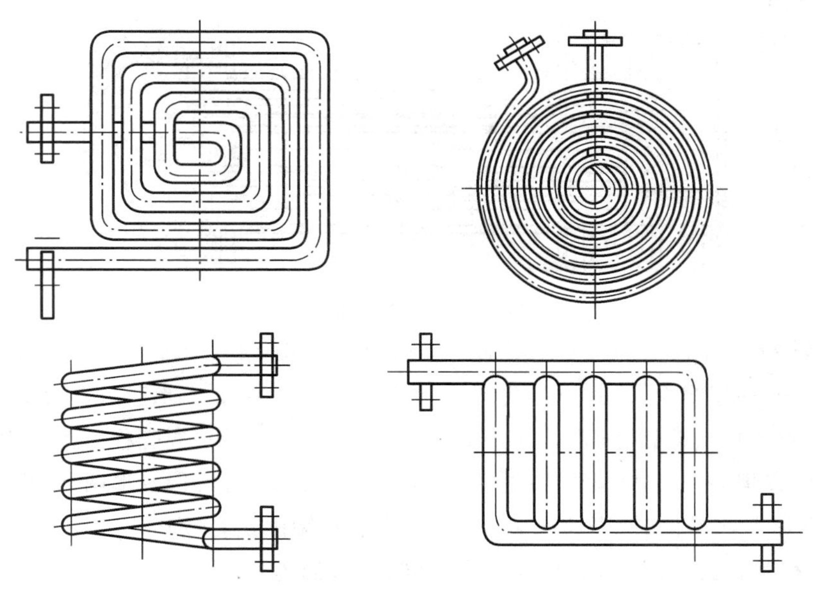

图 5-19　沉浸式蛇管换热器

在流过管表面时，与管内流体进行热交换。这种换热器的管外形成一层湍动程度较高的液膜，因此对流传热系数较大。另外，喷淋式蛇管换热器常置于室外空气流通处，冷却水在空气中汽化时也带走一部分的热量，可提高冷却效果。因此与沉浸式蛇管换热器相比，其传热效果好，便于检修和清洗。但相比之下，其缺点是容易喷淋不均匀而影响传热效果，且只能安装在室外，占地面积较大。

2）套管式换热器

如图 5-20 所示，套管式换热器是由两种不同直径的直管套在一起组成的同心套管，其内管可用 U 形肘管把管段顺次串联起来，每一段套管称为一程。每一程有效长度为4～6 m。外管与外管用接管相互连接，目的是增加传热面积；冷、热流体可以逆流或并流。进行热交换时是使一种流体在内管流动，另一种流体在环隙流动。

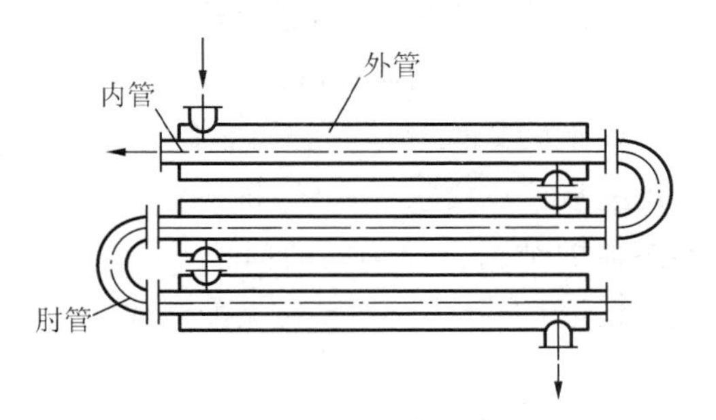

图 5-20　套管式换热器

套管式换热器的优点是结构简单，加工方便，耐高压，传热面积根据需要而增减，适当地选择内、外管的管径，可使两流体流速增大，且两种流体呈逆流流动，有利于传热。其缺点是结构不紧凑，金属消耗量大，接头多而易漏，检修不方便，且占地面积较大。当流体压力较高或流量不大时，采用套管式换热器较为合适。

3）列管式换热器

列管式换热器又称为管壳式换热器，是最典型的间壁式换热器，在换热器设备中占据主导作用。其优点是单位体积设备所能提供的传热面积大，传热效果好，结构紧凑、坚固耐用，可选用的结构材料范围宽广，因此适用性强。

图 5-21 所示为两壳程四管程的列管式换热器，列管式换热器主要由壳体、管束、管板、折流挡板和封头等组成。一种流体在管内流动，其行程称为管程；另一种流体在壳体内流动，其行程称为壳程。管束的壁面即为传热面。

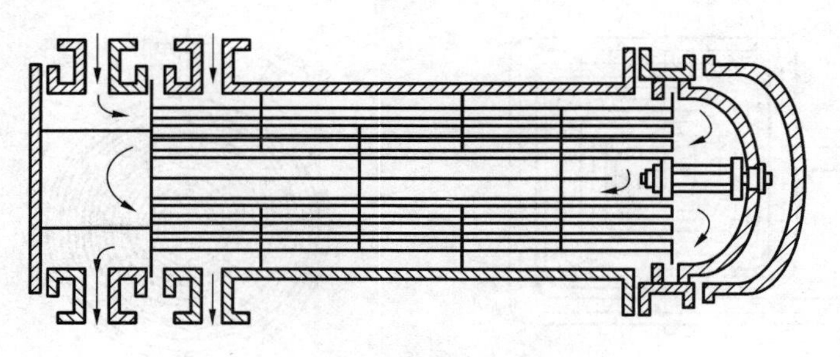

图 5-21　列管式换热器

为了提高管内流体的流速,可在两端封头内设置隔板,将全部管子平分为若干组,流体依次流过每组管子,往返多次,因此管程数增多(称为多管程),以 2、4、6 管程较为常见。这样可提高管内流速和对流传热系数,但流体的机械能损失亦增大。为了提高壳程流体流速,可在壳程内安装折流挡板,以提高对流传热系数。常用的折流挡板有圆缺形和圆盘形两种,前者更为常用。

列管式换热器在操作时,壳体内装有管束,管束两端固定在管板上。由于冷、热流体温度不同,壳体和管束受热不同,其膨胀程度也不同,两者温差较大(超过50 ℃)时,就可能引起设备变形,管子扭弯,甚至破裂或从管板上脱落,最终毁坏换热器。

因此,必须采取热补偿措施,可在壳体上安装热补偿圈(膨胀节),或采用浮头式或 U 形管式换热器。

(1) 浮头式换热器。

浮头式换热器的特点是有一端管板不与外壳连为一体,可以沿轴向自由伸缩。这种结构不但完全消除了热应力,而且整个管束可以从壳体中抽出,便于清洗和检修。当壳体与管束因温度不同而引起热膨胀时,管束连同浮头在壳体内沿轴向自由伸缩,可完全消除热应力。这种换热器的结构较为复杂,造价较高,消除了温差应力,是应用较多的一种结构形式。

(2) U 形管式换热器。

U 形管式换热器是把每根管子都弯成 U 形,管子的进、出口均安装在同一管板上。封头内用隔板分成两室。这样,每根管子可自由伸缩,与壳体无关,从而解决热补偿的问题。这种换热器的结构比浮头式的简单,质量轻,适用于高温和高压场合。其主要缺陷是管程不易清洗,只适用于清洁而不易结垢的流体。

2. 板式换热器

1) 夹套式换热器

夹套式换热器是最简单的板式换热器,其结构如图 5-22 所示。夹套装在容器外部,在夹套和容器壁之间形成密闭空间,成为加热介质或冷却介质的通道,广泛用于反应器的加热和冷却。当用蒸汽进行加热时,蒸汽由上部接管进入夹套,冷凝水由下部接管流出。作为冷却器时,冷却介质由夹套下部接管进入,由上部接管流出。

夹套式换热器结构简单,加工方便。但由于其传热面受容器壁面限制,故传热系数不高。为提高传热系数,提高传热效果,可在釜内加搅拌器或蛇管和外循环装置。

2) 平板式换热器

平板式换热器主要由一组长方形的薄金属板平行排列构成,用框架夹紧组装在支架上,如图 5-23 所示。两相邻板片的边缘用垫片压紧,压紧后形成密封的通道,且可用垫片的厚度调

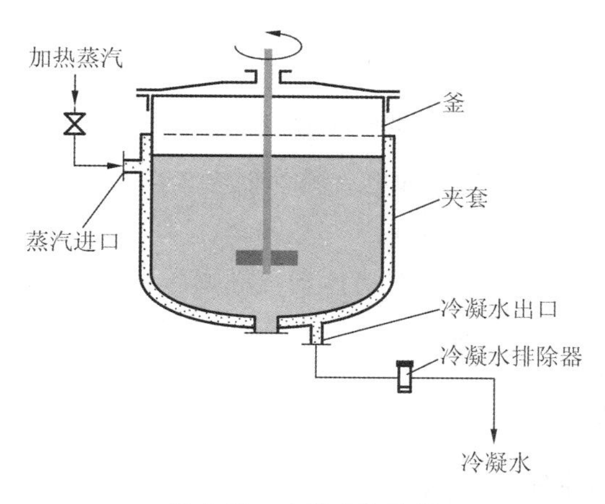

图 5-22 夹套式换热器

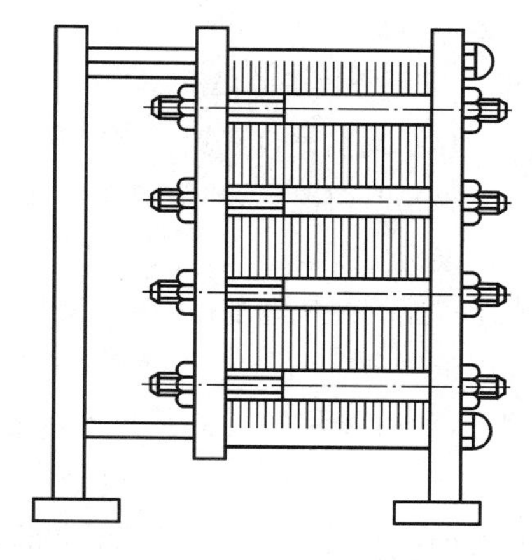

图 5-23 平板式换热器

节通道的大小。每块板的四个角各有一个圆孔，其中两个圆孔和板面上的流体通道相通，另两个圆孔则不通，它们的位置在相邻板上是错开的，以分别形成两流体的通道。冷、热流体交替地在板片的两侧流过，通过金属板片进行换热。板片是平板式换热器的核心部件。为使流体均匀流过板面，增加传热面积，并促使流体的湍动，常将板面冲压制成多种形状的波纹。

平板式换热器的优点是结构紧凑，单位体积设备所提供的换热面积大，组装灵活，可根据需要增减板数，波纹使流体扰动作用增强，拆装方便，利于维修和清洗。其缺点是处理量小，操作压力和温度受密封垫片材料性能的限制而不宜过高。

3. 热管式换热器

热管换热器常用于高温气体向低温气体传递热量。在长方形壳体中安装有许多热管，壳体中间有隔板，将高温气体与低温气体隔开。

热管是在金属管外装有翅片的一种新型传热元件。其工作原理如下：在一根装有毛细吸芯金属管内充以定量的某种工作液体，然后封闭并抽除非凝性气体。热管的一端为蒸发端，另一端为冷凝端。工作液体因在热端吸收热量而沸腾汽化，产生的蒸气流至冷端放出潜热。冷凝液回至热端，再次沸腾汽化，如此过程反复循环，热量不断从热端传至冷端。冷凝液的回流可以通过不同的方法（如毛细管作用、重力等）来实现。目前常用的方法是将具有毛细结构的吸液芯装在管的内壁上，利用毛细管的作用使冷凝液由冷端回流至热端。热管的材质可用不锈钢、铜、镍、铝等。热管工作液体可以是液氨、水、丙酮、汞等，采用不同的液体介质有不同的工作温度范围。

热管内发生在蒸发端的沸腾汽化和发生在冷凝端的冷凝过程，其传热系数都很大，因此，热管式换热器传导热量的能力很强，为最优导热性能金属的导热能力的 $10^3 \sim 10^5$ 倍。另外热管外有翅片，增大了气体和管外壁的传热面积，会减小气体与管外壁的对流传热热阻。因充分利用沸腾和冷凝时给热系数大的特点，并且蒸气流动的阻力损失很小，管壁温度相当均匀。这种新型的换热器具有传热能力大、应用范围广、结构简单等优点。

5.5.2 强化传热的途径

由总传热速率方程 $Q=KA\Delta T_m$ 不难看出，为了增强传热效率，可采取增大传热平均温差 Δt_m、单位体积的传热面积 A/V、总传热系数 K 的方法。因此，换热器传热过程的强化措施多从这三个方面考虑。

1. 增大传热平均温差 ΔT_m

增大传热平均温差可采用以下两种方式。

(1) 两侧变温情况下,尽量采用逆流流动;工程中应用的间壁式换热器多采用冷、热流体相向运动的逆流方式。

(2) 提高加热剂的温度(如用蒸汽加热,可提高蒸汽的压力来达到提高其饱和温度的目的),或者降低冷却剂的温度。但物料的温度由生产工艺决定,不能随意变动,受到生产工艺的限制。因此,利用增大 ΔT_m 来强化传热是有限的。

2. 增大总传热系数 K

在稳态的串联传热过程中根据串联热阻叠加原理,其总热阻力为各项分热阻之和,因此需要逐项分析各分热阻对降低总热阻的作用,设法减少对 K 值影响最大的热阻。

一般来说,在换热设备中,金属壁面一般较薄,其导热系数也大,故不会成为主要的热阻。污垢热阻是一个可变因素,并且其导热系数很小,换热器刚刚使用时污垢热阻很小,不可能成为关键热阻。随着使用时间增加,污垢热阻逐渐增大,有可能成为关键热阻,这时应考虑清除污垢。

对流传热热阻经常是传热过程的主要热阻。当换热器壁面两侧对流系数相差较大时,应设法强化对流系数小的一侧的换热。减少热阻的主要方法有如下几种。

(1) 提高流速,增强流体湍动程度以减少层流底层的厚度,提高对流传热系数,也就减少了对流传热的热阻。例如,增加列管式换热器中的管程数和壳体中的挡板数,可分别提高管程和壳程流体的速度。

(2) 增加流体的扰动,以减少层流底层的厚度,如采用螺旋板式换热器,采用各种异形管或管内增加螺旋圈或金属丝等添加物均有增加流体湍动程度的作用。

(3) 在流体中加固体颗粒,由于固体颗粒的扰动作用和搅拌作用,对流传热系数增加,使对流传热热阻减小;同时减少了污垢的形成,使污垢热阻减少。

(4) 在气流中喷入液滴能强化传热,原因是雾滴弥补了气相放热强度低的缺点,当气相中雾滴被固体壁面捕集时,气相换热变成液膜换热,液膜壁面蒸发传热强度很高,因此使传热得到强化。

(5) 利用进口段换热较强的特点,采用短管换热器。板翅式换热器的锯齿形翅片,不仅可以增加流体扰动,而且由于换热器流道短,边界层厚度小,因而使对流传热强度加大。

(6) 通过增加流体的流速,加强流体的扰动,防止结垢。为了便于清洗污垢,应采用可拆式的换热器的结构,定期进行清理和检修。

3. 增大单位体积的传热面积 A/V

(1) 直接接触传热可增大传热面积 A 和湍动程度,使热流量增大。采用扩展表面,即使换热设备传热系数及单位体积的传热面积增加,如肋壁、肋片管、波纹管、板翅式换热面等。当然,必须扩展传热系数小的一侧的面积,这才是使用最广泛的一种增强传热的方法。

(2) 采用高效新型换热器。在传统的间壁式换热器中,除夹套式外,其他都为管式换热器。管式的共同缺点是结构不紧凑,单位换热面积所提供的传热面小,金属消耗量大。随着工业的发展,陆续出现了不少的高效紧凑的换热器并逐渐趋于完善。这些换热器基本可分为两类：一类是在管式换热器的基础上加以改进；另一类是采用各种板状换热表面。

思考与练习

5-1 根据传热机理的不同，有哪三种基本的传热方式？其传热机理有何不同？

5-2 比较固体、液体和气体的导热系数，比较纯金属和合金的导热系数。

5-3 厚度相同的两层平壁中，温度差与热阻有何关系？

5-4 输送蒸汽的圆管外包覆两层厚度相同、导热系数不同的材料，保温材料的先后次序对保温效果是否有影响？

5-5 对流传热系数与哪些因素有关？

5-6 无相变情况下，对流传热的特征数关联式的一般形式是什么？式中的各特征数的物理意义分别是什么？

5-7 为什么滴状冷凝的对流传热系数比膜状冷凝的大？

5-8 影响膜状冷凝传热的因素有哪些？

5-9 液体沸腾的两个基本条件是什么？

5-10 两个灰体表面间的辐射传热与哪些因素有关？

5-11 强化或削弱物体之间辐射传热的方法有哪些？

5-12 换热器的强化传热中，最有效的方法是增加总传热系数 K，如何增大 K？

5-13 一炉壁由 225 mm 厚的耐火砖、120 mm 厚的绝热砖及 225 mm 厚的建筑砖组成。其内侧壁温为 1 200 K，外侧壁温为 330 K，如果其导热系数分别为 1.4 W/(m·K)、0.2 W/(m·K)、0.7 W/(m·K)，试求单位壁面上的热损失及接触面上的温度。

5-14 为了减少热损失，在加热器的平壁外表面包一层导热系数为 0.16 W/(m·℃)、厚度为 300 mm 的绝热材料。已测得绝热层外表面温度为 30 ℃，另测得距加热器平壁外表面 250 mm 处的温度为 75 ℃，如图 5-24 所示。试求加热器平壁外表面温度。

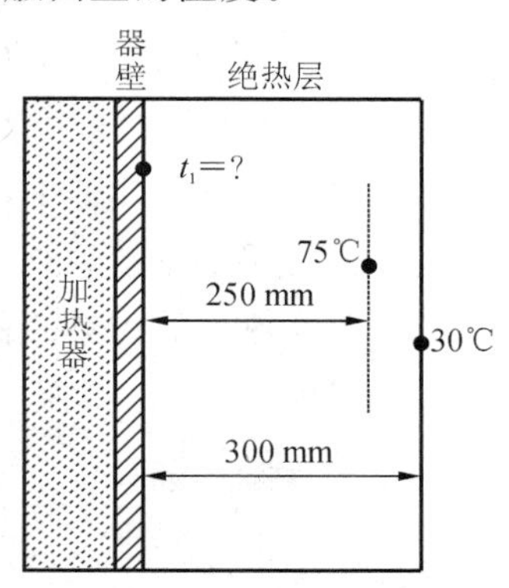

图 5-24 习题 5-14 图

5-15 有一冷藏室，其保冷壁是用 30 mm 厚的软木做成的。这种软木的导热系数 λ=0.043 W/(m·℃)。若外表面温度为 28 ℃，内表面温度为 3 ℃，试计算单位表面积的冷量损失。

5-16 一根尺寸为 ϕ60 mm×3 mm 的铝铜合金钢管，外包一层 40 mm 厚的软木及一层 40 mm 厚的保温灰(85%氧化镁)。管内壁温度为 −100 ℃，保温材料外表面温度为 20 ℃，求每米管每小时散失的冷量。如将两层绝热材料位置互换，且互换后管内壁温度及最外保温层外表温度不变，则传热量将为多少？(管子的导热系数近似按钢取。)

5-17 水以 3 m/s 的流速通过一长 8 m 的 ϕ25 mm×2.5 mm 管内，由 15 ℃被加热到 60 ℃，试求水与管壁之间的对流传热系数。

5-18 温度为 60 ℃的水以 2 cm/s 的速度流经内径为 2.54 cm 的圆管内。如果管壁温度保持 80 ℃，管子长度为 3 m，试求水的出口温度。

5-19 冷却水在 ϕ19 mm×2 mm，长度为 2 m 的钢管中以 1 m/s 的流速通过。水温由 15 ℃升至 25 ℃。求管壁对水的对流传热系数。

5-20　用冷却水使流量为 2 000 kg/h 的硝基苯从 355 K 冷却到 300 K,冷却水温度由 15 ℃升到 35 ℃,试求冷却水用量。若将冷却水的流量增加到 35 m^3/h,试求冷却水的出口温度。

5-21　在一换热器中,用水使苯从 80 ℃冷却到 50 ℃,水温从 15 ℃升到 35 ℃。试分别计算并流操作及逆流操作时的平均温度差。

5-22　有一套管式换热器,内管为 ϕ180 mm×10 mm 的钢管,内管中有质量流量为 3 000 kg/h 的热水,从 90 ℃冷却到 60 ℃。环隙中冷却水温度从 20 ℃升到 50 ℃。总传热系数 K =2 000 W/(m^2·℃)。试求:

(1) 冷却水用量;

(2) 并流流动时的平均温度差及所需传热面积;

(3) 逆流流动时的平均温度差及所需传热面积。

5-23　平均温度为 150 ℃的机油,在 ϕ108 mm×6 mm 的钢管中流动,设油对管壁的对流表面传热系数为 350 W/(m^2·K),污垢和管壁的热阻忽略不计,大气的温度为 10 ℃,试求每米管长的热损失。又若外包导热系数为 0.058 W/(m·K)、厚 20 mm 的玻璃布,热损失将减少若干?

5-24　外径为 d_1=15 mm 的管,需要覆盖一层绝热材料,欲采用石棉作为覆盖层,其导热系数 λ=0.011 6 W/(m·K),绝热材料外表面与周围介质的表面传热系数 α_T=12 W/(m^2·K),试判断是否合适。

5-25　一个具有单壳程、双管程的管壳式换热器,采用热水在管侧的水-水换热系统。热水由 80 ℃被冷却到 60 ℃,冷水从 10 ℃被加热到 65 ℃。总换热量为 605 kW,总传热系数为 1 100 W/(m^2·K)。试求所需传热面。

5-26　在一套管换热器中,水和油逆流换热。水的质量流量为 4 000 kg/h,进口温度为 25 ℃。油的质量流量为 6 500 kg/h,进口油温度为 110 ℃,油的比热容为 1.925 kJ/(kg·℃),此换热器的传热面积为 15 m^2,总传热系数 K=348.8 W/(m^2·K)。求油和水的出口温度。

第6章 质量传递

在环境工程领域，经常利用质量传递过程去除水、气体和固体中的污染物，主要的方法有吸收、吸附、萃取、膜分离等。例如：利用吸收工艺处理锅炉尾气中的SO_2，采用石灰/石灰石浆液洗涤，使SO_2溶于水，并与洗涤液中的$CaCO_3$和CaO反应，转化为$CaSO_3 \cdot 2H_2O$，可使烟气得到净化，这是目前应用最为广泛的烟气脱硫技术；利用萃取工艺处理高浓度的乙酸废水；利用活性炭吸附废气中的H_2S气体和水中的微量有机污染物；利用离子交换去除电镀废水中的重金属等；利用膜分离技术制备高纯水等。所以，质量传递是环境工程中污染控制技术的基础，对传质过程的了解具有重要的意义。本章仅讨论由浓度差引起的传质过程的基本规律。

6.1 质量传递的基本概念及机理

在一个含有两种或两种以上组分的体系中，若某组分的浓度分布不均匀，就会发生该组分由高浓度区域向低浓度区域的转移，即发生物质传递现象。这种现象称为质量传递，简称传质。传质单元操作通常基于一个相到另一个相的转移。例如，在分离气体混合物时，可以用选定的溶剂进行吸收(如分离氨和空气)，使溶质气体(氨)由气相转移到液相，从而可以与不溶气体(空气)分离；又如在煎中药时，可溶性药理成分由固体转移到液相等。因此，通常涉及的传质过程包括使物质由一相转移到另一相，或者物质在一个相内部由一处向另一处转移，前者称为相际传质，后者称为相内传质。以相际传质为特征的单元操作在生产中应用甚广，下面介绍常见的几种传质过程。

1. 气体-液体系统

吸收。例如，用水吸收空气和氨混合物中的氨，组分(氨)由气相转移到液相。

解吸(又称脱吸)。例如，空气与氨的水溶液接触，氨散发到空气中，组分(氨)由液相向气相转移。

气体增湿。湿分由液相转移到气相。

气体减湿。湿分由气相转移到液相。

2. 蒸气-液体系统

蒸馏。例如，酒精与水混合物和混合物的蒸气相接触，酒精向气相转移，水向液相转移，即易挥发组分由液相向气相转移，难挥发组分由气相向液相转移。

3. 液体-液体系统

萃取。例如，用苯溶液溶解煤焦油液体中的苯酚，即组分(苯酚)由一个液相转移到另一个液相。

4. 液体-固体系统

结晶。例如，由过饱和糖溶液中产生糖的晶粒，组分(糖)由液相转移到固相。

浸取。例如，从植物中浸取中药有效成分，组分由固相转移到液相。

5. 气体-固体系统

干燥。例如，用热风除去某些固体产品中多余的水分，组分(水分)由固相转移到气相。

吸附。例如,用活性炭回收气体混合物中某些溶剂的蒸气,组分由气相转移到固相。

6.1.1 传质机理

传质过程可以由流体质点的宏观运动引起,也可以由分子的微观运动引起。因此,传质的机理主要包括分子扩散和涡流扩散,又称作分子传质和涡流(对流)传质。

1. 分子扩散

分子扩散是在浓度差或其他推动力的作用下,由于分子、原子等的热运动所引起的物质在空间的迁移现象,是质量传递的一种基本方式。以浓度差为推动力的扩散,即物质组分从高浓度区向低浓度区的迁移,是自然界和工程上最普遍的扩散现象;以温度差为推动力的扩散,称为热扩散;在电场、磁场等外力作用下发生的扩散,则称为强制扩散。

2. 涡流扩散

涡流扩散是湍流流体中物质传递的主要方式。湍流流体中的质点沿各方向作不规则运动,于是流体内出现旋涡,旋涡的强烈混合所引起的物质传递比分子运动的作用大得多,前者是以质点的规模而后者则是以分子的规模进行的,故涡流扩散的速率远大于分子扩散。在湍流流体中也存在分子扩散,但在大多数情况下分子扩散可以忽略,只有在湍动程度很低或在紧靠固体壁面之处才需要考虑分子扩散的影响。涡流扩散速率与浓度梯度成正比,其比例系数即为涡流扩散系数。

6.1.2 分子扩散

1. 菲克定律

由分子扩散引起的质量传递的速率可用菲克定律来描述,菲克定律与描述热传导规律的傅里叶定律及描述黏性内摩擦规律的牛顿黏性定律在形式上相似,都是描述某种传递现象的方程。

由两组分 A 和 B 组成的混合物,处于恒定温度、总压的条件,若组分 A 只沿 z 方向扩散,浓度梯度为$\frac{\mathrm{d}c_A}{\mathrm{d}z}$,则任一点处组分 A 的扩散通量与该处 A 的浓度梯度成正比,此定律称为菲克定律,数学表达式为

$$J_A = -D_{AB}\frac{\mathrm{d}c_A}{\mathrm{d}z} \tag{6.1.1}$$

式中:J_A——单位时间 z 方向上经单位面积扩散的组分 A 的量,即扩散通量,也称为扩散速率,$\mathrm{kmol/(m^2 \cdot s)}$;

c_A——组分 A 的物质的量浓度,$\mathrm{kmol/m^3}$;

D_{AB}——组分 A 在组分 B 中进行扩散的分子扩散系数,$\mathrm{m^2/s}$;

$\mathrm{d}c_A/\mathrm{d}z$——组分 A 在 z 方向上的浓度梯度,$\mathrm{kmol/(m^3 \cdot m)}$。

式(6.1.1)是以物质的量浓度表示的菲克定律,表明扩散通量与浓度梯度成正比,负号表示组分 A 向浓度减小的方向传递。

设混合物的物质的量浓度为 $c(\mathrm{kmol/m^3})$,组分 A 的摩尔分数为 x_A。当 c 为常数时,由于 $c_A = cx_A$,则式(6.1.1)可写为

$$J_A = -cD_{AB}\frac{\mathrm{d}x_A}{\mathrm{d}z} \tag{6.1.2}$$

对于液体混合物，常用质量分数表示浓度，于是菲克定律又可写为

$$J_{A} = -\rho D_{AB}\frac{dx_{mA}}{dz} \tag{6.1.3}$$

式中：ρ——混合物的密度，kg/m^3；

x_{mA}——组分 A 的质量分数；

J_A——组分 A 的扩散通量，$kg/(m^2 \cdot s)$。

当混合物的密度为常数时，由于 $\rho_A = \rho x_{mA}$，则上式可写为

$$J_{A} = -D_{AB}\frac{d\rho_{A}}{dz} \tag{6.1.4}$$

式中：ρ_A——组分 A 的质量浓度，kg/m^3；

$d\rho_A/dz$——组分 A 在 z 方向上的质量浓度梯度，$kg/(m^3 \cdot m)$。

当分子扩散发生在 A、B 两个组分构成的混合气体中时，尽管组分 A、B 各自的物质的量浓度皆随位置不同而变化，但只要系统总压不甚高且各处温度均匀，则单位体积内的 A、B 分子总数不随位置而变化，即

$$c = \frac{p}{RT} = 常数 \tag{6.1.5}$$

而总物质的量浓度 c 等于组分 A 的物质的量浓度 c_A 与组分 B 的物质的量浓度 c_B 之和，即

$$c = c_A + c_B = 常数 \tag{6.1.6}$$

因此，任一时刻在系统内任一点，组分 A 沿任意方向 z 的浓度梯度与组分 B 沿 z 方向的浓度梯度互为相反值，即

$$\frac{dc_A}{dz} = -\frac{dc_B}{dz} \tag{6.1.7}$$

而且，组分 A 沿 z 方向的扩散通量必等于组分 B 沿 $-z$ 方向的扩散通量，即

$$J_A = -J_B \tag{6.1.8}$$

根据菲克定律

$$J_{A} = -D_{AB}\frac{dc_{A}}{dz} \tag{6.1.9}$$

$$J_{B} = -D_{BA}\frac{dc_{B}}{dz} \tag{6.1.10}$$

将式(6.1.7)、式(6.1.9)及式(6.1.10)代入式(6.1.8)中，得到

$$D_{AB} = D_{BA} \tag{6.1.11}$$

式(6.1.11)表明，在由 A、B 两种气体所构成的混合物中，A 与 B 的分子扩散系数相等。

传质通量也可以表示为该物质的浓度与其传递速度的乘积。如对于任一点处物质 A 的扩散通量，可写出如下关系式：

$$J_A = c_A u_{DA} \tag{6.1.12}$$

式中：c_A——该点处物质 A 的浓度，$kmol/m^3$；

u_{DA}——该点处物质 A 沿 z 方向的扩散速度，m/s。

虽然扩散是物质分子热运动的结果，但物质 A 的扩散速度 u_{DA} 并不等于在扩散温度下单个 A 分子的热运动速度。以气体为例，尽管气体分子热运动的速度很大，但由于分子间的碰撞极其频繁，使分子不断地改变其热运动方向，因此，扩散物质的分子沿特定方向(扩散方向)前进的平均速度(即扩散速度)却是很小的。

2. 分子扩散系数

式(6.1.13)给出了双组分系统的分子扩散系数定义式,即

$$D_{AB}=-\frac{J_A}{\frac{dc_A}{dz}} \tag{6.1.13}$$

分子扩散系数是扩散物质在单位浓度梯度下的扩散速率,表征物质的分子扩散能力,扩散系数大,表示分子扩散快。分子扩散系数是很重要的物理常数,其数值受体系温度、压力和混合物浓度等因素的影响。物质在不同条件下的扩散系数一般需要通过实验测定。常见物质的扩散系数见表 6-1。

表 6-1 扩散系数

体系	气体间的扩散系数 (25 ℃,101.3 kPa) $D/(10^{-4}\ m^2/s)$	物质	在水中的扩散系数 (20 ℃,稀溶液) $D'/(10^{-9}\ m^2/s)$
空气-二氧化碳	0.164	氢	5.13
空气-氨	0.28	空气	2.5
空气-水	0.256	一氧化碳	2.03
空气-乙醇	0.119	氧	1.80
空气-正戊烷	0.071	二氧化碳	1.50
二氧化碳-水	0.183	醋酸	0.88
二氧化碳-氢	0.160	草酸	1.53
二氧化碳-氧	0.153	苯甲酸	0.87
氧-苯	0.091	水杨酸	0.93
氧-四氯化碳	0.074	乙二醇	1.01
氢-水	0.919	丙二醇	0.88
氢-氮	0.761	丙醇	0.87
氢-氨	0.783	丁醇	0.77
氢-甲烷	0.715	戊醇	0.80
氢-丙酮	0.417	苯甲醇	0.84
氢-苯	0.364	甘油	0.72
氢-环己烷	0.328	丙酮	1.16
氮-氨	0.223	糠醛	1.04
氮-水	0.236	尿素	1.06
氮-二氧化碳	0.126	乙醇	1.00

气体 A 在气体 B 中(或者 B 在 A 中)的扩散系数,可按马克斯韦尔-吉利兰公式进行估算,即

$$D_{AB}=\frac{4.36\times10^{-5}T^{\frac{3}{2}}\left(\frac{1}{M_A}+\frac{1}{M_B}\right)^{\frac{1}{2}}}{p(v_A^{\frac{1}{3}}+v_B^{\frac{1}{3}})^2} \tag{6.1.14}$$

式中:D_{AB}——分子扩散系数,m^2/s;

M_A、M_B——分别为组分 A 和 B 的摩尔质量，kg/kmol；

v_A、v_B——A、B 两物质的分子扩散体积，m^3/kmol；一般有机化合物是按分子式由表 6-2 中查原子扩散体积相加得到，某些简单物质则在表 6-2 中直接列出(已列出分子扩散体积的，以分子扩散体积为准)；

p——总压，Pa；

T——温度，K。

表 6-2 原子扩散体积和分子扩散体积

原子	扩散体积	分子	扩散体积	分子	扩散体积
C	16.5	H_2	7.07	CO_2	26.9
H	1.98	He	2.88	N_2O	35.9
O	5.48	O_2	16.6	H_2O	1.19
N	5.69	N_2	17.9	NH_3	1.16
Cl	19.5	空气	20.1	Cl_2	1.02
S	17.0	Ar	16.1	Br_2	1.00
单个芳烃环或杂环	−20.2	Kr	22.8	SO_2	2.44
		CO	18.9		

对于液体中的扩散系数，由于液体分子要比气体分子密集得多，可以估计其扩散系数要比气体的扩散系数小得多。由表 6-1 可见，液体中分子扩散系数数量级约 10^{-5} cm^2/s(或者 10^{-9} m^2/s)。对于非电解质溶液，D_{AB}值可以由下式估算：

$$D_{AB}=\frac{7.4\times10^{-8}(\alpha M_B)^{0.5}T}{V_A^{0.6}\mu} \tag{6.1.15}$$

式中：D_{AB}——组分 A 在溶液中的分子扩散系数，cm^2/s；

T——热力学温度，K；

M_B——溶剂的摩尔质量，g/mol；

μ——溶液的黏度，Pa·s；

V_A——组分 A 的分子体积，cm^3/mol；一般有机化合物是按化学分子式由原子体积(见表 6-3)相加得到，某些简单物质的分子体积见表 6-3，已列出分子体积的，以分子体积为准；

α——溶剂的缔合参数，水为 2.6，甲醇为 1.9，乙醇为 1.5，苯、乙醚等不缔合溶剂为 1.0。

表 6-3 原子体积和分子体积

原子	原子体积	原子	原子体积	分子	分子体积	分子	分子体积
O 甲醚、甲酯中	9.1	C	14.8	H_2	7.07	Br_2	53.2
乙酯、乙醚中	9.9	H	3.7	O_2	16.6	NO	23.6
多碳酯、醚中	11.0	F	8.7	N_2	17.9	COS	36.4
酸类(—OH)中	12.0	Cl	24.6	空气	20.1	H_2S	32.9
与 S、O、N 相连	8.3	Br	27	Cl_2	48.4	SO_2	44.8
其他情况	7.4	I	37	NH_3	25.8	I_2	71.5
N 伯胺中	10.5	S	25.6	CO	30.7		
仲胺中	12.0	苯环	−15	CO_2	34.0		
其他	15.6	萘环	−30	N_2O	36.4		

例 6-1　估算 298 K 下苯酚在水中(浓度很低)的扩散系数。

解　将 $T=298\ \text{K}$，$\mu=0.8937\ \text{mPa}\cdot\text{s}$，$M_B=18\ \text{kg/mol}$，$\alpha=2.6$，以及

$$V_A=6\times14.8+6\times3.7+1\times7.4=118.4\ (\text{cm}^3/\text{mol})$$

代入式(6.1.15)，得

$$D_{AB}=\frac{7.4\times10^{-8}\times(2.6\times18)^{0.5}\times298}{118.4^{0.6}\times0.8937}=9.62\times10^{-6}(\text{cm}^2/\text{s})$$

6.2　分子传质

分子传质发生在静止的流体、层流流动的流体以及某些固体的传质过程中。本节讨论在静止流体介质中由于分子扩散所产生的质量传递问题，目的在于求解以分子扩散方式进行质量传递的速率。

在静止流体与相界面接触的过程中，若流体中组分 A 的浓度与相界面处不同，则组分 A 将通过流体主体向相界面扩散。此时，沿扩散方向组分 A 将具有一定的浓度梯度。在稳态条件下，浓度分布不随时间变化，组分的扩散速率也为定值。这种质量传递有两种典型情况，即等分子反向扩散和单向扩散。

6.2.1　气相中稳定的分子扩散

1. 等分子反向扩散

设想用一段粗细均匀的细直管将两个很大的容器连通，如图 6-1 所示。两容器内分别充有浓度不同的 A、B 两种气体的混合物，其中 $p_{A1}>p_{A2}$，$p_{B1}<p_{B2}$，但两容器内混合气的温度及总压都相同。两容器内均装有搅拌器，保持各自浓度均匀。显然，由于两端存在浓度差异，连通管中将发生分子扩散现象，使物质 A 向右传递，同时物质 B 向左传递。因为容器很大，而连通管较细，故在有限时间内扩散作用不会使两个容器内的气体组成发生明显变化，可以认为 1、2 两个截面上的 A、B 分压都维持不变，所以连通管中发生的分子扩散过程是稳定的。

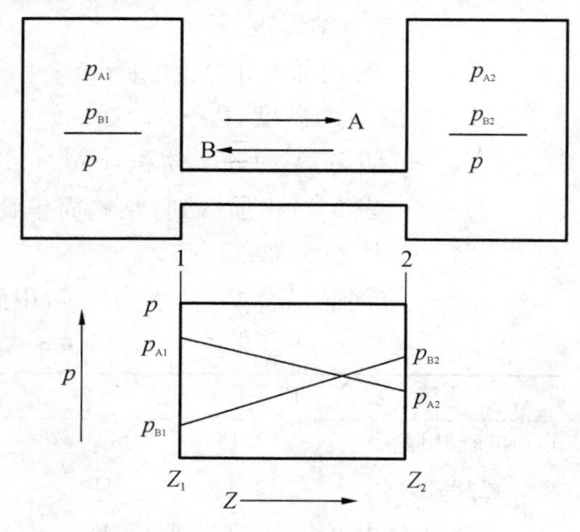

图 6-1　等分子反向扩散

由于两个容器内的气体总压是相同的，因此连通管内任一截面上单位时间、单位面积向右传递的 A 分子总数与向左传递的 B 分子总数一定是相等的。这种情况就称为稳定的等分子反向扩散。

1）扩散通量

在物质传递过程中，某组分 A 在单位时间内通过单位面积传递的物质总量，称为 A 物质的传质通量，用 N_A 表示，它包含 A 组分分子扩散通量和由物质整体流动所带来的通量。对于没有物质整体流动的单纯等分子反向扩散过程，A 组分的传质通量 N_A 即与分子扩散通量 J_A 相等，则

$$N_A = J_A = -\frac{D_{AB}}{RT}\frac{dp_A}{dz} \tag{6.2.1}$$

$$N_A = J_A = -D_{AB}\frac{dc_A}{dz} \tag{6.2.2}$$

对于定常态条件下的等物质的量反向扩散过程，N_A 为定值。积分得

$$N_A\int_0^L dz = \frac{-D_{AB}}{RT}\int_{p_{A1}}^{p_{A2}} dp_A \tag{6.2.3}$$

在恒温、恒压条件下，D_{AB} 为常数，所以

$$N_A = \frac{D_{AB}}{RTL}(p_{A1} - p_{A2}) \tag{6.2.4}$$

若扩散体系为理想气体，浓度可用分压表示为

$$c_A = \frac{p_A}{RT} \tag{6.2.5}$$

此时，得

$$N_A = \frac{D_{AB}}{L}(c_{A1} - c_{A2}) \tag{6.2.6}$$

2）浓度分布

对于稳态扩散过程，连通管内各横截面上的 N_A 为常数，由式(6.2.1)，得

$$\frac{dp_A}{dz} = 常数 \tag{6.2.7}$$

将式(6.2.7)积分，得

$$p_A = C_1 z + C_2 \tag{6.2.8}$$

式中：C_1、C_2——积分常数，可由以下边界条件进行定积分：

$$\left.\begin{aligned} z = 0 \text{ 时}, p_A = p_{A1} \\ z = L \text{ 时}, p_A = p_{A2} \end{aligned}\right\} \tag{6.2.9}$$

在边界条件下求出积分常数，代入式(6.2.8)中，得出浓度分布方程为

$$p_A = \frac{p_{A2} - p_{A1}}{L}z + p_{A1} \tag{6.2.10}$$

可见组分 A 的分压分布为直线，同样可得组分 B 的分压分布也为直线，如图6-1 所示。

例 6-2　如图 6-2 所示，左、右两容器中都盛有氮气和氨的混合物，两容器间有长0.1 m的连通管，在左容器中氨的分压为 $p_{A1}=1.013\times10^4$ Pa，在右容器中氨的分压为 $p_{A2}=5.07\times10^3$ Pa，每个容器中的气体都得到充分搅拌，可以认为在各容器中浓度是均匀的。由于连通管很小，扩散较慢，在一定的时间范围内可以认为 p_{A1}、p_{A2} 不随时间变化。整个系统保持恒定的总压 $p=1.013\ 2\times10^5$ Pa 和温度 $T=298$ K，扩散系数 $D=2.3\times10^{-5}$ m²/s，如忽略连通管中气体在管口受到的干扰，求 NH_3 和 N_2 的传质通量和扩散通量。

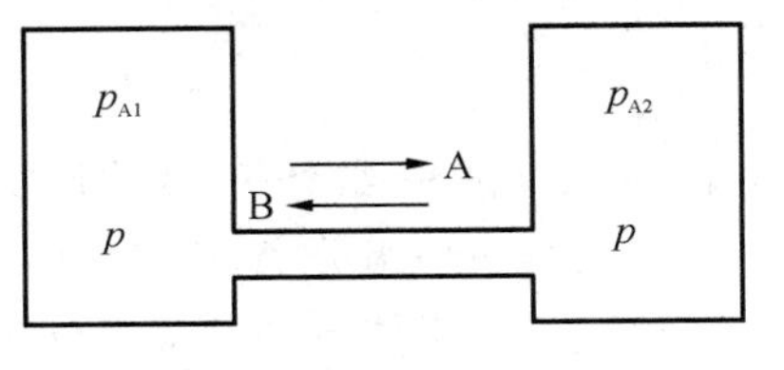

图 6-2　例 6-2 图

解　D、p_{A1}、p_{A2}、p、扩散距离等不随时间变化，属于稳定扩散。A、B 两组分都可以自由通过连通管，在连通管的轴向上没有总体流动，属于等物质的量反向扩散。两容器内各个组分没有浓度差，故只考虑通过连通管的扩散，连通管中没有骚动，因此只存在分子扩散。所以，本题是一个通过连通管的等物质的量反向稳定分子扩散问题，因此 NH_3 和 N_2 传质通量和扩散通

量相等。

则

$$N_A = \frac{D}{RTL}(p_{A1} - p_{A2})$$

$$N_A = \frac{(2.3\times10^{-5})(1.013\times10^4 - 5.07\times10^3)}{8.314\times298\times0.1} = 4.70\times10^{-4}[\text{mol}/(\text{m}^2\cdot\text{s})]$$

$$= 4.70\times10^{-7}[\text{kmol}/(\text{m}^2\cdot\text{s})]$$

$$N_{NH_3} = J_{NH_3} = 4.70\times10^{-7}\ \text{kmol}/(\text{m}^2\cdot\text{s})$$

$$N_{N_2} = J_{N_2} = -N_{NH_3} = -4.70\times10^{-7}\ \text{kmol}/(\text{m}^2\cdot\text{s})$$

2. 单向扩散(通过停滞组分的扩散)

静止流体与相界面接触时的物质传递完全依靠分子扩散,其扩散规律可以用菲克定律描述。但是,在某些传质过程中,分子扩散往往伴随着流体的流动,从而促使组分的扩散通量增大。例如,由组分 A、B 组成的双组分混合气体与水接触时,假设气相中的溶质 A 不断进入液相,惰性组分 B 则不能进入液相,而且溶剂 S 是不能够汽化的,即液相中也没有任何分子逸出。此时,组分 B 相对停滞,这种扩散过程就属于组分 A 的单向扩散。

在单向扩散中,扩散组分的总通量由两部分组成,即总体流动所造成的传质通量和叠加于总体流动之上的由浓度梯度引起的分子扩散通量。分子扩散是由物质浓度(或分压)差而引起的分子微观运动,而总体流动是由于系统内流体主体与相界面之间存在压差而引起的流体宏观运动,其起因还是分子扩散,所以总体流动是一种分子扩散的伴生现象。

1) 传质通量

如图 6-3 所示,对于双组分混合气体 A、B,组分 A 为溶质,组分 B 为惰性组分,$p_{A,1}$、$p_{B,1}$ 分别为气相主体中的分压,$p_{A,2}$、$p_{B,2}$ 分别为相界面处的分压。组分 A 向气液界面扩散并溶于液体,则组分 A 从气相主体到相界面的传质通量为分子扩散通量与总体流动中组分 A 的传质通量之和。

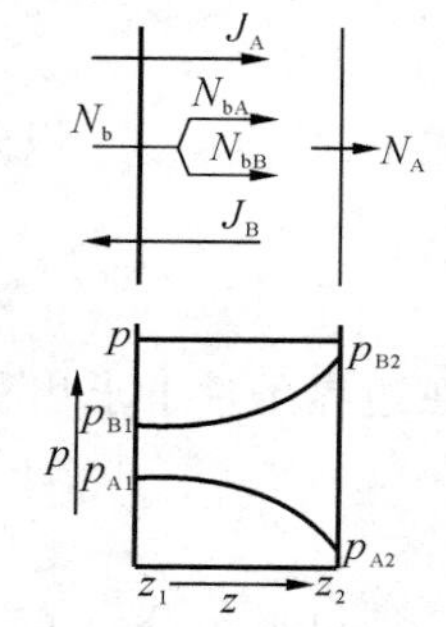

图 6-3 单向扩散

根据上述分析,并结合图 6-3 在界面与任一截面之间作物料衡算,得

$$N_A = J_A + N_{bA} \tag{6.2.11}$$

$$N_B = J_B + N_{bB} \tag{6.2.12}$$

$$J_A = -\frac{D_{AB}}{RT}\frac{dp_A}{dz} \tag{6.2.13}$$

$$J_B = -\frac{D_{AB}}{RT}\frac{dp_B}{dz} \tag{6.2.14}$$

式中:N_A、N_B——组分 A、B 的传质通量,kmol/(m² · s);

J_A、J_B——组分 A、B 单位时间通过单位面积的物质的量,kmol/(m² · s);

N_{bA}——主体流动携带组分 A 的传质通量,kmol/(m² · s);

N_{bB}——主体流动携带组分 B 的传质通量,kmol/(m² · s)。

仅分子扩散而言,有

$$J_A = -J_B \tag{6.2.15}$$

在稳定状态下

$$N_B = J_B + N_{bB} = 0$$

$$J_B = -N_{bB} \tag{6.2.16}$$

由式(6.2.16)知,组分 B 在任一截面处的总体流动通量与分子扩散通量大小相等,方向相反，没有净传质，故组分 B 相对停滞。

将式(6.2.15)和式(6.2.16)代入式(6.2.11)中，得

$$N_A = N_{bB} + N_{bA} = N_b \tag{6.2.17}$$

即总体流动通量 N_b 等于组分 A 的传质通量。

设混合气体的总压为 p，组分 A 的分压为 p_A，组分 B 的分压为 $p_B = p - p_A$，则

$$N_{bA} = N_b \frac{p_A}{p}, \quad N_{bB} = N_b \frac{p_B}{p}$$

得

$$N_A = N_{bB}\left(1 + \frac{N_{bA}}{N_{bB}}\right) = J_A\left(1 + \frac{p_A}{p_B}\right) \tag{6.2.18}$$

可见，由于存在总体流动，溶质 A 的传质通量大于溶质 A 的分子扩散通量。

把式(6.2.11)代入式(6.2.18)中，得到

$$N_A = -\frac{D_{AB}}{RT}\left(1 + \frac{p_A}{p_B}\right)\frac{dp_A}{dz}$$

即

$$N_A = -\frac{D_{AB}}{RT}\left(\frac{p}{p - p_A}\right)\frac{dp_A}{dz} \tag{6.2.19}$$

将式(6.2.19)分离变量并积分，得到

$$N_A = \frac{D_{AB}p}{RT(Z_2 - Z_1)}\ln\frac{p - p_{A1}}{p - p_{A2}} = \frac{D_{AB}p}{RTZ}\ln\frac{p_{B2}}{p_{B1}} \tag{6.2.20}$$

式(6.2.20)即为组分 A 单向扩散时传质通量计算公式。此式表明，在稳定状况下，单向扩散时，组分 A 的分压随扩散距离成对数关系，这与等分子扩散是不同的。为了更直接地表明单向扩散的传质推动力，取单向扩散的初终截面处组分 B 的分压 p_{B1} 和 p_{B2} 的对数平均值 p_{Bm}，即

$$p_{Bm} = \frac{p_{B2} - p_{B1}}{\ln\dfrac{p_{B2}}{p_{B1}}} = \frac{p_{A1} - p_{A2}}{\ln\dfrac{p - p_{A2}}{p - p_{A1}}}$$

则式(6.2.20)可变成

$$N_A = \frac{D_{AB}}{RTz} \cdot \frac{p}{p_{Bm}}(p_{A1} - p_{A2}) \tag{6.2.21}$$

可知组分 A 单向扩散时的传质通量比等分子反向扩散时要大。p/p_{Bm} 项表示分子单向扩散时，因总体流动而使组分 A 传质通量增大的因子，称为漂移因子。漂移因子的大小直接反映了总体流动对传质速率的影响。当组分 A 的浓度较低时，$p \approx p_{Bm}$。漂流因子近似于 1 时，总体流动的作用可以忽略。

同理，液相中单向扩散传质通量为

$$N_A = \frac{D_L}{z} \cdot \frac{c}{c_{Bm}}(c_{A1} - c_{A2}) \tag{6.2.22}$$

式中：c_{Bm}——液相中纯溶剂在单向扩散初、终截面处物质的量浓度 c_{B2}、c_{B1} 的对数平均值，即

$$c_{Bm} = \frac{c_{B2} - c_{B1}}{\ln\dfrac{c_{B2}}{c_{B1}}}$$

c——溶液总浓度；

c/c_{Bm}——液相漂流因子，量纲为 1；

D_L——液相扩散系数，m^2/s。

2）浓度分布

对于稳态扩散过程，N_A 为常数，即

$$N_A = \frac{D_{AB}}{RT} \cdot \frac{p}{p - p_A} \cdot \frac{dp_A}{dz} = 常数 \tag{6.2.23}$$

在等温、等压条件下，将式(6.2.23)进行积分，得

$$-\frac{D_{AB}p}{RT}\ln(p - p_A) = C_1 z + C_2 \tag{6.2.24}$$

式中：C_1、C_2 为积分常数。可由以下边界条件进行定积分得

$$z = 0 \text{ 时}, p_A = p_{A1}$$

$$z = L \text{ 时}, p_A = p_{A2}$$

将 C_1、C_2 的边界条件分别代入式(6.2.24)，得

$$\left.\begin{aligned} C_1 &= -\frac{D_{AB}p}{RTL}\ln\frac{p - p_{A2}}{p - p_{A1}} \\ C_2 &= -\frac{D_{AB}p}{RT}\ln(p - p_{A1}) \end{aligned}\right\} \tag{6.2.25}$$

将式(6.2.25)代入式(6.2.24)，得出浓度分布方程，即

$$\frac{p - p_A}{p - p_{Ai}} = \left(\frac{p - p_{A2}}{p - p_{A1}}\right)^{\frac{z}{L}} \tag{6.2.26}$$

组分 A 通过停滞组分 B 扩散时，浓度分布曲线为对数型，如图 6-3 所示。

以上讨论的单向扩散为气体中的分子扩散。对于双组分气体混合物，组分的扩散系数在低压下与浓度无关。在稳态扩散时，气体的扩散系数 D_{AB} 及总浓度 c 均为常数。

例 6-3　在温度 25 ℃、总压 100 kPa 下，用水吸收空气中的 SO_2。气相主体中 SO_2 含量为 30%，由于水中的 SO_2 浓度很低，其平衡分压近似等于零。若 SO_2 在气相中的扩散阻力相当于 3 mm 厚的静止气层，扩散系数 $D=0.122\ \text{cm}^2/\text{s}$，求吸收的传质通量 N_A。又若气相主体中 SO_2 含量为 1.0%(均为摩尔分数)，试重新求解。

解　由题意得：$z=0.003\ \text{m}$，　$D=0.122\times10^{-4}\ \text{m}^2/\text{s}$，　$T=298\ \text{K}$，　$p=100\ \text{kPa}$

$p_{A1}=30\ \text{kPa}$，　$p_{A2}=0$，　$p_{B1}=100-30=70\ (\text{kPa})$，　$p_{B2}=100\ \text{kPa}$

$$p_{Bm}=\frac{p_{B2}-p_{B1}}{\ln(p_{B2}/p_{B1})}=\frac{100-70}{\ln(100/70)}=84.1\ (\text{kPa})$$

$$N_A=\frac{0.122\times10^{-4}}{8.314\times298\times0.003}\times\frac{100}{84.1}\times(30-0)=5.86\times10^{-5}[\text{kmol}/(\text{m}^2\cdot\text{s})]$$

若空气中 SO_2 含量为 1.0%，则 $p_{A1}=1.0\ \text{kPa}$，$p_{B1}=100-1.0=99\ (\text{kPa})$，从而

$$p_{Bm}=99.5(\text{kPa})$$

$$N'_A=\frac{0.122\times10^{-4}}{8.314\times298\times0.003}\times\frac{100}{99.5}\times(1-0)=1.65\times10^{-6}[\text{kmol}/(\text{m}^2\cdot\text{s})]$$

本例说明：在气相中 SO_2 浓度高时(SO_2 为 30%)，漂流因子应予以考虑，而在浓度低时(SO_2 为 1.0%)，其影响可以忽略，即单向扩散与等物质的量反向稳定扩散的差别可以忽略。

6.2.2　液相中稳定的分子扩散

物质在液相中的扩散与在气相中的扩散同样具有重要的意义。一般来说，液相中的扩散

速度远远小于气相中的扩散速度，即液体中发生扩散时分子定向运动的平均速度更缓慢。就数量级而论，物质在气相中的扩散系数较在液相中的扩散系数约大 10^5 倍。但液体密度比气体大得多，因而液相中的物质浓度以及浓度梯度远高于气相中的物质浓度及浓度梯度，所以在一定条件下，气液两相中仍可达到相同的扩散通量。

对于液体的分子运动规律远不及对于气体研究得充分，因此只能效仿气相中的扩散速率关系式写出液相中的相应关系式。液相中发生等分子反向扩散的机会很少，而一组分通过另一停滞组分的扩散则较为多见。例如，吸收质 A 通过停滞的溶剂 S 而扩散，就是吸收操作中发生于界面附近液相内的典型情况。写出此种情况下组分 A 在液相中的传递通量关系式，即

$$N_A' = \frac{DC}{zc_{Sm}}(c_{A1} - c_{A2}) \tag{6.2.27}$$

式中：c_{A1}、c_{A2}——1、2 两截面上的溶质浓度，$kmol/m^3$；

N_A'——溶质 A 在液相中的传递通量，$kmol/(m^2 \cdot s)$；

D——溶质 A 在溶剂 S 中的扩散系数，m^2/s；

C——溶液的总浓度，$C = c_A + c_S$，$kmol/m^3$；

z——1、2 截面间的距离，m；

c_{Sm}——1、2 两截面上溶剂 S 浓度的对数平均值，$kmol/m^3$。

6.3　对流传质

依靠流体微团宏观运动所进行的质量传递过程称为对流传质。由于传质设备中和反应器中的流体总是流动的，所以对流传质成为质量传递的最重要方式。由于流体流动过程也伴随着分子扩散过程，因此，一般对流传质也包括分子扩散对传质的作用。

对流传质可分为单相对流传质和相际对流传质。

(1) 单相对流传质：质量传递仅在运动流体的一相（气相或液相）中发生。根据流体流动的原因，又分为自然对流传质和强制对流传质，强制对流传质按流体运动状态还可分为层流对流传质和湍流对流传质。

(2) 相际对流传质：质量传递发生于两相间。环境工程中常遇到两相间的传质过程，如气体的吸收是在气相与液相之间进行的传质，萃取是在液液两相之间进行的传质，吸附、膜分离等过程与流体和固体的相际传质过程密切相关。在非均相反应器中，相际传质也起着重要作用。

6.3.1　对流传质过程机理

在实际生产中，流体常呈湍流状态，此时主要凭借流体质点的脉动与混合等不规则运动将组分从高浓度处携带到低浓度处，以实现组分的传递，这一现象称为涡流扩散。对于涡流质量传递，可以定义涡流质量扩散系数 ε_D，单位为 m^2/s，并认为在一维稳态情况下，涡流扩散引起的组分 A 的质量扩散通量 J_{Az} 与组分 A 的平均浓度梯度成正比，即

$$J_{Az} = -\varepsilon_D \frac{d\bar{\rho}_A}{dz} \tag{6.3.1}$$

涡流扩散系数(ε_D)表示涡流扩散能力的大小。ε_D 值越大,表明流体质点在其浓度梯度方向上的脉动越剧烈,传质速率越高。

涡流扩散系数不是物理常数,它取决于流体流动的特性,受湍动程度和扩散部位等复杂因素的影响。目前,对于涡流扩散规律的研究还不够深入,涡流扩散系数的数值还难以直接求得,因此,常将分子扩散和涡流扩散两种传质作用结合起来考虑。

工程中大部分流体流动为湍流状态,同时存在分子扩散和涡流扩散,因此组分 A 总的质量扩散通量 J_{AT} 为

$$J_{AT}=-(D_{AB}+\varepsilon_D)\frac{d\bar{\rho}_A}{dz}=-D_{ABeff}\frac{d\bar{\rho}_A}{dz} \tag{6.3.2}$$

式中:D_{ABeff}——组分 A 在双组分混合物中的有效质量扩散系数。

在充分发展的湍流中,涡流扩散系数往往比分子扩散系数大得多,因而有$D_{ABeff}\approx\varepsilon_D$。

当某组分在流动流体与接触的固体表面之间发生传递时(如固体的升华、固体表面水分的汽化),表面附近的浓度边界层和流动边界层中流体的流动状态对传质产生决定性的影响。当边界层中的流动完全处于层流状态时,质量传递只能通过分子扩散来进行,但流动增大了表面附近的浓度梯度,强化了传质。当边界层中的流动处于湍流状态时,表面附近的流动结构包括层流底层、湍流核心区及过渡区。在湍流核心区内物质的质量传递主要依靠湍流扩散,分子扩散的影响可以忽略不计。在层流底层中,由于垂直于界面方向上没有流体质点的扰动,物质仅依靠分子扩散传递,但由于流体主体的浓度分布被均化,浓度梯度增大。在过渡区内,分子扩散和涡流扩散同时存在,浓度梯度比层流底层中要小得多。因而,湍流有效地强化了传质。

当质量传递发生在相互接触的两流体相之间时,各相主体与相界面间的传质仍是决定性的步骤。由于两流动流体相界面处的情况十分复杂,本节只介绍单相中的对流传质。

6.3.2　单相中的对流传质过程

在对流传质过程中,当流动处于湍流状态时,物质的传递包括了分子扩散和涡流扩散。由于涡流扩散系数难以测定和计算,为了确定对流传质的传质速率,通常将对流传质过程进行简化处理,即将过渡区内的涡流扩散折合为通过某一定厚度的层流膜层的分子扩散。

如图 6-4 所示,组分 A 自气相主体向界面转移时,由于气体作湍流流动,大量旋涡所起的混合作用使气相主体内溶质的分压趋于一致,分压线几乎为水平线,到达层流膜层时才略向下弯曲。气相主体分压用 p_{A2} 表示,将层流底层内的浓度梯度线延长,与分压线相交于 G 点,G 与相界面的垂直距离为 z_G。这样,可以认为由气相主体到界面的对流扩散相当于通过厚度为 z_G 的膜层的分子扩散,z_G 称为有效膜层或者虚拟膜层。即把全部传质阻力看成集中在有效膜层内,因此,可以用分子扩散速率方程描述对流扩散。写出由界面至流体主体

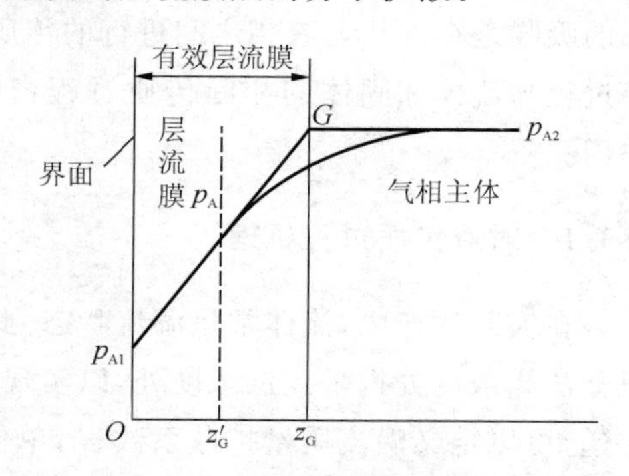

图 6-4　对流传质过程的虚拟膜模型

的对流传质速率关系，即

$$N_A = k_G(p_{A2} - p_{A1}) \tag{6.3.3}$$

式中：p_{A1}、p_{A2}——界面上和气相主体中组分 A 的分压，Pa；

N_A——组分 A 的对流传质通量，kmol/(m² · s)；

k_G——气相传质分系数，kmol/(m² · s · Pa)。

式(6.3.3)为对流传质速率方程。该方程表明传质速率与浓度差(分压差)成正比，从而将传递问题归结为求取传质系数。该公式既适用于流体的层流运动，也适用于流体湍流运动的情况。

当采用其他单位表示浓度时，可以得到相应的多种形式的对流传质速率方程和对流传质系数。对于气体与界面的传质，组分用浓度表示，则对流传质通量方程可写为

$$N_A = k_c(c_{A1} - c_{A2}) \tag{6.3.4}$$

式中：N_A——组分 A 的对流传质通量，kmol/(m² · s)；

c_{A2}——流体主体中组分 A 的浓度，kmol/m³；

c_{A1}——界面上组分 A 的浓度，kmol/m³；

k_c——对流传质系数也称传质分系数，m/s，其中，下标“c”表示组分浓度以物质的量浓度表示。

对于液体与界面的传质，则可写为

$$N_A = k_L(c_{A1} - c_{A2}) \tag{6.3.5}$$

式中：c_{A1}、c_{A2}——界面上和流体主体中组分 A 的浓度，kmol/m³；

k_L——液相传质分系数，m/s。

若组分浓度用摩尔分数表示，对于气相中的传质，摩尔分数为 y，则

$$N_A = k_y(y_{A1} - y_{A2}) \tag{6.3.6}$$

式中：k_y——用组分 A 的摩尔分数差表示推动力的气相传质分系数，kmol/(m² · s)。

因为

$$y_A = \frac{p_A}{p}$$

所以

$$k_y = k_G p$$

对于液相中的传质，若摩尔分数 x，则

$$N_A = k_x(x_{A1} - x_{A2}) \tag{6.3.7}$$

式中：k_x——用组分 A 的摩尔分数差表示推动力的液相传质分系数，kmol/(m² · s)。

因为

$$x_A = \frac{c_A}{c}$$

所以

$$k_x = k_L c \tag{6.3.8}$$

6.3.3 典型情况对流传质系数

1. 在平板表面上的下降膜中的对流传质系数

对于微溶气体 A 被纯液体 B 的下降膜吸收的气液体系，气-液界面处不存在速度梯度，此时有

$$Sh_m=\frac{k_{cm0}L}{D_{AB}}=1.128(ReSc)^{\frac{1}{2}} \tag{6.3.9}$$

式中：Sh_m——基于特征长度为 L 的施伍德(Sherwood)数，量纲为1；

k_{cm0}——局部传质系数，m/s；

D_{AB}——分子扩散系数，m^2/s；

L——下降膜的特征长度，m；

Re——雷诺数，量纲为1；

Sc——运动黏度和扩散系数比值确定的施密特数，代表壁面附近速度分布与浓度分布的关系，量纲为1。

对于稍微可溶的物质A从壁面溶于纯物质B的下降液膜的固液体系，固液界面处存在速度梯度，此时有

$$Sh_m=\frac{k_{cm0}L}{D_{AB}}=1.017\sqrt[3]{\frac{L}{\delta}}(ReSc)^{\frac{1}{3}} \tag{6.3.10}$$

式中：L/δ——膜长对膜厚的比值。

2. 围绕球体流动的对流传质系数

对于围绕一个球形气泡流动时发生吸收的气液体系，此时有

$$Sh_m=\frac{k_{cm0}d}{D_{AB}}=0.641\ 5(ReSc)^{\frac{1}{2}} \tag{6.3.11}$$

式中：d——球形气泡的直径，m。

对于围绕一个球形固体的爬流流动，且该固体表面涂有一层可稍微溶解于过程流体的物质的固液体系，此时有

$$Sh_m=\frac{k_{cm0}d}{D_{AB}}=0.991(ReSc)^{\frac{1}{3}} \tag{6.3.12}$$

式中：d——球形固体的直径，m。

3. 转盘附近的对流传质系数

有一直径为 d 的圆盘，其表面涂有稍微可溶于液体B的物质A，并在大容量的液体B中以一定角速度旋转，在该圆盘表面处的质量通量与位置无关。此时有

$$Sh_m=\frac{k_{cm0}d}{D_{AB}}=0.620Re^{\frac{1}{2}}Sc^{\frac{1}{3}} \tag{6.3.13}$$

式中：d——圆盘的直径，m。

思考与练习

6-1　用水吸收含 SO_2 8%(体积分数)的混合气体，操作温度为27 ℃，压力为148 kPa，求 SO_2 的摩尔分数及物质的量浓度。

6-2　将0.001 kmol的乙醇溶在1 kg水里，溶液密度为992 kg/m^3，求乙醇在水中的摩尔分数、比摩尔分数、质量分数及物质的量浓度。

6-3　在101.325 kPa下的氧与二氧化碳混合气体中发生稳定扩散过程，已知相距0.3 cm的两截面上氧的分压分别为 $1.333\ 2\times10^4$ Pa和 6.666×10^3 Pa，又知扩散系数为0.148 cm^2/s，试计算下

列两种情形下氧的传质速率：

（1）氧与二氧化碳两种气体作等分子反向扩散；

（2）二氧化碳气体为停滞组分。

6-4 内径为 30 mm 的量筒中装有水，水温为 25 ℃，周围空气温度为 30 ℃，压力为 101.33 kPa，空气中水蒸气含量很低，可忽略不计。量筒中水面到上沿的距离为 10 mm，假设在此空间中空气静止，在量筒口上空气流动，可以把蒸发出的水蒸气很快带走。试问：经过 2 d 后，量筒中的水面降低多少？查表得 25 ℃时水在空气中的分子扩散系数为 0.26 cm^2/s。

6-5 一填料塔在大气压和 295 K 下，用清水吸收氨-空气混合物中的氨。传质阻力可以认为集中在 1 mm 厚的静止气膜中。在塔内某一点上，氨的分压为 6.6 kPa。水面上氨的平衡分压可以忽略不计。已知氨在空气中的扩散系数为 0.236 cm^2/s，试求该点上氨的传质速率。

6-6 浅盘内有水，深 6.35 mm，温度为 29 ℃，靠分子扩散逐渐蒸发到大气中，求水完全蒸干所需时间。假定扩散通过一层厚度恒定为 5 mm 的 29 ℃的静止空气层，在此空气层以外蒸气的分压可视为零。扩散系数为 0.11 m^2/h，29 ℃时，水的饱和蒸汽压为 4 kPa，大气压为 101 kPa。

6-7 试分别计算在 30 ℃、1 个大气压下，乙醇蒸气在空气中和在水中的扩散系数。

6-8 在温度为 25 ℃、压力为 1.013×10^5 Pa 的条件下，一个原始直径为 0.1 cm 的氧气泡浸没于搅动着的水中。7 min 后，气泡直径减小为 0.054 cm，试求系统的传质系数。水中氧气的饱和浓度为 1.5×10^{-3} mol/L。

6-9 在稳态下气体 A 和 B 的混合物进行稳态扩散，总压力为 101.3 kPa，温度为 278 K。气相主体与扩散界面 S 之间的垂直距离为 0.1 m，两平面上的分压分别为 $p_{A1}=13.4$ kPa 和 $p_{A2}=6.7$ kPa，混合物的扩散系数为 1.85×10^{-5} m^2/s，试计算以下条件下组分 A 和 B 的传质通量，并对所得的结果加以分析：

（1）组分 B 不能穿过平面 S；

（2）组分 A 和 B 都能穿过平面 S。

第7章 吸 收

7.1 吸收的定义及类型

7.1.1 吸收的定义与应用

混合气体的分离最常用的操作方法之一是吸收。吸收是依据混合气体各组分在同一种液体溶剂中的物理溶解度(或化学反应活性)的不同,而将气体混合物分离的操作过程。吸收操作本质上是混合气体组分从气相到液相的相间传质过程,所用的液体溶剂称为吸收剂,混合气体中能显著溶于液体溶剂的组分称为溶质,几乎不溶解的组分称为惰性组分(或惰气),吸收后得到的溶液称为吸收液,吸收后的气体称为吸收尾气或者净化气。

吸收操作是气体混合物分离的重要方法,在工业上的具体应用大致有三种。

(1) 净化原料气。要除去原料气中所含的杂质,吸收是最常用的方法。就杂质浓度来说,多数很低,但因危害大而仍要求较高的净化率,例如,煤气中的 H_2S 含量一般远低于1%(体积分数,下同),但净化率仍要求高于90%;也有的初始浓度相当高,例如,合成氨工业的变换气含 CO_2 约28%,最后需脱除到0.01%以下,而某些天然气中含 CO_2 更达50%以上。

(2) 回收有用组分。例如:从合成氨厂的放空气中用水回收氨;从焦炉煤气中以洗油回收粗苯(包括苯、甲苯、二甲苯等)蒸气和从某些干燥废气中回收有机溶剂蒸气。

(3) 某些产品的制取。将气体中需用的成分以指定的溶剂吸收出来,成为溶液态的产品或半成品。如制酸工业中从含 HCl、NO_x(氮氧化物)、SO_3 的气体制取盐酸、硝酸、硫酸;在甲醇、乙醇蒸气经氧化后,用水吸收以制成甲醛、乙醛半成品等。

在环境工程领域,吸收操作常用来净化气态污染物,例如,化工生产中排放的一些废气常含有 SO_2、NO_x、HCN 等有害气体,造成严重的大气污染,可采用碱性吸收剂吸收废气中的这些酸性有毒气体,使气体得到净化,从而达到保护环境的目的。

7.1.2 吸收的类型

按不同的分类方法,吸收过程可分为不同的类型。

1. 物理吸收和化学吸收

如果在吸收过程中溶质与溶剂不发生显著化学反应,则此吸收操作称为物理吸收。如果在吸收过程中,溶质与溶剂发生显著化学反应,则此吸收操作称为化学吸收。

2. 单组分吸收与多组分吸收

如果在吸收过程中,混合气体中只有一个组分被吸收,其余组分可认为不溶于吸收剂,则称为单组分吸收。如果混合气体中有两个或多个组分进入液相,则称为多组分吸收。

3. 等温吸收与非等温吸收

气体溶于液体中时常伴随热效应,若热效应很小,或被吸收的组分在气相中的浓度很低,而吸收剂用量很大,液相的温度变化不显著,则该吸收过程为等温吸收。若吸收过程中发生化学反应,其热效应很大,液相的温度明显变化,则该吸收过程为非等温吸收过程。

4. 低浓度吸收与高浓度吸收

通常根据生产经验,规定当混合气中溶质组分 A 的摩尔分数大于 0.1,且被吸收的数量多时,称为高浓度吸收。

当溶质在气液两相中摩尔分数均小于 0.1 时,此吸收称为低浓度吸收。低浓度吸收的特点有两种:

(1) 气液两相流经吸收塔的流率为常数;

(2) 低浓度的吸收可视为等温吸收。

吸收过程进行的方向与限度取决于溶质在气液两相中的平衡关系。当气相中溶质的实际分压高于与液相层平衡的溶质分压时,溶质便由气相向液相转移,即发生吸收过程。反之,当气相中溶质的实际分压低于与液相层平衡的溶质分压时,溶质便由液相向气相转移发生吸收的逆过程,这种过程称为解吸(或脱吸)。解吸与吸收的原理相同,所以,对于解吸过程的处理方法也完全可以对照吸收过程来考虑。

在这些吸收过程中,单组分的等温物理吸收过程是最简单的吸收过程,也是其他吸收过程的基础。同时,大气污染控制作为环境工程领域的重要组成部分,在采用吸收法净化气态污染物时,与化工生产过程的吸收相比,具有处理气量大、吸收组分浓度低、吸收效率和吸收速率要求较高等特点。一般简单的物理吸收无法满足要求,因此多采用化学吸收过程。

因此,本章除了对物理吸收的作用机理和过程进行介绍外,还同时介绍化学吸收的作用机理和过程。

7.2 物理吸收

单组分等温物理吸收是其他吸收过程的基础,也是吸收过程最简单的情形。因此,本节首先介绍单组分等温物理吸收过程的热力学和动力学基础理论,并通过这些理论知识,理解和认识其他复杂的吸收过程。

7.2.1 物理吸收的热力学基础

热力学讨论的主要问题是过程发生的方向、极限及推动力。物理吸收仅涉及混合气体中的某一组分在吸收剂中溶解的简单传质过程。所以,溶质在气液两相间的平衡关系就决定了溶质在相间传递过程的方向、极限以及传质推动力的大小,这也是研究物理吸收的传质过程的基础。

1. 气-液平衡和亨利定律

1) 气-液平衡

假设在溶质 A 与溶剂进行接触的过程中,随着溶液浓度 c_A 的逐渐增大,传质速率将减慢,最后停止传质,溶液中 c_A 达到最大限度 c_A^*。这时称气液达到了平衡,c_A^* 称为平衡溶解度,简称溶解度。

在达到相平衡时,通常认为可将溶解度 c_A^* 表达为温度、总压和气相组成(以分压 p_A 表示)的函数。一般在控制温度和总压一定的情况下,c_A^* 只是 p_A 的函数,可以写成 $c_A^* = f(p_A)$。气液平衡关系的理论尚不完善,一般仍需要用实验方法对具体物系进行测定。

2) 亨利定律

在特定的条件下,溶质在气液两相中的相平衡关系函数可以表达成比较简单的形式。当总压不高(不超过 5×10^5 Pa)时,在一定温度下,稀溶液上方气相中溶质的平衡分压与溶质在液相中的摩尔分数成正比,其比例系数为亨利系数。其相平衡曲线是一条通过原点的直线,这一关系称为亨利(Henry)定律,即

$$p_A^* = Ex_A \tag{7.2.1}$$

式中:p_A^*——溶质 A 在气相中的平衡分压,Pa;

x_A——溶质 A 在液相中的摩尔分数;

E——亨利系数,单位与压力单位一致。

亨利系数反映了气体溶质在吸收剂中溶解的难易程度,取决于物系的特性和体系的温度,亨利系数越大,说明气体越难溶解于溶剂。对于一定的气体和一定的溶剂,亨利系数随温度而变化。一般说来,温度上升则 E 值增大,这体现着溶解度随温度升高而减少的变化趋势。在同一溶剂中,难溶气体的 E 值很大,而易溶气体的 E 值则很小。

亨利定律适用于难溶、较难溶的气体;对于易溶、较易溶的气体,只能用于液相浓度很低的情况。若干气体水溶液的亨利系数见表 7-1。

因为溶质在气液两相中的组成可以表示成多种形式,亨利定律也可以写成不同的形式。

如果溶质的溶解度用物质的量浓度表示,则亨利定律可写为

$$p_A^* = \frac{c_A}{H} \tag{7.2.2}$$

式中:p_A^*——溶质 A 在气相中的平衡分压,Pa;

c_A——溶质 A 在溶液中的物质的量浓度,$kmol/m^3$;

H——溶解度系数,$kmol/(m^3\cdot Pa)$。

如果溶质在气液两相中的组成均以摩尔分数表示,则亨利定律可写为

$$y_A^* = mx_A \tag{7.2.3}$$

式中:y_A^*——与溶液平衡的气相中的溶质的摩尔分数;

x_A——溶质在液相中的摩尔分数;

m——相平衡常数,量纲为 1。

亨利定律虽然有不同的表达形式,但是其实质都是反映溶质在气液两相间的平衡关系。比较式(7.2.1)~式(7.2.3),三个常数之间的关系为

$$E = mp \tag{7.2.4}$$

$$E = \frac{c_0}{H} \tag{7.2.5}$$

式中:p——气相总压力,Pa;

c_0——液相总物质的量浓度,$kmol/m^3$。

在吸收过程中,为了方便起见,常将平衡关系用 X-Y 关系来表示。在单组分物理吸收过程中,气体溶质在气液两相之间传递,而惰性气体和溶剂物质的量是保持不变的,因此以它们为基准,用摩尔比表示平衡关系。溶质在气液两相的摩尔分数与摩尔比的关系为

$$气相摩尔比\ Y_A = \frac{气相中溶质的物质的量}{气相中惰性气体的物质的量}$$

$$液相摩尔比\ X_A = \frac{液相中溶质的物质的量}{液相中溶剂的物质的量}$$

$$y_A = \frac{Y_A}{1+Y_A} \tag{7.2.6}$$

表7-1 若干气体水溶液的亨利系数

气体	$E/10^5$ kPa															
	0 ℃	5 ℃	10 ℃	15 ℃	20 ℃	25 ℃	30 ℃	35 ℃	40 ℃	45 ℃	50 ℃	60 ℃	70 ℃	80 ℃	90 ℃	100 ℃
H_2	58.7	61.6	64.4	67.0	69.2	71.6	73.9	75.2	76.1	77.0	77.5	77.5	77.1	76.5	76.1	75.5
N_2	52.5	60.5	67.7	74.8	81.5	87.6	93.6	99.8	105	110	114	122	128	128	128	128
空气	43.8	49.4	55.6	61.5	67.3	73.0	78.1	83.4	88.2	92.3	95.9	102	106	108	109	108
CO	35.7	40.1	44.8	49.5	54.3	58.8	62.8	66.8	70.5	73.9	77.1	83.2	85.7	85.7	85.7	85.7
O_2	25.8	29.5	33.1	36.9	40.6	44.4	48.1	51.4	54.2	57.0	59.6	63.7	67.2	66.9	70.8	71.0
CH_4	22.7	26.2	30.1	34.1	38.1	41.8	45.5	49.2	52.7	55.8	58.5	63.4	67.5	69.1	70.1	71.0
NO	17.1	19.6	22.1	24.5	26.7	29.1	31.4	33.5	35.7	37.7	39.5	42.4	44.4	45.4	45.8	46.0
C_2H_6	12.8	15.7	19.2	29.0	26.6	30.6	34.7	38.8	42.9	46.9	50.7	57.2	63.1	67.0	69.6	70.1
C_2H_4	5.59	6.62	7.78	9.07	10.3	11.6	12.9									
N_2O		1.19	1.43	1.68	2.01	2.28	2.62	3.06								
CO_2	0.738	0.888	1.05	1.24	1.44	1.66	1.88	2.12	2.36	2.60	2.87	3.46				
C_2H_2	0.73	0.85	0.97	1.09	1.23	1.35	1.48									
Cl_2	0.272	0.334	0.399	0.461	0.537	0.604	0.669	0.74	0.80	0.86	0.90	0.97	0.99	0.97	0.96	
H_2S	0.272	0.319	0.372	0.418	0.489	0.552	0.617	0.686	0.755	0.825	0.689	1.04	1.21	1.37	1.46	1.50
SO_2	0.016 7	0.020 3	0.024 5	0.029 4	0.035 5	0.041 3	0.048 5	0.056 7	0.066 1	0.076 3	0.087 1	0.111	0.139	0.170	0.201	

$$x_A = \frac{X_A}{1+X_A} \tag{7.2.7}$$

将上面两式代入亨利定律表达式中,得

$$Y_A^* = \frac{mX_A}{1+(1-m)X_A} \tag{7.2.8}$$

当溶液浓度很低时,X_A 很小,式(7.2.8)可近似写为

$$Y_A^* = mX_A \tag{7.2.9}$$

可见,在稀溶液条件下,气液两相物质的摩尔比也可以近似用线性关系表示。

2. 相平衡关系在吸收过程中的应用

相平衡关系描述的是气液两相传质过程的极限状态。比较气液两相的实际浓度和相应条件下的平衡浓度,根据相平衡关系,可以判断传质进行的方向,确定传质推动力的大小,并确定传质过程所能达到的极限。

1) 判断传质过程进行的方向

假设气液相平衡关系为 $y_i^* = mx_i$ 或 $x_i^* = y_i/\mathrm{m}$,如果气相的溶质实际浓度 y_i 大于与液相的溶质浓度 x_i 相平衡的气相溶质浓度 y_i^*,即 $y_i > y_i^*$ 时,则说明溶液仍没有达到饱和状态,这时在气相中的溶质一定可以继续溶解,传质过程的方向就是由气相到液相,即进行吸收;相反,如果液相的溶质实际浓度 x_i 大于与气相溶质浓度 y_i 相平衡的液相溶质浓度 x_i^*,即 $x_i > x_i^*$ 时,传质方向由液相到气相,即发生解吸。

总之,没有达到平衡状态的气液系统组成都是不稳定的,必然从一相传递到另一相,结果使气液两相最终达到平衡,溶质传递的方向就是系统趋于平衡的方向。

2) 计算相际传质过程的推动力

我们介绍的传质过程的推动力通常用某一相的实际组成与其平衡组成的偏差度来表示。在一定的条件下,一相的实际组成如果和平衡组成相同,传质过程就停止了;而如果与平衡组成有偏差,就会产生传质过程。实际组成与平衡组成之间的差距越大,传质过程的速率就会越快,通常把这个差距叫做过程推动力。

推动力有不同的表示方法,如推动力可以写成以气相偏差表示的推动力

$$\Delta y = y_A - y_A^* \tag{7.2.10}$$

或者以液相偏差表示的推动力

$$\Delta x = x_A^* - x_A \tag{7.2.11}$$

同理,如果气液相浓度分别用 p_A 和 c_A 表示,相平衡关系用 $p_A^* = c_A/H$ 表示,则推动力可以分别用气相的分压差表示

$$\Delta p = p_A - p_A^* \tag{7.2.12}$$

或者用液相的浓度差表示

$$\Delta c = c_A^* - c_A \tag{7.2.13}$$

3) 确定传质过程的极限

溶质在气液两相间的传质过程不是无限制地进行的,两相组成的变化也是有限度的,这个限度就是传质过程的极限。事实上,吸收过程中两相组成的变化与很多因素有关,如气液两相量的比、两相接触的操作方式以及相平衡关系等。传质过程的极限状态就是平衡状态。

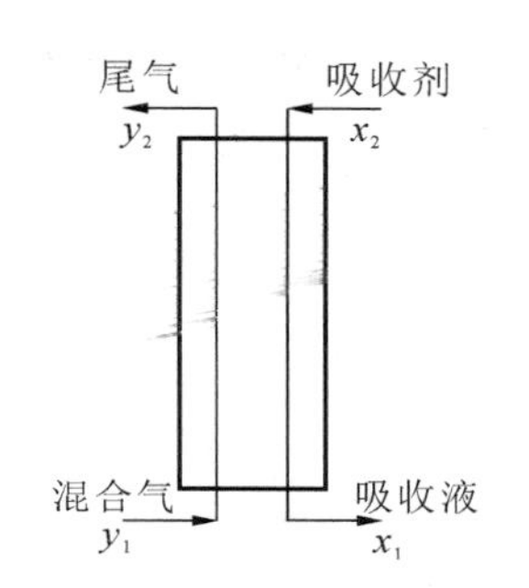

图 7-1　吸收塔吸收示意图

以逆流接触吸收塔为例(图 7-1),如果希望溶质在塔底流出的吸收液的浓度尽可能地高,可以通过增加塔高、增加气体的量、减少吸收剂的用量来实现,但是这种增加是有限度的。塔底吸收液中的溶质浓度(x_1)最高只能达到与入塔气体中溶质浓度(y_1)相平衡的程度,即

$$x_1 \leqslant x_1^* = \frac{y_1}{m} \tag{7.2.14}$$

在治理废气污染的时候,希望通过吸收操作使得出塔气体中的污染物浓度尽可能地低。同样可以通过增加塔高、减少处理气体的量、增加吸收剂的量来实现。但是出塔气体中溶质的最低浓度(y_2)只能达到与入塔吸收剂中溶质浓度(x_2)相平衡的浓度,即

$$y_2 \leqslant y_2^* = m x_2 \tag{7.2.15}$$

因此,相平衡关系限定了气体出塔的最低浓度和吸收液出塔时的最高浓度,但是这种相平衡关系是有条件的,可以通过改变平衡条件(如操作条件)得到新的平衡关系,以利于传质过程达到预期的目的。

例 7-1　在一传质设备的某截面上,含氨 2%(体积分数)的气体与浓度为1.2 kmol/m^{3}的氨水相遇,平衡关系仍可用亨利定律表示,溶解度系数 $H=0.73$ kmol/(m^3 · kPa)。试判断氨的传质方向。

解　已知气相主体的氨分压

$$p_G = 0.02 \times 101.3 = 2.026 (\text{kPa})$$

液相主体的氨浓度 $c_L = 1.2$ kmol/m^3,应用亨利定律可求出:

与液相平衡的氨分压　　$p_L^* = c_L / H = 1.2/0.73 = 1.64(\text{kPa})$

与气相平衡的氨浓度　　$c_G^* = H p_G = 0.73 \times 2.026 = 1.48(\text{kmol/m}^3)$

$c_G^* > c_L$ 或 $p_L^* < p_G$,故氨的传质方向由气相到液相,即发生吸收。

7.2.2　物理吸收的动力学基础

1. 吸收过程的机理

吸收过程是溶质由气相向液相的一种典型的两相间传递过程,溶质在气液两相间的传质过程可以分为两个方面:相内传递和相际传递。该过程可以分为三个步骤:① 溶质由气相主体扩散至气液两相界面;② 溶质在两相界面由气相溶解于液相;③ 溶质由相界面扩散至液相主体。

不同的传递过程,其机理也是不相同的。相界面以及界面附近状态和传质过程比较复杂,尽管相关学者提出了多种不同的传质模型,但至今仍没有一个完美的理论能说明两流体相间在各种不同情况下的传质效果。最为主要的吸收过程机理的理论有双膜理论、溶质渗透理论、表面更新理论,其中以 1923 年威特曼(Whitman)提出的双膜理论应用最为广泛。

2. 双膜理论

对于吸收操作这样的相际传质过程的机理,双膜理论一直占有重要地位。

双膜理论是基于这样的认识,即当液体湍流流过固体溶质表面时,固液间传质阻力全部集中在液体内紧靠两相界面的一层停滞膜内,此膜厚度大于滞留内层厚度,而它提供的分子扩散传质阻力恰等于上述过程中实际存在的对流传质阻力。

双膜理论把两流体间的对流传质过程描述为如图 7-2 所示的模式，它包含以下几点基本假设。

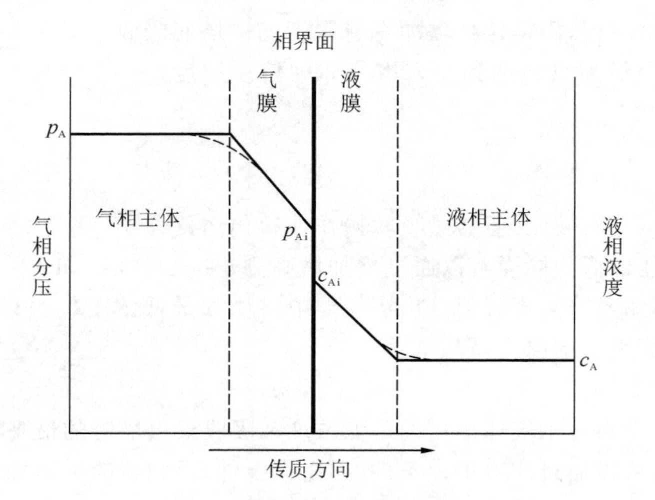

图 7-2　双膜理论模型示意图

(1) 当气液两相接触时，两相之间有一个相界面，在相界面两侧分别存在着呈层流流动的稳定膜层(有效层流膜层)。溶质必须以分子扩散的形式连续地通过这两个膜层，膜层的厚度主要随流速而变，流速越大厚度越小。

(2) 气液两相在相界面处瞬间达到平衡，界面上无传质阻力，溶质在界面间两相的组成存在平衡关系。

(3) 在膜层以外的主体内，由于流体的充分湍动，溶质的浓度分布均匀，可认为两相主体中的浓度梯度为零，即浓度梯度全部集中在两个有效膜层中。

双膜模型实际上将气液的相际传质过程简化为溶质组分通过气液两层停滞膜的稳态分子扩散过程，而相界面处及两相主体中均无传质阻力存在。这样，整个相际传质过程的阻力便全部体现在两个停滞层里。在两相主体浓度一定的情况下，两膜的阻力便决定了传质速率的大小，因此双膜理论也可称为双阻力理论。

根据前面介绍的对流传质速率方程，由双膜模型可知气相和液相对流传质的速率方程分别为

$$(N_A)_G = k_G(p_A - p_{Ai}) = \frac{p_A - p_{Ai}}{\dfrac{1}{k_G}} \tag{7.2.16}$$

$$(N_A)_L = k_L(c_{Ai} - c_A) = \frac{c_{Ai} - c_A}{\dfrac{1}{k_L}} \tag{7.2.17}$$

式中：$(N_A)_G$、$(N_A)_L$——溶质通过气膜和液膜的传质通量，kmol/(m² · s)；

p_A、c_A——溶质在气液两相主体中的压力(Pa)和浓度(kmol/m³)；

p_{Ai}、c_{Ai}——溶质在气液两相界面上的压力(Pa)和浓度(kmol/m³)；

k_G——以气相分压差为推动力的气膜传质系数，kmol/(m² · s · Pa)；

k_L——以液相浓度差为推动力的液膜传质系数，m/s。

在稳态情况下，气相和液相的对流传质速率相等，即

$$(N_A)_G = (N_A)_L = k_G(p_A - p_{Ai}) = k_L(c_{Ai} - c_A)$$

故
$$\frac{p_{A}-p_{Ai}}{c_{A}-c_{Ai}}=-\frac{k_{L}}{k_{G}} \tag{7.2.18}$$

上式中均用到了相界面处溶质的组成。根据双膜理论的假设，在相界面上，气液两相成平衡关系，即 p_{Ai} 与 c_{Ai} 互为平衡关系，若已知气液两相主体的分压和浓度，则气液相界面处的分压与浓度可由式(7.2.18)和气液平衡关系联立求解。

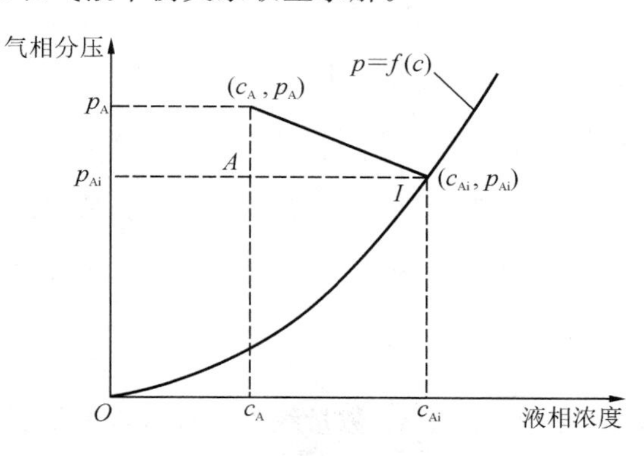

图 7-3 界面组成的确定

图 7-3 所示为气相溶质分压和液相溶质浓度的相平衡关系曲线。根据式(7.2.18)，p_{Ai} 和 c_{Ai} 为直线 AI 与平衡线交点的纵、横坐标值。当 p_{A}、c_{A} 及 k_{L}/k_{G} 已知时，根据式(7.2.18)和相平衡线，便可求 p_{Ai} 和 c_{Ai}。在求出界面处气液组成后，便可计算吸收过程的传质速率，但实际使用中，因为它不仅需由 k_{L}、k_{G} 间接推算界面组成，而且无法对整个传质过程进行综合分析，为此有必要建立描述吸收过程的总传质速率方程。

3. 总传质速率方程

1) 以($p_{A}-p_{A}^{*}$)表示总推动力的吸收速率方程

令 p_{A}^{*} 为与液相主体浓度 c_{A} 成平衡的气相分压，p_{A} 为吸收质在气相主体的分压，若吸收系统服从亨利定律，则

$$p_{A}^{*}=\frac{c_{A}}{H}$$

根据双膜理论，相界面上两相互成平衡，则

$$p_{Ai}=\frac{c_{Ai}}{H}$$

液膜传质速率方程式(7.2.17)改写成

$$(N_{A})_{L}=k_{L}(c_{Ai}-c_{A})=\frac{p_{Ai}-p_{A}^{*}}{\dfrac{1}{Hk_{L}}} \tag{7.2.19}$$

气相总传质速率方程可表示为

$$N_{A}=K_{G}(p_{A}-p_{A}^{*}) \tag{7.2.20}$$

稳态时，有

$$(N_{A})_{G}=(N_{A})_{L}=N_{A}$$

将式(7.2.16)、式(7.2.19)、式(7.2.20)联立，得

$$N_{A}=\frac{p_{A}-p_{A}^{*}}{1/K_{G}}=\frac{p_{A}-p_{Ai}}{1/k_{G}}=\frac{p_{Ai}-p_{A}^{*}}{1/(Hk_{L})}$$

应用加比定律消去 p_{Ai}，得

$$\frac{p_A - p_{Ai}}{1/k_G} = \frac{p_{Ai} - p_A^*}{1/(Hk_L)} = \frac{p_A - p_A^*}{1/k_G + 1/(Hk_L)}$$

化简后得

$$\frac{1}{K_G} = \frac{1}{k_G} + \frac{1}{Hk_L} \tag{7.2.21}$$

式中：K_G——以气相分压差为推动力的总传质系数，kmol/(m² · s · Pa)；

$\frac{1}{K_G}$——总传质阻力，是气膜阻力$\frac{1}{k_G}$和液膜阻力$\frac{1}{Hk_L}$之和。

式(7.2.20)即为以($p_A - p_A^*$)为总推动力的吸收速率方程，也可称为气相总吸收速率方程。总系数 K_G 的倒数为两膜总阻力。由式(7.2.21)可以看出，此总阻力是由气膜阻力$\frac{1}{k_G}$和液膜阻力$\frac{1}{Hk_L}$两部分组成的。

对于易溶气体，H 值很大，在 k_G 与 k_L 数量级相同或接近的情况下存在如下关系：

$$\frac{1}{Hk_L} \ll \frac{1}{k_G}$$

此时传质阻力的绝大部分存在于气膜之中，液膜阻力可以忽略，因而式(7.2.21)可简化为

$$\frac{1}{K_G} \approx \frac{1}{k_G} \quad 或 \quad K_G \approx k_G$$

即气膜阻力控制着整个吸收过程的速率，吸收总推动力的绝大部分用于克服气膜阻力，则

$$p_A - p_A^* \approx p_A - p_{Ai}$$

这种情况称为“气膜控制”。用水吸收氨或氯化氢及用浓硫酸吸收气相中的水蒸气等过程，通常都被视为气膜控制的吸收过程。显然，对于气膜控制的吸收过程，如要提高其速率，在选择设备形式及确定操作条件时应特别注意减小气膜阻力。

2) 以($c_A^* - c_A$)表示总推动力的吸收速率方程

同理，以液相浓度差为推动力的总传质速率方程可表示为

$$N_A = K_L(c_A^* - c_A) \tag{7.2.22}$$

$$\frac{1}{K_L} = \frac{H}{k_G} + \frac{1}{k_L} \tag{7.2.23}$$

式中：c_A^*——与气相主体分压 p_A 平衡的液体浓度，$c_A^* = Hp_A$，kmol/m³；

K_L——以液相浓度差为推动力的总传质系数，m/s；

$\frac{1}{K_L}$——总传质阻力，液膜阻力$\frac{1}{k_L}$与气膜阻力$\frac{H}{k_G}$之和。

式(7.2.22)即为以($c_A^* - c_A$)为总推动力的吸收速率方程，也可称为液相总吸收速率方程。总系数 K_L 的倒数为两膜总阻力，由式(7.2.23)可以看出，此总阻力是由气膜阻力$\frac{H}{k_G}$与液膜阻力$\frac{1}{k_L}$两部分组成的。

对于难溶气体，H 值甚小，在 k_G 与 k_L 数量级相同或接近的情况下存在如下关系：

$$\frac{H}{k_G} \ll \frac{1}{k_L}$$

此时传质阻力的绝大部分存在于液膜之中，气膜阻力可以忽略，因而式(7.2.23)可简化为

$$\frac{1}{K_L} \approx \frac{1}{k_L} \quad 或 \quad K_L \approx k_L$$

即液膜阻力控制着整个吸收过程的速率，吸收总推动力的绝大部分用于克服液膜阻力，则

$$c_A^* - c_A \approx c_{Ai} - c_A$$

这种情况称为“液膜控制”。用水吸收氧、氢或二氧化碳等气体的过程，都是液膜控制的吸收过程。对于液膜控制的吸收过程，如要提高其速率，在选择设备形式及确定操作条件时应特别注意减小液膜阻力。

比较两个总传质速率方程，可以得到气相总传质系数 K_G 与液相总传质系数 K_L 存在如下关系：

$$K_G = HK_L \tag{7.2.24}$$

气液相浓度组成的表示方法不同，传质速率方程就有不同的表示形式，因此总的传质速率方程会有不同的表示形式。为便于进行物料衡算，溶质在气液相中的浓度以摩尔分数来表示时，总传质速率方程可以分别表示为

$$N_A = K_y(y_A - y_A^*) \tag{7.2.25}$$

$$N_A = K_x(x_A^* - x_A) \tag{7.2.26}$$

式中：x_A、y_A——溶质在液相和气相主体中的摩尔分数；

x_A^*、y_A^*——与气相主体摩尔分数平衡的液相摩尔分数和与液相主体摩尔分数平衡的气相摩尔分数；

K_y、K_x——以摩尔分数差为推动力的气相和液相总传质系数，kmol/(m^2·s)。

K_y 和 K_x 之间的关系为

$$K_x = mK_y$$

式中：m——相平衡系数。

$$\frac{1}{K_y} = \frac{1}{k_y} + \frac{m}{k_x}, \quad \frac{1}{K_x} = \frac{1}{k_x} + \frac{1}{mk_y} \tag{7.2.27}$$

当溶质在气液相中的浓度以摩尔比来表示时，总传质速率方程可以分别表示为

$$N_A = K_Y(Y_A - Y_A^*) \tag{7.2.28}$$

$$N_A = K_X(X_A - X_A^*) \tag{7.2.29}$$

式中：X_A、Y_A——溶质在液相和气相主体中的摩尔比；

X_A^*、Y_A^*——与气相主体摩尔比 Y_A 相平衡的液相摩尔比和与液相主体摩尔比 X_A 相平衡的气相摩尔比；

K_Y、K_X——以摩尔比差为推动力的气相和液相总传质系数，kmol/(m^2·s)。

例 7-2　吸收塔的某一截面上含氨3%（体积分数）的气体与浓度为1 kmol/m^{3}的氨水相遇，若已知气膜传质系数，$k_G = 5\times10^{-4}$ kmol/(m^2·s·atm)，$k_L = 1.5\times10^{-4}$ m/s，平衡关系可用亨利定律表示，溶解度系数 $H = 73.7$ kmol/(m^3·atm)。试计算：

(1) 以分压差和浓度差表示的总传质推动力、总传质系数和传质速率；

(2) 气液两相传质阻力的相对大小；

(3) 以摩尔分数差表示的总传质推动力和传质速率。

解　(1) 应用亨利定律可求得：

与液相平衡的氨分压　　$p_A^* = c_A/H = 1/73.7 = 0.013\ 6$(atm)

与气相平衡的氨浓度　$c_A^* = Hp_A = 73.7\times1\times3\% = 2.21$(kmol/m^3)

故以分压差表示的总推动力

$$\Delta p = p_A - p_A^* = 1\times 3\% - 0.0136 = 0.0164(\text{atm})$$

以浓度差表示的总推动力

$$\Delta c = c_A^* - c_A = 2.21 - 1 = 1.21(\text{kmol/m}^3)$$

总传质系数 $\dfrac{1}{K_G}=\dfrac{1}{k_G}+\dfrac{1}{Hk_L}=\dfrac{1}{5\times 10^{-4}}+\dfrac{1}{73.7\times 1.5\times 10^{-4}}=2\,000+90.5=2\,091$

$$K_G=1/2\,091=4.78\times 10^{-4}[\text{kmol/(m}^2\cdot\text{s}\cdot\text{atm)}]$$

而 $K_L=K_G/H=4.78\times 10^{-4}/73.7=6.49\times 10^{-6}(\text{m/s})$

传质速率

$$N_A = K_G(p_A - p_A^*) = 4.78\times 10^{-4}\times 0.0164 = 7.85\times 10^{-6}[\text{kmol/(m}^2\cdot\text{s)}]$$

或 $N_A = K_L(c_A^* - c_A) = 6.49\times 10^{-6}\times 1.21 = 7.85\times 10^{-6}[\text{kmol/(m}^2\cdot\text{s)}]$

(2) 上面已算出以分压差为推动力的气膜阻力 $1/k_G=2\,000$,液膜阻力 $1/(Hk_L)=90.5$,其中气膜阻力所占的比例为

$$2\,000/2\,091 \approx 0.956 \text{ 或 } 95.6\%$$

液相阻力仅占 4.4%,故本例的传质属于气膜控制。以上亦可看出 $K_G\approx k_G$。

(3) 当组成以摩尔分数表示时,气相 $y=0.03$(与体积分数相等);液相因溶液很稀,可设其总浓度与纯水相等,$c=55.5\ \text{kmol/m}^3$,故

$$x_A = c_L/c = 1/55.5 = 0.0180$$

现亨利定律中的相平衡常数 m 为

$$m = E/p = c/(Hp) = 55.5/(73.1\times 1) = 0.753$$

有 $y_A^*=mx_A=0.753\times 0.0180=0.0136$, $x_A^*=y_A/\text{m}=1\times 3\%/0.753=0.0398$

故总推动力分别为:

气相摩尔分数差 $y_A-y_A^*=1\times 3\%-0.0136=0.0164$

液相摩尔分数差 $x_A^*-x_A=0.0398-0.0180=0.0218$

将各个传质系数换算到以摩尔分数为推动力,得

$$k_y = k_G p = 5\times 10^{-4}\times 1 = 5\times 10^{-4}[\text{kmol/(m}^2\cdot\text{s)}]$$

$$k_x = k_L c = 1.5\times 10^{-4}\times 55.5 = 83.3\times 10^{-4}[\text{kmol/(m}^2\cdot\text{s)}]$$

$$K_y = 1/\left(\frac{1}{k_y}+\frac{m}{k_x}\right) = 1/\left(\frac{1}{5\times 10^{-4}}+\frac{0.753}{83.3\times 10^{-4}}\right)$$

$$= 4.78\times 10^{-4}[\text{kmol/(m}^2\cdot\text{s)}]$$

而 $K_x=mK_y=0.753\times 4.78\times 10^{-4}=3.60\times 10^{-4}[\text{kmol/(m}^2\cdot\text{s)}]$

于是 $N_A=K_x(x_A^*-x_A)=3.60\times 10^{-4}\times 0.0218=7.85\times 10^{-6}[\text{kmol/(m}^2\cdot\text{s)}]$

7.3 化学吸收

在气态污染物净化工程中,如果采用吸收法来处理废气,通常需要采用化学吸收过程。本节在前述内容的基础上,对化学吸收过程加以讨论。

7.3.1 化学吸收的特点

化学吸收通常是指气相中的溶质 A 被吸收剂吸收后,与吸收剂或其中的组分 B 发生化学

反应的吸收过程，是气液相际传质和液相内的化学反应同时进行的传质过程，用氢氧化钠(NaOH)溶液吸收二氧化碳就是典型的化学吸收过程。

如图 7-4 所示，在化学吸收中，由于化学反应的存在，液相内的传质过程变得比单纯物理吸收复杂。如果化学反应速率很快，组分 B 的扩散速率也比较快，溶质 A 达到相界面后马上就可以反应消耗完全。如果反应速率比较慢，组分 B 的扩散速率也慢，溶质 A 扩散到液相主体之后仍可能有大部分没有反应。故溶质 A 的化学吸收速率将不仅与溶质的扩散速率有关，还取决于组分 B 的扩散速率、化学反应速率以及反应产物扩散速率等因素。

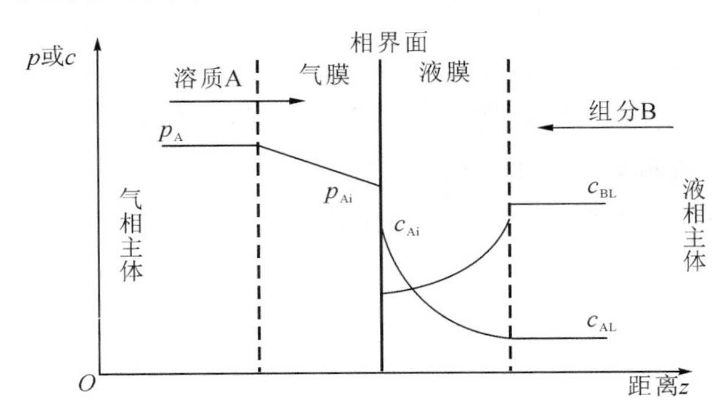

图 7-4 化学吸收示意图

与物理吸收相比，化学吸收有如下优点：① 化学反应将溶质组分转化为另一种物质，提高了吸收剂对溶质的吸收能力，可减少吸收剂用量；② 化学反应降低了吸收剂中游离态溶质的浓度，增大了传质推动力，可提高气体的净化程度；③ 化学反应改变了液相中溶质的浓度分布，可减小液相传质阻力，提高液相的传质分系数，因此，化学吸收的传质速率高，所需设备尺寸小；④ 化学反应具有的高度选择性，使吸收操作的选择性大为提高，能得到高纯度的解吸气体。因此，虽然化学吸收的不可逆程度较高，解吸比较困难，解吸所需要的能耗一般比物理吸收大，但由于有以上优点存在，有时不得不使用化学方法。

化学吸收在工业上的应用很广泛。既用于气体的分离或净化，如用碳酸钾(K_2CO_3)水溶液吸收二氧化碳、用醇胺溶液吸收硫化氢等。对于以分离或净化气体为目的的化学吸收，适用的化学反应需满足的条件为：① 具有可逆性，以便于吸收剂的再生和循环使用；② 具有较高的反应速率，以发挥出化学吸收操作的优点。由于化学吸收有很多优点，不少研究者正在努力开发和筛选新的吸收剂，化学吸收在环境工程中的应用必将取得更大的进展。

7.3.2 化学吸收的平衡关系

化学吸收包括溶质组分在气液两相之间的相平衡关系和溶质在液相中的化学反应平衡关系。在稀溶液条件下，相平衡关系服从亨利定律，液相溶质物理溶解态的浓度还取决于化学反应的平衡条件，这也是化学吸收平衡关系的特点。

假设溶质 A 仅与吸收剂(或其中的一种组分)B 反应，反应关系式为

$$aA + bB \longrightarrow cM \tag{7.3.1}$$

则化学平衡关系式为

$$K = \frac{[M]^c}{[A]^a[B]^b} \tag{7.3.2}$$

式中：K——化学反应平衡常数；

[A]—— 液相中未反应而且以物理溶解态存在的溶质浓度，即与气相中溶质分压相对应的溶质浓度，此浓度可表示为

$$[A]=\left(\frac{[M]^c}{K[B]^b}\right)^{\frac{1}{a}} \tag{7.3.3}$$

将式(7.3.3)代入亨利定律表达式中，就可以得到化学吸收溶质气液两相的平衡关系：

$$p_A^*=\frac{[A]}{H}=\frac{1}{H}\left(\frac{[M]^c}{K[B]^b}\right)^{\frac{1}{a}} \tag{7.3.4}$$

由平衡关系可知，[A]低于液相中溶质A的总浓度，因此 H 一定时，p_A^* 低于只有物理吸收时溶质在气相中的平衡分压，因此吸收剂对溶质的吸收能力大于单纯的物理吸收能力。

化学吸收过程中溶质的气液相平衡和化学反应平衡是交织在一起的，连接点就是在液相中未反应的溶质浓度，因此不管液相中化学反应多么复杂，都可以先根据化学反应平衡关系求出未反应溶质的浓度，然后根据亨利定律得到相平衡关系。

例 7-3　试求298 K下，混合气体中 CO_2 平衡分压为0.03 atm时，CO_2 在水中的溶解度。已知298 K下，H_{CO_2} 为0.033 kmol/(atm·m³)，解离常数为

$$K_1=\frac{[H^+][HCO_3]}{[CO_2]}=4.2\times10^{-7}\ \text{kmol/m}^3$$

解　CO_2 的吸收过程为

$$\begin{array}{l}CO_2(G)\\ \quad\rightleftharpoons\\ CO_2(L)+H_2O \rightleftharpoons H_2CO_3 \rightleftharpoons H^+ + HCO_3^-\end{array}$$

则溶液中 CO_2 总浓度为

$$\begin{aligned}C_{CO_2}&=[CO_2]+[HCO_3^-]\\&=[CO_2]+\sqrt{K_1[CO_2]}\\&=0.033\,8\times0.03+\sqrt{4.2\times10^{-7}\times0.033\,8\times0.03}\\&=0.001\,016(\text{kmol/m}^3)\\&=0.447(\text{kg/m}^3)\end{aligned}$$

7.3.3　化学吸收的传质速率

化学吸收过程的传质模型也以双膜模型为基础，不同点是在液相一侧，化学吸收除了扩散传质过程之外，还包含化学反应过程。化学反应的参与使得界面处液相溶质的物理溶解态浓度减小，增加了相界面处的传质推动力。总的来说，化学反应增加了液相一侧的传质推动力，使得液相的传质速率增大，从而增大了总传质过程的速率。

当然，不同的化学反应速率，对总传质速率的影响也是不同的。因此，可以用增大传质推动力或增大传质系数两种方法来表示化学反应对液相传质速率的影响。

如果反应比较缓慢而不能在液膜中完成，需扩散至液相主体中进行，此时液膜中的反应量远小于通过液膜扩散所传递的量，即(以一级反应为例)

$$\delta_L k_1 c_{Ai} \ll k_L c_{Ai} \tag{7.3.5}$$

式中：δ_L——液膜有效厚度；

k_1——一级反应速率常数；

k_L——液膜传质系数；

c_{Ai}——液膜中吸收组分 A 的浓度。

定义为

$$Ha^2 = \frac{\delta_L k_1}{k_L} = \frac{D_L k_1}{k_L^2} = 1 \tag{7.3.6}$$

式中 Ha^2 为量纲为 1 的准数，代表了液膜中化学反应与传递之间的相对速率大小，如果 $Ha^2 \ll 1$，则反应速率远小于传递速率，此时化学反应扩散到液相主体中进行。同理当 $Ha^2 \gg 1$ 时，此时传递的数量完全可以在膜中反应完毕。由此可知，Ha^2 的值是判断反应在膜中进行还是在液相主体中进行的依据。

如果反应为中速或快速反应，被吸收组分在液膜中一边扩散一边反应，其浓度随膜厚的变化不再是直线关系，而变为一个向下弯曲的曲线，如图 7-5 所示。若液膜中没有化学反应发生，则液膜中浓度变化为虚线DE。若存在中速或快速化学反应在液膜中进行，则从界面 D 点的液膜扩散速率大于 E 点的向液相主体扩散的速率。界面上溶解气体向液相的扩散速率可以按照界面上的浓度梯度，即用DD'直线斜率表示；而溶解气体自液膜向液流主体扩散速率可以用EE'直线斜率表示；物理吸收扩散速率可以用虚线DE的斜率表示。由图 7-5 可知，DD'斜率大于DE斜率，这表明液膜中进行化学反应将使传质速率大为增加，以 β 表示传质速率增强因子，则

$$\beta = \frac{DD' \text{ 的斜率}}{DE \text{ 的斜率}} > 1$$

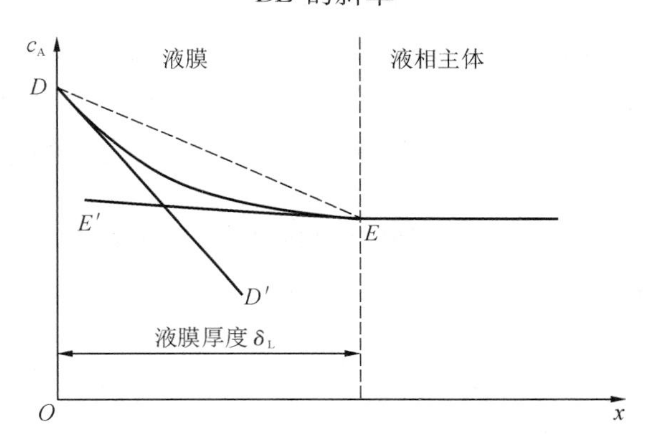

图 7-5 液膜中的浓度梯度示意图

如果化学反应进行得很快，则被吸收组分浓度在液膜中的变化曲线将更向下弯曲，此时增强因子将会提高；反之，如果化学反应进行得慢，浓度曲线将会趋向直线，增强因子将会降低。

化学吸收增强因子 β 确定后，液相传质速率即可按物理吸收基准进行校正，即液相传质速率为

$$N = \beta k_L (c_i - c_L) \tag{7.3.7}$$

将上式、式(7.2.16)与 $c_i = H p_i$ 联立，并与总传质速率方程比较，得

$$K_G = \frac{1}{\dfrac{1}{k_G} + \dfrac{1}{\beta H k_L}} \tag{7.3.8}$$

$$K_L = \frac{1}{\dfrac{H}{k_G} + \dfrac{1}{\beta k_L}} \tag{7.3.9}$$

由此可知，增强因子的作用是降低液相传质阻力在总传质阻力中的比例。如果反应足够快，β 足够大，液相传质阻力将降至很小的值，此时总传质阻力将由气相阻力决定。

7.4 吸收设备的主要工艺和计算

工业生产和气态物污染控制时需要吸收处理的气体混合物中,溶质组分大多低于10%(体积分数),而且从经济性考虑,吸收适合于低浓度气体的分离和净化。本节主要以低浓度气体为吸收对象,讨论吸收设备的主要工艺计算。

7.4.1 吸收设备工艺简述

工业生产和气态物污染控制时为使气液充分接触以实现传质过程,通常可采用板式塔或填料塔。板式塔内气液逐级接触,填料塔内气液连续接触。本节重点介绍填料塔的工艺计算。

填料塔内充以某种特定形状的固体物填料,以构成填料层,填料层是塔内实现气液接触的有效部位。填料层的空隙体积所占比例颇大,气体在填料间隙所形成的曲折通道中流过,提高了湍动程度;单位体积填料层内有大量的固体表面,液体分布于填料表面呈膜状流下,增大了气液之间的接触面积。

填料塔内的气液两相流动方式,原则上可为逆流,也可为并流。一般情况下塔内液体作为分散相,总是靠重力作用自上而下地流动,气体靠压差的作用流经全塔,逆流时气体自塔底进入而自塔顶排出,并流时则相反。在对等的条件下,逆流方式可获得较大的平均推动力,因而能有效地提高过程速率。从另一方面来讲,逆流时,降至塔底的液体恰与刚刚进塔的混合气体接触,有利于提高出塔吸收液的浓度,从而减少吸收剂的耗用量;升至塔顶的气体恰与刚刚进塔的吸收剂相接触,有利于降低出塔气体的浓度,从而提高溶质的吸收率。因此,吸收塔通常采用逆流操作。

吸收塔的工艺计算,首先是在选定吸收剂的基础上确定吸收剂用量,继而计算塔的主要工艺尺寸,包括塔径和塔的有效段高度。塔的有效段高度,对填料塔是指填料层高度,对板式塔则是板距与实际板层数的乘积。

7.4.2 填料塔吸收过程的物料衡算与操作线方程

1. 全塔物料衡算

要讨论溶剂用量、出塔溶液浓度、气液组成间的关系,需结合相平衡关系和物料衡算。

对全塔来说,气体混合物经过吸收塔后,吸收质的减少量与液相中吸收质的增加量相等,即

$$V_B(Y_1 - Y_2) = L_S(X_1 - X_2) \tag{7.4.1}$$

式中:V_B——通过吸收塔的惰性气体摩尔流量(以通过单位塔截面的摩尔流量计),kmol/(m^2·s);

L_S——通过吸收塔的吸收剂摩尔流量,kmol/(m^2·s);

Y_1、Y_2——进塔和出塔混合气体中溶质的摩尔比;

X_1、X_2——出塔和进塔吸收液中溶质的摩尔比。

吸收计算中经常用到溶质吸收率的概念。定义为

$$\varphi = \frac{Y_1 - Y_2}{Y_1} \tag{7.4.2}$$

由 φ 值可以确定吸收操作中出塔气体溶质的组成,即

$$Y_2 = Y_1(1 - \varphi) \tag{7.4.3}$$

当混合气体中溶质浓度低于10%，通常称为低浓度气体吸收。由于气体在经过吸收塔时，被吸收的溶质量很少，流经全塔的混合气体流率和吸收液流率变化不大，因此以混合气体流率和液体流率代替惰性气体流率和液体溶剂流率，并以摩尔分数 y/x 代替摩尔比 Y/X 进行计算。

2. 操作线方程与操作线

稳态逆流操作中，如图7-6所示，任取截面 m—n 上的气液相组成 Y、X 之间的关系进行溶质的物料衡算。则 m—n 截面与塔底界面的溶质物料衡算式为

$$Y=\frac{L_S}{V_B}(X-X_1)+Y_1 \tag{7.4.4}$$

同理，m—n 截面与塔顶截面的溶质物料衡算式为

$$Y=\frac{L_S}{V_B}(X-X_2)+Y_2 \tag{7.4.5}$$

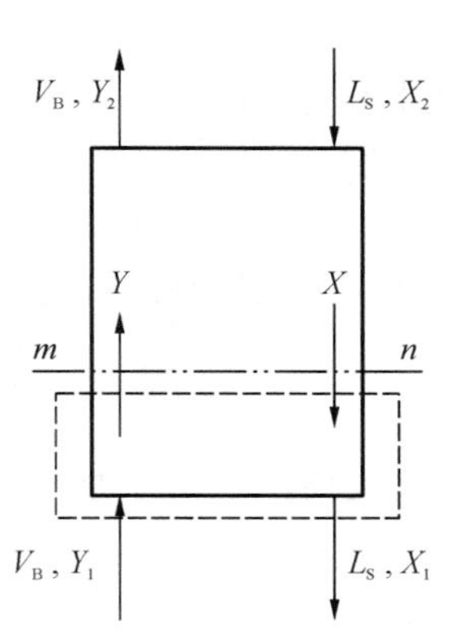

图7-6　逆流吸收塔的物料衡算图

上式表明，塔内任意截面上的气相组成和液相组成呈直线关系。将这条直线标在 X-Y 坐标图中，得到逆流吸收的操作线，直线的斜率 L_S/V_B 称为液气比，点(X_2, Y_2)代表塔顶端面，称为浓端，点(X_1, Y_1)代表塔底端面，称为稀端。

值得注意的是在塔内任一截面上，溶质在气相中的实际分压高于与其接触的液相平衡分压，故吸收操作线总位于平衡线上方；若在下方，则为解吸。

7.4.3　吸收剂用量的计算

当吸收气体的任务一定，如图7-7所示，即 V_B、Y_1、Y_2 以及 X_2 均已知的情况下，那么操作线的一个端点 T 固定，另一端点 B 则在 $Y=Y_1$ 上移动，点 B 的横坐标由斜率液气比决定。

当吸收剂用量增加时，操作线 TB 向远离平衡线的方向移动。除塔顶截面外，塔内各个截面上的传质推动力不断增加，出塔吸收液中的溶质浓度 X_1 不断减小。当操作线平行于竖轴时，吸收剂用量为无穷大，此时出塔吸收液中的溶质浓度达到最小，即 $X_1=X_2$。

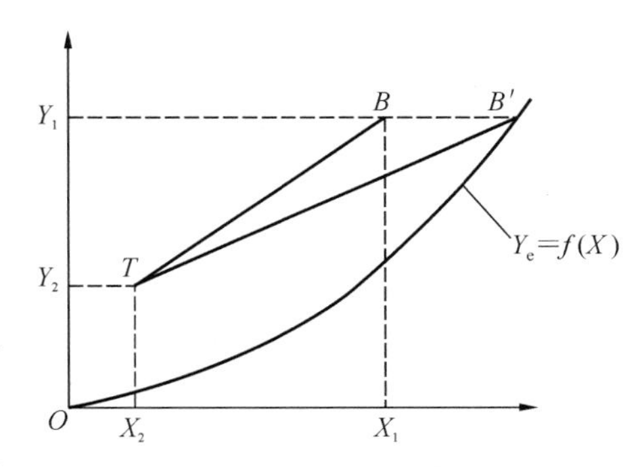

图7-7　操作线、平衡线和气液比的关系

当吸收剂用量减小时，操作线 TB 逐渐向平衡线方向移动，塔内各个截面传质推动力不断减小，出塔吸收液中溶质浓度 X_1 不断增加。当操作线与平衡线交于一点时，吸收剂的用量最小，出塔吸收液中溶质浓度却最大，塔底截面上气液两相达到平衡。在此条件上完成吸收任务，传质面积要求无穷大，也就是要求吸收塔无限高。

由全塔的物料衡算得

$$V_B(Y_1-Y_2)=L_S(X_1-X_2) \tag{7.4.6}$$

吸收剂用量表示为

$$L_S=V_B\frac{Y_1-Y_2}{X_1-X_2} \tag{7.4.7}$$

在最小吸收剂用量条件下，塔底截面气液两相平衡，由亨利定律得 $X_1^* = Y_1/m$（稀溶液条件下），因此，最小吸收剂用量可表示为

$$L_{\mathrm{Smin}} = V_{\mathrm{B}} \frac{Y_1 - Y_2}{X_1^* - X_2} = V_{\mathrm{B}} \frac{Y_1 - Y_2}{Y_1/m - X_2} \tag{7.4.8}$$

实际吸收操作中，吸收剂的用量必须大于最小吸收剂用量才能完成分离任务。吸收剂用量是技术经济优化的结果，减少吸收剂用量，就需要增加吸收塔的高度，设备费用相应增加；吸收剂用量大，虽然可以降低吸收塔的高度，但是吸收剂的消耗量、液体输进功率以及再生费用等操作费用相应增加，因此需要对吸收剂用量和总费用进行优化。根据实践经验，吸收剂的实际用量一般取最小用量的1.1～1.5倍，即

$$L_{\mathrm{S}} = (1.1 \sim 1.5) L_{\min} \tag{7.4.9}$$

或

$$L_{\mathrm{S}}/V_{\mathrm{B}} = (1.1 \sim 1.5)(L_{\mathrm{S}}/V_{\mathrm{B}})_{\min} \tag{7.4.10}$$

吸收剂用量的选择还应考虑操作过程一些其他的要求，比如满足填料层最小允许的喷淋密度，以保证填料表面能够被液体充分湿润。

例 7-4 在逆流操作的吸收塔中，用清水吸收混合气体中的 SO_2。气体处理量为 $50.0\ \mathrm{kmol/(m^2 \cdot s)}$，进塔气体中含 SO_2 为 8%（体积分数），要求 SO_2 的吸收率为 90%，在该吸收条件下的相平衡关系为 $Y=26.0X$，用水量是最小用量的 1.5 倍。试求：

(1) 用水量；

(2) 若将吸收率提高至 95%，此时的用水量。

解 (1) 已知 $y_1=0.008$，则

$$Y_1 = \frac{y_1}{1-y_1} = 0.086\,9$$

最小液气比为

$$(L_{\mathrm{S}}/V_{\mathrm{B}})_{\min} = \frac{Y_1 - Y_2}{X_1^* - X_2} = \frac{Y_1 - Y_1(1-\varphi)}{Y_1/26} = \frac{Y_1 \varphi}{Y_1/26} = 26\varphi = 26 \times 0.90 = 23.4$$

实际液气比为 $L_{\mathrm{S}}/V_{\mathrm{B}} = 1.5(L_{\mathrm{S}}/V_{\mathrm{B}})_{\min} = 1.5 \times 23.4 = 35.1$

实际用水量为 $L_{\mathrm{S}} = 35.1V_{\mathrm{B}} = 35.1 \times 50 = 1\,755[\mathrm{kmol/(m^2 \cdot s)}]$

(2) 若将吸收率提高至 95%，则

最小气液比为 $(L_{\mathrm{S}}/V_{\mathrm{B}})'_{\min} = \dfrac{Y_1 - Y_2'}{X_1^* - X_2} = 26\varphi' = 26 \times 0.95 = 24.7$

实际液气比为 $(L_{\mathrm{S}}/V_{\mathrm{B}})' = 1.5(L_{\mathrm{S}}/V_{\mathrm{B}})'_{\min} = 1.5 \times 24.7 = 37.05$

此时实际用水量 $L_{\mathrm{B}}' = 37.05V_{\mathrm{B}} = 37.05 \times 50 = 1\,852.5[\mathrm{kmol/(m^2 \cdot s)}]$

7.4.4 塔径的计算

吸收塔的直径可以根据圆形管道内的流量公式计算，即

$$\frac{\pi}{4} D^2 u = q_V \tag{7.4.11}$$

或

$$D = \sqrt{\frac{4q_V}{\pi u}} \tag{7.4.12}$$

式中：D ——塔径，m；

q_V——操作条件下混合气体的体积流量，$\mathrm{m^3/s}$；

u——空塔气速，即按空塔截面积计算的混合气体线速度，m/s。

在吸收过程中，由于吸收质不断进入液相，故混合气体量由塔底至塔顶逐渐减小。在计算塔径时，一般应以塔底的气量为依据。计算塔径的关键在于确定适宜的空塔气速 u。

7.4.5 填料层高度的基本计算

在填料塔中，需要提供足够的气液相接触面积，以保证吸收操作能够达到工艺要求。在计算所需接触面积时，可知操作线上各个点与平衡线的垂直距离并不相同，也就是说，在塔的不同界面上，传质推动力不同。故传质速率方程和物料衡算式应由填料层的微分高度列出，然后积分得到填料层的总高度。

1. 填料层高度的计算式

1）基本计算式

填料塔是连续接触式设备，填料层的高度应保证其中有效气液接触面积能满足传质任务的需要。当混合气体中溶质浓度低于10%，由于气体在经过吸收塔时，补吸收的溶质很少，流经全塔的混合气体流率和吸收液流率变化不大，因此以混合气体流率 V 和液体流率 L 代替惰性气体流率 V_B 和液体溶剂流率 L_S，并以摩尔分数 y、x 代替摩尔比 Y、X 进行计算。选取填料塔中任意微元填料层作为研究对象，如图7-8所示，建立微元填料层内的物料衡算、传质速率和相平衡关系，由此推导出填料层高度的关系式。

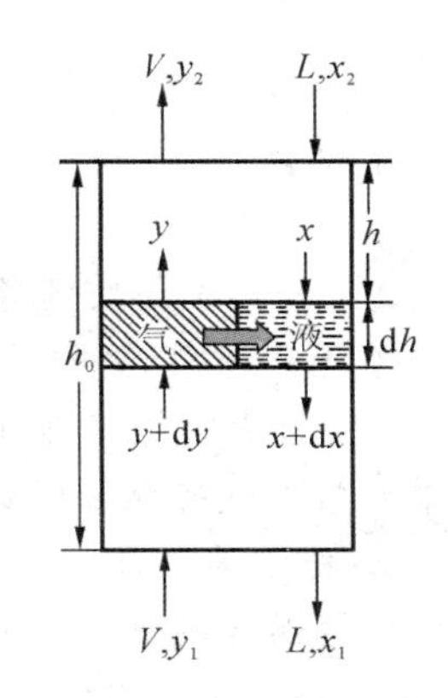

图7-8 填料塔微元填料层的物料衡算图

需要指出的是，填料层的有效传质面积 a 值很难直接测定，因此将它与传质系数的乘积作为一个物理量来对待，称为体积传质系数，例如，K_ya 和 K_xa 分别称为气相总体积传质系数和液相总体积传质系数，单位是 kmol/(m³·s)。其物理意义是，单位传质推动力下，单位时间单位体积填料层内传递的溶质量。

对单位塔截面的填料层微元高度 dh 作溶质的物料衡算，得

$$N_A a dh = V dy = L dx \tag{7.4.13}$$

式中：V——通过吸收塔的气体总摩尔流量，kmol/(m²·s)；

L——通过吸收塔的液相总摩尔流量，kmol/(m²·s)。

对单位塔截面的填料层微元高度 dh 作溶质的传质速率方程，得

$$N_A a dh = K_y a (y - y^*) dh \tag{7.4.14}$$

$$N_A a dh = K_x a (x^* - x) dh \tag{7.4.15}$$

式中：a——填料层的有效传质面积，m²/m³。

将 dh 微元填料层单位塔截面的物料衡算方程和传质速率方程联立，可得到 dh 的微分方程

$$dh = \frac{V}{K_y a} \cdot \frac{dy}{y - y^*} \tag{7.4.16}$$

$$dh = \frac{L}{K_x a} \cdot \frac{dx}{x^* - x} \tag{7.4.17}$$

对于稳态低浓度气体吸收，V、K_ya 可视为常数，现 h 从塔顶算起，随着 h 的增大，x 和 y 都是增加的，故各项都为正。从塔顶到塔底的积分限为：$h=0$，$y=y_2$；$h=h_0$，$y=y_1$。于是可将上面两式积分，得

$$\int_0^{h_0} dh = \int_{y_2}^{y_1} \frac{V dy}{K_y a (y - y^*)} = \frac{V}{K_y a} \int_{y_2}^{y_1} \frac{dy}{y - y^*} \tag{7.4.18}$$

若选用液相总传质方程,可得

$$\int_0^{h_0} dh = \int_{x_2}^{x_1} \frac{L dx}{K_x a(x^* - x)} = \frac{L}{K_x a}\int_{x_2}^{x_1} \frac{dx}{x^* - x} \tag{7.4.19}$$

由此可知,求填料层高度 h_0 可转化为求上式右边的定积分值。

2) 传质单元数和传质单元高度

将计算填料层高度的积分式右侧分解为两项之积,并定义为

$$N_{OG} = \int_{y_2}^{y_1} \frac{dy}{y - y^*} \tag{7.4.20}$$

式中:N_{OG}——气相总传质单元数,量纲为 1。

$$H_{OG} = \frac{V}{K_y a} \tag{7.4.21}$$

式中:H_{OG}——气相总传质单元高度,m。

于是有

$$h = H_{OG} N_{OG} \tag{7.4.22}$$

N_{OG}是表示传质任务难易程度的一个量,如果要求的浓度变化很大,传质推动力越小,则传质单元数越大,吸收的任务也就越艰巨。

H_{OG}是表示填料效能高低的一个量。H_{OG}越小表示设备的效能越高,因而完成相同的传质单元数的任务所需的设备高度越小。

2. 传质单元数的计算

传质单元数涉及气相和液相的平衡组成,需要用相平衡关系确定。根据相平衡曲线的不同,传质单元数的计算方法也不同。下面对平衡关系为直线时的情况进行讨论。

1) 对数平均推动力法

低浓度气体吸收条件下,气液相满足亨利定律 $y^* = mx$。

由操作线方程(7.4.4)可知任意截面气液相组成(摩尔分数)满足

$$V(y - y_2) = L(x - x_2)$$

则可知任意截面液相组成(摩尔分数)为

$$x = \frac{V}{L}y + \left(x_2 - \frac{V}{L}y_2\right) \tag{7.4.23}$$

将式(7.4.23)代入平衡方程,得

$$y^* = \frac{mV}{L}y + m\left(x_2 - \frac{V}{L}y_2\right)$$

故

$$y - y^* = \left(1 - \frac{mV}{L}\right)y - m\left(x_2 - \frac{V}{L}y_2\right)$$

两边取微分得

$$d(y - y^*) = \left(1 - \frac{mV}{L}\right)dy$$

即

$$dy = \frac{d(y - y^*)}{1 - \frac{mV}{L}}$$

代入 N_{OG}的计算式(7.4.20),得

$$\int_{y_2}^{y_1} \frac{dy}{y - y^*} = \frac{1}{1 - \frac{mV}{L}}\int_{y_2 - y_2^*}^{y_1 - y_1^*} \frac{d(y - y^*)}{y - y^*} = \frac{1}{1 - \frac{mV}{L}} \ln \frac{y_1 - y_1^*}{y_2 - y_2^*}$$

对全塔作物料衡算，得

$$V(y_1-y_2)=L(x_1-x_2)=\frac{L}{m}(y_1^*-y_2^*)$$

联立上式，得

$$\int_{y_2}^{y_1}\frac{\mathrm{d}y}{y-y^*}=\frac{y_1-y_2}{\Delta y_1-\Delta y_2}\ln\frac{\Delta y_1}{\Delta y_2}$$

式中：$\Delta y_1=y_1-y_1^*$——塔底气相总推动力；

$\Delta y_2=y_2-y_2^*$——塔顶气相总推动力。

同时，令 $\Delta y_{\mathrm{m}}=\dfrac{\Delta y_1-\Delta y_2}{\ln(\Delta y_1/\Delta y_2)}$代表塔顶、塔底推动力的对数平均值，则有

$$\int_{y_2}^{y_1}\frac{\mathrm{d}y}{y-y^*}=\frac{y_1-y_2}{\Delta y_{\mathrm{m}}} \tag{7.4.24}$$

由式(7.4.24)可知，传质单元数等于塔底和塔顶的组成差与塔底和塔顶的传质推动力对数平均值之比。

2）吸收因数法

积分值 $\int_{y_2}^{y_1}\dfrac{\mathrm{d}y}{y-y^*}$ 的另一种求解方法，即通过亨利定律和操作线方程将 y^* 和 x 以 y 的直线函数表示，直接代入积分号内进行积分。

亨利定律为 $y^*=mx$，操作线方程为 $y=\dfrac{L}{V}(x-x_2)+y_2$。两式联立，可以求得

$$y^*=mx=\frac{mV}{L}(y-y_2)+mx_2$$

令 $A=L/(mV)$，吸收因数，其几何意义为操作线斜率 L/V 与平衡线斜率 m 之比；$S=mV/L$，解吸因数，为吸收因数的倒数。则

$$y^*=S(y-y_2)+mx_2$$

代入气相传质单元数的表达式(7.4.20)中，得

$$\int_{y_2}^{y_1}\frac{\mathrm{d}y}{y-y^*}=\int_{y_2}^{y_1}\frac{\mathrm{d}y}{(1-S)y+(Sy_2-mx_2)}=\frac{1}{1-S}\ln\frac{(1-S)y_1+(Sy_2-mx_2)}{(1-S)y_2+(Sy_2-mx_2)} \tag{7.4.25}$$

式中分母 Sy_2 项抵消，在分子中加减 Smx_2 项，则上式化简为

$$\int_{y_2}^{y_1}\frac{\mathrm{d}y}{y-y^*}=\frac{1}{1-S}\ln\left[(1-S)\frac{y_1-mx_2}{y_2-mx_2}+S\right] \tag{7.4.26}$$

当 $S=1$ 时，有

$$N_{\mathrm{OG}}=\int_{y_2}^{y_1}\frac{\mathrm{d}y}{y_2-mx_2}=\frac{y_1-y_2}{y_2-mx_2} \tag{7.4.27}$$

当 $S\neq1$ 时，有

$$N_{\mathrm{OG}}=\frac{1}{1-S}\ln\left[(1-S)\frac{y_1-mx_2}{y_2-mx_2}+S\right] \tag{7.4.28}$$

由式(7.4.28)可知，当 S 一定时，N_{OG} 和$\dfrac{y_1-mx_2}{y_2-mx_2}$存在一一对应的关系，因此为便于工程计算，在半对数坐标上以 S 为参数，绘出 N_{OG}-$\dfrac{y_1-mx_2}{y_2-mx_2}$关系曲线，如图 7-9 所示。由图 7-9 可知，当 S 给定时，已知出塔气体气相组成 y_2，可求得填料塔传质单元数 N_{OG}；反之，已知 N_{OG}，可以求出塔气体气相组成 y_2。

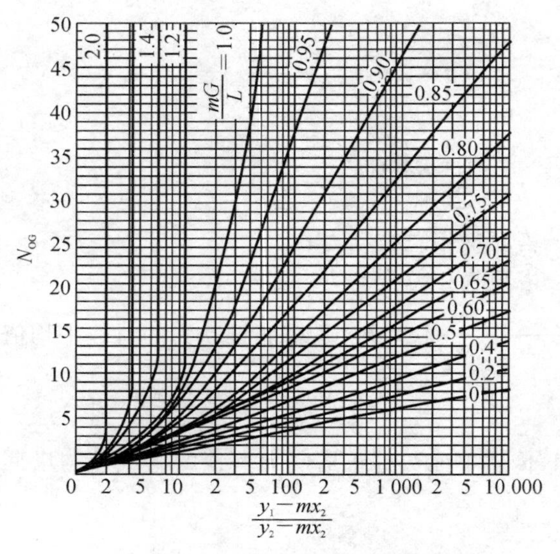

图 7-9 N_{OG}-$\frac{y_1-mx_2}{y_2-mx_2}$关系图

$\frac{y_1-mx_2}{y_2-mx_2}$表示吸收要求或吸收程度,其值越大,吸收越完全,吸收因数 A 或者解吸因数 S 是吸收塔的一个重要操作参数。当 S 越小或 A 越大时,对于同样的吸收条件,N_{OG} 将越小,所需填料层越低。故 A 越大,越有利于吸收,而称为吸收因数。由此可知,A 越大或 S 越小,越能提高吸收程度$\left(\frac{y_1-mx_2}{y_2-mx_2}\right)$。但是在实际操作中,增大 A 值就等于增大液气比,而将导致吸收液用量大、能耗高。

吸收因子是液气比 L/V 和相平衡常数结合在一起的传质参数,根据 A 值偏离 1 的情况的不同,塔内各截面上传质推动力的相对大小和分布也不同。根据不同的吸收任务和吸收目的,应当选取合适的 A 值。例如,对于分离气体溶质并要获得较高溶质回收率的吸收,应尽量在塔顶接近平衡,此时宜取 $A>1$;若是提高出塔吸收液中溶质浓度,应尽量在塔底接近平衡,宜取 $A<1$。

对于平衡线是直线的吸收问题,可根据实际问题选择方便的方法,既可以采用对数平均推动力法,也可以采用吸收因子法。

7.4.6 吸收过程的计算类型

吸收计算通常分为设计型和操作型:设计型计算是给出分离任务,要求计算出所需要的吸收塔高度;操作型计算是给定吸收塔的条件,要求计算最终的吸收效果,或者由要求的吸收效果来确定所需要的操作条件。

在计算中所依据的都是物料衡算关系、相平衡关系和填料层高度计算式。求解中常常包含非线性方程的计算,需要试差或迭代,计算比较麻烦;如果应用一些关联图进行图解计算则不用试算,但是准确性较差,作为估算比较合适。

例 7-5 在内径为 800 mm、填料层高度为 3.5 m 的常压吸收塔中,用清水吸收混合气中的溶质组分 A。已知入塔的气体流量(标态)为 1 200 m^3/h,含 A 5%(体积分数),清水用量为 2 850 kg/h,溶质 A 的吸收率为 90%,操作条件下系统的亨利系数为 150 kPa,可视为气膜控制过程。试求:

(1) 该塔的气相总传质单元高度和气相总体积传质系数;

(2) 用增加溶剂的方法,使该塔的吸收率提高到 95%,此时所需增加的溶剂量。

解　(1) 依题意　$y_2 \approx y_1(1-\eta)=0.05\times(1-0.90)=0.005$

气相摩尔流率　$G=\dfrac{1\ 200/3\ 600}{\dfrac{\pi}{4}\times0.8^2\times22.4}=0.029\ 6[\text{kmol}/(\text{m}^2\cdot\text{s})]$

液相摩尔流率　$L=\dfrac{2\ 850/3\ 600}{\dfrac{\pi}{4}\times0.8^2\times18}=0.087\ 5[\text{kmol}/(\text{m}^2\cdot\text{s})]$

液气比为　$L/G=0.087\ 5/0.029\ 6=2.96$

由全塔物料衡算得　$G(y_1-y_2)=L(x_1-x_2)$

则　$x_1=\dfrac{y_1-y_2}{L/G}=\dfrac{0.05-0.005}{2.96}=0.015$

且　$m=\dfrac{E}{P}=\dfrac{150}{101.3}=1.48$

塔顶塔底的推动力对数平均值

$$\Delta y_{\text{m}}=\frac{(y_1-y_1^*)-(y_2-y_2^*)}{\ln\dfrac{y_1-y_1^*}{y_2-y_2^*}}$$

$$=\frac{(0.05-1.48\times0.015)-(0.005-0)}{\ln\dfrac{0.05-1.48\times0.015}{0.005-0}}=0.013\ 2$$

则求得　$N_{\text{OG}}=\dfrac{y_1-y_2}{\Delta y_{\text{m}}}=\dfrac{0.05-0.005}{0.013\ 2}=3.41$

$$H_{\text{OG}}=h_0/N_{\text{OG}}=3.5/3.41=1.03(\text{m})$$

$$K_{y}a=G/H_{\text{OG}}=0.029\ 6/1.03=0.028\ 7[\text{kmol}/(\text{m}^3\cdot\text{s})]。$$

(2) 当吸收率提高到95%时，有

$$y_2'\approx y_1(1-\eta')=0.05\times(1-0.95)=0.002\ 5$$

解法1：采用吸收因数法。

由 $N'_{\text{OG}}=\dfrac{1}{1-S'}\ln\left[(1-S')\dfrac{y_1-y_2^*}{y_2-y_2^*}+S'\right]$ 可知，$H_{\text{OG}}=G/(K_ya)$ 不变，故 $N_{\text{OG}}=h_0/H_{\text{OG}}$ 不变，即 $N'_{\text{OG}}=N_{\text{OG}}=3.14$。则

$$3.41=\frac{1}{1-S'}\ln\left[(1-S')\frac{0.05}{0.002\ 5}+S'\right]$$

化简得　$S'=1-\dfrac{1}{3.41}\times\ln(20-19S')$

迭代解得　$S'=0.174\ 7$(取上一问的 S 为初值：$S=mG/L=1.48/2.95=0.502$)

$$L'=mG/S'=\frac{1.48\times0.029\ 6}{0.174\ 7}=0.25[\text{kmol}/(\text{m}^2\cdot\text{s})]$$

总溶剂量为　$L'=(\pi/4)\times0.8^2\times0.25\times3\ 600\times18=8\ 140(\text{kg/h})$

解法2：采用对数平均推动力法。

依题意 $N_{\text{OG}}=\dfrac{y_1-y_2'}{\Delta y_{\text{m}}}=3.41$，则

$$\Delta y_{\text{m}}=\frac{(y_1-y_1^*)-(y_2-y_2^*)}{\ln\dfrac{y_1-y_1^*}{y_2-y_2^*}}=\frac{(y_1-mx_1')-(y_2'-0)}{\ln\dfrac{y_1-mx_1'}{y_2-0}}=\frac{y_1-y_2'}{3.41}$$

已知 $y_1=0.05$，$y_2'=0.002\ 5$，$m=1.48$，将其代入上式，得

$$x_1 = \frac{0.0475}{1.48} \times \left(1 - \frac{\ln \dfrac{0.05 - 1.48x_1'}{0.0025}}{3.41}\right)$$

迭代解得 $x_1' = 0.005607$(取上一问的 $x_1' = 0.01525$ 为初值)

由全塔衡算得 $G(y_1 - y_2') = L'(x_1' - x_2)$,从而

$$L' = G(y_1 - y_2')/(x_1' - x_2) = \frac{0.0296 \times (0.05 - 0.0025)}{0.005607} = 0.2507[\text{kmol}/(\text{m}^2 \cdot \text{s})]$$

7.5 吸收塔设备

吸收塔是化工、石油、医药、农药、环保等工业中广泛使用的重要生产设备。在化工生产中,吸收塔主要用于混合气体的分离、原料气净化、回收混合气中某一组分以及制取化工产品等工艺过程。在环保领域,吸收塔主要用于吸收燃煤或垃圾焚烧发电厂、冶炼厂烟气中的酸性气体(如 SO_2、HCl、HF 等),实现烟气中酸性污染物达标排放。吸收塔的基本功能在于提供气液两相充分接触的机会,使热、质两种传递过程能够迅速、有效地进行;还要能使接触之后的气液两相及时分开,互不夹带。根据塔内气液接触部件的结构形式,吸收塔可分为板式塔与填料塔两大类。板式塔内沿塔高装有若干层塔板(或称塔盘),液体靠重力作用由顶部逐板流向塔底,并在各块板面上形成流动的液层;气体则靠压差推动,由塔底向上依次穿过各塔板上的液层而流向塔顶。气液两相在塔内进行逐级接触,两相的组成沿塔高呈阶梯式变化。填料塔内装有各种形式的固体填充物,即填料。液相由塔顶喷淋装置分布于填料层上,靠重力作用沿填料表面流下;气相则在压差推动下穿过填料的间隙,由塔的一端流向另一端。气液在填料的润湿表面上进行接触,其组成沿塔高连续地变化。虽然这两类塔都适用于吸收操作,选用何种塔型,尚需根据两类塔型各自的特点和工艺本身的要求而定。

本节重点介绍板式塔的塔板类型,分析其操作特点;同时介绍填料塔中的各种填料及填料塔的基本构造等相关内容等。图 7-10 为两类吸收塔示意图。

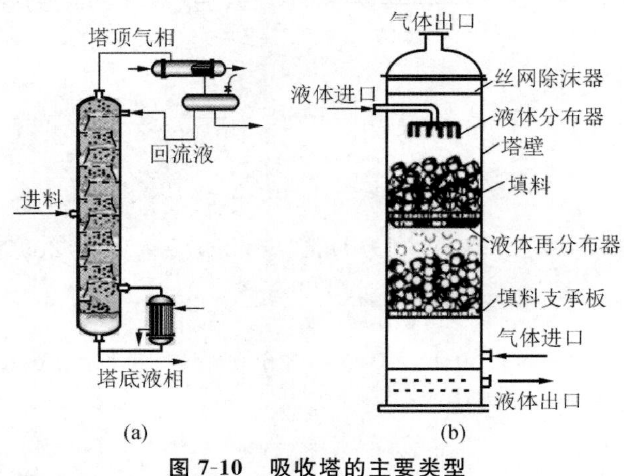

图 7-10 吸收塔的主要类型

(a)板式塔;(b)填料塔

7.5.1 板式塔

板式塔为逐板接触式的气液传质设备。以筛板塔为例,在一个圆筒形的壳体内装有若干

层按一定间距放置的水平塔板，塔板上开有很多筛孔，每层塔板靠塔壁处设有降液管。操作时，液体靠重力作用由上层塔板经降液管流至下层塔板，并横向流过塔板至另一降液管，逐板下流，最后由塔底流出。其他从塔底送至最下层塔板的下面，靠压差推动，逐板由下向上穿过筛孔及板上液层而流向塔顶，气体通过每层板上液层时，形成泡沫，泡沫层为两相接触提供足够大的相际接触面，有利于气液两相传质。气液两相在塔内逐板接触，两相的组成沿塔高呈阶梯式变化。板式塔的空塔气速较高，因而生产能力较大，塔板效率稳定，造价低，检修、清理方便，为工业上所广泛应用。

板式塔的主要特点如下：

(1) 在每块塔板上气液两相保持密切而充分的接触，为传质过程提供足够大而且不断更新的相际接触表面，以减小传质阻力；

(2) 在塔内应尽量使气液两相呈逆流流动，以提供较大的传质推动力；

(3) 在总体上气液呈逆流流动，每块塔板上呈均匀错流。

图7-11所示为常用的塔板类型，其中由于逆流塔板对气速的限制等，错流塔板应用更为广泛。表7-2列出了常见的板式塔类型及适用范围。

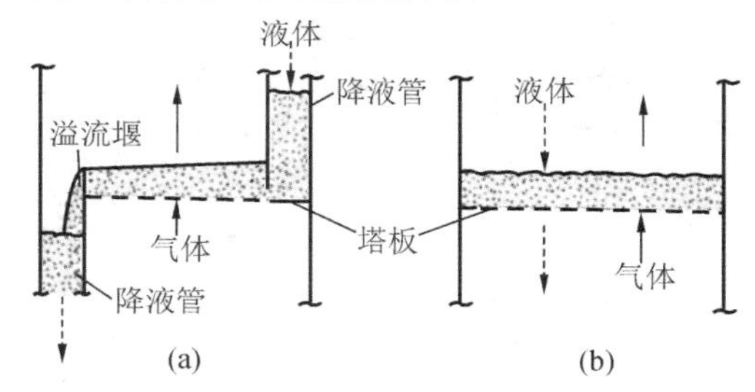

图7-11 错流塔板与逆流塔板

(a)错流；(b)逆流

表7-2 常见的板式塔类型及适用范围

板式塔类型	优点	缺点	适用范围
泡罩塔	较成熟、操作范围宽	结构复杂、阻力大、生产能力低	某些要求弹性好的特殊塔
浮阀塔	效率高、操作范围宽	采用不锈钢、浮阀易脱落	分离要求高、负荷变化大、原油常压分馏塔
筛板塔	效率较高、成本低	要求一定的安装水平、易堵、操作范围窄	分离要求高，不适宜处理黏性大、脏的和带固体颗粒的料液
舌形板塔	结构简单、生产能力大	操作范围窄、效率较低	分离要求较低的闪蒸塔
斜孔板塔	生产能力大、效率高	操作范围比浮阀塔和泡罩塔窄	分离要求高、生产能力大

7.5.2 填料塔

填料塔以填料作为气、液接触和传质的基本构件，液体在填料表面呈膜状自上而下流动，气体与液体成逆流或并流形式，视具体反应而定，进行气液两相间的传质和传热。填料塔属于连续接触式气液传质设备，两相组成沿塔高连续变化，在正常操作状态下，气相为连续相，液相为分散相。填料塔流体阻力小，适用于气体处理量大而液体量小的过程。无论气相或液相，其在塔内的流动形式均接近活塞流。填料塔具有生产能力大、分离效率高、压降小、持液量小、操作弹性大等优点。填料塔也有一些不足之处，如填料造价高；当液体负荷较小时不能有效地润湿填料表面,使传质效率降低;不能直接用于有悬浮物或容易聚合的物料,如反应过程中有固相生成,不宜采用填料塔。

1. 填料

填料性能与填料几何形状紧密相关,表征填料特性的主要参数如下:

(1) 比表面积(a):单位体积填料层所具有的表面积(m^2/m^3)。大的比表面积和良好的润湿性能有利于传质速率的提高。对同种填料,填料尺寸越小,比表面积越大,但气体流动的阻力也要增加。

(2) 空隙率(ε):单位体积填料所具有的空隙体积(m^3/m^3)。它代表的是气液两相流动的通道,ε 大,则气液通过的能力大,$\varepsilon=0.45\sim0.95$。

(3) 堆积密度(ρ_p):单位体积填料的质量(kg/m^3)。填料的壁要尽量减薄,以降低成本并增加空隙率。

(4) 其他:机械强度大、化学稳定性好以及价格低廉。

常用填料可分为散装填料和规整填料两类。散装填料可乱堆,也可以整砌。图 7-12 所示为常用填料的形式。

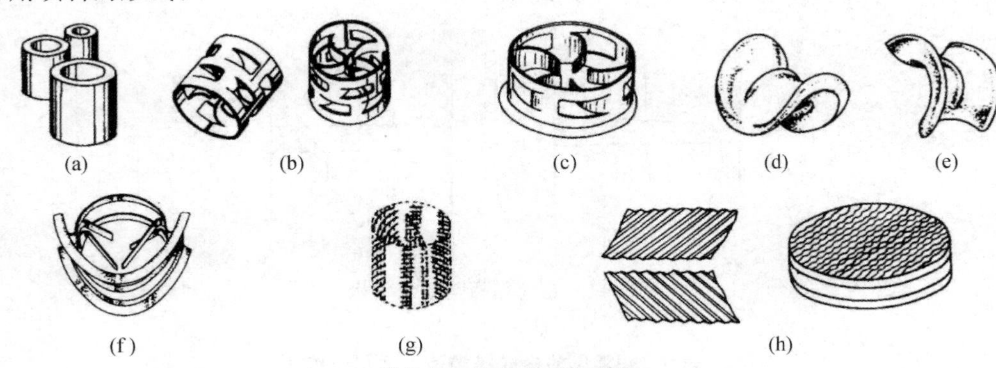

图 7-12 几种常用的填料

(a)拉西环;(b)鲍尔环;(c)阶梯环;(d)弧鞍环;(e)矩鞍环;(f)金属鞍环;
(g)θ 网环;(h)波纹填料(规整填料)

2. 塔附件

塔附件主要包括填料支撑装置(见图 7-13)、液体分布装置(见图 7-14)、填料压紧装置、液体再分布装置(见图 7-15)、气体进料及分布装置和除雾装置。

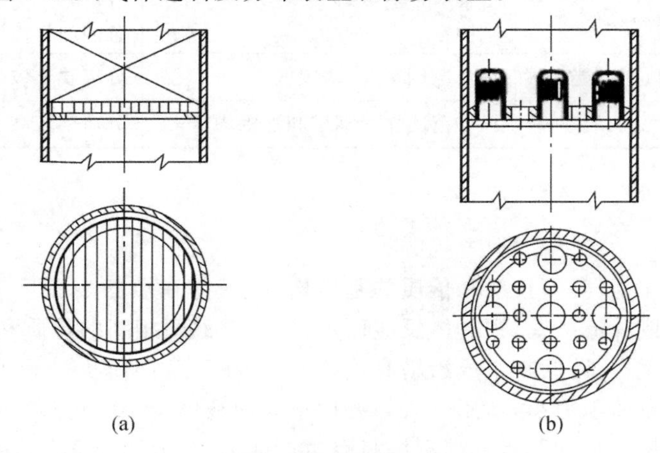

图 7-13 填料支撑装置

(a)栅板式;(b)升气管式

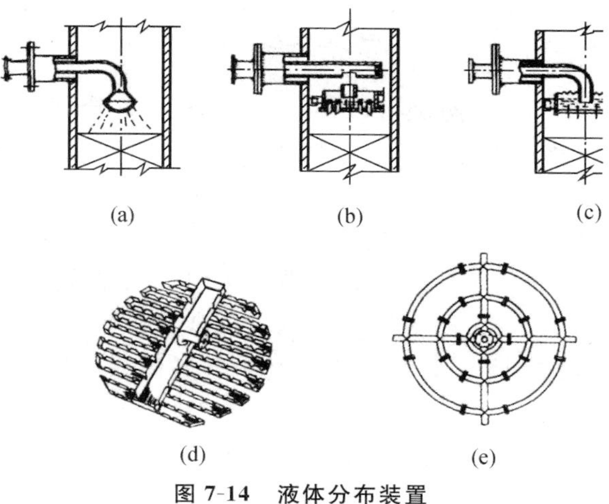

图 7-14　液体分布装置

(a)莲蓬式;(b)缺口式;(c)筛孔式;(d)槽盘式;(e)环管式

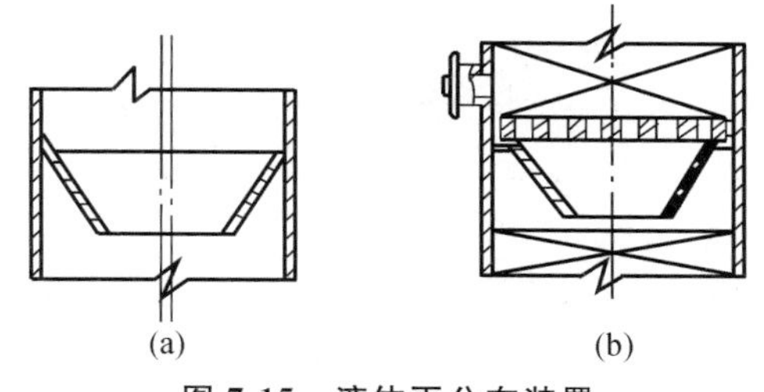

图 7-15　液体再分布装置

(a)锥体形;(b)槽形

7.5.3　吸收塔性能评价

评价吸收塔的基本性能指标主要包括以下几个:

(1) 生产能力:单位塔截面上单位时间的物料处理量。

(2) 分离效率:对板式塔,是指每层塔板所达到的分离程度;对填料塔,是指单位高度填料层所达到的分离程度。

(3) 适应能力及操作弹性:指对各种物料性质的适应性以及在负荷波动时维持操作稳定性而保持较高分离效率的能力。

(4) 流体阻力:气相通过每层塔板或单位高度填料层的压降。

(5) 其他:塔的造价的高低,安装、维修的难易以及长期运转的可靠性等。

板式塔和填料塔的比较见表 7-3。

表 7-3　板式塔和填料塔的比较

塔类型	优点	缺点
板式塔	处理量大,质量轻,适合高压操作,操作稳定,检修吹扫、清洗方便,适用于有颗粒固体和易结垢的物料	结构复杂、压降大
填料塔	处理能力大;同等产能下塔径小,压降小,能耗低。常减压操作,效率高,可降低塔高;适用于处理易发泡物料,可减少雾沫夹带,物料在塔内停留时间短,适合处理热敏性物系,操作弹性大	操作范围较小,对于液体负荷的变化特别敏感,不适合处理含颗粒物料

思考与练习

7-1 某混合气体中含有2%(体积分数)CO_2,其余为空气。混合气体的温度为30 ℃,总压力为506.6 kPa。已知30 ℃时CO_2在水中的亨利系数$E=1.88\times10^5$ kPa,试求溶解度系数H及相平衡常数m,并计算每100克与该气体相平衡的水中溶有多少克CO_2。

7-2 某气、液逆流的吸收塔,以清水吸收空气-硫化氢混合气中的硫化氢。总压为1 atm。已知塔底气相中H_2S含量为1.5%(摩尔分数),水中H_2S含量为1.8×10^{-5}(摩尔分数)。试求塔底温度分别为5 ℃及30 ℃时的吸收过程推动力。

7-3 总压为100 kPa、温度为15 ℃时CO_2的亨利系数E值为1.22×10^5 kPa。试求:

(1) H、m的值(稀水溶液密度为1 000 kg/m^3);

(2) 若空气中CO_2的分压为50 kPa,试求与其相平衡的水溶液浓度,分别以摩尔分数和物质的量浓度表示。

7-4 总压为100 kPa、水温为30 ℃的鼓泡吸收器中,通入纯CO_2,经充分接触后测得水中CO_2的平衡溶解度为2.857×10^{-2} mol/L,溶液的密度可近似为1 000 kg/m^3,试求亨利系数。

7-5 在总压101.3 kPa、20 ℃条件下,某水溶液中SO_2的摩尔分数为0.65×10^{-3},与SO_2的摩尔分数为0.03的空气接触,已知$k_G=1\times10^{-6}$ kmol/(m^2·s·kPa),$k_L=8\times10^{-6}$ m/s,SO_2的亨利系数$E=3.55\times10^3$ kPa。试求:

(1) 以分压差和浓度差表示的总传质推动力、总传质系数和传质速率;

(2) 以分压差为推动力的总传质阻力和气液两相传质阻力的相对大小;

(3) 以摩尔分数差表示的总传质推动力和总传质系数。

7-6 在101.3 kPa、27 ℃下用水吸收混于空气中的甲醇蒸气。甲醇在气液两相中的浓度都很低,平衡关系服从亨利定律。已知溶解度系数$H=1.995$ kmol/(m^3·kPa),气膜吸收系数$k_G=1.55\times10^{-5}$ kmol/(m^2·s·kPa),液膜吸收系数$k_L=2.08\times10^{-5}$ m/s。试求总吸收系数K_G,并算出气膜阻力在总阻力中所占百分数。

7-7 用吸收塔吸收空气中的SO_2,条件为常压,30 ℃,相平衡常数为$m=26.7$,在塔内某一截面上,气相中SO_2分压为4.1 kPa,液相中SO_2浓度为0.05 kmol/m^3,气相传质系数$k_G=1.5\times10^{-2}$ kmol/(m^2·s·kPa),液相传质系数$k_L=0.39$ m/h,吸收液密度近似于水的密度。试求:

(1) 截面上气液相界面上的浓度和分压;

(2) 总传质系数、传质推动力和传质速率。

7-8 以清水在填料塔内逆流吸收空气-二氧化硫混合气中的SO_2,总压为1 atm,温度为20 ℃,填料层高为4 m。混合气流量为1.68 kg/(s·m^2),其中SO_2含量为0.05(摩尔分数),要求回收率90%,塔底流出液体摩尔分数为1.0×10^{-3}。试求:

(1) 总体积传质系数K_ya;

(2) 若要求回收率提高至95%,操作条件不变时要求的填料层高度。

7-9 某混合气体中含溶质5%(体积分数),用清水吸收,要求回收率为85%。在20 ℃、101.3 kPa下相平衡关系为$y^*=40x$。试求逆流操作和并流操作时的最小液气比。

7-10 含氨1.5%(体积分数)的气体通过填料塔用清水吸收其中的氨(余为惰性气体),平衡关系$y=0.8x$表示。用水量为最小值的1.2倍,气体流率$G=0.024$ kmol/(m^2·s),总传质系数$K_y=0.060$ kmol/(m^2·s),填料层高度6 m。(提示:在需重试算时,可先取

$y_1 - y_2 \approx y_2$。)

(1) 求出塔气体的含氨量。

(2) 可以采用哪些措施使吸收率 η 达到 99.5%?

(3) 对 η 达到 99.5%的措施作出估算,你选择哪一种?说明理由。

7-11　气体混合物中溶质摩尔分数为 0.02,要求在填料塔中吸收其 99%。平衡关系式为 $y^* = 1.0x$。求下列情况下所需的气相总传质单元数:

(1) 入塔液体 $x_2 = 0$,液气比 $L/G = 1.25$;

(2) 入塔液体 $x_2 = 0.0001$,液气比 $L/G = 1.25$;

(3) 入塔液体 $x_2 = 0$,液气比 $L/G = 0.8$。

7-12　在某填料塔中,用清水处理含 SO_2 的混合气体。进塔气体中 SO_2 占 12%(质量分数),其余为惰性气体。混合气的相对分子质量取 28,吸收剂用量比最小用量大 60%,要求每小时从混合气体中吸收 2 000 kg 的 SO_2。在操作条件下气液平衡关系式为 $y = 26x$。试计算每小时吸收剂用量。

第8章 吸　　附

由于固体表面上存在分子引力或化学键力，能吸附分子并使其富集在固体表面上，这种现象称为吸附。将具有吸附作用的固体物质称为吸附剂，被吸附的物质称为吸附质。吸附质附着到吸附剂表面的过程称为吸附，而吸附质从吸附剂表面逃逸到另一相中的过程称为解吸。通过解吸过程，吸附剂的吸附能力得到恢复，因此解吸也称为吸附剂的再生。作为被分离对象的体系可以为气相，也可以为液相，因此吸附是发生在气-固或液-固体系的两相界面上。本章将在讲述吸附基本原理的基础上，重点介绍其在环境保护、环境治理方面的一些应用，如常用的工艺流程及设备。

8.1　吸附分离操作的类型及应用

8.1.1　吸附分离操作的类型

根据吸附剂和吸附质之间吸附作用力的性质，通常将吸附分为物理吸附和化学吸附。

1. 物理吸附

物理吸附亦称范德华吸附，是由于吸附剂与吸附质分子之间的静电力或范德华力而导致的吸附。例如，当固体和气体（包括蒸气）之间的分子引力大于气体分子间的引力时，即使气体的压力低于与操作温度相对应的饱和蒸气压，气体分子也会冷凝在固体表面上。物理吸附是一种放热过程，其放热量相当于被吸附气体的升华热，一般为 20 kJ/mol 左右。这种物理吸附过程是可逆的，当系统的温度升高或被吸附气体的压力降低时，被吸附的气体将从固体表面逸出，而并不改变吸附剂与吸附质分子原来的性状。在低压下，物理吸附一般是单分子层吸附，当压力增大时，可能变成多分子层吸附。

2. 化学吸附

化学吸附亦称活性吸附，是由于吸附剂表面与吸附质分子间发生化学反应而导致的吸附。它涉及分子中化学键的破坏和重新结合。因此，化学吸附过程的吸附热较物理吸附过程大，其数量相当于化学反应热，一般为 84～417 kJ/mol。化学吸附的速率随温度升高而显著增加，宜在较高温度下进行。化学吸附有很强的选择性，仅能吸附参与化学反应的某些气体，且此吸附是不可逆过程。从吸附层厚度来看，化学吸附总是单分子层或单原子层吸附。

应当指出，物理吸附与化学吸附之间没有严格的界限，同一物质在较低温度下可能发生物理吸附，而在较高温度下往往是化学吸附。

8.1.2　吸附分离操作的应用

吸附法净化污染物的优点如下：① 净化效率高；② 能回收有用组分；③ 设备简单，流程短，易于实现自动控制；④ 无腐蚀性，不会造成二次污染。其缺点是吸附容量较小、设备体积庞大。吸附分离操作在实际工业生产中的应用主要有以下几个方面：

（1）气体或溶液的脱水及深度干燥，如空气除湿等；

(2) 气体或溶液的除臭、脱色及溶剂蒸气的回收，工厂排气中稀薄溶剂蒸气的回收、去除等；

(3) 气体预处理及痕量物质的分离，如天然气中水分、酸性气体的分离等；

(4) 气体的大吸附量分离，如从空气中分离制取氧、氮，从沼气中分离提纯甲烷等；

(5) 石油烃馏分的分离，如对二甲苯与间二甲苯的分离；

(6) 食品工业的产品精制，如葡萄糖浆的精制；

(7) 环境保护，如副产品的综合利用回收，废水、废气中有害物质的去除等；

(8) 其他应用，如海水中钾、铀等金属离子的分离富集，稀土金属的吸附回收，储能材料等。

8.2 吸 附 剂

8.2.1 常用的吸附剂

工业上广泛应用的吸附剂主要有五种：活性炭、活性氧化铝、硅胶、沸石分子筛和白土。虽然其吸附能力较弱，选择吸附分离能力较差，但价廉易得，主要用于产品的简易加工。此外，常用的吸附剂还有碳分子筛、活性碳纤维、金属吸附剂和各种专用吸附剂等。表8-1列举了几种常用工业吸附剂的性质及用途。

表8-1 工业上常用的吸附剂的种类、性质及用途

名称	粒度（目数）	颗粒密度/(kg/m³)	颗粒孔隙率	填充密度/(kg/m³)	比表面积/(m²/g)	平均孔径/nm	用途
活性炭							溶剂回收、气体分离、气体精制、溶液脱色、水净化、气体除臭等
成型	4～10	700～900	0.50～0.65	350～550	900～1 300	2.0～4.0	
破碎	6～32	700～900	0.50～0.65	350～550	900～1 500	2.0～4.0	
粉末	<100	500～700	0.60～0.80	380～450	700～1 300	4.0～6.0	
硅胶	4～10	1 100～1 300	0.40～0.45	700～800	300～700	2.0～5.0	气体干燥、溶剂脱水、碳氢化合物分离等
活性氧化铝	2～10	1 000～1 800	0.45～0.70	600～900	200～300	4.0～10.0	气体除湿、液体脱水等
活性白土	16～60	950～1 150	0.55～0.65	450～500	120	8.0～18.0	油品脱色、气体干燥等

(1) 活性炭：活性炭由各种含碳物质在低温下（$T<773$ K）炭化，接着在高温下用蒸汽活化得到。另外，氯化锌、氯化锰、氯化钙和磷酸等可用来代替蒸汽作为活化剂。活性炭具有大比表面积，其值可达数百甚至上千平方米每克，居各种吸附剂之首。活性炭具有非极性表面，属疏水、亲有机物的吸附剂。活性炭的特点是吸附容量大，热稳定性高，化学稳定性好，解吸容易。

(2) 活性氧化铝：将含水氧化铝在严格控制的加热速率下，脱去水分子后形成多孔结构，即得到活性氧化铝。它具有良好的机械强度。活性氧化铝可用于气体的干燥、石油气的脱硫以及含氟废气的净化。

(3) 硅胶：将水玻璃（硅酸钠）溶液用酸处理，得到硅酸凝胶，再经水洗后于398～403 K下干燥脱水即可得硅胶,其分子式为 $SiO_2 \cdot nH_2O$。硅胶大量用于气体的干燥和烃类气体回收。

(4) 沸石分子筛:分子筛具有许多直径均匀的微孔和排列整齐的孔穴,可用来筛分大小不同的流体分子。这些孔穴提供了巨大的内表面积,增大了分子筛的吸附容量。应用最广的沸石分子筛是具有多孔骨架结构的硅铝酸盐结晶体,化学通式为$[M_2(I) \cdot M(II)]O \cdot Al_2O_3 \cdot nSiO_2 \cdot mH_2O$,其中M(Ⅰ)为1价金属,M(Ⅱ)为2价金属。与其他吸附剂比较,沸石分子筛有如下特征:① 由于有很大内表面的孔穴,可吸附和储存大量的分子,故吸附容量大;② 沸石分子筛孔径大小整齐均一,它又是一种离子型吸附剂,可以根据分子的大小和极性的不同进行选择性吸附;③ 沸石分子筛还能对一些极性分子在较高的温度和低分压下保持很强的吸附能力。

(5) 白土:白土分为漂白土和酸性白土。漂白土是一种天然黏土,其主要成分是硅酸盐。这种黏土经加热和干燥后,可形成多孔性结构的物质。将其碾碎和筛分,取其一定细度的颗粒即可作为吸附剂。漂白土吸附剂对各种油类脱色很有效,并可除去油中的臭味。使用后的漂白土,经过洗涤及灼烧除去吸附在表面和孔隙内的有机物质后,可重复使用。

SiO_2 与 Al_2O_3 等比值较低的白土,不经过酸化处理是没有活性的。只有经过硫酸或盐酸处理后才具有吸附能力。用硫酸处理的工艺条件是,硫酸浓度为20%~40%,温度为353~383 K,时间为4~12 h。酸处理后的白土经过洗涤、干燥、碾碎即可获得酸性白土,酸性白土的脱色效率比天然白土高。

8.2.2 工业吸附剂

虽然所有的固体表面,对于流体或多或少地具有物理吸附作用,但作为工业吸附剂,必须满足下面几个条件:

(1) 要有巨大的内表面,而其外表面往往仅占总表面的极小部分,故可看作一种极其疏松的固态泡沫体。例如,硅胶和活性炭的内表面分别达 500 m^2/g 和 1 000 m^2/g 以上。

(2) 对不同气体具有选择性的吸附作用。例如,木炭吸附 SO_2 或 NH_3 的能力较吸附空气为大。一般地说,吸附剂对各种吸附组分的吸附能力随吸附组分沸点的升高而加大,在与吸附剂相接触的气体混合物中,首先被吸附的是高沸点的组分。在多数情况下,被吸附组分的沸点与不被吸附组分(即惰性组分)的沸点相差很大,因而惰性组分的存在基本上不影响吸附的进行。

(3) 吸附容量大。吸附容量是指在一定温度和一定的吸附质浓度下,单位质量或单位体积吸附剂所能吸附的最大吸附质质量。吸附容量除与吸附剂表面积有关外,还与吸附剂的孔隙大小、孔径分布、分子极性及吸附剂分子上的官能团性质等有关。

(4) 具有足够的机械强度、热稳定性及化学稳定性。

(5) 来源广泛,价格低廉,以适应对吸附剂日益增长的需要。

(6) 要有良好的再生性能。

8.2.3 吸附剂选择的影响因素

影响吸附过程的因素很多,主要有操作条件、吸附剂和吸附质的性质,以及吸附器类型等。

1. 操作条件的影响

对物理吸附而言,总是希望在低温下运行。但对于化学吸附过程,提高温度有利于化学反应进行,因而提高温度往往对吸附有利。

增大气相主体的压力,从而增大了吸附质的分压,对吸附有利。但压力太高,既会增加能耗,也会给操作带来特殊要求。因此,一般不为此而设增压设备。

气流速度增大，不仅增加压力损失，而且流速过大，使气体分子与吸附剂接触时间过短，不利于气体的吸附。气体流速小，又会使设备增大。所以吸附器的气流速度要控制在一定范围之内，如通过固定床吸附器的气流速度一般控制在0.2～0.6 m/s范围内。

2. 吸附剂性质的影响

被吸附气体的总量随吸附剂表面积的增加而增加。吸附剂的孔隙率、孔径、颗粒度等都影响比表面积的大小。

确定吸附剂吸附能力的一个重要概念是有效表面积，即吸附质分子能进入的表面积。根据微孔尺寸分布数据，主要起吸附作用的是直径与被吸附分子大小相等的微孔。通常假设，由于位阻效应，一个分子不易渗入比某一最小直径还要小的微孔。这个最小直径，即所谓临界直径，代表了吸附质的特性且与吸附质分子的直径有关。表8-2列出了某些常见分子的临界直径。因此，吸附剂的有效表面积只存在于吸附质分子能够进入的微孔中。

表8-2 某些常见分子的临界直径

分子	临界直径/Å	分子	临界直径/Å
氦	2.0	丙烯	5.0
氢	2.4	1-丁烯	5.1
乙炔	2.4	2-反丁烯	5.1
氧	2.8	1,3-丁二烯	5.2
一氧化碳	2.8	二氟-氯甲烷(氟利昂-22)	5.3
二氧化碳	2.8	噻吩	5.3
氮	3.0	异丁烷-异二十二烷	5.58
水	3.15	二氟二氯甲烷	5.93
氨	3.8	环已烷	6.1
氩	3.84	甲苯	6.7
甲烷	4.0	对二甲苯	6.7
乙烯	4.25	苯	6.8
环氧乙烷	4.2	四氯化碳	6.9
乙烷	4.2	氯仿	6.9
甲醇	4.4	新戊烷	6.9
乙醇	4.4	间二甲苯	7.1
环丙烷	4.75	邻二甲苯	7.4
丙烷	4.89	三乙胺	8.4
正丁烷-正二十二烷	4.9		

注：1 Å=0.1 nm。

如前所述，沸石分子筛的孔径单一、均匀，如5 Å分子筛的孔径为5 Å，就只能吸附直径为5 Å以下的分子。活性炭的孔径分布很宽，所以既能吸附直径小的分子，又能吸附直径大的有机物分子。在选择吸附剂时，应使其孔径分布与吸附质分子的大小相适应。

3. 吸附质性质和浓度的影响

吸附质的性质和浓度也影响吸附过程和吸附量。除上述吸附质分子的临界直径外，吸附质的相对分子质量、沸点和饱和性也都影响吸附量。当用同一种活性炭作吸附剂时,对于结构类似的有机物,其相对分子质量越大,沸点越高,则被吸附的越多。对结构和相对分子质量都相近的有机物,不饱和性越强,则越易被吸附。

吸附质在气相中的浓度大,则会有较大的吸附量,下节将要介绍的吸附等温线可以证明这一点。但浓度增加必然使同样的吸附剂较早达到饱和,则需较多的吸附剂,并使再生频繁。因而吸附法不宜于净化吸附质浓度高的气体,而较为适宜处理污染物浓度低、排放标准要求很严的废气。

4. 吸附器设计的影响

为了进行有效吸附,对吸附器设计的基本要求有以下几方面:

(1) 具有足够的过气断面和停留时间,它们都是吸附器尺寸的函数;

(2) 产生良好的气流分布,以便所有的过气断面都能得到充分利用;

(3) 预先除去入口气体中能污染吸附剂的杂质;

(4) 采用其他较为经济有效的工艺,预先去除入口气体中的部分组分,以减轻吸附系统的负荷;

(5) 能够有效地控制和调节吸附操作温度;

(6) 易于更换吸附剂。

8.2.4 吸附剂再生

吸附剂饱和后需要再生,再生方法主要有加热解吸再生、降压或真空解吸再生、溶剂萃取再生、置换再生和化学转化再生等。再生时一般采用逆流吹脱的方式。

(1) 加热解吸再生:通过升高吸附剂温度,使吸附物脱附,吸附剂得到再生。几乎各种吸附剂都可用加热方法恢复吸附能力。不同的吸附过程需要不同的温度,吸附作用越强,脱附时需加热达到的温度越高。

(2) 降压或真空解吸再生:吸附过程与气相的压力有关。压力高时,吸附进行得快;当压力降低时,脱附占优势。因此,通过降低操作压力可使吸附剂得到再生。

(3) 置换再生:选择合适的脱附剂,将吸附质置换与吹脱出来。这种再生方法需加一道工序,即脱附剂的再脱附,以使吸附剂恢复吸附能力。脱附剂与吸附质的被吸附性能越接近,则脱附剂用量越小。当脱附剂被吸附程度比吸附质大时,属置换再生;否则,兼有吹脱与置换作用。该法适用于对温度敏感的物质。

(4) 溶剂萃取再生:选择合适的溶剂,使吸附质在该溶剂中的溶解作用远大于吸附剂的吸附作用,将吸附质溶解下来。例如,活性炭吸附 SO_2,用水洗涤,再进行适当的干燥,便可恢复吸附能力。

生产实践中,上述几种再生方法可以单独使用,也可同时使用。如活性炭吸附有机蒸气后,可通入高温蒸汽再生,也可用加热和抽真空的方法再生;沸石分子筛吸附水分后,可以用加热吹氮气的方法再生。

8.3 吸附平衡

8.3.1 吸附平衡与平衡吸附量

在一定温度和压力下,当流体(气体或液体)与固体吸附剂经长时间充分接触后,吸附质在流体相和固体相中的浓度达到平衡状态，称为吸附平衡。吸附平衡关系决定了吸附过程的方向和极限，是吸附过程的基本依据。若流体中吸附质浓度高于平衡浓度，则吸附质将被吸附，若流体中吸附质浓度低于平衡浓度，则吸附质将被解吸，最终达到平衡。单位质量吸附剂的平衡吸附量 q 受许多因素的影响，如吸附剂的物理结构（尤其是表面结构）和化学组成、吸附质在流体相中的浓度、操作温度等。

当气体和固体的性质一定时，平衡吸附量是气体压力及温度的函数。

$$q = f(p, T) \tag{8.3.1}$$

式中：q——平衡吸附量，kg(吸附质)/kg(吸附剂)或 kmol(吸附质)/kmol(吸附剂)。

平衡状态下吸附剂上吸附质的分压等于气相中该组分的分压。气相分压下降或温度上升，则被吸附的气体很容易地从吸附剂表面发生脱附。工业化吸附操作过程中，吸附质的回收、吸附剂的再生利用都是基于这个原理。

8.3.2　吸附等温线

不论吸附力的性质如何，在一定温度下，气固两相经过充分接触后，终将达到吸附平衡。这时，被吸附组分在固相中的浓度和在与固相接触的气相中的浓度之间具有一定的函数关系。描述在一定温度下吸附量随吸附剂表面被覆盖的吸附质浓度变化的关系曲线，称为吸附等温线。下面简要介绍三种常见的函数关系。

通常情况下，吸附量随温度的上升而减少，随压力的升高而增大。低温、高压情况下吸附量大，极低温情况下吸附量显著增大。图 8-1 所示为不同温度下 NH_3 在木炭上的吸附等温线。当吸附质组分分压较低时，吸附等温线斜率较大，可以近似看作直线，说明在低压范围内，吸附量 q 与其分压 p 成正比。随着分压的增大，吸附等温线斜率减小，曲线逐渐趋于平缓，说明吸附量受分压的影响减弱，最终达到饱和吸附量，吸附剂不再具有吸附能力。

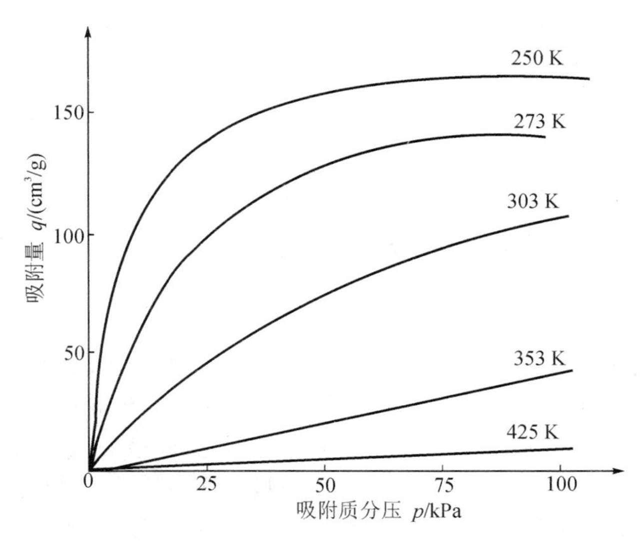

图 8-1　不同温度下 NH_3 在木炭上的吸附等温线

许多学者提出了等温吸附条件下吸附量与压力的关系式，称为等温吸附方程。具有代表性的等温吸附方程主要有以下几种。

1. 弗伦德里希方程

根据大量实验，弗伦德里希(Freundlich)得出指数方程

$$\frac{x}{m}=ap^{\frac{1}{n}} \tag{8.3.2}$$

式中:x——被吸附组分的质量,kg;

m——吸附剂的质量,kg;

x/m——吸附剂的吸附容量,kg(吸附质)/kg(吸附剂);

p——平衡时被吸附组分在气相中的分压,atm;

a、n——经验常数,与吸附剂和吸附质的性质及温度有关,通常 $n>1$,其值由实验确定。

弗伦德里希吸附方程只适用于吸附等温线的中压部分,在使用中经常取它的对数形式,即

$$\lg\frac{x}{m}=\lg a+\frac{1}{n}\lg p \tag{8.3.3}$$

以 $\lg\frac{x}{m}$ 对 $\lg p$ 作图,可得直线,直线斜率为$\frac{1}{n}$,截距是 $\lg a$,这样根据实验数据就可以得到 n 和 a 的实验值。

2. 朗格缪尔等温方程

应用范围较广的实用方程是朗格缪尔(Langmuir)根据分子运动理论导出的单分子层吸附理论及其吸附等温式。朗格缪尔认为,固体表面均匀分布着大量具有剩余价力的原子,此种剩余价力的作用范围大约在分子大小的范围内,即每个这样的原子只能吸附一个吸附质分子,因此吸附是单分子层的。

朗格缪尔假定:① 吸附质分子之间不存在相互作用力;② 所有吸附剂表面具有均匀的吸附能力;③ 在一定条件下吸附和脱附可以建立动态平衡。由此朗格缪尔导出吸附等温方程

$$\frac{x}{m}=\frac{V_m Ap}{1+Ap} \tag{8.3.4}$$

式中:A——吸附质的吸附平衡常数;

V_m——全部固体表面盖满一个单分子层时所吸附的气体体积。

A 的值视吸附剂及吸附质的性质和温度而定。当吸附质的分压力很低时,$Ap\ll1$,式中分母的 Ap 项可以略去不计,则$\frac{x}{m}=V_m Ap$,说明吸附量与吸附质在气相中的分压成正比;当吸附质的分压很大时,$Ap\gg1$,式中分母的 1 可以略去,成为$\frac{x}{m}=V_m$,吸附量趋于一定的极限值。所以朗格缪尔方程较弗伦德里希方程更符合实验结果,可以应用于分压从零到饱和分压的全部压力范围。

3. BET 方程

气体在固体上的吸附,已经观察到的有五种类型的吸附等温线,如图 8-2 所示。朗格缪尔理论仅能较好地反映图中的第一类吸附等温线。1938 年布鲁诺(Brunauer)、埃麦特(Emmett)及泰勒(Teller)三人提出了多分子层吸附理论,即被吸附的分子也具有吸附能力,在第一层吸附层上还可以吸附第二层、第三层……形成多层吸附。这时的气体吸附量等于各层吸附量的总和,由此得到的吸附等温方程称为 BET 方程,表达式为

$$\frac{p}{V(p^{\circ}-p)}=\frac{1}{V_m C}+\frac{C-1}{V_m C}\cdot\frac{p}{p^{\circ}} \tag{8.3.5}$$

式中:V——在压力为 p、温度为 T 条件下被吸附气体的体积;

p°——在吸附温度下吸附质的饱和蒸气压力;

C——常数,与吸附质的汽化热有关。

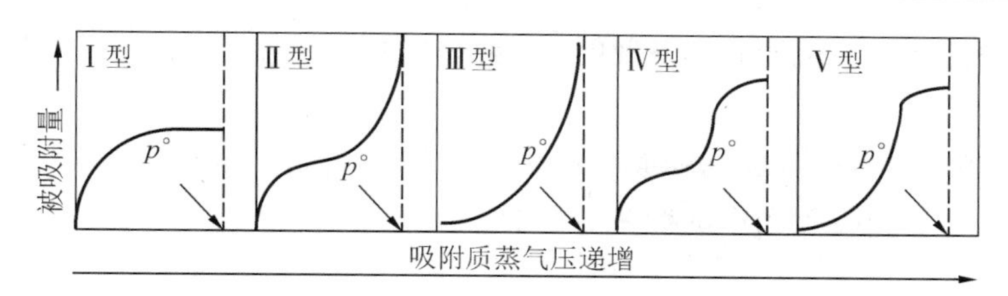

图 8-2　五种类型吸附等温线

p°为饱和蒸气压力

在给定温度下测得不同分压下某种气体的吸附体积，以$\frac{p}{V(p^{\circ}-p)}$对$\frac{p}{p^{\circ}}$作图，得到如图 8-3 所示的直线。根据式(8.3.5)可知，该直线的斜率为$\frac{C-1}{V_m C}$，截距为$\frac{1}{V_m C}$，因此，由图解法可求得 C 和 V_m 的值。若每个气体分子在吸附剂表面所占的面积已知，就可求出所用吸附剂的表面积。这就是著名的测定吸附剂和催化剂表面积的 BET 法。

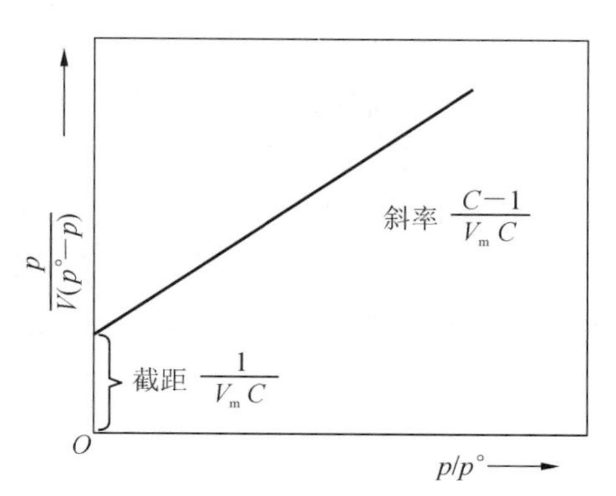

图 8-3　恒温下吸附气体的体积与气相中分压的关系

BET 方程的应用范围较广，但是在推导 BET 方程时作了一系列的假定，因此它的使用也有一定局限性。例如，推导此方程时假设所有的毛细管具有相同的直径，有了这个假设，BET 学说就不能适用于活性炭的吸附，因为活性炭的孔隙大小非常不均。

这里仅介绍了常用的几个吸附等温线方程。这些公式的应用范围和使用对象各不相同，只能对具体情况进行具体分析，至今还没有一个普遍适用的方程。

还应指出，吸附等温线的形状与吸附剂和吸附质的性质有关。即使是同一化学组分的吸附剂，由于制造方法不同或条件不同，吸附剂的性能亦会有所不同，因此吸附平衡数据亦不完全相同，必须针对每个具体情况进行综合测定。

8.3.3　气体混合物吸附平衡

假如被吸附的气体(包括蒸气)由几种化合物组成，吸附现象就变得复杂了。虽然实践中常常遇到多组分气体(包括蒸气)的吸附，但至今这方面研究较少。活性炭对混合蒸气中各个组分的吸附是有差别的，一般来说，化合物的被吸附性与其相对挥发性近似呈负相关。因此，含有多组分有机蒸气的气流通过活性炭床层时，在开始阶段各组分均等地吸附于活性炭上，但是随着沸点较高组分在床内保留量的增加，相对挥发性强的蒸气开始重新汽化。达到穿透点后，排出的蒸气大部分由挥发性较强的物质组成。在此阶段，沸点较高的组分开始置换沸点较低的组分，并且每种其他组分都重复这种置换过程。

气流中存在两种或两种以上的挥发性有机化合物(VOC)时，要注意以下几点：

(1) 相对分子质量较大的有机化合物的吸附有取代小相对分子质量有机化合物的趋势，即轻组分以较快的速率通过吸附床，因此，可实现轻组分与重组分的分离。另外，多组分蒸气同时吸附加大了传质区高度，有可能需要增加吸附床高度。

(2) 活性炭的吸附能力可能减弱。

(3) 多组分有机物吸附时，给定系统的效率将会降低。

(4) 混合物的爆炸下限将直接随各种单一组分爆炸下限变化,必须十分注意操作安全问题。

1. 吸附的相对挥发度

设混合气体吸附平衡时A、B组分的吸附量分别为 q_A、q_B(kmol/kg),气相的分压分别为 p_A、p_B,A组分在气相和吸附相中的摩尔分数分别为 x_A、y_A,则A组分相对于B组分的相对挥发度 α 可以表示为

$$\alpha=\frac{p_B y_A}{p_A(1-y_A)}=\frac{p_B q_A}{p_A q_B}=\frac{(1-x_A)q_A}{x_A q_B}=\frac{y_A(1-x_A)}{x_A(1-y_A)} \tag{8.3.6}$$

根据Lewis等人对烃类气体进行测定的结果,使用气相摩尔分数为0.5时的 α,在各种摩尔分数条件下的计算结果和实验结果具有良好的一致性,可以是一定值,而且对于三组分体系也可以使用双组分体系的相对挥发度。

2. 各组分的吸附量

Lewis等人提出,对于碳氢化合物体系,设 q_{A0}、q_{B0} 分别为A、B组分单独存在且压力等于双组分总压时的平衡吸附量(kmol/kg),则下列关系式成立:

$$\frac{q_A}{q_{A0}}+\frac{q_B}{q_{B0}}=1 \tag{8.3.7}$$

8.4 吸附动力学

流体相中的吸附质只有在被传输到吸附剂表面时才能被吸附。吸附过程主要由三个步骤组成:第一步是吸附质由流体相扩散到吸附剂外表面,称为外扩散;第二步是吸附质由吸附剂的外表面向微孔中的内表面扩散,称为内扩散;第三步是吸附质被吸附剂表面吸附。

一般第三步的速率很快,其传质阻力可以忽略不计,传质速率主要取决于第一步和第二步,这两步的速率(或阻力)有时相差很大。如果两者相比较,外扩散速率很慢,阻力很大,则过程的速率由外扩散决定,称为外扩散控制;反之,如果内扩散速率很慢,阻力很大,则过程的速率取决于内扩散,称为内扩散控制。通常内扩散控制的情况比较多见。

在吸附的同时,也有吸附质从吸附剂表面脱附,其过程与吸附正好相反。随着吸附过程的不断进行,吸附质吸附到吸附剂上的速率减慢,脱附速率逐渐增大。当吸附质与吸附剂接触时间足够长时,吸附速率等于脱附速率。这时吸附过程处于平衡状态,吸附速率最小,并等于常量,吸附剂的吸附量达到饱和吸附量。

在实际生产过程中,吸附质和吸附剂的接触时间不可能无限长,一般情况下吸附过程是在非平衡状态下进行的。

8.4.1 吸附剂颗粒外表面扩散速率

吸附质气流主体穿过颗粒周围气膜扩散至外表面的过程称为吸附剂颗粒外表面扩散过程。

吸附质A的外扩散传质速率计算式为

$$\frac{dq}{dt}=k_G a_p(\rho-\rho_i) \tag{8.4.1}$$

式中:q——吸附剂上吸附质的含量,kg/kg;

k_G——气相侧的传质系数,m/s;

a_p——吸附剂的比外表面,m^2/kg;

ρ——气相中吸附质的平均浓度，kg/m^3；

ρ_i——吸附剂外表面气相中吸附质的浓度，kg/m^3。

8.4.2 吸附剂颗粒内表面扩散速率

吸附剂由外表面经微孔扩散至吸附剂微孔表面的过程称为吸附剂颗粒的内表面扩散过程。

吸附质A的内扩散传质速率计算式为

$$\frac{dq}{dt} = k_S a_p (q_i - q) \tag{8.4.2}$$

式中：k_S——吸附剂固相侧的传质系数，$kg/(m^2 \cdot s)$；

q_i——吸附剂外表面上的吸附质含量，kg/kg；

q——吸附剂上吸附质的平均含量，kg/kg。

8.4.3 总传质速率方程

由于吸附剂表面吸附质的浓度和含量不易测定，吸附速率常用吸附总系数表示，如果在操作的浓度范围内吸附平衡为直线(即 $q^* = mp^*$)，则总吸附速率方程为

$$\frac{dq}{dt} = K_G a_p (\rho - \rho^*) = K_S a_p (q^* - q) \tag{8.4.3}$$

式中：K_G——以 $\Delta\rho = \rho - \rho^*$ 表示推动力的总传质系数，m/s；

K_S——以 $\Delta q = q^* - q$ 表示推动力的总传质系数，$kg/(m^2 \cdot s)$；

ρ^*——与吸附质含量为 q 的吸附剂相平衡的气相中吸附质的浓度，kg/m^3；

q^*——与吸附质浓度为 ρ 的气体相平衡的吸附剂中吸附质的含量，kg/kg。

与吸收类似，分吸附系数与总吸附系数间的关系为

$$\frac{1}{K_G} = \frac{1}{k_G} + \frac{1}{mk_S} \tag{8.4.4}$$

$$\frac{1}{K_S} = \frac{1}{k_G} + \frac{1}{k_S} \tag{8.4.5}$$

可见，$K_G = mK_S$。

8.4.4 吸附扩散速率计算

表示吸附速率的公式已经提出了不少，现将其中有代表性的叙述如下。

1. 班厄姆(Bangham)公式

如果在时间 t 内的吸附量以 x(kg/m^3)表示，那么在一定压力下，其吸附速率可表示为

$$\frac{dx}{dt} = \frac{x}{mt}$$

其积分式为

$$x = kt^{\frac{1}{m}} \tag{8.4.6}$$

式中：k、m——常数。

2. 鲛岛公式

鲛岛把多孔物质的吸附速率公式分成两个阶段，并导出了各阶段的吸附速率公式。对于大孔径的细孔来说，在很短的时间里吸附就完成了，而这时小孔径的细孔还在继续慢慢地进行吸附。在定压下吸附时，开始阶段的吸附速率为

$$A\ln\frac{A}{A-x}-x=Kt \tag{8.4.7}$$

吸附后期则为

$$x=a\ln t+b \tag{8.4.8}$$

式中:A——吸附初始阶段结束时的吸附量;

K、a、b——常数。

用活性炭吸附氢,用硅胶吸附氨以及己烷、丙酮、四氯化碳、苯等有机溶剂时的吸附速率都能用上式表示。

8.4.5 吸附热

吸附过程中产生热量的现象与气体分子的冷凝相似,但吸附热通常比蒸发潜热大,有时高出数倍。完全没有吸附吸附质的吸附剂吸附一定量的吸附质累计所产生的热量称为积分吸附热(Q_i),已吸附一定量的吸附剂再吸附无限少量吸附质所产生的热量称为微分吸附热(Q_d)。吸附量 q 一定时,温度变化 dT,压力也相应变化 dP,根据 Clausius-Clapeyron 方程可以得到

$$\left(\frac{\Delta\ln p}{\Delta T}\right)_q=\frac{Q_d}{RT^2} \tag{8.4.9}$$

式中:Q_d——吸附量等于 q 时的微分吸附热,kJ/kmol;

p——吸附质的吸附平衡分压,Pa。

对应于平衡温度 T_1(K)和 T_2(K)的平衡分压分别为 p_1 和 p_2,对上式积分,得

$$\ln\frac{p_1}{p_2}=\frac{Q_d}{R\left(\frac{1}{T_2}-\frac{1}{T_1}\right)} \tag{8.4.10}$$

利用式(8.3.10)可以求得微分吸附热 Q_d。

在给出等量吸附线图的情况下,下面的关系式成立:

$$\frac{d\ln p}{d\ln p_0}=\frac{Q_d}{\lambda} \tag{8.4.11}$$

式中:λ——蒸发潜热,kJ/kmol。

表 8-3 列出了各种吸附剂的微分吸附热。吸附过程发生放热现象是吸附质进入吸附剂毛细孔道的重要特征之一,吸附热可以衡量吸附剂分子吸附能力的大小,也可以表征吸附现象的物理和化学本质以及吸附剂和催化剂的活性。化学吸附中的吸附键强,所以化学吸附的放热量比物理吸附的放热量大。吸附热对于了解表面过程、表面结构、表面的均匀性,评价吸附剂和吸附质之间作用力的大小,甚至能量恒算和吸附剂的选择都有帮助。

表 8-3　各种吸附剂的微分吸附热

吸附剂	吸附质	温度/℃	微分吸附热/(kJ/kmol)	压力范围/kPa	蒸发潜热/(kJ/kmol)
活性炭	C_2H_4	10	37 202～29 678	0～73 315	8 569
活性炭	SO_2	10	49 324～36 659	0～111 705	24 996
活性炭	H_2O	10	47 652～39 668	0～2 239	43 639
硅胶	CO_2	10	29 009～24 244	0～72 782	10 743
硅胶	NH_3	10	27 797～22 990	0～65 317	8 569
活性氧化铝	C_2H_4	10	30 514～25 080	0～82 646	8 569

8.5 吸附过程与吸附穿透曲线

8.5.1 吸附工艺

1. 工艺分类

(1) 按吸附剂在吸附器中的工作状态可分为固定床、移动床(超吸附)和流化床。

穿床速度,即气体通过床层的速度是划分反应床类型的主要依据:

① 穿床速度低于吸附剂的悬浮速度,颗粒处于静止状态,属于固定床范围;

② 穿床速度大致等于吸附剂的悬浮速度,吸附剂颗粒处于激烈上下翻腾的状态,并在一定时间内运动,属于流化床范围;

③ 穿床速度远远超过吸附剂的悬浮速度,固体颗粒浮起后不再返回原来的位置而被输送走,属于移动床范围。

(2) 按操作过程的连续与否分为间歇式、连续式。

(3) 按吸附床再生的方法分为加热解吸再生、降压或真空解吸再生、溶剂萃取再生、置换再生和化学转化再生等。

2. 废水处理吸附工艺

对于废水处理工艺而言,吸附的操作方式分为间歇式和连续式。间歇吸附是将废水和吸附剂放在吸附池内搅拌一定时间,然后静置沉淀,排除澄清液。间歇吸附主要用于小量废水的处理和实验研究,在生产上一般要用两个吸附池交换工作。在一般情况下,都采用连续吸附的方式。

连续吸附可以采用固定床、移动床和流化床。固定床连续吸附方式是废水处理中最常用的。吸附剂固定填放在吸附柱(或塔)中,所以叫固定床。移动床连续吸附是指在操作过程中定期地将接近饱和的一部分吸附剂从吸附柱排出,并同时将等量的新鲜吸附剂加入柱中。所谓流化床,是指吸附剂在吸附柱内处于膨胀状态,悬浮于由下而上的水流中。由于移动床和流化床的操作较复杂,在废水处理中较少使用。

3. 废气处理吸附工艺

用于气态污染物控制的吸附器根据吸附剂在吸附器内的运动状态可分为固定床吸附器、移动床吸附器和流化床吸附器,其中以固定床吸附器应用最广。常见的吸附流程有以下两种。

1) 固定床吸附流程

优点:设备结构简单,吸附剂磨损小。

缺点:① 间歇操作,操作必须周期性地变换,因而操作复杂,劳动强度高;② 设备庞大,生产效率低;③ 吸附剂导热性差,因而升温及变温再生困难。

2) 移动床吸附流程

控制吸附剂在床层中的移动速度,使净化后的气体达到排放标准。其特点如下:① 吸附剂在下降过程中,经历了冷却、降温、吸附、增浓、汽提-再生等阶段,在同一设备内完成了吸附、脱附(再生)过程;② 吸附过程是连续的,多用于处理稳定、连续、大量的废气;③ 吸附剂在移动过程中有磨损。

8.5.2 吸附过程

工业吸附过程一般包括两个步骤:吸附操作和吸附剂的脱附与再生操作。有时不用回收吸附质与吸附剂,则这一步改为更换新的吸附剂。

吸附分离根据采用的操作方式不同,可分为静态吸附分离与动态吸附分离。在多数工业吸附装置中,要考虑吸附剂的多次使用问题,因而吸附操作流程中,除吸附设备外,还须具有脱附与再生设备。

由吸附平衡性质可知,提高温度和降低吸附质的分压可以改变平衡条件使吸附质脱附。吸附剂饱和后需要再生,再生方法主要有加热解吸再生、降压或真空解吸再生、溶剂萃取再生、置换再生、化学转化再生等。再生时一般采用逆流吹脱的方式。

(1) 加热解吸再生。通过升高吸附剂温度,使吸附物脱附,吸附剂得到再生。几乎各种吸附剂都可用热再生方法恢复吸附能力。不同的吸附过程需要不同的温度,吸附作用越强,脱附时需加热达到的温度越高。

(2) 降压或真空解吸再生。吸附过程与气相的压力有关,压力高时,吸附进行得快;当压力降低时,脱附占优势。因此,通过降低操作压力可使吸附剂得到再生。

(3) 置换再生。选择合适的脱附剂,将吸附质置换与吹脱出来。这种再生方法需加一道工序,即脱附剂的再脱附,以使吸附剂恢复吸附能力。脱附剂与吸附质的被吸附性能越接近,则脱附剂用量越小。当脱附剂被吸附程度比吸附质强时,属置换再生;否则,吹脱与置换作用兼有。该法适用于对温度敏感的物质。

(4) 溶剂萃取再生。选择合适的溶剂,使吸附质在该溶剂中的溶解性能远大于吸附剂的吸附作用,将吸附物质溶解下来。例如,活性炭吸附 SO_2,用水洗涤,再进行适当的干燥便可恢复吸附能力。

生产实践中,上述几种再生方法可以单独使用,也可同时使用。例如,活性炭吸附有机蒸气后,可用通入高温蒸汽的方法再生,也可用加热和抽真空的方法再生;沸石分子筛吸附水分后,可以用加热吹氮气的方法再生。

8.5.3 吸附器与穿透曲线

固定床吸附器和移动床吸附器为两种广泛使用的吸附器,下面具体介绍这两种吸附器及其计算方法。

1. 固定床吸附器及其计算方法

1) 固定床吸附器

在固定床吸附器内,吸附剂固定不动,仅使气体流经吸附床。它广泛用于回收或去除气体混合物中某一组分,通常冷却或常温吸附和加热解吸在吸附器内交替进行。这种吸附器主要有立式和卧式两种,环形吸附器应用较少。

按照吸附器矗立的方式,可将固定床吸附器分为立式、卧式两种;按照吸附器的形状,可将其分为方形、圆形两种。固定床吸附器的优点是结构简单,价格低廉,特别适合于小型、分散、间歇性污染源排放气体的净化;其缺点是间歇操作。为保证操作正常运行,在设计流程时应根据其特点,将多台吸附器切换使用。

图 8-4(a)是具有中央管的立式固定床吸附器的示意图。气体混合物由中央管 3 处引入,然后由下而上地通过固定的吸附床,由管 5 排出。吸附剂床层高度在 0.5～2.0 m的范围内,吸附剂填充在栅板上。为了防止吸附剂漏到栅板的下面,在栅板上放置两层不锈钢网。使吸附剂再生的常用方法是从栅板的下方将饱和蒸汽通入床层。为了防止吸附剂颗粒被带出,在床层上方用钢丝网覆盖。在处理腐蚀性流体混合物时可采用由耐火砖和陶瓷等防腐蚀材料制

成的具有内衬的吸附器。

为减少气体混合物通过吸附器的动力消耗，可以采用卧式吸附器(如图 8-4(b)所示)，其吸附剂厚度可以大幅度减小。但操作过程中容易产生吸附剂分布不均的情况，引起沟流和短路，从而使吸附效率下降。

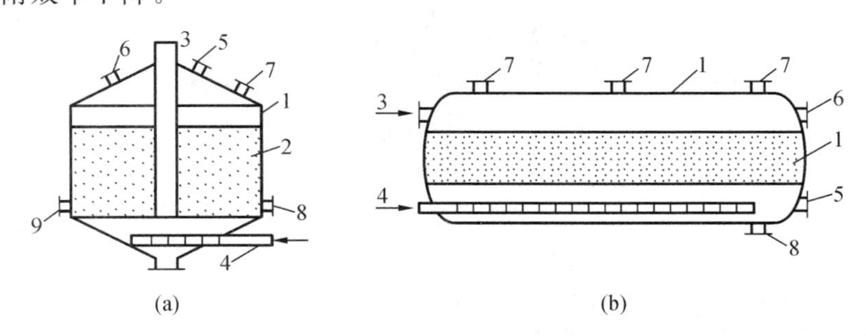

图 8-4　固定床吸附器示意图

(a) 立式吸附器；(b)卧式吸附器

1—吸附器；2—吸附床；3—吸附时气体混合物入口；4—鼓泡器(解吸时通入蒸汽)；

5—吸附时气体出口；6—解吸时气体出口；7—吸附剂加料孔；8—冷凝液排出口；9—吸附剂排出口

2) 固定床吸附器内的浓度分布

含有一定浓度污染物的气流连续通过固定床吸附器，在不同时间内，吸附床不同截面处气流中污染物的浓度分布如图 8-5 所示。图中横坐标表示床层的长度，纵坐标表示通过床层某一截面处气流中污染物的浓度。当气流开始通入时，最左边的吸附层可以将气流中的污染物完全吸附(曲线 1)，因而进入后续吸附层的气流中就不含污染物了。当最左边的吸附剂已达到饱和，浓度分布曲线就沿着床层平行地向右移动(曲线 2)。水平虚线 c_b 是根据排放标准确定的污染物在净化后气流中的最大容许浓度。对于设计合理的吸附器，污染物出口浓度大大低于这个极限。但当吸附床使用一定时间后，污染物出口浓度最后达到 c_b(曲线 3)，此时吸附床已经穿透，吸附剂必须再生。

从含污染物的气流开始通入吸附床到"穿透点"这段时间称为穿透时间，或称保护作用时间。表示吸附床处理气体量与出口气体中污染物浓度之间关系的曲线称为穿透曲线，图 8-6 表示出理想穿透曲线的形状。穿透曲线的形状和保护作用时间取决于固定吸附床的操作方法。操作过程的实际速率和机理、吸附平衡性质、气体流速、污染物入口浓度以及床层厚度等都影响穿透曲线的形状。

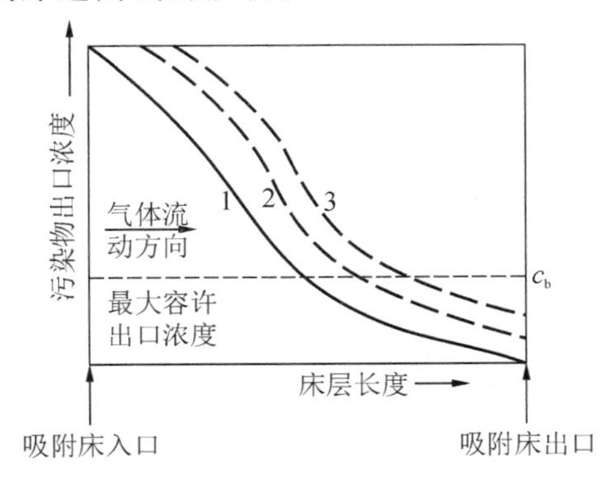

图 8-5　不同时间内，吸附床不同截面处气流中污染物浓度

1—开始循环，新鲜吸附剂；2—吸附剂部分饱和；3—循环结束

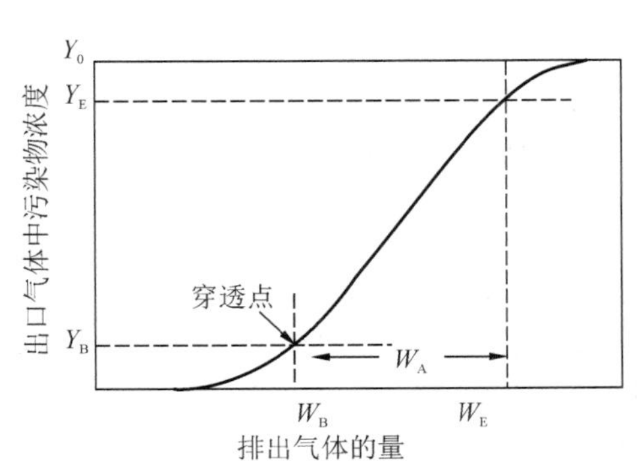

图 8-6　理想穿透曲线

固定床虽然结构简单,但污染物在床层内的浓度分布是随时间变化的,计算过程比较复杂,目前仍只是近似进行过程计算。

3) 保护作用时间的确定

假定吸附层达到穿透点时全部处于饱和状态,即达到它的平衡吸附容量(a)。同时假定吸附过程按照朗格缪尔等温线的第三段,即气相中 p 相当大,那么$a=V_m$,平衡吸附容量不再与气相浓度有关。在吸附持续时间 τ'内,所吸附污染物的量为

$$x = aSL\rho_b \tag{8.5.1}$$

同时

$$x = vSc_0\tau' \tag{8.5.2}$$

式中:x——在时间 τ'内的吸附量,kg;

a——平衡吸附容量,kg(吸附质)/kg(吸附剂);

S——吸附层的截面积,m^2;

L——吸附层厚度,m;

ρ_b——吸附剂的堆积密度,kg/m^3;

v——气体流速,m/s;

c_0——气流中污染物初浓度,kg/m^3。

由式(8.5.1)和式(8.5.2),得

$$\tau' = \frac{a\rho_b}{vc_0}L \tag{8.5.3}$$

因此,当吸附速率无穷大时,保护作用时间与吸附层长度的关系在 τ-L 图上应当是一条过原点的直线(见图 8-7 直线 1),但实际上吸附操作的实际连续时间 τ 要比吸附速度为无穷大时的保护作用时间 τ'小(见图 8-7 曲线 2)。曲线 2 为实际测得的,当 $L>L_0$(吸附区长度)时,它是直线,且与直线 1 平行,在 $L<L_0$ 时,是一条通过原点的曲线。由图 8-7 可以看出

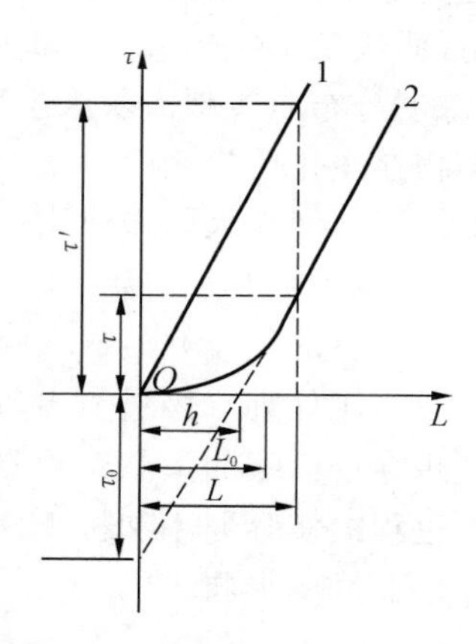

图 8-7 τ-L 实际曲线与理论线的比较

1—理论线;2—实际曲线

$$\tau' = \tau + \tau_0 \tag{8.5.4}$$

即 $\tau=\tau'-\tau_0$,代入式(8.5.3),得

$$\tau = \frac{a\rho_b}{vc_0}L - \tau_0 \tag{8.5.5}$$

令$\frac{a\rho_b}{vc_0}=K$,则

$$\tau = KL - \tau_0 \tag{8.5.6}$$

式(8.5.6)为著名的希洛夫(Schieloeff)方程。式中 K 称为吸附层保护作用系数,其物理意义是:当浓度分布曲线进入平移阶段后,浓度分布曲线在吸附层中移动单位长度所需要的时间。那么 $1/K$ 表示此浓度分布曲线在吸附层中前进的线速度(m/s)。式中 τ_0 称为保护作用时间损失。有时将式(8.5.6)改写为

$$\tau = K(L-h) \tag{8.5.7}$$

式中:h——吸附层中未被利用部分的长度,亦称为"死层",它与 τ_0 的关系为 $\tau_0=Kh$。

由于吸附剂初始层的再吸附现象,"吸附饱和"层的平衡吸附容量值随层厚的增加而增加。

因此,“吸附饱和”层的吸附容量只有经过多次再吸附才会趋近平衡吸附容量值。吸附容量的增大引起保护作用系数的增大,因此,τ 与 L 的关系实际上不是直线。尽管利用式(8.5.7)只能近似地确定吸附的持续时间,由于其简单方便,在计算中仍广泛采用。

对于同一吸附层与吸附剂,在气流中污染物浓度和吸附温度恒定的条件下,实验表明

$$K_1 v_1 = K_2 v_2 = 常数 \tag{8.5.8}$$

$$\frac{\tau_{01}\sqrt{v_1}}{d_1} = \frac{\tau_{02}\sqrt{v_2}}{d_2} = 常数 \tag{8.5.9}$$

式中:d_1、d_2——吸附剂颗粒的直径,m;

K、v、τ_0 的意义同前。

以 B_1 表示 Kv 的乘积,B_1 称为动力特性。动力特性 B_1 的值可容易地从吸附等温线或实验求得。比例$\frac{\tau_0\sqrt{v}}{\mathrm{d}}$以 B_2 表示,亦称为动力特性,其值由实验方法求得。

实际上由实验方法求得的下列近似关系式亦很有意义:

$$\tau v^n = 常数 \tag{8.5.10}$$

$$\tau C^m = 常数 \tag{8.5.11}$$

式中,指数 m 和 n 对常用的炭类可近似地假定等于 1。

例 8-1　由实验测得,含 CCl_4 蒸气 15 g/m^3 的空气混合物,以 5 m/min 的速度通过粒径为 3 mm 的活性炭层,得数据如下:

吸附层长度(m):	0.1	0.2	0.35
保护作用时间(min):	220	520	850

活性炭层的堆积密度为 500 kg/m。

试求:(1) 希洛夫方程中的常数 K 和 τ_0 值;

(2) 浓度分布曲线在吸附层中前进的线速度;

(3) 在此操作条件下活性炭吸附 CCl_4 的吸附容量。

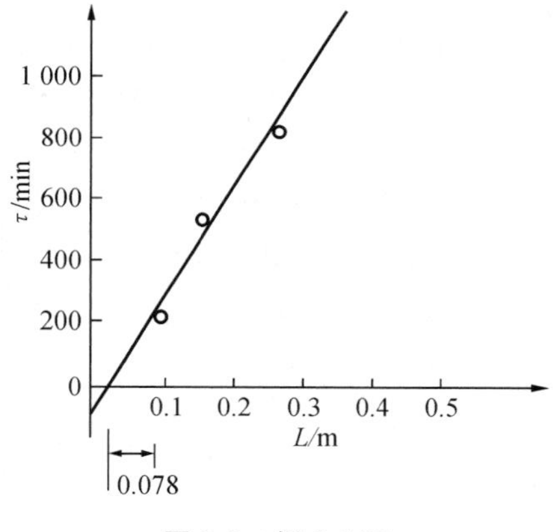

图 8-8　例 8-1 图

解　(1) 已知希洛夫方程为 $\tau = KL - \tau_0$。

以 τ 对 L 作图(见图 8-8),其斜率为 K,在 τ 轴上的截距为 $-\tau_0$,由图得

$$K = \frac{220}{0.078} = 2\,820(\mathrm{min/m})$$

$$\tau_0 = 65(\mathrm{min})$$

(2) 浓度分布曲线在吸附层中前进的线速度等于 $1/K$,即

$$\frac{1}{K} = \frac{1}{2\,820} = 0.000\,355(\mathrm{m/min}) = 0.355(\mathrm{mm/min})$$

(3) 吸附容量

$$a = \frac{KC_0}{\rho_b} = \frac{2\,820 \times 5 \times 15}{500 \times 1\,000} = 0.423[\mathrm{kg(CCl_4)/kg(活性炭)}]$$

在实际设计固定吸附床时,吸附层高度必须大于 L_0(如图 8-7 所示)。当吸附层高度小于 L_0 时,出口气流中污染物的浓度就会超过最大容许浓度 c_b(如图 8-5 所示),使吸附不完全。L_0 常称为工作层或吸附区长度。气流速度、吸附剂颗粒大小等都影响吸附区长度。

4) 吸附区长度的确定

在固定吸附床设计及选定吸附周期时,必须预先确定吸附区长度以及吸附床穿透时床内吸附剂所达到的饱和程度。下面讨论迈克(Michaels)提出的计算方法。这是一种简化方法,其假定条件如下:

(1) 等温吸附;

(2) 仅限于低浓度污染物的吸附;

(3) 吸附等温线为前面提到的第三种类型;

(4) 吸附区在床内移动时,其长度为常数;

(5) 吸附床的长度大于吸附区长度。

对于图 8-6 所示的理论穿透曲线,吸附区在床层内移动距离 L_0(吸附区长度)所需要的时间为

$$\tau_a = \frac{W_A}{G_S} = \frac{W_C - W_B}{G_S} \tag{8.5.12}$$

吸附区移出吸附床,即床层耗竭所需要的时间为

$$\tau_e = \frac{W_E}{G_S} \tag{8.5.13}$$

式中:G_S——通过床层的惰性气流量,kg/(m^2·s);

W_B、W_E——分别为床层穿透和床层耗竭时通过吸附床的惰性气体量,kg/m^2。

如图 8-6 所示,$W_A = W_E - W_B$,即为床层穿透至床层耗竭期间内通过吸附床的惰性气体量。

现在定义 τ_f 为形成长度为 L_0 的吸附区所需要的时间,f 为吸附区内吸附剂仍具有的吸附能力与全部吸附能力之比。假如出口气体中污染物浓度由 Y_B 变为 Y_E 期间内吸附剂所吸附污染物的量为 Q_B,那么

$$Q_B = \int_{W_B}^{W_E} (Y_0 - Y)\mathrm{d}W \tag{8.5.14}$$

并且

$$f = \frac{Q_B}{Y_0 W_A} \tag{8.5.15}$$

式中,$Y_0 W_A$ 为吸附区内所有的吸附剂均达饱和时所能吸附污染物的量。比较 τ_a 和 τ_f 及 f 的定义,可得

$$\tau_f = (1 - f)\tau_a \tag{8.5.16}$$

其中,$(1-f)$代表了吸附区内吸附剂的饱和程度。f 越大,吸附饱和的程度越低,形成传质区所需的时间越短。假定 L 为吸附床的长度,那么

$$\frac{L_0}{L} = \frac{\tau_a}{\tau_e - \tau_f} = \frac{\tau_a}{\tau_e - (1 - f)\tau_a} \tag{8.5.17}$$

$$\frac{L_0}{L} = \frac{W_A}{W_E - (1 - f)W_A} \tag{8.5.18}$$

5) 吸附床的饱和度

设吸附床横截面积为 A,吸附床内吸附剂总体积

$$V = AL \tag{8.5.19}$$

令吸附剂的堆积密度为 ρ_b,那么吸附剂的总质量$=LA\rho_b$。

在平衡时吸附污染物的量$=LA\rho_b a$,其中 a 为与污染物进口浓度 Y_0 成平衡时吸附剂的吸

附容量值。

$$\text{吸附床饱和区吸附污染物的量} = (L - L_0)A\rho_b a$$

$$\text{吸附床未饱和区吸附污染物的量} = L_0 A\rho_b (1-f)$$

若定义吸附床的饱和度

$$\mathrm{DBS} = \frac{\text{吸附污染物的量}}{\text{在平衡浓度时能吸附污染物的总量}} = \frac{(L-L_0)A\rho_b a + L_0 A\rho_b a(1-f)}{LA\rho_b a}$$

即

$$\mathrm{DBS} = \frac{L - L_0 f}{L} \tag{8.5.20}$$

吸附床保护作用时间

$$\tau = \frac{\text{吸附床单位横截面积的吸附剂上累计吸附污染物的量}}{\text{单位时间内吸附床单位横截面积上进入气体中所含污染物的量}} = \frac{\mathrm{DBS}\cdot L\rho_b a}{G_S Y_0} \tag{8.5.21}$$

6）通过吸附器的压力损失

通过固定填充床的压力损失取决于吸附剂的形状、大小、床层厚度以及气体流速。在标准条件下，气流通过吸附器的压力损失如图 8-9 所示。气体通过吸附床的总压力损失等于从图中读得的数字乘以床深。通过吸附器的总压力损失还应包括通过阀门支撑材料、进出口等处气体压力损失。但在一般情况下，与吸附床压力损失相比，这些损失都是相当小的。

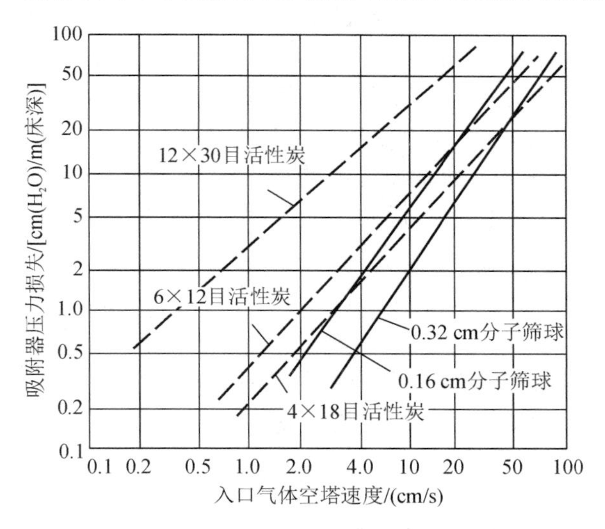

图 8-9　气流通过吸附器的压力损失

2. 移动床吸附器的计算方法

移动床吸附器是在固体吸附剂和含污染物气体的连续逆流运动中完成吸附过程的。一般吸附剂是自上而下运动。移动床吸附器的计算主要是确定吸附区的高度和吸附剂的用量。为简化计算，假设操作是等温的，并且仅考虑一个组分的吸附。与固定吸附床计算类似，令

(1) 污染物在气相中的浓度为 Y，kg(污染物)/kg(惰性气体)；

(2) 基于惰性气体的气相质量流量为 G_S，kg(惰性气体)/($m^2\cdot s$)；

(3) 污染物在吸附相中的浓度为 X，kg(污染物)/kg(净吸附剂)；

(4) 净吸附剂的质量流量为 L_S，kg(吸附剂)/($m^2\cdot s$)。

图 8-10 是连续逆流移动床吸附器中的变量示意图，以此说明上述各量之间的关系。

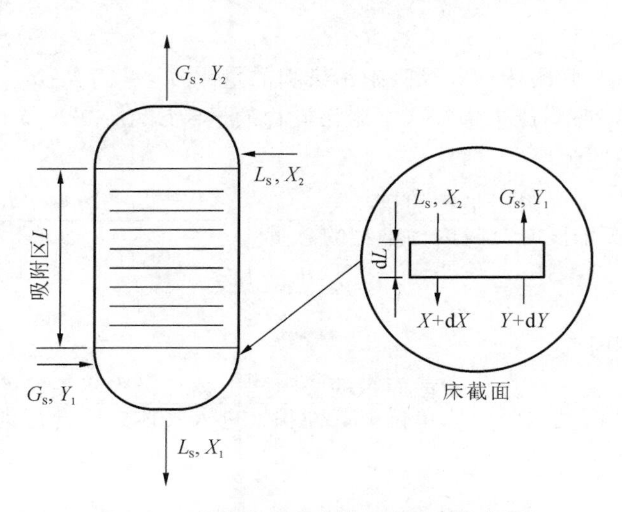

图 8-10　连续逆流移动床吸附器中的变量

就全床对污染物作物料衡算，得

$$G_S(Y_1 - Y_2) = L_S(X_1 - X_2) \tag{8.5.22}$$

考虑吸附器的上部，得类似方程

$$G_S(Y - Y_2) = L_S(X - X_2) \tag{8.5.23}$$

由式(8.5.22)和式(8.5.23)可以建立系统的操作线，得

$$Y = (L_S/G_S)X + [Y_2 - (L_S/G_S)X_2] \tag{8.5.24}$$

在 X-Y 坐标图上，上述方程为一直线，斜率是 L_S/G_S，截距为 $Y_2-(L_S/G_S)X_2$。

当吸附污染物的量大时，热效应会变得显著。这种热效应的计算是复杂的，在推导中仅考虑污染物浓度非常低的情况。类似于吸收过程，操作线偏离平衡曲线的程度越大，吸附推动力也就越大。在微分截面积 dL 上，有

$$L_S \mathrm{d}X = G_S \mathrm{d}Y \tag{8.5.25}$$

根据吸附速率方程，得

$$G_S \mathrm{d}Y = K_y a_p (Y - Y^*) \mathrm{d}L \tag{8.5.26}$$

式中：a_p——单位容积的吸附剂床层内所有吸附剂颗粒的表面积，m^2/m^3；

Y^*——与吸附相中浓度 x 对应的气相组成，通常表示为

$$L = \int_{Y_2}^{Y_1} \frac{G_S}{K_y a_p} \cdot \frac{\mathrm{d}Y}{Y - Y^*} \tag{8.5.27}$$

与吸收过程类似，定义传质单元高度为

$$H_{OG} = \frac{G_S}{K_y a_p} \tag{8.5.28}$$

传质单元数由积分决定，即

$$N_{OG} = \int_{Y_2}^{Y_1} \frac{\mathrm{d}Y}{Y - Y^*} \tag{8.5.29}$$

由上可知，欲求吸附层高度，必先求传质单元数及传质单元高度。

一般可由图解积分法求出传质单元数。当平衡线也是直线时，可利用对数平均技术估算 N_{OG}，即

$$N_{OG} = \frac{Y_1 - Y_2}{\Delta Y_{Lm}} \tag{8.5.30}$$

$$\Delta Y_{Lm} = \frac{(Y_1 - Y_1^*) - (Y_2 - Y_2^*)}{\ln \frac{Y_1 - Y_1^*}{Y_2 - Y_2^*}} \tag{8.5.31}$$

欲求移动床吸附器的传质单元高度，须首先确定其传质总系数，目前一般采用固定床吸附器数据估算。但在移动床中颗粒处于运动状态，其传质阻力与固定床相比会有减小，因此，也只是一种近似求法。

例 8-2　用连续移动床逆流等温吸附过程净化含 H_2S 的空气。吸附剂为分子筛。空气中 H_2S 的浓度为 3%（质量分数），气相流速为 6 500 kg/h，假定操作在 293 K 和 1 atm 下进行，H_2S 的净化率要求为 95%。分子筛吸附 H_2S 的平衡曲线如图 8-11 所示。试确定：

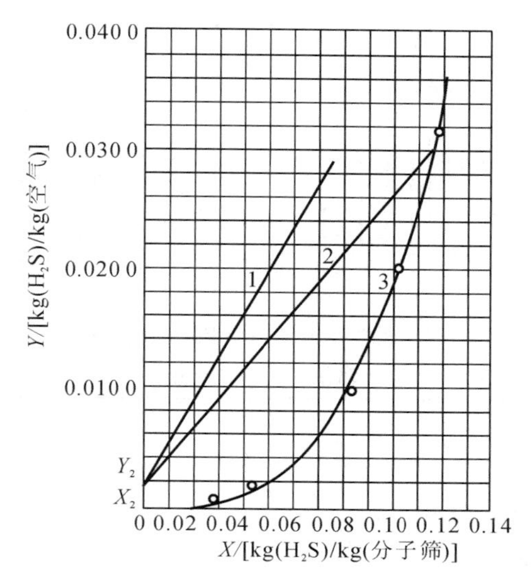

图 8-11　在 X-Y 图中表示的平衡线和操作线

1—斜率为 $(L_S/G_S)_{实际}$ 时的操作线；2—斜率为 $(L_S/G_S)_{最小}$ 时的操作线；3—分子筛吸附 H_2S 的平衡曲线

（1）分子筛的需要量（按最小需要量的 1.5 倍计）；

（2）需要再生时，分子筛中 H_2S 的含量；

（3）需要的传质单元数。

解　（1）吸附器进口气相组成：

$$H_2S\text{的流量} = 6\,500 \times 3\% = 195(\text{kg/h})$$

$$\text{空气的流量} = 6\,500 - 195 = 6\,305(\text{kg/h})$$

$$Y_1 = \frac{195}{6\,305} = 0.03\ [\text{kg}(H_2S)/\text{kg(空气)}]$$

吸附器出口气相组成：

$$H_2S\text{的流量} = 195 \times (1 - 95\%) = 9.75(\text{kg/h})$$

$$\text{空气的流量} = 6\,305(\text{kg/h})$$

$$Y_2 = \frac{9.75}{6\,305} = 1.55 \times 10^{-3}[\text{kg}(H_2S)/\text{kg(空气)}]$$

假定 $X_2 = 0$，从图 8-12 中得 $(X_1)_{最大} = 0.114\,7$，那么

$$(L_S/G_S)_{最小} = \frac{0.03 - 1.55 \times 10^{-3}}{0.114\,7 - 0.000\,0} = 0.248$$

$$(L_S/G_S)_{实际} = 1.5(L_S/G_S)_{最小} = 1.5 \times 0.248 = 0.372$$

所以实际需要的分子筛为 $0.372 \times 6\ 305 = 2\ 345.5(\mathrm{kg/h})$

(2) $$(X_1)_{实际} = \frac{195-9.75}{2\ 345.5} = 0.079[\mathrm{kg(H_2S)/kg(分子筛)}]$$

(3) $$N_{OG} = \int_{Y_2}^{Y_1} \frac{\mathrm{d}Y}{Y-Y^*}$$

因此,从$\frac{1}{Y-Y^*}$对Y的关系,利用图解积分法可求得N_{OG},如图8-12和表8-4所示。所以$N_{OG}=3.286$。

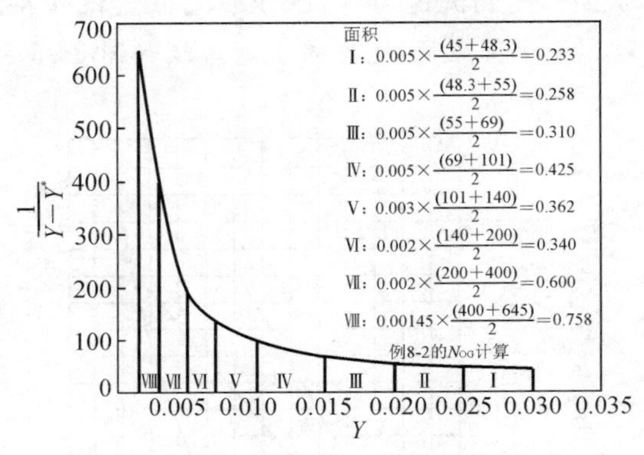

图8-12 图解积分法求传质单元数(例8-2)

表8-4 例8-2表

Y	Y^*	$\frac{1}{Y-Y^*}$
0.001 55	0.000 0	645
0.005 00	0.000 0	200
0.010	0.000 1	101
0.015	0.000 5	69
0.020	0.001 8	55
0.025	0.004 3	48.3
0.030	0.007 8	45.0

移动床吸附器的优点是处理气体量大,吸附剂可循环使用;缺点是动力和热量消耗较大,吸附剂磨损严重。

除固定床吸附器和移动床吸附器外,还有一些其他类型的吸附装置,如近年来发展的流化床吸附器。在流化床吸附器中,分置在筛孔板上的吸附剂颗粒在高速含污染物气的作用下强烈搅动,上浮、下沉。吸附剂内传质传热速率快,床层温度均匀,操作稳定,已成功用于工业生产中。其主要缺点是吸附剂和容器的磨损严重。另外,气流与床层颗粒返混,所有的吸附剂颗粒都与出口气体保持平衡,无“吸附波”存在。因此,除非所有的吸附剂颗粒都保持在相对低的饱和度下,否则出口气体中污染物浓度不易达到排放标准,因而较少用于废气净化。

思考与练习

8-1 用活性炭填充的固定吸附床层,活性炭颗粒直径为3 mm,把浓度为0.15 kg/m³的CCl_4

蒸气通入床层，气体流速为 5 m/min。在气流通过220 min后，吸附质达到床层 0.1 m 处；505 min后达到 0.2 m 处。设床层高 1 m，计算吸附床最长能够操作多少分钟，且 CCl_4 蒸气不会逸出。

8-2 在直径为 1 m 的立式吸附器中，装有 1 m 高的某种活性炭，填充密度为230 kg/m³。当吸附 $CHCl_4$ 与空气混合气时，通过气体流速为 20 m/min，$CHCl_3$ 的初选浓度为 30 g/m³。设 $CHCl_3$ 蒸气完全被吸附，已知活性炭对 $CHCl_3$ 的静活性为 26.29%，解吸后炭层对 $CHCl_3$ 的残留活性为 1.29%，求吸附操作时间及每一周期对混合气的处理能力。

8-3 对于 323 K 温度下，CO_2 在活性炭上的吸附，测得实验数据(见表 8-5)，试确定在此条件下弗伦德里希和朗格缪尔方程的诸常数。

表 8-5 习题 8-3 表

单位吸附剂吸附的 CO_2 的体积/(cm³/g)	气相中 CO_2 的分压/atm
30	1
51	2
67	3
81	4
93	5
104	6

8-4 利用活性炭吸附处理脱脂生产中排放的废气，排气条件为 294 K、1.38×10^5 Pa，废气量为 25 400 m³/h。废气中含有 2%的三氯乙烯，要求回收率为 99.5%。已知采用的活性炭的吸附容量为 0.28 kg(三氯乙烯)/kg(活性炭)，活性炭的密度为 577 kg/m³。其操作周期为 4 h：加热和解吸 2 h，冷却 1 h，备用 1 h。试确定活性炭的用量和吸附塔尺寸。

8-5 某厂产生含 CCl_4 的废气，气量 Q=1 000 m³/h，浓度为 4.5 g/m³，一般为白天操作，每天最多工作 8 h，拟采用吸附法回收 CCl_4。试设计需用的立式固定床吸附器。假设选用活性炭可取 d_e=3 mm，堆积密度为 300～600 kg/m³，孔隙率为0.33～0.43。

8-6 某印铁厂烘房排出的含苯和二甲苯的废气量为 1 200 m³/h(以 0 ℃、一个标准大气压的标准状态计)，排气温度为 353 K，废气中苯和二甲苯含量为 30 g/m³。如果用吸附法将废气净化到符合卫生标准，问每天可回收多少苯和二甲苯，并为此系统设计一吸附净化装置。

8-7 尾气中苯蒸气的浓度为 0.025 kg(苯)/kg(干空气)，欲在 298 K 和 2 atm 条件下采用硅胶吸附净化。固定床保护作用时间至少要 90 min。设穿透点时苯的浓度为 0.002 5 kg(苯)/kg(干空气)，当固定床出口尾气中苯浓度达 0.020 kg(苯)/kg(干空气)时即认为床层已耗竭。尾气通过床层的速度为 1 m/s(基于床的整个横截面积)，已知硅胶的堆积密度为 625 kg/m³，平均粒径 d_p=0.60 cm，平均表面积 a=600 m²/m³。在上述操作条件下，吸附等温方程为

$$Y^* = 0.167X^{1.5}$$

式中 Y^* 为污染物在气相中的平衡浓度，kg(苯)/kg(干空气)；X 为污染物在吸附相中的浓度，kg(苯)/kg(硅胶)。假定气相传质单元高度。$H_{oy}=\dfrac{1.42}{a}\times\left(\dfrac{d_pG}{\mu}\right)^{0.35}$ 试决定所需要的床高。

第 9 章　其他分离过程

9.1 萃　　取

萃取是科学实验和工业生产中广泛使用的一种传质分离操作，同样，在环境工程领域，尤其在环境监测和水污染控制中，萃取技术也起着非常重要的作用。作为一种传质过程，广义的萃取既可以是液相到液相（如碘在水和四氯化碳中的溶解），也可以是固相到液相（如用白酒浸泡中草药制取药酒）、气相到液相的传质过程。但是在科学研究和工业生产中，人们所讲的“萃取”通常仅指液-液萃取过程，而把固-液传质过程称为“浸取”，气-液传质过程称为“吸收”。本节所讨论的内容是液-液萃取过程。

9.1.1　概述

1. 萃取的基本概念

萃取是分离液体混合物的一种重要单元操作。该操作是在液体混合物中加入与其不完全混溶的液体溶剂，形成液液两相，利用液体混合物中各组分在两相中分配能力的不同，使被分离组分从混合液转移到液体溶剂中，从而实现分离。由于这种分离过程是在两个液相之间进行的，因此称为液-液萃取，简称为萃取，又由于其中一个液相是由有机溶剂构成，故也称为溶剂萃取。被分离的组分从待处理的原料液中转移到溶剂相中需要经过液液两相界面的扩散，故液-液萃取过程也是物质由一相转移到另一相的传质过程。当一液相是水溶液，另一液相是有机溶剂时，前者称为水相，后者称为有机相。

萃取的基本过程如图 9-1 所示。原料中含有溶质 A 和溶剂 B（通常是水），要分离 A 与 B，可加入一种有机溶剂，称为萃取剂 S。该溶剂对 A 的溶解能力大，而与原溶剂（或称稀释剂）B 不互溶，于是混合体系构成两个液相（水相和有机相），为加快溶质 A 由原混合液向溶剂 S 的传递，将物系搅拌，使一液相以小液滴形式分散于另一液相中，造成很大的相际接触表面。然后停止搅拌，两液相因密度差而分为两层：一层以萃取剂 S 为主，并溶有较多的溶质 A，称为萃取相 E；另一层以原溶剂 B 为主，且含有未被萃取完的溶质 A，称为萃余相 R。若溶剂 S 和 B 为部分互溶，则萃取相中还含有 B，萃余相中还含有 S。

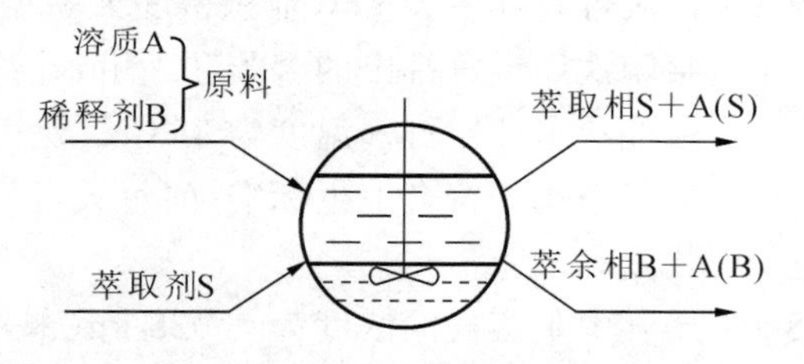

图 9-1　萃取操作示意图

萃取过程有些是物理过程（即物理萃取），有些则是化学过程（即化学萃取），这取决于萃取体系的组成。一般说来，萃取那些简单的不带电荷的共价分子物质时均为物理过程，该过程是基于被萃取物在水相与有机相中溶解度的不同来实现的。而在化学萃取过程中，被萃取物与有机相中一个或多个组分发生了化学反应，生成了新的化学物质。在多数情况下，仅由惰性溶剂（如煤油、四氯化碳和苯等）构成的有机相不能萃取无机离子化合物，需在有机相中添加可与被萃物发生化学结合的有机试剂即萃取剂才能达到萃取的目的。

2. 萃取的基本流程

按原料液与萃取剂接触方式的不同，萃取操作流程可分为分级接触式和微分接触式（又称连续接触式）两大类。其中，分级接触式又有单级、多级错流和多级逆流三种形式。

1）单级萃取

单级萃取是萃取中最简单、最基本的操作方式，其流程如图 9-2 所示。将一定量的原料液和萃取剂加入混合槽内，通过搅拌使两相充分混合，原料液中的溶质 A 转移到萃取剂相中。经过一段时间的搅拌混合后，将混合液送入分层器中，在此萃取相和萃余相进行分离。萃取相和萃余相分别送到萃取相分离设备和萃余相分离设备，分离回收萃取剂。脱除萃取剂后的萃取相和萃余相分别称为萃取液和萃余液。

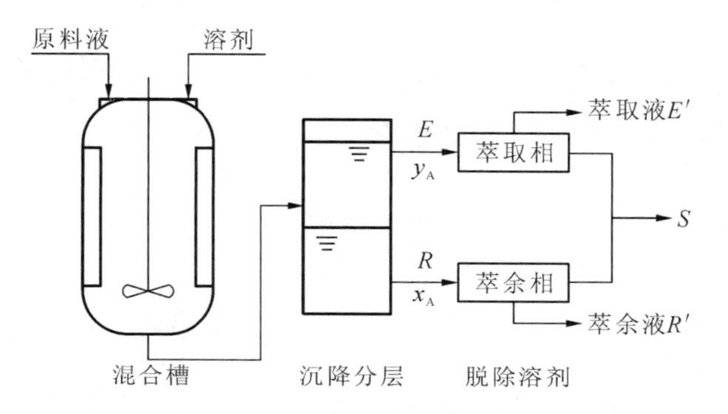

图 9-2　单级萃取流程示意图

单级萃取既可间歇操作，也可连续操作。但分离纯度不高，只适用于溶质在萃取剂中溶解度很大或溶质萃取率要求不高的场合。

2）多级错流萃取

多级错流萃取的流程如图 9-3 所示。原料液从第 1 级加入，依次通过各级，新鲜的萃取剂则分别加入各级的混合槽中，各级得到的萃取相的量分别为 $E_1, E_2, \cdots, E_n$，汇集后的萃取相与最后一级萃余相分别进入溶剂回收设备，回收萃取剂。这种操作方式的传质推动力大，只要级数足够多，最终可得到溶质浓度很低的萃余相，但萃取剂用量较多，溶剂回收时处理量大，能耗较高。

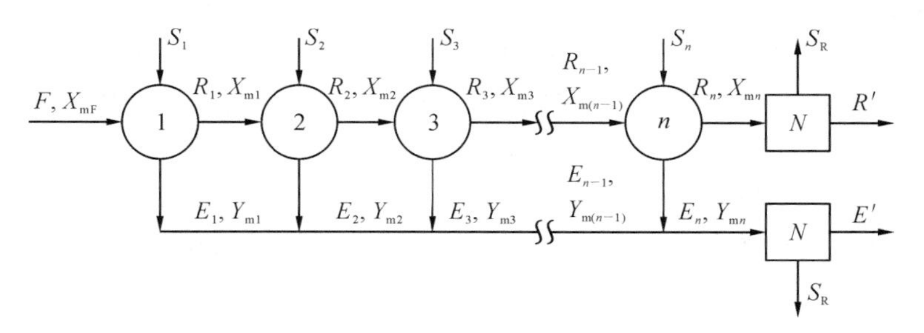

图 9-3　多级错流萃取流程示意图

3）多级逆流萃取

多级逆流萃取是工业上用得最多的一种多级萃取流程，其工艺流程见图 9-4。原料液和新鲜萃取剂分别从第 1 级和最后一级加入，依次按反方向流过各级，最终萃取相从加料端流出，最终萃余相从萃取剂加入端流出，并分别送入溶剂回收装置中回收萃取剂。在此流程的第 1 级中，萃取相与溶质含量最高的原料液接触，故第 1 级出来的最终萃取相中溶质含量高，接近与原料液相平衡的程度。在第 n 级，萃余相与新鲜萃取剂接触，则第 n 级出来的最终萃余相中溶质含量低，接近与新鲜萃取剂相平衡的程度。故多级逆流萃取可以用较少的萃取剂量达到较高的萃取率，应用较为广泛。

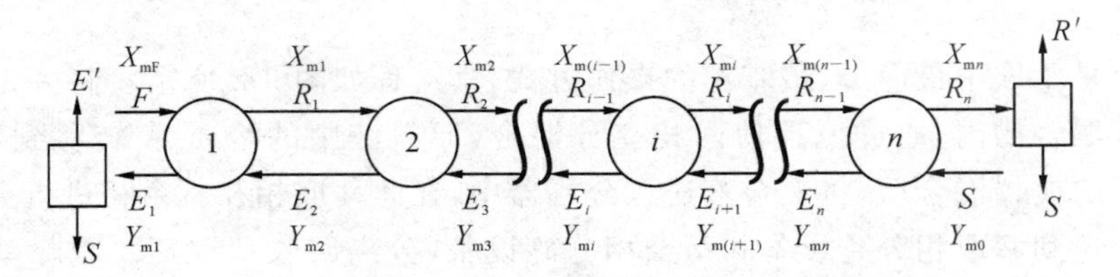

图 9-4 多级逆流萃取流程示意图

4）微分接触式逆流萃取

微分接触式逆流萃取又称连续逆流萃取，通常在塔式萃取设备（如喷淋塔、转盘塔、填料塔等）中进行操作，两液相中一相为分散相，另一相为连续相，分散相和连续相呈逆流流动，并在连续流动中进行质量传递，最后在塔的两端进行两相的分离。连续逆流萃取的流程如图 9-5 所示，重液（原料液）从塔顶进入塔中，从上向下流动，轻液（萃取剂）自下向上流动，两相逆流连续接触，进行传质。最终萃余相从塔底流出，萃取相从塔顶流出，并分别送入溶剂回收设备回收萃取剂。

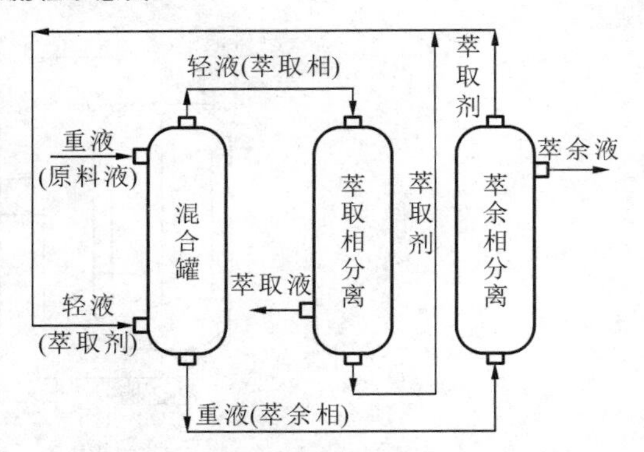

图 9-5 连续逆流萃取流程示意图

3. 萃取分离的特点

萃取作为一种重要的分离手段，它具有以下几个主要特点：

(1) 可在常温下操作，过程无相变，能耗低；

(2) 萃取剂选择适当可以获得较高分离效率；

(3) 对于沸点非常相近的物质可以进行有效分离；

(4) 适用范围广，被分离混合液中的溶质既可以是挥发性物质，也可以是非挥发性物质。

正因为萃取分离有着上述的各种特点，它在工业领域尤其是在化工领域有着广泛的应用。萃取分离在石油化工领域常用于分离和提纯各种沸点比较相近的有机物质，如从裂解汽油的重整油中萃取芳烃等；在生物化工和精细化工领域常用于分离各种热敏性合成有机物，如青霉素生产中用玉米发酵得到含青霉素的发酵液，再利用醋酸丁酯为溶剂，经过多次萃取得到青霉素；在湿法冶金领域，萃取可替代传统的沉淀法用于铀、钍等重金属的提炼。

在环境工程领域，萃取法主要用于水处理，通常用于萃取工业废水中有回收价值的溶解性物质。例如，从染料废水中提取有用染料、从洗毛废水中提取羊毛脂、从含酚废水中萃取回收酚等。

4. 萃取剂的选择

选择合适的萃取剂是保证萃取操作能够正常进行且经济合理的关键。在选取萃取剂时，应考虑以下几个方面。

1）萃取剂与稀释剂的互溶度

萃取剂不能与被分离混合物中的稀释剂完全互溶，只能是部分互溶，且互溶度越小，越有利于萃取。否则，充分搅拌后只存在一个液相，不可能实现任何的分离。

2）萃取剂的选择性

萃取剂的选择性是指萃取剂对原料混合液中两个组分的溶解能力的差异，可以用选择性系数 β 表示为

$$\beta=\frac{y_A/x_A}{y_B/x_B} \tag{9.1.1}$$

式中：y_A、y_B——分别为组分 A 和 B 在萃取相中的质量分数；

x_A、x_B——分别为组分 A 和 B 在萃余相中的质量分数。

根据定义，β 的大小反映了萃取剂对溶质 A 萃取的容易程度。当 $\beta>1$ 时，表示溶质 A 在萃取相中的相对含量比萃余相中高，萃取时组分 A 可以在萃取相中富集，β 越大，组分 A 与 B 的分离越容易。当 $\beta=1$ 时，则表明组分 A 与 B 在两相中的比例相同，不能用萃取的方法分离。

萃取剂的选择性越高，则完成一定的分离任务，所需的萃取剂用量也就越少，相应用于回收溶剂操作的能耗也就越低，同时所得的产品质量也越高。

3）萃取剂回收的难易与经济性

萃取相和萃余相中的萃取剂通常回收后重复使用。萃取剂回收的难易直接影响萃取操作的费用，从而在很大程度上决定萃取过程的经济性。

4）萃取剂的物理性质

（1）密度。萃取剂和萃余相之间应有一定的密度差，以利于两液相在充分接触以后较快地分层，从而可以提高设备的处理能力。

（2）界面张力。萃取物系的界面张力较大时，细小的液滴比较容易聚结，有利于两相的分层，但界面张力过大，液体不易分散。界面张力小，易产生乳化现象，使两相较难分离。因此，界面张力应适中。一般不选用界面张力过小的萃取剂。

（3）黏度。黏度小的溶剂，有利于两相的混合与分层，也有利于流动与传质，故黏度小对萃取有利。若萃取剂的黏度较大，则需要加入其他溶质来调节黏度。

5）萃取剂的化学性质

萃取剂应具有良好的化学稳定性以及抗氧化性，同时对设备的腐蚀性也有要求。

9.1.2　液-液相平衡原理

萃取过程是物质由一液相转到另一液相的传质过程，其极限是相际平衡。相平衡关系是萃取过程的基础，决定过程的传质方向、推动力和极限。因此，讨论萃取操作必须首先了解液体混合物的相平衡关系。

在萃取过程中至少要涉及三个组分，即待分离混合液中的溶质 A、原溶剂（稀释剂）B 和加入的萃取剂 S。对于这种较为简单的三元物系，若 S 与 B 的相互溶解度在操作范围内小到可以忽略，则萃取相 E 和萃余相 R 都只含有两个组分，其相平衡关系类似于吸收中的溶解度曲线，可在直角坐标上标绘。但这种较为理想的溶剂并不常见，常见的情况是 S 与 B 部分互溶，于是 E 和 R 都含有三个组分。对于三组分溶液，其相平衡关系通常要用三角形相图表示。下面介绍三角形相图及其相关问题。

1．三角形相图

在萃取操作中，三组分混合物的组成通常可以用等边三角、等腰直角三角形或不等腰直角三角形来表示，如图 9-6 所示。三角形 ABS 的三个顶点分别代表一种纯物质，习惯上以三角形上方的顶点 A 代表纯溶质，左下顶点 B 代表纯稀释剂，右下顶点 S 代表纯萃取剂。

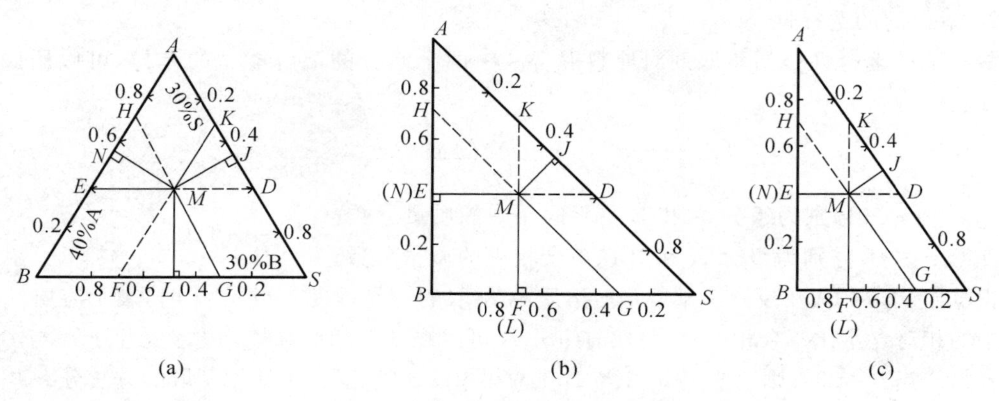

图 9-6　三元混合物的三角形相图

(a) 等边三角形;(b) 等腰直角三角形;(c) 不等腰直角三角形

三角形三条边上的任一点均代表一个二元混合物,第三组分的质量分数为零。例如 AB 边上的 E 点代表一种 A、B 二元混合物,这种混合物由 40%A 和 60%B 组成,而不含 S。

三角形内任一点代表一个三元混合物,其组成可用各条边上的长度表示。例如,图 9-6 中的 M 点即表示由 A、B、S 三个组分组成的混合物,其组成可按以下方法确定:过 M 点分别作三边的平行线 ED、FK、HG,则线段 $\overline{BE}$(或 $\overline{SD}$)代表 A 的组成,线段 $\overline{AH}$(或 $\overline{SG}$)代表 B 的组成,线段 $\overline{AK}$(或 $\overline{BF}$)代表 S 的组成,由图即有:$x_{mA}=\overline{BE}=0.4$;$x_{mB}=\overline{AH}=0.3$,$x_{mS}=\overline{AK}=0.3$。三个组分的质量分数之和为 1.0,即

$$x_{mA}+x_{mB}+x_{mS}=0.4+0.3+0.3=1.0$$

此外,也可用点 M 至 BS、AS、AB 三边的垂直距离 $\overline{ML}$、$\overline{MJ}$ 和 $\overline{MN}$ 分别代表组分 A、B、S 在混合物 M 中的质量分数。

由图 9-6(a)、(b)可以看出,直角三角形坐标可以直接进行图解计算,读取数据均较等边三角形方便,故目前多采用等腰直角三角形坐标图。而如图 9-6(c)所示的不等腰直角三角形坐标,仅当萃取操作中溶质 A 含量较低或当各线太密集不便于绘制时,为提高图示的准确度才使用。

2. 杠杆规则

杠杆规则是三角形相图的一个重要特性,是萃取操作中物料衡算的依据。它表明了当两个混合物形成一个新的混合物或一个混合物分离为两个新的混合物时,其质量之间的关系。

如图 9-7 所示,将组成为 x_A、x_B、x_S 的混合液 R 与组成为 y_A、y_B、y_S 的混合液 E 相混合,得到一个组成为 z_A、z_B、z_S 的新混合液 M,其在三角形坐标图中分别以点 R、E 和 M 表示。为方便起见,称 M 为合量,E 和 R 为分量,其质量也分别以 M、E、R 表示,且满足 $E+R=M$。杠杆规则的要点如下。

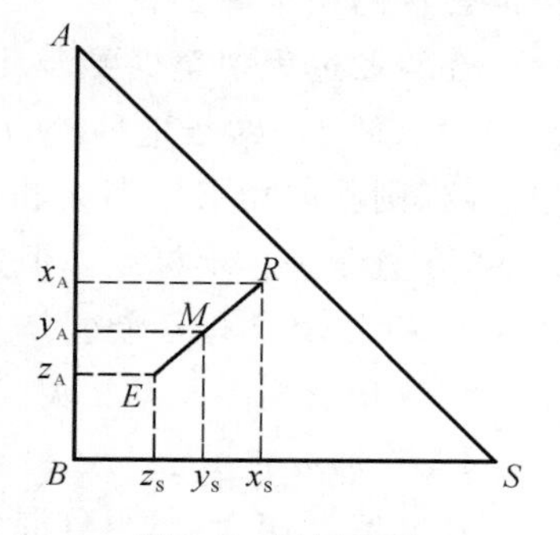

图 9-7　杠杆规则

(1) 在三角形相图上,代表分量的点与代表合量的点处于同一直线上,且代表分量的点位于代表合量的点的两侧,M 点称为 E 点和 R 点的"和点",E(或 R)称为 M 点与 R(或 E)点的"差点"。

(2) 分量与合量的质量比例等于直线上相应线段的长度,即

$$\frac{E}{R} = \frac{\overline{MR}}{\overline{ME}}$$

或
$$\frac{E}{M} = \frac{\overline{MR}}{\overline{RE}}$$

或
$$\frac{R}{M} = \frac{\overline{ME}}{\overline{RE}} \tag{9.1.2}$$

(3) ER 线上不同的点代表 E、R 以不同质量比相混合所得的混合物。此外，合量 M 也可分解成任意两个分量，只要这两个分量位于过 M 点的直线上且在 M 点的两侧即可，它们间量的比例符合式(9.1.2)。

3. 溶解度曲线与联结线

根据萃取操作中各组分的互溶性，可将三元物系分为两类：第Ⅰ类物系，即溶质 A 可完全溶于 B 及 S，但 B 与 S 不互溶或部分互溶；第Ⅱ类物系，即溶质 A 可完全溶于 B，但 B 与 S 及 A 与 S 均部分互溶。由于萃取操作中以第Ⅰ类情况较为常见，以下主要讨论第Ⅰ类物系的液-液相平衡。

图 9-8 是第Ⅰ类物系的典型平衡相图，图中以曲线 $DNPLE$ 为界将三角形相图分为两个区：曲线外部为均相区，曲线下部为两相区，曲线 $DNPLE$ 称为溶解度曲线，其中的斜线称为联结线，每一根联结线的两端，即在溶解度曲线上的两点（如 N 与 L）表示一对平衡的液相，称为共轭液相。溶解度曲线内的任意点所表示的混合物均分为一对平衡的液相，它们分别为联结线的两端点，例如，混合液 M 为 N 与 L 点所表示的一对成平衡的液相。

以上溶解度曲线是在一定温度下测得的。温度变化，溶解度曲线发生变化。通常温度升高，互溶度增大，溶解度曲线下移，两相区缩小。

4. 辅助曲线与临界混溶点

在恒温下通过实验测定体系的溶解度时，所得到的联结线的条数（即共轭相的对数）总是有限的。为了得到任一已知平衡液相的共轭相的数据，可以通过绘制辅助曲线（又称共轭曲线），应用内插法求得。

辅助曲线的作法如图 9-9 所示，通过已知点 R_1、R_2 等分别作 BS 边的平行线，再通过相应联结线的另一端点 E_1、E_2 等分别作 AB 边的平行线，各线分别相交于点 F、G 等，连接这些交点所得的平滑曲线即为辅助曲线。

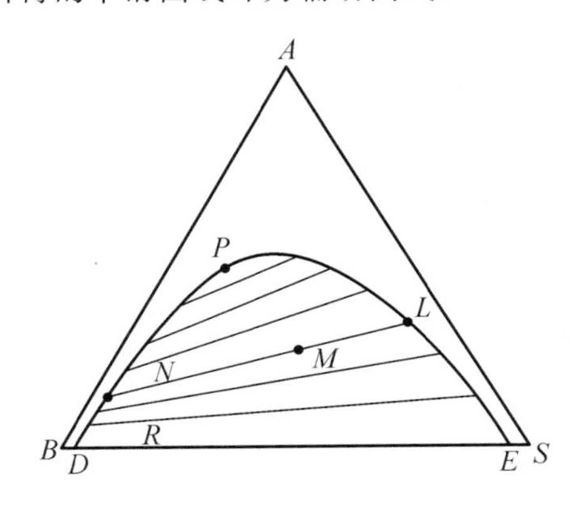

图 9-8　第Ⅰ类三元物系的相平衡图

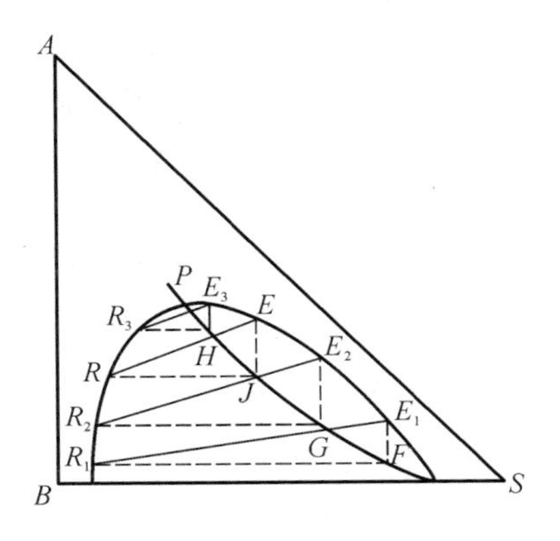

图 9-9　辅助曲线

利用辅助曲线可求任一平衡液相的共轭相,如求液相 R 的共轭相,如图 9-10 所示,自 R 作 BS 边的平行线交辅助曲线于 J,自 J 作 AB 边的平行线交溶解度曲线于 E,则 E 即为 R 的共轭相。

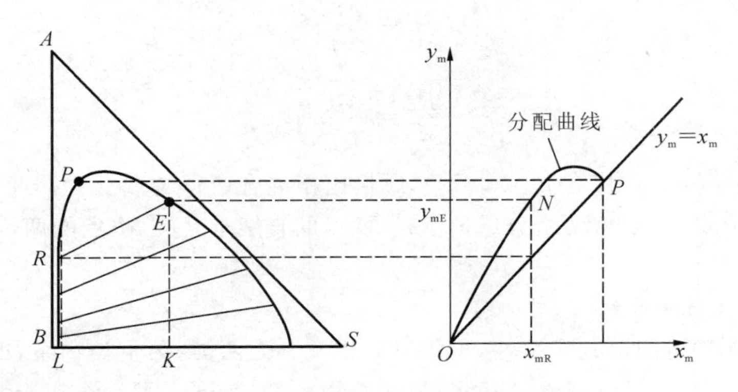

图 9-10 溶解度曲线与分配曲线的关系图

显然,将辅助曲线延伸与溶解度曲线相交,交点 P 所代表的平衡液相无共轭相,此点称为临界混溶点。P 点将溶解度曲线分成两部分:靠溶剂 S 一侧为萃取相部分;靠稀释剂 B 一侧为萃余相部分。由于联结线通常都有一定的斜率,因而临界混溶点一般并不在溶解度曲线的顶点,其准确位置的确定较为困难,用辅助曲线外延求临界混溶点时,只有当已知的共轭相接近临界混溶点时才较准确。

通常,一定温度下的三元物系溶解度曲线、联结线、辅助曲线及临界混溶点的数据都是通过实验测得的,有的也可从相关手册或有关专著中查得。

5. 分配系数与分配曲线

1) 分配系数

分配系数表达某一组分在两个不互溶或部分互溶的液相中的分配关系。在一定温度下,当三元混合液的两个液相(E 相和 R 相)达到平衡时,组分 A 在 E 相和 R 相中的浓度之比称为分配系数,以 k_A 来表示,即

$$k_A=\frac{\text{组分 A 在 E 相中的浓度}}{\text{组分 A 在 R 相中的浓度}}=\frac{y_A}{x_A} \tag{9.1.3}$$

式中:y_A——组分 A 在 E 相中的质量分数;

x_A——组分 A 在 R 相中的质量分数。

显然,k_A 值越大,萃取分离的效果越好。不同物系有不同的 k_A 值,同一物系的 k_A 值随温度与溶质 A 的浓度而异。对于第Ⅰ类物系,一般 k_A 值随温度的升高或溶质浓度的增大而降低。只有在一定温度下,溶质 A 的浓度变化不大时,k_A 值才可视为常数。

2) 分配曲线

分配曲线是指将三角形相图上各组相对应的共轭平衡液层中溶质 A 的浓度转移到 x_m-y_m 直角坐标上所得的曲线,如图 9-10 所示。以萃余相 R 中溶质 A 的浓度 x_m 为横坐标,萃取相 E 中溶质 A 的浓度 y_m 为纵坐标,互成共轭平衡的 R 相和 E 相中组分 A 的浓度在 x_m-y_m 直角坐标上用点 N 表示。每一对共轭相可得一个点,连接这些点即可得图中所示的分配曲线 ONP,曲线上的点 P 表示临界混溶点。

分配曲线表达了溶质 A 在相互平衡的 R 相与 E 相中的分配关系。若已知某液相中溶质 A 的浓度,则可用分配曲线查出其共轭相中溶质 A 的浓度。

9.1.3　萃取过程的计算

由 9.1.1 小节知萃取过程的操作流程分为分级式和微分式，下面主要介绍分级式萃取过程的计算，对逆流微分接触萃取过程的计算只作简要的讨论。

在分级式萃取过程的计算中，无论是单级还是多级操作，均假设各级为理论级数，即离开每一级萃取器的萃取相与萃余相相互平衡。萃取操作的理论级数类似于精馏操作的理论塔板数，是设备操作效率的比较基准。求出理论级数后就可由理论级数与级效率得到实际需要的级数。萃取过程计算的基本方法与精馏和吸收一样，所应用的基本关系式为相平衡关系和物料衡算。

1. 单级萃取的计算

单级萃取过程的计算是指在已知待处理的原料液组成、萃取剂的组成、体系的相平衡数据以及萃余相的组成条件下，求所需的萃取剂、萃取相和萃余相的量与萃取相的组成。以下分别对萃取剂与稀释剂不互溶的体系和部分互溶的体系进行计算说明。

1）萃取剂与稀释剂部分互溶的体系

单级萃取过程中各相组成的变化情况如图 9-11(a)所示。F、S、M、E、R、E'、R'分别为原料液、萃取剂、混合液（原料液＋萃取剂）、萃取相、萃余相、萃取液和萃余液的量，单位为 kg；x_{mF}、y_{m0}、x_{mM}、x_{mR}、y_{mE}、$y_{mE'}$、$x_{mR'}$分别为原料液、萃取剂、混合液、萃余相、萃取相、萃取液和萃余液中溶质 A 的质量分数。对于萃取剂与稀释剂部分互溶的体系，通常由图解法进行计算，步骤如下：

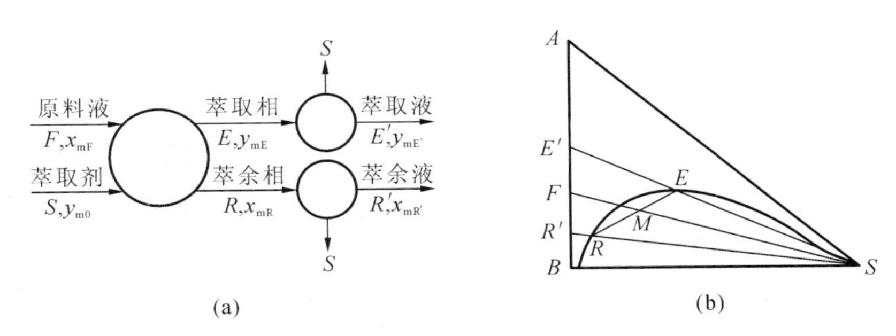

图 9-11　部分互溶体系的单级萃取

（1）由已知的平衡数据在三角相图中画出溶解度曲线及辅助曲线，如图9-11(b)所示。

（2）由原料液组成 x_{mF} 在 AB 边上定出点 F，根据所用萃取剂组成定出点 S，连接 FS，代表原料液与萃取剂的混合液的点 M 必在 FS 线上。

（3）由已知的萃余相中溶质 A 的质量分数 x_{mR} 定出点 R，连接 SR 线，利用辅助曲线求出点 E，连接 RE，交 FS 于点 M，点 M 即为混合液的组成点。根据杠杆规则可求得所需萃取剂的量 S，即

$$\frac{S}{F}=\frac{\overline{MF}}{\overline{MS}}$$

S/F 称为溶剂比。由于 F 已知，$\overline{MF}$和$\overline{MS}$线段的长度可由图中量出，因此可得

$$S=\frac{\overline{MF}}{\overline{MS}}\cdot F \tag{9.1.4}$$

（4）根据杠杆规则和物料衡算，可求萃取相 E 和萃余相 R 的量，即

$$\frac{R}{E}=\frac{\overline{ME}}{\overline{MR}} \tag{9.1.5}$$

系统的总物料衡算

$$F+S=R+E=M \tag{9.1.6}$$

联立式(9.1.5)和式(9.1.6),求得 R 和 E,并从图 9-11(b)中读出 y_{mE}。

2) 萃取剂与稀释剂不互溶的体系

对于萃取剂与稀释剂不互溶的体系,即萃取相含全部溶剂,萃余相含全部稀释剂。以溶质 A 为对象的物料衡算式为

$$BX_{mF}=SY_{mE}+BX_{mR}$$

整理得

$$Y_{mE}=-\frac{B}{S}(X_{mR}-X_{mF}) \tag{9.1.7}$$

式中:S、B——分别为萃取剂用量和原料液中稀释剂量,kg 或 kg/s;

X_{mF}——原料液中溶质 A 的质量比,kg(A)/kg(B);

X_{mR}——萃余相中溶质 A 的质量比,kg(A)/kg(B);

Y_{mE}——萃取相中溶质 A 的质量比,kg(A)/kg(S)。

溶质在两液相间的分配曲线如图 9-12(组成用质量比表示)所示,即

$$Y_m=f(X_m) \tag{9.1.8}$$

联立式(9.1.7)和式(9.1.8),即可得到所需的萃取剂用量 S 和溶质 A 在萃取相中的浓度 Y_{mE}。也可通过图解得到。如图 9-12 所示,该操作线是过点(X_{mF},0)、斜率为$-B/S$的直线。操作线与分配曲线的交点即为 Y_{mE}和 X_{mR}。

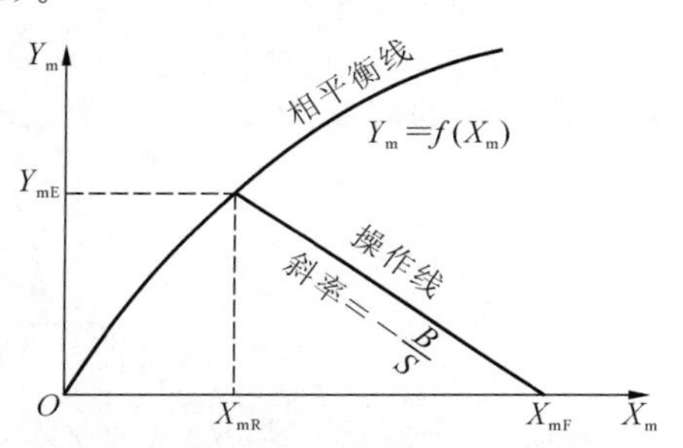

图 9-12 不互溶体系的单级萃取操作图解

2. 多级错流萃取的计算

对于多级错流萃取,由于萃取剂和稀释剂之间互不相溶,故可认为各级萃余相中的原溶剂量都相等。同时,加到每一级的萃取剂都进入萃取相。对多级萃取进行逐级计算。

第 1 级,对溶质 A 进行物料衡算,得

$$BX_{mF}+S_1Y_{m0}=BX_{m1}+S_1Y_{m1} \tag{9.1.9}$$

整理得

$$Y_{m1}-Y_{m0}=-\frac{B}{S_1}(X_{m1}-X_{mF}) \tag{9.1.10}$$

式中:B——原料液中稀释剂的量,kg 或 kg/s;

S_1——加入第 1 级的萃取剂中的纯萃取剂量,kg 或 kg/s;

Y_{m0}——萃取剂中溶质 A 的质量比,kg(A)/kg(S);

X_{mF}——原料液中溶质 A 的质量比,kg(A)/kg(B);

Y_{m1}——第 1 级流出的萃取相中溶质 A 的质量比,kg(A)/kg(S);

X_{m1}——第 1 级流出的萃余相中溶质 A 的质量比,kg(A)/kg(B)。

式(9.1.10)为第 1 级萃取过程中萃取相与萃余相组成变化的操作线方程。

同理,对萃取级 n,根据物料衡算得

$$Y_{mn}-Y_{m0}=-\frac{B}{S_n}(X_{mn}-X_{m(n-1)}) \tag{9.1.11}$$

上式表示任意级萃取过程中萃取相中溶质 A 的浓度 Y_{mn} 与萃余相中溶质 A 的浓度 X_{mn} 之间的关系，与单级操作的图解法类似，在多级萃取中，如果已知原料液量和原料液中溶质 A 的浓度 X_{mF} 以及每一级加入的萃取剂量和萃取剂中溶质 A 的浓度 Y_{m0}，即可用图解法求出将萃余相中溶质 A 的浓度降到 X_{mR} 所需的理论级数。

如图 9-13 所示，图解法的步骤为：过点 $L(X_{mF},Y_{m0})$，$-B/S_1$ 为斜率，作操作线与分配曲线交于点 E_1。该点的横、纵坐标为离开第 1 级萃余相中溶质 A 的浓度 X_{m1} 和萃取相中溶质 A 的浓度 Y_{m1}。逐级类推，直到萃余相中溶质 A 的浓度 X_{mn} 等于或小于所要求的 X_{mR} 为止。重复操作线的次数即为理论级数。

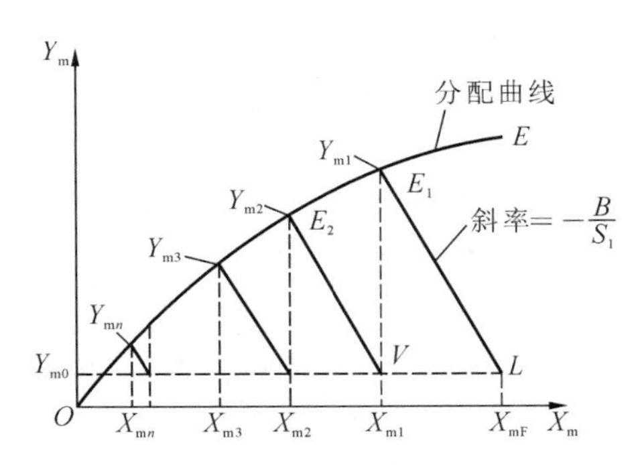

图 9-13　图解法求多级错流萃取所需的理论级数

图中各操作线的斜率随各级萃取剂的用量而变化，如果每级所用萃取剂量相等，则各操作线斜率相同，各线相互平行。

例 9-1　以纯煤油为萃取剂 S，用多级错流萃取流程分离某液体混合物。已知原料液中溶质 A 含量为 48 g/kg(稀释剂 B)，$S/B=2$，B 与 S 不互溶，系统的平衡关系式为 $Y=1.5X$，若要求萃余液中 A 的浓度(质量比)必须小于 0.40 g(A)/kg(B)，试求理论级数。

解　已知 $X_{mF}=4.8\times10^{-2}$ kg(A)/kg(B)，$Y_{m0}=0$，$S/B=2$，$X_{mn}=4.0\times10^{-4}$ kg(A)/kg(B)，平衡关系式为 $Y=1.5X$。

按照式(9.1.11)，对溶质 A 逐级进行物料衡算的方程如下：

第 1 级
$$Y_{m1}=-\frac{1}{2}(X_{m1}-X_{mF})$$

第 2 级
$$Y_{m2}=-\frac{1}{2}(X_{m2}-X_{m1})$$

……

第 n 级
$$Y_{mn}=-\frac{1}{2}(X_{mn}-X_{m(n-1)})$$

联立物料衡算式与平衡线方程 $Y=1.5X$，可解得

$X_{m1}=1.2\times10^{-2}$ kg(A)/kg(B)，　$X_{m2}=3.0\times10^{-3}$ kg(A)/kg(B)

$X_{m3}=7.5\times10^{-4}$ kg(A)/kg(B)，　$X_{m4}=1.9\times10^{-4}$ kg(A)/kg(B)

由上可知，$X_{m4}<X_{mn}=4.0\times10^{-4}$ kg(A)/kg(B)，故萃取所需的理论级数为 4。

3. 多级逆流萃取的计算

对于多级逆流萃取，只对常用的萃取剂和稀释剂之间不互溶的体系进行计算。

1）理论级数的计算

多级逆流萃取体系理论级数可由如下的图解过程求取：

(1) 根据物料衡算建立逆流萃取的操作线方程。在萃取剂与稀释剂不互溶的多级逆流萃取体系中，萃取相的萃取剂的量和萃余相中稀释剂的量均不变，因此第 i 级的物料衡算方程可以表示为

$$BX_{mF}+SY_{m(i+1)}=BX_{mi}+SY_{m1} \tag{9.1.12}$$

整理得

$$Y_{m1}-Y_{m(i+1)}=\frac{B}{S}(X_{mF}-X_{mi}) \tag{9.1.13}$$

式中:X_{mF}——原料液中溶质 A 的质量比,kg(A)/kg(B);

Y_{m1}——最终萃取相中溶质 A 的质量比,kg(A)/kg(S);

X_{mi}——离开第 i 级的萃余相中溶质 A 的质量比,kg(A)/kg(B);

$Y_{m(i+1)}$——进入第 i 级的萃取相中溶质 A 的质量比,kg(A)/kg(S);

B——原料液中稀释剂的流量,kg/s;

S——原始萃取剂中纯萃取剂的流量,kg/s。

式(9.1.13)即为该逆流萃取体系的操作线方程,斜率为 B/S。

(2) 从操作线的端点开始,在操作线与分配曲线之间画阶梯,阶梯数即为所需的理论级数。

2) 最小萃取剂用量的计算

萃取操作中,萃取剂的用量直接影响萃取效果和运行费用。一般情况下,萃取剂用量小,所需理论级数增多,运行费用高;反之,萃取剂用量大,所需的理论级数少,萃取运行费用低,但相应的回收萃取剂的费用将增高。在多级逆流操作中,对于一定量的萃取,存在一个最小萃取剂用量 S_{min}。当萃取剂用量减小到 S_{min} 时,所需的理论级数为无穷多。如果所用的萃取剂量小于 S_{min},则无论用多少个理论级也达不到规定的萃取要求。因此,在确定萃取剂用量时,首先计算最小萃取剂用量是十分重要的。最小萃取剂用量的求取常采用图解法,如图 9-14 所示。

绘制操作线 J_1、J_2 和 J_{min},其斜率分别表示为 $\delta_1=B/S_1$、$\delta_2=B/S_2$ 和 $\delta_{min}=B/S_{min}$。当萃取剂用量减小时,操作线向分配曲线靠拢。操作线与分配曲线相切时(如图 9-14 中 J_{min} 线)萃取剂用量为 S_{min}。此时操作线的斜率最大。从图 9-14 中可见,S 越小,理论级数越多;S 为 S_{min} 时,理论级数为无穷多。萃取剂的最小用量表示为

$$S_{min}=\frac{B}{\delta_{min}} \tag{9.1.14}$$

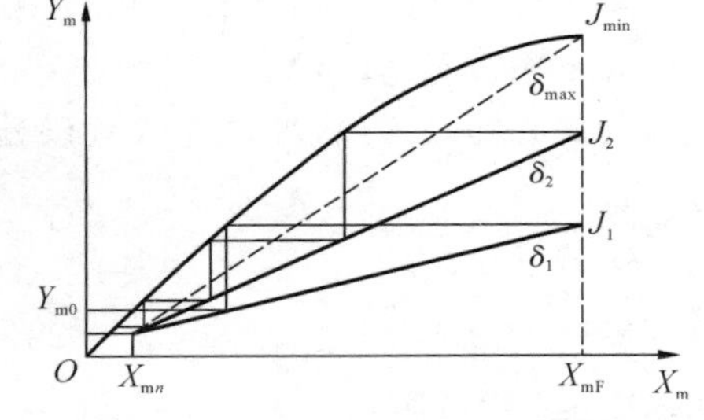

图 9-14 图解法求最小萃取剂用量

例 9-2 现有由 1 kg 溶质 A 和 12 kg 稀释剂 B 组成的溶液,用 15 kg 纯溶剂 S 进行萃取分离。组分 B、S 可视为完全不互溶,在操作条件下,以质量比表示相组成的分配系数可取为常数 2.6。试比较以下三种萃取操作的最终萃余相组成 X_{mn}。

(1) 单级平衡萃取;

(2) 将 15 kg 萃取剂分为三等份进行三级错流萃取;

(3) 三级逆流萃取。

解 由题意知:$X_{mF}=1/12=0.0833$,$Y_{m0}=0$,$B=12$ kg,$S=15$ kg,$k_A=2.6$。

(1) 单级萃取。

对萃取器进行物料衡算,得

$$B(X_{mF}-X_{mR})=SY_{mE}$$

又

$$Y_{mE}=2.6X_{mR}$$

联立以上两个方程,可解得 $X_{mR}=0.0196$ kg(A)/kg(B)。

（2）三级错流萃取。

$S_{i(i=1,2,3)}=S/3=15/3=5$ (kg)，则 $B/S_i=12/5=2.4$，对组分 A 逐级进行物料衡算，得

第 1 级　$$Y_{m1}=-2.4(X_{m1}-X_{mF})$$

第 2 级　$$Y_{m2}=-2.4(X_{m2}-X_{m1})$$

第 3 级　$$Y_{m3}=-2.4(X_{m3}-X_{m2})$$

联立以上物料衡算式与平衡线方程 $Y_{mi}=2.6X_{mi}$，可解得 $X_{m3}=9.2\times10^{-3}$ kg(A)/kg(B)。

（3）三级逆流萃取。

$B/S=12/15=0.8$，按照式(9.1.13)，第 1 级至第 $i(i=1\sim3)$级的物料衡算方程分别为

第 1 级　$$Y_{m1}-Y_{m2}=0.8(X_{mF}-X_{m1})$$

第 1～2 级　$$Y_{m1}-Y_{m3}=0.8(X_{mF}-X_{m2})$$

第 1～3 级　$$Y_{m1}-Y_{m4}=0.8(X_{mF}-X_{m3})$$

又　$$Y_{mi}=2.6X_{mi}$$

联立以上各方程，可解得 $X_{m3}=1.7\times10^{-3}$ kg(A)/kg(B)。

由计算结果可知，在总溶剂用量相同的条件下，三级逆流萃取最终萃余相中溶质 A 的浓度最低，即萃取效果最佳。

4. 微分接触逆流萃取的计算

微分接触逆流萃取过程常在塔式设备内进行。塔式微分设备的计算和气液传质设备一样，主要是确定塔径和塔高。塔径的尺寸取决于两液相的流量及适宜的操作速度，其计算有一些相当烦琐的经验公式，此处从略；而塔高的计算通常有两种方法，即理论级当量高度法和传质单元法。

1）理论级当量高度法

相当于一个理论级萃取效果的塔段高度称为理论级当量高度，用 H_e 表示。于是，在求得逆流萃取所需的理论级数 n 后，可根据下式计算塔的萃取段有效高度 H：

$$H=nH_e \tag{9.1.15}$$

此法尽管简单，但缺乏理论根据，H_e 随物系的物性、浓度、流量和设备的结构形式等条件而变，且变化范围相当大，因此在应用时需要有与这些条件基本一致的数据，局限性较大。

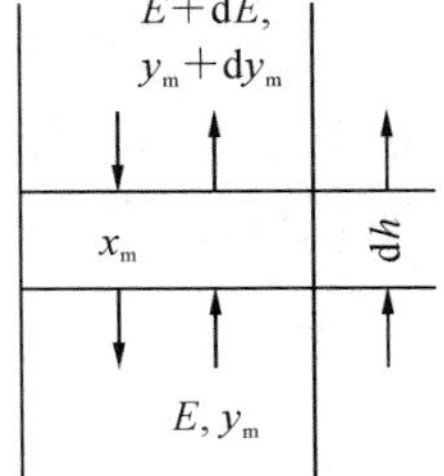

图 9-15　微元段中的传质

2）传质单元法

如图 9-15 所示，将萃取塔分割成无数个微元段，则分析微元段中溶质从料液到萃取相的传质过程可得

$$d(Ey_m)=K_y(y_m^*-y_m)a_b\Omega\, dh$$

整理得

$$dh=\frac{d(Ey_m)}{\Omega K_y a_b(y_m^*-y_m)} \tag{9.1.16}$$

式中：E——萃取相流量，kg/s；

a_b——单位塔体积中两相界面的面积，m^2/m^3；

Ω——塔截面的面积，m^2；

K_y——以萃取相质量分数差为推动力的总传质系数，kg/(m^2 · s)；

y_m——萃取相溶质浓度（质量分数）；

y_m^*——与组成为 x_m 的萃余相成平衡的萃取相溶质浓度（质量分数）。

理论上,对式(9.1.16)从塔底到塔顶,即从 $y_m = y_{m0}$ 到 $y_m = y_{mE}$ 积分,即可得塔高。但通常 E 和 K_y 也是变量,积分有困难,因此需视 E、K_y 随 y_m 的变化情况进行处理。

若萃取相中溶质浓度较低,且萃取相和稀释剂不互溶,可将 E 视为常量,K_y 取平均值作常数,则对式(9.1.16)积分可得

$$H = \frac{E}{K_y a_b \Omega} \int_{y_{m0}}^{y_{mE}} \frac{dy_m}{y_m^* - y_m} = H_{OE} N_{OE} \tag{9.1.17}$$

式中:y_{m0}、y_{mE}——萃取相在入塔、出塔时的溶质浓度(质量分数);

H_{OE}——萃取相为稀溶液时的总传质单元高度,m,且 $H_{OE} = \frac{E}{K_y a_b \Omega}$;

N_{OE}——萃取相为稀溶液时的总传质单元数,且 $N_{OE} = \int_{y_{m0}}^{y_{mE}} \frac{dy_m}{y_m^* - y_m}$。

当萃取相的溶质浓度较高时,其计算方法可参阅有关文献,同样有与式(9.1.17)类似的关系式,即

$$H = H_{OE,C} N_{OE,C}$$

式中:$H_{OE,C}$——萃取相为浓溶液时的总传质单元高度,m;

$N_{OE,C}$——萃取相为浓溶液时的总传质单元数。

以上为对萃取相讨论的结果,也可对萃余相写出相应的计算式。

综上所述,萃取塔高的计算,关键在于传质数据 H_e、H_{OE} 或 K_y 等能否取得,以及对返混影响的考虑。这些数据或影响在文献中也有所介绍,但总的来说,有关的知识还比较缺乏,往往要进行专门的实验来获取。至于 N_{OE},则可由图解积分或数值积分法求得。

9.2　膜　分　离

膜分离是在 20 世纪初出现,20 世纪 60 年代后迅速崛起的一门新型高效分离技术,现已发展成为一种重要的分离方法,在水处理、化工、环保、医药等领域得到了广泛的应用。但关于膜分离的基础理论及应用研究还不够全面、深入,以致在许多领域内膜分离技术还存在不足之处,无法大规模应用,因此膜分离技术的潜力还远未发掘出来,尚处于诱导期。不久的将来,膜分离将进入全面发展阶段,将对工业技术的改造起到深远的影响,在解决当今全世界水资源危机中发挥它的突出作用。

9.2.1　概述

1. 膜分离用膜

所谓膜分离是借助于膜而实现的各种分离过程,其所用的膜又称为分离膜,它是膜分离的核心。没有分离膜就没有膜分离技术。分离膜性能的每一次重大改进都能使膜分离技术的应用范围扩大、经济效益提高。一张新的分离膜的研究成功往往象征着一项新的膜分离过程的诞生。因此,有必要首先了解有关分离膜的基本知识。

1) 膜的概念

从广义上,“膜”可以理解为两相之间的一个不连续区间。因而膜可为气相、液相或固相,或是它们的组合。而被膜所隔开的两流体相则可为液相或气相。定义中的“区间”用以区别通常的相界面。简单地说,膜是分隔开两种流体的一个薄的阻挡层。这个阻挡层阻止了这两种

流体间的水力学流动，因此，它们通过膜的传递是借助于吸着作用及扩散作用。描述传递速率的膜性能是膜的渗透性。一般来说，气体渗透是指在膜的高压侧的气体透过此膜至膜的低压侧；液体渗透是指在膜一侧的液相进料组分渗透至膜的另一侧的液相或气相中。在相同条件下，假如一种膜以不同速率传递不同的分子样品，则这种膜就是半透膜。

总之，广义的"膜"是指分隔两相的界面，并以特定形式限制和传递各种化学物质的一薄层物质，其厚度(从 0.1 μm 至几毫米)比表面积小得多。它可以是均相的或非均相的；对称的或非对称的；固态、液态或气态的；中性或荷电性的；具有渗透性的或半渗透性的，但不能是完全不透过性的。

2）膜的材料

膜的性能取决于膜材料和制膜工艺。用来制造分离膜的材料可以分为天然高分子、有机合成高分子和无机材料三大类。目前使用的分离膜大多数是用有机高聚物制成的，由无机材料制成的还比较少。各种膜过程常用的膜材料见表 9-1。

表 9-1　各种膜过程常用的膜材料

膜过程	膜材料
微滤	聚四氟乙烯、聚偏氟乙烯、聚丙烯、聚乙烯；聚碳酸酯、聚(醚)砜、聚(醚)酰亚胺、聚脂肪酰胺、聚醚醚酮等；氧化铝、氧化锆、氧化钛、氧化硅
超滤	聚(醚)砜、磺化聚砜、聚偏二氟乙烯、聚丙烯腈、聚(醚)酰亚胺、聚脂肪酰胺、聚醚醚酮、纤维素类等；氧化铝、氧化锆
纳滤	聚酰(亚)胺
反渗透	二醋酸纤维素、三醋酸纤维素、聚芳香酰胺类、聚苯并咪唑(酮)、聚酰(亚)胺、聚酰胺酰肼、聚醚脲等
电渗析	含有离子基团的聚电解质：磺酸型、季铵型等
膜电解	四氟乙烯和含磺酸或羧酸的全氟单体共聚物
渗透汽化	弹性态或玻璃态聚合物：聚丙烯腈、聚乙烯醇、聚丙烯酰胺
气体分离	弹性态聚合物，如聚二甲基硅氧烷、聚甲基戊烯；玻璃态聚合物，如聚酰亚胺、聚砜

3）膜的分类

为适应各种不同的分离对象，采用不同的分离方法，因而分离用的膜也是多种多样的，可从以下几个方面分类。

(1) 根据膜的材料，从相态上可分为固膜、液膜和气膜。目前大规模工业应用的多为固膜，液膜已有中试规模的工业应用，主要用于废水处理中；气膜尚处于实验室研究中。从来源可分为天然膜和合成膜，后者又分为无机材料(金属、玻璃和陶瓷等)的膜和有机材料的高分子膜。用于工业分离的膜，主要是由高分子材料制成的。

(2) 根据膜的用途，可分为超过滤膜、反渗透膜、纳滤膜、渗析膜、气体渗透膜和离子交换膜等。

(3) 根据膜的形态结构，分为对称膜和非对称膜。在观测膜的横断面时，若断面的结构及形态均一、孔径与孔径分布也基本一致，则为对称膜，又称均质膜。对称膜又可分为多孔膜和致密膜，如图 9-16 所示。若断面的形态呈不同的层次结构，则为非对称膜。非对称膜一般由两层组成，如图 9-17 所示，表皮层为 0.1～0.5 μm 厚的致密活性层(起分离作用)，表皮层以下为 50～200 μm 厚的疏松多孔的支撑层(起支撑作用)。由于非对称膜中支撑层的空隙较大，传质阻力主要在极薄的表皮层,故其渗透速率比对称膜大得多。非对称膜按表皮层和支撑层所用的材料是否相同,又可分为一般非对称膜(又称整体不对称膜,膜的表皮层与支撑层为同一种材料)和复合膜(又称组合不对称膜,膜的表皮层与支撑层为不同材料)。由于复合膜中的表皮层和支撑层是由不同的聚合物材料制成的,因此可以针对不同的要求分别进行优化,使膜整体性能达到最优。

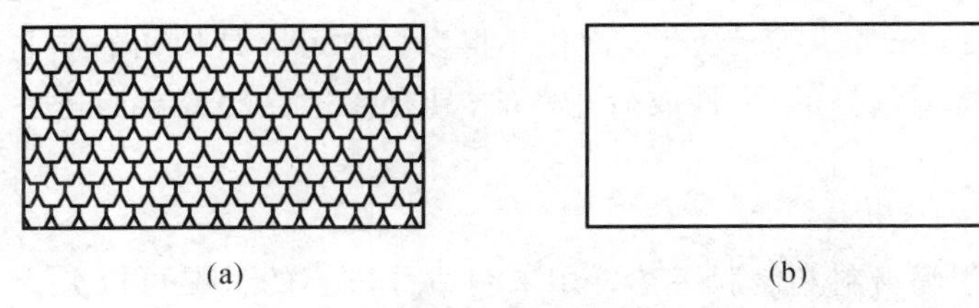

图 9-16　对称膜断面示意图

(a) 多孔膜;(b) 无孔膜

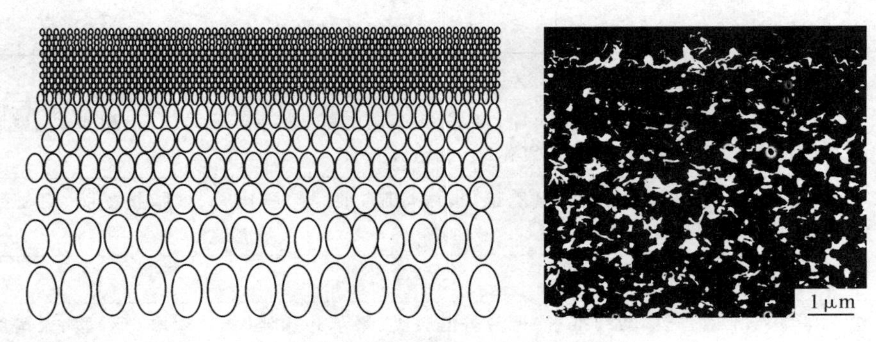

图 9-17　非对称膜断面示意图

(4) 根据膜的分离机理,分为多孔膜、无孔膜和载体膜。多孔膜主要根据被分离体系中颗粒的大小进行分离;无孔膜利用分离体系中各组分溶解度或扩散系数的差异进行分离;载体膜是通过载体分子对某一组分高度专一的亲和性来实现不同组分间的分离的,通过膜的组分可以是气体、液体、离子或非离子。

(5) 根据膜的几何形状,分为平板膜、管状膜和中空纤维膜。

4) 膜的分离性能的表征

膜的性能包括膜的物化稳定性及分离性能两个方面。膜的物化稳定性指膜的强度、允许使用压力、温度、pH 以及对有机溶剂和各种化学药品的抵抗性,它是决定膜的使用寿命的主要因素。

膜的分离性能通常用分离效率、渗透通量和通量衰减系数三个参数来表征。

(1) 分离效率。

分离过程所用的膜,不仅须是物料薄层,还须具有半透过性。膜应能透过某些物质,而对另一些物质却是壁垒,或对不同物质具有不同的透过速率。这就是膜对组分的选择透过性,常用分离效率这个参数来表征。对于不同的膜分离过程和分离对象,分离效率有不同的表示方法。

对于溶液脱盐或脱除微粒、某些高分子物质等情况,可用脱除率或截留率 β 表示,即

$$\beta = \frac{c_F - c_P}{c_F} \tag{9.2.1}$$

式中:c_F、c_P——被分离原料液和膜的透过液中溶质的物质的量浓度。

对于某些液体混合物或气体混合物的分离,通常以分离因子 a 表示。对于含有 A 和 B 两

组分的混合物，分离因子 a_{AB} 定义为

$$a_{AB}=\frac{y_A/y_B}{x_A/x_B} \tag{9.2.2}$$

式中：y_A、y_B——分别为组分 A 和 B 在透过物中的摩尔分数；

x_A、x_B——分别为组分 A 和 B 在原料中的摩尔分数。

在选择分离因子时，应使其值大于 1。如果组分 A 通过膜的速度大于组分 B，则分离因子表示为 a_{AB}；反之，则为 a_{BA}；如果 $a_{AB}=a_{BA}=1$，则不能实现组分 A 与组分 B 的分离。

(2) 渗透通量。

渗透通量又称渗透速率，简称通量，常用单位时间通过单位面积膜的透过物量 N 来表示，即

$$N=\frac{J}{At} \tag{9.2.3}$$

式中，J 为透过物量，可以是透过物的体积、质量或物质的量，相对应的通量分别为体积通量 N_V、质量通量 N_m 或摩尔通量 N_n，三者之间可以根据密度和相对分子质量进行转换。当透过物为水时称为水通量(N_w)，A 为膜的有效面积，t 为膜运转的时间。渗透通量反映了膜的效率(即生产能力)。

(3) 通量衰减系数。

膜的渗透通量由于过程的浓差极化、膜的压密以及膜孔堵塞等原因将随时间而衰减，可用下式表示：

$$N_t=N_0t^m \tag{9.2.4}$$

式中：N_t、N_0——分别为膜运转 t 时间和初始时的渗透通量；

m——通量衰减系数。

对式(9.2.4)两边取对数，得到线性方程

$$\lg N_t=\lg N_0+m\lg t \tag{9.2.5}$$

由式(9.2.5)通过双对数坐标系作直线，可求得直线的斜率 m，即通量衰减系数。

对于任何一种膜分离过程，总希望分离效率高，渗透通量大，实际上这两者之间往往存在矛盾。一般说来，渗透通量大的膜，分离效率低，而分离效率高的膜渗透通量小。故常常需在两者之间寻找最佳的折中方案。

2. 膜分离的定义和分类

用具有选择透过功能的薄膜(分离膜)为分离介质，以化学外界能量或化学位差为推动力，对双组分或多组分溶质和溶剂进行分离、分级、提纯和富集的方法，统称为膜分离法。膜分离可用于液相和气相。对液相分离，可以用于水溶液体系、非水溶液体系、水溶胶体系以及含有其他微粒的悬浮液体系等。

膜分离过程中所用的膜具有一定结构、材质和选择特性；被膜隔开的两相可以是液态，也可以是气态；推动力可以是压力梯度、浓度梯度、电位梯度或温度梯度，所以不同的膜分离过程的分离体系和适用范围也不同。表 9-2 列出了工业应用膜过程的分类及基本特征。在后面的内容中将重点介绍表中所列的几种在环境工程领域应用比较广泛的膜过程：反渗透、纳滤、超滤、微滤和电渗析，故在此不详细阐述。

此外，各种膜过程还可以根据其推动力的不同进行分类，即压力驱动膜过程、浓差驱动膜过程、温差驱动膜过程和电力驱动膜过程等，具体见表 9-3。

表 9-2　工业应用膜过程的分类及其基本特征

膜过程	简图	膜类型	推动力	传递机理	透过物	截留物
微滤 (0.05～10 μm)	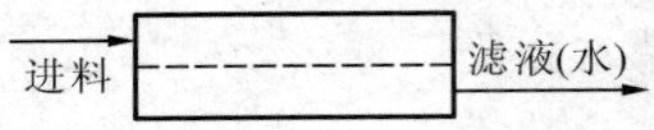 进料 → 滤液(水)	均相膜/非对称膜	压差 0.01～0.2 MPa	筛分	水/溶剂/溶解物	悬浮物/微粒/细菌
超滤 (0.001～0.05 μm)	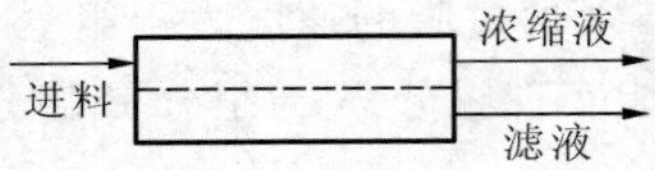 进料 → 浓缩液；滤液	非对称膜/复合膜	压差 0.1～1 MPa	微孔筛分	溶剂/离子/小分子	生物大分子
反渗透 (0.000 1～0.001 μm)	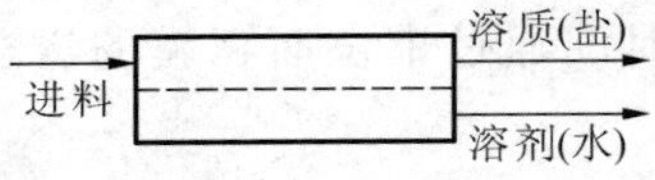 进料 → 溶质(盐)；溶剂(水)	非对称膜/复合膜	压差 2～10 MPa	优先吸附/毛细流动	水/溶剂	大分子溶质/离子
渗析	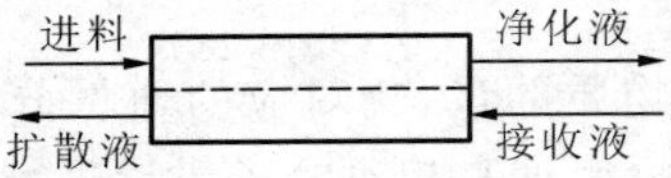 进料 → 净化液；接收液 → 扩散液	非对称膜/离子交换膜	浓度差	扩散	小分子溶质/离子	大分子溶剂相对分子质量≥1 000
电渗析	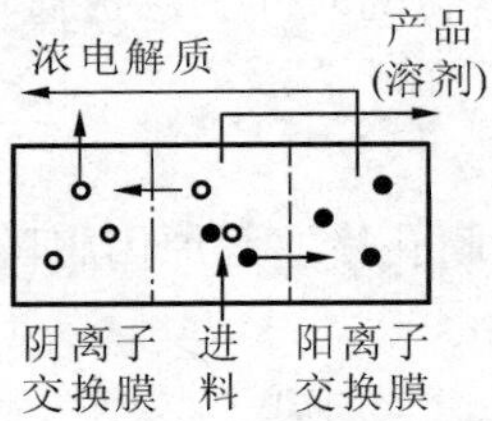 浓电解质；产品(溶剂)；阴离子交换膜；进料；阳离子交换膜	离子交换膜	电位差	离子迁移	离子	水
膜电解	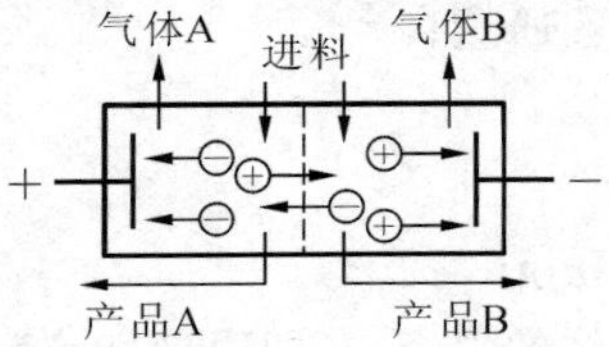 气体A；进料；气体B；+；−；产品A；产品B	离子交换膜	电位差/化学反应	电解质离子选择传递/电极反应	电解质离子	非电解质离子
气体分离	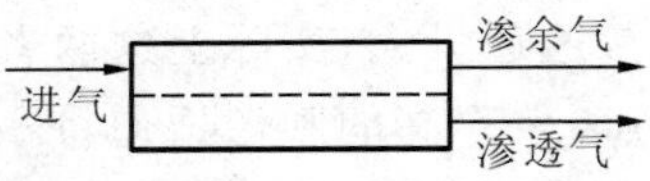 进气 → 渗余气；渗透气	均相膜/复合膜/非对称膜	压差 2～10 MPa/浓度差	筛分/溶解扩散	气体	难渗气体
渗透汽化	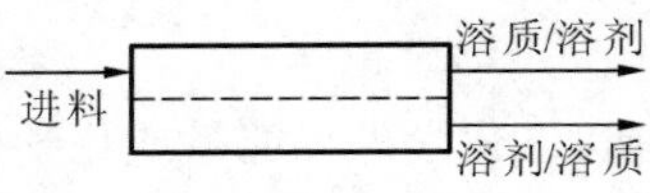 进料 → 溶质/溶剂；溶剂/溶质	均相膜/复合膜/非对称膜	压差	溶解扩散	蒸汽	难渗液体

表 9-3　以推动力分类的各种膜过程

推动力	膜过程
压差	微滤、超滤、纳滤、反渗透、渗透汽化、气体分离
浓度差	渗析、膜接触器、控制释放、膜解吸、膜溶剂萃取、膜气体吸收
分压差	气体膜、渗透蒸馏
电位差	电渗析
温度差	膜蒸馏

续表

推动力	膜过程
化学反应	反应膜
化学反应＋电位差	膜电解
化学反应＋浓度差	液膜、膜传感器
浓度差＋ pH 差	促进传递、含液膜的中空纤维、静电拟液膜

3. 膜分离的特点

与传统的分离技术(如蒸馏、吸附、吸收、萃取等)相比,膜分离具有以下特点:

(1) 膜分离过程不发生相变,和其他方法相比能耗较低,因此又称节能技术;

(2) 通常在常温下进行,因而特别适合于对热敏性物料(如果汁、酶、药物等)的分离、分级和浓缩;

(3) 通常不需投加其他化学试剂,可节省原材料和化学药品,运行成本低;

(4) 根据膜的选择透过性和膜孔径大小进行物质的分离,这使物质得到纯化而不改变其原有的属性;

(5) 膜分离技术不仅适用于有机物和无机物,从病毒、细菌到微粒,分离范围广泛,而且还特别适用于一些特殊溶液体系的分离,如溶液中大分子与无机盐的分离、一些共沸物或近沸点物系的分离等,而对后者,常规的蒸馏是无能为力的;

(6) 膜分离的规模和处理能力可在很大范围内变化,而它的效率、设备单价、运行费用等都变化不大;

(7) 装置简单,操作及维护容易,适应性强,分离效率高,易于实现自动化控制。

因此,膜分离技术在化学工业、食品工业、医药工业、生物工程、石油、环境领域等得到广泛应用,而且随着膜技术的发展,其应用领域还在不断扩大。

4. 膜组件的形式和选择

1) 膜组件的形式

要将膜用于分离过程,必须进行两个方面的开发工作:首先是选用合适的膜材料研制出具有高选择性、高通量并能大规模生产的膜;然后将一定面积的膜组装成组件,即膜组件,它是由膜、固定膜的支撑材料、间隔物或外壳等组装而成的一个膜设备单元。目前已工业应用的膜组件主要有板框式、管式、螺旋卷式、中空纤维式等形式。

板框式膜组件使用平板膜,其结构与常用的板框压滤机类似,由导流板、膜、支撑板交替重叠组成,如图 9-18(a)所示。管式膜组件使用管状膜,把膜装在耐压微孔承压管内侧或外侧即成,如图 9-18(b)所示。螺旋卷式膜组件也使用平板膜,在两层膜中间夹一层多孔的柔性格网,并将它们的三边密封起来,再在下面铺一层供料液通过的多孔透水格网,然后将另一开放边粘贴在多孔集水管上,绕管卷成螺旋卷筒即成,如图 9-18(c)所示。中空纤维式膜组件使用中空纤维膜,将数十万乃至上百万根中空纤维(管外径 50～100 μm,内径25～42 μm)捆成束,一端封死,另一端固定在管板上,再装入圆筒形耐压容器内制成,见图 9-18(d),纤维束的中心轴部安装一根原料液分布管,使原料液径向流过纤维束。

不同膜组件形式具有不同的特性,以上四种膜组件综合性能的比较见表 9-4。

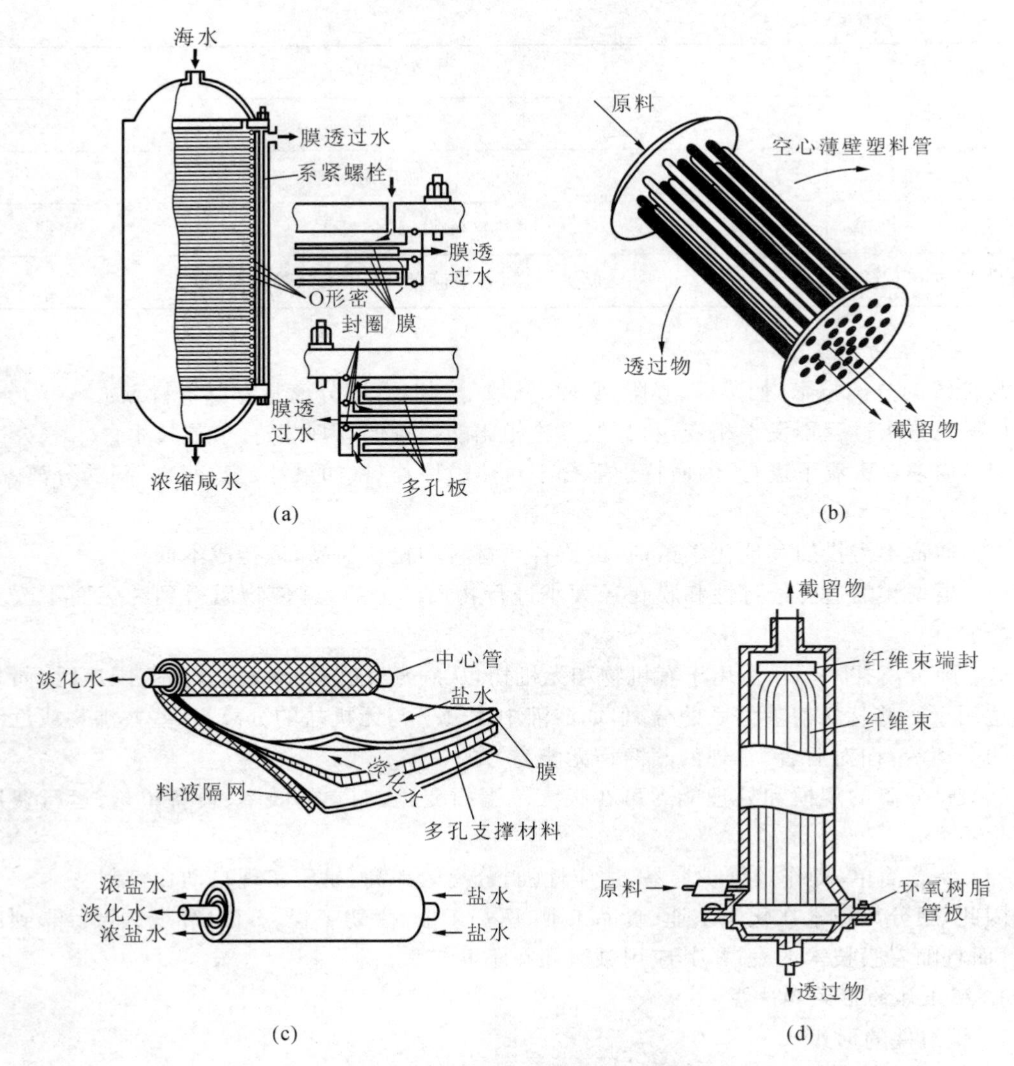

图 9-18 膜组件的四种形式示意图

(a) 板框式膜组件;(b) 管式膜组件;(c) 螺旋卷式膜组件;(d) 中空纤维式膜组件

表 9-4 四种膜组件的综合性能比较

项目	板框式	管式	螺旋卷式	中空纤维式
组件结构	非常复杂	简单	复杂	简单
装填密度 /(m^2/m^3)	30～500	30～328	200～800	500～30 000
造价 /(美元/m^2)	100～300	50～200	30～100	5～20
水流紊动性	中等	好	差	差
膜更换成本	低	中	较高	较高
抗污染性	好	很好	中等	很差
膜清洗难度	易	易	难	较易
对水质要求	较低	低	较高	高

续表

项目	板框式	管式	螺旋卷式	中空纤维式
水预处理成本	低	低	高	高
能耗	中等	高	低	低
工程放大难度	难	易	中等	中等

2）膜组件的选择

对于一个膜分离过程，膜组件形式的选择必须综合考虑各种因素，如膜组件的造价、抗污染能力、膜组件的特性及分离过程的操作条件等。表 9-5 所示为不同膜过程适用的膜组件。

表 9-5　不同膜过程适用的膜组件

膜过程	板框式	管式	螺旋卷式	中空纤维式
反渗透	+	+	+ +	+ +
超滤	+ +	+ +	+	—
微滤	—	+ +	—	—
气体渗透	—	—	+ +	+ +
电渗析	+ +	—	—	—

注：+ +，很适用；+，适用；—，不适用。

9.2.2　膜分离过程传递理论基础

在膜分离过程中，物质的传递可分为膜内传递与膜外传递。膜内传递与膜和所传递物质的物理、化学性能（如膜的材料、结构，物质粒子的大小、形状、极性，温度和压力等）有关。膜外传递则与膜外侧流体的物理、化学性能和操作条件（如流体的组成、流动状态、温度、压力等）有关。

1. 膜内传递

描述膜内传递的模型可分为两大类：第一类以不可逆热力学（或称非平衡热力学）为基础导出物质透过膜的通量方程，此时膜被看成“黑箱”，不考虑膜的结构，也不考虑物质是如何透过膜的；第二类以假定的传递机理为基础导出物质透过膜的通量方程，这类模型中包含对膜的结构和某些特性的描述，以及透过膜的物质的物理、化学性质和传递特性。

1）以不可逆过程热力学为基础的模型

虽然这类模型由于不考虑膜结构而对研制新膜缺乏指导作用，但是这类模型有个很重要的优点，就是可以清楚地显示并定量描述不同的推动力和通量之间的耦合。这种耦合作用在具体的膜过程中可表现为：① 不同组分透过膜时互相影响，即一个组分的透过会引起其他组分的透过；② 不同性质的推动力会导致同一种通量。在此仅举两例说明。

（1）由水（以 W 表示）和一种溶质（以 A 表示）构成的稀溶液透过膜的过程。

由非平衡热力学理论可得到如下方程：

$$N_V = L_p(\Delta p - \sigma\Delta\pi) \tag{9.2.6}$$

$$N_A = \bar{c}_A(1-\sigma)N_V + \omega\Delta\pi \tag{9.2.7}$$

式中：N_V——溶剂和溶质的总体积通量，$m^3/(m^2 \cdot s)$；

N_A——溶质的摩尔通量,mol/(m^2 · s);

L_p、ω——水和溶质的渗透率,mol/(m^2 · s · Pa);

$\overline{c}_A$——溶质在膜内的对数平均物质的量浓度,mol/m^3;

Δp、$\Delta\pi$——膜两侧的压差和渗透压差,Pa;

σ——截留系数,反映水和溶质在膜内传递时的耦合效应(也称伴生效应)。

(2) 电渗透过程。

考察用多孔膜将两盐水溶液分开的情况,其推动力有电位差(ΔE)和压差(Δp),相应的通量是电流(I)和体积通量(N)。由非平衡热力学理论可得到如下方程:

$$I = L_{11}\Delta E + L_{12}\Delta p \tag{9.2.8}$$

$$N = L_{21}\Delta E + L_{22}\Delta p \tag{9.2.9}$$

L_{ij}称为线性唯象系数,从以上两式可明显地看出电位差和压差均可引起电流,同时电位差和压差也都可以引起体积通量。

2) 以假定的传递机理为基础的传递模型

这类模型大致分为两种,即基于对流的多孔膜模型和基于扩散的溶解-扩散模型。

(1) 多孔膜模型。

多孔膜模型是借助于出自过滤理论的 Kozeny-Carman 方程来描述流体透过膜的过程。该模型可以用于描述多孔膜中的传递过程。多孔膜一般用于微滤和超滤过程。这些膜由聚合物本体构成,在本体中存在孔径为 2 nm～10 μm 的膜孔。

在该模型中,将多孔膜简化成由一系列平行的毛细管体系组成的膜结构,如图 9-19 所示,其结构参数有孔隙率 ε 和比表面积 a(单位:m^2/m^3)。

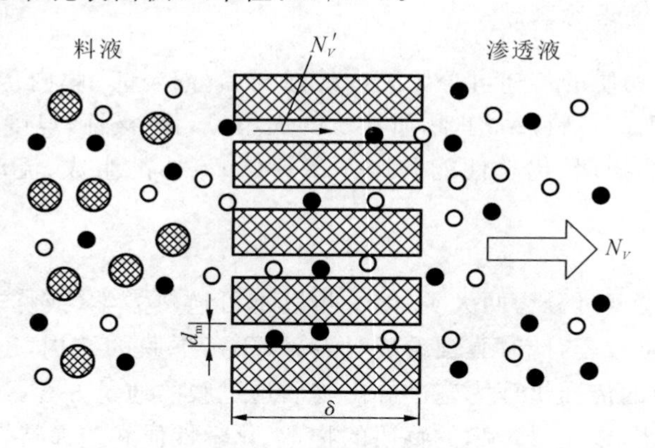

图 9-19 多孔膜的模型

假定流体在毛细管中的流动可以用 Hagen-Poiseuille 定律来描述,即

$$N_V' = \frac{d_m^2}{32\mu\tau} \cdot \frac{\Delta p}{\delta} \tag{9.2.10}$$

式中:N_V'——毛细管中渗透液的体积通量,m^3/(m^2 · s);

d_m——毛细管直径,m;

τ——弯曲因子(对于圆柱垂直孔,等于 1),量纲为 1;

Δp——跨膜过滤压差,Pa;

δ——膜厚,m;

μ——液体黏度,Pa · s。

上式表明，通过毛细管的渗透液体积通量正比于推动力，即膜厚 δ 上的压差 Δp 反比于黏度。该方程很好地描述了通过由平行孔组成的膜的传递过程，然而实际上很少有膜具有这样的结构。

根据 Kozeny-Carman 模型，假设膜孔是由紧密堆积球所构成的体系，则

$$d_m = \frac{4\varepsilon}{(1-\varepsilon)a} \tag{9.2.11}$$

式中：ε——膜表面孔隙率，即孔面积分数，等于孔面积与膜面积 A 之比再乘以孔数 n_m，$\varepsilon = \frac{n_m \pi d_m^2}{4A}$。

膜单位面积渗透液的体积通量为

$$N_V = \varepsilon N_V'$$

则

$$N_V = \frac{\varepsilon^2}{K_1 \mu a^2 (1-\varepsilon)^2} \cdot \frac{\Delta p}{\delta} \tag{9.2.12}$$

式中：K_1——Kozeny-Carman 常数，$K_1 = 2\tau$，其值取决于孔的形状和弯曲因子。

式(9.2.12)即为 Kozeny-Carman 关系式。该多孔膜模型既可用于描述液体的渗透过程，也可以用于描述气体的渗透过程。

(2) 溶解-扩散模型。

溶解-扩散模型主要用于描述致密膜(无孔膜)的传递过程，是 Lonsdale 和Riley等人在反渗透膜的渗透过程基础上提出的。该机理假设膜是一个连续体，溶剂和溶质透过膜的过程分为三步：① 溶剂和溶质在膜上游侧吸附溶解；② 溶剂和溶质在化学位梯度下，以分子扩散形式透过膜；③ 透过物在膜下游侧表面解吸。溶质的渗透能力取决于物质在膜中的溶解度系数和扩散系数，即

$$渗透系数(K) = 溶解度系数(H) \times 扩散系数(D)$$

溶解度系数是热力学参数，表示在平衡条件下渗透物被膜吸收的量。扩散系数则表示渗透物通过膜传递的速率的快慢。扩散系数取决于渗透物的几何形状，因为随着分子变大，扩散系数变小。

在理想体系中，假设渗透物的溶解度系数与浓度无关，渗透物在膜中的溶解服从亨利定律，即膜中渗透物浓度 c 与外界压力 p 之间存在线性关系，有

$$c = Hp \tag{9.2.13}$$

原料侧($z=0$)压力为 p_1 时，膜中渗透物浓度为 c_1；而在渗透物侧($z=\delta$)，压力为 p_2，渗透物浓度为 c_2。

根据菲克定律，渗透物的摩尔通量可以表示为

$$N_m = -D\frac{dc}{dz} \tag{9.2.14}$$

将式(9.2.13)代入菲克定律式(9.2.14)中，并对膜厚 δ 积分，可以得到

$$N_m = \frac{HD}{\delta}(p_1 - p_2) \tag{9.2.15}$$

由于渗透系数 K 等于溶解度系数和扩散系数的乘积，则

$$N_m = \frac{K}{\delta}(p_1 - p_2) \tag{9.2.16}$$

该式表明渗透物通过膜的通量正比于膜两侧压差，反比于膜厚。对于溶解-扩散机理，应更进

一步研究溶解度系数、扩散系数和渗透系数的影响。

关于膜内传递模型,除以上所介绍的外,还有一些更复杂的模型,这些复杂模型一般具有两方面的特点。

(1) 所依据的传递机理更趋复杂。例如,非理想溶解-扩散模型认为组分透过膜的通量由无孔区的分子扩散和微孔中的流动两部分组成,而气体分离中的双方式吸着迁移模型则认为组分在膜内的溶解由吸附和吸收两部分组成。前者符合朗格缪尔吸附定律,后者符合亨利定律。

(2) 取消了简单模型中的一些假设。例如,渗透汽化中,如果认为组分在膜中的溶解不能简单地用分配定律描述,而是用 Flory-Huggins 理论来描述,而且组分在膜中的扩散系数随浓度而变,那么所得模型就会复杂得多。

2. 膜外侧的传递

膜外侧的传递对整个膜过程有重要影响,这主要表现在两个方面:

(1) 膜外侧的传递影响浓差极化或温差极化的程度,进而影响膜的透过和分离性能;

(2) 在平行膜面沿流道方向上,由于流动阻力和物质不断透过膜,流体沿膜面的压力和压力梯度及平均流速和浓度都在变化,这种变化在大型膜器中尤其明显,由此引起的膜的透过和分离性能沿流道方向的变化就必须考虑。

3. 膜分离过程的传质强化

所谓传质强化就是提高膜的渗透通量。从描述膜内传递的模型和膜外传递的内容可以看出,提高膜的渗透通量基本途径有:改变膜本身的结构和性能以提高其渗透系数,提高传质推动力(如压差、电位差、浓度差等),改善膜外侧的流体流动状况以减轻极化程度。

9.2.3 微滤和超滤

微孔过滤简称为微滤,超过滤简称为超滤,它们都是以压差为推动力的膜分离过程。微滤为所有膜过程中应用最广、经济价值最大的技术,主要用于制药行业的过滤除菌和电子工业用超纯水的制备,目前正被引入更广泛的领域,如食品、饮用水生产和城市污水处理、工业废水处理、生物技术等领域。自 20 世纪 60 年代以来,超滤很快从一种实验规模的分离手段发展成为重要的工业单元操作技术,日益广泛地应用于食品、医药、新兴的生物技术及环保等领域。

1. 过程的分离机理

微滤和超滤一般采用多孔膜,以压差为推动力,二者从原理上来讲没有根本的区别,不同的是膜孔大小和压差高低。微滤的膜孔径为 0.05~10 μm,压差为0.015~0.2 MPa;而超滤的孔径为 0.001~0.05 μm,压差为 0.1~1 MPa,因而被分离的对象不同。如图 9-20 所示,在一定压力作用下,当含有高分子溶质 A 和低分子溶质 B 的混合溶液流过膜表面时,溶剂和小于膜孔的低分子溶质(如无机盐)透过膜成为渗透液被收集,大于膜孔的高分子溶质(有机胶体)则被膜截留而作为浓缩液被回收。通常,能截留相对分子质量 500 以上、10^6 以下分子的膜过程称为超滤,只能截留更大分子(通常被称为分散颗粒)的膜过程称为微滤。

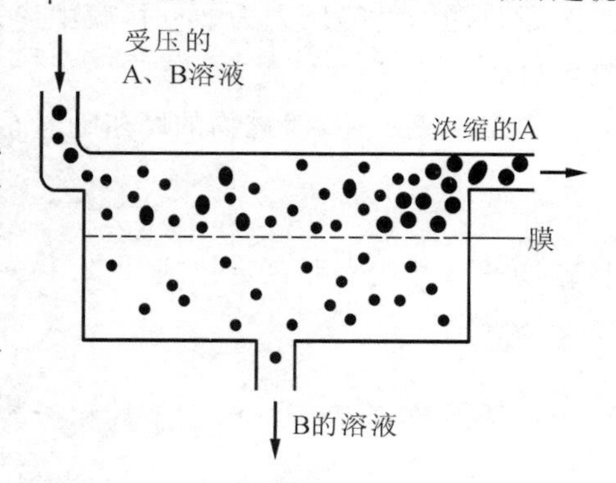

图 9-20 超滤器工作原理示意图

大分子物质或颗粒物被微滤或超滤分离的主要机理有:① 在膜表面及微孔内被吸附(一次吸附);② 溶质在膜孔中停留而被去除(阻塞);

③ 表面膜孔的机械截留(筛分)。一般认为物理筛分起主导作用。因此,膜孔的大小和形状对分离过程起主要作用,而膜的物化性质对分离性能影响不大。

由于微滤和超滤的分离机理主要是物理筛分作用,膜的化学性能对膜的分离特性影响不大,因此可用多孔膜模型描述其传质过程,具体可参见 9.2.2 中的相应内容,多孔体系中的渗流可用 Hagen-Poiseuille 或 Kozeny-Carman 方程描述。

2. 浓差极化与凝胶层阻力模型

对于超滤过程,被膜所截留的通常为大分子物质,大分子溶液的渗透压较小,由浓度变化引起的渗透压变化对分离过程的影响不大,可以不予考虑,但超滤过程中的浓差极化对通量的影响则十分明显。因此,浓差极化现象是超滤过程中予以考虑的一个重要问题。

超滤过程中的浓差极化现象及传递模型如图 9-21 所示。当含有不同大小分子的混合液流动通过膜面时,在压差的作用下,混合液中小于膜孔的组分透过膜,而大于膜孔的组分被截留。这些被截留的组分在紧邻膜表面形成浓度边界层,使边界层中的溶质浓度大大高于主体溶液中的浓度,形成由膜表面到主体溶液之间的浓度差。浓度差的存在导致紧靠膜面的溶质反向扩散到主体溶液中,这就是超滤过程中的浓差极化现象。在超滤过程中,一旦膜分离投入运行,浓差极化现象是不可避免的,但是可逆的。

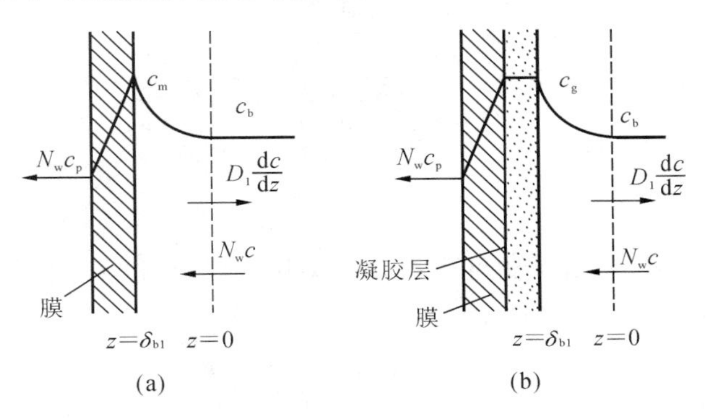

图 9-21　超滤过程中的浓差极化和凝胶层形成现象

(a) 浓差极化;(b) 凝胶层现象

如图 9-21(a)所示,达到稳态时超滤膜的物料衡算式为

$$N_w c_p = N_w c - D_1 \frac{dc}{dz} \tag{9.2.17}$$

式中:$N_w c_p$——从边界层透过膜的溶质通量,kmol/(m^2·s);

$N_w c$——对流传质进入边界层的溶质通量,kmol/(m^2·s);

D_1——溶质在溶液中的扩散系数,m^2/s。

根据边界条件 $z=0, c=c_b; z=\delta_{b1}, c=c_m$,对上式积分,可得

$$N_w = \frac{D_1}{\delta_{b1}} \ln \frac{c_m - c_p}{c_b - c_p} \tag{9.2.18}$$

式中:c_b——主体溶液中的溶质浓度,kmol/m^3;

c_m——膜表面的溶质浓度,kmol/m^3;

c_p——膜透过液中的溶质浓度,kmol/m^3;

δ_{b1}——膜的边界层厚度,m。

当以摩尔分数表示时,浓差极化模型方程变为

$$\ln \frac{x_m - x_p}{x_b - x_p} = \frac{N_w \delta_{b1}}{D_1} \tag{9.2.19}$$

当 $x_p \ll x_b$ 和 x_m 时,上式可简化为

$$\frac{x_m}{x_b} = \exp\left(\frac{N_w \delta_{b1}}{D_1}\right) \tag{9.2.20}$$

式中:x_m/x_b——浓差极化比,其值越大,浓差极化现象越严重。

在超滤过程中,由于被截留的溶质大多为胶体和大分子物质,这些物质在溶液中的扩散系数很小,溶质向主体溶液中的反向扩散通量远比渗透速率低。因此,在超滤过程中,浓差极化比通常很高。当胶体或大分子溶质在膜表面上的浓度超过其在溶液中的溶解度时,便会在膜表面形成凝胶层,如图 9-21(b)所示,此时的浓度称为凝胶浓度(c_g)。

膜面上凝胶层一旦形成,膜表面上的凝胶层溶质浓度和主体溶液溶质浓度梯度即达到最大值。若再增加超滤压差,则凝胶层厚度增加而使凝胶层阻力增加,所增加的压力为增厚的凝胶层阻力所抵消,致使实际渗透速率没有明显增加。因此,一旦凝胶层形成,渗透速率就与超滤压差无关了。

对于有凝胶层存在的超滤过程,常用阻力模型表示。若忽略溶液的渗透压,膜材料阻力为 R_m,浓差极化层阻力为 R_p,凝胶层阻力为 R_g,则有

$$N_w = \frac{\Delta p}{\mu(R_m + R_p + R_g)} \tag{9.2.21}$$

由于 $R_g \gg R_p$,有

$$N_w = \frac{\Delta p}{\mu(R_m + R_g)} \tag{9.2.22}$$

滤饼层的阻力 R_c 等于滤饼层比阻 r_c 与滤饼厚度 L_c 的乘积。当滤饼为不可压缩时,滤饼比阻可用 Kozeny-Carman 方程计算,得

$$r_c = 180 \frac{(1-\varepsilon)^2}{d_p^2 \varepsilon^3} \tag{9.2.23}$$

式中:d_p——溶质颗粒的直径,m;

ε——滤饼层的空隙率。

滤饼的厚度 L_c 的计算式为

$$L_c = \frac{m_s}{\rho_s(1-\varepsilon)A} \tag{9.2.24}$$

式中:m_s——滤饼质量,kg;

ρ_s——溶质密度,kg/m^3;

A——膜面积,m^2。

9.2.4 反渗透和纳滤

反渗透和纳滤是借助于半透膜对溶液中低相对分子质量溶质的截留作用,以高于溶液渗透压的压差为推动力,使溶剂渗透过半透膜。反渗透和纳滤在本质上非常相似,分离所依据的原理也基本相同。两者的差别仅在于所分离的溶质的大小和所用压差的高低。反渗透常用于截留溶液中的盐或其他小分子物质,压差与溶液中的溶质浓度有关,一般为 2~10 MPa;纳滤介于反渗透和超滤之间,脱盐率及操作压力(0.5~1 MPa)通常比反渗透低,一般用于分离溶液中相对分子质量为几百至几千的物质。事实上,反渗透和纳滤膜分离过程可视为介于多孔

膜(用于微滤、超滤)与致密膜(用于渗透汽化、气体分离)之间的过程。

目前,反渗透的应用领域已从最初的海水或苦咸水的脱盐淡化,发展到超纯水预处理、废水处理,以及化工、食品、医药、造纸工业中某些有机物、无机物的分离。纳滤是在反渗透的基础上发展起来的,由于其使用的膜具有离子选择性,它比反渗透更适宜用于水的净化和软化、市政废水处理和某些工业废水处理。

1. *反渗透和溶液渗透压*

如图 9-22(a)所示,用一张只能让溶剂(水)分子透过而溶质无法透过的半透膜将纯水与咸水分开,则水分子将从纯水一侧通过膜向咸水一侧透过,导致咸水一侧的液面上升,直到某一高度为止,这个过程称为渗透过程,它是一种自发过程。故渗透可定义为一种溶剂(水)通过一种半透膜进入一种溶液或者是从一种稀溶液向一种较浓的溶液的自然渗透。

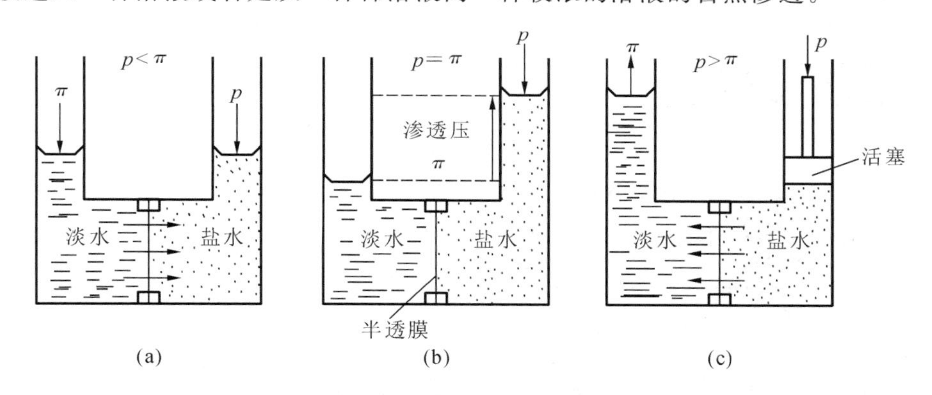

图 9-22　渗透与反渗透现象

(a) 正常渗透;(b) 渗透平衡;(c) 反渗透

根据热力学原理,在某一温度和压力下,咸水中水的化学位可表示为

$$\mu_w = \mu_w^\circ + RT\ln x + V_w p$$

式中:μ_w、μ_w°——分别为指定温度、压力下咸水和纯水中水的化学位;

x——咸水中水的摩尔分数;

R——理想气体的摩尔气体常数,8.314 J/(mol·K);

T——溶液的绝对温度,K;

V_w——水的摩尔体积,m^3/mol;

p——压力,Pa。

由于咸水中水的摩尔分数 $x<1$,则 $\ln x<0$,故 $\mu_w^\circ>\mu_w$,即纯水的化学位高于咸水的化学位,水分子正是在化学位差的作用下,从化学位高的一侧向低的一侧渗透。当在咸水一边加上一个适当的压力时,便可使这种自然现象停止,这个使水分子由纯水向咸水渗透停止的压力称为溶液渗透压。当自然渗透现象停止时,渗透达到平衡,如图 9-22(b)所示。

当咸水一侧施加的压力 p 大于该溶液的渗透压 π 时,渗透与自然渗透方向相反,即咸水中的水分子透过半透膜到纯水中,这种和自然正常渗透相反的过程称为反渗透,如图 9-22(c)所示。由此可知,要实现反渗透过程,必须具备两个条件:① 选择性透过溶剂的膜;② 膜两边的压差必须大于其渗透压差。

由上可知,溶液渗透压是反渗透过程中非常重要的数据。任何溶液都有相应的渗透压,其值取决于一定溶液中溶质的分子数,与溶质性质无关。对于理想溶液,可用扩展的范特霍夫方程计算其渗透压,即

$$\pi = TR\sum_{i=1}^{n} c_i \tag{9.2.25}$$

式中：π——溶液的渗透压，Pa；

c_i——溶质 i 组分的物质的量浓度，mol/m^3；

n——溶液中的组分数。

对于实际的电解质溶液，可在范特霍夫方程中引入渗透压系数 φ_i 来修正其非理想性，即

$$\pi = \varphi_i c_i TR \tag{9.2.26}$$

当溶液浓度较低时，绝大部分电解质溶液的 φ_i 值接近 1。当溶液浓度增大时，φ_i 值随电解质类型的不同，会出现增大、不变和减少三种可能。对 NH_4Cl、$NaCl$、KI 等一类溶液，其系数基本上不随浓度而变；对 $MgCl_2$、$MgBr_2$、CaI_2 等一类溶液，φ_i 随溶液浓度的增加而增大；而对 NH_4NO_3、KNO_3、Na_2SO_4、$AgNO_3$ 等一类溶液，φ_i 则随溶液浓度的增加而降低。有 140 余种电解质水溶液在 25 ℃时的渗透压系数可供使用。

在实际应用中，常用以下简化方程计算：

$$\pi = wx_i \tag{9.2.27}$$

式中：x_i——溶质 i 组分的摩尔分数；

w——常数，某些代表性溶质-水体系的 w 值见表 9-6。

表 9-6　一些溶质-水体系的 w 值(25 ℃)

溶质	w /10³ MPa	溶质	w /10³ MPa	溶质	w /10³ MPa	溶质	w /10³ MPa
尿素	0.135	NH_4Cl	0.248	K_2SO_4	0.306	$CaCl_2$	0.368
甘糖	0.141	$LiCl$	0.258	$NaNO_3$	0.247	$BaCl_2$	0.353
砂糖	0.142	$LiNO_3$	0.258	$NaCl$	0.255	$Mg(NO_3)_2$	0.365
$CuSO_4$	0.141	KNO_3	0.237	Na_2SO_4	0.307	$MgCl_2$	0.370
$MgSO_4$	0.156	KCl	0.251	$Ca(NO_3)_2$	0.340		

2. 反渗透和纳滤过程的传质机理

反渗透和纳滤使用复合膜，其过程如图 9-23 所示，大致分为三步：水从料液主体传递到膜的表面；从膜表面进入膜的分离层，并渗透过分离层；从膜的分离层进入支撑层的孔道，然后流出膜。与此同时，少量的溶质也可以透过膜而进入透过液中，这一过程取决于膜的质量。

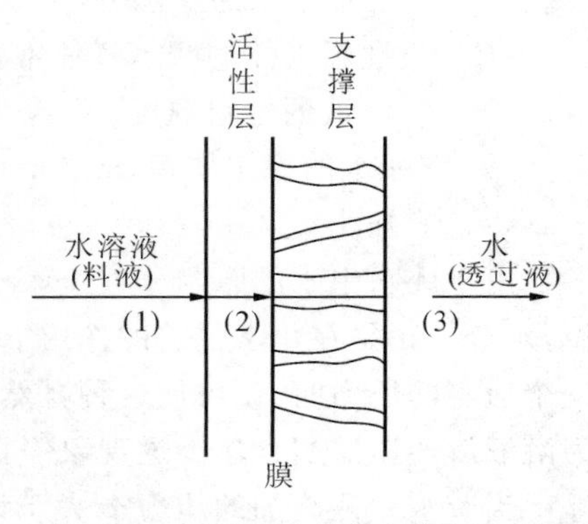

图 9-23　反渗透和纳滤过程示意图

关于水透过反渗透和纳滤膜的过程的传质机理研究甚多，自 20 世纪 50 年代末以来，学者们先后提出了各种透过机理和模型，现将目前流行的几种不对称膜透过机理简介如下。

1) 优先吸附-毛细孔流机理

1960 年，Sourirajan 在 Gibbs 吸附方程基础上，提出了解释反渗透现象的优先吸附-毛细孔流机理，认为膜的表面是不均匀的和多孔的。水被优先吸附在膜表面层后，在压差推动下，就有可能通过膜的毛细管连续进入透过液中。

优先吸附-毛细孔流模型如图 9-23 所示，当氯化钠水溶液与膜表面接触时，如果膜的物化

性质使膜对水具有选择性吸水斥盐的作用，则在膜与溶液界面附近的溶质浓度就会急剧下降，而在膜界面上形成一层吸附的纯水层。在压力的作用下，优选吸附的水就会渗透通过膜表面的毛细孔，从而从水溶液中获得纯水。

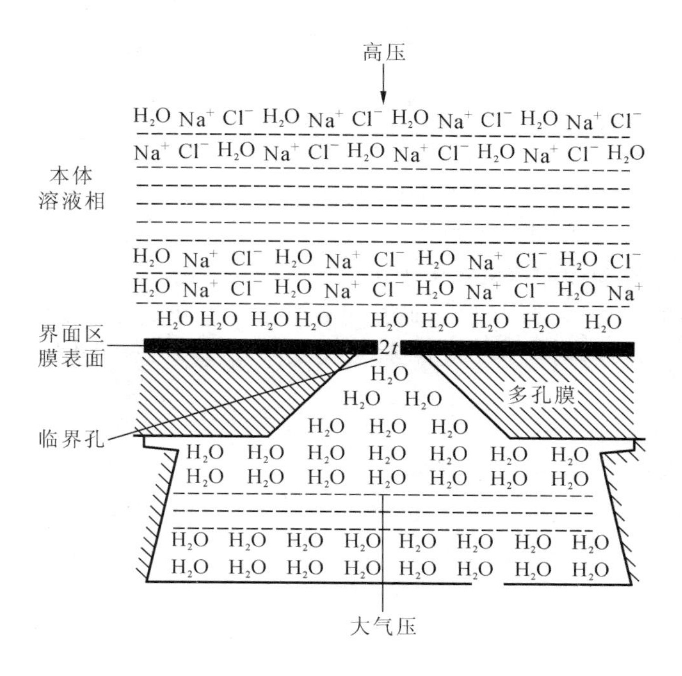

图 9-24　优先吸附-毛细孔流模型

纯水层的厚度与溶质和膜表面的化学性质有关。当膜表皮层的毛细孔孔径接近或等于纯水层厚度 t 的两倍时，该膜的分离效果最佳，能获得最高的渗透通量；当膜孔径大于 $2t$ 时，溶质就会从膜孔的中心泄漏出去，因此，$2t$ 称为膜的临界孔径。

2）溶解-扩散机理

与优先吸附-毛细孔流模型不同，溶解-扩散模型认为膜是致密的，溶剂和溶质透过膜的机理是由于溶剂与溶质在膜中的溶解，然后在化学位差的推动力下，从膜的一侧向另一侧进行扩散，直至透过膜。溶质和溶剂在膜中的扩散服从菲克定律。物质的渗透能力取决于扩散系数和其在膜中的溶解度。

根据该模型，水的渗透速率或渗透体积通量 N_V 的计算式如下：

$$N_V = K_w(\Delta p - \Delta\pi) \tag{9.2.28}$$

$$K_w = \frac{D_{wm}C_wV_w}{RT\delta}$$

式中：N_V——水的体积通量，$m^3/(m^2 \cdot s)$；

Δp——膜两侧压差，Pa；

$\Delta\pi$——溶液渗透压差，Pa；

D_{wm}——溶剂在膜中的扩散系数，m^2/s；

C_w——溶剂在膜中的溶解度，m^3/m^3；

V_w——溶剂的摩尔体积，m^3/mol；

δ——膜厚，m；

K_w——水的渗透系数,是溶解度和扩散系数的函数。对反渗透过程,其值为 $6\times10^{-4}\sim3\times10^{-2}$ $m^3/(m^2\cdot h\cdot MPa)$;对纳滤而言,其值为 $0.03\sim0.2$ $m^3/(m^2\cdot h\cdot MPa)$。

在方程推导中,假定 D_{wm}、C_w 以及 V_w 与压力无关,这在压力低于 15 MPa 时一般是成立的。

溶质的扩散通量可近似地表示为

$$N_n = D_{Am}\frac{dc_{Am}}{dz} \tag{9.2.29}$$

式中:N_n——溶质 A 的摩尔通量,$kmol/(m^2\cdot s)$;

D_{Am}——溶质 A 在膜中的扩散系数,m^2/s;

c_{Am}——溶质 A 在膜中的浓度,$kmol/m^3$。

由于膜中溶质的浓度 c_{Am} 无法测定,通常用溶质在膜和液相主体之间的分配系数 k 与膜外溶液的浓度来表示,假设膜两侧的 k 值相等,于是式(9.2.29)可表示为

$$N_n = D_{Am}k_A\frac{c_{AF}-c_{AP}}{\delta} = K_A(c_{AF}-c_{AP}) \tag{9.2.30}$$

式中:k_A——溶质 A 在膜和液相主体之间的分配系数;

c_{AF}、c_{AP}——膜上游溶液中和透过液中溶质的浓度,$kmol/m^3$;

K_A——溶质 A 的渗透系数,m/s。

对以 NaCl 为溶质的反渗透过程,K 值的范围是 $5\times10^{-8}\sim5\times10^{-4}$ m/h,截留性能好的膜 K 值较低。溶质渗透系数 K 是扩散系数 D 和分配系数 k 的函数。

通常情况下,只有当膜内浓度与膜厚度呈线性关系时,式(9.2.30)才成立。经验表明,溶解-扩散模型适用于溶质浓度低于 15%的膜的传递过程。在许多场合下膜内浓度场是非线性的,特别是在溶液浓度较高且对膜具有较高溶胀度的情况下,模型的误差较大。

从式(9.2.28)可以看出,水通量随着压力升高呈线性增加,而从式(9.2.30)可见,溶质通量几乎不受压差的影响,只取决于膜两侧的浓度差。

3) 氢键理论

氢键理论是由 Reid 等人提出的,能比较好地解释醋酸纤维素膜的透过机理。该理论是基于水分子能够通过膜的氢键的结合而发生联系并进行传递,从而通过这些联系发生线形排列型的扩散来进行传递。如图 9-25 所示,在压力作用下,溶液中的水分子和醋酸纤维素的活化点(羧基上的氧原子)形成氢键,而原来水分子形成的氢键被断开,水分子解离出来并随之转移到下一个活化点,并形成新的氢键。通过这一连串的氢键的形成与断开,水分子通过膜表面的致密活性层进入膜的多孔层,由于多孔层含有大量的毛细管水,水分子能畅通流至膜外。

目前一般认为,溶解-扩散机理能较好地说明反渗透膜透过现象,当然优先吸附-毛细孔流机理和氢键理论也能够对膜的透过机理进行解释。此外,还有扩散-细孔流理论、结合水-空穴有序理论等。

3. 反渗透和纳滤膜过程的计算

1) 膜通量

根据上面介绍的溶解-扩散模型,溶剂通量和溶质通量可由下面的式子计算。

溶剂通量:
$$N_V = K_w(\Delta p-\Delta\pi) = K_w\{\Delta p-[\pi(x_{AF})-\pi(x_{AP})]\} \tag{9.2.31}$$

溶质通量:
$$N_n = K_A(c_{AF}x_{AF}-c_{AP}x_{AP}) \tag{9.2.32}$$

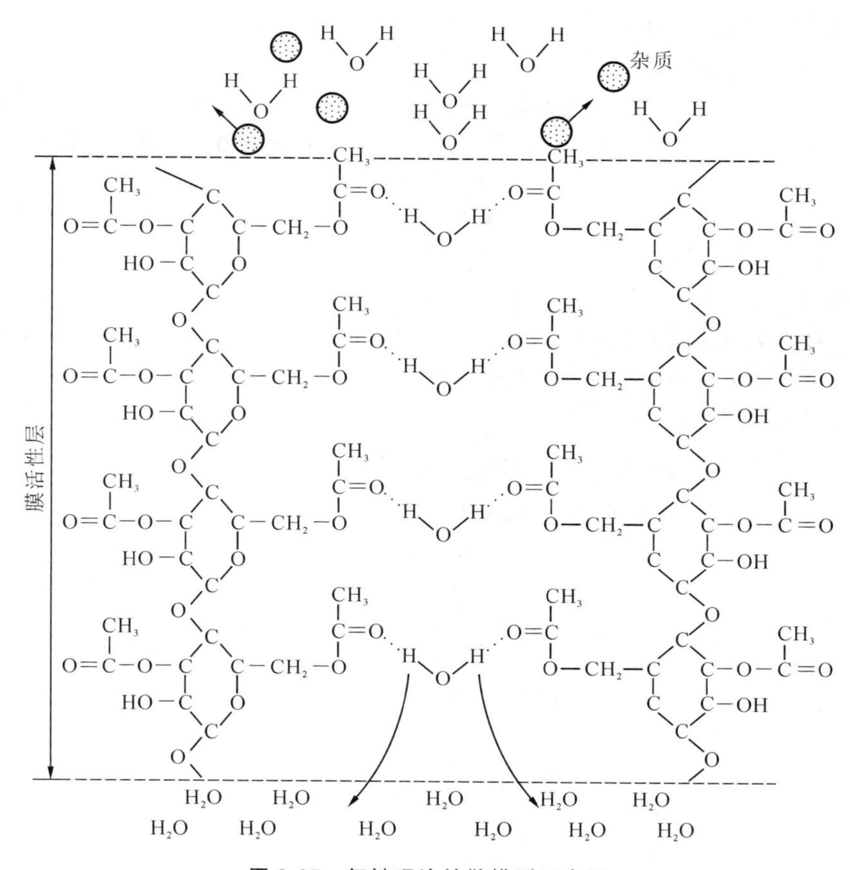

图 9-25　氢键理论扩散模型示意图

式中：K_A——同式(9.2.30)；

c_{AF}、c_{AP}——膜两侧溶液总物质的量浓度，kmol/m^3，若过程有浓差极化现象存在，则 c_{AF} 为紧靠膜表面的溶液浓度；

x_{AF}、x_{AP}——分别为膜两侧溶液中溶质的摩尔分数。

2) 截留率

反渗透或纳滤过程对溶质的截留率(或称脱盐率)可由式(9.2.1)计算，即

$$\beta=\frac{c_F-c_P}{c_F}$$

根据式(9.2.28)，如果压力增加，水通量增加，将导致渗透物中的溶质浓度下降，即膜对溶质的截留率提高。当 $\Delta p\to\infty$时，截留率 β 达最大值。又因为 $c_P=N_n/N_V$，根据式(9.2.28)和式(9.2.30)，则截留率 β 可表示为

$$\beta=\frac{K_w(\Delta p-\Delta\pi)}{K_w(\Delta p-\Delta\pi)+K_A} \tag{9.2.33}$$

由式(9.2.33)可知，膜材料的选择性渗透系数 K_w 和 K_A 直接影响分离效率。要实现高效分离，系数 K_w 应尽可能地大，而 K_A 尽可能地小。也就是说，膜材料必须对溶剂的亲和力强，而对溶质的亲和力弱。因此，在反渗透过程中，膜材料的选择十分重要。这与微滤和超滤有明显区别。对于微滤和超滤，膜孔尺寸决定分离性能，而膜材料的选择主要考虑其化学稳定性。

对于大多数反渗透膜,其对氯化钠的截留率大于98%,某些甚至高达99.5%。

3) 过程回收率

在反渗透过程中,由于受溶液渗透压、黏度等的影响,原料液不可能全部成为透过液,因此透过液的体积总是小于原料液体积。通常把透过液与原料液体积之比称为回收率(η),即

$$\eta = \frac{V_P}{V_F} \tag{9.2.34}$$

式中:V_P、V_F——透过液和原料液的体积,m^3。

一般情况下,海水淡化的回收率为30%~45%,纯水制备的回收率为70%~80%。

例9-3 利用反渗透膜脱盐,操作温度为25 ℃,进料侧的水中NaCl质量分数为1.8%,压力为6.896 MPa,渗透侧的水中NaCl质量分数为0.05%,压力为0.345 MPa。所采用的特定膜对水和盐的渗透系数分别为$1.085\ 9\times10^{-7}$ L/(cm^2·s·MPa)和1.6×10^{-5} cm/s。假设膜两侧的传质阻力可忽略,水的渗透压可用$\pi = RT\sum c_i$计算,c_i为水中溶解离子或非离子物质的物质的量浓度。试分别计算出水和盐的通量。

解

$$进料侧盐浓度=\frac{1.8\times1\ 000}{58.5\times98.2}=0.313(\text{mol/L})$$

$$透过侧盐浓度=\frac{0.05\times1\ 000}{58.5\times99.95}=0.008\ 55(\text{mol/L})$$

$$\Delta p=6.896-0.345=6.551(\text{MPa})$$

若不考虑过程的浓差极化,则

$$\pi_{进料侧}=\frac{8.314\times298\times2\times0.313}{1\ 000}=1.55(\text{MPa})$$

$$\pi_{出料侧}=\frac{8.314\times298\times2\times0.008\ 55}{1\ 000}=0.042(\text{MPa})$$

$$\Delta p-\Delta\pi=6.551-(1.55-0.042)=5.043(\text{MPa})$$

已知$K_w=1.085\ 9\times10^{-7}$ L/(cm^2·s·MPa),则水通量为

$$N_V=K_w(\Delta p-\Delta\pi)=1.085\ 9\times10^{-7}\times5.043$$
$$=5.48\times10^{-7}[\text{L/(cm}^2\cdot\text{s)}]$$

又

$$\Delta c=0.313-0.008\ 55=0.304(\text{mol/L})$$

则盐的通量为

$$N_{NaCl}=1.6\times10^{-5}\times0.000\ 304=4.85\times10^{-12}[\text{mol/(cm}^2\cdot\text{s)}]$$

9.2.5 电渗析

电渗析是在电场力作用下,溶液中的反离子发生定向迁移并通过膜,以达到去除溶液中离子的一种膜分离过程。所采用的膜为荷电的离子交换膜。目前电渗析已大规模用于苦咸水脱盐、纯净水制备等,也可以用于工业废水处理、有机酸的分离与纯化、医药制造等。此外,电渗析还在革新工艺、水资源的综合利用和治理污水、消灭公害等方面展示了广阔的应用前景。

1. 电渗析的基本原理

如图9-26所示,在阴极和阳极之间交替地平行放置着一系列阳离子交换膜(以CM表示,只允许阳离子透过)和阴离子交换膜(以AM表示,只允许阴离子透过),相应地构成交替排列的淡水室(D)和浓水室(C)。含NaCl等电解质的原水平行送入隔室,所有隔室内的初始阳离

子和初始阴离子浓度都均匀一致，且达到电的平衡状态。当加上直流电压后，在直流电场的作用下，淡水室中带正电的钠离子趋向阴极，在通过阳膜后被浓水室的阴膜阻挡而留在浓水室中；而淡水室中带负电的氯离子趋向阳极，在通过阴膜后被浓水室的阳膜阻挡，也被留在浓水室中。于是淡水室中的盐浓度逐渐下降，而浓水室中的盐浓度则逐渐上升。收集淡水室和浓水室的水，分别得到淡水和浓水。

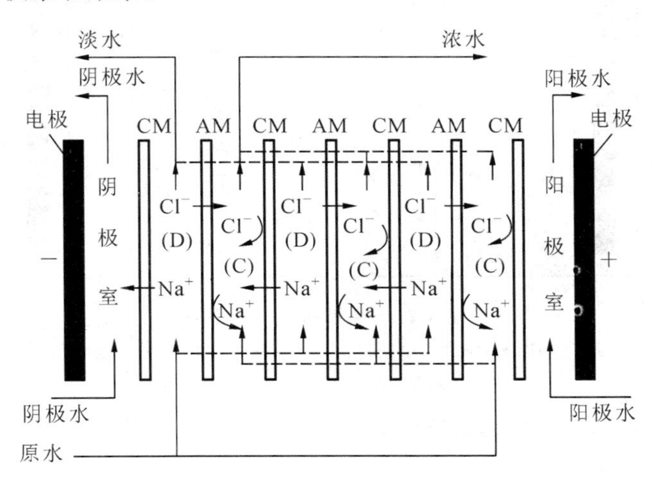

图 9-26　电渗析的原理示意图

CM—阳离子交换膜；AM—阴离子交换膜

同时，在阳极和阴极还会产生下列电极反应：

阳极
$$2Cl^- \longrightarrow Cl_2 + 2e^- \tag{9.2.35}$$

$$H_2O \longrightarrow \frac{1}{2}O_2 + 2H^+ + 2e^- \tag{9.2.36}$$

阴极
$$H_2O + 2e^- \longrightarrow H_2 + OH^- \tag{9.2.37}$$

由上述电极反应可知，阳极室产生 H^+，阴极室产生 OH^-，故阳极水呈酸性，阴极水呈碱性。

2. 电渗析中的传递过程

在电渗析除盐过程中，除了上面所讨论的主要过程(即反离子的迁移)外，有时还伴随着一些与主要过程相反的次要过程发生，所以说电渗析是包含多种变化的复杂过程。以 NaCl 水溶液的电渗析过程为例的复杂迁移过程如图 9-27 所示。

1）反离子迁移

反离子迁移指与离子交换膜上固定离子的电荷符号相反的离子通过膜的传递。在电场力作用下，除盐室中带正、负电荷的反离子(即 Na^+ 和 Cl^-)分别选择透过阳膜和阴膜迁移到浓水室中去，达到了淡水室除盐的目的。因此，反离子的迁移是电渗析的主要过程。

2）同性离子迁移

同性离子迁移指与离子交换膜上固定离子的电荷符号相同的离子通过膜的传递。发生这种离子的迁移是由于离子交换膜的选择性不可能达到 100%，以及膜外溶液中同性离子浓度过高而引起的。但是，与反离子迁移相比，同性离子的迁移数一般很小，同性离子的迁移方向与浓度梯度方向相反，因而降低了电渗析过程的效率。

3）电解质的浓差扩散

随着电渗析过程的进行，浓水室中的 NaCl 浓度高于淡水室中的浓度，因此，必然出现浓差扩散现象，NaCl 从浓水室扩散入淡水室，其扩散速度随两室浓度差的提高而增大。由此可

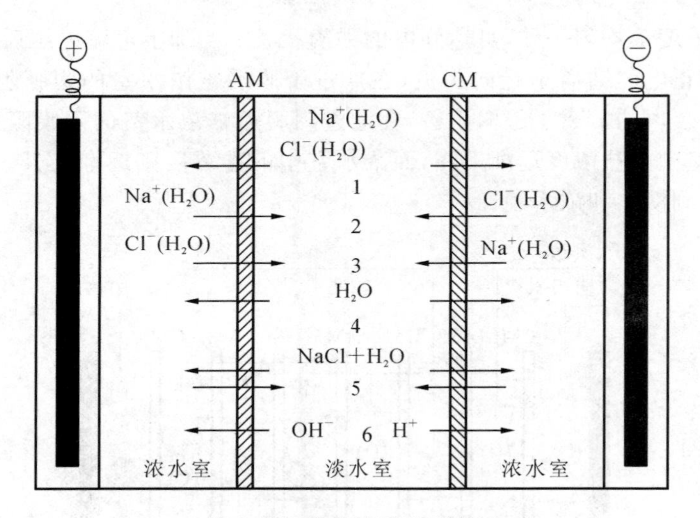

图 9-27 电渗析过程示意图

1—反离子迁移;2—同性离子迁移;3—电解质的浓差扩散;4—水的电渗析;
5—压差渗漏;6—水的解离;AM—阴膜;CM—阳膜

见,浓差扩散也降低了电渗析过程的效率。

4) 水的渗透

由于浓水室和淡水室之间存在浓度差,因此会产生渗透压差,使淡水室的水向浓水室渗透,这样就有损于淡水室中的淡水质量,降低淡水产量,也就相当于增加了除盐的电耗和降低了电流效率。

5) 水的电渗透

电解质的阴、阳离子都是以水合状态存在的,称水合离子。在电场力作用下,阴、阳离子带着各自的结合水一起通过膜进入浓水室,同时,同性离子也带着结合水进入淡水室,这就是水的电渗透。但由于反离子的迁移量大于同性离子的迁移量,所以总的结果是使淡水室中的水量减少,降低了电流效率。

6) 压差渗漏

当膜两侧存在压差时,较高压力侧的溶液会向较低压力侧渗漏。若浓水室压力较大,则浓水会向淡水室渗透而影响产品水的质量;若淡水室压力大,就会损失淡水。但在实际的电渗析操作中,一般淡水室的进水压力稍高于浓水室的进水压力,以保证淡水的质量。

7) 水的解离

当发生浓差极化时,膜液界面附近的离子浓度会降低至零,而主体溶液中的离子来不及补充到界面,导致膜液界面水分子在高电位梯度作用下解离成 H^+ 和 OH^- 并参与传导电流。这种现象不但影响水的质量,而且也增加电耗、降低电流效率。

3. 离子交换膜

1) 结构和分类

离子交换膜被誉为电渗析的“心脏”,它是一种由高分子材料制成的具有离子交换基团的薄膜,其化学结构与离子交换树脂相同,如图 9-28 所示。例如,磺酸型阳离子交换膜的结构可表示为 $R-SO_3H$,其中 R 为膜基;$-SO_3H$ 为活性基团,其中的 $-SO_3^-$ 为固定基团,H^+ 为可解离离子。在水溶液中,可解离离子是可自由移动的,为可动离子,因其所带电荷与固定离子相反,故又称反离子。与固定电荷相同的可动离子称为同性离子或同名离子。

离子交换膜 { 基膜(或称骨架)高分子化合物；活性基团 { 固定基团(或称固定离子)；可解离离子(或称反离子) } }

图 9-28　离子交换膜的结构组成

离子交换膜的种类很多,可按活性基团、结构特点和制膜材料加以分类。

(1) 按膜中所含活性基团的特性,可分为阳离子交换膜(简称阳膜)、阴离子交换膜(简称阴膜)和特种离子交换膜(简称特种膜)三大类,如表 9-7 所示。阳膜中含有带负电的酸性活性基团,能选择性透过阳离子,而不让阴离子透过。阴膜中含有带正电的碱性活性基团,能选择性透过阴离子而不让阳离子透过。特种膜是阳、阴离子活性基团在一张膜内均匀分布的两性离子交换膜,包括以下几种方式:带正电荷的膜与带负电荷的膜两张贴在一起的复合离子交换膜(亦称双极膜);部分正电荷与部分负电荷并列存在于膜的厚度方向的镶嵌离子交换膜;在阳膜或阴膜表面上涂一层阴或阳离子交换树脂的表面涂层膜等。

表 9-7　离子交换膜的种类

膜的大类	细分类型
阳离子交换膜(含带负电的酸性活性基团,可解离出阳离子)	强酸型:如磺酸型($—SO_3H$)
	中等酸型:如磷酸型($—OPO_3H_2$)、膦酸型($—PO_3H_2$)、亚膦酸型($—PO_2H_2$)
	弱酸型:如羧酸型(—COOH)、苯酚型($—C_6H_4OH$)
阴离子交换膜(含带正电的碱性活性基团,可解离出阴离子)	强碱型:如季铵型[$—N(CH_3)_3OH$]
	中等碱型:如叔胺型($—NR_2$)
	弱碱型:如伯胺型($—NH_2$)、仲胺型(—NHR)
特种膜	对特定离子具有选择透过性或排斥性的两性离子交换膜,如双极膜、表面涂层膜、镶嵌离子交换膜等

(2) 按膜体结构(或制造工艺)可分为异相膜、均相膜和半均相膜。异相膜是由离子交换剂的细粉末和黏合剂混合、经加工制成的薄膜,其中含有离子交换活性基团部分和成膜状结构的黏合剂部分。由这种方式形成的膜化学结构是不连续的,故称异相膜或非均相膜。这类膜制造容易,价格便宜,但一般选择性较差,膜电阻也大;均相膜是由具有离子交换基团的高分子材料直接制成的膜,或者是在高分子膜基础上直接接上活性基团而制成的膜。这类膜中离子交换活性基团与成膜高分子材料发生化学结合,其组成均匀,故称为均相膜。这类膜具有优良的电化学性能和物理性能,是近年来离子交换膜的主要发展方向。半均相膜的结构和性能介于异相膜和均相膜之间。这种膜的成膜高分子材料与离子交换活性基团组合得十分均匀,但它们之间并没有形成化学结合。例如,将离子交换树脂和成膜的高分子黏合剂溶于同一溶剂中,然后用流延法制成的膜,就是半均相膜。

(3) 按材料性质可分为有机离子交换膜和无机离子交换膜。有机离子交换膜由各种高分子材料合成,目前使用最多的有磺酸型阳离子交换膜和季铵型阴离子交换膜;无机离子交换膜是用无机材料制成的,具有热稳定、抗氧化、耐辐射等特点,如磷酸锆和矾酸铝材料是一类新型膜,常在特殊场合使用。

2) 选择透过性

离子交换膜的选择透过性是电渗析除盐过程的关键,但这种膜的选择透过性的产生与膜本身的结构有关:其一是膜上孔隙的作用;其二是膜上离子基团的作用。

膜中孔隙是离子通过膜的大门和通道。在膜的高分子键之间有一足够大的孔隙,以容纳离子的进出和通过。这些孔隙从正面看是直径为 $10^{-7}\sim10^{-6}$ m 的微孔;从膜侧面看是一根根弯弯曲曲的通道,其长度要比膜的厚度大得多。只有水合半径小于膜孔的离子才能通过膜,这种作用称为筛分作用。

仅有膜孔筛分作用,还构不成离子交换膜独特的选择透过性,这种独特的选择透过性得归功于膜上的离子基团,可用固定电荷理论和与此密切相关的 Donnan 膜平衡理论相结合来解释。

离子交换膜是高分子电解质,在网状的高分子链上分布着可解离的活性基团。当离子交换膜浸入水溶液时,膜吸水溶胀,促使活性基团解离,产生的反离子进入水溶液,于是,在膜上留下了带有一定电荷的固定基团,其所带的电荷称为固定电荷。这些存在于膜孔隙中的固定电荷,好比狭长通道上的一个个卫士,对进入的离子依据同性相斥、异性相吸的原理进行鉴别和选择。膜的选择透过性就是由膜上的固定离子吸引反离子和排斥同性离子而产生的,这就是固定电荷理论。

按照固定电荷理论,离子交换膜对同性离子的截留应该达到百分之百,但实际并非如此。下面以聚苯乙烯磺酸钠型阳离子交换膜为例,进一步论述离子交换膜的选择透过性机理。

聚苯乙烯磺酸钠型阳离子交换膜由聚苯乙烯骨架及其上不动的磺酸基团($-SO_3^-$)阴离子和可移动的 Na^+ 阳离子组成。将其置于 NaCl 水溶液中,待一定时间后达到平衡状态,如图9-29 所示。

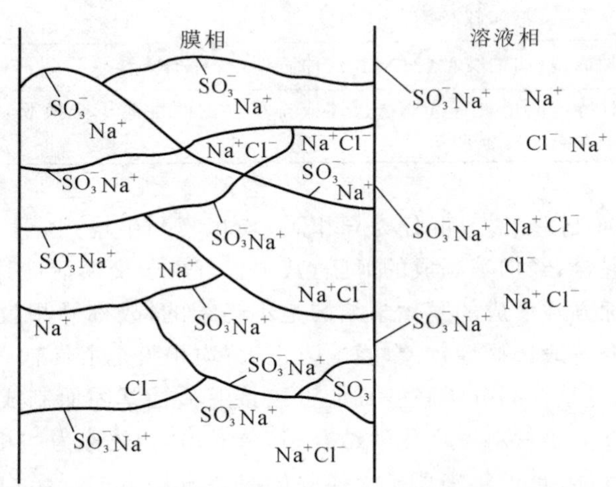

图 9-29　聚苯乙烯磺酸钠和 NaCl 水溶液的 Donnan 平衡现象

若在膜两侧加直流电压,则在电场力作用下,Na^+ 和 Cl^- 透过膜而发生相反方向的迁移。以阳膜为例,膜中带负电荷的固定基团($-SO_3^-$)对 Cl^- 具有排斥作用,阻止其进入膜内,而反离子(Na^+)则被吸引,可自由进入膜内并透过膜,所以膜内的固定电荷决定了这种选择透过性。

设膜内的固定阴离子的浓度为$[A^-]$,膜内 Na^+ 和 Cl^- 的浓度分别为$[Na^+]_1$ 和$[Cl^-]_1$,膜外 Na^+ 和 Cl^- 的浓度分别为$[Na^+]_2$ 和$[Cl^-]_2$。根据电中性原理,则有

$$[A^-]+[Cl^-]_1=[Na^+]_1,\quad [Na^+]_2=[Cl^-]_2$$

平衡(或称 Donnan 膜平衡)时,膜内外相的化学位相等,可以推导得

$$[Na^+]_2 > [Cl^-]_1, \quad [Cl^-]_1 < [Cl^-]_2 \tag{9.2.38}$$

当$[A^-] \gg [Cl^-]_2$时，则$[Na^+]_1 \gg [Na^+]_2$，而$[Cl^-]_1 \ll [Cl^-]_2$。这就是说，阳膜中的Cl^-浓度远低于外部 NaCl 溶液中Cl^-的浓度，而Na^+浓度远高于外部 NaCl 溶液中的Na^+浓度，即阳膜具有排斥阴离子和吸引阳离子的作用。膜内固定电荷($-SO_3^-$)的这种排斥同性离子和吸引反离子的效应就是选择透过性。

由于 Donnan 膜平衡的存在，外相电解质必然要进入膜以满足平衡的要求，所以具有100%的理想选择透过性的膜是不存在的。

离子交换膜的选择透过性用选择透过率 P 表示，可借助测定反离子的迁移数而计算得到，而反离子的迁移数又可通过测定膜电位而计算得到，其关系式为

$$P_+ = \frac{\bar{t}_+ - t_+}{1 - t_+} \times 100\% \tag{9.2.39}$$

或

$$P_- = \frac{\bar{t}_- - t_-}{1 - t_-} \times 100\% \tag{9.2.40}$$

$$\bar{t}_+ \text{（或 } \bar{t}_-\text{）} = \frac{E + E_0}{2E_0} \tag{9.2.41}$$

式中：P_+、P_-——阳膜和阴膜的选择透过率；

t_+、t_-——阳离子和阴离子在溶液中的迁移数；

$\bar{t}_+$、$\bar{t}_-$——阳离子和阴离子在膜内的迁移数；

E、E_0——一定温度时测定的膜电位和理论计算得到的膜电位。

3) 对离子交换膜的性能要求

离子交换膜是电渗析装置的关键部件，其性能的优劣将直接影响装置的性能。在选择使用时，一般应考虑如下几个方面的性能。

(1) 较高的选择透过性。这是衡量离子交换膜性能优劣的重要指标。一般要求阳膜对阳离子的选择性迁移数大于 0.9，对阴离子迁移数则小于 0.1；反之，对阴膜也有同样的要求。随着溶液浓度的增高，膜的选择透过性下降，因此希望在浓度高的溶液中，离子交换膜仍具有良好的选择透过性。

(2) 较低的离子反扩散和渗水性。在电渗析过程中，同性离子的迁移和浓差扩散以及水的各种渗透过程都不利于水的脱盐，故应尽可能地减小这些过程的影响。控制膜的交联度可减弱离子反扩散和渗水性。

(3) 较低的膜电阻。在电渗析过程中，膜电阻应小于溶液的电阻。如果膜的电阻太大，将会导致电渗析效率降低。通常可通过减小膜的厚度、提高膜的交换容量和降低膜的交联度来降低膜电阻。

(4) 较高的机械强度。为使离子交换膜在一定的压力和拉力下不发生变形或裂纹，膜必须具有较高的机械强度和韧性。

(5) 较好的化学稳定性。离子交换膜应具耐化学腐蚀、耐氧化、耐一定温度、耐辐照和抗水解的性能，离子交换膜在正常使用期间应该保持较好的化学稳定性，这样才能保证膜的使用寿命。

(6) 均匀的膜结构。膜的结构必须均匀，以保证在长期使用中不出现局部问题。

(7) 较低的价格。这一点虽不同于技术指标，但它对膜的应用和推广具有相当重要的作用。

事实上，由于这些性能相互之间存在矛盾，一张实用的膜要达到上述全部性能要求是不可能的。一般容量高的膜（如均相膜），机械强度往往就差；均相膜价格一般都比异相膜高，但电化学性能好；厚度薄的膜，电化学性能好，但其机械强度较低；异相膜不耐酸、碱，但其价格便宜。所以在选择膜时应综合考虑，要满足某种性能要求时，就必须降低另一些性能要求。

4. 浓差极化和极限电流密度

电渗析除盐时，由于离子在膜内的迁移数与溶液中的迁移数有较大的差异，会引起浓差极化，浓差极化是电渗析过程中普遍存在的现象。当膜表面附有某些盐类沉淀或受水污染而附着一些杂质时，又会引起和加剧膜的极化。由极化引起膜堆电阻急剧上升，电耗增加，设备内部结垢甚至堵塞，从而使淡水水质下降，甚至会造成电渗析器无法运行。因此，研究膜的极化现象对保证淡水水质，降低电耗和维持电渗析器的正常运行，延长膜的使用寿命，都具有很重要的意义。

现以 Na^+ 透过阳膜为例来分析极化发生的过程，如图 9-30 所示。当有电流通过时，Na^+ 自左向右透过阳膜，即从淡水室进入浓水室，由于阳膜内电场的作用，Na^+ 在膜内的迁移速度比在水中的迁移速度快，这样就造成膜左侧边界层 δ_1 内 Na^+ 浓度比溶液中低，即出现浓度差 (c_b-c_m)。同时，膜右侧界面层 δ_2 内 Na^+ 浓度比溶液中高，出现浓度差 $(c_{b2}-c_{m2})$。它们的差值随电流密度的增大而增大，当电流密度增大到一定程度时，离子迁移被强化，使膜左侧边界层内 Na^+ 浓度 c_m 降低到趋于零，此时的 (c_b-c_m) 值达到最大，扩散速度亦增至最大，但仍满足不了操作电流的需要，界面层电阻急剧升高，于是外加电场迫使边界层内的水分子 H_2O 解离成 H^+ 和 OH^-，H^+ 参与电流的传导。同理，对阴膜，当电流密度增加到一定值时，淡水室界面层内阴离子浓度趋于零，水解离产生的 OH^- 开始透过膜大量迁移。这种现象就称为浓差极化，此时的电流密度（即使 c_m 趋于零时的电流密度）称为极限电流密度。

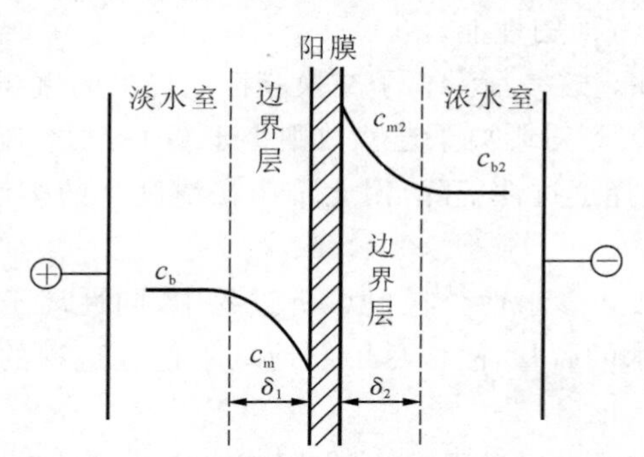

图 9-30　阳膜的浓差极化现象

c_b、c_{b2}——膜两侧淡水室和浓水室中的 Na^+ 浓度；c_m、c_{m2}——膜左右两侧边界层中的 Na^+ 浓度；δ_1、δ_2——淡水室和浓水室边界层的厚度

对于以上传递过程，阳离子在电位差作用下透过膜的传递通量为

$$N_{Em}=\frac{t_m i}{zf} \tag{9.2.42}$$

式中：N_{Em}——阳离子在膜内的传递通量，$mol/(m^2\cdot s)$；

t_m——阳离子在膜中的迁移数，量纲为 1；

z——阳离子的价态，量纲为 1；

f——法拉第常数，$f=96\ 485$ C/mol；

i——电流密度，A/m^2。

阳离子在电位差作用下通过膜淡水室侧边界层的传递通量为

$$N_{\mathrm{Eb}}=\frac{t_{\mathrm{b}}i}{zf} \tag{9.2.43}$$

式中：N_{Eb}——阳离子在边界层内的传递通量，$\mathrm{mol/(m^2 \cdot s)}$；

t_{b}——阳离子在边界层中的迁移数；

其他同式(9.2.42)。

阳离子在边界层中的扩散通量为

$$N_{\mathrm{Db}}=-D_{\mathrm{b}}\frac{\mathrm{d}c}{\mathrm{d}x} \tag{9.2.44}$$

式中：N_{Db}——阳离子在边界层内的扩散通量，$\mathrm{mol/(m^2 \cdot s)}$；

D_{b}——边界层内的扩散系数，$\mathrm{m^2/s}$；

$\frac{\mathrm{d}c}{\mathrm{d}x}$——阳离子在边界层中的浓度梯度。

达到稳态时，阳离子通过膜的总的通量等于边界层中电通量和扩散通量之和，即

$$N_{\mathrm{Em}}=N_{\mathrm{Eb}}+N_{\mathrm{Db}}=\frac{t_{\mathrm{b}}i}{zf}+\left(-D_{\mathrm{b}}\frac{\mathrm{d}c}{\mathrm{d}x}\right) \tag{9.2.45}$$

将式(9.2.42)代入式(9.2.45)中，可得

$$\frac{(t_{\mathrm{m}}-t_{\mathrm{b}})i}{zf}=-D_{\mathrm{b}}\frac{\mathrm{d}c}{\mathrm{d}x} \tag{9.2.46}$$

在稳态下，假设扩散系数为常数(浓度梯度为线性)，并按 $x:0\to\delta_{\mathrm{b}}$，对应的 $c:c_{\mathrm{m}}\to c_{\mathrm{b}}$ 的边界条件对式(9.2.46)进行积分，即

$$\frac{(t_{\mathrm{m}}-t_{\mathrm{b}})i}{zf}\int_0^{\delta_{\mathrm{b}}}\mathrm{d}x=-D_{\mathrm{b}}\int_{c_{\mathrm{m}}}^{c_{\mathrm{b}}}\mathrm{d}c$$

整理以上积分式，可得

$$c_{\mathrm{m}}=c_{\mathrm{b}}-\frac{i(t_{\mathrm{m}}-t_{\mathrm{b}})\delta_{\mathrm{b}}}{zfD_{\mathrm{b}}} \tag{9.2.47}$$

式中：c_{m}、c_{b}——膜表面和溶液主体中的阳离子浓度，$\mathrm{kmol/m^3}$；

δ_{b}——边界层厚度，m。

式(9.2.47)即为膜表面处阳离子浓度降低的表达式。对电渗析而言，过程的电阻主要集中在离子浓度降低的边界层一侧，这是因为这一边界层离子浓度降低，使得其电阻比不存在边界层时大得多；而离子浓度升高的边界层的电阻比不存在边界层时的电阻要小。当边界层的浓度降低到一定限度，溶液中原来存在的离子的导电能力不足以传递系统的电流，则系统所消耗的能量有一部分用于电解水，从而增加系统的能耗。

由式(9.2.47)可进一步得到边界层中的电流密度为

$$i=\frac{zD_{\mathrm{b}}f(c_{\mathrm{b}}-c_{\mathrm{m}})}{\delta_{\mathrm{b}}(t_{\mathrm{m}}-t_{\mathrm{b}})} \tag{9.2.48}$$

由于浓液侧离子浓度高，电流受离子浓度限制小，因此浓差极化的影响程度相对较小。电渗析中，电流密度的大小受淡水室的浓差极化层的影响，且存在一极限值。当 $c_{\mathrm{m}}\to 0$ 时，达到极限电流密度，即

$$i_{\mathrm{lim}}=\frac{zD_{\mathrm{b}}fc_{\mathrm{b}}}{\delta_{\mathrm{b}}(t_{\mathrm{m}}-t_{\mathrm{b}})} \tag{9.2.49}$$

当电流密度达到极限电流密度时，再增大电位差不会使阴离子的通量继续增大。从式

(9.2.49)可以看出，极限电流密度的大小主要取决于溶液主体中阴离子的浓度 c_b 和边界层厚度 δ_b。而 c_b 一般由所处理的体系决定，只能靠尽可能减小边界层的厚度来增大极限电流密度，从而减小浓差极化效应。因此，流体力学条件对电渗析器的设计非常重要。

极化现象是电渗析工艺操作中应该防止的，因此，在实际操作中控制电渗析器在极限电流密度以下运行，一般取电渗析器的工作电流密度为其极限电流密度的 70%～90%。

思考与练习

9-1　25 ℃时，丙酮(A)-水(B)-氯苯(S)三元混合溶液的平衡数据见表 9-8。

表 9-8　习题 9-1 表

水层质量分数/(%)			氯苯层质量分数/(%)		
丙酮(A)	水(B)	氯苯(S)	丙酮(A)	水(B)	氯苯(S)
0	99.89	0.11	0	0.18	99.82
10	89.79	0.21	10.79	0.49	88.72
20	79.69	0.31	22.23	0.79	76.98
30	69.42	0.58	37.48	1.72	60.80
40	58.64	1.36	49.44	3.05	47.51
50	46.28	3.72	59.19	7.24	33.57
60	27.41	12.59	61.07	22.85	15.08
60.58	25.66	13.76	60.58	25.66	13.76

根据已知数据：

(1) 在直角三角坐标上绘出溶解度曲线、联结线和辅助曲线；

(2) 依质量比组成绘出分配曲线(近似认为前五组数据 B、S 不互溶)；

(3) 水层中丙酮浓度为 45%时，求出水和氯苯的质量分数；

(4) 求出与(3)中水层相平衡的氯苯层的组成；

(5) 如果丙酮水溶液质量比为 0.4 kg(A)/kg(B)，且 $B/S=2.0$，萃取剂为纯氯苯，在分配曲线上求出组分 A 在萃余相中的质量分数；

(6) 由 0.12 kg 氯苯和 0.08 kg 水构成的混合液中，试求加入多少丙酮可以使三元混合液成为均相溶液。

9-2　某原料液只含 A 和 B 两组分，其流量为100 kg/h，其中组分 A 的质量分数为 0.3，用纯溶剂 S 进行单级萃取。萃取剂最小用量为多少？当萃取剂用量为最小用量的 2 倍时，所得萃取相和萃余相的溶质浓度各为多少？萃取剂用量不能超过多少？已知该体系的溶解度曲线和辅助曲线如图 9-31 所示。

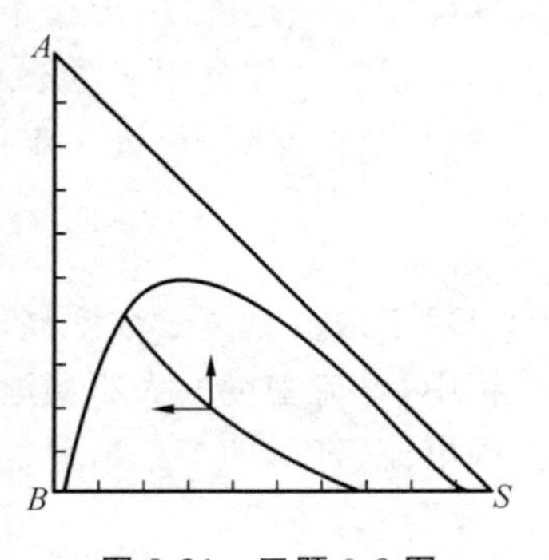

图 9-31　习题 9-2 图

9-3　用 45 kg 纯溶剂 S 萃取污水中的某溶质组分 A，料液处理量为 39 kg，其中组分 A 的质量比为 $X_{mF}=0.3$，而且 S 与料液组分 B 完全不互溶，两相平衡方程 $Y_m=1.5X_m$，分别计算单级萃取、两级错流萃取(每级萃取剂用量相同)和两级逆流萃取组分 A 的萃出率。

9-4　试分别推导多级错流萃取和多级逆流萃取达到萃取要求所需理论级数。

9-5　有含乙醛 0.15、甲苯 0.85(质量分数)的原料液,其流量为 1 000 kg/h。拟采用多级逆流萃取工艺萃取其中的乙醛,萃取剂为水。甲苯和水可以认为完全不互溶,乙醛在两相中的分配曲线可以表示为 $Y_m=2.2X_m$(X_m、Y_m 为质量比)。要求最终萃余相中乙醛的含量降至 0.01,试求:

(1) 最小萃取剂用量;

(2) 实际萃取剂用量为最小用量 1.5 倍时所需的理论级数。

9-6　对萃取剂的要求有哪些?为什么?如何判断用某种萃取剂进行萃取分离的难易与可能性?

9-7　分配系数等于 1 能否进行萃取分离?选择性系数等于 1 能否对两组分进行萃取分离?为什么?

9-8　对一定物系,辅助曲线是否只有一条?如何根据实验数据确定之?如何根据辅助曲线确定两相平衡组成?临界混溶点与辅助曲线的关系如何?

9-9　用膜分离空气(氧 20%,氮 80%),渗透物氧浓度为 75%。计算截留率 β 和选择性因子 α,并说明这种情况下哪一个参数更适用。

9-10　用微滤膜处理某悬浮液,0.1 MPa 下,滤膜的清水通量为 150 L/(m^2 · h),已知悬浮颗粒为 0.1 μm 的球形微粒,当滤饼层的厚度为 6 μm,空隙率为 0.2 时,微滤膜的通量为 40 L/(m^2 · h),求此时的过滤压差。

9-11　含盐量为 9 000 mg(NaCl)/L 的海水,在压力 5.6 MPa 下反渗透脱盐。在25 ℃下,采用有效面积为 12 cm^2 的醋酸纤维素膜,测得水流量为0.012 cm^3/s,溶质浓度为 450 mg/L。已知该条件下的渗透压系数为 1.8,求溶剂渗透系数、溶质渗透系数和脱盐率。

9-12　20 ℃,20 MPa 下,某反渗透膜对 5 000 mg/L 的 NaCl 溶液的截留率为 90%,已知膜的水渗透系数为 4.8×10^{8} L/(cm^2 · s · MPa),求 30 MPa 下的截留率。

9-13　已知 NaCl 含量为 0.3 mol/L 的盐水,拟采用电渗析的方法脱除盐,实验测得传质系数 D_b/δ_b 为 7.8×10^{-2} m/s,膜中和边界层中 Cl^- 的迁移数分别为 0.52 和 0.31,求该电渗析过程的极限电流密度。

9-14　什么是膜分离?膜分离过程具有哪些特点?

9-15　膜分离组件有哪些形式?它们各有什么特点?如何选用?

9-16　简述超滤、微滤、反渗透和纳滤的基本原理,并加以比较。

9-17　电渗析脱盐的基本原理是什么?并简述电渗析过程的迁移过程。

9-18　什么是电渗析过程的浓差极化和极限电流密度?

第 10 章　化学反应动力学

化学反应动力学是研究化学反应速率和反应机理的科学。研究化学反应速率，包含对反应速率及影响反应速率的各种因素的研究。研究化学反应机理，则是在分子水平上，研究基元反应规律及相应的反应机理。

化学反应是以分子尺度进行的物质转化过程。排除一切物理传递过程的影响，得到的化学反应动力学称为微观动力学或本征动力学，这也是物理化学所讨论的化学反应动力学内容。一般而言，化学反应动力学的研究内容也是环境工程研究人员非常感兴趣的，因为从中可以寻求新的工艺开发方向。环境工程研究人员一般更注重影响化学反应速率的各种因素，并将各种因素影响程度的实验结果归纳为简化且等效的数学模型，从而有效地掌握化学反应规律，实现反应过程的优化。

本章将从环境化学反应工程的角度，阐述化学反应动力学的基本概念和原理，并就均相反应，讨论其最常见的动力学表达式。

10.1　反应的计量关系

在化学反应过程中，反应物系中各组分量的变化必定服从一定的化学计量关系。这不仅是进行反应器物料衡算的基础，对反应器的进料配比、产物组成，以及工艺流程的安排也具有重要意义。

化学计量学研究反应过程中发生的反应情况，是简单反应还是复杂反应，对同时发生多个反应的复杂反应，研究这些反应之间的相互关系是怎样的，是并联的还是串联的，以及每一反应中各组分变化量之间的相互关系。

对只存在单一反应的体系，化学计量学分析可直接应用倍比定律。而对存在多个反应的体系，问题要复杂得多，必须借助以线性代数为基础的方法。

10.1.1　反应式与计量方程

1. 反应式

反应式是描述反应物经化学反应生成产物这个过程的定量关系式。它表示反应方向，并非方程，不能按方程的运算规则将式一侧的项移到另一侧。反应式的一般形式为（其中箭头表示反应方向）

$$a\mathrm{A} + b\mathrm{B} \longrightarrow g\mathrm{G} + h\mathrm{H} \tag{10.1.1}$$

式中：A、B——反应物；

G、H——生成物或产物；

a、b、g、h——参与反应的各组分的分子数，恒大于零，称为计量系数，是量纲为 1 的纯数。

2. 计量方程

计量方程表示参加反应的各组分的数量关系。用等号代替反应式中的箭头，习惯上规定计量方程等号左边的组分为反应物，等号右边的组分为产物，其一般形式为

$$aA + bB = gG + hH \tag{10.1.2}$$

该式是一个方程,允许按方程的规则进行运算,将各项移至等号的同一侧。

$$0 = (-a)A + (-b)B + gG + hH \tag{10.1.3}$$

或

$$0 = \sum_i \nu_i C_i \tag{10.1.4}$$

式中 C_i 表示计量方程中任一物质的化学式,ν_i 是物质 C_i 的化学计量数,若 C_i 是反应物,ν_i 为负值;若 C_i 是生成物,ν_i 为正值。$\sum_i$ 表示对参与反应的所有物质求和。

因此,化学反应计量方程中的化学计量数和反应式中的计量系数存在的关系为:若是反应物,二者数值相等,符号相反;若是生成物,二者相等。

化学反应计量方程只表示参与化学反应的各组分直接的计量关系,与反应历程及反应可进行的程度无关。

10.1.2　反应的分类

反应有各种各样的分类方法,根据反应系统中反应组分的相态及其数量,可分为均相反应和非均相反应两种基本类型。

1. 均相反应

均相反应是指所有反应组分都处于同一相内的反应,如液相反应、气相反应等。均相反应通常在间歇式、完全混合式和平推流式反应器中完成。均相反应可能是不可逆反应,也可能是可逆反应。

1) 不可逆反应

(1) 简单反应。

简单反应,也称单一反应,是指一步能够完成的反应,用一个计量方程即可表达反应组分间的定量关系。

$$A \longrightarrow G \tag{10.1.5}$$

$$A + A \longrightarrow G \tag{10.1.6}$$

$$aA + bB \longrightarrow G \tag{10.1.7}$$

(2) 平行反应。

平行反应是指反应物能同时平行参与两个或两个以上的不同反应,生成不同产物的反应,即反应物相同而产物不同的反应。其中反应较快或产物在混合物中所占比率较高的反应称为主反应,其余称为副反应。

$$A + B \longrightarrow G, \quad A + B \longrightarrow H \tag{10.1.8}$$

(3) 串联反应。

串联反应是指反应中间产物作为反应物继续反应,产生新的中间产物或最终产物的反应,即由最初反应物到最终产物是逐步完成的。有机污染物的生物降解一般可视为串联反应。

$$A \longrightarrow B \longrightarrow C \longrightarrow G \tag{10.1.9}$$

(4) 平行-串联反应。

平行-串联反应是平行反应和串联反应的组合。有机污染物的臭氧氧化可视为平行-串联反应。

$$A \longrightarrow G,\quad A+G \longrightarrow H \tag{10.1.10}$$

$$A+B \longrightarrow G,\quad A+2B \longrightarrow H,\quad G+B \longrightarrow I \tag{10.1.11}$$

2) 可逆反应

可逆反应是指在同一条件下,正反应方向和逆反应方向都以较显著速度进行的反应。可以写出正反应和逆反应的两个计量方程,但两者并不独立,用一个计量方程即可表达反应组分间的定量关系。

$$A \rightleftharpoons B \tag{10.1.12}$$

$$A + B \rightleftharpoons G + H \tag{10.1.13}$$

2. 非均相反应

当反应物分布在两相或三相,或者一种或多种反应在界面上进行的反应称为非均相反应(或多相反应)。此时参与反应的组分处于不同的相内,因此存在组分在不同相之间的质量传递。如液-固反应、气-固反应、气-液反应等。

$$CaO(s) + H_2O(l) \longrightarrow Ca(OH)_2(l) \tag{10.1.14}$$

$$H_2(g) + CuO(s) \longrightarrow Cu(s) + H_2O(l) \tag{10.1.15}$$

$$SO_2(g) + 2NaOH(l) \longrightarrow Na_2SO_3(l) + H_2O(l) \tag{10.1.16}$$

由于这些反应可能包括若干相互关联的步骤,因而研究这些过程较均相反应更为困难一些,将在下一节进行详细讲述。

10.1.3　反应进度与转化率

1. 反应进度

化学计量方程对其中所包含的全部组分的反应速率规定了一定的数量关系。令 n_A、n_B、n_G 和 n_H 分别为相应组分在时刻 t 的物质的量,则根据式(10.1.1)应存在关系

$$-\frac{1}{a}\cdot\frac{dn_A}{dt} = -\frac{1}{b}\cdot\frac{dn_B}{dt} = \frac{1}{g}\cdot\frac{dn_G}{dt} = \frac{1}{h}\cdot\frac{dn_H}{dt} \tag{10.1.17}$$

由式(10.1.17)可得出

$$d\xi = \frac{-dn_A}{a} = \frac{-dn_B}{b} = \frac{dn_G}{g} = \frac{dn_H}{h} = \frac{dn_i}{v_i} \tag{10.1.18}$$

式中,$d\xi$ 为反应进度,即反应的进行程度。v_i 为组分 i 的化学计量数,反应物取负号,产物取正号。由式(10.1.17)和式(10.1.18)可得出

$$\frac{r_i}{v_i} = \frac{1}{V}\frac{d\xi}{dt} \tag{10.1.19}$$

式中:r_i——组分 i 的反应速率,mol/(L·s);

V——反应体积,L。

由式(10.1.19)可知,当组分 A 的初始物质的量为 n_{A0} 时,则反应进度为

$$\xi = (n_{A0} - n_A)/v_A \tag{10.1.20}$$

2. 转化率

反应物 A 的反应量($n_{A0}-n_A$)与其初始量 n_{A0} 之比称为转化率,用符号 x_A 表示,即

$$x_A = \frac{n_{A0} - n_A}{n_{A0}} \tag{10.1.21}$$

在环境工程中,反应物 A 一般为待去除的污染物,此时的转化率称为去除率。

3. 膨胀因子和膨胀率

对于式(10.1.2),当 $a+b\neq g+h$ 时,化学反应会引起体系总物质的量的变化,进而造成体积的变化(等压时)或压力的改变(等容时),可以把由于化学反应而发生的总物质的量的改变,视为化学反应引起的膨胀。则反应物A的膨胀因子可定义为

$$\delta_A=\frac{g+h-a-b}{a} \tag{10.1.22}$$

即每消耗1 mol反应物A时,引起整个反应物系统总物质的量的变化值。膨胀因子的值可正可负,正值表示反应后物质的量增加,负值表示减少。

如果 V_0 与 V_1 分别是组分A的转化率为 $x_A=0$ 与 $x_A=1$ 时间歇反应系统的体积,则其膨胀率为

$$\sigma_A=\frac{V_1-V_0}{V_0} \tag{10.1.23}$$

在等温等压条件下,反应混合物的瞬时体积 V 与膨胀率呈线性关系,即

$$V=V_0(1+\sigma_A x_A) \tag{10.1.24}$$

则 δ_A 与 σ_A 的关系为

$$\sigma_A=y_{A0}\delta_A \tag{10.1.25}$$

式中:y_{A0}——组分A的初始摩尔分数。

用 n_t 表示反应体系的总物质的量,当组分A的转化率达到 x_A 时,意味着A组分已经消耗了 $n_{A0}-n_A=n_{A0}x_A$,它引起体系总物质的量的变化为 $n_{A0}x_A\delta_A$,因此,可以得到描述反应体系总物质的量变化的关系式为

$$n_t=n_{t0}+n_{A0}x_A\delta_A \tag{10.1.26}$$

其中 n_{t0} 指反应体系初始的总物质的量,既包括反应物、产物的物质的量,也包括未参与反应但体系中存在着的所有惰性组分的物质的量。它表明:任一时刻反应体系的总物质的量等于体系初始总物质的量加上膨胀物质的量。

将式(10.1.25)代入式(10.1.26),得

$$n_t=n_{t0}(1+\sigma_A x_A) \tag{10.1.27}$$

例10-1 在恒压等温条件下进行丙烷裂解反应:

$$C_3H_8 \longrightarrow C_2H_4+CH_4$$

反应开始时 C_3H_8 和 H_2O(气态)均为3 mol,进料体积流量为0.8 m^3/h。求反应进行至 $x_A=0.5$ 时的体积流量及丙烷的摩尔分数。

解

$$\delta_A=\frac{2-1}{1}=1$$

$$\sigma_A=\frac{n_{A0}}{n_{t0}}\delta_A=\frac{3}{3+3}\times 1=0.5$$

取计算基准为进入反应器1 h的气体量

$$V=V_0(1+\sigma_A x_A)=0.8\times(1+0.5\times 0.5)=1.0(m^3/h)$$

故反应进行至 $x_A=0.5$ 时的体积流量为1.0 m^3/h。

此时,有

$$y_A=\frac{n_A}{n_t}=\frac{n_{A0}(1-x_A)}{n_{t0}(1+\sigma_A x_A)}=\frac{y_{A0}(1-x_A)}{1+\sigma_A x_A}$$

$$=\frac{3}{3+3}\times\frac{1-0.5}{1+0.5\times 0.5}=0.2$$

10.2　化学反应动力学计算

10.2.1　反应速率方程

反应速率方程是反应器设计的一项重要依据，主要受反应组分浓度、体系温度、压力和催化剂等因素的影响。

1. 反应速率的一般表示方法

1) 均相反应速率的表示方法

反应速率定义为单位反应体系内反应程度随时间的变化率。不同的反应过程对应于不同的单位反应体系。对于均相反应过程，单位反应体系是指单位反应体积。则均相的反应速率 r 可表示为

$$r = \frac{1}{V} \cdot \frac{\mathrm{d}n}{\mathrm{d}t} \tag{10.2.1}$$

在一个均相反应体系中，任意瞬时只有一个反应速率。以 Vc 代替 n 时，式(10.2.1)可改为

$$r = \pm \frac{1}{V} \cdot \frac{\mathrm{d}Vc}{\mathrm{d}t} = \pm \frac{1}{V} \cdot \frac{V\mathrm{d}c + c\mathrm{d}V}{\mathrm{d}t} \tag{10.2.2}$$

式中：V——体积，L；

c——物质的量浓度，mol/L。

式中对反应物取负号，对生成物取正号。这样的规定，使得无论对于反应物还是生成物，反应速率的数值永远是正值。对于反应物称为消耗速率，对于产物称为生成速率。

对恒容过程，$\frac{\mathrm{d}V}{\mathrm{d}t}=0$，式(10.2.2)可简化为

$$r = \pm \frac{\mathrm{d}c}{\mathrm{d}t} \tag{10.2.3}$$

2) 多相催化反应速率的表示方法

对于多相催化反应，经常采用以下不同基准的反应速率。

(1) 以催化剂质量为基准的反应速率。

定义为单位时间内单位催化剂质量(m)所能转化的某组分的量。则反应物 A 的反应速率($-r_{\mathrm{A}m}$)表示为

$$-r_{\mathrm{A}m} = -\frac{1}{m} \cdot \frac{\mathrm{d}n_{\mathrm{A}}}{\mathrm{d}t} \tag{10.2.4}$$

(2) 以催化剂表面积为基准的反应速率。

定义为单位时间内单位催化剂表面积(S)所能转化的某组分的量。则反应物 A 的反应速率($-r_{\mathrm{AS}}$)表示为

$$-r_{\mathrm{AS}} = -\frac{1}{S} \cdot \frac{\mathrm{d}n_{\mathrm{A}}}{\mathrm{d}t} \tag{10.2.5}$$

(3) 以催化剂颗粒体积为基准的反应速率。

定义为单位时间内单位催化剂颗粒体积(V)所能转化的某组分的量。则反应物 A 的反应速率($-r_{\mathrm{AV}}$)表示为

$$-r_{AV}=-\frac{1}{V}\cdot\frac{dn_A}{dt} \tag{10.2.6}$$

值得注意的是，催化剂颗粒体积与填充层体积不同，前者不包括催化剂颗粒间的空隙体积，后者则包括颗粒体积和颗粒间的空隙体积。

各反应速率间存在以下关系：

$$(-r_{Am})m=(-r_{AS})S=(-r_{AV})V \tag{10.2.7}$$

3）反应速率与转化率之间的关系

根据反应物 A 的转化率定义式(10.1.21)，可知 $dn_A=-n_{A0}dx_A$，则反应物 A 的反应速率与转化率的关系为

$$-r_A=-\frac{1}{V}\cdot\frac{dn_A}{dt}=\frac{n_{A0}}{V}\cdot\frac{dx_A}{dt} \tag{10.2.8}$$

对于恒容反应，则有

$$-r_A=\frac{c_{A0}dx_A}{dt} \tag{10.2.9}$$

4）反应速率与半衰期

在实际应用中，有时用反应物浓度减少到初始浓度的一半时所需要的时间，即半衰期($t_{1/2}$)来表达反应速率。半衰期越长，表明反应速率越慢。

2. 反应速率的测定

反应速率通常是根据反应进行时所测得的反应物或生成物浓度来确定的。

通过测量不同时间某一反应物(或产物)的浓度，绘制浓度随时间的变化曲线，从中求出某一时刻曲线的斜率(dc_i/dt)，即为该反应在此时的反应速率。

反应速率的测量关键是测量反应物(或产物)的浓度。确定测量浓度的方法，必须考虑反应本身的快慢。例如，某反应在 1 s(甚至 1 ms)内就完成，若使用普通的浓度测定的方法则没有意义。对于那些快反应，常采用光谱法，如超声法、闪光光解法和核磁共振法等。激光的采用已使观测的时间标度降至 10^{-12} s。对于那些较慢的反应，传统的滴定方法仍然非常有用。在一系列的时间间隔里，取出一定量反应混合物，并迅速加以稀释，使反应停下来(速度降到可以忽略不计)，然后再用适当的滴定剂，对每个样品进行滴定。或者通过测量反应体系 pH 的变化来确定溶液中 H^+ 浓度的变化，通过测量溶液电导率来确定溶液中电解质离子产生或消失情况，通过测定体系压力(或体积)来确定气体变化情况等。总之，反应速率的测量要根据具体情况，采用合适的办法，才能得到满意的结果。浓度的测定可分为化学法和物理法两类。

1）化学法

化学法一般用于液相反应。就是采用化学分析方法测定不同时间反应物或产物的浓度。此法要点是取出样品后，必须立即“冻结”反应，使反应不再继续进行，并尽快地测定浓度。“冻结”的方法有骤冷、冲稀、加阻化剂或移走催化剂等。化学法的优点是设备简单，可直接测得浓度；缺点是没有合适的“冻结”反应的方法，很难测得指定时间的浓度，误差大。

2）物理法

物理法是基于测量与物质浓度变化相关的一些物理性质随时间的变化，然后间接计算出反应物的浓度。可利用的物理性质有压力、体积、旋光度、折光率、光谱、电导和电动势等。物理法的优点是迅速而且方便，特别是可以不中止反应、连续测定、自动记录等；缺点是，当反应系统有副反应或少量杂质对所测物质的物理性质有灵敏影响时，有较大误差。

例 10-2　在 350 ℃等温恒容条件下，纯的丁二烯进行二聚反应，测得反应系统总压 p 与反应时间 t 的关系如表 10-1 所示。试求时间为 26 min 时的反应速率。

表 10-1　例 10-2 表

t/min	0	6	12	26	38	60
p/kPa	66.7	62.3	58.9	53.5	50.4	46.7

解　以 A 和 G 分别代表丁二烯和二聚物，则二聚反应可写成

$$2A \longrightarrow G$$

由于在恒温恒容下进行反应，而反应前后物系的总物质的量改变，因而，总压的变化可反映反应进行的情况。设 $t=0$ 时，丁二烯 A 的浓度为 c_{A0}，时间为 t 时则为 c_A，由化学计量关系知二聚物 G 的浓度相应为 $(c_{A0}-c_A)/2$。于是，单位体积内反应组分的总量为 $(c_{A0}+c_A)/2$。由理想气体状态方程得

$$\frac{c_{A0}}{(c_{A0}+c_A)/2}=\frac{p_0}{p} \tag{a}$$

式中，p_0 为 $t=0$ 时物系的总压。

式(a)又可写成

$$c_A=c_{A0}\left(2\frac{p}{p_0}-1\right) \tag{b}$$

由于是恒容反应，反应速率可以表示为

$$r_A=-\frac{\mathrm{d}c_A}{\mathrm{d}t}=-\frac{2c_{A0}}{p_0}\cdot\frac{\mathrm{d}p}{\mathrm{d}t} \tag{c}$$

由理想气体状态方程得

$$c_{A0}=\frac{p_0}{RT}$$

故式(c)可写成

$$r_A=-\frac{2}{RT}\cdot\frac{\mathrm{d}p}{\mathrm{d}t} \tag{d}$$

根据表 10-1 的数据，以 p 对 t 作图，如图 10-1 所示。于 $t=26$ min 处作曲线的切线，切线的斜率即为 $\frac{\mathrm{d}p}{\mathrm{d}t}$ 的值，该值等于 -1.11 kPa/min。再代入式(d)，即可得出以丁二烯表示的反应速率值，即

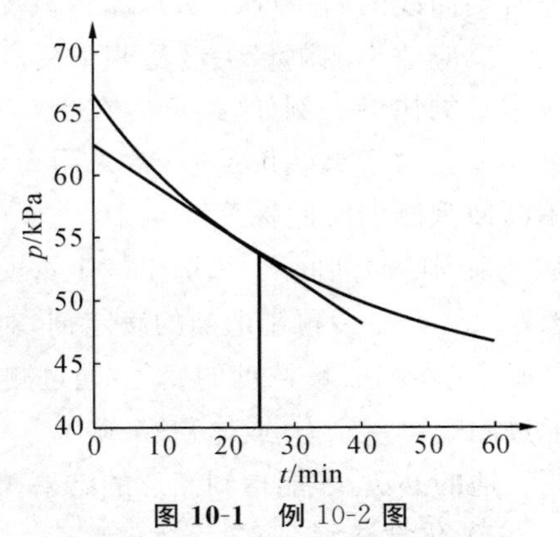

图 10-1　例 10-2 图

$$r_A=-\frac{2\times(-1.11)}{8.314\times(350+273)}=4.29\times10^{-4}[\mathrm{kmol/(m^3\cdot min)}]$$

若以生成的二聚物表示，则反应速率为 $r_A/2$，即 2.15×10^{-4} kmol/(m^3 · min)。

3. 反应速率方程

1) 反应速率方程与反应级数

定量描述反应速率与反应影响因素之间的关系式称为反应速率方程。均相反应的反应速率是反应组分浓度 c 和温度 T 的函数，即

$$r=f(T,c_A,c_B,c_G,\cdots) \tag{10.2.10}$$

在工程应用中，为了测定和使用上的方便，有时把反应速率方程表示为转化率的函数，即

$$r = f(T, x_A, x_B, x_G, \cdots) \tag{10.2.11}$$

对于均相不可逆反应 $\alpha_A A_A + \alpha_B B_B \longrightarrow \alpha_G G_G + \alpha_H H_H$，在一定温度下，反应速率与反应物浓度之间的关系可用下式表示：

$$r = -r_A = k_c c_A^a c_B^b \tag{10.2.12}$$

式中：a、b——反应物 A 和 B 的反应级数，量纲为 1；

k_c——以浓度表示的反应速率常数，[(浓度)$^{1-n}$(时间)$^{-1}$]，其中 $n=a+b$，称为总反应级数。

对于气相反应，反应速率方程也可以表示为反应物分压的函数，即

$$r = -r_A = k_p p_A^a p_B^b \tag{10.2.13}$$

式中：k_p——以分压表示的反应速率常数，[(浓度)(时间)$^{-1}$(压力)$^{-n}$]。

本章后续内容所提及的反应组分大多以浓度表示，下文中的 k_c 简写为 k。

$n=0$ 时，称为零级反应，反应速率与各组分的浓度无关，即

$$-r_A = k \tag{10.2.14}$$

$n=1$ 时，称为一级反应，其速率方程可表示为

$$-r_A = kc_A \tag{10.2.15}$$

$n=2$ 时，称为二级反应，其速率方程可表示为

$$-r_A = kc_A^2 \tag{10.2.16}$$

或

$$-r_A = kc_A c_B \tag{10.2.17}$$

如果反应级数与反应计量系数相同，即 $\alpha_A=a$、$\alpha_B=b$，此反应可能是基元反应，基元反应的总级数一般为 1 或 2，很少有 3，没有级数大于 3 的基元反应。对于非基元反应，α_A、α_B 一般为实验测得的经验值，可以是整数、小数，甚至是负数。

2）基元反应和非基元反应

就化学反应动力学而言，仅仅了解化学计量式是远远不够的，必须从反应机理研究反应过程。每个化学反应都有不同的机理，从微观上看，反应物分子一般总是经过若干个简单的反应步骤，才最后转化为产物分子的。每一个简单的反应步骤就是一个基元反应，而其总的反应则为非基元反应。化学反应方程，除非特别注明，一般都属于化学计量方程，而不代表基元反应。其中，需要用某种方法(如光、热等)引发，通过反应活性组分(如自由基、原子等)相继发生一系列平行-串联反应，像链条一样使反应自动进行下去，这类反应称为链反应，反应中的活性组分称为链载体。

链反应的机理一般包括三个步骤：① 链引发，是依靠热、光、电、化学等作用在反应系统中产生第一个链载体的反应，一般为稳定分子分解为自由基的反应；② 链增长，即由链载体与饱和分子作用产生新的链载体和新的饱和分子的反应；③ 链终止，即链载体的消亡过程。

(1) 反应分子数。

反应分子数是指在基元反应过程中参加反应的粒子(分子、原子、离子或自由基等)的数目，即各反应物粒子个数之和。大部分基元反应为单分子或双分子反应。

单分子反应

$$A \longrightarrow G$$

双分子反应

$$A + B \longrightarrow G\text{(A、B 可以为同一种物质)}$$

(2) 质量作用定律。

基元反应的速率与反应物浓度的幂乘积成正比,其中各浓度的方次为反应方程中相应组分的分子个数,这就是质量作用定律。

对于单分子反应和双分子反应,分别有

$$-\frac{\mathrm{d}c_A}{\mathrm{d}t}=kc_A$$

$$-\frac{\mathrm{d}c_A}{\mathrm{d}t}=kc_A^2$$

以此类推,对于基元反应

$$aA+bB+\cdots \longrightarrow gG+hH+\cdots$$

其速率方程为

$$-\frac{\mathrm{d}c_A}{\mathrm{d}t}=kc_A^a c_B^b\cdots \tag{10.2.18}$$

必须指出:

① 质量作用定律只适用于基元反应,不适用于非基元反应和总包反应,后者的速率方程必须由实验测定;

② 鉴定一个反应是否是基元反应,往往要做长期的大量的动力学研究工作。

例 10-3 已知水中臭氧自分解由以下几个反应步骤组成,试确定臭氧自分解反应速率表达式。

$$O_3+H_2O \xrightarrow{k_1} 2HO\cdot+O_2$$

$$O_3+OH^- \xrightarrow{k_2} \cdot O_2^-+HO_2\cdot$$

$$O_3+HO\cdot \xrightarrow{k_3} O_2+HO_2\cdot$$

$$O_3+HO_2\cdot \xrightarrow{k_4} 2O_2+HO\cdot$$

$$2HO_2\cdot \xrightarrow{k_5} O_2+H_2O_2$$

解 根据质量作用定律,列出臭氧的自分解反应速率表达式,即

$$-\frac{\mathrm{d}[O_3]}{\mathrm{d}t}=k_1[O_3]+k_2[O_3][OH^-]+k_3[O_3][HO\cdot]+k_4[O_3][HO_2\cdot] \tag{a}$$

利用稳态近似法处理活性组分 $HO\cdot$ 和 $HO_2\cdot$,得

$$-\frac{\mathrm{d}[HO\cdot]}{\mathrm{d}t}=-2k_1[O_3]+k_3[O_3][HO\cdot]-k_4[O_3][HO_2\cdot]=0 \tag{b}$$

$$-\frac{\mathrm{d}[HO_2\cdot]}{\mathrm{d}t}=-k_2[O_3][OH^-]-k_3[O_3][HO\cdot]+k_4[O_3][HO_2\cdot]+k_5[HO_2\cdot]^2=0 \tag{c}$$

由式(b)和式(c),得

$$[HO_2\cdot]=\sqrt{\frac{2k_1[O_3]+k_2[O_3][OH^-]}{k_5}}$$

$$k_3[O_3][HO\cdot]=2k_1[O_3]+k_4[O_3]\sqrt{\frac{2k_1[O_3]+k_2[O_3][OH^-]}{k_5}}$$

代入式(a),得

$$-\frac{\mathrm{d}[O_3]}{\mathrm{d}t}=3k_1[O_3]+k_2[O_3][OH^-]+2k_4[O_3]\sqrt{\frac{2k_1[O_3]+k_2[O_3][OH^-]}{k_5}}$$

$$= (3k_1 + k_2[OH^-])[O_3] + \left(2k_4\sqrt{\frac{2k_1 + k_2[OH^-]}{k_5}}\right)[O_3]^{1.5}$$

3）影响反应速率的因素

(1）温度对反应速率的影响。

温度对反应速率的影响特别显著。例如，氢气和氧气化合成水的反应，在常温下几乎观察不到水的生成，但当温度提高到600 ℃以上时，它们立即反应，并发生猛烈的爆炸。一般说来，化学反应都随温度升高反应速率增大。范特霍夫(Van't Hoff J. H.)从实验中总结出一条经验规律：反应物浓度一定时，温度每升高10 ℃，反应速率增加为原来速率的2～4倍。此经验规律虽不精确，但当数据缺乏时，也可用它来作粗略估计。

从反应速率方程可见，当浓度一定时，反应速率正比于反应速率常数k，k在一定温度下是一个常数。但当温度升高时，k值一般增大。我们讨论温度对反应速率影响时是假设在反应物浓度不变的条件下，速率常数k随温度T而改变的函数关系。

1889年阿伦尼乌斯(Arrhenius S. A.)从大量实验中总结出反应速率常数和温度之间的定量关系式

$$k = A e^{-\frac{E_a}{RT}} \tag{10.2.19}$$

$$\ln k = -\frac{E_a}{RT} + \ln A \tag{10.2.20}$$

式(10.2.19)和式(10.2.20)均称为阿伦尼乌斯公式。式中k为反应速率常数，单位为$(mol/L)^{1-n}/s$；T为热力学温度，单位为K；E_a为实验活化能或阿伦尼乌斯活化能，单位为J/mol；R为摩尔气体常数，8.314 J/(K · mol)；A为一常数，称为指前因子或频率因子，其单位与k相同。从式(10.2.19)可见，k与T成指数关系，温度的微小变化都将导致k的较大变化。我们在讨论反应速率与温度的关系时，可以认为一般温度范围内活化能E_a和指前因子A均不随温度的改变而改变。

对同一反应，已知活化能和某一温度T_1的速率常数k_1，可求任一温度T_2的速率常数k_2；或已知两个温度的速率常数，可求该反应的活化能。将T_2和T_1分别代入式(10.2.20)中，即得

$$\ln k_2 = -\frac{E_a}{R}\cdot\frac{1}{T_2} + \ln A \tag{10.2.21}$$

$$\ln k_1 = -\frac{E_a}{R}\cdot\frac{1}{T_1} + \ln A \tag{10.2.22}$$

两式相减，可得

$$\ln\frac{k_2}{k_1} = \frac{E_a}{R}\cdot\frac{T_2 - T_1}{T_1 T_2} \tag{10.2.23}$$

例10-4 已知乙烷裂解反应的活化能E_a=302.17 kJ/mol，丁烷裂解反应活化能E_a=233.68 kJ/mol，当温度由700 ℃上升到800 ℃时，它们的反应速率常数将分别增加多少？乙烷温度由500 ℃上升到600 ℃时，反应速率常数又将增加多少？

解 将乙烷和丁烷的E_a和T分别代入式(10.2.24)，则

乙烷 $$\ln\frac{k_{1\,073.15}}{k_{973.15}} = \frac{302.17\times10^3}{8.314}\times\frac{1\,073.15-973.15}{1\,073.15\times973.15} = 3.48$$

$$\frac{k_{1\,073.15}}{k_{973.15}} = 32.36$$

丁烷 $$\ln\frac{k_{1\,073.15}}{k_{973.15}}=\frac{233.68\times10^{3}}{8.314}\times\frac{1\,073.15-973.15}{1\,073.15\times973.15}=2.69$$

$$\frac{k_{1\,073.15}}{k_{973.15}}=14.79$$

乙烷温度由 500 ℃上升到 600 ℃时

$$\ln\frac{k_{873.15}}{k_{773.15}}=\frac{302.17\times10^{3}}{8.314}\times\frac{873.15-773.15}{873.15\times773.15}=5.38$$

$$\frac{k_{873.15}}{k_{773.15}}=217.78$$

由例 10-4 可知:升高同样温度,活化能越高、起始温度越低,反应速率常数增加的倍数就越大。

例 10-5 已知有机污染物在水中的分解反应为一级反应,表 10-2 所示为不同温度下测得的速率常数,计算这个反应的活化能和指前因子 A。

表 10-2 例 10-5 表

T/K	k/h^{-1}
323	1.08×10^{-4}
343	7.34×10^{-4}
362	45.4×10^{-4}
374	138×10^{-4}

解 以 $\ln k$ 对 $1/T$ 作图,如图 10-2 所示。

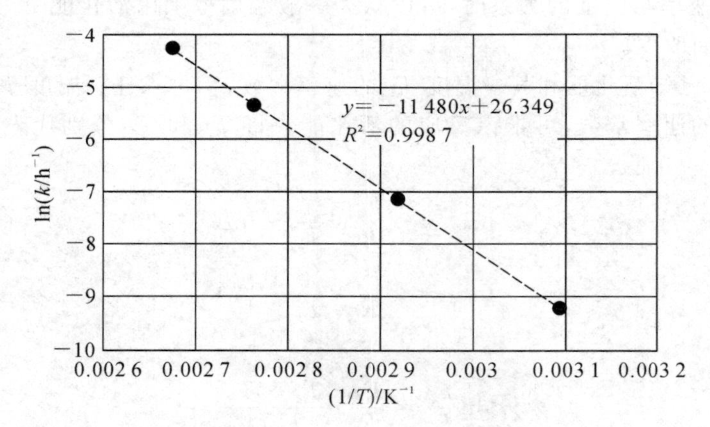

图 10-2 例 10-5 图

由式(10.2.20)知,直线的斜率为$-11\,480$,截距 $\ln A=26.349$。则

$E_a=11\,480\times8.314=95\,444(\mathrm{J/mol})=95.44(\mathrm{kJ/mol})$, $A=2.775\times10^{11}\ \mathrm{h}^{-1}$

总之,由阿伦尼乌斯公式知,反应速率常数不仅与温度有关,而且与反应活化能有关。对一定的反应,活化能一定,反应速率随温度的升高而增大。当温度一定时,不同的反应,活化能不同,活化能越小的反应速率越快。当某反应的活化能由 100 kJ/mol 降至 80 kJ/mol,则在 300 K 时,反应速率常数之比为

$$\frac{k_2}{k_1}=\frac{Ae^{-80\,000/(RT)}}{Ae^{-100\,000/(RT)}}\approx 3\,000$$

即反应速率增加约 3 000 倍，这表明活化能对反应速率影响是十分显著的。一般化学反应的活化能在 80～100 kJ/mol。活化能小于 80 kJ/mol 的化学反应，由于进行得很快，一般实验方法难以测定，而活化能大于 100 kJ/mol 的化学反应，由于进行得太慢，也难以研究。

(2) 催化剂对反应速率的影响。

升高温度虽然能加快反应速率，但高温有时会给反应带来不利的影响。例如，有的反应能在高温下发生副反应，有的反应产物在高温下会分解等，而且高温反应设备投资大、技术复杂、能耗高。那么，能否设法选择一条新的反应途径以达到降低反应的活化能，加快化学反应速率的目的呢？通过科学实验，已找到了一种行之有效的办法，就是使用催化剂。现在生产过程中所产生的废水、废气、固体废弃物的处理需要催化剂。据统计，目前有 80%～90%的污染控制技术中使用了催化剂，可见催化剂在现代环境污染控制中具有何等重要的地位和作用。

催化剂为什么会加速反应速率呢？这是因为把一种特定的催化剂加入某种反应体系时，催化剂能改变反应历程（也叫反应机理），降低反应的活化能，因而使反应速率加快（见图10-3）。

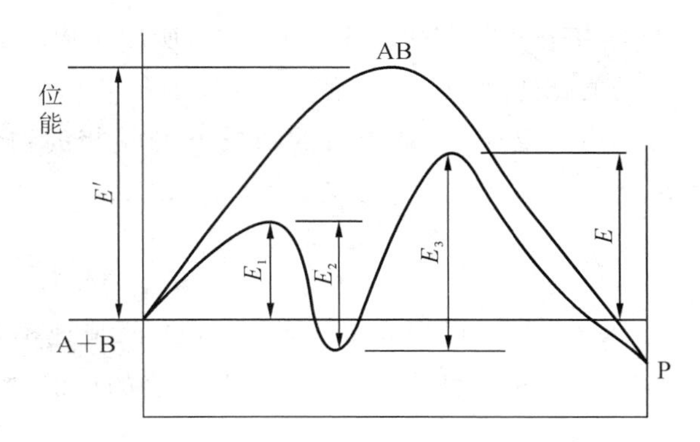

图 10-3　催化剂对反应历程影响的示意图

一般认为催化剂是与反应物中的一种或几种物质生成中间产物，而这种中间产物又与另外的反应物进行反应或者自身分解，重新产生出催化剂并形成产物。

假设在非均相表面反应中，一分子 A 吸附在表面 X 上，生成中间产物 Z，最后分解成产物 G。这是 Langmuir-Hinshelwood 非均相表面反应机理的基础。

$$A+X\rightleftharpoons Z\longrightarrow X+G \tag{10.2.24}$$

如果 A 和 B 两种物质参与，则遵循机理

$$A+X\rightleftharpoons Z_1 \tag{10.2.25}$$

$$B+X\rightleftharpoons Z_2 \tag{10.2.26}$$

$$Z_1+Z_2\longrightarrow X+G \tag{10.2.27}$$

以上反应机理要求两种物质被吸附在相邻的表面上。在某些情况下，只有一种物质（假设 A）被吸附在表面上，和气相物质（假设 B）反应生成产物，这就是 Langmuir-Rideal 模型。

对于 Langmuir-Hinshelwood 机理，反应速率取决于表面上吸附的 A 物质的浓度。由 Langmuir 等温吸附理论得出 A 物质在催化剂表面的覆盖率为

$$\theta_A=\frac{K_{\text{Lang},A}\,p_A}{1+K_{\text{Lang},A}\,p_A} \tag{10.2.28}$$

中间产物转化为产物的速率为

$$r = k\theta_{A} = k\frac{K_{Lang,A}p_{A}}{1 + K_{Lang,A}p_{A}} \tag{10.2.29}$$

在A物质的分压足够大的情况下,$K_{Lang,A}p_{A} \gg 1$,$r \rightarrow k$,则反应速率与物质A的浓度无关;当物质A的分压很小,$K_{Lang,A}p_{A} \ll 1$,$r \rightarrow k K_{Lang,A}p_{A}$,此反应为反应物A的一级反应。

上面的公式也可以被用来描述多于一种物质参加的反应。根据Langmuir等温吸附理论,对于两种相互竞争的物质A和B,有

$$\theta_{A} = \frac{K_{Lang,A}p_{A}}{1 + K_{Lang,A}p_{A} + K_{Lang,B}p_{B}} \tag{10.2.30}$$

$$\theta_{B} = \frac{K_{Lang,B}p_{B}}{1 + K_{Lang,A}p_{A} + K_{Lang,B}p_{B}} \tag{10.2.31}$$

如果两种物质A和B都被吸附(Langmuir-Hinshelwood模型),参与非均相催化反应,对于总反应速率则有

$$r = k\theta_{A}\theta_{B} = k\frac{K_{Lang,A}K_{Lang,B}p_{A}p_{B}}{(1 + K_{Lang,A}p_{A} + K_{Lang,B}p_{B})^{2}} \tag{10.2.32}$$

上式表明物质A和B会相互竞争催化剂表面的位置,所以当物质A的分压为定值时,反应速率会随物质B的分压的变化达到一个最大值。

如果两种物质参加的非均相反应中,被吸附的物质B与气相的物质A反应(Langmuir-Rideal模型),则反应速率表达式为

$$r = k\theta_{B}p_{A} = k\frac{K_{Lang,B}p_{A}p_{B}}{(1 + K_{Lang,A}p_{A} + K_{Lang,B}p_{B})^{2}} \tag{10.2.33}$$

用液相浓度 c_{A} 代替分压 p_{A},可以得到液相中非均相催化反应速率表达式。

经过大量的研究,人们对催化剂的性质和作用有了进一步的认识,并总结出催化剂的基本特征如下。

① 催化剂能够改变化学反应速率,而其本身质量、化学组成和化学性质等在反应前后均保持不变。凡能加快反应速率的催化剂叫正催化剂;相反,能减慢反应速率的催化剂叫负催化剂。通常所说的催化剂一般指的是正催化剂。

② 催化剂只能缩短体系达到平衡的时间,不能改变平衡常数的数值。

③ 催化剂有选择性,即一种催化剂往往只能对一特定的反应有催化作用。若同样的反应物能生成多种不同的产物,则选择不同的催化剂会有利于特定产物的生成。例如,当给乙醇加热时,使用不同的催化剂将得到不同的产物。

$$C_2H_5OH\begin{cases}\xrightarrow[\text{Cu}]{473\sim523\ \text{K}} CH_3CHO + H_2\\ \xrightarrow[\text{Al}_2\text{O}_3\ 或\ \text{ThO}_2]{623\sim633\ \text{K}} C_2H_4 + H_2O\\ \xrightarrow[\text{H}_2\text{SO}_4]{413.2\ \text{K}} (C_2H_5)O + H_2O\\ \xrightarrow[\text{ZnO}\cdot\text{Cr}_2\text{O}_3]{673.2\sim773.2\ \text{K}} CH_2 = CH - CH = CH_2 + H_2O + H_2\end{cases}$$

④ 催化剂对反应速率有显著的影响，但不同的催化剂对反应速率的影响是不同的。通常采用催化反应的速率常数来衡量催化剂的催化能力（称为催化剂的活性）。显然，催化反应的速率常数越大，催化剂的活性就越大。

许多催化剂在使用时，其活性从小到大，逐渐达到正常水平。活性稳定一段时期后，又下降直到衰老不能使用，这个活性稳定期称为催化剂的寿命，其长短随催化剂的种类和使用条件而异。衰老的催化剂有时可以用再生的方法使之重新活化。催化剂在活性稳定期间往往因接触少量杂质而使活性显著下降，这种现象称为催化剂中毒。使催化剂丧失催化作用的物质称为催化剂的毒物。若消除中毒因素后，活性仍能恢复，称为暂时性中毒，否则称为永久性中毒。

（3）溶剂对反应速率的影响。

液相反应和气相反应的最大差别在于有溶剂存在。根据已有的实验事实，溶剂对反应速率的影响有如下规律：

① 溶剂的介电常数越大，离子间的静电引力越小，因而不利于离子间的化合反应。

② 如果产物的极性比反应物的极性大，则采用极性溶剂可以提高反应速率。

③ 若反应物分子与溶剂形成稳定中间物而使活化能增大，则反应速率变小；若形成不稳定中间物而使活化能减小，则反应速率增大。

④ 在稀溶液中，如果反应物是离子，则反应速率与溶液的离子强度有关。

10.2.2　均相反应动力学

均相反应动力学是最基础的反应动力学，研究均相反应动力学具有普遍的意义。由于篇幅所限，本节所述反应仅限于等温恒容反应。

1. 简单不可逆反应

对于简单的不可逆反应 $A \longrightarrow G$，其反应速率方程为

$$-r_A = -\frac{dc_A}{dt} = kc_A^a \tag{10.2.34}$$

将上式积分可得

$$kt = -\int_{c_{A0}}^{c_A} \frac{dc_A}{c_A^a} \tag{10.2.35}$$

由式(10.2.35)可知，只要知道反应级数 n 和初始浓度，就可以计算出达到某一给定浓度时所需的反应时间或某一时刻的组分浓度。

对于零级反应，将 $a=0$ 代入上式，求解得

$$c_A = c_{A0} - kt \tag{10.2.36}$$

根据半衰期的定义，半衰期为反应物浓度减小到初始浓度一半时所需的时间（$t_{1/2}$），则由式(10.2.36)可以算出零级反应的半衰期 $t_{1/2} = c_{A0}/(2k)$。

同样，可以得出一级反应和二级反应及其他简单反应的速率方程微分式、积分式及半衰期，见表 10-3。

在介绍一级反应和二级反应的时候，有必要介绍假一级反应。假设有基元反应 $A + B \longrightarrow C$，反应速率方程为 $-r_A = kc_Ac_B$，其反应级数为 2，如果 c_{B0} 远远大于 c_{A0}，在整个反应过程中，c_B 对反应速率不构成影响，c_A 是反应速率的主要控制因素，则

表 10-3 常用不可逆反应的速率方程及其特征

级数	速率方程		特征	
	微分形式	积分形式	$t_{1/2}$	直线关系
0	$-\frac{dc_A}{dt}=k_0$	$k_0=\frac{c_{A0}-c_A}{t}$	$\frac{c_{A0}}{2k_0}$	c_A-t
1	$-\frac{dc_A}{dt}=k_1c_A$	$k_1=\frac{\ln c_{A0}-\ln c_A}{t}$	$\frac{\ln 2}{k_1}$	$\ln c_A$-t
2	$-\frac{dc_A}{dt}=k_2c_A^2$	$k_2=\left(\frac{1}{c_A}-\frac{1}{c_{A0}}\right)/t$	$\frac{1}{k_2c_{A0}}$	$\frac{1}{c_A}$-t
a	$-\frac{dc_A}{dt}=kc_A^a$	$k=\frac{1}{(a-1)t}\left(\frac{1}{c_A^{a-1}}-\frac{1}{c_{A0}^{a-1}}\right)$	$\frac{2^{a-1}-1}{(a-1)kc_{A0}^{a-1}}$	$\frac{1}{c_A^{a-1}}$-t

$$-r_A=(kc_B)c_A=k'c_A \tag{10.2.37}$$

此种反应称为假一级反应。

环境工程中,有很多过程可以视为一级或二级反应,例如:废水中放射性元素的蜕变反应为一级反应;废水中有机污染物的臭氧氧化为二级反应。

2. 典型复杂反应

1) 可逆反应

设有一级可逆反应,$A\underset{k_2}{\overset{k_1}{\rightleftharpoons}}G$ 正反应的速率为 k_1c_A,逆反应的速率为 k_2c_G。

当正反应与逆反应速率相等时,可逆反应达到平衡。设 A 和 G 的初始浓度分别为 c_{A0} 和 c_{G0},反应达到平衡时的浓度分别为 c_{Ae} 和 c_{Ge}。

$$\frac{k_1}{k_2}=\frac{c_{Ge}}{c_{Ae}}=K \tag{10.2.38}$$

K 称为可逆反应的平衡常数,等于正、逆反应速率常数的比值。

t 时刻组分 A 的反应速率为

$$-\frac{dc_A}{dt}=k_1c_A-k_2c_G$$

又

$$c_A=c_{A0}(1-x_A),\quad c_G=c_{G0}+c_{A0}x_A$$

则

$$-\frac{dc_A}{dt}=\left[\left(k_1-k_2\frac{c_{G0}}{c_{A0}}\right)-(k_1+k_2)x_A\right]c_{A0} \tag{10.2.39}$$

或

$$\frac{dx_A}{dt}=k_1-k_2\frac{c_{G0}}{c_{A0}}-(k_1+k_2)x_A \tag{10.2.40}$$

将 $c_{Ae}=c_{A0}(1-x_{Ae})$ 和 $c_{Ge}=c_{G0}+c_{A0}x_{Ae}$ 代入式(10.2.38)中,整理得

$$\frac{c_{G0}}{c_{A0}}=\frac{k_1-(k_1+k_2)x_{Ae}}{k_2} \tag{10.2.41}$$

将式(10.2.41)代入式(10.2.40)中,则可得

$$\frac{dx_A}{dt}=(k_1+k_2)(x_{Ae}-x_A) \tag{10.2.42}$$

将式(10.2.42)积分,可得转化率与时间的关系为

$$t = \frac{1}{k_1 + k_2} \ln \frac{x_{Ae}}{x_{Ae} - x_A} \tag{10.2.43}$$

将不同时刻 t 的实验数据分别代入式(10.2.41)和式(10.2.43)，即可求出 k_1 和 k_2。

令 $M = c_{G0}/c_{A0}$，将式(10.2.41)变形为

$$k_2 = \frac{1 - x_{Ae}}{M + x_{Ae}} k_1 \tag{10.2.44}$$

将式(10.2.44)代入式(10.2.43)，得

$$\ln \frac{x_{Ae}}{x_{Ae} - x_A} = \frac{M+1}{M + x_{Ae}} k_1 t \tag{10.2.45}$$

将 $\ln \frac{x_{Ae}}{x_{Ae} - x_A}$ 对 t 作图，由所得直线的斜率可求出 k_1，再由式(10.2.44)可求出 k_2。

2）平行反应

在多个平行的反应中，常将产物量最多的称为主反应，其他称为副反应。设一平行反应如下：$A \longrightarrow G$，$A \longrightarrow H$。一级反应速率常数分别为 k_1 和 k_2。则组分 A、G 和 H 的物料衡算式分别为

$$-\frac{dc_A}{dt} = k_1 c_A + k_2 c_A = (k_1 + k_2) c_A \tag{10.2.46}$$

$$\frac{dc_G}{dt} = k_1 c_A \tag{10.2.47}$$

$$\frac{dc_H}{dt} = k_2 c_A \tag{10.2.48}$$

初始条件为 $t=0$，$c_A = c_{A0}$，$c_{G0} = c_{H0} = 0$。

将式(10.2.46)积分，得

$$c_A = c_{A0} e^{-(k_1+k_2)t} \tag{10.2.49}$$

将式(10.2.49)分别代入式(10.2.47)和式(10.2.48)，积分得

$$c_G = \frac{k_1 c_{A0}}{k_1 + k_2} \left[1 - e^{-(k_1+k_2)t} \right] \tag{10.2.50}$$

$$c_H = \frac{k_2 c_{A0}}{k_1 + k_2} \left[1 - e^{-(k_1+k_2)t} \right] \tag{10.2.51}$$

可以看出，产物 G 和 H 的浓度之比为一常数(即 k_1/k_2)，这一常数表示该平行反应的选择性。

为提高目的产物的比例，可改变 k_1/k_2。常常采用两种方法：一种方法是选择适当的催化剂，降低目的反应的活化能，提高其反应速率；另一种方法是调节温度，其详细方法可参考有关书籍。

3）串联反应

设有串联反应 $A \longrightarrow G \longrightarrow H$，$k_1$ 和 k_2 分别为反应 $A \longrightarrow G$ 和 $G \longrightarrow H$ 的一级反应速率常数，则各组分的物料衡算式分别为

$$-\frac{dc_A}{dt} = k_1 c_A \tag{10.2.52}$$

$$\frac{dc_G}{dt} = k_1 c_A - k_2 c_G \tag{10.2.53}$$

$$\frac{dc_H}{dt} = k_2 c_G \tag{10.2.54}$$

初始条件为 $t=0$，$c_A = c_{A0}$，$c_{G0} = c_{H0} = 0$。

对式(10.2.52)积分,得

$$c_A = c_{A0} e^{-k_1 t} \tag{10.2.55}$$

将式(10.2.55)代入式(10.2.53),积分得

$$c_G = \frac{k_1 c_{A0}}{k_2 - k_1}(e^{-k_1 t} - e^{-k_2 t}) \tag{10.2.56}$$

将式(10.2.56)代入式(10.2.54),积分得

$$c_H = c_{A0}\left(1 - \frac{k_2}{k_2 - k_1}e^{-k_1 t} + \frac{k_1}{k_2 - k_1}e^{-k_2 t}\right) \tag{10.2.57}$$

串联反应有一个显著的特征,即随着反应的进行,反应物浓度渐趋于零,产物 H 的浓度渐趋于 c_{A0},但是中间产物 G 的浓度 c_G 则是先升高,达到最大值之后下降并逐渐趋于零。

10.3 化学反应动力学解析方法

本节主要讲述反应速率数据的分析方法,以及得到反应速率方程的途径。

获取实验数据的方法主要有在间歇反应器中测量浓度随时间的变化和在微分反应器中测量浓度的变化。在分析实验数据时,常采用的方法有微分法、半衰期法、积分法和初始速率法等。

10.3.1 微分法

微分法是在间歇反应器内测量不同反应时间的反应物浓度,利用图解法或者计算法求得不同浓度时的反应速率,然后以反应速率对反应物浓度作图,根据反应速率与反应物浓度的关系确定反应速率方程中的反应级数和反应速率常数。

对单分子反应 $A \longrightarrow G$,有

$$-r_A = k_A c_A^a \tag{10.3.1}$$

将 $-r_A$ 对 c_A 作图,若为直线,则反应级数为 1,直线的斜率为反应速率常数 k_A。否则,对式(10.3.1)两边取对数,得

$$\ln(-r_A) = \ln k_A + a \ln c_A \tag{10.3.2}$$

将 $\ln(-r_A)$ 对 $\ln c_A$ 作图,所得直线的斜率即为反应级数,直线的截距即为反应速率常数 k_A 的自然对数。

当反应物不止一种时,可以利用反应物浓度过量法来确定反应速率方程。例如,对双分子反应 $A+B \longrightarrow G$,有

$$-r_A = k_A c_A^a c_B^b \tag{10.3.3}$$

当加入过量反应物 B 时,可以认为 B 的浓度在反应过程中基本保持不变,则有

$$-r_A = k' c_A^a \tag{10.3.4}$$

其中

$$k' = k c_B^b \approx k c_{B0}^b$$

这样可以按单分子反应的方法确定反应级数 a。同理,可以通过加入过量反应物 A 确定反应级数 b。

对双分子反应,也可采用二元线性回归的方法同时确定反应级数和反应速率常数。对式(10.3.3)两边取对数,得

$$\ln(-r_A) = \ln k_A + a \ln c_A + b \ln c_B \tag{10.3.5}$$

以 $\ln c_A$ 和 $\ln c_B$ 为自变量、$\ln(-r_A)$ 为因变量,利用一系列 $\ln(-r_A)-\ln c_A-\ln c_B$ 数据,采

用二元线性回归的方法可确定反应级数和反应速率常数。

由上述步骤可知，微分法的关键是求反应速率 $-r_A$，即利用浓度和时间的关系数据求得不同时间(浓度)的反应速率，主要方法有图解法(切线法)、数值法和多项式拟合法。这里重点介绍多项式拟合法。

采用多项式拟合法时，首先找出适合的 n 次多项式拟合浓度-时间曲线，即

$$c_A = a_0 + a_1 t + a_2 t^2 + \cdots + a_n t^n \tag{10.3.6}$$

确定方程(10.3.6)后，两边对时间求导即可得到不同时间(浓度)的 $\frac{dc_A}{dt}$。

需要指出的是，多项式(10.3.6)的次数 n 的选择非常重要。如果次数 n 太低，多项式不能描述数据的变化趋势，并且容易遗漏数据点；如果次数 n 过高，曲线容易出现凹凸不平的现象，计算 $\frac{dc_A}{dt}$ 时容易出现偏差。

例 10-6　已知某污染物 A 在间歇反应器中发生分解反应，在不同的时间段测得反应器中 A 的浓度如表 10-4 所示。试用微分法求出污染物 A 的反应速率表达式。

表 10-4　例 10-6 表 1

t/min	0	10	20	30	40
c_A/(mg/L)	54.6	33.1	20.1	12.2	7.4

解　根据表中数据作出浓度-时间曲线，如图 10-4(a)所示。图中曲线可由以下 4 次多项式表示：

$$c_A = 5.833 \times 10^{-6} t^4 - 0.000\,916\,7 t^3 + 0.065\,92 t^2 - 2.723 t + 54.6$$

对上式微分得　$$\frac{dc_A}{dt} = 2.333\,2 \times 10^{-5} t^3 - 0.002\,750\,1 t^2 + 0.131\,84 t - 2.723$$

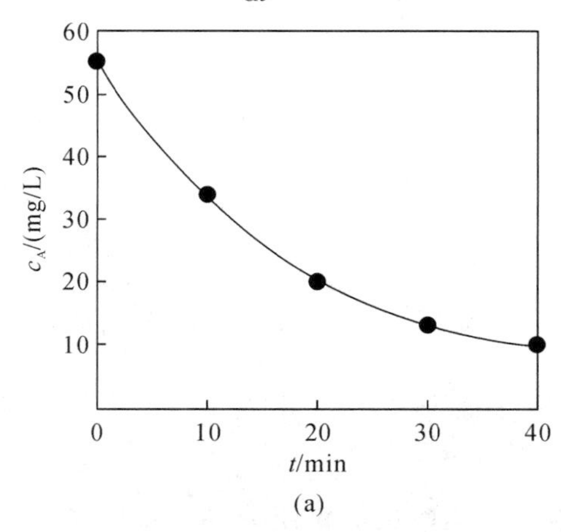

(a)

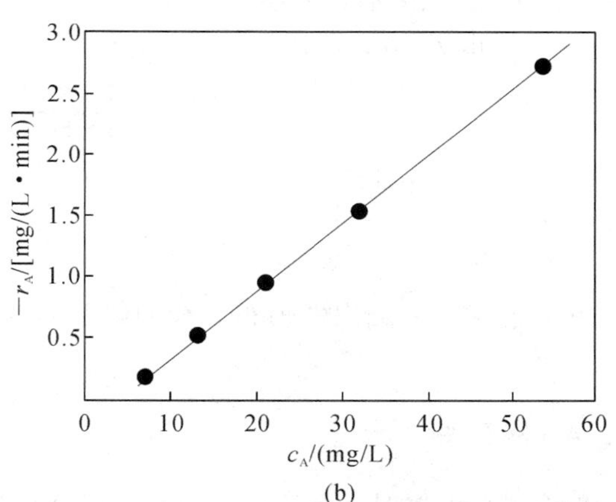

(b)

图 10-4　例 10-6 图

由上述微分式可计算不同时刻的 $-\frac{dc_A}{dt}$，即 $-r_A$ 值，结果列于表 10-5。

表 10-5　例 10-6 表 2

t/min	0	10	20	30	40
c_A/(mg/L)	54.6	33.1	20.1	12.2	7.4
$-r_A$/[mg/(L · min)]	2.73	1.66	1.01	0.61	0.37

然后以反应速率对浓度作图,如图 10-4(b)所示,为一直线,所以该反应为一级反应。该直线的斜率为 0.05,则反应速率表达式为:$-r_A=0.05c_A$。

10.3.2 初始速率法

微分法在分析可逆反应时会降低其准确性。在这种情况下,可以采用初始速率法来确定反应级数和速率常数。

该法的步骤是在不同的初始浓度下进行一系列的实验,得出每次的初始速率($-r_{A0}$)(如图 10-5(a)所示)。由初始反应速率($-r_{A0}$)的自然对数值对初始浓度 c_{A0} 的自然对数值作图,所得直线斜率即为反应级数 a(如图 10-5(b)所示)。

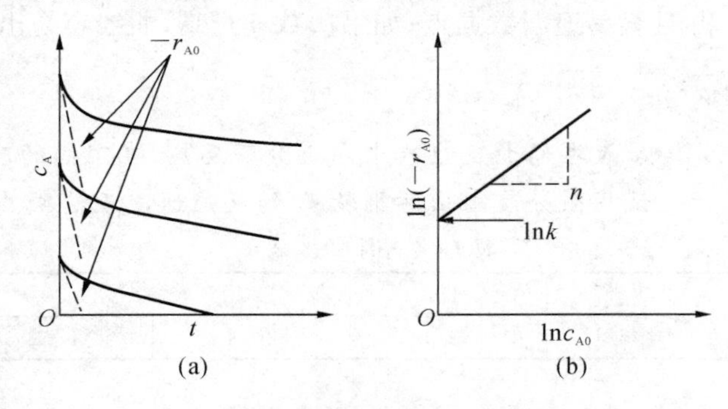

图 10-5 初始速率法图示

10.3.3 半衰期法

半衰期法是利用反应物浓度减小到初始浓度一半时所需的时间来确定反应级数和反应速率常数的方法(该法通常还能结合过量法来确定含有两种反应物的动力学方程)。例如,对反应 A ⟶ G,由表 10-3 可知

$$t_{1/2}=\frac{2^{a-1}-1}{k(a-1)}\cdot\frac{1}{c_{A0}^{a-1}} \tag{10.3.7}$$

将上式两边取对数,得

$$\ln t_{1/2}=\ln\frac{2^{a-1}-1}{k(a-1)}+(1-a)\ln c_{A0} \tag{10.3.8}$$

由 $\ln t_{1/2}$ 对 $\ln c_{A0}$ 作图,所得直线的斜率即为$(1-a)$,故可求得反应级数,再由该直线截距求反应速率常数 k。

10.3.4 积分法

积分法是根据对一个反应的初步认识,确定影响反应速率的关键组分 A。然后假设一个组分 A 的反应动力学方程,并进行积分求解。同时在间歇反应器中测定组分 A 在不同反应时间的浓度,再比较反应动力学方程的积分式是否能拟合组分 A 的浓度-时间数据。若不能,则需重新假定另外一个反应动力学方程,直到找到合适的方程为止。

利用积分法分析数据时,熟悉并掌握零级、一级、二级反应速率方程的积分式及其线性化十分重要。

下面以反应 A ⟶ G 为例进行说明。

其反应速率方程可表示为

$$-r_A = -\frac{dc_A}{dt} = kc_A^a \tag{10.3.9}$$

对于零级反应($a=0$)，式(10.3.9)变为

$$\frac{dc_A}{dt} = -k \tag{10.3.10}$$

初始条件为 $t=0$ 时，$c_A=c_{A0}$，积分得

$$c_A = c_{A0} - kt \tag{10.3.11}$$

将 c_A 对 t 作图，为一直线，其斜率为 $-k$，如图 10-6(a)所示。

对于一级反应($a=1$)，式(10.3.9)变为

$$\frac{dc_A}{dt} = -kc_A \tag{10.3.13}$$

根据 $t=0$ 时，$c_A=c_{A0}$，积分得

$$\ln\frac{c_{A0}}{c_A} = kt \tag{10.3.13}$$

将 $\ln\frac{c_{A0}}{c_A}$ 对 t 作图，为一直线，其斜率为 k，如图 10-6(b)所示。

对于二级反应($a=2$)，式(10.3.9)变为

$$-\frac{dc_A}{dt} = kc_A^2 \tag{10.3.14}$$

初始条件为 $t=0$ 时，$c_A=c_{A0}$，积分得

$$\frac{1}{c_A} = kt + \frac{1}{c_{A0}} \tag{10.3.15}$$

将 $\frac{1}{c_A}$ 对 t 作图，为一直线，其斜率为 k，如图 10-6(c)所示。

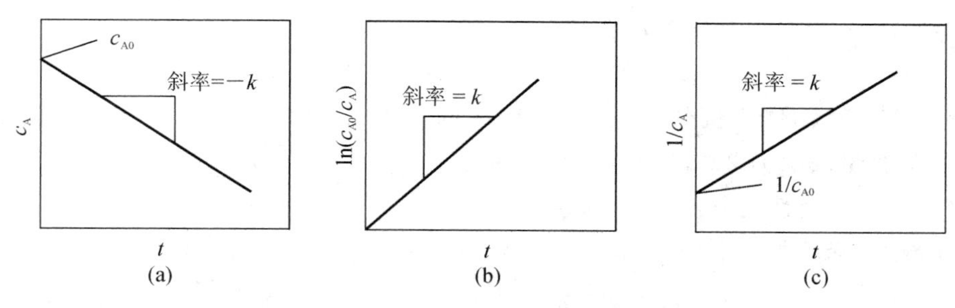

图 10-6　c_A、$\ln(c_{A0}/c_A)$和 $1/c_A$ **随时间的线性变化关系**

(a) c_A 对 t 的曲线；(b) $\ln(c_{A0}/c_A)$对 t 的曲线；(c) $1/c_A$ 对 t 的曲线

由以上讨论可知，当以适当的浓度表达式(例如 c_A、$\ln(c_{A0}/c_A)$或 $1/c_A$)对 t 作图，所得曲线为直线时，就能够确定反应级数为零级、一级或二级。若所绘出的图形不为直线，说明所选反应级数和数据不吻合，需重新假设反应级数。

例 10-7　已知某间歇反应，反应物起始浓度 $c_{A0}=1$ mol/L，当反应时间 t 为 20 s、40 s、60 s、80 s 和 100 s 时，分别测得反应物 A 的浓度，见表 10-6。

表 10-6　例 10-7 表

t/s	0	20	40	60	80	100
c_A/(mol/L)	1	0.5	0.23	0.11	0.05	0.03

试用积分法确定反应的级数和反应速率常数 k。

解　根据实验数据作图,判断是否满足一级或二级反应条件。

(1) 假设该反应为二级反应,则根据式(10.3.15),作出 $\frac{1}{c_A}$-t 关系曲线,如图 10-7(a)所示,显然不是线性关系,且相关系数 $R^2=0.8607$,可知该反应不是二级反应。

(2) 假设该反应为一级反应,则根据式(10.3.13)作出 $\ln\frac{c_{A0}}{c_A}$-t 关系曲线,如图 10-7(b)所示,显然呈线性关系,且 $R^2=0.9972$,拟合效果好,可知该反应为一级反应,由斜率得出反应速率常数 $k=0.036$ L/(mol · s)。

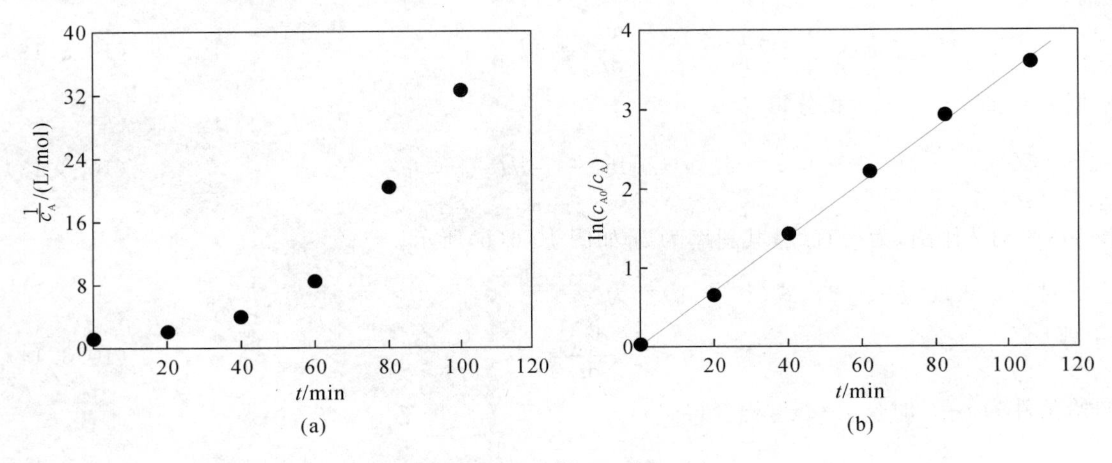

图 10-7　例 10-7 图

思考与练习

10-1　气态 NH_3 在高压条件下的催化分解反应为

$$2NH_3 \rightleftharpoons N_2+3H_2$$

现有 NH_3 和 CH_4 含量分别为 95%和 5%的气体,通过 NH_3 催化分解反应器后气体中 NH_3 的含量减少为 3%,试计算 NH_3 的转化率和反应器出口处 N_2、H_2 和 CH_4 的摩尔分数(CH_4 为惰性组分,不参与反应)。

10-2　$C_6H_5N_2Cl$ 降解服从下式:

$$C_6H_5N_2Cl \longrightarrow C_6H_5Cl+N_2$$

在 50 ℃时,$C_6H_5N_2Cl$ 的初始浓度为 10 g/L,反应过程中所记录的结果见表 10-7。

表 10-7　习题 10-2 表

时间/min	6	9	12	14	18	22	24	26	30	∞
N_2 体积/cm^3	19.3	26.0	32.6	36.0	41.3	45.0	46.5	47.4	50.4	58.3

(1) 计算说明该反应的反应级数;

(2) 用画图的方法找出该反应的反应速率常数。

10-3　双分子反应 A+B ⟶G 降解 10%需要 12 min,如果反应物 A 和 B 的初始浓度均为 1.0 mol/L,计算其反应速率常数及降解 90%需多长时间。

10-4　从反应 A+B ⟶G 测得 $k(25\ ℃)=1.5\times10^{-2}$ L/(mol · min),$k(45\ ℃)=4.5\times$

10^{-2} L/(mol · min)，试计算该反应的活化能及在 15 ℃时的反应速率常数。

10-5　包含 A、B 和 C 等 3 种物质的溶液中存在反应 A ⟶ B+C，通过实验测得数据见表 10-8。

表 10-8　习题 10-5 表

时间/min	0	10	20	24	60
c_A/(mg/L)	90	72	57	36	23

通过计算说明该反应的反应级数和反应速率常数。

10-6　利用多项式微分法分析下列数据。确定气相反应物 A 分解的反应级数。

$$A(g) \longrightarrow B(g) + 2C(g)$$

该反应在间歇反应器中进行，反应温度为 100 K，反应过程中不同时刻的体系总压见表 10-9，初始状态的反应物仅为纯 A。

表 10-9　习题 10-6 表

时间/min	0	2.5	5.0	10.0	15.0	20.0
压力/mmHg	7.5	10.5	12.5	15.5	18.0	19.5

10-7　已知下述反应：

$$N(CH_3)_3(A) + CH_3CH_2CH_2Br \longrightarrow (CH_3)_3(CH_2CH_3)N^+ + Br^-$$

c_{A0}=0.1 mol/dm^3，当 t=780 s，2 024 s，3 540 s，7 200 s 时，转化率分别为 11.2%，25.7%，36.7%，55.2%，试用积分法确定反应级数和反应速率常数 k。

10-8　一个降落的雨滴最初不含溶解氧。氧气在雨滴中的饱和浓度为 9.20 mg/L。假设在降落 2 s 后雨滴中的氧气浓度是 3.20 mg/L，且氧气传质是一级反应，问需要多长时间（从最初的降落开始）雨滴中氧气浓度才能达到 8.20 mg/L。

10-9　向水池中的水曝气。复氧按照一级反应进行，速率常数是 0.034 d^{-1}。水流的温度是 15 ℃，氧的初始浓度是 2.5 mg/L，已知 15 ℃时氧在水中的溶解度是 10.15 mg/L，试求需要多少天氧的浓度才能达到6.5 mg/L。

第 11 章　反　应　器

环境工程中涉及化学反应或生物化学反应的处理设备与设施均可视为反应器。反应器的研发需要流体力学、传热、传质，特别是化学反应动力学的知识。反应器理论来源于化学工程学科，本章则是讨论有关的反应器理论在环境工程中的应用。

11.1　反应器的分类

由于化学反应的种类繁多，操作条件差别很大，物料的相态也各不相同，因此，反应器的形式也是多种多样的。这样，要对反应器进行严格的分类是困难的。同时，由于反应的类型多，差异大，分类方法也多。

11.1.1　常用分类方法

1. 按物料的相态分类

按物料的相态可将反应器分为均相反应器和非均相反应器两大类，它们又可分为若干种。从表 11-1 中可以看出同一相态的反应，其化学反应特性相同。

表 11-1　按物料相态分的反应器种类

<table>
<tr><th colspan="2">反应类型</th><th>反应特性</th><th>反应类型举例</th><th>适用设备结构形式</th></tr>
<tr><td rowspan="2">均相</td><td>气相</td><td rowspan="2">无相界面，反应速率只与温度或浓度有关</td><td rowspan="2">燃烧、中和反应等</td><td>管式</td></tr>
<tr><td>液相</td><td>釜式</td></tr>
<tr><td rowspan="6">非均相</td><td>气-液相</td><td rowspan="6">有相界面，实际反应速率与相界面大小及相间扩散速率有关</td><td>氧化、氯化等</td><td>釜式、塔式</td></tr>
<tr><td>液-液相</td><td>萃取等</td><td>釜式、塔式</td></tr>
<tr><td>气-固相</td><td>焚烧、还原等</td><td>固定床、流化床、移动床</td></tr>
<tr><td>液-固相</td><td>吸附、离子交换等</td><td>釜式、塔式</td></tr>
<tr><td>固-固相</td><td>水泥制造等</td><td>回转筒式</td></tr>
<tr><td>气-液-固相</td><td>脱硫等</td><td>固定床、流化床</td></tr>
</table>

2. 按反应器的结构形式分类

按反应器结构形式的特征可将常见反应器分为釜式、管式、塔式、固定床和流化床反应器等。这样的分类对研究反应器的设计是恰当的。因为同类结构反应器中的物料具有共同的传递过程特性，尤其是流体的流动和传热特性，若反应器设计的物理模型近似，就有可能用同类的数学模型加以描述。图 11-1 为各种反应器的结构示意图。表 11-2 列出一些主要反应器结构形式、适用的相态和生产上的应用举例。

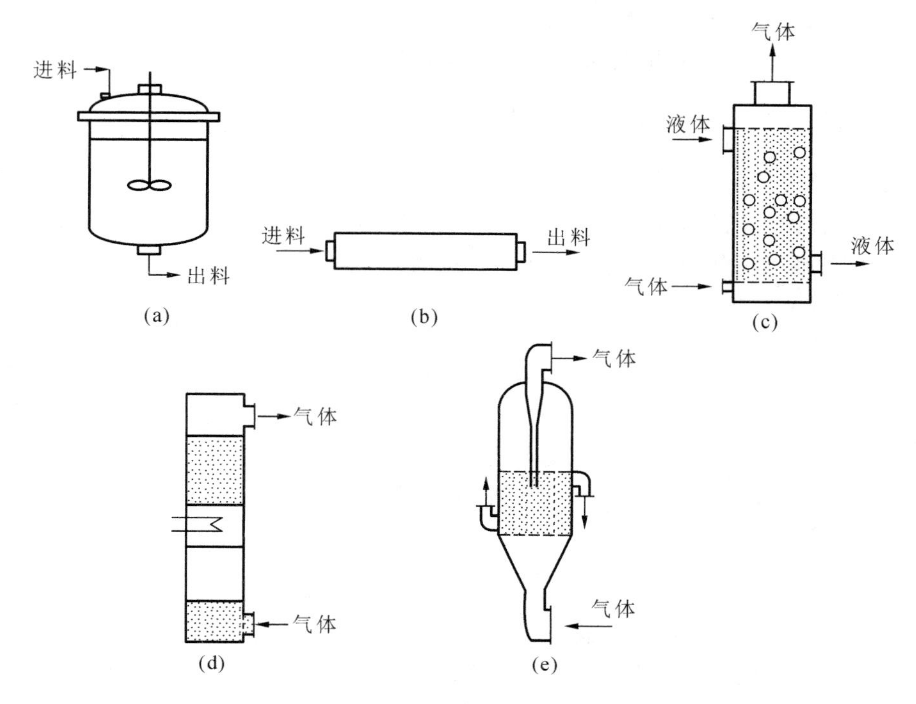

图 11-1 各种反应器的结构示意图

(a) 反应釜;(b) 管式反应器;(c) 鼓泡塔;(d) 固定床;(e) 流化床

表 11-2 按反应器的结构形式分类

结构形式	适用相态	应用举例
反应釜(包括多釜串联)	液相、气-液相、液-液相、液-固相	废水的臭氧氧化等
管式	气相、液相	有机废气的燃烧净化等
塔式	气-液相、气-液-固相	废水中氨的吹脱等
固定床	气-固相	有机废气的催化燃烧等
流化床	气-固相	循环流化床烟气脱硫等

3. 按操作方法分类

按操作方法不同,反应器可分为间歇式(分批式)、连续式和半间歇式。

间歇式反应器的操作特点是反应物料一次加入反应器,经过一定反应时间后一次取出反应产物。在反应期间,由于反应物和产物的浓度均随时间而变化,因此间歇反应是一个不稳定过程。间歇式操作是分批进行生产,每批生产都包括加料、反应、卸料、清洗等操作。因此设备利用率不高,工人劳动强度大,操作不易自动控制。它的优点是比较灵活,适用于生产小批量、多品种的产品。

连续式操作的特点是反应物不断地加入反应器内,反应不断地进行,反应产物连续不断地被取出,反应器内任何一点反应物或产物的浓度都不随时间而改变。因此,它是一个稳定过程。连续式操作便于连续化、自动化,劳动生产率高,手工劳动可减到最低程度,获得的产品质量也较稳定。所以现代化大生产都采用连续式反应器。

半间歇操作是指一种反应物料分批加入,另一种物料连续加入,经一段反应时间后,取出反应产物。或分批加入物料,用蒸馏等方法连续移走部分产品。

11.1.2 理想反应器

一般来讲,反应器可分为理想反应器和非理想反应器。非理想反应器的流动形态比较复杂,但是作为一种简化处理方法,往往首先讨论理想反应器。如图 11-2 所示,根据反应器的操作方式和物料的流型,可分为以下三类:① 间歇釜式反应器(batch stirred tank reactor, BSTR);② 全混流反应器,即连续釜式反应器(continuous stirred tank reactor, CSTR);③ 活塞流反应器(piston flow reactor, PFR)。

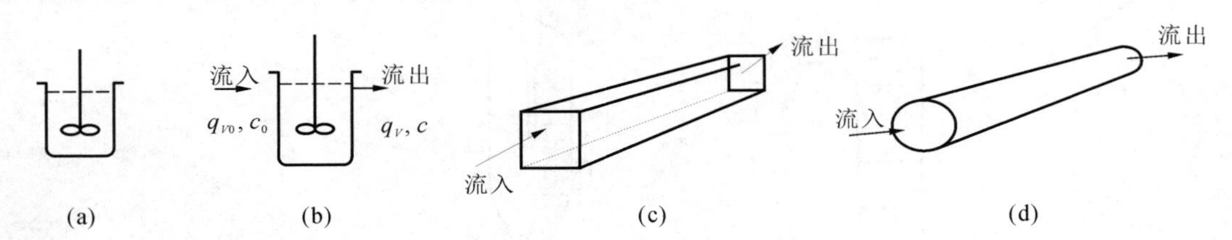

图 11-2 各种理想反应器形式

(a) 间歇釜式反应器;(b) 全混流反应器;(c) 开口活塞流反应器;(d) 管式活塞流反应器

这三类反应器的流型是在非理想反应器的流型的基础上经过理想化而得到的。为加深对反应器形式的理解,对如图 11-2 所示的各类反应器作如下简要说明。

1) 间歇釜式反应器

图 11-2(a)所示为间歇釜式反应器。在间歇釜式反应器中,不存在物料的流入与流出,且反应物料完全混合,组分含量与空间位置无关,仅与反应时间有关。

间歇釜式反应器是常见的理想反应器,其操作是将反应物料分批加入,充分搅拌,保证物料均匀混合,待反应进行到一定转化率后,将反应物料取出并清洗反应装置,然后再送入原料并进行下一批操作。间歇反应操作一般通过与外界换热来控制反应温度,属于一种非定常过程。随着反应时间的延长,反应物浓度逐渐下降,而产物浓度逐步增加,化学反应进行的程度取决于反应时间的长短。间歇釜式反应器一般适用于处理量小、反应时间较长的场合。

由于釜式反应器带有搅拌装置,故可认为反应区内反应物料的浓度均匀,这与多数实际过程相吻合,进而可以假定反应区内物料温度均匀。然而,若反应区内存在两个或两个以上的相态,则各相的反应物料组成未必相同,温度也不一定相等。此时,各相之间必然存在质量和热量的传递过程,这是进行多相反应时所必须考虑的首要问题。

2) 全混流反应器

图 11-2(b)所示为全混流反应器。在全混流反应器中,物料浓度在整个反应釜中是均匀的,而且等于排出料液的浓度,由于处于一个最低的反应物浓度下操作,因此反应速率就比间歇釜或活塞流反应器要慢。同一批新鲜、高浓度的反应物料进入反应釜后,就与停留在那里的已反应的物料发生混合而使浓度降低了。其中有的物料粒子在剧烈的搅拌下,可能迅速到达出口位置而排出反应釜;而另一些物料,则可能要停留较长时间才排出,即有所谓的停留时间分布,在全混釜中,这种停留时间的分布是确定的。而不同停留时间物料间的混合通常称为返混。全混釜是瞬间能达到全部混匀的一种反应器,故返混程度最大。

3) 活塞流反应器

图 11-2(c)和(d)所示为活塞流反应器,也称平推流反应器。在活塞流反应器中,假定物料

不存在轴向混合，而在径向上完全混合，所有粒子从反应器进口朝出口像活塞一样有序地运动并且具有相同的理论停留时间。此时，前后物料毫无返混现象发生，其返混程度为零。

11.1.3 非理想反应器

凡是流动状况偏离平推流和全混流的流动，统称为非理想流动。它们都存在停留时间分布的问题，但不一定是由返混引起的。设备中的死角必然引起不同停留时间之间的物料混合；物料流经反应器时出现的短路、旁流以及沟流等都是导致物料在反应器中停留时间不一的因素，如图 11-3 所示。

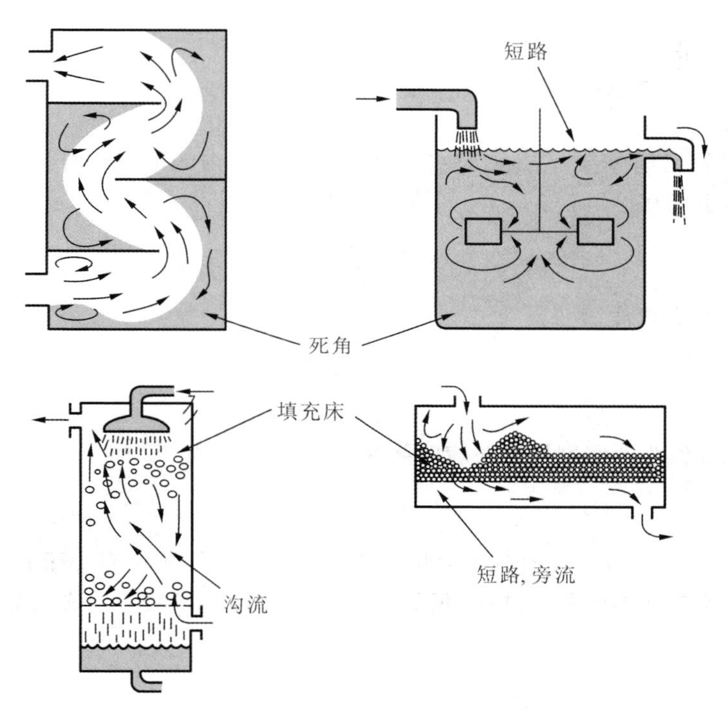

图 11-3 反应器中的几种非理想流动实例

1. 示踪响应测定技术

在非理想反应器模型中，存在三个基本要素：停留时间分布、混合程度和反应器模型。在反应器偏离理想流动模型时，上述三个要素均需要考虑。

这里重点介绍停留时间分布的概念。在非理想反应器中，有一些物料刚进入反应器就立刻流出，而有一些物料则几乎一直留在反应器内，所有的物料并不是同时流出的，这样就存在一个停留时间分布的问题，该参数对于反应器操作性能具有明显的影响。

为了测定和研究停留时间分布函数，通常采用注入示踪剂的方法来获取所需数据。而示踪剂的加入方法又分为脉冲法和阶跃法。本节重点介绍实验室常用的脉冲法来说明停留时间分布的测定。

所谓脉冲法，是指在极短的时间里，将一定量（以下用 M_0 表示）的示踪剂迅速地注入反应器的进料中，然后分析出口流体中示踪剂的浓度随时间的变化情况。

分析停留时间分布规律时，首先应选定一个足够小的时间间隔 Δt，在 t 与 $t+\Delta t$ 时间内示踪剂的浓度 c_t 可视为常数，在 t 与 $t+\Delta t$ 之间离开反应器的示踪物的量为

$$\Delta M = c_t v \Delta t \tag{11.1.1}$$

式中：v——流体的体积流率；

ΔM——反应器中停留时间为 t 与 Δt 之间的示踪剂的量。

上式两边除以注入反应器的示踪剂总量 M_0，得

$$\frac{\Delta M}{M_0}=\frac{c_t v}{M_0}\Delta t \tag{11.1.2}$$

此式表示停留时间介于 t 与 Δt 时间之间的示踪剂所占的比例。

对于脉冲法，可以定义

$$E(t)=\frac{c_t v}{M_0} \tag{11.1.3}$$

结合式(11.1.2)可得

$$\frac{\Delta M}{M_0}=E(t)\Delta t \tag{11.1.4}$$

式中 $E(t)$ 称为停留时间函数，它定量地描述物料在反应器内的停留时间分布特征。

假设实验中不能直接得到 M_0 值，则可以通过以下积分式求取：

$$M_0=\int_0^{\infty} c_t v\,\mathrm{d}t \tag{11.1.5}$$

当体积流率保持不变时有

$$E(t)=\frac{c_t}{\int_0^{\infty} c_t\,\mathrm{d}t} \tag{11.1.6}$$

其中分母中的积分值为示踪剂浓度对应时间曲线下的面积，显然

$$\int_0^{\infty} E(t)\,\mathrm{d}t=1 \tag{11.1.7}$$

同时可以看出，停留时间小于 t 时刻的流出物料所占百分比等于所有小于 t 时刻的 $E(t)\Delta t$ 的总和。由于 t 出现在上面的积分式中，所以此函数为时间的函数。定义为停留时间累计分布函数，记为 $F(t)$。

$$F(t)=\int_0^{t} E(t)\,\mathrm{d}t \tag{11.1.8}$$

可以根据 $E(t)$ 随时间 t 的变化关系曲线的积分面积来计算对应的 $F(t)$ 的值。

由上述概念就可以展开对非理想模型的讨论，下面将运用示踪响应技术来介绍两种非理想模型，即分散模型和多级串联釜式模型。

2. 分散模型

一般的反应器都是介于活塞流与全混流之间的，也就是说，一般的反应器在轴向都带有一定程度的混合现象。因此，如果把这种混合作用叠加在活塞流反应器的每一个断面上，如图11-4所示，就可以得到一种称为轴向分散的活塞流模型，简称分散模型。这种叠加的混合作用包括分子扩散、湍流扩散以及轴向分散三种作用，分别说明如下。

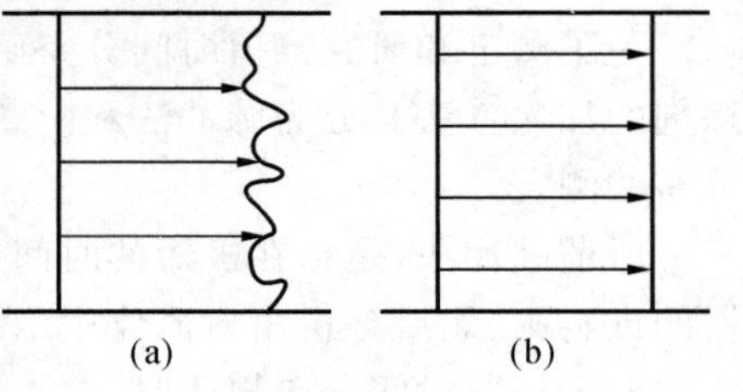

图 11-4　分散模型和活塞流模型

(a)分散模型；(b)活塞流模型

静态或层流条件下，物质的质量传递主要依靠分子扩散。其通量 N_M 由菲克(Fick)第一扩散定律确定。若分子扩散系数为 D_{AB}，分子浓度为 c，移动距离为 x，则 N_M 可表示为

$$N_M = -D_{AB}\frac{dc}{dx} \tag{11.1.9}$$

湍流扩散是由紊流所产生的旋涡混合作用产生的。假设湍流扩散系数为 D_E，旋涡所产生的扩散通量为 N_E，也采用类似于菲克定律的形式来表示，即

$$N_E = -D_E\frac{dc}{dx} \tag{11.1.10}$$

轴向扩散是由于流速在断面上的分布不均匀而产生的，如图 11-5 所示。当以断面的平均流度 u 进行计算时，断面的一部分流体微团的速度应大于平均速度，另一部分流体的速度小于平均速度，这就在轴向产生混合现象，这种混合现象称为轴向分散。轴向分散通量 N_L 同样也可用轴向扩散系数 D_L 按菲克定律的形式来表示，即

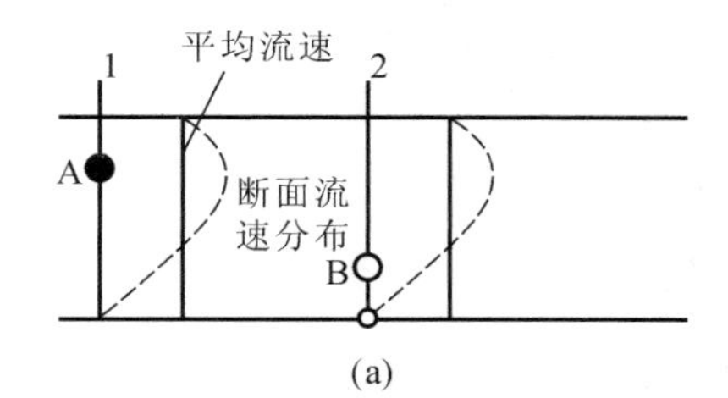

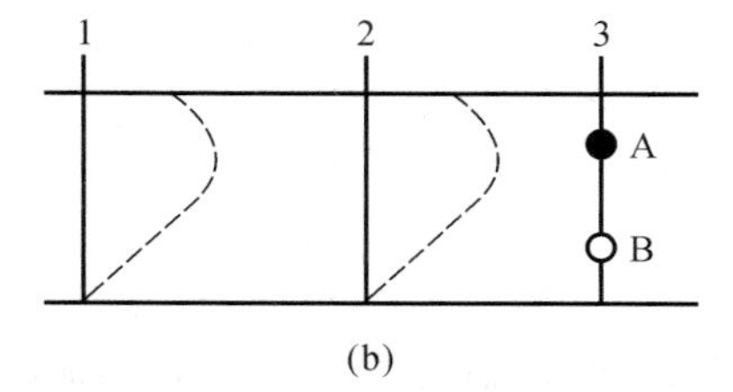

图 11-5　轴向分散示意图

(a) 时间 t_1，微团 A 及 B 分别在断面 1 及 2 中；

(b) 时间 t_2，微团 A 及 B 都运动到断面 3 中

$$N_L = -D_L\frac{dc}{dx} \tag{11.1.11}$$

通常来说，上述三种扩散系数的数量级之间的关系为 $D_{AB} \ll D_E \ll D_L$。

反应器的分散模型方程可结合图 11-6 来推导。这个微元的物料包括两部分：一部分是由流速所产生的通量 uc 所贡献的；另一部分则是由轴向扩散作用所产生的通量 $-D_L\frac{\partial c}{\partial z}$ 所贡献的。

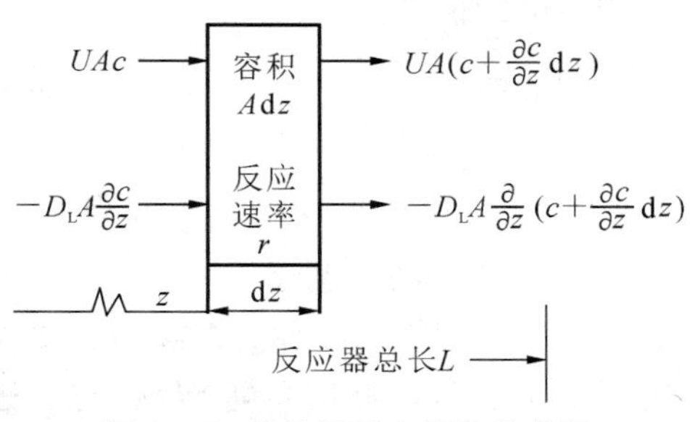

图 11-6　分散模型方程的推导图

结合图 11-6 可写出物料衡算方程

$$uAc + A\left(-D_L\frac{\partial c}{\partial z}\right) + (Adz)r = uA\left(c + \frac{\partial c}{\partial z}dz\right) + A\left[-D_L\frac{\partial}{\partial z}\left(c + \frac{\partial c}{\partial z}dz\right)\right] + (Adz)\frac{\partial c}{\partial t} \tag{11.1.12}$$

将上式整理后得基本方程

$$\frac{\partial c}{\partial t} = D_L\frac{\partial^2 c}{\partial z^2} - u\frac{\partial c}{\partial z} + r \tag{11.1.13}$$

当反应速率 $r=0$ 时，式(11.1.13)变为

$$\frac{\partial c}{\partial t} = D_L\frac{\partial^2 c}{\partial z^2} - u\frac{\partial c}{\partial z} \tag{11.1.14}$$

令 $\theta=\frac{q_V t}{V}$，$Z=z/L$，$c_\theta=\frac{c}{c_0}$，将式(11.1.14)无量纲化，得

$$\frac{\partial c_\theta}{\partial \theta} = \frac{D_L}{uL}\cdot\frac{\partial^2 c_\theta}{\partial Z^2} - \frac{\partial c_\theta}{\partial Z} \tag{11.1.15}$$

式中:u——流速,m/s;

L——反应器长度,m。

c_θ——归一化的示踪剂浓度,量纲为1。

θ——归一化时间,量纲为1。

$D_L/(uL)$称为分散数,量纲为1,常用来量度反应器轴向的分散程度。当$D_L/(uL)\to 0$时,分散可以忽略,得到的是理想的活塞流;当$D_L/(uL)\to\infty$时,分散程度最大,得到的是理想的全混流。在一些文献中,常用分散数的倒数Peclet数,$Pe=uL/D_L$,它的物理意义是轴向对流流动与轴向扩散流动的相对大小,其数值越大,则轴向返混程度越小。

对于程度较弱的轴向扩散,求解式(11.1.15)可得

$$c_\theta=\frac{1}{2\sqrt{\pi(D_L/uL)}}\exp\left[-\frac{(1-\theta)^2}{4(D_L/uL)}\right] \tag{11.1.16}$$

相应的均值和方差为

平均停留时间
$$\bar{\theta}=1 \tag{11.1.17}$$

方差
$$\sigma_\theta^2=2\frac{D_L}{uL} \tag{11.1.18}$$

对于程度较强的轴向扩散,示踪输出曲线将会变得极端不对称,并且显著地依赖于边界条件。在环境问题中,经常遇到各种进出口边界条件,但是多数情况下可以近似按开放系统处理。对于强返混效应的开放系统,式(11.1.15)的求解结果为

$$c_\theta=\frac{1}{2\sqrt{\pi\theta(D_L/uL)}}\exp\left[-\frac{(1-\theta)^2}{4\theta(D_L/uL)}\right] \tag{11.1.19}$$

相应的均值和方差为

平均停留时间
$$\bar{\theta}=\frac{\bar{t}_c}{\tau}=1+2\frac{D_L}{uL} \tag{11.1.20}$$

方差
$$\sigma_\theta^2=\frac{\sigma_c^2}{\tau^2}=2\frac{D_L}{uL}+8\left(\frac{D_L}{uL}\right)^2 \tag{11.1.21}$$

3. 多级串联釜式模型

另一种非理想模型称为多级串联釜式模型,该模型假设一个实际设备中的返混情况等效于若干个全混釜串联时的返混。当然,这里的串联釜的个数是虚拟的,该模型也是单参数模型。

该模型如图11-7所示,假定n个尺寸均为V_1的反应器串联,物料的体积流量为q_V,则物料在每个反应器中的水力停留时间$\tau=\frac{V_1}{q_V}$。$t=0$时,浓度为c_0的示踪剂脉冲注入第1个反应器。对第1个反应器作物料衡算,有

$$0=c_1q_V+V_1\frac{\mathrm{d}c_1}{\mathrm{d}t} \tag{11.1.22}$$

积分后得$c_1=c_0\mathrm{e}^{-t/\tau}$。

同理对第2个反应器作物料衡算,积分后代入c_1值得

$$c_2=c_0\frac{t}{\tau}\mathrm{e}^{-t/\tau} \tag{11.1.23}$$

以此类推,第n个反应器的出口浓度为

$$c_n=\frac{c_0}{(n-1)!}\left(\frac{t}{\tau}\right)^{n-1}\mathrm{e}^{-t/\tau} \tag{11.1.24}$$

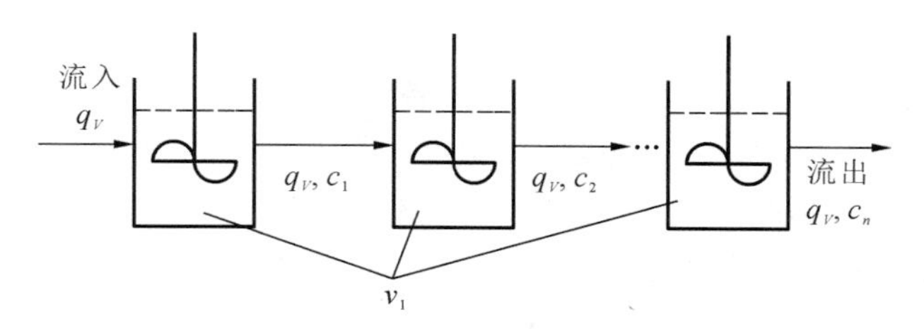

图 11-7　多级串联釜式模型

在环境工程实例中，通常存在反应项（假设反应速率为$-r_c$），下面讨论存在反应项的多级串联釜式反应器的动力学模型。

假设某实际反应器（体积为V）可视为2个体积相同的全混流反应器串联而成，反应混合物体积流量为q_V，进口浓度为c_0，经过第1、2个全混流反应器后的浓度分别为c_1和c_2。对两个全混流反应器进行物料衡算，得

$$\frac{dc_1}{dt}\cdot\frac{V}{2}=q_V c_0-q_V c_1+(-r_{c1})\frac{V}{2} \tag{11.1.25}$$

$$\frac{dc_2}{dt}\cdot\frac{V}{2}=q_V c_1-q_V c_2+(-r_{c2})\frac{V}{2} \tag{11.1.26}$$

假定化学反应遵从一级反应动力学，反应速率常数为k。则稳态时，求解以上两式，得

$$c_1=\frac{c_0}{1+(kV/2q_V)} \tag{11.1.27}$$

$$c_2=\frac{c_1}{1+(kV/2q_V)} \tag{11.1.28}$$

将式(11.1.27)代入式(11.1.28)，得

$$c_2=\frac{c_0}{[1+(kV/2q_V)]^2} \tag{11.1.29}$$

进而递推出稳态时，n个体积相同的全混流反应器串联时，第n个反应器出口浓度表达式为

$$c_n=\frac{c_0}{[1+(kV/nq_V)]^n} \tag{11.1.30}$$

11.2　均相反应器

在实际生产中，化学反应器的差异往往都很大，或大或小存在着温度和浓度的差异，以及反应器动力消耗和结构的差异，这些差异往往给反应器的设计和放大带来极大的困难。因此，建立理想化的反应器模型是很有必要的，这是研究生产实践中各种反应器的基础和前提，这些理想化的模型也与均相反应过程较为接近。因此，研究一些理想化模型如间歇反应器、完全混合流反应器以及平推流反应器的设计及运行原理具有普遍的意义。

11.2.1　间歇反应器

1. 间歇反应器的操作方法

间歇反应器的操作方式是将反应物料按一定比例一次加到反应器内，然后开始搅拌，使反应器内物料的浓度和温度保持均匀。反应一定时间，转化率达到所定的目标之后，将混合物料排出反应器，之后加入物料进行下一轮操作。

2. 间歇反应器的基本方程

间歇反应操作是一个非稳态操作,反应器内各组分的浓度随反应时间变化而变化,但是在任一瞬间,反应器内各处均一,不存在浓度和温度差异。

对于图 11-8 所示的间歇反应器,间歇操作中流入量和流出量都等于零,根据质量衡算方程,对反应组分 A 的物料衡算式可写为

$$-\frac{dn_A}{dt}=-r_A V \qquad (11.2.1)$$

将 $n_A=n_{A0}(1-x_A)$ 代入上式,可得到以转化率表示的衡算方程

$$n_{A0}\frac{dx_A}{dt}=-r_A V \qquad (11.2.2)$$

将式(11.2.2)积分,可得到转化率与时间的关系式

$$t=n_{A0}\int_0^{x_A}\frac{dx_A}{-r_A V} \qquad (11.2.3)$$

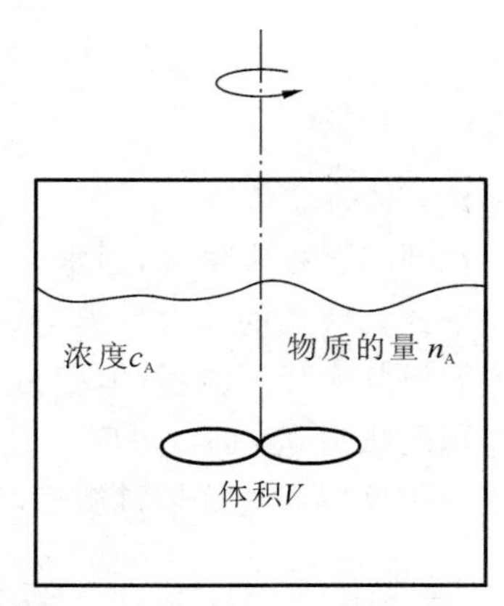

图 11-8　间歇反应器示意图

对于恒容反应器,V 一定,则式(11.2.3)可写为

$$t=c_{A0}\int_0^{x_A}\frac{dx_A}{-r_A} \quad 或 \quad t=\int_{c_{A0}}^{c_A}\frac{dc_A}{-r_A} \qquad (11.2.4)$$

间歇反应器一般采用釜式反应器,其计算内容主要有计算所需的反应器体积,确定达到一定的转化率时需要的反应时间或根据反应时间确定转化率或反应后的浓度。

1) 反应体积的计算

反应体积指的是反应物料在反应器中所占的体积,它取决于单位时间所处理的物料量和每批物料所需的操作时间。

反应器操作时间可分为反应时间和辅助时间,反应时间是物料进行化学反应的时间,辅助时间指进料、出料以及清洗所需的时间。

由式(11.2.4)在等温等容条件下反应达到一定的转化率 x_A 所需的反应时间为

$$t=c_{A0}\int_0^{x_A}\frac{dx_A}{-r_A}$$

若在恒容反应器中进行一级不可逆反应,则

$$r_A=-kc_{A0}(1-x_A)$$

将其代入式(11.2.4)并积分,得

$$t=\frac{1}{k}\ln\frac{1}{1-x_A}$$

同样,对于其他级数的反应,也可采用上述方法确定其反应时间。

若该间歇反应器辅助时间为 t_0,单位时间内处理物料体积为 Q_0,则该间歇反应器的反应物料体积为

$$V=Q_0(t+t_0)$$

实际上 V 并不是反应器的实际体积,只是反应器内反应物料所占的体积。通常,反应器的实际体积是上公式计算出结果的 1.2~2.5 倍。

2) 反应过程的计算

要确定达到一定的转化率时需要的反应时间或根据反应时间确定转化率或反应后的浓

度，可以用解析法或者图解法求解。其中解析法的求解通过下面的例子说明。

例 11-1 在废水中有一种毒性物质A，通过普通的生物方法无法去除。在废水加入B则A可以被转化为无毒物质。反应方程式如下：

$$\text{A(剧毒)} + \text{B} \longrightarrow \text{C(无毒)} + \text{D(无毒)}$$

通过实验室测定该反应的速率方程为

$$-r_A = -\mathrm{d}c_A/\mathrm{d}t = kc_Ac_B$$

实验测得该反应在20 ℃、水溶液中的反应速率常数 $k=5.20\ \mathrm{m^3/(kmol \cdot h)}$。若反应在间歇反应器中进行，A和B的初始浓度相同，$c_{A0}=c_{B0}=1.20\ \mathrm{kmol/m^3}$，试计算在20 ℃时，A的去除率达到95%时需要的时间。

解 根据式(11.2.4)，可以推出

$$t = c_{A0}\int_0^{x_A} \frac{\mathrm{d}x_A}{kc_{A0}(1-x_A)c_{B0}(1-x_B)}$$

根据反应 A+B⟶C+D 的计算关系，可知当 $c_{A0}=c_{B0}$ 时，有 $c_A=c_B$，即 $c_{A0}(1-x_A)=c_{B0}(1-x_B)$，则

$$t = c_{A0}\int_0^{x_A} \frac{\mathrm{d}x_A}{kc_{A0}^2(1-x_A)^2} = \frac{x_A}{kc_{A0}(1-x_A)}$$

代入数据，得

$$t = \frac{95\%}{5.20 \times 1.20 \times (1-95\%)} = 3.04(\mathrm{h})$$

例 11-2 在釜式反应器中，有基元液相反应 A+B⟶R。假定操作开始时反应器内只有B，体积为 V_0。然后连续加入物料A，其浓度为 c_{A0}，体积流量为 q_V。假设反应过程中排出量为零，t 时刻反应物体积为 V，且反应过程中密度不变。试求反应器中 c_A、c_B 与 t 的关系式。

解 对组分B作物料衡算，得

$$0 - 0 + r_BV = \frac{\mathrm{d}n_B}{\mathrm{d}t}$$

又

$$\frac{\mathrm{d}n_B}{\mathrm{d}t} = \frac{\mathrm{d}(c_BV)}{\mathrm{d}t} = c_B\frac{\mathrm{d}V}{\mathrm{d}t} + V\frac{\mathrm{d}c_B}{\mathrm{d}t}$$

则B的物料衡算式可改写为

$$r_BV = c_B\frac{\mathrm{d}V}{\mathrm{d}t} + V\frac{\mathrm{d}c_B}{\mathrm{d}t}$$

初始条件 $t=0$ 时，$V=V_0$，则 t 时刻

$$V = V_0 + q_Vt$$

故

$$\frac{\mathrm{d}V}{\mathrm{d}t} = q_V$$

将 $\frac{\mathrm{d}V}{\mathrm{d}t}=q_V$，$V=V_0+q_Vt$ 代入 $r_BV=c_B\frac{\mathrm{d}V}{\mathrm{d}t}+V\frac{\mathrm{d}c_B}{\mathrm{d}t}$，则可得 c_B 与 t 的关系式

$$\frac{\mathrm{d}c_B}{\mathrm{d}t} = r_B - \frac{q_V}{V_0+q_Vt}c_B$$

对组分A作物料衡算，得

$$c_{A0}q_V - 0 + r_A V = \frac{dn_A}{dt}$$

又
$$\frac{dn_A}{dt} = \frac{d(c_A V)}{dt} = c_A\frac{dV}{dt} + V\frac{dc_A}{dt} = c_A q_V + V\frac{dc_A}{dt} = c_A q_V + (V_0 + q_V t)\frac{dc_A}{dt}$$

将上式代入 A 的物料衡算方程，则可得 c_A 与 t 的关系式

$$\frac{dc_A}{dt} = r_A + \frac{q_V(c_{A0} - c_A)}{V_0 + q_V t}$$

如果该反应的级数不是 0 或 1，或者反应不是等温的，则必须使用数值方法解出 c_A、c_B 的微分衡算方程。

11.2.2　完全混合流反应器

1. 完全混合流反应器的操作方法

完全混合流反应器(简称全混流反应器)的操作是连续恒定地向反应器内加入反应物，同时连续不断地把反应液排出反应器，并采取搅拌等手段使反应器内的物料浓度和温度保持均匀。全混流反应器是一种理想化的反应器。在工程应用中，污水的 pH 中和槽以及好氧活性污泥的生物反应器(常称曝气池)等，只要搅拌强度达到一定的程度，都可以认为接近于全混流反应器。

2. 全混流反应器的基本方程

对于图 11-9 所示的全混流反应器，反应器内混合均匀，各处组成和温度均一而且与出口处一致。

在稳态状态下，组成不变，转化率恒定，即 $dn_A/dt=0$。反应物 A 的物料衡算方程可表示为

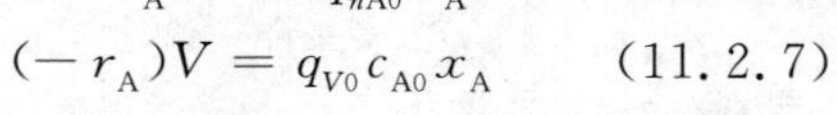

$$q_{nA0} = q_{nA} + (-r_A)V \qquad (11.2.5)$$

$$(-r_A)V = q_{nA0} - q_{nA}$$

$$(-r_A)V = q_{nA0}x_A \qquad (11.2.6)$$

$$(-r_A)V = q_{V0}c_{A0}x_A \qquad (11.2.7)$$

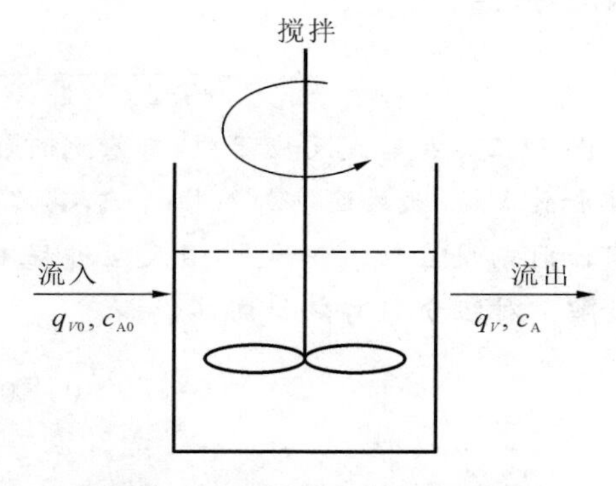

图 11-9　全混流反应器的物料衡算

式中：q_{V0}、q_V——反应器进、出口处物料的体积流量，m^3/s；

q_{nA0}、q_{nA}——单位时间内反应物 A 的流入量和排出量，kmol/s；

c_{A0}、c_A——反应器进、出口处反应物 A 的浓度，$kmol/m^3$；

x_A——连续反应器中反应物 A 的转化率，量纲为 1。

令 $\tau = V/q_{V0}$，则由式(11.2.7)可得

$$\tau = \frac{V}{q_{V0}} = \frac{c_{A0}x_A}{-r_A} \qquad (11.2.8)$$

τ 称为空间时间或平均空塔停留时间。

对于恒容反应器($q_{V0}=q_V$)，其基本方程(11.2.8)可以改写为以反应物 A 浓度表示的形式，即

$$(-r_A)V = q_{VA0}c_{A0} - q_{VA}c_A \qquad (11.2.9)$$

$$\tau = \frac{c_{A0} - c_A}{-r_A} \qquad (11.2.10)$$

3. 全混流反应器的计算

1) 单级反应器的计算

对于单级全混流反应器，可以利用全混流反应器的基本方程进行设计计算。根据反应要求等可以计算空间时间、反应体积、物料流量等。

例 10-3 全混流中发生反应 A $\longrightarrow$G，反应速率方程为

$$r_A = -0.15c_A$$

(1) 要使 A 在流量为 100 L/s 时的转化率达到 90%，且初始浓度为 $c_{A0}=0.10$ mol/L，则反应器的有效体积需要设计为多少？

(2) 在设计完成之后，工程师发现该反应不是一级反应，而是零级反应，即 $r_A = -0.15$ mol/(L·s)，此时对该设计有何影响？

解 (1) 根据全混流反应器物料衡算的基本方程 $(-r_A)V=q_V c_{A0} x_A$，得

$$V = \frac{q_V c_{A0} x_A}{(-r_A)}$$

又因 $c_A=(1-x_A)c_{A0}$，则有效体积为

$$V = \frac{q_V c_{A0} x_A}{-r_A} = \frac{q_V c_{A0} x_A}{kc_A} = \frac{q_V c_{A0} x_A}{k(1-x_A)c_{A0}} = \frac{q_V x_A}{k(1-x_A)}$$

$$= \frac{100 \times 90\%}{0.15 \times (1-90\%)} = 6\ 000(\text{L})$$

(2) 当反应为零级反应时，有效体积为

$$V = \frac{q_V c_{A0} x_A}{-r_A} = \frac{q_V c_{A0} x_A}{-k} = \frac{100 \times 0.10 \times 90\%}{0.15} = 60(\text{L})$$

若仍然按照原流速处理，会造成反应器的空间浪费。若保持反应物 A 在反应器内的停留时间不变，于是有 $\tau=\dfrac{V_1}{q_{V1}}=\dfrac{V_2}{q_{V2}}$，整理得

$$q_{V2} = \frac{q_{V1}V_2}{V_1} = \frac{100 \times 6\ 000}{60} = 1 \times 10^4(\text{L/s})$$

即可将流量提高到 1×10^4 L/s。

2) 多级串联反应器的计算

在实际应用中，有时采用多个全混流反应器串联操作，如图 11-10 所示，该反应器系统的特点是前一个反应器排出的反应混合液成为下一个反应器的反应物料。

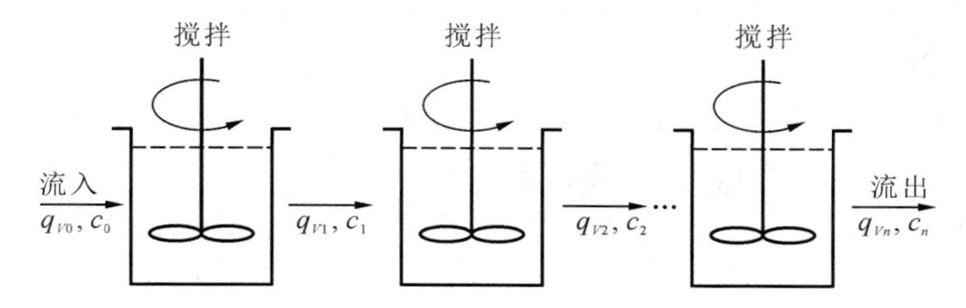

图 11-10 多级串联全混流反应器示意图

这里介绍两种有关多级串联反应器的计算方法，以一级反应($-r_A=kc_A$)为例分别进行介绍。

(1) 解析法。

在 n 个反应器组成的系统中，恒容条件下的基本设计方程为

$$\tau_i = \frac{V_i}{q_V} = \frac{c_{A,i-1} - c_{Ai}}{-r_{Ai}} = \frac{c_{A,i-1} - c_{Ai}}{kc_{Ai}} \tag{11.2.11}$$

式中:τ_i——第 i 个反应器的空间时间,s;

V_i——第 i 个反应器的有效体积,m^3;

$c_{A,i-1}$、c_{Ai}——第 $i-1$、i 个反应器出口处反应物 A 的浓度,$kmol/m^3$;

$-r_{Ai}$——第 i 个反应器的反应速率,$kmol/(m^3 \cdot s)$。

串联系统的总空间时间 τ 是各个反应器的空间时间的总和。

根据串联反应的基本方程进行逐步计算,可以求出各个反应器的出口浓度。

由式(11.2.11)知

$$c_{A1} = \frac{c_{A0}}{1 + k\tau_1} \tag{11.2.12}$$

$$c_{A2} = \frac{c_{A0}}{(1 + k\tau_1)(1 + k\tau_2)} \tag{11.2.13}$$

以此类推可得

$$c_{An} = \frac{c_{A0}}{(1 + k\tau_1)(1 + k\tau_2)\cdots(1 + k\tau_n)} \tag{11.2.14}$$

如果各反应器体积相同,则各反应釜的空间时间相同,从而有

$$c_{An} = \frac{c_{A0}}{(1 + k\tau_i)^n} \tag{11.2.15}$$

(2) 图解法。

运用图解法计算的前提是反应速率常数是单一变量(如浓度 c)的函数。图解法的具体步骤如下。

例 11-4 三个 2 000 m^3 的全混流反应器串联,其流速为 200 m^3/d,一级反应动力学反应速率常数 $k=0.1\ d^{-1}$。假设反应物 A 的初始浓度为 500 mg/L,试分别采用解析法和图解法计算出从第 3 个反应器中流出的反应物 A 的浓度。

解 (1) 解析法求解。

$$c_{A1} = \frac{c_{A0}}{1 + k\tau_1} = \frac{c_{A0}}{1 + kV_1/q_1} = \frac{500}{1 + \frac{0.1 \times 2\ 000}{200}} = 250(\text{mg/L})$$

以此类推,可解得

$$c_{A2} = 125\ (\text{mg/L}), \quad c_{A3} = 62.5\ (\text{mg/L})$$

(2) 图解法求解。

① 由反应速率方程(一级反应时为 $-r_A = kc_A$),绘制反应速率 $-r_A$ 对反应物浓度 c_A 的曲线;

② 由物料衡算方程,得到 r_{Ai} 与 c_{Ai} 的关系曲线。

由式(11.2.11)可知

$$-r_{Ai} = -\frac{1}{\tau_i}(c_{Ai} - c_{A,i-1})$$

③ 作图。

如图 11-11 所示,首先,过点($c_{A0}=500$ mg/L,$-r_{A0}=0$)作斜率为 $-1/\tau$ 的直线,与反应速率曲线 $-r_A = kc_A$ 相交,交点横坐标即为 $c_{A1}=250$ mg/L;再过点($c_{A1}=250$ mg/L,$-r_{A0}=0$)作斜率为 $-1/\tau$ 的直线,与反应速率曲线 $-r_A = kc_A$ 相交,交点横坐标即为 $c_{A2}=125$ mg/L;如

此重复，最终得到出口浓度为 $c_{A3}=62.5$ mg/L。

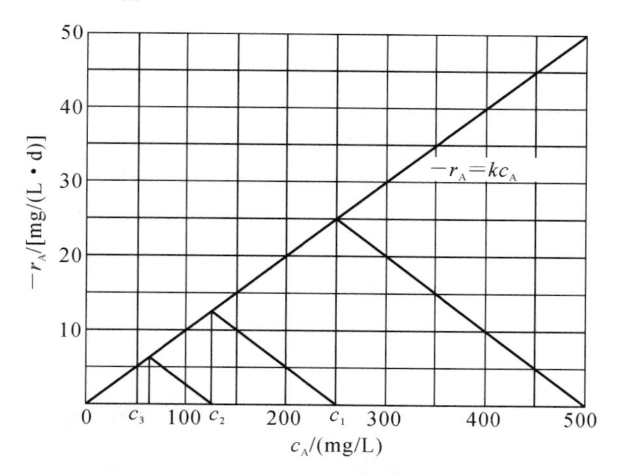

图 11-11 例 11-4 图

11.2.3 平推流反应器

1. 平推流反应器的操作方法

另一种连续式反应器是平推流反应器。该反应器中反应物料连续流入反应器并连续取出，物料沿同一方向以相同的速度流动，即物料像活塞一样在反应器内平移，故又称活塞流反应器(PFR)。此时反应的发生不存在径向浓度梯度，流动方式是塞流式，在流体流动过程中不存在流体混合。假设反应物沿反应器流动时，存在轴向浓度梯度，则反应速率是沿轴线方向。

平推流反应器中的流动是理想的推流，该反应器有以下特点：

(1) 在连续稳态操作条件下，反应器各断面上的参数不随时间变化而变化；

(2) 反应器内各组分浓度等参数随轴向位置变化而变化，故反应速率也随之而变化；

(3) 在反应器的径向断面上各处浓度均一，不存在浓度分布。

平推流反应器一般应满足以下条件：

(1) 管式反应器的管长是管径的 10 倍以上，各断面上的参数不随时间变化而变化；

(2) 固相催化反应器的填充层直径是催化剂粒径的 10 倍以上。

2. 平推流反应器的基本方程

管式反应器可被认为是由一系列长为 dV 的圆柱组成，如图 11-12 所示。

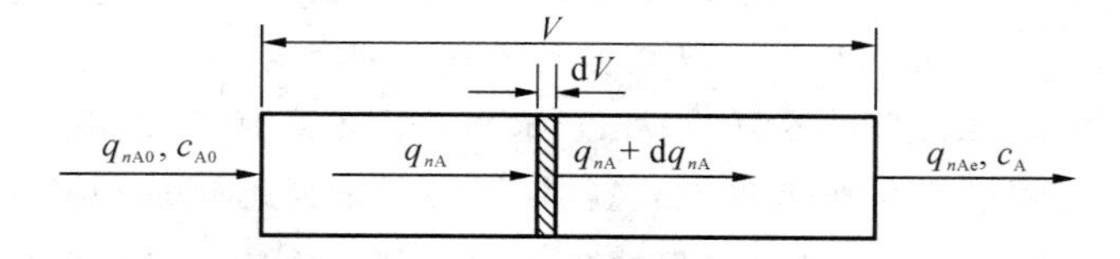

图 11-12 平推流反应器物料衡算示意图

对于微元 dV，输入的组分 A 的物质的量流量为 q_{nA}，输出的组分 A 的物质的量流量为 $q_{nA}+dq_{nA}$，反应量为 $-r_A dV$，积累量为 0，故

$$q_{nA}=q_{nA}+dq_{nA}+(-r_A)dV \tag{11.2.16}$$

$$-dq_{nA}=-r_A dV \tag{11.2.17}$$

$$-\frac{dq_{nA}}{dV}=-r_A \tag{11.2.18}$$

将 $q_{nA}=q_{nA0}(1-x_A)$ 代入式(11.2.18)中，可得

$$q_{nA0}\frac{dx_A}{dV}=-r_A \tag{11.2.19}$$

将式(11.2.19)积分，得

$$\int_0^{x_A}\frac{dx_A}{-r_A}=\int_0^V\frac{dV}{q_{nA0}}=\frac{V}{q_{nA0}}=\frac{V}{q_Vc_{A0}}=\frac{\tau}{c_{A0}} \tag{11.2.20}$$

在恒容条件下，$c_A=c_{A0}(1-x_A)$，即 $dc_A=-c_{A0}dx_A$，代入式(11.2.20)，可得恒容反应器的基本方程，即

$$\tau=\int_{c_A}^{c_{A0}}\frac{dc_A}{-r_A} \tag{11.2.21}$$

3. 平推流反应器的计算

平推流反应器的基本方程中的主要参数包括反应速率常数、转化率(或浓度)、反应器体积和进料量。当反应速率方程较为简单时，可以根据基本方程直接求出解析解。

对于恒容恒温反应，其设计计算方程和间歇反应器的完全相同。

例 11-5　假设二级反应动力学的速率方程为 $r_A=-kc_A^2$，为了使稳态时反应物 A 的转化率达到 90%，计算采用全混流反应器和平推流反应器时所需要的反应器容积之比。

解　稳态时全混流反应器的物料衡算式为

$$q_Vc_{A0}-q_Vc_A-kc_A^2V_{CSTR}=0$$

整理得

$$V_{CSTR}=\frac{q_V}{k}\cdot\frac{c_{A0}-c_A}{c_A^2}=\frac{q_V}{k}\cdot\frac{c_{A0}x_A}{c_A^2}=\frac{q_Vx_A}{kc_{A0}}\left(\frac{c_{A0}}{c_A}\right)^2=\frac{q_V}{kc_{A0}}\cdot\frac{x_A}{(1-x_A)^2}$$

稳态时平推流反应器的物料衡算式为

$$kc_A^2dV=-q_Vdc_A$$

整理得

$$V_{PFR}=-\frac{q_V}{k}\int_{c_{A0}}^{c_A}\frac{dc_A}{c_A^2}=\frac{q_V}{k}\left(\frac{1}{c_A}-\frac{1}{c_{A0}}\right)=\frac{q_V}{k}\left[\frac{1}{c_{A0}(1-x_A)}-\frac{1}{c_{A0}}\right]$$

$$=\frac{q_V}{kc_{A0}}\left(\frac{1}{1-x_A}-1\right)=\frac{q_V}{kc_{A0}}\cdot\frac{x_A}{1-x_A}$$

于是有

$$\frac{V_{CSTR}}{V_{PFR}}=\frac{x_A}{(1-x_A)^2}\Big/\frac{x_A}{1-x_A}=\frac{1}{1-x_A}=\frac{1}{1-90\%}=10$$

例 11-6　焚烧炉常常用来处理城市垃圾，处理时，在焚烧炉燃烧室内要保持高温和氧气充足。现用焚烧炉处理含苯的垃圾，采用鼓风机向燃烧室吹入废物，废物进入燃烧室的速率为 5 m/s。燃烧室内温度近似为 900 ℃。燃烧室到排气口距离为 10 m，由于热损失，燃烧室从中心到外围温度逐渐降低，温度降幅为10 ℃/m。苯的阿伦尼乌斯活化能 $E_a=225$ kJ/mol，指前因子 $A=9\times10^{10}\ s^{-1}$（阿伦尼乌斯方程 $k=Ae^{-E_a/(RT)}$）。苯的燃烧近似作为一级反应处理，反应常数可近似为取燃烧室反应常数与排气口反应常数的平均值。整个反应可近似看作在平推流反应器中进行。试计算含苯垃圾的处理率。

解　排气口温度

$$t_2=900-10\times10=800(℃)=1\ 073(K)$$

根据阿伦尼乌斯方程，易算出燃烧室中心反应常数 $k_1(1\ 173\ K)=8\ s^{-1}$，$k_2(1\ 073\ K)=1\ s^{-1}$。近似取反应常数 k 为 $4\ s^{-1}$。

根据平推流反应器设计方程

$$\tau=\int_{c_A}^{c_{A0}}\frac{\mathrm{d}c_A}{-r_A}$$

求得

$$c_A/c_{A0}=\mathrm{e}^{-k\tau}$$

空间时间

$$\tau=\frac{10}{5}=2(\mathrm{s})$$

则

$$c_A/c_{A0}=\exp(-4\times2)=3\times10^{-4}$$

含苯垃圾的处理率为

$$1-c_A/c_{A0}=99.97\%$$

11.3　非均相反应器

工业生产中许多重要的化学产品，如氨、甲醇、甲醛、氯乙烯等，都是通过多相催化合成反应而得到的。当今环境保护问题日趋严重，废水、废气污染的处理多涉及多相催化反应，例如，汽车尾气净化器就是一种典型的多相催化反应器。本章主要讨论多相催化反应器的设计和分析。

11.3.1　气-固相催化反应器

1. 气-固相催化反应动力学

1）气-固相催化反应过程

气-固相催化反应是指在固体催化剂表面上进行的、反应物和产物均呈气态的一类化学反应。反应过程的进行，要求各反应物彼此相接触，气-固相催化反应必然发生在气、固相接触的相界面处。单位质量固体表面积越大，则反应进行得越快。因此，气-固相催化反应所采用的催化剂往往是多孔结构，其内部的表面积极大，化学反应主要在这些表面上进行。

当气体通过固体颗粒时，气体在颗粒表面将形成一层相对静止的层流边界层（称气膜），如图11-13所示。欲使气体主体中反应组分到达固体表面，必须穿过边界层。边界层中物质的迁移主要靠分子扩散，造成气体主体与催化剂表面具有浓度差，这种情况称为外扩散影响。

对于多孔催化剂，催化剂颗粒内部不同深度处气体浓度不同，气体中的反应组分还需从颗粒外表面向孔内表面迁移，这种情况称为内扩散影响。绝大多数反应在内表面进行，反应产物沿着相反的方向，从内表面向气体主体迁移。

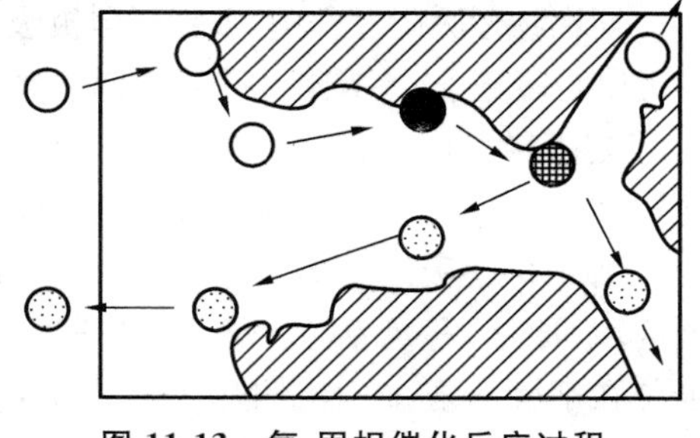

图11-13　气-固相催化反应过程

○A分子　●吸附态的A分子　◌B分子　◍吸附态的B分子

整个气-固相催化反应过程可概括为以下七个步骤：① 反应组分从气体主体向固体催化剂外表面传递；② 反应组分从外表面向催化剂内表面传递；③ 反应组分在催化剂表面的活性中心上吸附；④ 在催化剂表面上进行化学反应；⑤ 反应产物在催化剂表面上脱附；⑥ 反应产物从催化剂内表面向外表面传递；⑦ 反应产物从催化剂的外表面向气体主体传递。

以上七个步骤中，①和⑦分别是气相主体通过气膜与颗粒外表面进行物质传递，称为外扩散过程；②和⑥是颗粒内的传质，称为内扩散过程；③、④、⑤分别是在颗粒表面上进行化学吸附、化学反应、化学脱附的过程，统称为化学反应动力学过程。

如上所述,气-固相催化反应过程是一个多步骤过程,如果其中某一步骤的速率与其他各步的速率相比要慢得多,以致整个反应速率取决于这一步的速率,该步骤就称为速率控制步骤。当反应过程达到定常态时,各步骤的速率应该相等,且反应过程的速率等于控制步骤的速率,这一点对于分析和解决实际问题十分重要。

2) 气-固相催化反应本征动力学

气-固相催化反应本征动力学是指研究没有扩散过程,即排除了气体在固体表面处的外扩散影响及气体在固体孔隙中的内扩散影响的情况下,固体催化剂及与其接触的气体之间的化学反应动力学。

一切化学反应都涉及反应分子的电子结构重排。在气-固相催化反应中,催化剂参与了这种重排。反应物分子以化学吸附的方式与催化剂相结合,形成吸附配合物的反应中间物,通常它进一步与相邻的其他反应物形成的配合物进行反应生成产物,最后反应产物再从吸附表面上脱附出来。

综上所述,气-固相催化反应的本征动力学步骤大致可分为下述三步:① 气相分子在固体催化剂发生化学吸附,形成吸附配合物;② 吸附配合物之间相互反应生成产物配合物;③ 产物配合物从催化剂表面处脱附出来。按其机理来区分,①和③属于化学吸附与化学脱附过程,②为表面化学反应动力学过程。下面对上述步骤作详细说明。

(1) 化学吸附与化学脱附。

催化过程中的关键步骤之一是化学吸附。化学吸附被认为是由于电子的共用或转移而发生相互作用的分子与固体间电子重排。气体分子与固体之间的相互作用力具有化学键的特征,与范德华力引起的物理吸附明显不同,前者在吸附过程中有电子的转移和重排,而后者不发生此类现象。

根据上述机理,化学吸附由于涉及吸附剂与被吸附物之间的电子转移或共用,因此有很强的特定性,即吸附剂对被吸附物有很强的选择性;吸附物在吸附剂表面属单分子层覆盖;吸附温度可以高于被吸附物的沸点;吸附热的大小近似于反应热。总而言之,化学吸附可被看作吸附剂与被吸附物之间发生了化学反应。

而在物理吸附过程中,吸附剂与被吸附物之间是借助范德华力相结合的,选择性弱,吸附覆盖层可以是多分子层,吸附温度通常低于被吸附物的沸点,吸附热大致接近于被吸附物的冷凝潜热。

上述特征可以作为物理吸附与化学吸附的区分标准。通常测定吸附过程的磁化率变化或进行红外光谱分析便可确定某一吸附过程的吸附类型。

由于化学吸附只能发生于固体表面那些能与气相分子起反应的区域(原子)上,通常把该类区域(原子)称为活性中心,用符号“σ”表示。由于化学吸附类似于化学反应,因此气相中A组分在活性中心上的吸附用下式表示:

$$\mathrm{A}+\sigma \rightleftharpoons \mathrm{A}\sigma \tag{11.3.1}$$

式中:$\mathrm{A}\sigma$——A与活性中心生成的配合物。

对于气-固催化反应,吸附速率 v_a 和脱附速率 v_a' 可分别表示为

$$v_a = k_a p_A \theta_v \tag{11.3.2}$$

$$v_a' = k_a' \theta_A \tag{11.3.3}$$

式中:v_a、v_a'——吸附速率和脱附速率;

p_A——A组分在气相中的分压;

θ_v——空位率,量纲为1;

θ_A——吸附率，量纲为 1；

k_a、k_a'——吸附速率常数与脱附速率常数。

同反应速率常数一样，k_a 和 k_a'与温度的关系亦可用阿伦尼乌斯公式表示为

$$k_a = k_{a0}\exp(-\frac{E_a}{RT}) \tag{11.3.4}$$

$$k_a' = k_{a0}'\exp(-\frac{E_a'}{RT}) \tag{11.3.5}$$

式中：k_{a0}、k_{a0}'——分别为吸附和脱附的指前因子；

E_a、E_a'——分别为吸附和脱附的活化能。

实际观测到的吸附速率，即净吸附速率是吸附速率与脱附速率之差，该速率被称为表观吸附速率 v_A，故

$$v_A = k_a p_A \theta_v - k_a' \theta_A \tag{11.3.6}$$

当吸附达到平衡时，$v_A=0$，所以

$$k_a p_A \theta_v = k_a' \theta_A \tag{11.3.7}$$

设 $K_A=\frac{k_a}{k_a'}$，则

$$K_A = \frac{\theta_A}{p_A \theta_v} \tag{11.3.8}$$

式中：K_A——吸附平衡常数，量纲为 1。

式(11.3.8)称为吸附平衡方程。

(2) 表面化学反应。

表面化学反应动力学主要研究被催化剂吸附的反应物分子之间反应生成产物的反应速率。该反应式通常可表示为

$$A\sigma \rightleftharpoons G\sigma$$

式中：$A\sigma$、$G\sigma$——分别为反应组分 A 和 G 与活性中心形成的配合物。

由于该反应式为基元反应，其反应级数与化学计量系数相等。表面反应的正反应速率 r_s 和逆反应速率 r_s'分别可表示为

$$r_s = k_s \theta_A \tag{11.3.9}$$

$$r_s' = k_s' \theta_G \tag{11.3.10}$$

式中：r_s、r_s'——以催化剂体积为基准的正反应、逆反应的反应速率；

k_s、k_s'——分别为正反应和逆反应的反应速率常数；

θ_A、θ_G——分别为 A 和 G 的吸附率，量纲为 1。

实际观测到的反应速率，即净反应速率是正反应速率与逆反应速率之差，该反应速率被称为表面反应速率 r_S，故有

$$r_S = r_s - r_s' = k_s \theta_A - k_s' \theta_G \tag{11.3.11}$$

反应达到平衡时，有

$$K_S = \frac{k_s}{k_s'} = \frac{\theta_G}{\theta_A} \tag{11.3.12}$$

式中：K_S——表面反应平衡常数，量纲为 1。

(3) 本征动力学。

化学吸附、表面反应和化学脱附，这三步在整个过程中是串联进行的，所以综合这三步而

获得的反应速率关系式便是本征动力学方程。假设:① 在吸附-反应-脱附三个步骤中必然存在一个控制步骤,该控制步骤的速率便是本征反应速率;② 除了控制步骤外,其他步骤均处于平衡状态;③ 吸附和脱附过程属于理想过程,即吸附和脱附过程可用朗格缪尔吸附模型加以描述。

对于反应 $A \rightleftharpoons G$,设想其反应机理步骤如下:

A 的吸附:$A+\sigma \rightleftharpoons A\sigma$

表面反应:$A\sigma \rightleftharpoons G\sigma$

G 的脱附:$G\sigma \rightleftharpoons G+\sigma$

各步骤的表观速率方程为

A 的吸附速率:$v_A = k_a p_A \theta_v - k_a' \theta_A$

表面反应速率:$r_S = k_s \theta_A - k_s' \theta_G$

G 的脱附速率:$v_G = k_G \theta_G - k_G' p_G \theta_v$

则

$$\theta_A + \theta_G + \theta_v = 1 \tag{11.3.13}$$

① 若 A 组分的吸附过程是控制步骤,则本征反应速率式为

$$-r_A = v_A = k_a p_A \theta_v - k_a' \theta_A \tag{11.3.14}$$

因表面反应和 G 的脱附均达到平衡,$r_S=0$,$v_G=0$,则

$$K_S = \frac{\theta_G}{\theta_A} \tag{11.3.15}$$

$$\theta_G = K_G p_G \theta_v \tag{11.3.16}$$

由式(11.3.13)、式(11.3.15)、式(11.3.16)可得

$$\theta_v = \frac{1}{(1/K_S + 1)K_G p_G + 1} \tag{11.3.17}$$

$$\theta_A = \frac{(K_G/K_S) p_G}{(1/K_S + 1)K_G p_G + 1} \tag{11.3.18}$$

则本征反应速率方程为

$$-r_A = k_a \frac{p_A - \dfrac{K_G}{K_S K_A} p_G}{(1/K_S + 1)K_G p_G + 1} \tag{11.3.19}$$

② 表面反应过程控制时,本征反应速率方程可以用表面速率方程表示为

$$-r_A = r_S = k_s \theta_A - k_s' \theta_G \tag{11.3.20}$$

此时 A 的吸附和 G 的脱附均已达到平衡,则

$$K_A p_A \theta_v = \theta_A \tag{11.3.21}$$

$$K_G p_G \theta_v = \theta_G \tag{11.3.22}$$

由式(11.3.13)、式(11.3.21)、式(11.3.22)可得

$$\theta_v = \frac{1}{K_A p_A + K_G p_G + 1} \tag{11.3.23}$$

$$\theta_A = \frac{K_A p_A}{K_A p_A + K_G p_G + 1} \tag{11.3.24}$$

$$\theta_G = \frac{K_G p_G}{K_A p_A + K_G p_G + 1} \tag{11.3.25}$$

则本征反应速率方程为

$$-r_A = k_s \frac{K_A p_A - (K_G/K_S)p_G}{K_A p_A + K_G p_G + 1} \tag{11.3.26}$$

③ 当产物 G 脱附过程为控制步骤时，本征反应速率可以用脱附速率表示为

$$-r_A = v_G = k_G\theta_G - k_G' p_G \theta_v \tag{11.3.27}$$

由于 A 的吸附和表面反应达到平衡，有

$$\theta_A = K_A p_A \theta_v \tag{11.3.28}$$

$$\theta_G = K_S\theta_A = K_A p_A K_S \theta_v \tag{11.3.29}$$

由式(11.3.13)、式(11.3.28)、式(11.3.29)可得

$$\theta_v = \frac{1}{1 + K_A p_A + K_S K_A p_A} \tag{11.3.30}$$

$$\theta_A = \frac{K_A p_A}{1 + K_A p_A + K_S K_A p_A} \tag{11.3.31}$$

$$\theta_G = \frac{K_A K_S p_A}{1 + K_A p_A + K_S K_A p_A} \tag{11.3.32}$$

则本征反应速率方程为

$$-r_A = k_G \frac{K_S K_A p_A - p_G/K_G}{K_A p_A (1 + K_S) + 1} \tag{11.3.33}$$

3) 气-固催化宏观动力学

用于固定床的催化剂通常为直径几毫米的圆柱形或球形颗粒，气体分子从颗粒外表面向微孔内部扩散过程中有阻力，使微孔内外存在浓度梯度。催化剂微孔内扩散过程对反应速率有很大影响。因此，在等温时，催化剂微孔内部的催化活性常得不到充分利用，使得以单位质量催化剂表示的实际宏观反应速率比本征反应速率低。这种催化剂床层内的实际反应速率与按外表面反应物浓度和催化剂内表面积计算的反应速率的比值称为有效系数(η)，又称内表面利用系数，可以表示为

$$\eta = \frac{宏观反应速率}{本征反应速率}$$

本征速率代表了催化反应体系本身的固有特征，与反应器设备条件无关，所以在进行动力学实验时，一般希望采取措施排除传质阻力而得到本征速率方程，然后用有效系数得到实际宏观速率方程，用于反应器的设计计算中，即

$$-R_A = \eta(-r_A) \tag{11.3.34}$$

式中：$-R_A$——实际宏观反应速率，$kmol/(m^3 \cdot s)$。

有效系数 η 的影响因素较多。当反应物浓度高，反应温度高，催化剂颗粒直径大时，催化剂颗粒微孔内外的浓度梯度也就较大，使有效系数降低。有效系数的大小，实质上反映了催化剂颗粒内部热。

由于扩散过程造成固体颗粒内部的气相浓度不同，以颗粒为基础的宏观动力学方程必然受颗粒形状的影响。这里将依次讨论球形催化剂、片状、无限长圆柱形催化剂的宏观动力学方程，最后归纳出任意形状催化剂的宏观动力学方程。

(1) 球形催化剂上的等温反应宏观动力学方程。

① 球形催化剂的基础方程。

设球形催化剂半径为 R，并且处于连续流动的气流中，取一体积微元对 A 组分进行物料

衡算。体积微元的取法如图 11-14 所示，取半径为 r、厚度为 $\mathrm{d}r$ 的壳层为一个体积微元。

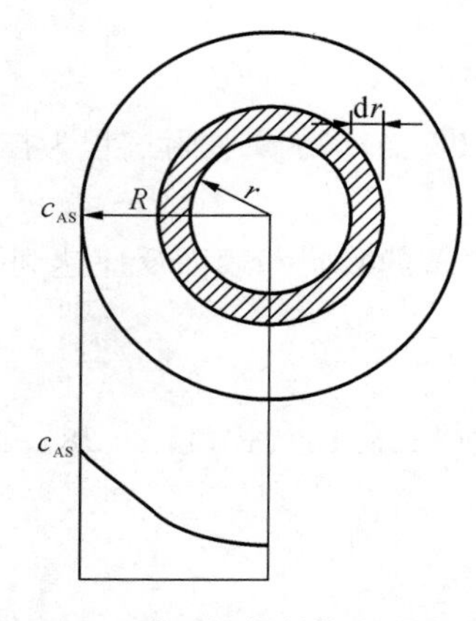

图 11-14　球形催化剂的宏观动力学

气相中 A 组分在体积微元内的物料衡算为

输入量 − 输出量 = 反应消耗量 + 积累量

输入量　　$D_e \cdot 4\pi(r+\mathrm{d}r)^2 \dfrac{\mathrm{d}}{\mathrm{d}r}\left(c_A+\dfrac{\mathrm{d}c_A}{\mathrm{d}r}\mathrm{d}r\right)$

输出量　　$D_e \cdot 4\pi r^2 \dfrac{\mathrm{d}c_A}{\mathrm{d}r}$

反应消耗量　　$4\pi r^2 \mathrm{d}r(-r_A)$

积累量　　0(对于定常态过程)

将上述各项代入物料衡算式，并令 $z=r/R$，略去 $(\mathrm{d}r)^2$ 项整理后可得

$$\frac{\mathrm{d}^2 c_A}{\mathrm{d}z^2}+\frac{2}{z}\frac{\mathrm{d}c_A}{\mathrm{d}z}=\frac{R^2}{D_e}(-r_A) \tag{11.3.35}$$

式(11.3.35)为二阶微分方程，边界值条件为

$$r=0, z=0,\quad \frac{\mathrm{d}c_A}{\mathrm{d}z}=0 (\text{中心对称})$$

$$r=R, z=1,\quad c_A=c_{AS}$$

式(11.3.35)是球形催化剂的基本方程，解出该方程便可求得催化剂内 A 组分的浓度分布规律。

② 球形催化剂等温一级反应的宏观动力学方程。

若系统中进行一级不可逆反应，反应的本征动力学方程为

$$-r_A=kc_A$$

代入式(11.3.35)，并令 $\varphi_S=\dfrac{R}{3}\sqrt{\dfrac{k}{D_e}}$，称 φ_S 为西勒(Thiele)模数，可得

$$\frac{\mathrm{d}^2 c_A}{\mathrm{d}z^2}+\frac{2}{z}\cdot\frac{\mathrm{d}c_A}{\mathrm{d}z}=(3\varphi_S)^2 c_A \tag{11.3.36}$$

若令 $\omega=c_A z$，则

$$\frac{\mathrm{d}\omega}{\mathrm{d}z}=c_A+z\frac{\mathrm{d}c_A}{\mathrm{d}z}$$

$$\frac{\mathrm{d}^2\omega}{\mathrm{d}z^2}=z\frac{\mathrm{d}^2 c_A}{\mathrm{d}z^2}+2\frac{\mathrm{d}c_A}{\mathrm{d}z}=z\left(\frac{\mathrm{d}^2 c_A}{\mathrm{d}z^2}+\frac{2}{z}\cdot\frac{\mathrm{d}c_A}{\mathrm{d}z}\right)$$

故

$$\frac{\mathrm{d}^2 c_A}{\mathrm{d}z^2}+\frac{2}{z}\cdot\frac{\mathrm{d}c_A}{\mathrm{d}z}=\frac{1}{z}\cdot\frac{\mathrm{d}^2\omega}{\mathrm{d}z^2}=(3\varphi_S)^2 c_A \tag{11.3.37}$$

$$\frac{\mathrm{d}^2\omega}{\mathrm{d}z^2}=(3\varphi_S)^2 c_A z=(3\varphi_S)^2\omega$$

该方程为二阶齐次常微分方程，通解为

$$\omega=c_A z=M_1\exp(3\varphi_S z)+M_2\exp(-3\varphi_S z) \tag{11.3.38}$$

将边界值代入，可求出积分常数

$$M_1=\frac{c_{AS}}{2\sinh(3\varphi_S)}$$

$$M_2 = -M_1 = -\frac{c_{AS}}{2\sinh(3\varphi_S)}$$

将积分常数代入通解，经整理，便可获得在球形催化剂内 A 组分的浓度分布关系式，即

$$c_A = \frac{c_{AS}}{z} \cdot \frac{\sinh(3\varphi_S z)}{\sinh(3\varphi_S)} \tag{11.3.39}$$

将式(11.3.39)代入式(11.3.34)中，可得等温条件下，球形催化剂一级反应的宏观动力学方程。

因为任一球形体积为 $V_S = \frac{4}{3}\pi r^3$，所以 $dV_S = 4\pi R^2 dr$，则

$$-R_A = \frac{1}{V_S}\int_0^{V_S}(-r_A)dV_S$$

$$= \frac{1}{\frac{4}{3}\pi R^3}\int_0^R \frac{kc_{AS}}{\frac{r}{R}} \cdot \frac{\sinh\left(3\varphi_S \frac{r}{R}\right)}{\sinh(3\varphi_S)} \cdot 4\pi r^2 dr$$

$$= \frac{1}{\varphi_S}\left[\frac{1}{\tanh(3\varphi_S)} - \frac{1}{3\varphi_S}\right]kc_{AS} \tag{11.3.40}$$

式(11.3.40)为宏观动力学方程。

因为 $-r_{AS} = kc_{AS}$ 为本征动力学方程对应于外表面浓度时的反应速率，因此有

$$\left.\begin{aligned} -R_A &= \eta(-r_{AS}) \\ \eta &= \frac{1}{\varphi_S}\left[\frac{1}{\tanh(3\varphi_S)} - \frac{1}{3\varphi_S}\right] \\ \varphi_S &= \frac{R}{3}\sqrt{\frac{k}{D_e}} \end{aligned}\right\} \tag{11.3.41}$$

(2) 其他形状催化剂的等温宏观动力学方程。

① 无限长圆柱体催化剂的等温宏观动力学方程。

所谓无限长圆柱体，是指该圆柱的长径比很大，可忽略两端面扩散的影响。设圆柱体的半径为 R，长度为 L，并置于连续流动的反应物气流中。在该圆柱体中取一段半径为 r、厚度为 dr、长度为 L 的体积微元，如图 11-15 所示。

对该体积微元作反应物 A 的物料衡算：

输入量 $2\pi(r+dr)LD_e \frac{d}{dr}\left(c_A + \frac{dc_A}{dr}dr\right)$

输出量 $2\pi rLD_e \frac{dc_A}{dr}$

消耗量 $2\pi rLdr(-r_A)$

积累量 0(对于定常态过程)

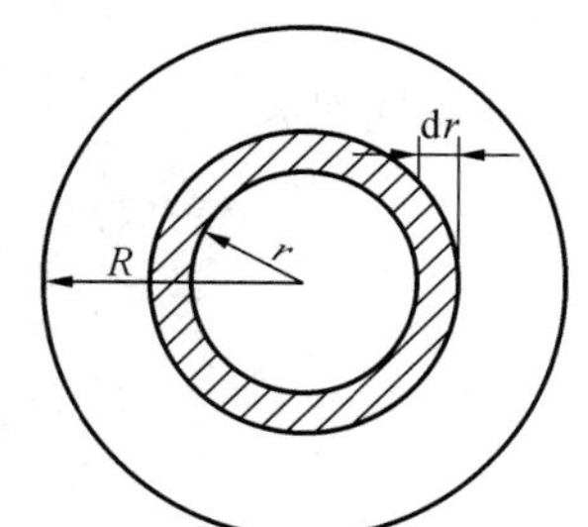

图 11-15 圆柱体催化剂的宏观动力学

将上述各式代入物料衡算式，得

$$\frac{d^2c_A}{dr^2} + \frac{1}{r} \cdot \frac{dc_A}{dr} = \frac{-r_A}{D_e} \tag{11.3.42}$$

此方程的边界条件为 $r=0, \frac{dc_A}{dr}=0$； $r=R, c_A=c_{AS}$

对不可逆反应$-r_A=kf(c_A)$,方程(11.3.42)的解为

$$\left.\begin{aligned} -R_A &= \eta(-r_{AS}) \\ \eta &= \frac{I_1(2\varphi_S)}{\varphi_S I_0(2\varphi_S)} \\ \varphi_S &= \frac{R}{2}\sqrt{\frac{k}{D_e}f'(c_{AS})} \end{aligned}\right\} \tag{11.3.43}$$

令$X=2\varphi_S$,则式中$I_0(X)$和$I_1(X)$分别为第一类0阶和1阶贝塞尔(Bessel)函数。

$$I_0(X)=\sum_{k=0}^{\infty}\frac{\left(\frac{X}{2}\right)^{2k}}{(k!)^2}$$

$$I_1(X)=I_0'(X)=\sum_{k=0}^{\infty}\frac{\left(\frac{X}{2}\right)^{2k+1}}{(k!)(k+1)!}$$

贝塞尔函数值可由数学手册中查找。

② 圆形薄片催化剂的宏观动力学方程。

圆形薄片是指该催化剂的半径远大于其厚度。此时可忽略侧面处的扩散,仅考虑两端面气体的扩散。设圆形薄片半径为R,高度为L,放置于连续流动的反应物气流中。在圆形薄片中心取与中心截面的距离为l,厚度为$\mathrm{d}l$,半径为R的薄片作为体积微元。对该微元体作组分A的物料衡算:

输入量　　$\pi R^2 D_e \frac{\mathrm{d}}{\mathrm{d}l}\left(c_A+\frac{\mathrm{d}c_A}{\mathrm{d}l}\mathrm{d}l\right)$

输出量　　$\pi R^2 D_e \frac{\mathrm{d}c_A}{\mathrm{d}l}$

消耗量　　$\pi R^2 \mathrm{d}l(-r_A)$

积累量　　0(对于连续稳态过程)

将上述各式代入物料衡算式并整理,可得

$$\frac{\mathrm{d}^2 c_A}{\mathrm{d}l^2}=\frac{-r_A}{D_e} \tag{11.3.44}$$

边界值条件为　　$l=0,\frac{\mathrm{d}c_A}{\mathrm{d}l}=0$;　$l=\frac{L}{2},c_A=c_{AS}$

对不可逆反应$-r_A=kf(c_A)$,方程(11.3.44)的解为

$$\left.\begin{aligned} -R_A &= \eta(-r_{AS}) \\ \eta &= \frac{\tanh\varphi_S}{\varphi_S} \\ \varphi_S &= \frac{L}{2}\sqrt{\frac{k}{D_e}f'(c_{AS})} \end{aligned}\right\} \tag{11.3.45}$$

(3) 任意形状催化剂的等温宏观动力学方程。

① 西勒模数的通用表达式。

比较球形、无限长圆柱形和薄片催化剂的西勒模数,可以看出它们之间的区别仅在定性尺寸上。若以V_S表示催化剂颗粒体积,S_S表示催化剂颗粒外表面积,上述三种形状催化剂的V_S/S_S值分别为

球形
$$\frac{V_S}{S_S}=\frac{\frac{4}{3}\pi R^3}{4\pi R^2}=\frac{R}{3}$$

无限圆柱体
$$\frac{V_S}{S_S}=\frac{\pi R^2 S}{2\pi RL}=\frac{R}{2}$$

圆形薄片
$$\frac{V_S}{S_S}=\frac{\pi R^2 L}{2\pi R^2}=\frac{L}{2}$$

由此可见，若取 V_S/S_S 作为西勒模数的定性尺寸，便可将不同形状催化剂的西勒模数表达式统一起来，即

$$\varphi_S=\frac{V_S}{S_S}\sqrt{\frac{k}{D_e}f'(c_{AS})} \tag{11.3.46}$$

② 效率因子的近似估算。

由于上述三种形状催化剂的西勒模数与效率因子之间关系大体相近，可以认为若采用球形催化剂作为基准计算效率因子，将不会出现大的偏差。

因此，任意形状催化剂的等温宏观动力学方程可近似表达为

$$\left.\begin{aligned}-R_A&=\eta(-r_{AS})\\ \eta&=\frac{1}{\varphi_S}\left[\frac{1}{\tanh(3\varphi_S)}-\frac{1}{3\varphi_S}\right]\\ \varphi_S&=\frac{V_S}{S_S}\sqrt{\frac{k}{D_e}f'(c_{AS})}\end{aligned}\right\} \tag{11.3.47}$$

2. 固相催化反应器内的传质和反应

固相催化反应器如图 11-16 所示，假设反应器在稳态下操作，忽略体积流量的变化，以及浓度随半径的变化。下列参数将用于建立物料平衡方程：

A_c——横截面积，dm^2；

W_A——A 的摩尔通量，$mol/(m^2 \cdot s)$；

c_{Ab}——A 的气相主体浓度，mol/L；

ρ_b——催化剂床层的堆积密度，g/L；

Q——体积流量，L/s；

u——空床流速，$u=Q/A_c$，dm/s。

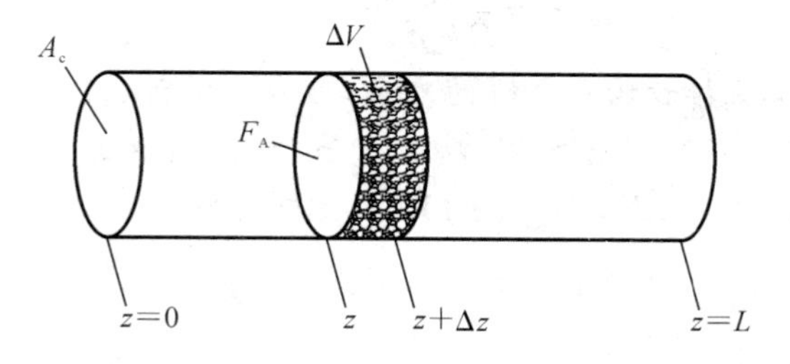

图 11-16　固相催化反应器微元衡算示意图

体积微元 ΔV 上 A 的物料衡算式为

$$输入量-输出量+生成量=0$$
$$A_cW_{Az}\big|_z-A_cW_{Az}\big|_{z+\Delta z}+r_A'\rho_bA_c\Delta z=0 \tag{11.3.48}$$

上式两边除以 $A_c\Delta z$,并取 $\Delta z \to 0$ 时的极限值

$$-\frac{dW_{Az}}{dz}+r_A'\rho_b=0 \tag{11.3.49}$$

考虑扩散影响,整理式(11.3.49)可得

$$D_a\frac{d^2c_{Ab}}{dz^2}-u\frac{dc_{Ab}}{dz}+r_A'\rho_b=0 \tag{11.3.50}$$

$D_a\frac{d^2c_{Ab}}{dz^2}$项表示轴方向上的扩散,符号 D_a 代表扩散系数。颗粒内的反应速率r_A'是单位质量催化剂的内表面和外表面的反应速率之和,它是催化剂内部反应物浓度的函数。总速率是与表面浓度和主体浓度相等时的速率,可以通过总有效因子 Ω 关联起来。

$$\Omega=\frac{\text{催化剂颗粒的实际反应速率}}{\text{催化剂内部和主体浓度、温度相等时的反应速率}}=\frac{\eta}{1+\eta k'S_a\rho_b/(k_c a_c)}$$

则

$$-r_A'=-r_{Ab}'\Omega=\Omega k'S_a c_{Ab}$$

代入方程(11.3.50),得到催化剂床层内一级反应时的微分方程

$$D_a\frac{d^2c_{Ab}}{dz^2}-u\frac{dc_{Ab}}{dz}-\Omega\rho_b k'S_a c_{Ab}=0 \tag{11.3.51}$$

对于轴向强制对流,可以忽略轴向分散,即

$$u\frac{dc_{Ab}}{dz}\gg D_a\frac{d^2c_{Ab}}{dz^2}$$

将方程(11.3.51)重新整理,得

$$\frac{dc_{Ab}}{dz}=-\frac{\Omega\rho_b k'S_a}{u}c_{Ab} \tag{11.3.52}$$

代入边界条件 $z=0, c_{Ab}=c_{Ab0}$,将方程(11.3.52)积分后得到

$$c_{Ab}=c_{Ab0}e^{-(\rho_b k'S_a\Omega z)/u} \tag{11.3.53}$$

在反应器的出口处,$z=L$,转化率为

$$X=1-\frac{c_{Ab}}{c_{Ab0}}=1-e^{-(\rho_b k'S_a\Omega L)/u} \tag{11.3.54}$$

将 $m=\rho_b A_c L$ 代入式(11.3.54),整理得

$$X=1-e^{-(k'S_a\Omega m)/Q} \tag{11.3.55}$$

则

$$m=\frac{Q}{\Omega k'S_a}\ln\frac{1}{1-X} \tag{11.3.56}$$

例 11-7 为了减少工业排放物中 NO 的浓度,可以使排放物流过球形多孔炭质固体颗粒床层。含 2%NO 和 98%空气的混合气体,以 $10^{-6}\ m^3/s$ 的流速通过直径为 5 cm 的多孔固体填充床,使温度达到 1 173 K,压力为 101.3 kPa。反应式为

$$NO+C\longrightarrow CO+\frac{1}{2}N_2$$

对于 NO 为一级反应,即$-r'_{NO}=k'S_a c_{NO}$[kmol/(m³ · s)],反应主要发生在颗粒内部的微孔中,假设内表面的面积 $S_a=530\ m^2/g$,$k'=4.42\times10^{-10}\ m^3/(m^2\cdot s)$,试计算 NO 浓度减小到 0.004%所需要的多孔固体质量以及反应器长度。已知在 1 173 K 时,流体的特征:运动黏度 $\upsilon=1.53\times10^{-8}\ m^2/s$;有效扩散系数 $D_e=1.89\times10^{-8}\ m^2/s$。催化剂和床层的特性:催化剂颗粒密度 $\rho_c=2.8\times10^6\ g/m^3$;床层孔隙率 $\phi=0.5$;床层堆积密度 $\rho_b=\rho_c(1-\phi)=1.4\times10^6\ g/m^3$;颗

粒半径 $R=3\times10^{-3}$ m；外部传质系数 $k_c=6\times10^{-5}$ m/s。

解　(1) 计算一级反应时球形颗粒内扩散有效因子。

因为 $-r_{NO}=kc_{NO}=(k'S_a\rho_c)c_{NO}$，则由方程组(11.3.41)，得

$$\varphi_S=\frac{R}{3}\sqrt{\frac{k}{D_e}}=\frac{R}{3}\sqrt{\frac{k'S_a\rho_c}{D_e}}=\frac{0.003}{3}\times\sqrt{\frac{4.42\times10^{-10}\times530\times2.8\times10^6}{1.89\times10^{-8}}}=6$$

$$\eta=\frac{1}{\varphi_S}\left[\frac{1}{\tanh(3\varphi_S)}-\frac{1}{3\varphi_S}\right]=\frac{1}{6}\times\left[\frac{1}{\tanh(3\times6)}-\frac{1}{3\times6}\right]=0.157$$

(2) 计算单位质量固体的外部表面积。

$$a_c=\frac{6(1-\phi)}{d_p}=\frac{6\times(1-0.5)}{6\times10^{-3}}=500\ (\mathrm{m^2/m^3})$$

(3) 计算总有效因子。

$$\Omega=\frac{\eta}{1+\eta k'S_a\rho_b/(k_c a_c)}=\frac{0.157}{1+\dfrac{0.157\times4.42\times10^{-10}\times530\times1.4\times10^6}{6\times10^{-5}\times500}}$$

$$=\frac{0.157}{1+1.83}=0.055$$

从这个例子可以看出，内部和外部的传质阻力都是明显的。

(4) 计算所需要的固体质量。

NO 浓度从 2%减至 0.004%，忽略低浓度下的体积变化，得到

$$X=\frac{c_{Ab0}-c_{Ab}}{c_{Ab0}}=\frac{2\%-0.004\%}{2\%}=0.998$$

则由式(11.3.56)，得

$$m=\frac{Q}{\Omega k'S_a}\ln\frac{1}{1-X}=\frac{1\times10^{-6}}{0.055\times4.42\times10^{-10}\times530}\ln\frac{1}{1-0.998}=483\ (\mathrm{g})$$

(5) 计算反应器的长度。

$$L=\frac{m}{A_c\rho_b}=\frac{m}{\dfrac{\pi}{4}d^2\rho_b}=\frac{483}{\dfrac{\pi}{4}\times0.05^2\times1.4\times10^6}=0.18\ (\mathrm{m})$$

3. 流化床反应器

1) 固体粒子的流化态与流化床反应器的特点

当液体或气体(通称为流体)通过固体颗粒层时，在流速达到一定值时，床层中的固体颗粒悬浮在流体介质中，进行不规则的激烈运动，具有像液体一样能够自由流动的性质，称为固体的流态化。催化剂颗粒处于流态化状态的反应器称为流化床反应器。

如图 11-17 所示，当流体自下而上地通过固体颗粒层时，可以发现当流速较小时固体颗粒静止不动，颗粒层为固定床；流速继续升高至流体与颗粒间的摩擦力等于固体颗粒重力时，固体颗粒即悬浮在流体中，此即流态化开始，其相应的流体速度称为临界流化速度。当流体流速大于临界流化速度时，床层空隙率进一步增大，床高也相应增加，床层进入完全流化状态。流体为液体时，颗粒在床层中均匀地分散，称散式流化。流体介质为气体时，气体与固体所形成的气-固流化床在完全流化时会出现不均匀的分散，床层内粒子成团地湍动，部分气体形成气泡，因此床层中有两种聚集状态，一种是作为连续相的气、固均匀混合物，称为乳化相，另一种是作为分散相的气体以鼓泡形式穿过床层，称为气泡相，此种情况称为聚式流化床或鼓泡流化床。流体流速再继续增大到某一程度时，固体颗粒将被流体带出，此现象称为气流输送，相应

的流速称为颗粒带出速度，相应的床层称为稀相输送床层。

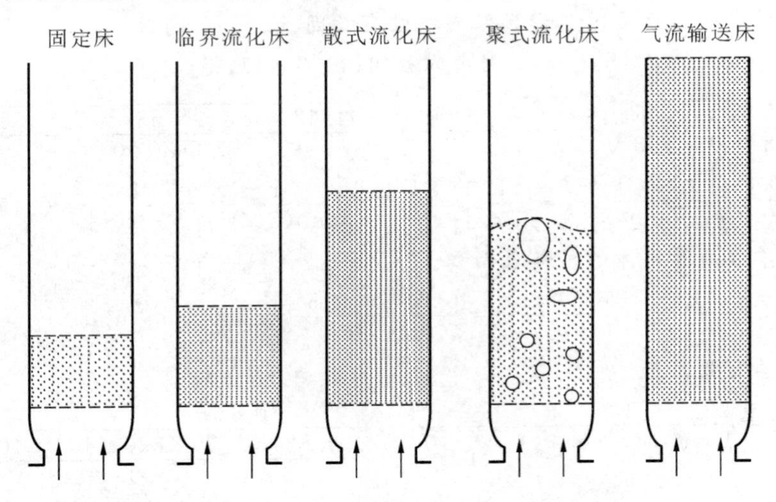

图 11-17　不同流速时床层的变化

流态化技术在工业过程中的应用范围非常宽广，从传统应用领域的化学工业、石油工业已拓展到煤的燃烧和转化、环境处理(水污染和大气污染的控制)和能源工业等多种领域。

流态化技术具有如下优点：

(1) 床内物料的流化状态，便于大量输送固体粒子，对原料是固体的过程以及催化剂容易失活需要再生的过程(例如催化裂化)，采用流化床有助于实施连续流动和循环操作；

(2) 在床层中固体颗粒受到激烈混合，床内温度易于维持均匀，可避免发生局部过热，湿度易于控制，能够提高反应的选择性；

(3) 气固相之间的传质速率较高，粒子较细，可降低或消除内扩散阻力，充分发挥催化效能；

(4) 流化床的结构比较简单、紧凑，故适用于大型生产操作。

流化床反应器具有如下局限性：

(1) 由于床层物料激烈混合，浓度比较均匀，与平推流相比，降低了反应速率，增加了副反应；

(2) 也是由于床层中颗粒混合良好，在新加入新鲜颗粒和取出已反应的颗粒时，必然有一部分新鲜的粒子也被取出来，也有一部分粒子长期留在反应器中，结果降低了催化剂的平均活性，或者降低了原料的利用率；

(3) 粒子的磨损和带出造成催化剂损耗，并要有旋风分离器等粒子回收系统，粒子的激烈运动加剧了对设备的磨损。

2) 流化床的设计

流化床反应器的设计由一系列的物料平衡、热量衡算、流体力学方程、动力学方程组成。任何流化床反应器都有一些必需的部件以保证流态化过程得以顺利进行，这些部件包括分布器、固体颗粒的分离装置等。还有一些部件是为了解决流化床反应器某种需要或者改善硫化状态而安置，包括接热设备、内构件、下料腿(下降管)、控制固体流动的装置和设备易磨损地方的内衬的一些耐磨材料等。

11.3.2 气-液相反应器

气液反应指反应物系中存在气相和液相的一种多相反应过程，通常是气相反应物溶解于液相后，再与液相中另外的反应物进行反应；也可能是反应物均存在于气相中，它们溶解于含有固体催化剂的溶液以后再进行反应。环境工程领域里，气液反应有着广泛的应用，通常通过气液反应净化气体，如用碱溶液吸收锅炉尾气中的 SO_2，酸溶液对氨的吸收，饮用水和污水的臭氧化处理等。

1. 气-液相反应动力学

1）气液反应过程

气液反应的进行以两相界面的传质为前提。由于气相和液相均为流动相，两相间的界面不是固定不变的，而是由反应器的形式、反应器中的流体力学条件决定。描述气液反应的模型以传质理论为基础，主要有双膜理论、渗透理论和表面更新理论等，由这些模型得到的结果相差不大，而由双膜理论推出的模型较后两个更为简单，所以通常采用双膜理论。如图 11-18 所示，对于反应 $A+\nu_B B \longrightarrow G(-r_A=k_{m,n}c_A^m c_B^n)$，反应步骤由以下各步组成：

（1）组分 A 由气相主体通过气膜传递到气液相界面，其分压由气相主体处的 p_{AG} 降至相界面处的 p_{Ai}；

（2）组分 A 通过相界面传递到液膜内，并与液膜中的组分 B 进行化学反应，此时反应与扩散同时进行；

（3）未反应的 A 继续向液相主体扩散，并与液相主体中的组分 B 继续反应。

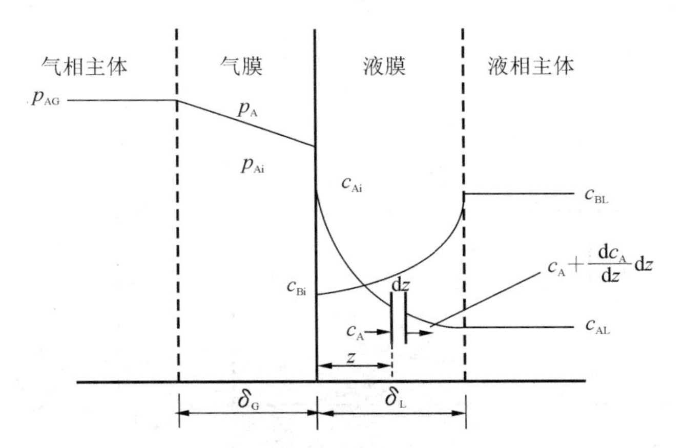

图 11-18 气液反应双膜模型中 A 组分的传质示意图

根据双膜理论，可建立气液反应的扩散反应方程，液膜扩散微元如图 11-18 所示，其离界面深度为 z，微元液膜厚度为 dz，则与传质方向相垂直的单位面积上气体 A 从 z 处扩散进入的量为 $-D_A dc_A/dz$，从 $z+dz$ 处扩散出的量为 $-D_A \frac{d}{dz}\left(c_A+\frac{dc_A}{dz}dz\right)$，微元内反应消耗 A 的量为 $(-r_A)dz$，于是微元液膜内 A 组分的物料衡算式为

$$-D_A\frac{dc_A}{dz}=-D_A\frac{d}{dz}\left(c_A+\frac{dc_A}{dz}dz\right)+(-r_A)dz \tag{11.3.57}$$

即

$$\frac{d^2c_A}{dz^2}=\frac{-r_A}{D_A} \tag{11.3.58}$$

同样,对于液相中组分 B,在液膜内也可以建立微分方程

$$\frac{d^2 c_B}{dz^2} = \frac{-\nu_B r_A}{D_B} \tag{11.3.59}$$

微分方程的边界条件:

$z=0, c_A=c_{Ai}$,且 $dc_B/dz=0$;

$z=\delta_L, c_B=c_{BL}$,且组分 A 向液相主体扩散的量应等于主体所反应的量,即

$$-D_A \frac{dc_A}{dz}\bigg|_{z=\delta_L} = -r_A(V-\delta_L) \tag{11.3.60}$$

式中:V——单位传质表面的积液体积,m^3/m^2;

$V-\delta_L$——单位传质表面的液流主体体积,m^3/m^2。

显然,界面上 A 组分向液相扩散的速率(即吸收速率)为

$$N_A = -D_A \frac{dc_A}{dz}\bigg|_{z=0} \tag{11.3.61}$$

2) 典型的气液反应类型

根据液膜内化学反应和传递之间相对速率的大小关系,气液反应可分为不同的类型,如图 11-19 所示,其特点简述如下。

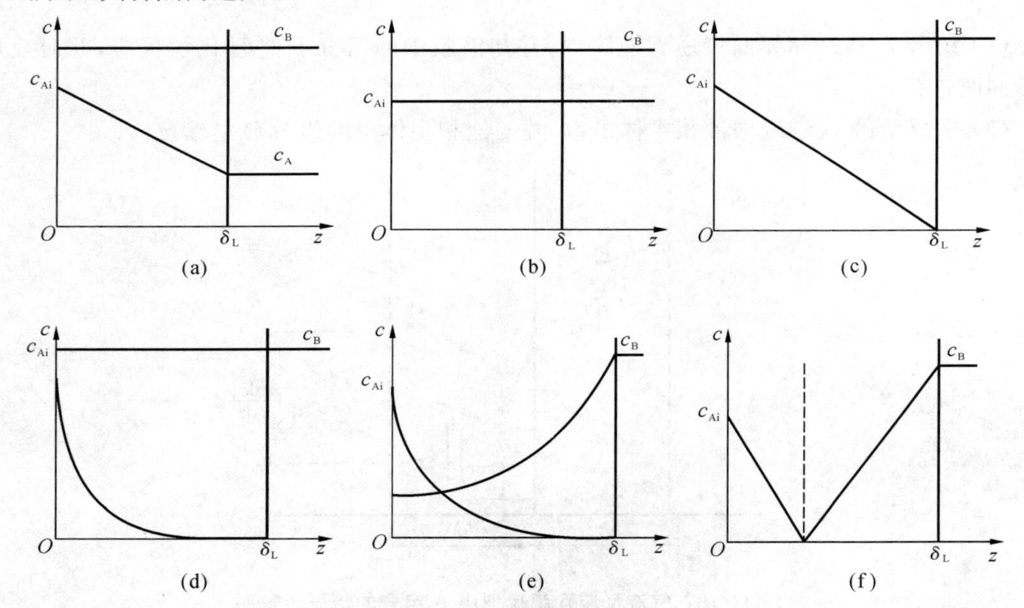

图 11-19　不同类型气-液相反应器的反应区域与浓度分布

(a)慢反应的一般形式;(b)极慢反应;(c)质量传递控制下的慢反应;

(d)拟 m 级快速反应;(e)反应级数为$(m+n)$的快速反应;(f)瞬间快速反应

(c_{Ai}为相界面上 A 的浓度,$kmol/m^3$;c_A 为 A 在液相主体中的浓度,$kmol/m^3$;

c_B 为 B 在液相主体中的浓度,$kmol/m^3$;δ_L 为液膜厚度,m。)

(1) 慢反应的一般类型:由传质和化学反应共同控制的气液反应,可具体分为图 11-19 中的(b)和(c)两种。

(2) 极慢反应:A 与 B 的反应速率极慢,A、B 在液膜中的浓度与它们在液相主体中的浓度相同,此时扩散速率大大高于反应速率,液相主体中 A 的浓度达到饱和。

(3) 质量传递控制下的慢反应：被吸收组分 A 在液相主体完全被组分 B 反应掉，但化学反应速率还是较慢，以致在液膜内的反应可以忽略。

(4) 拟 m 级快速反应：A 与 B 的反应速率较快，被吸收组分 A 在液膜内完全被组分 B 反应掉，但组分 B 浓度很高，以致在液膜内的浓度变化可以忽略，即在整个液膜内 B 的浓度近似不变。

(5) 反应级数为$(m+n)$的快速反应：A 与 B 的反应速率较快，被吸收组分 A 在液膜内完全被组分 B 反应掉，但组分 B 的浓度不够高，以致 B 在液膜内存在浓度梯度。

(6) 瞬间快速反应：组分 A 与组分 B 之间的反应瞬间完成，两者不能共存，反应发生于液膜内某一个面上，该面称为反应面，在反应面上 A、B 的浓度均为零。

3) 常见的气液反应动力学

(1) 一级不可逆反应。

反应对 A 组分、B 组分分别为一级、零级反应(即 $m=1,n=0$)，则由式(11.3.58)知

$$\frac{\mathrm{d}^2 c_A}{\mathrm{d}z^2}=\frac{k_1 c_A}{D_A} \tag{11.3.62}$$

求解微分方程(11.3.62)，并利用边界条件，得

$$c_A=\frac{\mathrm{ch}\sqrt{Ha}\left(1-\frac{z}{\delta_L}\right)+\sqrt{Ha}(a_L-1)\mathrm{sh}\left(1-\frac{z}{\delta_L}\right)}{\mathrm{ch}\sqrt{Ha}+\sqrt{Ha}(a_L-1)\mathrm{sh}\left(1-\frac{z}{\delta_L}\right)}c_{Ai} \tag{11.3.63}$$

式(11.3.63)中，$a_L=V/\delta_L$，表示单位传质表面的液相体积(或厚度)与液膜体积(厚度)比，即

$$Ha=\frac{\sqrt{D_A k_1}}{k_L} \tag{11.3.64}$$

其中 Ha 为一级不可逆反应时的 Hatta 数，为液膜内的化学反应速率与物理吸收速率之比；$k_L=D_A/\delta_L$，D_A 为组分 A 在液体中的分子扩散系统，$\mathrm{m^2/s}$。

由式(11.3.61)得

$$N_A=\frac{k_L c_{Ai} Ha[Ha(a_L-1)\mathrm{th}Ha]}{(a_L-1)Ha\,\mathrm{th}Ha+1} \tag{11.3.65}$$

对物理吸收，其吸收速率为

$$N_A'=k_L c_{Ai} \tag{11.3.66}$$

则增强因子为

$$\beta=\frac{Ha[Ha(a_L-1)\mathrm{th}Ha]}{(a_L-1)Ha\,\mathrm{th}Ha+1} \tag{11.3.67}$$

Ha 是气液反应的重要参数，可作为气液反应快慢程度的判据。当 $Ha\geqslant 3$ 时，属于在液膜内进行的瞬间或快速反应过程；当 $Ha\leqslant 0.02$ 时，属于在液相主体中进行的慢反应过程；当 $0.02<Ha<3$ 时，则为在液膜和液相主体中反应都不能忽略的中速反应过程。

(2) 不可逆瞬间反应。

当液相中的反应为不可逆瞬间反应时，反应仅在液膜某一平面上瞬间完成，此平面为反应面。被吸收组分 A 从界面方向扩散而来，吸收剂 B 由液流主体扩散过来，其典型浓度分布如图 11-20 所示。

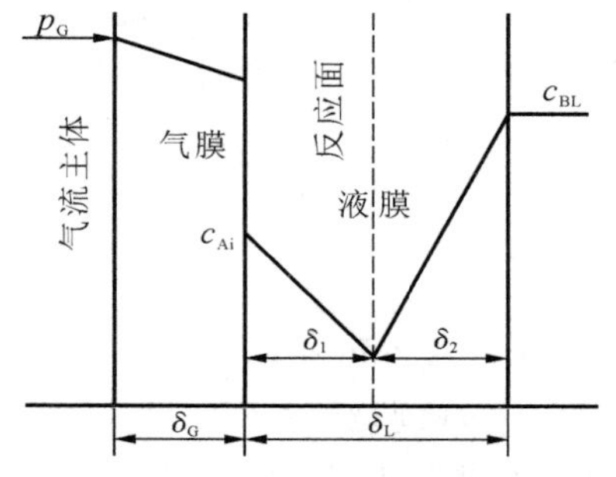

图 11-20 不可逆瞬间反应浓度分布

假设反应面上进行反应为 $A+\nu_B B\longrightarrow G$，则被吸

收组分 A 扩散至反应面的速率为

$$N_A = \frac{D_A}{\delta_1} c_{Ai} = \frac{\delta_L}{\delta_1} k_L c_{Ai} \tag{11.3.68}$$

式中：δ_1——自界面到反应面的距离，m；

δ_L——液膜厚度，m。

由液流主体向反应面的反应物 B 的扩散速率为

$$N_B = \frac{D_B}{\delta_2} c_B = \frac{\delta_L}{\delta_2} \cdot \frac{D_B}{\delta_L} c_B \tag{11.3.69}$$

式中：δ_2——反应面至液流主体的距离，m。

扩散至反应面的 A 和 B 必须满足化学计量关系，即 $\nu_B N_A = N_B$，利用 $\delta_1 + \delta_2 = \delta_L$ 关系可得

$$N_A = \left(1 + \frac{D_B c_B}{\nu_B D_A c_{Ai}}\right) k_L c_{Ai} \tag{11.3.70}$$

因此，增强因子为

$$\beta_i = 1 + \frac{D_B c_B}{\nu_B D_A c_{Ai}} \tag{11.3.71}$$

当 c_B 增加到出现 c_{Ai} 等于零的极限情况，此时反应面与相界面相重叠，吸收过程将以最大的速率 $N_A = k_G p_{AG}$ 进行，吸收速率完全受气膜控制，B 组分的浓度成为临界浓度，用 $(c_B)_c$ 表示。由化学计量关系可知，在稳态条件下有

$$N_B = \frac{D_B}{\delta_L}\left[(c_B)_c - 0\right] = \nu_B N_A = \nu_B k_G p_{AG} \tag{11.3.72}$$

可得

$$(c_B)_c = \frac{\nu_B k_G}{k_L} \cdot \frac{D_A}{D_B} p_{AG} \tag{11.3.73}$$

当 $c_B \geqslant (c_B)_c$ 时，过程完全受气膜控制，吸收速率为

$$N_A = k_G p_{AG} \tag{11.3.74}$$

式中：k_G——组分 A 的气相传质系数，mol/(m^2 · Pa · s)；

p_{AG}——A 在气相中的分压，Pa。

当 $c_B < (c_B)_c$ 时，吸收速率由气液膜共同决定，则气膜传质速率式为

$$N_A = k_G (p_{AG} - p_{Ai}) \tag{11.3.75}$$

界面平衡条件为

$$c_{Ai} = H p_i \tag{11.3.76}$$

式中：H——溶解度系数，mol/(m^3 · Pa)。

将式(11.3.70)、式(11.3.75)、式(11.3.76)联立并消去界面条件，得

$$N_A = \frac{p_{AG} + \dfrac{D_B}{\nu_B H D_A} c_B}{\dfrac{1}{H k_L} + \dfrac{1}{k_G}} \tag{11.3.77}$$

(3) 二级不可逆反应。

假设被吸收组分 A 和吸收剂 B 发生二级不可逆反应，反应为 $A + \nu_B B \longrightarrow G$，此时考虑吸收剂 B 在液膜中的变化，其浓度变化如图 11-21 所示。此种情况不能直接得到解析解，而是常

用液相主体反应结束时($c_A=0$)的近似解,此时增强因子为

$$\beta=\frac{\sqrt{D_A k_2 c_{Bi}}}{k_L}\Big/\text{th}\frac{\sqrt{D_A k_2 c_{Bi}}}{k_L} \quad (11.3.78)$$

结合微分方程,可得

$$D_A\frac{d^2 c_A}{dz^2}=\frac{D_B d^2 c_B}{\nu_B dz^2} \quad (11.3.79)$$

积分两次,代入相应的边界条件,可得

$$(\beta-1)D_A c_{Ai}=\frac{D_B}{\nu_B}(c_B-c_{Bi}) \quad (11.3.80)$$

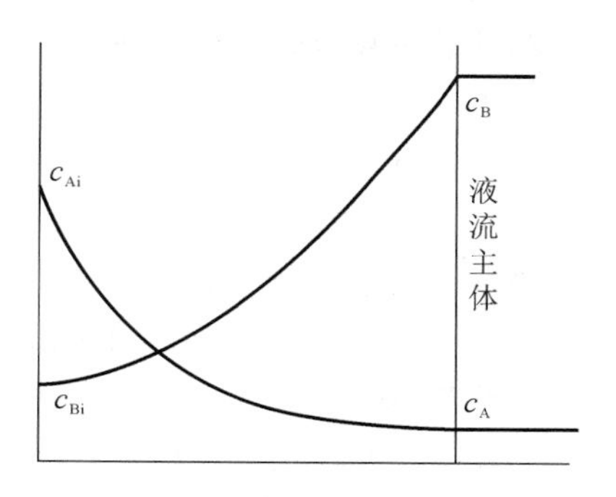

图 11-21 二级不可逆反应的浓度分布

即

$$\beta=\frac{\sqrt{Ha\dfrac{\beta_i-\beta}{\beta_i}}}{\text{th}\sqrt{Ha\dfrac{\beta_i-\beta}{\beta_i}}} \quad (11.3.81)$$

式中:$Ha=\sqrt{D_A k_2 c_B}/k_L$,Hatta 数为二级不可逆反应下的 Hatta 数。

由于式(11.3.81)是个隐函数,β 值不能直接求出,为了便于直接得出 β 值,可以作出以 β_i 为参数的 β-Ha 图,见图 11-22。只要知道 Ha 和 β_i 的数值,即可读出 β 的数值。

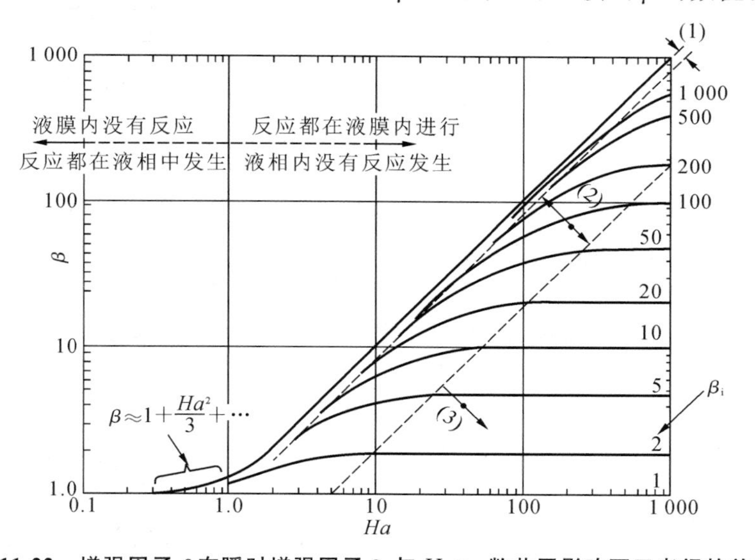

图 11-22 增强因子 β 在瞬时增强因子 β_i 与 Hatta 数共同影响下三者间的关系

图 11-22 可分为三个区域:

① 当 $\beta_i\geqslant5Ha$ 时,如果液膜中 B 的扩散远大于反应的消耗,则液膜中组分 B 的浓度可认为不变,此时可视为拟一级快速反应,$\beta=Ha$,如图 11-22 中(1)所在区域。

② 当 $5\beta_i>Ha>\beta_i/5$ 时,按二级快速反应处理,如图 11-22 中(2)所在区域。

③ 当 $Ha\geqslant5\beta_i$ 时,可按瞬间反应来处理,$\beta=\beta_i$,如图 11-22 中(3)所在区域。

例 11-8 用硫酸溶液在氨吸收塔回收气体混合物中的氨,试计算塔底和塔顶的吸收速率 N_{A2} 和 N_{A1}。已知:气体混合物中氨的分压在进口处为 5 066.25 Pa,出口处为 1 013.25 Pa,吸收剂中 H_2SO_4 的浓度在进口处为 0.6 kmol/m³,出口处为0.5 kmol/m³,气液两相逆流接触,

气体加入量 $G=45\ \text{kmol/h}$，$k_G=3.45\times10^{-6}\text{kmol/(m}^2\cdot\text{Pa}\cdot\text{h)}$，$k_L=5.0\times10^{-3}\ \text{m/h}$，亨利系数 $H=7.40\times10^{-4}\ \text{kmol/(m}^3\cdot\text{Pa)}$，总压 $p=1.013\ 25\times10^5\ \text{Pa}$，$D_A=D_B$。

解 硫酸吸收氨的反应为不可逆瞬间反应：

$$NH_3+0.5H_2SO_4\longrightarrow0.5(NH_4)_2SO_4$$

在塔顶处：$p_{AG1}=1\ 013.25\ \text{Pa}$，$c_{B1}=0.6\ \text{kmol/m}^3$。

在塔底处：$p_{AG2}=5\ 066.25\ \text{Pa}$，$c_{B2}=0.5\ \text{kmol/m}^3$。

塔顶临界浓度

$$(c_{LB})_c=\frac{\nu_B k_G}{k_L}\cdot\frac{D_A}{D_B}p_{AG1}=\frac{0.5\times3.45\times10^{-6}}{5.0\times10^{-3}}\times1\times1\ 013.25=0.35\ (\text{kmol/m}^3)$$

$(c_B)_c<c_{B1}$，此时吸收速率完全受气膜控制，则吸收速率为

$$N_A=k_Gp_{AG}=3.45\times10^{-6}\times1\ 013.25=3.50\times10^{-3}(\text{kmol}\cdot\text{m}^2/\text{h})$$

塔底临界浓度

$$(c_B)_c=\frac{\nu_B k_G}{k_L}\cdot\frac{D_A}{D_B}p_{AG2}=\frac{0.5\times3.45\times10^{-6}}{5.0\times10^{-3}}\times1\times5\ 066.25=1.75\ (\text{kmol/m}^3)$$

$(c_B)_c>c_{B1}$，此时吸收速率由气液膜共同决定，则吸收速率为

$$N_A=\frac{p_{AG2}+\dfrac{D_B}{\nu_B HD_A}c_B}{\dfrac{1}{Hk_L}+\dfrac{1}{k_G}}=\frac{5\ 066.25+\dfrac{1}{0.5\times7.4\times10^{-4}}\times0.5}{\dfrac{1}{7.4\times10^{-4}\times5.0\times10^{-3}}+\dfrac{1}{3.45\times10^{-6}}}=1.15\times10^{-2}(\text{kmol}\cdot\text{m}^2/\text{h})$$

2. 在固体催化剂上进行的气液反应器的类型及反应动力学

在废水和废气处理过程中，经常遇到气相、液相间反应效率不高，不能有效地去除有害物质等情况，而在固体催化剂的作用下，改变了化学反应的历程和化学平衡，从而使某些难降解的有害物质顺利达标排放。在环境工程中，固体催化剂上进行的气液反应器的利用是一个新兴领域，近年来在石灰浆烟气脱硫、市政污水处理等方面的应用不断扩展，体现出巨大的应用价值。

1) 反应器的类型

工程上常用的气液反应器有滴流床反应器、浆态反应器、流化床反应器等三种主要类型，如图 11-23 所示。下面分别介绍。

(1) 滴流床：又称涓流床反应器，是在固体催化剂进行的气液反应器，液流向下流动，以一种很薄的液膜形式通过固体催化剂，而连续气相以并流或逆流的形式流动，但多数是气流和液流并流向下。

(2) 浆态反应器：这是一种新型反应器，主要有三种不同类型，即机械搅拌釜、环流反应器、鼓泡淤浆床反应器。环流反应器、鼓泡淤浆床反应器中固体催化剂的悬浮靠液体的作用力，而机械搅拌釜则是靠机械搅拌作用使催化剂悬浮。比如鼓泡淤浆床反应器是在鼓泡反应器基础上变化而来的，将细颗粒物料加入气液鼓泡反应器中，固体颗粒依靠气体托起而呈悬浮状态，液相是连续相，多用于反应物和产物都是气相，而固体颗粒是细颗粒催化剂的三相催化反应，强化了床层传热且易于保持等温。

(3) 流化床反应器：它是在气液反应器中加入固体催化剂，固体催化剂主要靠液相托起而

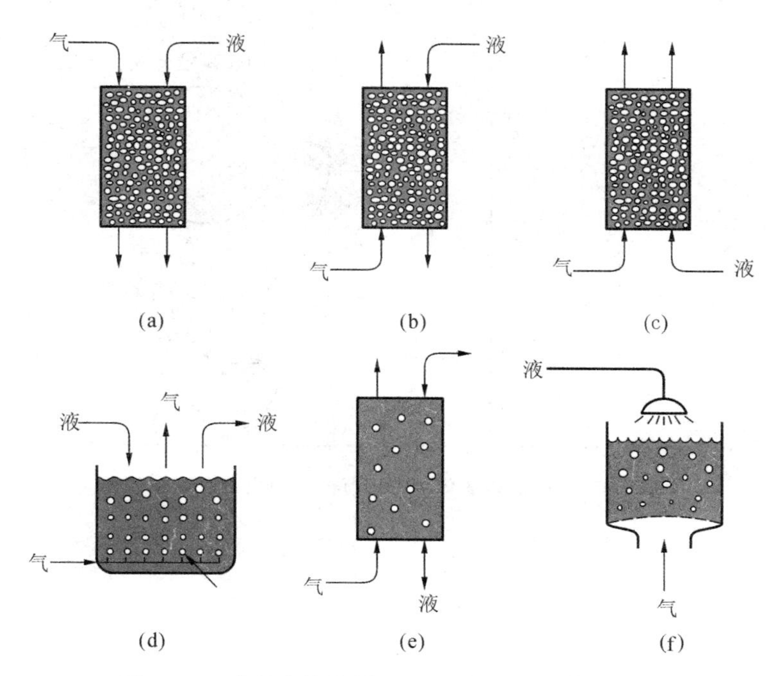

图 11-22 在固体催化剂上进行的气液反应器的类型

(a)气液并流向下的滴流床反应器;(b)液流向下而气流向上的滴流床反应器;
(c)气液并流向上的滴流床反应器;(d)、(e)鼓泡淤浆床反应器;(f)流化床反应器

呈悬浮状态。固体颗粒随同液相一起呈输送状态而连续地进入和流出三相床,固相夹带在液相中,即三相输送床和三相携带床,溶剂需要脱除所吸收的气体而再循环利用。

2)反应宏观动力学

在固体催化剂表面进行的气液反应宏观动力学分颗粒级和床层级两个层次。颗粒宏观动力学,是指在固体颗粒被液体包围而完全润湿的情况下,以固体为对象的宏观动力学,包括气-液相、液-固相传质过程和固体颗粒内部反应-传质的总体速率。床层宏观动力学,是在颗粒宏观动力学的基础上,考虑三相反应器内气液相的流动状况对颗粒宏观动力学的影响,又称反应器宏观动力学。前者分为七个过程:①气相反应物从气相主体扩散到气-液界面的传质过程;②气相反应物从气-液界面上扩散到液相主体的传质过程;③气相反应物从液相主体扩散到催化剂颗粒外表面的传质过程;④颗粒催化剂内同时进行反应和内扩散的宏观反应过程;⑤产物从催化剂颗粒外表面扩散到液相主体的传质过程;⑥产物从液相主体扩散到气-液界面的传质过程;⑦产物从气-液界面扩散气相主体的传质过程。

上述过程是以气-液间传质的双膜理论为基础的。下面讨论颗粒反应宏观动力学过程,如图 11-24 所示。

对于反应

$$A(g)+\nu_B B(l)\xrightarrow{\text{固体催化剂}}G \tag{11.3.82}$$

其中

$$-r_A=k_A c_A c_B,\quad -r_B=k_B c_A c_B \tag{11.3.83}$$

$$-r_A=-r_B/\nu_B,\quad k_A=k_B/\nu_B \tag{11.3.84}$$

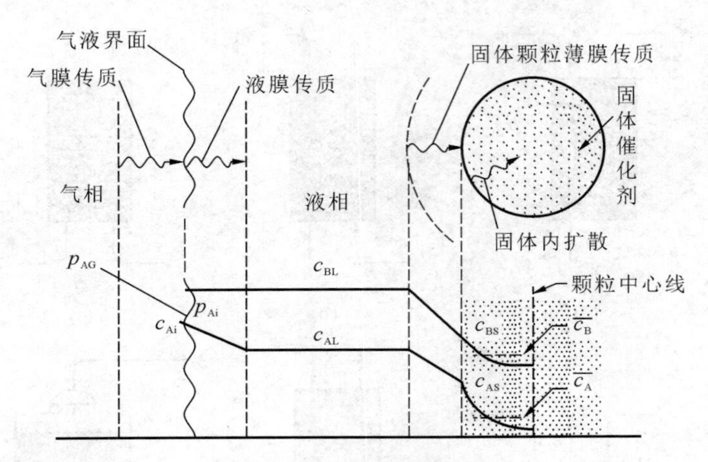

图 11-24　在固体催化剂上进行的气液反应浓度分布图

$$-r_A=\frac{1}{\dfrac{1}{k_{AG}a_i}+\dfrac{H_A}{k_{AL}a_i}+\dfrac{H_A}{k_{AC}a_c}+\dfrac{H_A}{(k_A\overline{c}_B)\varepsilon_A f_S}}p_{AG} \tag{11.3.85}$$

$$-r_B=\frac{1}{\dfrac{1}{k_{BC}a_c}+\dfrac{1}{(k_B\overline{c}_A)\varepsilon_B f_S}}c_B \tag{11.3.86}$$

式中:ε_A、ε_B——组分 A、B 的一级反应动力学反应速率的有效因子;

a_i——单位床层体积内气-液传质面积,m^2/m^3;

f_S——单位体积反应器的固体催化剂所占的体积,即固体催化剂的负荷,量纲为 1;

a_c——单位床层体积内的颗粒外表面积,m^2/m^3;

k_{AG}——组分 A 的气相传质系数,$mol/(m^2 \cdot Pa \cdot s)$;

k_{AL}——组分 A 的液相传质系数,$m^3/(m^2 \cdot s)$;

k_{BC}——液-固相间传质系数,$m^3/(m^2 \cdot s)$;

k_{AC}——气-固相间传质系数,$m^3/(m^2 \cdot s)$。

由于 $\overline{c}_B$ 和 $\overline{c}_A$ 未知,式(11.3.85)和式(11.3.86)必须通过反复试验求解。下面着重讲解两种极端情况。

(1) 当 $c_B \ll c_A$ 时,对于纯溶剂 B 和微溶气体 A 组成的系统,$c_{BS}=c_B$,有

$$-r_A=\frac{1}{\dfrac{1}{k_{AG}a_i}+\dfrac{H_A}{k_{AL}a_i}+\dfrac{H_A}{k_{AC}a_c}+\dfrac{H_A}{(k_A\overline{c}_B)\varepsilon_A f_S}}p_{AG} \tag{11.3.87}$$

(2) 当 $c_B \gg c_A$ 时,对于稀释的溶剂 B 和微溶性气体 A,在高压条件下有

$$c_{AL}=\frac{p_{AG}}{H_A} \tag{11.3.88}$$

$$-r_B=\frac{1}{\dfrac{1}{k_{BC}a_c}+\dfrac{1}{\left(k_B\dfrac{p_{AG}}{H_A}\right)\varepsilon_B f_S}}c_L^B \tag{11.3.89}$$

对于床层宏观动力学,需要考虑颗粒宏观动力学及气相和液相在三相反应器中流动状况的影响,这些都与反应器的类型有关。

11.4 微生物反应器

11.4.1 微生物反应

1. 微生物反应的特点

与物理方法和化学方法相比,微生物方法具有经济、高效的优点,并且基本可以达到无害化,是环境污染治理中的主要方法之一。因此,有必要介绍微生物反应的特点。

微生物反应与一般化学反应存在显著的区别,它以一系列酶为催化剂,参与反应的成分极多,反应途径错综复杂,产物类型多样,且与细胞代谢等过程息息相关。因此,微生物反应很难用一个精确的反应式来表示。此外,微生物具有易变异的特点,在环境治理过程中,随着污染物种类和数量的增加,微生物的种类可能随之增多,从而增加微生物反应的多样性。

参与微生物反应的主要组分包括基质、营养物、活细胞、非活性细胞和微生物分泌的产物等。活细胞可以看作由细胞壁和细胞膜包裹起来的有机催化剂。基质与活细胞反应产生产物的同时形成更多的活细胞,在这一点上类似于化学反应中的自催化反应。

微生物反应一般可分为基质利用、细胞生长、细胞衰亡和产物生成四类反应。其中基质利用是微生物反应的出发点和核心,也是细胞生长和产物生成等反应的前提,环境污染的微生物控制技术主要是基于微生物的基质(污染物)利用反应。

2. 微生物反应的影响因素

微生物反应的影响因素包括微生物的种类、基质的种类和浓度、环境条件等。对某一微生物种类和基质确定的反应体系,环境因素,特别是 pH、温度和溶解氧往往是重要的影响因素。在一些情况下,共存物质会对微生物产生抑制作用,从而降低微生物的活性和微生物反应速率。

3. 微生物反应在环境领域中的应用

微生物反应在自然界中的碳、氮、磷和硫等元素的循环中起着关键作用,同时微生物反应也是水体和土壤自净过程的主要机制。在污染防治工程中,微生物反应主要用于污染物的降解和转化,它广泛应用于城市污水及工业废水的生物处理,有机废气、挥发性有机物(VOCs)及还原性无机气体的生物处理,有机废弃物的堆肥处理等。值得一提的是,几乎所有的城市污水处理厂都采用以生物处理为核心的处理工艺。表 11-3 列出了微生物在环境工程领域的典型应用。

表 11-3 微生物在环境工程领域的典型应用

环境工程领域	应用举例
排水处理	活性污泥法和生物膜法等对有机污废水的处理
给水处理	生物流化床对水源水的预处理
土壤修复	生物通风系统修复石油烃轻度污染土壤
空气净化	生物滴滤池去除异味气体和挥发性有机物
固体废物的处理与处置	堆肥法和卫生填埋法对有机固体废物的处理

11.4.2 微生物反应动力学

微生物反应动力学研究各种过程变量在活细胞作用下的变化规律,以及各种反应条件对这些过程变量变化速率的影响。由于微生物反应动力学研究的对象是运动着的物质,故不能单纯地用传统的静态变量如质量、溶解氧量、生物量等进行描述,必须涉及动态变量,如细胞比生长速率、基质比消耗速率、产物比生产速率等,然而,这些动态变量一般不能直接测量,只能根据动力学方程间接估算。

目前已进入工业生产的微生物反应主要有酶催化反应(酶促反应)、细胞反应以及废水的生物处理。

(1) 酶促反应,是指采用游离酶或固定化酶作为催化剂时的反应。生物体中所进行的反应,几乎都是在酶的催化下进行的。酶和底物是构成酶促反应系统的最基本因素,它们决定了酶促反应的基本性质,其他各种因素都须通过它们才能产生影响。因此酶与底物的动力学关系是整个酶促反应动力学的基础。

(2) 细胞反应,是指采用活细胞为催化剂时的反应,包括一般的微生物细胞发酵反应、固定化细胞反应和动植物细胞的培养等。

(3) 废水的生物处理,是指利用微生物本身的分解能力和净化能力,去除去废水中的污染物质。它具有下述特点:

① 由细菌、真菌、原生动物、微型后生动物等各种微生物构成混合培养系统;

② 大部分采用连续操作;

③ 微生物所处的环境条件波动大;

④ 反应的目的是消除有害物质而不是生产代谢产物和微生物细胞本身。

废水的生物处理已日益受到人们的重视,与微生物细胞反应一样都是利用微生物的反应过程。限于篇幅,本节将重点讨论酶促反应和细胞反应。

1. 酶促反应动力学

酶是活细胞产生的具有活性中心和特殊构象的生物大分子,既能在生物体内,也能在生物体外起催化作用。酶除了具有一般催化剂的特点外,还具有催化效率高、高度专一性、反应条件温和对环境条件的变化极为敏感等催化特性。

对于典型的单底物酶促反应,例如,对于反应

$$\mathrm{S} \xrightarrow{\mathrm{E}} \mathrm{G} \tag{11.4.1}$$

其反应机理可表示为

$$\mathrm{S} + \mathrm{E} \underset{k_{-1}}{\overset{k_{+1}}{\rightleftharpoons}} [\mathrm{ES}] \xrightarrow{k_{+2}} \mathrm{E} + \mathrm{G} \tag{11.4.2}$$

式中:E——游离酶;

[ES]——酶与底物的复合物;

S——底物;

G——产物;

k_{+1}、k_{-1}、k_{+2}——相应各步反应的反应速率常数。

由 Michaelis-Menten 的中间产物学说和 Briggs-Haldane 的稳态模型,推导得到米氏方程,用于定量描述底物浓度与酶促反应速率的关系,适用于单底物、无抑制的情况,即

$$r = -\frac{\mathrm{d}c_\mathrm{S}}{\mathrm{d}t} = \frac{\mathrm{d}c_\mathrm{G}}{\mathrm{d}t} = \frac{r_{\max} c_\mathrm{S}}{K_\mathrm{m} + c_\mathrm{S}} \tag{11.4.3}$$

式中:c_S——底物 S 的浓度,mg/L;

c_G——产物 G 的浓度,mg/L;

r_{max}——最大反应速率，mg/(L·min)；

K_m——米氏常数，mg/L，$K_m=\frac{k_{-1}+k_{+2}}{k_{+1}}$。

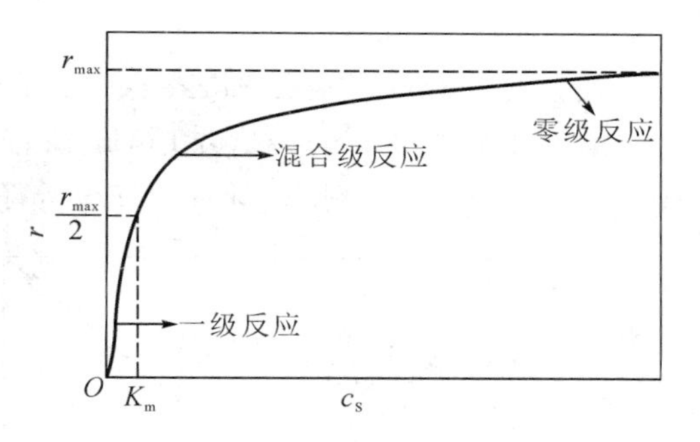

图 11-25 底物浓度与酶促反应速率的关系

从图 11-25 中可以看出，米氏方程是以 r_{max} 为渐近线的双曲线方程。在 r-c_S 关系曲线上，表示了三个具有不同动力学特点的区域：

(1) $c_S \ll K_m$，该曲线近似为一直线，表示为反应速率与底物浓度近似为正比例关系，可视为一级反应，即 $r=\frac{r_{max}}{K_m}c_S$；

(2) $c_S \gg K_m$，该曲线近似为一水平线，表示当底物浓度增加时反应速率趋于稳定；米氏方程描述的 r-c_S 关系很小，可视为零级反应，即$r=r_{max}$；

(3) 当 c_S 与 K_m 的数量级相当，反应速率不与底物浓度成正比，表现为混合级反应，需用米氏方程表示其动力学关系，并且当 $c_S=K_m$ 时，$r=\frac{r_{max}}{2}$。

为了更直观分析底物浓度变化对反应速率的影响，Levenspiel 提出用幂函数形式表示米氏方程，即

$$r \approx r_{max} c_S^{\frac{K_m}{K_m+c_S}} \tag{11.4.4}$$

r_{max}和 K_m 作为米氏方程两个重要的动力学参数，必须对米氏方程线性化处理后，通过作图法或线性最小二乘法求得，常用的有三种方法。

(1) Lineweaver-Burke 法，又称双倒数作图法，简称 L-B 法。以 $1/r$ 对 $1/c_S$ 作图，得一直线，该直线斜率为 K_m/r_{max}，截距为 $1/r_{max}$。

$$\frac{1}{r}=\frac{K_m}{r_{max}}\cdot\frac{1}{c_S}+\frac{1}{r_{max}} \tag{11.4.5}$$

(2) Langmuir 法，又称 Hanes-Woolf 法，简称 H-W 法。以 c_S/r 对 c_S 作图，得一直线，该直线斜率为$1/r_{max}$，截距为 K_m/r_{max}。

$$\frac{c_S}{r}=\frac{1}{r_{max}}c_S+\frac{K_m}{r_{max}} \tag{11.4.6}$$

(3) Eadie-Hofstee 法，简称 E-H 法。以 r 对 r/c_S 作图，得一直线，该直线斜率为$-K_m$、截距为 r_{max}。

$$r=-K_m\frac{r}{c_S}+r_{max} \tag{11.4.7}$$

例 11-9 某污染物被酶催化降解为 CO_2 和 H_2O，其降解初始速率与污染物浓度关系如表 11-4 所示。

表 11-4 例 11-9 表 1

c_S/(mg/L)	r/[mg/(L·min)]
0.002	3.3
0.005	6.6
0.010	10.1
0.017	12.4
0.050	16.6

试分别用 Lineweaver-Burke 法、Langmuir 法和 Eadie-Hofstee 法求米氏方程参数。

解　分别采用 Lineweaver-Burke 法、Langmuir 法和 Eadie-Hofstee 法对数据进行线性拟合,如图 11-26 所示,则 K_m 和 r_{max} 可由所得直线的斜率和截距确定。结果如表 11-5 所示。

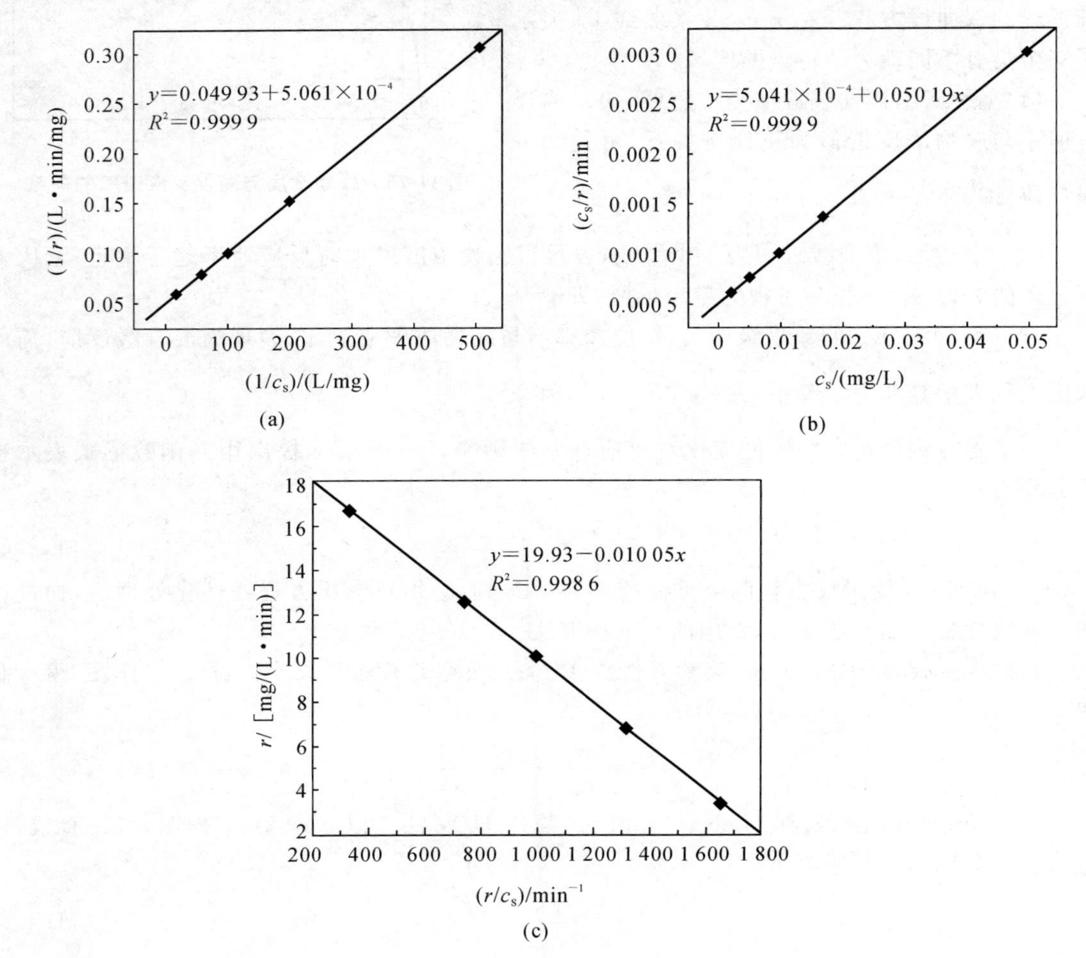

图 11-26　例 11-9 图

(a) Lineweaver-Burke 法的线性拟合;(b) Langmuir 法的线性拟合;(c) Eadie-Hofstee 法的线性拟合

表 11-5　例 11-9 表 2

方　　法	R^2	K_m/(mg/L)	r_{max}/[mg/(L · min)]
Lineweaver-Burke 法	0.999 9	10.1	20.0
Langmuir 法	0.999 9	10.0	19.9
Eadie-Hofstee 法	0.998 6	10.0	19.9

说明:Lineweaver-Burke 法能够直接反映 c_S 和 r 之间的关系,但其主要问题是当 $c_S \to 0$,则 $1/r \to \infty$ 时,使数据误差进一步放大。而 Eadie-Hofstee 法则没有对 r 取倒数而不会放大底物浓度的误差。

2. 细胞反应动力学

细胞的生长、繁殖与代谢是一个复杂的生物化学过程。该过程既包括细胞内外的生化反应,也包括胞内与胞外的物质交换,以及胞外的物质传递。同时,细胞的培养和代谢还是一个复杂的群体的生命活动,通常 1 mL 培养液中含有 $10^4 \sim 10^8$ 个细胞,每个细胞都经历着生长、成熟直至衰亡的过程,同时还伴有退化和变异。因而,定量描述微生物反应过程的速率及其影响因素,就变得更加复杂。为了便于应用,首先要进行合理的简化,在简化的基础上建立过程的物理模型,再据此推出数学模型。

限于篇幅,本节仅简单介绍在以代谢产物为目的产物的微生物反应过程中,生化反应速率及其影响因素,包括细胞的生长、基质的消耗和代谢产物的生成。

1) 反应速率的定义

在一间歇操作的反应器中进行某一细胞反应过程,则可得到细胞浓度(c_X)、基质浓度(c_S)和代谢产物浓度(c_G)等随反应时间的变化曲线,采用绝对速率和比速率两种定义方法描述这种变化。

(1) 绝对速率(简称为速率)。

绝对速率表示单位时间、单位反应体积某一组分的变化量。可用下述表达式来表示在恒温和恒容的情况下组分的生长、消耗和生成的绝对速率值:

细胞生长速率为

$$r_X = \frac{dc_X}{dt} \tag{11.4.8}$$

式中:c_X——细胞的浓度,常用单位体积培养液中所含细胞(或称菌体)的干重表示。

基质的消耗速率为

$$r_S = \frac{-dc_S}{dt} \tag{11.4.9}$$

产物的生成速率为

$$r_G = \frac{dc_G}{dt} \tag{11.4.10}$$

(2) 比速率。

比速率是以单位浓度细胞(或单位质量细胞)表示的各个组分变化速率。

细胞的比生长速率为

$$\mu = \frac{1}{c_X} \cdot \frac{dc_X}{dt} \tag{11.4.11}$$

基质的比消耗速率为

$$q_S = \frac{1}{c_X} \cdot \frac{dc_S}{dt} \tag{11.4.12}$$

产物的比生成速率为

$$q_G = \frac{1}{c_X} \cdot \frac{dc_G}{dt} \tag{11.4.13}$$

式中,c_X、c_S 和 c_G 分别为细胞、限制性基质和产物的浓度。

比速率的大小表示了菌体增长的能力,它受到菌株和各种物理化学环境因素的影响。

2) 细胞生长动力学

现代细胞生长动力学的奠基人 Monod 早在 1942 年就提出,针对确定的菌株,在温度和

pH 等恒定时，细胞比生长速率与限制性基质浓度的关系可用下式表示，即 Monod 方程

$$\mu = \frac{\mu_{max} c_S}{K_S + c_S} \tag{11.4.14}$$

式中：c_S 为限制性基质的浓度，g/L；μ_{max} 为最大比生长速率，h^{-1}；K_S 为饱和系数，g/L，亦称 Monod 常数，其值等于最大比生长速率一半时限制性基质的浓度。虽然它不像米氏常数那样有明确的物理意义，但也是表征某种生长限制性基质与细胞生长速率之间关系的一个常数。

相较于米氏方程由反应机理推导而来，Monod 方程则是根据经验得出的。Monod 方程是典型的均衡生长模型，它基于下述假设建立：

(1) 细胞的生长为均衡型生长，因此可用细胞浓度变化来描述细胞生长；

(2) 培养基中仅有一种底物是细胞生长限制性基质，其余组分均为过量，它们的变化不影响细胞生长；

(3) 将细胞生长视为简单反应，且细胞得率 $Y_{X/S}$ 为一个常数。

根据 Monod 方程，其 μ 与 c_S 的关系如图 11-27 所示。

当 $c_S \ll K_S$ 时，提高限制性基质浓度可以明显提高细胞的生长速率，细胞比生长速率与基质浓度为一级反应动力学关系，即

$$\mu \approx \frac{\mu_{max}}{K_S} c_S \tag{11.4.15}$$

当 $c_S \gg K_S$ 时，继续提高基质浓度，细胞生长速率基本不变，细胞比生长速率与基质浓度无关，呈现零级反应动力学关系，即

$$\mu \approx \mu_{max} \tag{11.4.16}$$

当 c_S 处于上述两种情况之间，则 μ 与 c_S 关系符合 Monod 方程。

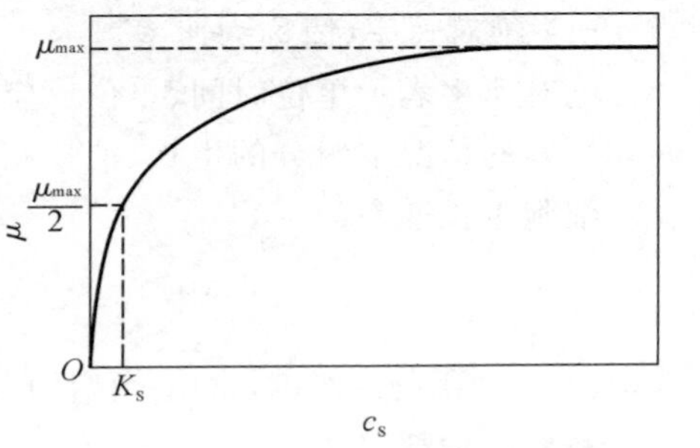

μ_{max}

$\frac{\mu_{max}}{2}$

μ

O

K_S

c_S

图 11-27　细胞比生长速率与限制性底物浓度的关系

结合细胞生长速率表达式（式(11.4.8)）、细胞比生长速率表达式（式(11.4.11)）与 Monod 方程（式(11.4.14)），整理可得

$$r_X = \frac{\mu_{max} c_S}{K_S + c_S} c_X \tag{11.4.17}$$

从 Monod 方程可以看出，只要 $c_S > 0$，则 $\mu > 0$，即微生物就可以生长。但事实上，当基质浓度低于一定值时，观察不到微生物的生长，这种现象是由于维持代谢引起的。也就是说，要维持细胞活性，需要消耗一定的基质；另一方面，在细胞生长的同时，也有一部分活细胞死亡或进行自我分解，从而减小了反应系统的微生物宏观生长率。这种现象称为自呼吸（或内源呼吸）。考虑到上述因素，微生物的生长速率可表示为

$$\mu = \frac{\mu_{max} c_S}{K_S + c_S} - k_d \tag{11.4.18}$$

式中：k_d——自衰系数，h^{-1}，表示单位质量微生物体单位时间内由于内源呼吸而消耗的微生物量。

Monod 方程表述简单，应用范围广泛，是细胞生长动力学最重要的方程之一。但是，该方程仅适用于细胞生长较慢和细胞密度较低的环境，使得细胞生长与基质浓度 c_S 呈简单关系。在基质消耗速率快、细胞浓度高等情况下，又有一些修正的 Monod 方程，使用时可参阅有关文献。

3）基质消耗动力学

基质消耗速率是指在单位体积培养液单位时间内消耗基质的质量，可通过细胞得率系数与细胞生长速率相关联。

如果基质仅用于细胞的生长，定义 $Y_{X/S}$ 为对基质的细胞得率，则单位体积培养液中基质 S 的消耗速率 r_S 可表示为

$$r_S = \frac{1}{Y_{X/S}} r_X = \frac{1}{Y_{X/S}} \mu c_X = \frac{1}{Y_{X/S}} \mu_{max} \frac{c_S}{K_S + c_S} c_X \tag{11.4.19}$$

则基质的比消耗速率 q_S 可表示为

$$q_S = \frac{1}{c_X} r_S = \frac{1}{c_X} \cdot \frac{1}{Y_{X/S}} r_X = \frac{1}{Y_{X/S}} \mu = \frac{1}{Y_{X/S}} \mu_{max} \frac{c_S}{K_S + c_S} \tag{11.4.20}$$

若定义 $q_{S,max} = \frac{1}{Y_{X/S}} \mu_{max}$，则 $q_S = q_{S,max} \frac{c_S}{K_S + c_S}$。$q_{S,max}$ 称为基质最大比消耗速率。

由于能量不仅消耗在细胞的生长上，而且要消耗在维持细胞结构的代谢上，因此，基质消耗速率可表示为

$$r_S = \frac{r_X}{Y^*_{X/S}} + m c_X \tag{11.4.21}$$

则基质的比消耗速率为

$$q_S = \frac{1}{Y^*_{X/S}} \mu + m \tag{11.4.22}$$

式中：$Y^*_{X/S}$——在不维持代谢时基质的细胞得率，即理论得率，亦称最大细胞得率；

m——菌体维持系数，表示单位时间内单位质量菌体为维持其正常生理活动所消耗的基质量。

当产物生成不与或仅仅部分与能量代谢相联系，则用于生成产物的基质或全部或部分以单独物流进入细胞内，产物生成与能量代谢为间接相耦合。基质的消耗主要用于三个方面，即细胞生长和繁殖、维持细胞生命活动以及合成产物，可表示为

$$r_S = \frac{r_X}{Y^*_{X/S}} + m c_X + \frac{r_P}{Y_{P/S}} \tag{11.4.23}$$

又可表示为

$$-\frac{dc_S}{dt} = \frac{1}{Y^*_{X/S}} \mu c_X + m c_X + \frac{1}{Y_{P/S}} q_P c_X \tag{11.4.24}$$

用基质的比消耗速率表示，则上式变为

$$q_S = \frac{1}{Y^*_{X/S}} \mu + m + \frac{1}{Y_{P/S}} q_P \tag{11.4.25}$$

式中：$Y_{P/S}$——对基质的产物得率，即每消耗单位质量基质所生成的产物质量。

4）产物生成动力学

细胞反应生成的代谢产物有醇类、有机酸、抗生素和酶等，涉及范围很广。由于细胞内生物合成途径十分复杂，其代谢调节机制也是各具特点。根据产物生成与细胞生长之间的动态关系，将其分为三种类型，即Ⅰ型、Ⅱ型和Ⅲ型。

（1）Ⅰ型称为生长耦联型产物。该类型特点是产物的生成与细胞的生长直接相关联，它们之间是同步的和完全耦联的，产物的生成与底物的消耗有直接的化学计量关系，如图11-28(a)所示。属于此类型的产物有乙醇、葡萄糖酸和乳酸等。该类型的产物生成动力学方程为

$$r_P = Y_{P/X} r_X = Y_{P/X}(\mu c_X) \tag{11.4.26}$$

$$q_P = Y_{P/X}\mu \tag{11.4.27}$$

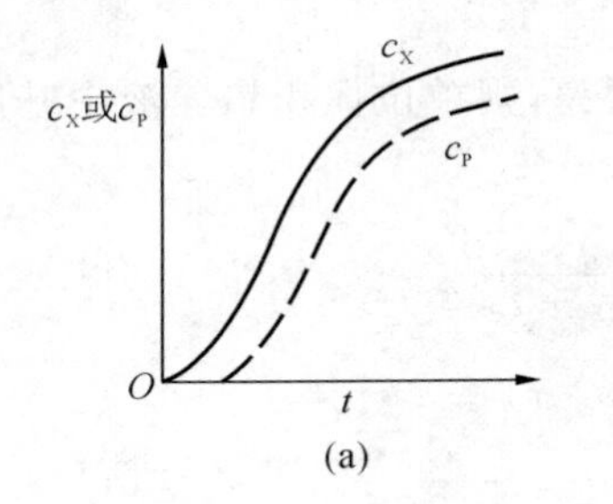

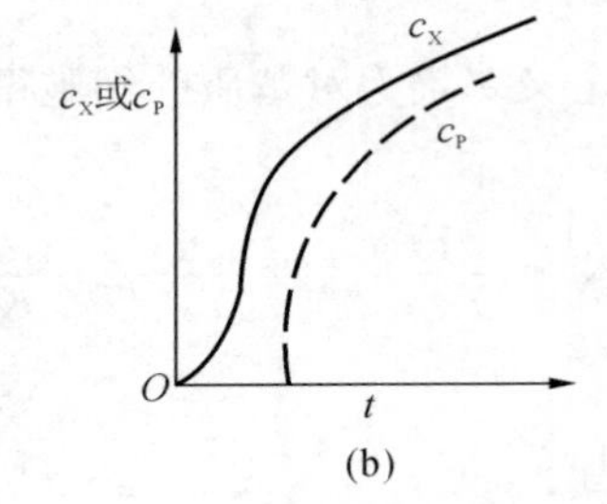

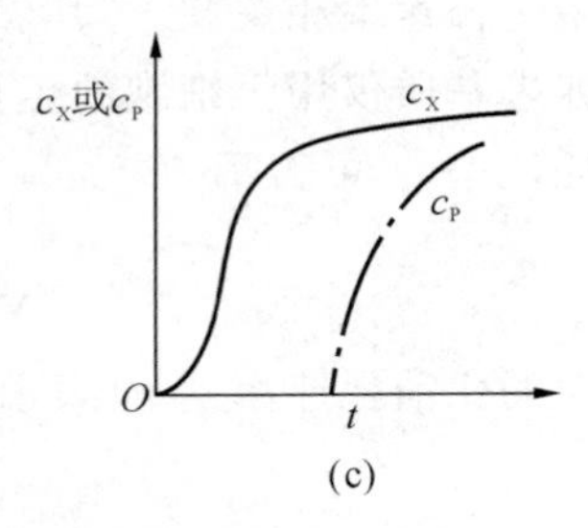

图 11-28　间歇反应器中产物生成和细胞生长的关系

(a) 耦联型;(b) 半耦联型;(c) 非耦联型

(2) Ⅱ型称为生长部分耦联型产物。该类型特点是产物的生成与细胞的生长部分耦联,如图 11-28(b)所示。产物的生成与底物的消耗仅有时间关系,并无直接的化学计量关系,产物生成与细胞生长仅部分耦联,属于中间类型。在细胞生长的前期基本上无产物生成,有产物生成后,产物的生成速率既与细胞生长有关,又与微生物浓度有关。属于此类型的产物有柠檬酸和氨基酸等。该类型产物生成的动力学方程为

$$r_P = \alpha r_X + \beta c_X \tag{11.4.28}$$

$$q_P = \alpha\mu + \beta \tag{11.4.29}$$

式中:α——与细胞生长耦联的产物生成系数;

β——与细胞浓度相关的产物生成系数。

(3) Ⅲ型称为非生长耦联型产物。产物生成与细胞生长无直接联系,其特点是当细胞处于生长阶段时无产物积累,当细胞停止生长后才有大量产物生成,细胞生长和产物生成可以明显区分,该类型产物生成只与细胞的积累量有关,如图 11-28(c)所示。该类型的产物生成动力学方程为

$$r_P = \beta c_X \tag{11.4.30}$$

$$q_P = \beta \tag{11.4.31}$$

11.4.3　微生物反应器的操作与设计

微生物反应器在环境工程领域的应用,不仅体现在异地污染处理,还体现在原位(现场)对污染物进行生物修复。按照所使用的生物催化剂不同,可将其分为酶促反应器和细胞生化反应器。微生物反应器设计计算的基本方程包括物料衡算式、热量衡算式和动量衡算式,完全类似于化学反应器,只是微生物反应动力学方程比一般化学反应动力学方程更加复杂,更加非线性化,所以分析与计算更为复杂。现仅介绍最简单的情况,用以说明微生物反应器的基本设计计算方法。

1. 间歇反应器

1) 酶促反应过程的反应时间

对于单底物无抑制反应,底物浓度随时间的变化关系满足米氏方程

$$-\frac{dc_S}{dt} = \frac{r_{max} c_S}{K_m + c_S} \tag{11.4.32}$$

对该式变形积分,得

$$-\int_{c_{S0}}^{c_S}\left(\frac{K_m}{c_S}+1\right)dc_S = r_{max}\int_0^t dt \tag{11.4.33}$$

$$\frac{1}{t}\ln\frac{c_{S0}}{c_S} = \frac{r_{max}}{K_m} - \frac{c_{S0}-c_S}{K_m t} \tag{11.4.34}$$

式(11.4.34)为酶促反应器的速率积分方程。以$(1/t)\ln(c_{S0}/c_S)$对$(c_{S0}-c_S)/t$作图，得到一直线，其斜率为$-1/K_m$，截距为r_{max}/K_m。定义底物转化率为x，则$c_S=c_{S0}(1-x)$，可以得到

$$\frac{1}{t}\ln\frac{1}{1-x} = \frac{r_{max}}{K_m} - \frac{c_{S0}x}{K_m t} \tag{11.4.35}$$

上述方程可以用于计算间歇反应器中达到一定转化率时所需的时间。

例 11-10　Meikle 等人采用间歇反应器通过改变底物初始浓度对土壤中的农药进行了一系列生物降解实验，降解时间均为 423 d，实验数据如表 11-6 所示。试确定米氏方程的参数。

表 11-6　例 11-10 表

c_{S0}/(mg/L)	c_S/(mg/L)	$(c_{S0}-c_S)/t$ (t=423 d)	$(1/t)\ln(c_{S0}/c_S)$
3.2	1.56	0.003 877	0.001 698
3.2	1.76	0.003 404	0.001 413
1.6	0.51	0.002 577	0.002 703
1.6	0.69	0.002 151	0.001 988
0.8	0.24	0.001 324	0.002 846
0.8	0.21	0.001 395	0.003 162
0.4	0.12	0.000 662	0.002 846
0.4	0.094	0.000 723	0.003 424
0.2	0.029	0.000 404	0.004 565
0.2	0.026	0.000 411	0.004 823
0.1	0.01	0.000 213	0.005 443
0.1	0.013	0.000 206	0.004 823
0.05	0.007	0.000 102	0.004 648
0.05	0.005	0.000 106	0.005 443

解　根据表 11-6 数据，以$(1/t)\ln(c_{S0}/c_S)$对$(c_{S0}-c_S)/t$作图，如图 11-29 所示。由图 11-29 可知，$K_m=-1/$斜率$=1.03$ mg/L，$r_{max}/K_m=r_{max}/1.03=0.004\ 77$，因此可计算出$r_{max}=0.004\ 9$ mg/(L·d)。

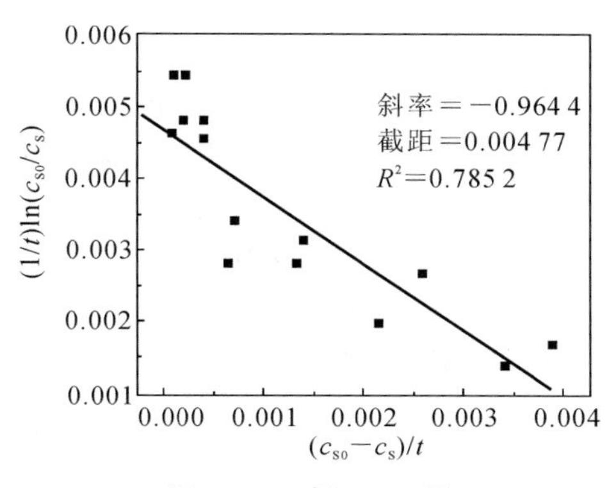

图 11-29　例 11-10 图

2) 细胞反应过程的反应时间

若微生物菌体生长仅需一种限制性基质，且符合 Monod 方程，基质的消耗全部用于菌体生长，其他消耗可忽略不计，则菌体的生长速率为

$$r_X = \frac{dc_X}{dt} = \frac{\mu_{max}c_S}{K_S+c_S}c_X \tag{11.4.36}$$

由于基质消耗速率与菌体生长速率间的关系为

$$-\frac{\mathrm{d}c_{\mathrm{S}}}{\mathrm{d}t}=\frac{1}{Y_{\mathrm{X/S}}}\cdot\frac{\mathrm{d}c_{\mathrm{X}}}{\mathrm{d}t} \tag{11.4.37}$$

假设所有底物均消耗于细胞合成，且 $Y_{\mathrm{X/S}}$ 为一常数，当 $t=0$ 时，$c_{\mathrm{X}}=c_{\mathrm{X0}}$，$c_{\mathrm{S}}=c_{\mathrm{S0}}$，则

$$c_{\mathrm{S}}=c_{\mathrm{S0}}-(c_{\mathrm{X}}-c_{\mathrm{X0}})/Y_{\mathrm{X/S}} \tag{11.4.38}$$

将式(11.4.38)代入式(11.4.36)，得

$$\frac{\mathrm{d}c_{\mathrm{X}}}{\mathrm{d}t}=\frac{\mu_{\max}c_{\mathrm{X}}[c_{\mathrm{S0}}-(c_{\mathrm{X}}-c_{\mathrm{X0}})/Y_{\mathrm{X/S}}]}{K_{\mathrm{S}}+c_{\mathrm{S0}}-(c_{\mathrm{X}}-c_{\mathrm{X0}})/Y_{\mathrm{X/S}}} \tag{11.4.39}$$

对上述方程进行积分，得

$$\left(c_{\mathrm{S0}}+\frac{c_{\mathrm{X0}}}{Y_{\mathrm{X/S}}}\right)\mu_{\max}t=\left(K_{\mathrm{S}}+c_{\mathrm{S0}}+\frac{c_{\mathrm{X0}}}{Y_{\mathrm{X/S}}}\right)\ln\frac{c_{\mathrm{X}}}{c_{\mathrm{X0}}}-K_{\mathrm{S}}\ln\frac{c_{\mathrm{S0}}-(c_{\mathrm{X}}-c_{\mathrm{X0}})/Y_{\mathrm{X/S}}}{c_{\mathrm{S0}}} \tag{11.4.40}$$

该式直接表达了菌体浓度与发酵时间的关系。底物浓度与反应时间的关系可通过联立式(11.4.38)和式(11.4.40)得到。

例 11-11　某间歇反应动力学符合 Monod 方程，动力学参数：$\mu_{\max}=0.85\ \mathrm{h^{-1}}$，$K_{\mathrm{S}}=1.23\times10^{-2}\ \mathrm{g/L}$，$Y_{\mathrm{X/S}}=0.53$。反应开始时，即 $t=0$ 时，$c_{\mathrm{X0}}=0.1\ \mathrm{g/L}$，$c_{\mathrm{S0}}=50\ \mathrm{g/L}$。若不考虑迟滞期，求培养至 6 h 的细胞浓度。

解　将已知数据代入式(11.4.40)，得

$$(50+0.1/0.53)\times0.85\times6=(1.23\times10^{-2}+50+0.1/0.53)\ln\frac{c_{\mathrm{X}}}{0.1}-1.23\times10^{-2}\ln\frac{50-(c_{\mathrm{X}}-0.1)/0.53}{50}$$

求得培养至 6 h 的细胞浓度 $c_{\mathrm{X}}=16.38\ \mathrm{g/L}$。

2. 全混流反应器

全混流反应器已经广泛用于活性污泥法等污水处理工艺中。如图 11-30 所示，底物(或营养物)以一定速率添加到反应器中，并保持其操作参数如 pH、溶解氧以及温度等均达到最佳。

在全混流反应器中，假设进料中不含菌体，则达到稳态操作时，在反应器中菌体的生长速率等于菌体流出速率，即

$$q_{V0}c_{\mathrm{X}}=r_{\mathrm{X}}V=\mu c_{\mathrm{X}}V \tag{11.4.41}$$

进料流量与培养液体积之比称为稀释率，即 $D=q_{V0}/V$，将其代入式(11.4.41)得

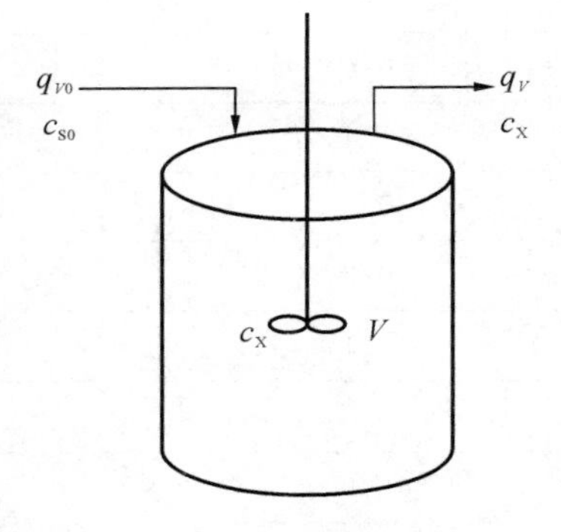

图 11-30　全混流反应器(CSTR)

$$\mu=D \tag{11.4.42}$$

D 表示了反应器内物料被“稀释”的程度，量纲为[时间]$^{-1}$。

由式(11.4.42)可知，在全混流反应器中进行细胞培养时，当达到稳态操作后，细胞的比生长速率与反应器的稀释率相等。这是全混流反应器中进行细胞培养时的重要特性。可以利用该特性，通过控制培养基的进料速率，来改变稳态操作下的细胞比生长速率。因此，全混流反应器用于细胞培养时也称恒化器。利用恒化器可较方便地研究细胞生长特性。

1) Monod 动力学的 CSTR 操作特性

在全混流反应器中，限制性基质浓度和菌体浓度均与稀释率有关。对于菌体生长符合 Monod 方程的情况，由于

$$D=\mu=\frac{\mu_{\max}c_{\mathrm{S}}}{K_{\mathrm{S}}+c_{\mathrm{S}}} \tag{11.4.43}$$

所以，反应器中限制性基质浓度与稀释率的关系为

$$c_S = \frac{K_S D}{\mu_{max} - D} \tag{11.4.44}$$

假设限制性基质仅用于细胞生长，则在稳态操作时，有

$$q_{V0}(c_{S0} - c_S) = r_S V \tag{11.4.45}$$

而

$$r_S = \frac{r_X}{Y_{X/S}} = \frac{\mu c_X}{Y_{X/S}} \tag{11.4.46}$$

将式(11.4.45)代入，并结合式(11.4.41)，得到反应器中细胞浓度

$$c_X = Y_{X/S}(c_{S0} - c_S) \tag{11.4.47}$$

将式(11.4.43)代入，得细胞浓度与稀释率的关系，即

$$D(c_{S0} - c_S) = \frac{\mu_{max} c_S c_X}{Y_{X/S}(K_S + c_S)} \tag{11.4.48}$$

可变形为

$$\frac{c_X}{D(c_{S0} - c_S)} = \frac{K_S Y_{X/S}}{\mu_{max}} \cdot \frac{1}{c_S} + \frac{Y_{X/S}}{\mu_{max}} \tag{11.4.49}$$

由式(11.4.44)可知，随着 D 的增大，反应器中 c_S 亦增大，$c_S = c_{S0}$ 时的稀释率为临界稀释率(D_c)，即

$$D_c = \mu_c = \frac{\mu_{max} c_{S0}}{K_S + c_{S0}} \tag{11.4.50}$$

反应器的稀释率必须小于临界稀释率。一旦 $D > D_c$，反应器中细胞浓度会不断降低，最后细胞从反应器中被“洗出”，这显然是不允许的。

细胞的产率 G_X 亦为细胞的生长速率，即

$$G_X = r_X = \mu c_X = D c_X = D Y_{X/S}\left(c_{S0} - \frac{K_S D}{\mu_{max} - D}\right) \tag{11.4.51}$$

在全混流反应器中，产物生成速率与稀释率的关系式应根据产物生成的类型，结合动力学方程对反应器作物料衡算得到。

2）考虑维持代谢的 CSTR 操作特性

对于细胞生长反应，当其比生长速率较大时，维持代谢相对细胞生长则可以忽略。但当比生长速率较小时，则维持代谢对细胞生长的动力学特性就会有显著的影响。若考虑维持代谢中 CSTR 为稳态操作，则细胞的质量平衡方程不变，仍存在 $\mu = D$，$Y_{X/S}$ 为常数。对于该过程的质量守恒，考虑菌体的生长、流出以及维持代谢，有

$$D = \mu = \frac{\mu_{max} c_S}{K_S + c_S} - k_d \tag{11.4.52}$$

将式(11.4.48)变形，得

$$\frac{\mu_{max} c_S}{K_S + c_S} = Y_{X/S} D \frac{c_{S0} - c_S}{c_X} \tag{11.4.53}$$

再结合式(11.4.52)，可得

$$\frac{c_{S0} - c_S}{c_X} = \frac{k_d}{Y_{X/S} D} + \frac{1}{Y_{X/S}} \tag{11.4.54}$$

以$(c_{S0} - c_S)/c_X$ 对 $1/D$ 作图，可得一直线，斜率为 $k_d/Y_{X/S}$，截距为 $1/Y_{X/S}$，从而可确定反应器动力学参数。

例 11-12 一全混流发酵罐中反应达到稳态，稀释率如表 11-7 所示。底物反应初始浓度为 700 mg/L。根据表 11-7 的实验数据计算 Monod 方程常数 μ_{max}和 K_S、细胞得率 $Y_{X/S}$以及自衰系数 k_d。

表 11-7 例 11-12 表 1

D/h^{-1}	$c_S/(mg/L)$	$c_X/(mg/L)$
0.30	45	326
0.25	41	328
0.20	16	340
0.12	8	342
0.08	3.8	344

解 根据式(11.4.49)和式(11.4.54)对实验数据进行处理，结果如表 11-8 所示。

表 11-8 例 11-12 表 2

D	c_S	c_X	$1/D$	$(c_{S0}-c_S)/c_X$	$1/c_S$	$c_X/[D(c_{S0}-c_S)]$
0.30	45	326	3.33	2.009 2	0.022 2	1.659
0.25	41	328	4.00	2.009 1	0.024 4	1.991
0.20	16	340	5.00	2.011 8	0.062 5	2.485
0.12	8	342	8.33	2.023 4	0.125 0	4.118
0.08	3.8	344	12.50	2.023 8	0.263 2	6.176

分别以$(c_{S0}-c_S)/c_X$ 对 $1/D$、$c_X/[D(c_{S0}-c_S)]$对 $1/c_S$ 作图，如图 11-31 所示。

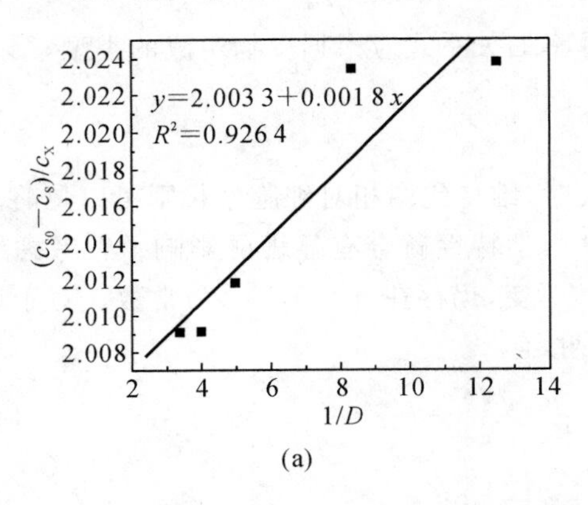

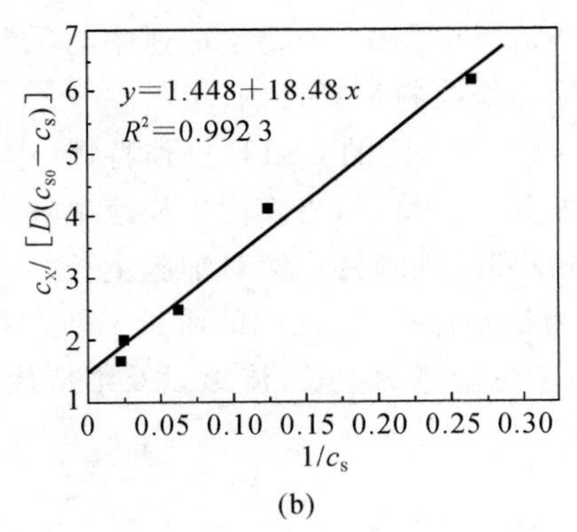

图 11-31 例 11-12 图

(a) $(c_{S0}-c_S)/c_X$ 对 $1/D$ 关系图；(b) $c_X/[D(c_{S0}-c_S)]$对 $1/c_S$ 关系图

图 11-31(a)中，截距$=1/Y_{X/S}=2.003\ 3$，即 $Y_{X/S}=0.50$。

斜率$=k_d/Y_{X/S}=0.001\ 8$，则

$$k_d=0.001\ 8/2.003\ 3=0.000\ 9(h^{-1})$$

图 11-31(b)中，截距$=Y_{X/S}/\mu_{max}=1.448$。

$$\mu_{max}=0.50/1.448=0.34(h^{-1})$$

$$斜率 = K_S Y_{X/S}/\mu_{max} = 1.448K_S = 18.48$$

则
$$K_S = 18.48/1.448 = 12.8(mg/L)$$

思考与练习

11-1　因为臭氧具有很强的活性，能杀死水中的病原微生物，因此可被用作饮用水的消毒剂。而且人们发现臭氧在水中的反应接近一级反应，如臭氧浓度降低一半需耗时 12 min，即 $t_{1/2}=12$ min。供水商打算将臭氧注入管道使其进入水处理设备中对输入水进行预消毒。管道直径为 0.91 m，长 1 036 m，稳定流速为 37.85 m^3/min。假设管道内流体流动为理想活塞流，为了使从管道进入设备的臭氧浓度为 1.0 mg/L，求注入管道入口处的臭氧浓度。

11-2　实验室用一容积为 5 L 的全混流反应器做实验，反应器内的化学反应计量关系为 A ⟶2B，且反应物 A 的初始浓度为 1 mol/L，实验测得的结果如表 11-9 所示。

表 11-9　习题 11-2 表

序号	输入流速/(mL/s)	温度/℃	c_B/(mol/L)
1	2	13	1.8
2	15	13	1.5
3	15	84	1.8

通过计算说明该反应的反应速率表达式。

11-3　在间歇反应器内的酶促反应速率方程如下：

$$r = \frac{kc_S}{K + c_S}$$

式中：k——最大反应速率，mg/(L·min)；

c_S——底物浓度，mg/L；

K——常数，mg/L。

试用该公式推导反应器内的底物随时间降解的浓度关系；如果 $k=40$ mg/(L·min)，$K=100$ mg/L，计算出底物浓度由 1 000 mg/L 降低到100 mg/L的时间。

11-4　用 50 mL 的培养液培养大肠杆菌，大肠杆菌细胞的初期总数为 8×10^5 个，培养开始后即进入对数生长期。在 284 min 后达到稳定期(细胞浓度为 3×10^9 个/mL)，试求大肠杆菌的细胞比生长速率。

11-5　一连续流搅拌槽被用于污水处理。假设在反应器内的反应速率方程为 $r=kc$ 的一级不可逆反应，且反应速率常数为 0.15 d，若反应器的容积为 20 m^3，要使污染物的去除率达到 98%，则该反应器的流速应为多大？若要使污染物的去除率达到 92%，则该反应器的流速又应为多大？

11-6　两湖相连，第一个湖的入口处 UBOD(完全生化需氧量)浓度为 20 mg/L，如果 BOD 的去除是一级反应，且反应速率常数为 0.35 d^{-1}。假设两湖内的物质完全混合，湖内流速为4 000 m^3/d，两湖的容积分别为 20 000 m^3 和 12 000 m^3，求每个湖出口处的 UBOD 浓度。

11-7　一个废水处理厂的出水排放到附近的河流之前必须进行消毒。废水含有 4.5×10^5 粪大肠杆菌群落形成单位(CFU)/L。粪大肠杆菌的最大允许排放浓度是 2 000 CFU/L。

有人提议用一根管道来进行废水消毒。如果管道中废水的线速度是0.75 m/s，确定需要的管道长度。假设管道是一个稳态的活塞流系统，粪大肠杆菌消失的反应速率常数是0.23 min^{-1}。

11-8　一个完全混合的污水塘(浅池塘)接收来自下水管道的污水，污水量为430 m^3/d。污水塘表面积为100 000 m^2，深度为1 m。排入水塘的未处理的污水中，污染物浓度为180 mg/L。污水中的有机物按照一级反应动力学进行生物降解。反应速率常数为0.70 d^{-1}。假设没有其他水分的得失(蒸发、渗流或降水)，并且水塘是完全混合的，试确定水塘出水中污染物的浓度。

11-9　在进入一个地下设施的拱顶进行维修之前，工作人员分析了拱顶内的空气，发现含有29 mg/L的硫化氢。因为允许的暴露水平是14 mg/L，工作人员开始用一个鼓风机给拱顶鼓风。如果拱顶的体积为160 L，不含污染物的气体流量为10 L/min，则需要多长时间才能使硫化氢的浓度降低到允许工作人员进入的水平？假设拱顶是一个CSTR，并在考虑的时间内硫化氢不发生反应。

11-10　某污染物在流量为29 m^3/min、体积为580 m^3的CSTR中进行降解，反应遵从一级反应动力学方程。该污染物的进口浓度为10 mg/L，出口浓度为2 mg/L。试求该污染物的降解速率及反应速率常数。

附　　录

附录 A　常用单位的换算

1. 长度

单位	米(m)	厘米(cm)	毫米(mm)	埃(Å)	英里(mile)	英尺(ft)	英寸(in)
米(m)	—	100	1 000	10^{10}	6.214×10^{-4}	3.281	39.369
厘米(cm)	0.01	—	10	10^{8}	6.214×10^{-6}	3.281×10^{-2}	0.394
毫米(mm)	0.001	0.1	—	10^{7}	6.214×10^{-7}	3.281×10^{-3}	0.039 4
埃(Å)	10^{-10}	10^{-8}	10^{-7}	—	6.214×10^{-14}	3.281×10^{-10}	3.937×10^{-9}
英里(mile)	1 609.344	1.609×10^{5}	1.609×10^{6}	1.609×10^{13}	—	5 280	63 358.264
英尺(ft)	0.304 8	30.48	304.8	3.048×10^{9}	1.894×10^{-4}	—	12
英寸 (in)	0.025 4	2.54	25.4	2.54×10^{8}	1.578×10^{-5}	8.334×10^{-2}	—

2. 质量

单位	吨 (t)	千克 (kg)	英吨 (UK ton)	磅 (lb)	盎司 (oz)
吨 (t)	—	1 000	0.984 2	2 205	3.527×10^{4}
千克 (kg)	0.001	—	9.842×10^{-4}	2.205	35.27
英吨 (UK ton)	1.016 1	1 016.1	—	2 240.5	3.584×10^{4}
磅 (lb)	4.535×10^{-4}	0.454	4.463×10^{-4}	—	15.995
盎司 (oz)	2.835×10^{-5}	0.028 35	2.79×10^{-5}	6.251×10^{-2}	—

3. 力

单位	牛顿 (N)	千克力 (kgf)	磅力 (lbf)	达因 (dyn)
牛顿 (N)	—	0.102	0.225	10^{5}
千克力 (kgf)	9.81	—	2.21	9.8×10^{5}
磅力 (lbf)	4.45	0.453 6	—	4.45×10^{5}
达因 (dyn)	10^{-5}	1.02×10^{-6}	2.25×10^{-6}	—

4. 压力

单位	牛顿/米^2(帕斯卡)(N/m^2,Pa)	巴(bar)	标准大气压(atm)	毫米水柱(4 ℃)(mmH_2O)	毫米水银柱(0 ℃)(mmHg)	磅/英寸^2(lb/in^2,psi)
牛顿/米^2(帕斯卡)(N/m^2,Pa)	—	1×10^{-5}	$9.869\ 23\times10^{-6}$	0.101 972	$7.500\ 62\times10^{-3}$	145.038×10^{-6}
巴(bar)	1×10^5	—	0.986 923	$10.197\ 2\times10^3$	750.061	14.503 8
标准大气压(atm)	$1.013\ 25\times10^5$	1.013 25	—	$10.332\ 3\times10^3$	760	14.695 9
毫米水柱(4 ℃)(mmH_2O)	0.101 972	$9.806\ 65\times10^{-5}$	$9.678\ 41\times10^{-5}$	—	$73.555\ 9\times10^{-3}$	$1.422\ 33\times10^{-3}$
毫米水银柱(0 ℃)(mmHg)	133.322	0.001 333 22	0.001 315 79	13.595 1	—	0.019 336 8
磅/英寸^2(lb/in^2,psi)	$6.894\ 76\times10^3$	0.068 947 6	0.068 046 2	703.072	51.715 1	—

5. 密度

单位	千克/米^3(kg/m^3)	磅/英尺^3(lb/ft^3)	磅/英寸^3(lb/in^3)	磅/美加仑(lb/gal)	磅/英加仑(lb/gal)
千克/米^3(kg/m^3)	—	0.062 4	3.6×10^{-5}	8.3×10^{-3}	0.01
磅/英尺^3(lb/ft^3)	16.02	—	5.8×10^{-3}	0.132	16.18
磅/英寸^3(lb/in^3)	27 679.9	1 727.22	—	226.42	276.8
磅/美加仑 (lb/gal)	119.826	7.48	0.043	—	1.2
磅/英加仑 (lb/gal)	99.776	6.23	0.036	0.83	—

6. 运动黏度

单位	米^2/秒(m^2/s)	厘米^2/秒(cm^2/s)	英尺^2/秒(ft^2/s)
米^2/秒(m^2/s)	—	1×10^4	10.76
厘米^2/秒(cm^2/s)	10^{-4}	—	1.076×10^{-3}
英尺^2/秒(ft^2/s)	9.29×10^{-2}	929	—

注:cm^2/s 又称斯托克斯,简称拖,以 St 表示。拖的 1% 为厘拖,以 cSt 表示。

7. 温度

温度形式	K (绝对温度)	℃ (摄氏)	°F (华氏)
K (绝对温度)	—	℃+273.15	5/9(°F+459.67)
℃ (摄氏)	K−273.15	—	5/9(°F−32)
°F (华氏)	9/5(K−459.67)	9/5(℃+32)	—

附录B　水的物理性质

温度/℃	饱和蒸汽压/(100 kPa)	密度/(kg/m³)	焓/(kJ/kg)	比热容/[kJ/(kg·K)]	热导率/[W/(m·K)]	黏度/(mPa·s)	运动黏度/(10^{-5} m²/s)	体积膨胀系数/(10^{-3}℃$^{-1}$)	表面张力/(mN/m)	普朗特数
0	0.006 082	999.9	0	4.212	0.551	1.789	0.178 9	−0.063	75.6	13.67
10	0.012 26	999.7	42.04	4.191	0.575	1.305	0.130 6	0.070	74.1	9.52
20	0.023 35	998.2	83.90	4.183	0.599	1.005	0.100 6	0.182	72.7	7.02
30	0.042 47	995.7	125.8	4.174	0.618	0.801	0.080 5	0.321	71.2	5.42
40	0.073 77	992.2	167.5	4.174	0.634	0.653	0.065 9	0.387	69.6	4.31
50	0.123 4	988.1	209.3	4.174	0.648	0.549	0.055 6	0.449	67.7	3.54
60	0.199 2	983.2	251.1	4.178	0.659	0.469	0.047 8	0.511	66.2	2.98
70	0.311 6	977.8	293.0	4.187	0.668	0.406	0.041 5	0.570	64.3	2.55
80	0.473 7	971.8	334.9	4.195	0.675	0.355	0.036 5	0.632	62.6	2.21
90	0.701 4	965.3	377.0	4.208	0.680	0.315	0.032 6	0.695	60.7	1.95
100	1.013	958.4	419.1	4.220	0.683	0.283	0.029 5	0.752	58.8	1.75
110	1.433	951.0	461.3	4.233	0.685	0.259	0.027 2	0.808	56.9	1.61
120	1.986	943.1	503.7	4.250	0.686	0.237	0.025 2	0.864	54.8	1.47
130	2.702	934.8	546.4	4.266	0.686	0.218	0.023 3	0.919	52.8	1.36
140	3.624	926.1	589.1	4.287	0.685	0.201	0.021 7	0.972	50.7	1.26
150	4.761	917.0	632.2	4.312	0.684	0.186	0.020 3	1.03	48.6	1.17
160	6.481	907.4	675.3	4.346	0.683	0.173	0.019 1	1.07	46.6	1.11
170	7.924	897.3	719.3	4.386	0.679	0.163	0.018 1	1.13	45.3	1.05
180	10.03	886.9	763.3	4.417	0.675	0.153	0.017 3	1.19	42.3	1.00
190	12.55	876.0	807.6	4.459	0.670	0.144	0.016 5	1.26	40.0	0.96
200	15.54	863.0	852.4	4.505	0.663	0.136	0.015 8	1.33	37.7	0.93
210	19.07	852.8	897.6	4.555	0.655	0.130	0.015 3	1.41	35.4	0.91
220	23.21	840.3	943.7	4.614	0.645	0.124	0.014 8	1.48	33.1	0.89
230	27.98	827.3	990.2	4.681	0.637	0.120	0.014 5	1.59	31.0	0.88
240	33.47	813.6	1 038	4.756	0.628	0.115	0.014 1	1.68	28.5	0.87
250	39.77	799.0	1 086	4.844	0.618	0.110	0.013 7	1.81	26.2	0.86
260	46.93	784.0	1 135	4.949	0.604	0.106	0.013 5	1.97	23.8	0.87
270	55.03	767.9	1 185	5.070	0.600	0.102	0.013 3	2.16	21.5	0.88
280	64.16	750.7	1 237	5.229	0.575	0.098	0.013 1	2.37	19.1	0.89
290	74.42	732.3	1 290	5.485	0.558	0.094	0.012 9	2.62	16.9	0.93

续表

温度/℃	饱和蒸汽压/(100 kPa)	密度/(kg/m³)	焓/(kJ/kg)	比热容/[kJ/(kg·K)]	热导率/[W/(m·K)]	黏度/(mPa·s)	运动黏度/(10⁻⁵ m²/s)	体积膨胀系数/(10⁻³℃⁻¹)	表面张力/(mN/m)	普朗特数
300	85.81	712.5	1 345	5.736	0.540	0.091	0.012 8	2.92	14.4	0.97
310	98.76	691.1	1 402	6.071	0.523	0.088	0.012 8	3.29	12.1	1.03
320	113	667.1	1 462	6.573	0.506	0.085	0.012 8	3.82	9.81	1.11
330	128.7	640.2	1 526	7.243	0.487	0.081	0.012 7	4.33	7.67	1.22
340	146.1	610.1	1 595	8.164	0.457	0.077	0.012 7	5.34	5.67	1.39
350	165.3	574.4	1 671	9.504	0.430	0.073	0.012 6	6.68	3.81	1.60
360	189.6	528.0	1 761	13.98	0.395	0.067	0.012 6	10.9	2.02	2.35
370	210.4	450.5	1 892	40.32	0.337	0.057	0.012 6	26.4	0.47	6.79

附录C　干空气的物理性质

温度/℃	密度/(kg/m³)	定压比热容/[kJ/(kg·K)]	热导率/[W/(m·K)]	黏度/(mPa·s)	普朗特数
−50	1.584	1.013	2.035	1.46	0.728
−40	1.515	1.013	2.117	1.52	0.728
−30	1.453	1.013	2.198	1.57	0.723
−20	1.395	1.009	2.279	1.62	0.716
−10	1.342	1.009	2.360	1.67	0.712
0	1.293	1.009	2.442	1.72	0.707
10	1.247	1.009	2.515	1.77	0.705
20	1.205	1.013	2.593	1.81	0.703
30	1.465	1.013	2.675	1.86	0.701
40	1.128	1.013	2.756	1.91	0.699
50	1.093	1.017	2.826	1.96	0.698
60	1.060	1.017	2.896	2.01	0.696
70	1.029	1.017	2.966	2.06	0.694
80	1.000	1.022	3.047	2.11	0.692
90	0.972	1.022	3.128	2.15	0.690
100	0.946	1.022	3.210	2.19	0.688
120	0.898	1.016	3.338	2.29	0.686
140	0.854	1.016	3.489	2.37	0.684
160	0.815	1.016	3.640	2.45	0.682
180	0.779	1.034	3.780	2.53	0.681
200	0.746	1.034	3.931	2.60	0.680
250	0.674	1.043	4.268	2.74	0.677
300	0.615	1.047	4.605	2.97	0.674
350	0.566	1.055	4.908	3.14	0.676
400	0.524	1.068	5.210	3.31	0.678
500	0.456	1.072	5.745	3.62	0.687
600	0.404	1.089	6.222	3.91	0.699
700	0.362	1.102	6.711	4.18	0.706
800	0.329	1.114	7.176	4.43	0.713
900	0.301	1.127	7.630	4.67	0.717
1 000	0.277	1.139	8.071	4.90	0.719
1 100	0.257	1.152	8.502	5.12	0.722
1 200	0.239	1.164	9.153	5.35	0.724

附录D　饱和水蒸气的物理性质

1. 按温度排列

温度 /℃	绝压 /kPa	密度 /(kg/m³)	焓(液体) /(kJ/kg)	焓(气体) /(kJ/kg)	汽化热 /(kJ/kg)
0	0.608 2	0.004 84	0	2 491.3	2 491.3
5	0.873 0	0.006 80	20.96	2 500.9	2 480.0
10	1.226 2	0.009 40	41.87	2 510.5	2 468.6
15	1.706 8	0.012 83	62.81	2 520.6	2 457.8
20	2.334 6	0.017 19	83.74	2 530.1	2 446.3
25	3.168 4	0.023 04	104.68	2 538.6	2 433.9
30	4.247 4	0.030 36	125.60	2 549.5	2 423.7
35	5.620 7	0.039 60	146.55	2 559.1	2 412.6
40	7.376 6	0.051 14	167.47	2 568.7	2 401.1
45	9.583 7	0.065 43	188.42	2 577.9	2 389.5
50	12.340	0.083 0	209.34	2 587.6	2 378.1
55	15.744	0.104 3	230.29	2 596.8	2 366.5
60	19.923	0.130 1	251.21	2 606.3	2 355.1
65	25.014	0.161 1	272.16	2 615.6	2 343.4
70	31.164	0.197 9	293.08	2 624.4	2 331.2
75	38.551	0.241 6	314.03	2 629.7	2 315.7
80	47.379	0.292 9	334.94	2 642.4	2 307.3
85	57.875	0.353 1	355.90	2 651.2	2 295.3
90	70.136	0.422 9	376.81	2 660.0	2 283.1
95	84.556	0.503 9	397.77	2 668.8	2 270.9
100	101.33	0.597 0	418.68	2 677.2	2 258.4
105	120.85	0.703 6	439.64	2 685.1	2 245.5
110	143.31	0.825 4	460.97	2 693.5	2 232.4
115	169.11	0.963 5	481.51	2 701.5	2 219.0
120	198.64	1.120	503.67	2 708.9	2 205.2
125	232.19	1.296	523.38	2 716.5	2 193.1
130	270.25	1.494	546.38	2 723.9	2 177.6

续表

温度/℃	绝压/kPa	密度/(kg/m^3)	焓(液体)/(kJ/kg)	焓(气体)/(kJ/kg)	汽化热/(kJ/kg)
135	313.11	1.715	565.25	2 731.2	2 163.3
140	361.47	1.962	589.08	2 737.8	2 148.7
145	415.72	2.238	607.12	2 744.6	2 137.5
150	476.24	2.543	632.21	2 750.7	2 218.5
160	618.28	3.252	675.75	2 762.9	2 087.1
170	792.59	4.113	719.29	2 773.3	2 054.0
180	1 003.5	5.145	763.25	2 782.6	2 019.3
190	1 255.6	6.378	807.63	2 790.1	1 982.5
200	1 554.8	7.840	852.01	2 795.5	1 943.5
210	1 917.7	9.567	897.23	2 799.3	1 902.1
220	2 320.9	11.60	942.45	2 801.0	1 858.5
230	2 798.6	13.98	988.50	2 800.1	1 811.6
240	3 347.9	16.76	1 034.56	2 796.8	1 762.2
250	3 977.7	20.01	1 081.45	2 790.1	1 708.6
260	4 693.7	23.82	1 128.76	2 780.9	1 652.1
270	5 504.0	28.27	1 176.91	2 760.3	1 591.4
280	6 417.2	33.47	1 225.48	2 752.0	1 562.5
290	7 443.3	39.60	1 227.46	2 732.3	1 457.8
300	8 592.9	46.93	1 325.54	2 708.0	1 382.5
310	9 878.0	55.59	1 378.75	2 680.0	1 301.3
320	11 300	65.95	1 436.07	2 648.2	1 212.1
330	12 880	78.53	1 446.78	2 610.5	1 113.7
340	14 616	93.98	1 562.93	2 568.6	1 055.7
350	16 538	113.2	1 636.20	2 516.7	880.5
360	18 667	139.6	1 729.15	2 442.6	713.4
370	21 041	171.0	1 888.25	2 301.9	411.1
374	22 071	322.6	2 098.00	2 098.0	0

2. 按压力排列

绝压/kPa	温度/℃	密度/(kg/m³)	焓(液体)/(kJ/kg)	焓(气体)/(kJ/ kg)	汽化热/(kJ/kg)
1	6.3	0.007 73	26.48	2 503.1	2 476.8
1.5	12.5	0.011 33	52.26	2 515.3	2 463
2	17.0	0.014 68	71.21	2 524.2	2 452.9
2.5	20.9	0.018 36	87.45	2 531.8	2 444.3
3	23.5	0.021 79	98.38	2 536.8	2 438.4
3.5	26.1	0.025 23	109.3	2 541.8	2 432.5
4	28.7	0.028 67	120.23	2 546.8	2 426.6
4.5	30.8	0.032 05	129	2 550.9	2 421.9
5	32.4	0.035 37	135.69	2 554	2 418.3
6	35.6	0.042	149.06	2 560.1	2 411
7	38.8	0.048 64	162.44	2 566.3	2 403.8
8	41.3	0.055 14	172.73	2 571	2 398.2
9	43.3	0.061 56	181.16	2 574.8	2 393.6
10	45.3	0.067 98	189.59	2 578.5	2 388.9
15	53.5	0.099 56	224.03	2 594	2 370
20	60.1	0.130 68	251.51	2 606.4	2 354.9
30	66.5	0.190 93	287.77	2 622.4	2 333.7
40	75.0	0.249 75	315.93	2 634.1	2 312.2
50	81.2	0.397 99	339.8	2 644.3	2 304.5
60	85.6	0.365 14	358.21	2 652.1	2 293.90
70	89.9	0.422 29	376.61	2 659.8	2 283.2
80	93.2	0.478 07	390.08	2 665.3	2 275.3
90	96.4	0.533 84	403.49	2 670.8	2 267.4
100	99.6	0.589 61	416.9	2 676.3	2 259.5
120	104.5	0.698 68	437.51	2 684.3	2 246.8
140	109.2	0.807 58	457.67	2 692.1	2 234.4
160	113.0	0.829 81	473.88	2 698.1	2 224.2
180	116.6	1.020 9	489.32	2 703.7	2 214.3
200	120.2	1.127 9	493.71	2 709.2	2 204.6
250	127.2	1.390 4	534.39	2 719.7	2 185.4
300	133.3	1.650 1	560.38	2 728.5	2 168.1
350	138.8	1.907 4	583.76	2 736.1	2 152.3

续表

绝压 /kPa	温度 /℃	密度 /(kg/m³)	焓(液体) /(kJ/kg)	焓(气体) /(kJ/ kg)	汽化热 /(kJ/kg)
400	143.4	2.161 8	603.61	2 742.1	2 138.5
450	147.7	2.415 2	622.42	2 747.8	2 125.4
500	151.7	2.667 3	639.59	2 752.8	2 113.2
600	158.7	3.168 6	670.22	2 761.4	2 091.1
700	164.7	3.665 7	696.27	2 767.8	2 071.5
800	170.4	4.161 4	720.96	2 773.7	2 052.7
900	175.1	4.652 5	741.82	2 778.1	2 036.2
1.0×10^3	179.9	5.143 2	762.68	2 782.5	2 019.7
1.1×10^3	180.2	5.633 9	780.34	2 785.5	2 005.1
1.2×10^3	187.8	6.124 1	797.92	2 788.5	1 990.6
1.3×10^3	191.5	6.614 1	814.25	2 790.9	1 976.7
1.4×10^3	194.8	7.103 8	829.06	2 792.4	1 963.7
1.5×10^3	198.2	7.593 5	843.86	2 794.5	1 950.7
1.6×10^3	201.3	8.081 4	857.77	2 796	1 938.2
1.7×10^3	204.1	8.567 4	870.58	2 797.1	1 926.5
1.8×10^3	206.9	9.053 3	883.39	2 798.1	1 914.8
1.9×10^3	209.8	9.539 2	896.21	2 799.2	1 903
2.0×10^3	212.2	10.033 8	907.32	2 799.7	1 892.4
3.0×10^3	233.7	15.007 5	1 005.4	2 798.9	1 793.6
4.0×10^3	250.3	20.096 9	1 082.9	2 789.8	1 706.8
5.0×10^3	263.8	25.366 3	1 146.9	2 776.2	1 629.2
6.0×10^3	275.4	30.849 4	1 203.2	2 759.5	1 556.3
7.0×10^3	285.7	36.574 4	1 253.2	2 740.8	1 487.6
8.0×10^3	294.8	42.576 8	1 299.2	2 720.5	1 403.7
9.0×10^3	303.2	48.894 5	1 343.4	2 699.1	1 356.6
1.0×10^4	310.9	55.540 7	1 384	2 677.1	1 293.1
1.2×10^4	324.5	70.307 5	1 463.4	2 631.2	1 167.7
1.4×10^4	336.5	87.302	1 567.9	2 583.2	1 043.4
1.6×10^4	347.2	107.801	1 615.8	2 531.1	915.4
1.8×10^4	356.9	134.481 3	1 699.8	2 566	766.1
2.0×10^4	365.6	176.596 1	1 817.8	2 364.2	544.9

参考文献

[1] 姚玉英,陈常贵,柴诚敬. 化工原理[M]. 3 版. 天津:天津大学出版社,2010.

[2] 谭天恩,麦本熙,丁惠华. 化工原理[M]. 2 版. 北京:化学工业出版社,1998.

[3] 陈敏恒,丛德滋,齐鸣斋,等. 化工原理[M]. 5 版. 北京:化学工业出版社,2020.

[4] 胡洪营,张旭,黄霞,等. 环境工程原理[M]. 4 版. 北京:高等教育出版社,2022.

[5] Davis M L,Masten S J. Principles of Environmental Engineering and Science[M]. 4th ed. New York:McGraw-Hill Education,2019.

[6] 陈家庆. 环保设备原理与设计[M]. 3 版. 北京:中国石化出版社,2019.

[7] R B 博德,W E 斯图沃特,E N 莱特富特. 传递现象[M]. 戴干策,戎顺熙,石炎福,译. 北京:化学工业出版社,2004.

[8] 威廉 W 纳扎洛夫,莉萨 · 阿尔瓦雷斯-科恩. 环境工程原理[M]. 漆新华,刘春光,译. 北京:化学工业出版社,2006.

[9] 钟秦,陈迁乔,王娟,等. 化工原理[M]. 4 版. 北京:国防工业出版社,2019.

[10] 周集体,曲媛媛. 环境工程原理[M]. 大连:大连理工大学出版社,2008.

[11] 蒋维钧,雷良恒,刘茂林,等. 化工原理[M]. 3 版. 北京:清华大学出版社,2010.

[12] 郑正. 环境工程学[M]. 北京:科学出版社,2004.

[13] 李月红. 化工原理[M]. 2 版. 北京:中国环境科学出版社,2016.

[14] 吕树申,莫冬传,祁存谦. 化工原理[M]. 4 版. 北京:化学工业出版社,2022.

[15] 管国锋,赵汝溥. 化工原理[M]. 4 版. 北京:化学工业出版社,2015.

[16] 杨昌竹. 环境工程原理[M]. 北京:冶金工业出版社,1994.

[17] 杨祖荣. 化工原理[M]. 4 版. 北京:化学工业出版社,2021.

[18] 郭仁惠. 环境工程原理[M]. 北京:化学工业出版社,2008.

[19] 王能勤. 化工原理设计导论[M]. 成都:成都科技大学出版社,1991.

[20] 朱炳辰. 化学反应工程[M]. 5 版. 北京:化学工业出版社,2012.

[21] 史季芬. 多级分离过程:蒸馏、吸收、萃取、吸附[M]. 北京:化学工业出版社,1991.

[22] Davis M L,Masten S J. 环境科学与工程原理[M]. 王建龙,译. 北京:清华大学出版社,2008.

[23] 朱慎林,朴香兰,赵毅红. 环境化工技术及应用[M]. 北京:化学工业出版社,2003.

[24] 王志魁. 化工原理[M]. 5 版. 北京:化学工业出版社,2018.

[25] 黄文强. 吸附分离材料[M]. 北京:化学工业出版社,2005.

[26] 冯孝庭. 吸附分离技术[M]. 北京:化学工业出版社,2000.

[27] 叶振华. 化工吸附分离过程[M]. 北京:中国石化出版社,1992.

[28] 杨 R T. 吸附法气体分离[M]. 王树森,曾美云,胡竞民,译. 北京:化学工业出版社,1991.

[29] 余常昭. 环境流体力学导论[M]. 北京:清华大学出版社,1992.

[30] 褚良银. 水力旋流器[M]. 北京:化学工业出版社,1998.

[31] 徐继润,罗茜. 水力旋流器流场理论[M]. 北京:科学出版社,1998.
[32] 徐文娟,韩建勇. 工程流体力学[M]. 哈尔滨:哈尔滨工程大学出版社,2002.
[33] 史惠祥. 实用环境工程手册:污水处理设备[M]. 北京:化学工业出版社,2002.
[34] 徐新阳,于锋. 污水处理工程设计[M]. 北京:化学工业出版社,2003.
[35] 丁祖荣. 流体力学[M]. 3 版. 北京:高等教育出版社,2018.
[36] 张伟,陈文义. 流体力学[M]. 3 版. 天津:天津大学出版社,2018.
[37] 杜广生. 工程流体力学[M]. 2 版. 北京:中国电力出版社,2014.
[38] 金兆丰. 环保设备设计基础[M]. 北京:化学工业出版社,2005.
[39] 李明俊,孙鸿燕. 环保机械与设备[M]. 北京:中国环境科学出版社,2005.
[40] 郑铭. 环保设备:原理·设计·应用[M]. 2 版. 北京:化学工业出版社,2007.
[41] Nazaroff W W, Alvarez-Cohen L. Environmental Engineering Science[M]. New York:John Wiley & Sons,2001.
[42] 许保玖,龙腾锐. 当代给水与废水处理原理[M]. 2 版. 北京:高等教育出版社,2000.
[43] 严煦世,高乃云. 给水工程[M]. 5 版. 北京:中国建筑工业出版社,2020.
[44] 康勇,罗茜. 液体过滤与过滤介质[M]. 北京:化学工业出版社,2008.
[45] 谭天恩,窦梅,等. 化工原理[M]. 4 版. 北京:化学工业出版社,2013.
[46] 徐光宪,王文清,吴瑾光,等. 萃取化学原理[M]. 上海:上海科学技术出版社,1984.
[47] 朱屯. 萃取与离子交换[M]. 北京:冶金工业出版社,2005.
[48] 王湛,王志,高学理,等. 膜分离技术基础[M]. 3 版. 北京:化学工业出版社,2019.
[49] 任建新. 膜分离技术及其应用[M]. 北京:化学工业出版社,2003.
[50] 王晓琳,丁宁. 反渗透和纳滤技术与应用[M]. 北京:化学工业出版社,2005.
[51] 许振良,马炳荣. 微滤技术与应用[M]. 北京:化学工业出版社,2005.
[52] 华耀祖. 超滤技术与应用[M]. 北京:化学工业出版社,2004.
[53] 张濂,许志美,袁向前. 化学反应工程原理[M]. 2 版. 上海:华东理工大学出版社,2007.
[54] 李强,崔爱莉,寇会忠,等. 现代化学基础[M]. 3 版. 北京:清华大学出版社,2018.
[55] 胡忠鲠. 现代化学基础[M]. 4 版. 北京:高等教育出版社,2014.
[56] 王承学. 化学反应工程[M]. 2 版. 北京:化学工业出版社,2015.
[57] 陈甘棠. 化学反应工程[M]. 4 版. 北京:化学工业出版社,2021.
[58] H 斯科特·福格勒. 化学反应工程(原著第三版)[M]. 李术元,朱建华,译. 北京:化学工业出版社,2005.
[59] Valsaraj K T. Elements of Environmental Engineering: Thermodynamics and Kinetics[M]. 3rd ed. Boca Raton:CRC Press,2009.
[60] 王正烈. 物理化学[M]. 2 版. 北京:化学工业出版社,2006.
[61] Beltrán F J. Ozone Reaction Kinetics for Water and Wastewater Systems[M]. Boca Raton:Lewis Publishers,2004.
[62] Sotelo J L,Beltran F J,Benitez F J,et al. Ozone decomposition in water:kinetic study[J]. Industrial & Engineering Chemistry Research. 1987,26(1):39-43.
[63] 郭锴,唐小恒,周绪美. 化学反应工程[M]. 3 版. 北京:化学工业出版社,2017.
[64] 尹芳华,李为民. 化学反应工程基础[M]. 北京:中国石化出版社,2000.

[65] 李天成,王军民,朱慎林. 环境工程中的化学反应技术及应用[M]. 北京:化学工业出版社,2005.

[66] 奥克塔夫·列文斯比尔. 化学反应工程[M]. 3版. 苏力宏,译. 西安:西北工业大学出版社,2021.

[67] Richardson J F, Peacock D G. Chemical and Biochemical Reactors and Process Control. In: Coulson J M, Richardson J F. Chemical Engineering[M]. 3rd ed. Oxford: Pergamon Press, 1994.

[68] 陈仁学. 化学反应工程与反应器[M]. 北京:国防工业出版社,1988.

[69] 李绍芬. 反应工程[M]. 3版. 北京:化学工业出版社,2013.

[70] 山根恒夫. 生化反应工程[M]. 周斌,译. 西安:西北大学出版社,1992.

[71] Bruce E R, Perry L M. Environmental Biotechnology: Principles and Applications [M]. 文湘华,王建龙,译. 北京:清华大学出版社,2012.

[72] 黄恩才. 化学反应工程[M]. 北京:化学工业出版社,1996.

[73] 张成芳. 气液反应和反应器[M]. 北京:化学工业出版社,1985.

[74] 蒋展鹏,杨宏伟. 环境工程学[M]. 3版. 北京:高等教育出版社,2013.

[75] Levenspiel O. Chemical Reaction Engineering[M]. 3rd ed. New York: John Wiley & Sons, 1998.

[76] Scott F H. Elements of Chemical Reaction Engineering[M]. 6th ed. Boston: Pearson, 2020.

[77] 戚以政,夏杰,王炳武. 生物反应工程[M]. 2版. 北京:化学工业出版社,2009.

[78] Mills P L, Ramachandran P A, Chaudhari R V. Multiphase reaction engineering for fine chemicals and pharmaceuticals[J]. Reviews in Chemical Engineering, 1992, 8(1-2): 1-176.